上海空间电源研究所出版基金

航天电源技术系列

电子电源技术

（第2版）

马季军　等　编著

科 学 出 版 社

北 京

内 容 简 介

本书密切结合当前航天器电源分系统中电子电源的研究、设计、制造和应用，对电子电源的理论、技术、制造和测试进行较为详尽的论述。

本书共14章，内容包括：绪论、模拟电路基础、下位机电路基础、DC/DC电路基础、空间电子电源电路设计初步、电子电源常用电路仿真、PCB与模块化设计、电子电源软件、电子电源产品结构设计、元器件原材料、电子电源可靠性安全性设计、电子电源装联工艺与调测试、电子电源的产品保证、产品项目管理。

本书可供从事和关心航天器总体和电源分系统技术领域研究、设计、制造、测试及应用的专业技术人员和管理人员使用，也可作为高等院校相关专业本科高年级学生和研究生的选修教材或参考书。

图书在版编目(CIP)数据

电子电源技术 / 马季军等编著. —2版. —北京：科学出版社，2020.6

(航天电源技术系列)

ISBN 978-7-03-065439-7

Ⅰ.①电… Ⅱ.①马… Ⅲ.①航天器-电源 Ⅳ.①V442

中国版本图书馆CIP数据核字(2020)第097138号

责任编辑：徐杨峰 / 责任校对：谭宏宇
责任印制：黄晓鸣 / 封面设计：殷 靓

科学出版社 出版
北京东黄城根北街16号
邮政编码：100717
http：//www.sciencep.com
南京展望文化发展有限公司排版
上海锦佳印刷有限公司印刷
科学出版社发行 各地新华书店经销

*

2015年4月第 一 版 开本：787×1092 1/16
2020年6月第 二 版 印张：29
2020年6月第二次印刷 字数：656 000

定价：200.00元

(如有印装质量问题，我社负责调换)

再版前言

上海空间电源研究所是我国空间电源分系统抓总的专业研究所，主要承担航天器、航空器、导弹、火箭及其他特殊设备用电源系统及其设备的研究、设计、制造和试验任务。电子电源在电源分系统中承担着电源控制的作用，是电源分系统的重要组成部分。随着电子电源技术的发展，2015 年出版的《电子电源技术》一书已经很难满足广大读者的要求。为适应电子电源技术的迅速发展，我们对该书作出了较大的修改和补充。大幅压缩了原书中基础知识的部分，较多的从应用技术的角度重新编排了全书的章节，修订了模拟电路、数字逻辑电路、DC/DC 电路基础、常用电路设计、印制板设计及仿真设计等内容，新增了结构设计、可靠性设计、元器件原材料、软件、产品保证、产品工程管理等内容，全书由原来的 6 章扩充为 14 章，力图系统地展现电子电源产品设计的各方面内容。

全书共分为 14 章，第 1 章为绪论，主要介绍了电子电源基本概念和发展趋势。第 2 章为模拟电路基础，主要介绍各类模拟电路的计算与设计。第 3 章为下位机电路基础，主要介绍各类数字电路的计算与设计。第 4 章为 DC/DC 电路基础，介绍基本原理、非隔离型和隔离型 DC/DC 电路、变压器及磁性元件设计、DC/DC 电路软开关技术、DC/DC 控制电路设计及环路稳定性分析。第 5 章为空间电子电源电路设计初步，介绍主电路设计、控制电路设计等内容。第 6 章为电子电源常用电路仿真，介绍仿真软件及仿真方法。第 7 章为 PCB 与模块化设计，介绍印制板及模块设计的方法和实例。第 8 章为电子电源软件，介绍电源设备中软件设计的方法、案例。第 9 章为电子电源产品结构设计，介绍电子电源产品结构类型和力、热设计。第 10 章为元器件原材料，介绍常用元器件及原材料。第 11 章为电子电源可靠性安全性设计，介绍可靠性预计评估、FMEA、降额及安全性设计等内容。第 12 章为电子电源装联工艺与调测试，介绍电子电源装联工艺及调测试技术。第 13 章为电子电源的产品保证，介绍电子电源产品保证的相关方面。第 14 章为产品项目管理，介绍产品工程管理的相关方面。

本书由上海空间电源研究所组织编写，其中，第 1 章由屈诚志编写，第 2 章由姜月、伍素亮编写，第 3 章由朱超、周世亮编写，第 4 章由张玉、吉裕晖编写，第 5 章由蒋坤、许祺峰编写，第 6 章由蓝建宇、杨亚红编写，第 7 章由王国军、瞿炜烨编写，第 8 章由刘必海、侯飞编写，第 9 章由金磊编写，第 10 章由屈诚志、黄忞编写，第 11 章由陈波、蒋坤编写，第 12 章由涂洊、刘瑜编写，第 13 章由沈冰冰、朱兼编写，第 14 章由吴彦妮、胡文斌编写，以上作者的单位均为上海空间电源研究所。全书由屈诚志综合整理并作了文字加工。

本书在第2版初稿的编写过程中,马季军给出了精心指导,初稿完成后又对全书进行审稿,并提供了宝贵的意见和建议,上海空间电源研究所科学技术委员会专门邀请专家对本书进行了认真的评审,在此一并表示感谢。该书凝聚了上海空间电源研究所各级领导的关心和支持、各领域同事和朋友的帮助与鼓励以及各章节作者的心血和智慧。

作者水平有限,本书难免会有一些不足之处,恳请广大读者批评指正。

本书编写组

2020年3月

目　　录

再版前言

第 1 章　绪论 …… 1
1.1　基本概念 …… 1
1.2　发展趋势 …… 5
思考题 …… 8

第 2 章　模拟电路基础 …… 9
2.1　半导体分立器件 …… 9
2.2　常用半导体分立器件电路 …… 21
2.3　集成运算放大电路 …… 23
2.4　波形发生电路 …… 38
2.5　三取二型电路 …… 44
2.6　定时器电路 …… 45
2.7　保护锁定电路 …… 46
思考题 …… 47

第 3 章　下位机电路基础 …… 50
3.1　概述 …… 50
3.2　模拟量采集接口电路 …… 50
3.3　指令接口电路 …… 54
3.4　通信接口电路 …… 56
3.5　数模转换电路 …… 60
3.6　模数转换电路 …… 62
3.7　存储器扩展电路 …… 63
3.8　监控及复位电路 …… 65
思考题 …… 67

第 4 章　DC/DC 电路基础 …… 68
4.1　DC/DC 电路组成基本原理 …… 68

4.2 基本非隔离型DC/DC电路 …… 69
4.3 隔离型DC/DC电路 …… 74
4.4 软开关技术 …… 85
4.5 DC/DC控制电路设计及环路稳定性分析 …… 92
思考题 …… 113

第5章 空间电子电源电路设计初步 …… 115
5.1 设计需求综述 …… 115
5.2 电源控制设备结构体系 …… 116
5.3 主误差放大器(MEA) …… 125
5.4 分流调节电路 …… 128
5.5 充电调节电路 …… 139
5.6 放电调节电路 …… 150
5.7 蓄电池管理/蓄电池均衡单元(BMS/BMU) …… 162
5.8 新型电源控制技术 …… 170
思考题 …… 175

第6章 电子电源常用电路仿真 …… 176
6.1 概述 …… 176
6.2 superbuck电路工作原理分析 …… 176
6.3 Weinberg电路工作原理分析 …… 188
6.4 本节小结 …… 198
思考题 …… 199

第7章 PCB与模块化设计 …… 200
7.1 概述 …… 200
7.2 PCB设计 …… 200
7.3 模块化设计 …… 218
思考题 …… 223

第8章 电子电源软件 …… 225
8.1 概述 …… 225
8.2 软件功能需求 …… 226
8.3 软件设计 …… 235
8.4 软件工程化 …… 247
思考题 …… 260

第 9 章　电子电源产品结构设计 …… 261

9.1　概述 …… 261

9.2　设计原则 …… 261

9.3　设计输入需求 …… 262

9.4　产品总体方案设计 …… 265

9.5　产品结构详细设计 …… 267

9.6　产品热设计 …… 287

9.7　人机工效学设计 …… 293

9.8　防腐蚀设计 …… 294

9.9　其他有关的设计 …… 302

9.10　名词术语 …… 303

思考题 …… 304

第 10 章　元器件原材料 …… 306

10.1　元器件 …… 306

10.2　原材料 …… 347

思考题 …… 365

第 11 章　电子电源可靠性安全性设计 …… 366

11.1　概述 …… 366

11.2　可靠性设计一般要求 …… 366

11.3　可靠性设计 …… 367

11.4　故障模式、影响及危害度分析[FME(C)A] …… 375

11.5　可靠性预计与评估 …… 379

11.6　安全设计 …… 381

思考题 …… 382

第 12 章　电子电源装联工艺与调测试 …… 383

12.1　装联工艺 …… 383

12.2　调测试工作 …… 400

思考题 …… 413

第 13 章　电子电源的产品保证 …… 414

13.1　引言 …… 414

13.2　产品保证管理 …… 414

13.3　设计控制保证要求 …… 420

13.4 软件产品保证 …… 423
13.5 产品生产制造、装配过程保证 …… 423
13.6 产品检验控制保证 …… 427
13.7 产品使用控制要求保证 …… 427
13.8 试验保证要求 …… 428
13.9 产品交付保证 …… 428
思考题 …… 429

第14章 产品项目管理 …… 430
14.1 项目整合管理 …… 430
14.2 项目范围管理 …… 433
14.3 项目时间管理 …… 436
14.4 项目成本管理 …… 439
14.5 项目质量管理 …… 440
14.6 项目人力资源管理 …… 442
14.7 项目沟通管理 …… 444
14.8 项目风险管理 …… 445
14.9 项目采购管理 …… 449
思考题 …… 452

参考文献 …… 453

第 1 章　绪　　论

1.1　基本概念

1.1.1　空间电源系统

空间电源系统是航天飞行器上产生、贮存、变换、调节和分配电能的航天器分系统，简称电源系统(electrical power system，EPS)。其基本功能是通过某种物理变化或化学变化，将光能、核能或化学能转换成电能，根据需要进行贮存、调节和变换，然后向航天器各分系统供电。空间电源系统的作用就是给航天器各分系统的仪器、设备提供符合技术要求的可靠的电源，使各分系统的仪器、设备能够正常地运转和工作，以完成各分系统担负的任务，从而保证航天器的任务得以实现。电子电源是空间电源系统的一个重要组成部分，主要负责电能的变换、调节，确保飞行器的稳定供电。

一般航天器电源系统组成框图如图 1.1.1 所示。从图 1.1.1 可知，就较大的范围而言，航天器电源系统由“供电系统”和“配电系统”两大部分组成，因此，电源系统也可称为“供配电系统”。必须指出，所有的电源系统均包括供电系统。通常长寿命航天器上采用的太阳光伏电源系统，又称为太阳电池阵—蓄电池组电源系统(以下简称电源系统)。它由太阳电池阵、贮能电源和功率调节与控制设备(以下简称电子电源)组成。

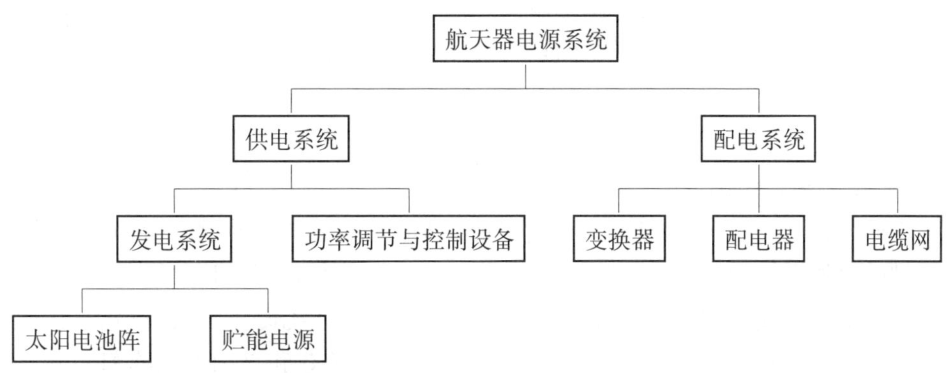

图 1.1.1　一般航天器电源系统组成框图

航天器电源系统的任务是提供航天器负载的全部能源。在光照期，太阳电池阵除了要提供航天器上设备所需的全部能源外，还要给化学蓄电池组充电。在地影期，太阳电池阵不供电，由贮能蓄电池组提供航天器上设备所需的全部能源。在发射阵地、运载火箭起飞、入轨到太阳翼展开前，亦由贮能蓄电池组供电。航天器呈峰值功耗时，可由贮能蓄电池组协助太阳电池阵辅助供电。功率调节与控制设备保证了电源系统母线输出电压品质优良、稳定可靠；对贮能蓄电池组进行充放电保护；对太阳电池阵多余能量分流损耗，使太阳电池阵安全可靠地工作。功率分配装置保证了航天器负载满足其功率需求。

1.1.2 电子电源

电子电源设备包括电源系统中用于调节、控制、保护以及与航天器其他系统接口的各种设备。它是电源系统的控制中心,由它维持电源系统独立、持续和正常运行。电源控制设备的配置随主电源的不同而不同,但其功能大致有如下五部分。

(1) 自动控制设备。它是用于维持电源正常运行所需的各种设备。如太阳电池阵-蓄电池组电源系统的太阳电池阵展开机构、太阳电池阵对日定向装置、蓄电池组充电控制器、蓄电池组在轨再处理装置等。

(2) 功率调节设备。太阳电池阵和贮能电源工作条件的变化、负载的变化及长期运行过程中性能衰减等多种因素,导致电源输出功率或电压发生变化。为了使电源母线电压稳定在一定范围内,大部分电源系统配有功率调节器,如太阳电池阵-蓄电池组电源系统的太阳阵功率调节器、蓄电池组放电调节器等。

(3) 热控设备。太阳电池的能量转换效率均很低,绝大部分能量不能转换成电能,以热能的形式释放。这类电源应有排热设备。航天器在飞行过程中,温度环境十分恶劣,要维持蓄电池组在合适的温度环境下(如0～15℃)、长时间(如8年以上)运行,电源系统必须配备热控设备。

(4) 接口设备。这里指电源系统与航天器测控系统、数据管理系统、热控系统和地面测试设备的各种接口设施。由它接受星上计算机或地面测控台站发出的指令,并付诸实施;同时提供电源系统的各项工程参数,通过测控系统发往地面测控台站进行实时监测和延时监测。在航天器地面测试时,接口装置还接受地面电源及总控设备的供电,以代替星上电源供电。

(5) 防护设施。防护设施是指为维护电源系统安全运行所采取的措施,如各种电源普遍采用的过流保护、限流保护、过压保护、欠压保护、极性保护等。

以光伏电源作为主电源的绝大多数航天器系统,其电源系统的控制设备可以分为三个部分:太阳电池阵控制设备、母线电压调节设备和蓄电池充电设备。

1) 太阳电池阵控制设备

对太阳电池阵而言,必须使其产生的多余电能不至于造成电池过充电和航天器过热。两种类型的电源系统(峰值功率跟踪PPT系统和直接能量转换DET系统)的原理如图1.1.2所示。PPT系统和DET系统的区别在于:对PPT系统而言,负载和太阳电池阵之间串联一个调节器;对DET系统而言,用一个调节器与负载和太阳电池阵相并联。PPT系统称为峰值功率跟踪系统,是一个非耗散型分系统,它严格按航天器的需要输出功率,最大输出时可达太阳阵峰值功率。DET系统称为分流调节式直接能量转换系统,是一个耗散型分系统,它将多余的功率消耗。DET系统常用分流调节技术、使母线电压维持在预定的电压范围内。

PPT是一个DC/DC变换器,与太阳电池阵串联。所以,它根据太阳电池阵的输出伏安特性曲线输出端的电压动态地改变工作点,而在能量需求超过峰值功率时跟踪峰值工作点。它允许太阳阵电压向上波动到最大功率点,然后该转换器再以不同的电压和电流将输入功率转换为相应的输出功率。太阳光源的特点是在温度很低(出地影后)的条件下

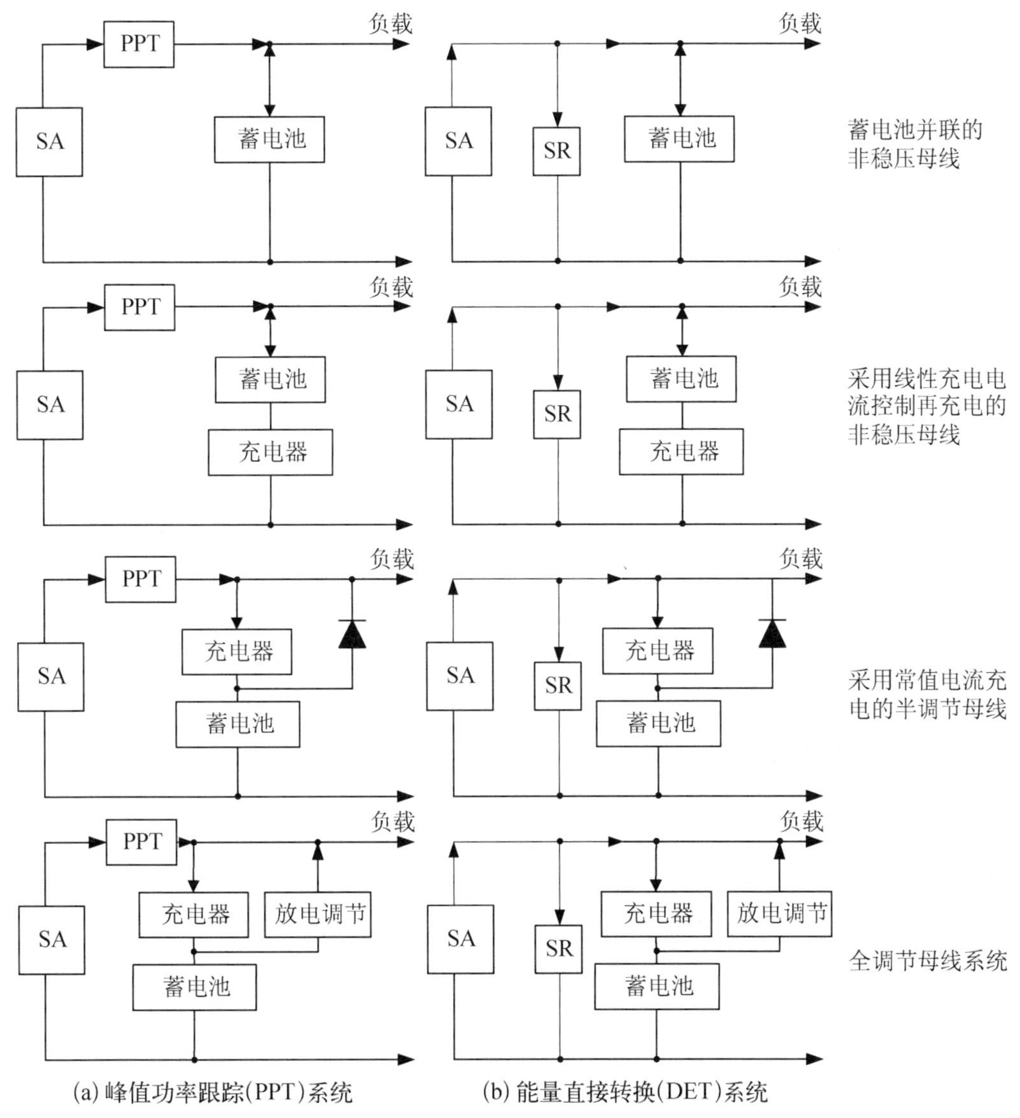

图 1.1.2 功率调节技术(PPT 和 DET)原理框图

和在寿命初期输出较大功率,峰值功率跟踪器通过补偿太阳阵的峰值功率点到蓄电池的充电末期的值来取代分流调节功率。由于 PPT 与太阳阵串联,需消耗功率的 4%～7%。对于寿命小于 5 年、初期功率需求比末期功率高的任务,采用 PPT 具有一定的优点。

DET 的分流调节器(SR)与太阳阵(SA)并联,当负载或电池充足不需要充电功率时,它将太阳阵电流分流掉(通常在太阳阵上分流)。具有分流调节功能的电源分系统,其效率提高。它们自身消耗能量很少,将多余功率消耗在太阳电池阵上或通过分流电阻分流掉。其特点是部件少,质量轻,末期总效率高。分流电路有三种:全线性分流电路(多余能量消耗于分流电阻上)、部分电流电路(多余能量部分耗于分流电阻,部分消耗于太阳电池阵上)和全开关分流电路(多余能量消耗于太阳电池阵上)。

2) 母线电压调节设备

母线电压的调节设备可分为三类:不调节型、半调节型和全调节型。三者区别如图

1.1.2 所示。

不调节型母线,其负载母线电压变化很大。负载母线电压就是蓄电池电压,靠蓄电池来调节。由于蓄电池充放电电压的变化,母线电压可变化20%左右。

半调节型母线,在蓄电池充电时调节母线电压,而放电时不调节。蓄电池充电器与蓄电池组串联。充电时母线电压固定在比蓄电池电位高几伏的电位上。当蓄电池充满时,充电器两端的压降减小,但母线电压始终被稳压。放电时,母线电压比蓄电池电压低一个二极管压降,母线电压不再调节,随蓄电池进一步放电而下降。这类母线调节效率低,而且与峰值功率跟踪器一起使用时,易产生电磁干扰。

全调节型母线,效率不高,但适用于功率小且对母线电压调节要求较高的航天器。这类母线调节,既有充电调节器,又有放电调节器,可将前者设计成线性调节器,后者设计成开关变换器。其优点是:当将其与负载相连接时,该系统的特性就像一个低阻抗电源。因此,设计综合、简单。但是,它是电源系统中最复杂的一种。其固有效率低,且与PPT系统或升压变换器共用时电磁干扰强。

常用的太阳电池阵-蓄电池组电源系统母线电压范围举例如下。对不调节型母线而言,其母线电压通常为29～42.5 V;对半调节型母线而言,其母线电压在光照期为42±0.5 V,在地影期为29～42.5 V;对全调节型母线而言,无论光照期还是地影期,其母线电压均为28±0.6 V。

3) 蓄电池充电设备

蓄电池可以单个串联充电,也可以并联充电。并联充电系统最简单,成本最低,但航天器总装时灵活性差。蓄电池并联充电时,电压相同,但电流和温度各不相同,可能造成个别蓄电池过充电而导致热失控,使蓄电池性能过快下降。并联蓄电池最终可能会失去平衡,只能用于寿命短于5年的飞行任务。若要保证蓄电池寿命长于5年,必须采用独立充电方案,用线性充电电流控制技术。在多组蓄电池组成的系统中,单独充电还允许电池相互间存在差异。

为了使蓄电池组确保充足电,还可以用二阶段充电的方案进行充电(先以大的电流充电,再以较小的电流充电)。

根据航天技术不同时期的发展水平以及不同的应用需求,电子电源设备发展了多种实施方案:根据母线调节特性的不同,发展了全调节母线电路和半调节母线电路;根据全调节母线输出电压性质的不同,发展了直流母线技术和交流母线技术;直流母线又包含多种结构,如 S^3R 型功率调节技术、混合型功率调节技术、S^4R 型功率调节技术、一体化功率调节技术以及MPPT调节技术等。

常见的电子电源产品一般分为以下几种。

(1) 分流调节器。分流调节器连接太阳电池阵以及卫星负载,通过脉宽调制(pulse width modulation,PWM)方式对各太阳电池阵输出电流进行分流调节,从而调整各太阳电池阵的输出功率,达到供给卫星负载的能量和稳定母线电压的目的。

(2) 充电控制器(BCR)。充电控制器有连接太阳电池阵以及蓄电池组的,也有连接母线以及蓄电池组的,将太阳电池阵或母线的能量提供给蓄电池组实现蓄电池组的充电。

(3) 放电调节器(BDR)。放电调节器连接蓄电池组及母线,通过对蓄电池组的输出进行升压或降压调节，并稳定母线电压，从而实现卫星负载的能量供给。

(4) 充放电调节器(BCDR)。由于充电控制器与放电调节器都连接到蓄电池组，为了减少电缆、降低压降、减小质量，将充电电路与放电电路集成在一个产品中，产生了充放电调节器，其功能及工作状态分别与充电控制器与放电调节器类似，与上述两种设备相比，具有质量小、可靠性高等优点。

(5) 电源控制器(PCU)。电源控制器将分流、充电、放电等功能集成整合在一起，实现母线电压的调节、太阳电池阵输出功率的分流调节及蓄电池组的充放电调节。与上述产品相比，具有集成度高、自主控制能力强、冗余度高、质量小、可靠性高等优点。

(6) 电源控制分配器(PCDU)。PCDU除具有分流、充电、放电等功能外，还具有整星的配电及配电保护功能。

(7) 电池管理器(BMU)。针对锂离子电池组设计的实现蓄电池组单体电压采样、均衡及管理保护功能的产品。

(8) 其他设备。电源控制设备除了上述常见的单机外，还有损耗器、DC/DC变换器、遥测遥控调节器、调压器切换线路盒等。

1.2 发展趋势

电子电源设备是卫星电源分系统的重要组成部分之一，其发展水平对提高卫星性能、延长卫星工作寿命起着关键作用。航天器功能和性能的优化、负载容量的扩大化、运行轨道的多样化，对航天器电源控制设备的调节能力、质量、效率、可靠性，以及配置管理、故障检测与诊断等技术都提出了更高的要求，主要体现在设备种类多样化、高效率、高比功率、高可靠性、长寿命、智能化和低成本等方面。

新一代高性能卫星平台对电源控制设备的需求主要表现在以下几个方面。

1) 功率需求越来越大

“十二五”期间，在SAR成像领域，功率需求越来越大，如大型对地观测系列卫星功率需求提高到10 kW以上，高轨通信卫星则需要提供20 kW以上的功率。

2) 电源品质要求越来越高

卫星载荷的高空间分辨率、高定位精度、高时间分辨率、高辐射精度输出必然要求电源控制设备具备更高的品质特性，包括输出直流母线具有极低的电压纹波以及瞬态功率输出情况下极快的动态响应速度等特性。以28 V直流母线为例，母线电压范围精度由原来的(28±1)V提高到(28±0.25)V，母线纹波电压由原来的约200 mV降低到100 mV，母线动态响应速度要求提高到10 ms以内，以满足性能不断提升对母线特性的要求。

3) 轻量化设计要求越来越高

新一代高性能卫星平台对电源控制设备轻量化要求越来越高。为了降低发射成本，增加有效载荷，卫星平台需要配备轻量化的电源控制设备，从今后长期的发展来看，电源控制设备(以控制器为例)的功率密度将由现在的120 W/kg提高到250 W/kg以上。

4) 寿命要求越来越长

为了降低发射成本，未来卫星的在轨寿命将越来越长，新一代卫星系统也是如此。一般的低轨卫星寿命从3年增加至5～8年，高轨卫星的寿命则从8年增加至12～15年，这就要求电源控制设备的工作寿命和可靠性也要增加。

5）快速响应要求越来越高

"十二五"期间及后续发展过程中，新一代卫星平台电源系统对新技术提出了越来越高的要求，为了满足基于新技术电源系统快速研制验证的要求，电源控制设备需具备更快的研发速度，通过提升相关研发平台能力，针对不同卫星的不同功率需求，快速设计出满足要求的电源控制设备并对其进行验证。

对上述几个发展需求的特点进一步归纳量化说明如表1.2.1所示。

表1.2.1 电源控制设备的发展趋势

发展方向	指标类型	"十二五"末国内技术水平	"十三五"背景型号技术指标	未来发展趋势
大功率	母线体制；母线电压；输出功率	直流母线；母线电压100 V；最大输出功率10 kW	直流母线；母线电压100 V；最大输出功率20 kW	交流母线、直流母线；直流母线电压160 V、240 V；最大输出功率50 kW、100 kW
高品质	母线输出电压超调量；动态响应时间	当负载由最大峰值负载跃变到长期负载时，母线输出电压超调量小于±2 V，动态响应时间小于30 ms	当负载由最大峰值负载跃变到长期负载时，母线输出电压超调量小于±1 V，动态响应时间小于20 ms	当负载由最大峰值负载跃变到长期负载时，母线输出电压超调量小于±1 V，动态响应时间小于10 ms
轻量化	电源系统比功率；充放电效率	电源系统比功率25 W/kg，充放电效率92%	电源系统比功率45 W/kg，充放电效率大于94%	电源系统比功率大于75 W/kg，充放电效率大于95%
长寿命	使用寿命	低轨5～8年，高轨8～12年	低轨8～15年，高轨15年以上	15年以上
可重复使用	研制周期	1～2年	10个月	3～6个月

新一代飞行器电源控制设备的发展趋势如下。

1）电源控制设备集成化

国外电源管理技术的发展趋势是在更小的硅芯片上集成更多功能特性，同时以更高的设计灵活性实现更强的系统用电性能，而不会增加成本。

随着微电子技术的飞速发展，CPU已经变成低成本器件。在可能的情况下，各种空间飞行器已经使用，或者正在使用嵌入CPU构成的嵌入式系统。空间电源系统也不例外。据美国国家航空航天局统计，在空间飞行器中使用嵌入式集成电路的比例在过去的十年中提高了近10倍。

随着电源系统技术的发展，锂离子电池组越来越多地作为储能蓄电池应用，锂离子电池的管理，如单体电压采样、电池组温度采样、均衡等功能在过去使用分立器件完成的，在高电压应用场合下，电路规模庞大，体积质量都成为制约电源控制设备小型号的重要因素。在未来，汽车电子领域应用成熟的高集成度锂离子电池组BMS技术方案将越来越多地应用在空间电源系统中。

此外，电源控制设备内部的很多标准电路也以集成的方式存在，如厚膜电路的方式越来越多地应用在电源产品中，如DC/DC模块、固态开关、均衡模块及分流模块等，均提高了电源控制设备的集成度和可靠性。

现在国外空间电源控制系统研究的重点已从通用系统转向专用系统，以及从一般性能转向可靠性、可用性、安全性、自主性、可扩展性、功能性、灵活性、成本、体积、功耗及可管理性上。随着技术的不断进步，越来越多的高性能集成电路将应用在空间电源产品中，不断推动电源产品性能的提升。

2）电源控制设备数字化

卫星所处环境比较复杂，一旦进入太空就失去了维护的可能，所以卫星电源控制系统的数字化技术表现出了传统模拟技术无法实现的优势。卫星电源自我监控能力，将随着微处理器和监控软件的引入而普遍增强。卫星电源控制系统数字化和智能化的实现，可以对卫星电源控制系统各种运行参数和状态进行实时监控，实现故障预警和故障自我诊断功能，并能有效地实现远程监控和智能化管理。采用全数字化控制技术，在实现智能化的同时也有效地缩小电源体积、降低了成本，大大提高了设备的可靠性和对用户的适应性。

卫星电源控制系统采用数字集成化和智能化的方法，不仅降低了成本，而且大大缩短了研发周期，使研制一个大功率空间电源系统的时间由几年缩短为几个月。卫星电源控制系统采用微处理器技术，使控制和管理高度智能化，有效地提高了电源系统的性能和可靠性。因此，卫星电源控制系统数字化集成是空间电源系统未来发展的方向。

目前，电源系统正向着大功率、长寿命、多用途公用平台的方向发展，为了满足航天器的需求，电源系统变得越来越庞大，控制越来越复杂。如何管理好这一复杂系统、充分发挥其供电效率，使之长期、安全、可靠地工作，是保证卫星安全、延长卫星寿命的一个重要问题。

电源系统除了要满足上述要求外，质量和体积也是一个不容忽视的问题。如果能在相同的输出功率条件下减少空间电源系统的体积和质量，不仅可以大大节省卫星的发射成本，还可以提高卫星内部空间的有效利用率，增加有效载荷的功能，使卫星的性能得到提高。为了达到上述各项性能技术指标，就必须对空间电源系统进行集成化设计。只有如此，才能最大限度地满足上述各项技术指标。

经过国内专家多年的研究，模拟控制技术已经很成熟，然而，模拟控制系统的缺点是显而易见的。模拟控制系统需要大量的分离元件和电路板，其元器件的数量很多，制造成本也较高。大量的模拟元器件使它们之间的连接相当复杂，从而使系统的故障检测与维修比较困难。模拟元器件的老化问题和不可补偿的温漂问题，以及易受环境（如电磁噪声、工作环境温度等）干扰因素都会影响控制系统的长期稳定性。因此，为了保持系统的稳定性，采用模拟控制系统对环境有较高要求。并且，对于模拟控制系统来说，监控性能也非常差，只能通过模拟的测量以及光、声信号来显示、报警。

此外，我国的卫星电源系统一直采用“自控为主，遥控为辅”的管理模式。这种管理模式由于管理效率低，需地面人工干预，可靠性差，已不能满足电源系统的需求。而国外空间电源系统则以自主方式形成的智能化的管理系统为主。管理系统主要由智能管理模块、参数采集与检测、故障诊断与处理和运行管理四大部分组成。其核心是由微处理器及相应的管理软件组成的智能管理模块。这也将是我国空间电源系统的发展趋势。

3)电源控制设备的模块化

目前,各个国家都在加快卫星的发展计划,都在想办法缩短卫星上各个部件的研发周期。针对电源方面,卫星电源模块化、兼容化已经成为一个发展方向。当前的卫星电源是针对不同型号、不同用途发展起来的,基本属于定制产品,因此针对性强、通用性差。每个型号卫星的电源从设计到应用都要经历相同的过程(需求提出、设计、器件购买、产品测试验收),而在前期设计中有产品型号和相同类似的型号基本重复相同的过程,既浪费人力又浪费物力。

随着各种技术的发展,电源控制设备的各功能电路已经标准化,元器件选型基本确定,为了缩短研发时间,提高电源控制设备的可靠性,各个国家也在发展卫星电源模块化技术。首先,根据飞行器的空间环境条件研制成熟的小功率模块电源,根据航天器的功率等级把这些模块组合成满足功率需求的电源,从而大大缩短了研制时间。目前,美国MID公司已经在做这方面的工作,主要针对DC/DC逆变器,从而在需要的时候只需对外部结构进行设计,并且这一技术已经应用到火星探测器上,取得了很好的效果。随着新技术的发展,电源的兼容性也将会做得越来越好,模块化技术将是未来发展的必然趋势。

思 考 题

1. 试述航天器电源系统的定义和组成。
2. 试述电源控制设备的定义和分类。
3. 试述分流调节器的基本原理。
4. 试述充电控制器的基本原理。
5. 试述放电调节器的基本原理。
6. 新一代卫星平台对电源控制设备提出了什么样的新要求?
7. 电源控制设备的发展趋势是什么?

第 2 章　模拟电路基础

2.1　半导体分立器件

导电能力介于导体和绝缘体之间的物质称为半导体。在半导体器件中最常用的是硅和锗两种材料，它们都是四价元素，在原子结构中最外层轨道上有四个价电子。纯净的半导体称为本征半导体，本征半导体的导电能力是很弱的，但是在本征半导体中掺入微量的其他元素就会使半导体的导电性能发生显著变化。这些微量元素的原子称为杂质，掺入杂质的半导体称为杂质半导体，有 N 型和 P 型两类。

2.1.1　二极管

半导体二极管是由 PN 结加上引出线和管壳构成的，通常有下面几种类型：

点接触型二极管。结构见图 2.1.1(a)，它的特点是结面积小，因而结电容小，适用于高频（几百兆赫）工作，但不能通过很大的电流。主要应用于小电流的整流和高频时的检波、混频等。

面接触型二极管。结构见图 2.1.1(b)，它的特点是结面积大，因而能通过较大的电流，但其结电容也大，只能在较低的频率下工作。

硅平面型二极管。结构见图 2.1.1(c)，结面积较大的，可通过较大的电流，适用于大功率整流；结面积小的，结电容小，适用于在脉冲数字电路中作开关管。

二极管的符号如图 2.1.1(d)所示。

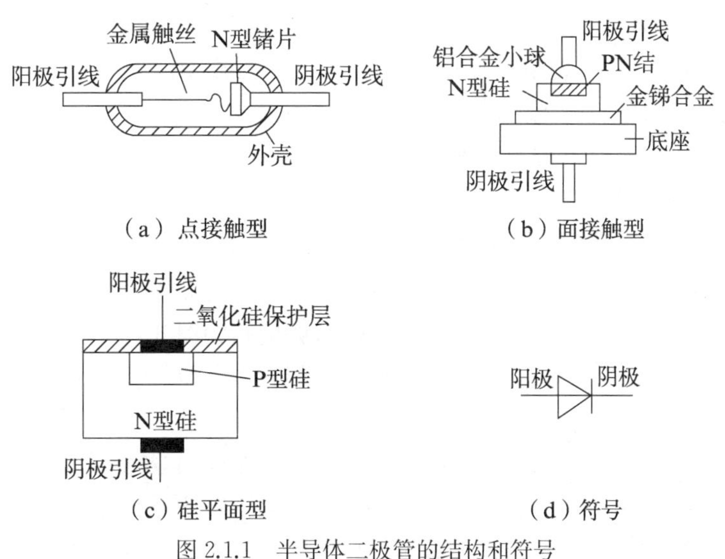

图 2.1.1　半导体二极管的结构和符号

1. 二极管特性

1) 二极管伏安特性曲线

(1) 正向特性。正向电压超过某一数值后，才有明显的正向电流，该电压值称为导通电压，用U_{on}表示。在室温下，硅管的$U_{on}\approx 0.5$ V，锗管的$U_{on}\approx 0.1$ V。正向导通且电流不大时，硅管的压降约为0.6～0.8 V，锗管的压降约为0.1～0.3 V。

(2) 反向特性。小功率硅管的反向电流一般小于0.1 μA，而锗管通常为几十微安。这种差别的原因是由于硅的禁带宽度E_{GO}比锗的大。

(3) 反向击穿。反向击穿电压一般在几十伏以上(高反压管可达几千伏)。

2) 温度对二极管特性的影响

二极管的特性对温度很敏感，随温度升高正向特性曲线向左移，反向特性曲线向下移。变化的规律是：在室温附近，温度每升高1℃，正向压降减小2～2.5 mV；温度每升高10℃，反向电流约增大一倍。

2. 二极管的主要参数及注意事项

器件的参数是其特性的定量描述，是正确使用和合理选择器件的依据。半导体二极管主要参数有以下几个。

(1) 最大整流电流I_F。指二极管长期运行时允许通过的最大正向平均电流，它是由PN结的结面积和外界散热条件决定的。实际应用时，二极管的平均电流不能超过此值，并且要满足散热条件，否则会烧坏二极管。

(2) 最大反向工作电压U_R。指二极管在使用时所允许加的最大反向电压，超过此值二极管就有发生反向击穿的危险。通常取反向击穿电压的一半作为U_R。

(3) 反向电流I_R。指二极管未击穿时的反向电流值。此值越小，二极管的单向导电性越好。此值与温度有密切关系，在高温运行时要特别注意。

(4) 最高工作频率f_M。主要由PN结的结电容大小决定，超过此值，二极管的单向导电性将不能很好地体现。

值得注意的是，由于制造工艺的限制，即使是同一型号的管子，参数的分散性也很大，手册上往往是给出参数的范围。另外，手册上的参数是在一定的测试条件下测得的，应用时要注意这些条件，若条件改变，相应的参数值也会发生变化。比如，I_R就是指在一定温度于外加某电压值时的反向电流，若温度升高，则I_R会增大。

二极管的类型和参数可查阅厂家提供的产品手册。

3. 二极管应用电路举例

二极管在电路中有着广泛的应用，下面介绍两种应用电路。

1) 限幅电路

一种简单的限幅电路如图2.1.2所示。当U_I小于二极管导通电压时，二极管不通，$U_o\approx U_I$；U_I超过导通电压后，二极管导通，其两端电压就是U_o。由于二极管正向导通后，两端电压变化很小，所以当U_I有很大的变化时，U_o的数值却被限制在一定范围内。这种电路可用来减小某些信号的幅值以适应不同的要求或保护电路中的元器件。

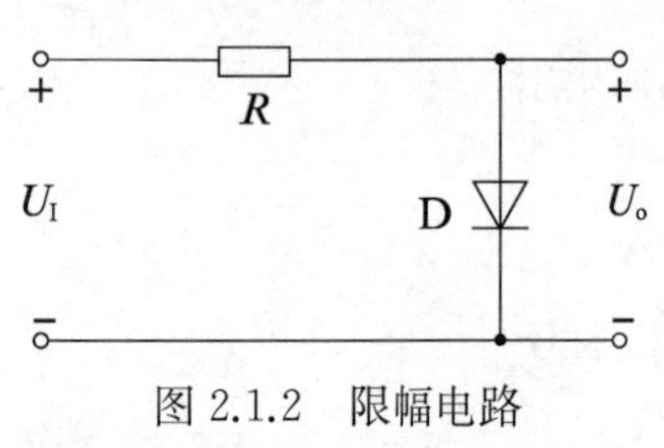

图2.1.2　限幅电路

2）二极管门电路

从前面的分析也可知，在某些情况下，二极管实际的作用很像一个开关：当其两端电压低于导通电压时，二极管不导通，相当于开关断开；当其两端电压超过导通电压时，二极管导通，相当于开关接通。只是这个开关不够理想，接通时开关上压降不为零，约为 U_{on}。利用这种特性可以组成二极管门电路，实现一定的逻辑关系，类似门的开或关。图 2.1.3 所示电路就是一种二极管门电路。

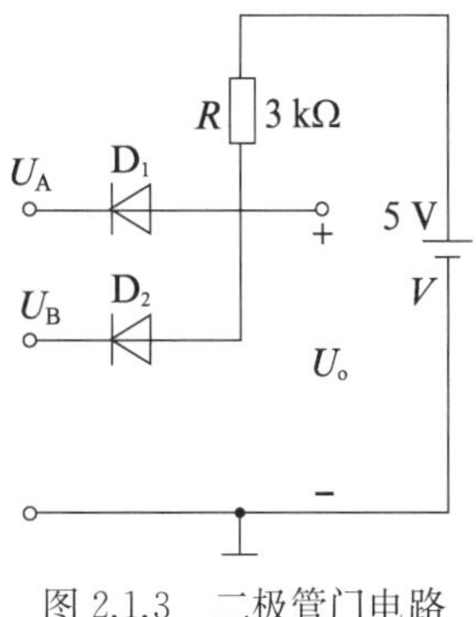

图 2.1.3　二极管门电路

4. 稳压管

稳压管也是一种半导体二极管，因为它具有稳压的特点，在稳压设备和一些电子电路中经常用到，所以把这种二极管称为稳压管，以区别用于整流、限幅、检波和其他单向导电设备中常用的二极管。

1）稳压管的稳压作用

当二极管两端的反向电压超过击穿电压时，流过稳压管的电流会急剧增加，所以在利用二极管单向导电性的电路中应避免发生这种现象。但是击穿并不一定意味着稳压管的损坏，只要我们采取适当的措施限制通过稳压管的电流，就能保证稳压管不因过热而烧坏。而在击穿状态下，流过稳压管的电流在一定范围内变化时，稳压管两端电压变化很小，利用这一点可以达到"稳压"的效果。

稳压管的符号、特性曲线和等效电路见图 2.1.4。等效电路中的二极管 D_1 表示稳压管在正向偏置，以及虽然反向偏置但未击穿时的情况；理想二极管 D_2、电阻 r_z 和电压源 U_z 的串联支路是反向击穿状态下的等效电路。

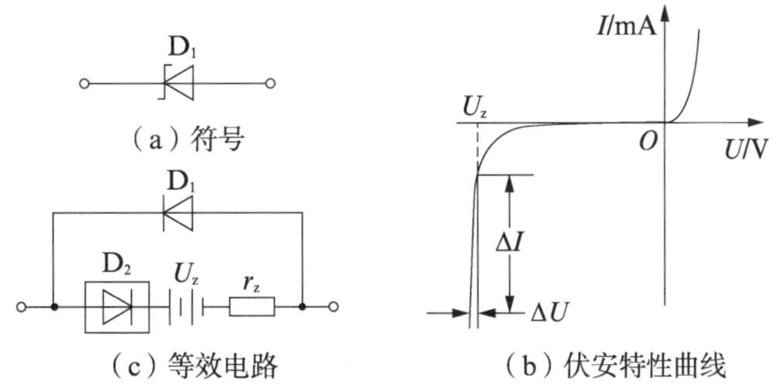

图 2.1.4　稳压管

2）稳压管的主要参数

（1）稳定电压 U_z。指稳压管中的电流为规定电流时，稳压管两端的电压值。由于制造工艺水平不足，即使同一型号的稳压管，U_z 的分散性也较大。例如，2CW14 型稳压管的 U_z 为 6～7.5 V（测试电流为 10 mA）。

（2）稳定电流 I_z。指稳压管正常工作时的参考电流值。电流低于此值时，稳压效果略差；高于此值时，只要不超过额定功耗都可以正常工作，且电流越大，稳压效果越好，但稳压管的功耗要增加。

(3) 动态电阻 r_z。指稳压管两端的电压和通过稳压管的电流两者变化量之比。r_z随工作电流不同而变化,电流越大,r_z越小。例如,2CW7C型稳压管的工作电流为5 mA时,r_z为18 Ω;10 mA时,r_z为8 Ω;20 mA时,r_z为2 Ω。

(4) 额定功耗 P_z。它是由稳压管允许温升所决定的参数,其数值为稳定电压 U_z和允许的最大电流 I_{zm}的乘积。

(5) 温度系数 α。它是说明稳定电压值受温度影响的参数,其数值为温度每升高1℃时稳定电压值的相对变化量。硅稳压管 U_z低于4 V时具有负温度系数(齐纳击穿);高于7 V具有正温度系数(雪崩击穿);而为4～7 V时,温度系数很小。

3) 稳压管应用举例

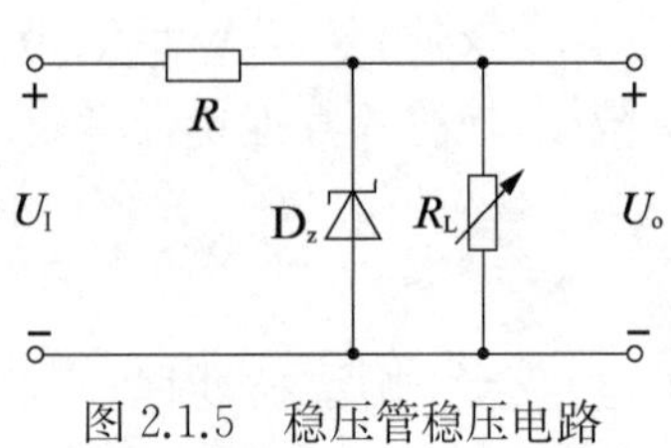

图2.1.5 稳压管稳压电路

稳压管正常工作的条件有两个:一是必须工作在反向击穿状态(利用正向特性稳压除外);二是稳压管中的电流要在稳定电流和允许的最大电流之间。图2.1.5所示为最常用的稳压电路。当 U_I或 R_L变化时,稳压管中的电流发生变化,但在一定范围内其两端电压变化很小,即能起到稳定输出电压的作用。

2.1.2 晶体管

双极型晶体管又称晶体三极管、晶体管、半导体三极管等,在本书中简称晶体管。晶体管的制造工艺有很多种,目前常用的是利用光刻、扩散等工艺制成的平面管,它的结构见图2.1.6(a)。从图2.1.6(b)中可以看出,它有3个区,分别称为发射区、基区和集电区,由3个区各引出一个电极;有两个PN结,发射区和基区间的PN结称为发射结,集电区和基区间的PN结称为集电结。这种由两块N型半导体中间夹着一块P型半导体的管子称为NPN管。还有一种与它成对偶形式的,即两块P型半导体中间夹着一块N型半导体的管子,称为PNP管。晶体管制造工艺上的特点是:发射区是高浓度掺杂区,基区很薄且杂质浓度低,集电结面积大,这样能保证晶体管具有电流放大作用。图2.1.6(c)为晶体管的符号。

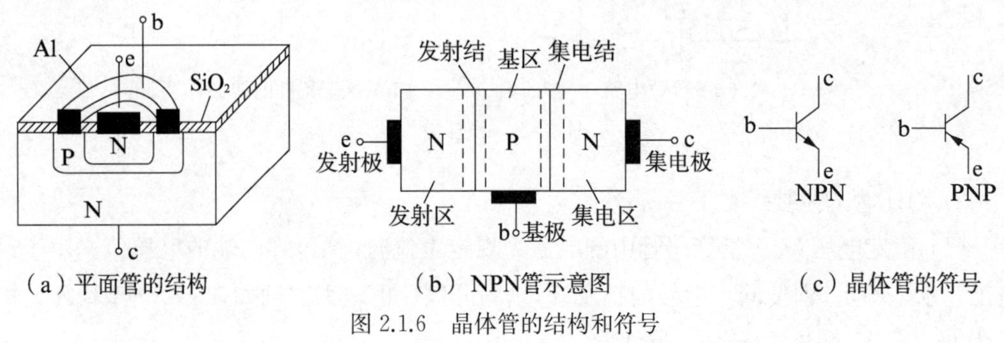

(a) 平面管的结构　(b) NPN管示意图　(c) 晶体管的符号

图2.1.6 晶体管的结构和符号

下面以NPN管为例介绍晶体管的放大作用、特性曲线和主要参数。

1. 晶体管的放大作用

图2.1.7是一个简单的放大电路,图中 ΔU_I是一个作为控制用的微小的变化电压,它

接在基极和发射极所在的回路(称为输入回路)中,放大后的信号出现在集电极和发射极所在的回路(称为输出回路)中,由于输入和输出回路以发射极为公共端,所以称为共发射极电路(简称共射电路)。图 2.1.7 所示的电路中,当 $\Delta U_{\mathrm{I}}=0$ 时,在发射结正向偏置、集电结反向偏置的条件下,晶体管内部载流子运动见图 2.1.8。

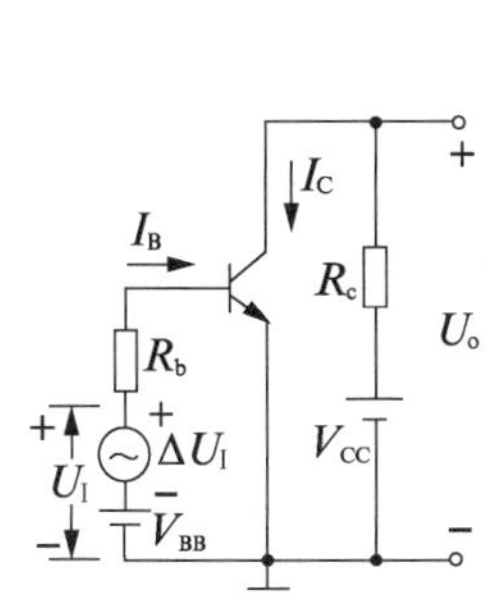

图 2.1.7　共射放大电路

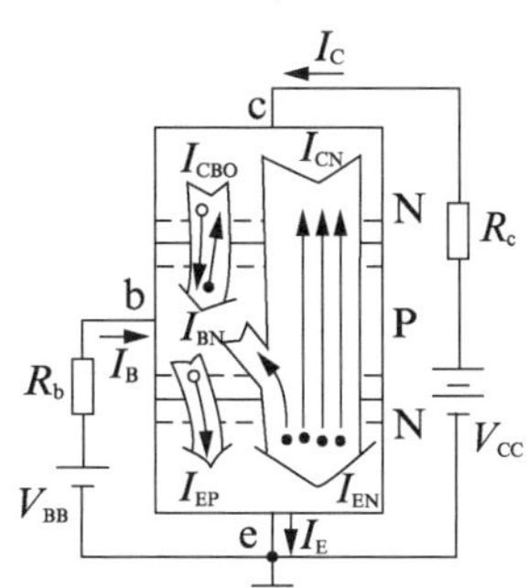

图 2.1.8　晶体管内部载流子的运动和各极电流

2. 晶体管的共射特性曲线

晶体管的极间电压和各电极电流之间的关系通常用晶体管特性图示仪测出,由输入和输出两组特性曲线来表示。

1) 输入特性曲线

晶体管的共射输入特性曲线表示了以 U_{CE} 为参考变量时,I_{B} 和 U_{BE} 间的关系,即

$$I_{\mathrm{B}}=f(U_{\mathrm{BE}})\big|_{U_{\mathrm{CE}}=\mathrm{constant}}$$

图 2.1.9 是一个硅 NPN 管(3DG4)的输入特性曲线。下面分三种情况来讨论。

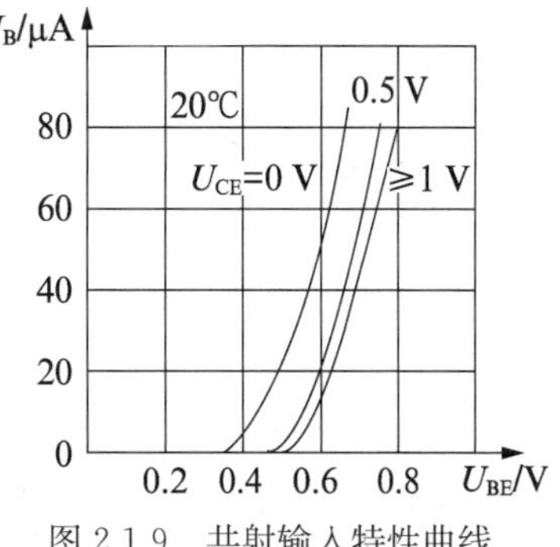

图 2.1.9　共射输入特性曲线

(1) $U_{\mathrm{CE}}=0$ V 时,b、e 间加正向电压。这时发射结和集电结均为正向偏置。I_{B} 是发射区和集电区分别向基区扩散的电子电流之和(忽略了基区空穴的扩散电流),相当于两个二极管正向并联的特性。

(2) $U_{\mathrm{CE}}\geqslant 1$ V 时,b、e 间加正向电压。这时集电极的电位比基极高,集电结为反向偏置,发射区注入基区的电子绝大部分扩散到集电结,只有一小部分与基区中的空穴复合,形成 I_{B}。与 $U_{\mathrm{CE}}=0$ V 时相比,在 U_{BE} 相同的条件下,I_{B} 要小得多。从图中可以看出,导通电压约为 0.5 V。严格地说,当 U_{CE} 逐渐增加时,I_{B} 逐渐减小,曲线逐渐向右移。这是因为 U_{CE} 增加时,集电结的耗尽层变宽,减小了基区的有效宽度,不利于空穴的复合,所以 I_{B} 减小。不过,U_{CE} 超过 1 V 以后再增加,I_{C} 增加很少,因此 I_{B} 的变化量也很小,通常可以忽略 U_{CE} 变化对 I_{B} 的影响,认为 $U_{\mathrm{CE}}\geqslant 1$ V 时的 $I_{\mathrm{B}}=f(U_{\mathrm{BE}})$ 曲线都重合在一起。

(3) 当 U_{CE} 为 0~1 V 时,输入特性曲线在图 2.1.9 中两条曲线之间,随 U_{CE} 的增加向右移。

2) 输出特性曲线

晶体管的共射输出特性曲线表示以 I_{B} 为参变量时,I_{C} 和 U_{CE} 间的关系。

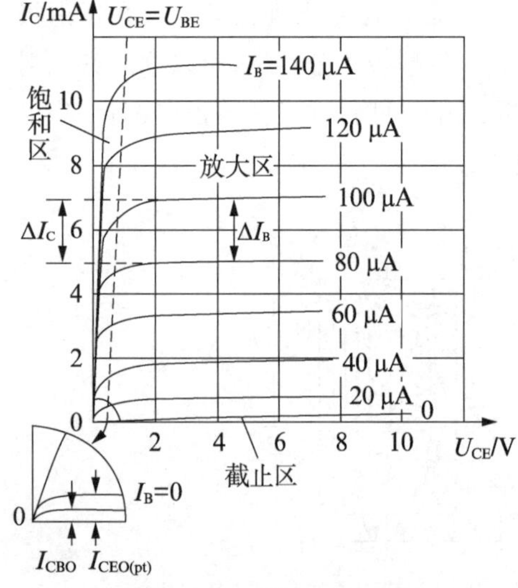

图 2.1.10　共射输出特性曲线

$$I_C = f(U_{CE})\big|_{I_B=\text{constant}}$$

图2.1.10是同一个晶体管(3DG4)的输出特性曲线。从图中我们观察到晶体管的工作状态可分为三个区域。现分别讨论如下。

(1) 截止区。一般习惯上把 $I_B \leqslant 0$ μA的区域称为截止区,但实际上这时 $I_E = I_C = I_{CEO(pt)}$,严格说来,不能认为晶体管是截止的(尤其在高温和锗管的情况),所以应该把 $I_E = 0$ μA即 $I_C \leqslant I_{CBO}$ 的区域称为截止区。对于硅管,相当于 $U_{BE}=0$ V,对于PNP锗管相当于 $U_{BE}=0.1$ V。通常可以说发射结反向偏置时,晶体管是截止的。

(2) 放大区。发射结为正向偏置、集电结为反向偏置的区域称为放大区。它有两个特点:一是 I_C 的大小受 I_B 的控制,即有电流放大;二是随 U_{CE} 的增加,曲线有些上翘。这是由于 U_{CE} 增加后,基区有效宽度变窄,使电子和空穴在基区复合的机会减小。即维持相同的 I_C 所需的 I_B 将较少,也就是在保证 I_B 不变时,I_C 将略有增加。

(3) 饱和区。曲线靠近纵轴的区域是饱和区。当 $U_{CE} < U_{BE}$ 时,b-c结处于正向偏置,内电场减弱。这样就不利于集电区收集从发射区到达基区的电子,使得在相同 I_B 时,I_C 的数值比放大状态下要小。把 $U_{CE}=U_{BE}$ 称为临界饱和。饱和时c、e间电压记作 U_{CES}。在深度饱和时,U_{CES} 很小,小功率管通常小于0.3 V。

3) 温度对晶体管特性的影响

和二极管一样,温度对晶体管的特性有着不容忽视的影响。所以了解这些影响,并在电路中采取措施加以克服就成了十分现实的问题。温度对晶体管特性的影响通常要考虑以下三个方面。

(1) 温度对 U_{BE} 的影响。输入特性曲线随温度升高向左移,在 I_B 不变时,U_{BE} 将减小。U_{BE} 随温度的变化规律与二极管正向导通电压相同,即温度每升高1℃,U_{BE} 减小2~2.5 mV。

(2) 温度对 I_{CBO} 的影响。I_{CBO} 是集电结的反向饱和电流,它随温度变化的规律和二极管反向电流相同,即温度每升高10℃,I_{CBO} 约增大一倍。$I_{CBO(pt)}$ 的变化规律大致与 I_{CBO} 相同。在输出特性曲线图上,当温度升高时,曲线向上移。

(3) 温度对 β 的影响。晶体管的电流放大系数 β 随温度升高而增大,变化规律是:温度每升高1℃,β 值增大0.5%~10%。在输出特性曲线图上,曲线间的距离随温度升高而增大。

温度对 U_{BE}、I_{CBO} 和 β 的影响反映在管子的集电极电流 I_C 上,它们都使 I_C 随温度升高而增大。

3. 晶体管的主要参数

1) 直流参数

(1) 直流电流放大系数。① 共发射极直流电流放大系数 $\bar{\beta}$。当 $I_C \geqslant I_{CEO(pt)}$ 时,$\bar{\beta}$ 可

近似表示为$\bar{\beta} \approx I_C/I_B$。② 共基极直流电流放大系数$\bar{\alpha}$。在忽略$I_{CBO}$时,$\bar{\alpha}$可近似表示为$\bar{\alpha} \approx I_C/I_E$。在分立元件电路中,一般选用$\bar{\beta}$在 20~100(即$\bar{\alpha}$在 0.95~0.99)范围内的管子。$\bar{\beta}$太小,电流放大作用差;$\bar{\beta}$太大,受温度影响大,性能稳定性差。

(2) 极间反向电流。① I_{CBO}指发射极开路时,集电极、基极间的反向饱和电流;② $I_{CEO(pt)}$指基极开路时,集电极、发射极间的穿透电流,它是I_{CBO}的$(1+\bar{\beta})$倍。选用管子时,一般希望极间反向电流尽量小些,以减小温度的影响。硅管的反向电流比锗管的反向电流小2~3 个数量级,所以常选用硅管。

2) 交流参数

(1) 交流电流放大系数。① 共发射极交流电流放大系数$\beta = \Delta I_C/\Delta I_B$;② 共基极交流电流放大系数$\alpha = \Delta I_C/\Delta I_E$。在$I_E$的一个相当大的范围内,$\beta \approx \bar{\beta}$、$\alpha \approx \bar{\alpha}$,以后经常利用这种近似关系进行计算。

(2) 特征频率f_T。这是反映晶体管中两个 PN 结电容影响的参数。当信号的频率增高到一定值后,结电容将起到明显的作用,使β下降,f_T是指当β下降到 1 时的频率。

3) 极限参数

(1) 集电极最大允许功耗P_{CM}。这个参数决定于晶体管的温升,使用时不能超过,而且要注意散热条件(晶体管使用的上限温度,硅管约为 150℃,锗管约为 70℃)。一个晶体管的P_{CM}若已确定,则由$P_{CM} = I_C \cdot U_{CE}$可知临界损耗时$I_C$和$U_{CE}$在输出特性上的关系为一双曲线,如图 2.1.11 中虚线所示。

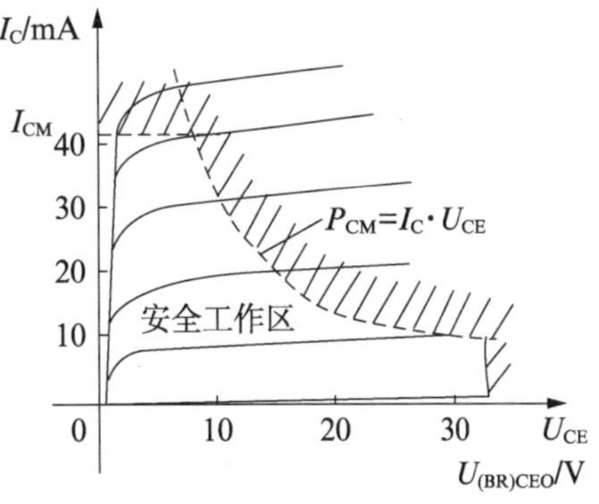

图 2.1.11　晶体管的安全工作区

(2) 集电极最大电流I_{CM}。在I_C的一个很大范围内,β值基本不变。但当I_C超过一定数值后,β将明显下降,此值就是I_{CM}。

(3) 反向击穿电压。① 集电极开路时,射-基极间的反向击穿电压$U_{(BR)EBO}$。这是发射结所允许加的最高反向电压,超过这个极限发射结将会出现反向击穿。一般平面管的$U_{(BR)EBO}$只有几伏,有的甚至不到 1 V。② 发射极开路时,集-基极间的反向击穿电压$U_{(BR)CBO}$。这是集电结所允许加的最高反向电压,一般晶体管的$U_{(BR)CBO}$为几十伏,高反压管可达几百伏甚至上千伏。③ 基极开路时,集电极、发射极间的击穿电压$U_{(BR)CEO}$。$U_{(BR)CEO}$要比$U_{(BR)CBO}$小些。

此外,集电极、发射极间的击穿电压还有:基极和发射极间接电阻时的$U_{(BR)CER}$;短路时的$U_{(BR)CES}$;接反向电压时的$U_{(BR)CEX}$。这些电压间一般有如下的关系:

$$U_{(BR)CBO} > U_{(BR)CEX} > U_{(BR)CES} > U_{(BR)CER} > U_{(BR)CEO}$$

在晶体管的输出特性曲线上,由P_{CM}、$U_{(BR)CEO}$和I_{CM}所决定的晶体管的安全工作区如图 2.1.11 所示。

4. 晶体管的选择和使用注意事项

从前面介绍的晶体管参数中已知选管的主要原则及使用注意事项,这里再简单综述

如下。

为防止晶体管在使用中损坏,必须使它工作在安全区,因此:① 在需要工作电压高时,应选 $U_{(BR)CEO}$ 大的高反压管,尤其要注意 b、e 间的反向电压不要超过 $U_{(BR)EBO}$;② 在需要输出大功率时,应选 P_{CM} 值大的功率管,同时必须注意满足其散热要求;③ 在需要输出大电流时,应选 I_{CM} 大的晶体管。

若工作信号频率高,必须选高频管或超高频管;如果用于开关电路则应选开关管。

由于硅管反向电流小,允许晶体管温度高,故对这些参数要求高时应选硅管;而当要求导通电压低时可选锗管。

同型号的管子中反向电流越小一般说性能较好,在选管时可作为参考;而 β 值则一般选几十至一百,β 太大管子性能不太稳定。

当直流电源对地为正值时,多选用 NPN 管组成电路;负值时多选用 PNP 管组成电路。

5. 晶体管的应用电路举例

在以后的章节中我们还要讨论由晶体管组成的各种放大电路和数字(开关)电路,这里举几个简单的例子,目的是为了加深对晶体管特性及工作状态的理解。

1) 单管共射电路

最基本的电路如图 2.1.12(a)所示,它属共发射极电路。晶体管的特性曲线如图 2.1.12(b)～图 2.1.12(d)所示。

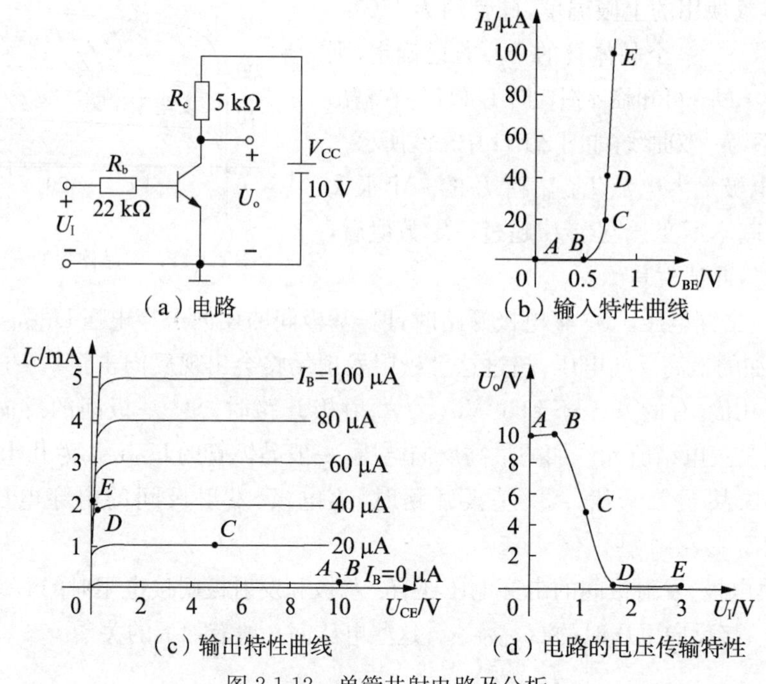

图 2.1.12 单管共射电路及分析

2) 可控开关电路

从 2.1.2.2 节内容可知,当晶体管截止时,$I_C \approx 0$;当它饱和时,$U_{CE} \approx 0$。从 c、e 两端看,上述情况与二极管作为开关时的情况很相似。与二极管不同之处在于这个开关可以通过控制 b、e 间的电压和电流来实现开与关,所以是一种可控的电子开关。图 2.1.13(a)和图

2.1.13(c)示出了最基本的电路。图 2.1.13(b)和图 2.1.13(d)是它们的功能示意图；图 2.1.13(e)和图 2.1.13(f)是反相器输入和输出波形。

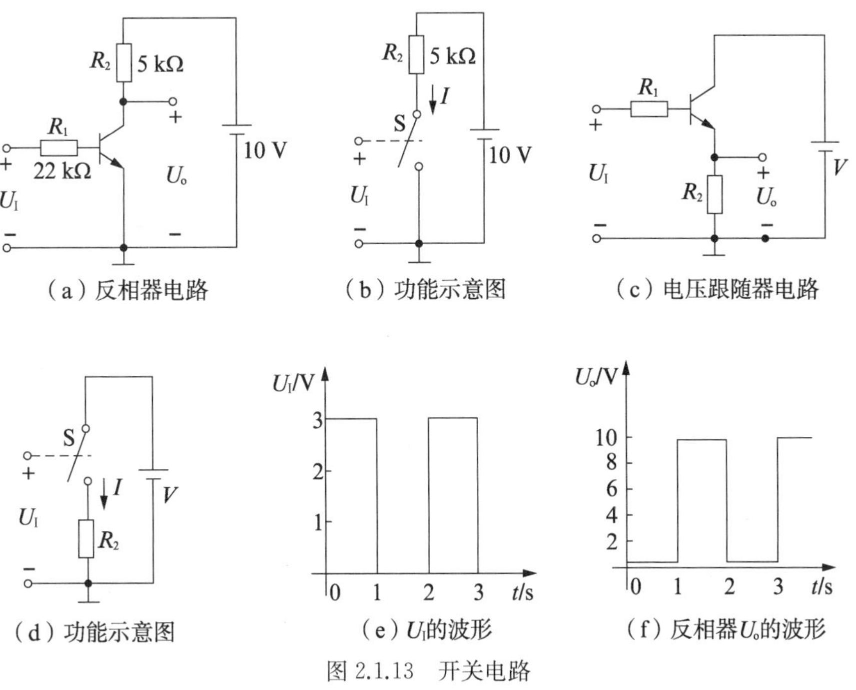

(a) 反相器电路　(b) 功能示意图　(c) 电压跟随器电路

(d) 功能示意图　(e) U_I的波形　(f) 反相器U_o的波形

图 2.1.13　开关电路

3) 射极输出电路

图 2.1.14 是一个射极输出电路，它因输出端取自发射极而得名。它与图 2.1.13(c)的电路形式一样，但在这里讨论它工作在放大状态时的情况。射极输出电路也是放大电路中常见的一种电路形式。

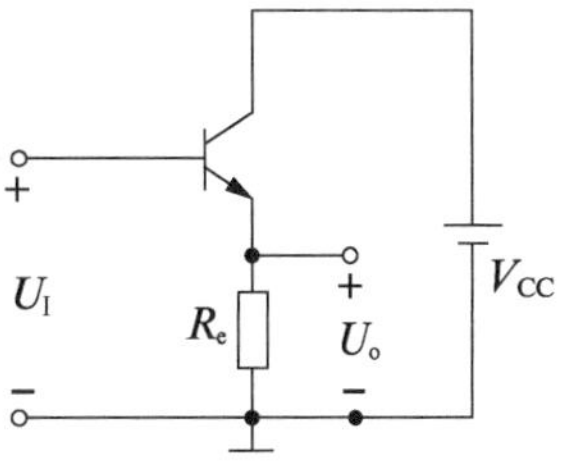

图 2.1.14　射极输出电路

先看电流放大作用。当U_I超过发射结导通电压后，晶体管导通。只要$U_I < V_{CC}$，则集电结始终是反向偏置，晶体管处于放大状态，$I_E = (1+\beta)\Delta I_B$。$\Delta I_B$是输入回路的电流变化量，$\Delta I_E$是输出回路的电流变化量，所以该电路有较大的电流放大作用。

射极输出电路的另一个突出特点是，R_C作为负载电阻器在较大的范围内变化时，U_o的变化却很小，称为带负载能力强。

2.1.3　场效应管

场效应管是利用电场效应来控制电流的一种半导体器件，并以此命名。其特点是控制端基本上不需要电流，且受温度、辐射等外界条件影响小，便于集成，因此得到广泛应用。场效应管分为结型和绝缘栅型两大类，它们都是以半导体中的多子来实现导电，所以又称为单极型晶体管。

1. 绝缘栅型场效应管

结型场效应管栅源间的电阻虽然可以达到 10^7 Ω 以上，但是在有些工作条件下，阻

值还不够高,而且在高温工作时,因PN结反向电流增大,阻值会显著地下降。尤其是当栅源间的PN结加正向电压时,将出现较大的栅极电流。这是它的不足之处。另外,从制造工艺方面看,把它高度集成化也还比较复杂。绝缘栅型场效应管可以很好地解决这些问题。

绝缘栅型场效应管和结型场效应管的不同之处在于它们的导电机构和电流控制原理不同。结型管是利用耗尽区的宽度改变导电沟道的宽窄来控制漏极电流;绝缘栅型场效应管则是利用半导体表面的电场效应,由感应电荷的多少改变导电沟道来控制电流。

绝缘栅型场效应管中,目前常用的是以二氧化硅(SiO_2)作为金属(铝)栅极和半导体之间的绝缘层,简称MOS管。它有N沟道和P沟道两类,而每一类又分增强型和耗尽型两种。所谓增强型就是$U_{GS}=0$ V时,漏源之间没有导电沟道,即使在漏源之间加上电压(在一定范围内),也没有漏极电流;反之,在$U_{GS}=0$ V时,漏源之间存在有导电沟道的称为耗尽型。下面分别讨论这几种场效应管的工作原理和特性。

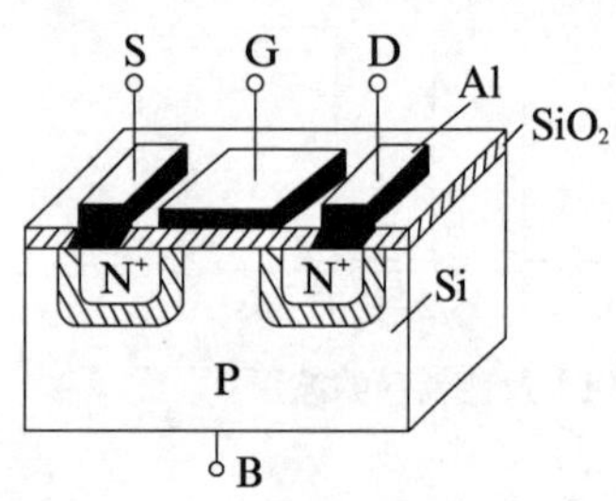

图2.1.15　N沟道增强型MOS管结构图

1) N沟道增强型MOS管

图2.1.15是这种管子的结构图。它是以一块杂质浓度较低的P型硅片为衬底(B),在其中扩散两个N^+区作为电极,分别称为源极(S)和漏极(D)。半导体表面覆盖SiO_2绝缘层,在漏源之间的绝缘层上再制造一层金属铝,称为栅极(G)。

图2.1.16(a)、(b)分别是N沟道增强型MOS管的漏极特性曲线和转移特性曲线。漏极特性曲线也分为可变电阻区、恒流区和夹断区三部分。转移特性曲线是U_{DS}使管子工作在漏极特性曲线的恒流区时所对应的$I_D=f(U_{GS})$曲线(可变电阻区对应的未画出)。

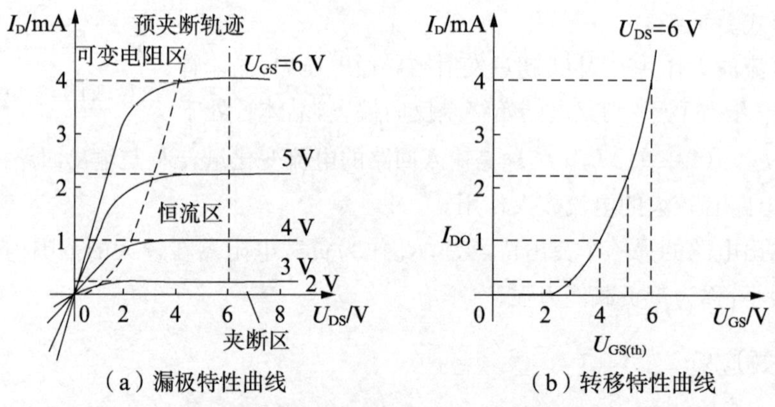

图2.1.16　N沟道增强型MOS管的特性曲线

2) N沟道耗尽型MOS管

这种管子在制造的过程中,在SiO_2绝缘层中掺入大量的正离子。在$U_{GS}=0$时,在这些正离子产生的电场作用下,P型衬底表面已经出现反型层,即漏源之间存在有导电沟道。U_{GS}为正时,沟道加宽,I_D增大;反之,U_{GS}为负时,沟道变窄,I_D减小。当U_{GS}减小到一定值(负值)时,反型层消失,漏源之间失去导电沟道,这时的U_{GS}称为夹断电压$U_{GS(off)}$,与结型场效应管相仿。由于这种管子的 U_{GS} 在一定范围内正负值均可控制 I_D 的大小，比结型场效应管（也属于耗尽型）使用方便。它的特性曲线形状和增强型相同。

3）P 沟道 MOS 管

P 沟道 MOS 管是 N 沟道 MOS 管的对偶型，正像双极型中 PNP 管是 NPN 管的对偶型一样。使用时 U_{GS}、U_{DS} 的极性与 N 沟道相反。增强型管的开启电压 $U_{GS(th)}$ 是负值，而耗尽型管的夹断电压 $U_{GS(off)}$ 是正值。

需要指出的是，MOS 管在使用时衬底和源极通常是接在一起的，如果需要分开，则衬源间的电压 U_{BS} 必须保证衬源间的 PN 结是反向偏置，即 NMOS 管 U_{BS} 为负，PMOS 管 U_{BS} 为正。这时沟道的宽度受 U_{GS} 和 U_{BS} 双重控制，结果使 $U_{GS(th)}$（或 $U_{GS(off)}$）的绝对值增大。比较而言，U_{BS} 对 NMOS 管的影响更大些。

2. 场效应管的主要参数

场效应管的主要参数归纳如下。

1）直流参数

（1）开启电压 $U_{GS(th)}$ 是指在 U_{DS} 为某一固定数值的条件下能产生 I_D 所需要的最小 $|U_{GS}|$ 值。为了便于测量，通常取 I_D 为某一微小电流时的 U_{GS} 为 $U_{GS(th)}$。这是增强型绝缘栅场效应管的参数。

（2）夹断电压 $U_{GS(off)}$。是指在 U_{DS} 为某一固定数值的条件下，使 I_D 等于某一微小电流（便于测量）时所对应的 U_{GS}。这是耗尽型场效应管的参数。

（3）饱和漏极电流 I_{DSS}。这是耗尽型场效应管的参数。它是在 $U_{GS}=0$ V 的条件下，管子发生预夹断时的漏极电流。

（4）直流输入电阻 $R_{GS(DC)}$。它是栅源电压和栅极电流的比值。结型管 $R_{GS(DC)}$ 一般大于 10^7 Ω，而绝缘栅型管一般大于 10^9 Ω。这个参数有时也以栅极电流大小的形式给出。

2）交流参数

（1）低频跨导 g_m。它是表征栅源电压对漏极电流控制作用大小的一个参数。其定义为：在 U_{DS} 为某固定数值的条件下，I_D 的微小变化量和引起它变化的 U_{GS} 的微小变化量之间的比值，即

$$g_m=\left.\frac{dI_D}{dU_{GS}}\right|_{U_{DS}=\text{constant}} \tag{2.1.1}$$

式中，g_m 的单位为西门子（S），有时也用 mS 表示。在转移特性曲线上，g_m 就是曲线在某点的切线斜率。需要指出的是，g_m 与场效应管的工作电流有关，I_D 越大，g_m 就越大。在放大电路中，场效应管工作在恒流区，g_m 可以由 I_D 的解析式（2.1.1）求导得出。

（2）极间电容。场效应管的 3 个电极之间存在极间电容，即栅源电容 C_{GS}、栅漏电容 C_{GD} 和漏源电容 C_{DS}，它们是由 PN 结的势垒电容以及分布电容构成的。C_{GS}、C_{GD} 的数值一般为 1～3 pF，C_{DS} 约为 0.1～1 pF。场效应管在高频应用时，要考虑这些电容的影响。场效应管的最高工作频率 f_M 也反映了这些电容的影响。

（3）低频噪声系数 N_F。噪声是由场效应管内部载流子运动的不规则性引起的。由于噪声的存在，使得一个放大器即使没有输入信号，在输出端也出现不规则的电压或电流

变化。噪声所产生的影响常用噪声系数 N_F 表示,单位是分贝(dB),N_F 越小越好。低频噪声系数是在低频范围内测出的。场效应管的 N_F 约为几分贝,由于它只有一种载流子的运动,所以 N_F 比双极型晶体管要小。

3) 极限参数

(1) 最大漏极电流 I_{DM}。是指场效应管在工作时允许的最大漏极电流。

(2) 最大耗散功率 P_{DM}。是决定场效应管温升的参数。一个场效应管的 P_{DM} 确定后,可以在漏极特性上画出它的临界损耗线。

(3) 漏源击穿电压 $U_{(BR)DS}$。在 U_{DS} 增大的过程中,使 I_D 急剧增加的 U_{DS} 称为 $U_{(BR)DS}$。场效应管在使用时,U_{DS} 不允许超过此值,否则会烧坏场效应管。

(4) 栅源击穿电压 $U_{(BR)GS}$。对结型管,栅极与沟道间 PN 结的反向击穿电压即是 $U_{(BR)GS}$。对绝缘栅型管,$U_{(BR)GS}$ 是使绝缘层击穿的电压。击穿会造成短路现象,使场效应管损坏。

对于绝缘栅型管来说,由于它的输入电阻极大,使得栅极的感应电荷不易泄放,而且由于绝缘层很薄,栅极和衬底间的电容量很小,栅极只要有少量的感应电荷即可产生高压,所以虽然 $U_{(BR)GS}$ 数值可达几十伏,但在场效应管保存或使用不当时,极易造成场效应管的击穿。要避免上述现象,关键在于避免栅极悬空,因此在栅源之间必须绝对保持直流通路。为此,场效应管在存放时,应使3个电极短路,或将场效应管插入有导电性能的塑料板上;在焊接时,烙铁要良好接地,最好在焊接时拔下烙铁的电源插头;在电路中,栅源间要有直流通路;取用场效应管时,手腕上最好套一个接大地的金属箍。

3. 场效应管的应用电路举例

和双极型晶体管一样,场效应管在电路中可以起放大作用,也可以作为可控开关。此外,场效应管还可作为压控电阻使用。

1) MOS 管单管电路

在图 2.1.17(a)所示电路中,当 U_I 在 0～10 V 变化时,MOS 管的漏极特性如图 2.1.17(b)所示。电压传输特性曲线如图 2.1.17(c)所示。

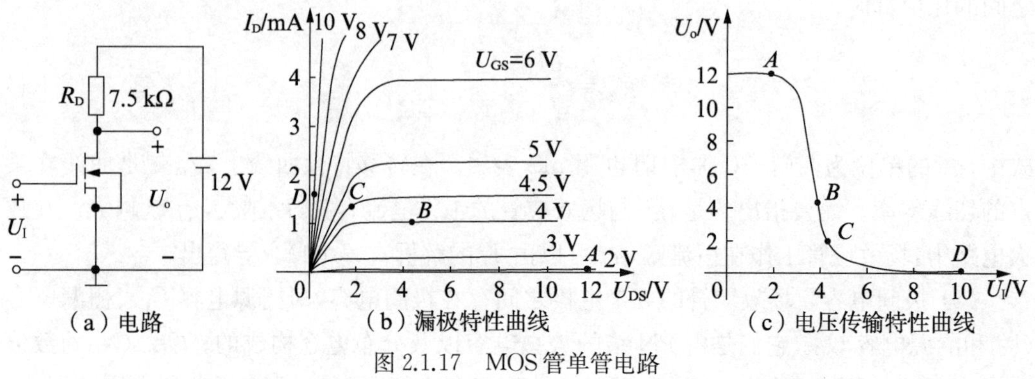

(a) 电路 (b) 漏极特性曲线 (c) 电压传输特性曲线

图 2.1.17 MOS 管单管电路

作为放大用时,场效应管工作在 A、C 之间;而作为可控开关时,场效应管工作在两边两段,即夹断区或可变电阻区。若 U_I 为一个幅度由 0 V 到 10 V 的方波,其输出电压波形 U_o 将是一个反相的方波。

2）压控电阻

场效应管工作在可变电阻区时，I_D随 U_{DS}的增加几乎呈线性增大，而增大的比值受 U_{GS}控制，这样就可以把管子的 D、S 间看成一个受电压控制的线性电阻。图 2.1.18(a)为结型场效应管作为压控电阻使用的简单电路。图 2.1.18(b)为结型场效应管的漏极特性曲线。

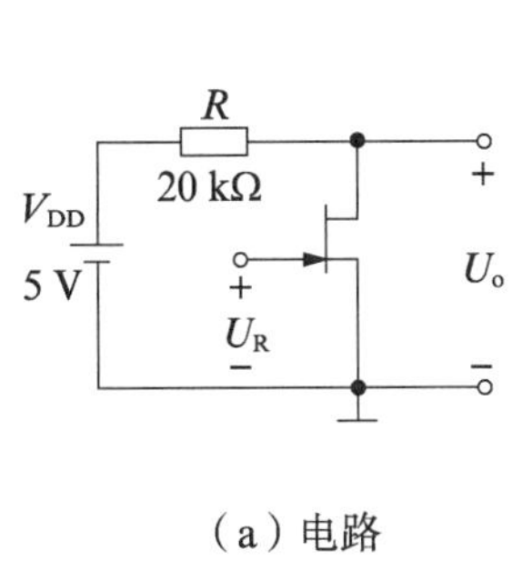

(a) 电路

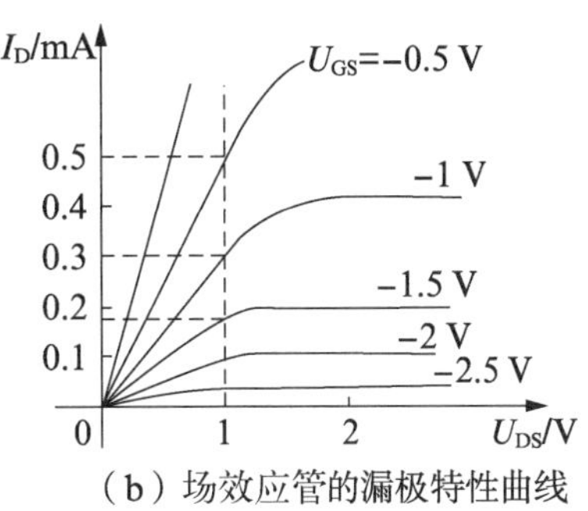

(b) 场效应管的漏极特性曲线

图 2.1.18　压控可变电阻

4. 场效应管和双极型晶体管的比较和选择

现将场效应管的性能和晶体管相比较，作为选管时的参考。

(1) 场效应管的 S、G、D 电极其功能与晶体管的 e、b、c 相对应。

(2) 场效应管是电压控制器件，栅极基本上不取电流，而晶体管的基极总要取一定的电流。所以在只允许从信号源取极小量电流的情况下，应该选用场效应管；而在允许取一定量电流时，选用晶体管进行放大可以得到比场效应管较高的电压放大倍数。

(3) 场效应管是多子导电，而晶体管则是既利用多子，又利用少子。由于少子的浓度易受温度、辐射等外界条件的影响，因此在环境变化比较剧烈的条件下，采用场效应管比较合适。

(4) 与双极型晶体管相比，场效应管的噪声系数较小，所以在低噪声放大器的前级通常选用场效应管，也可以选特制的低噪声晶体管。但总的来说，当信(号)噪(声)比是主要矛盾时，还应选用场效应管。

(5) 场效应管的漏、源极可以互换，耗尽型绝缘栅管的栅极电压可正可负，灵活性比晶体管强。

(6) 场效应管和晶体管都可以用于放大或作可控开关，且场效应管还可以作为压控电阻使用，而且制造工艺便于集成化，因此在电子设备中得到广泛的应用。

2.2　常用半导体分立器件电路

2.2.1　镜像电流采样电路

镜像电流采样电路在电子电源电路中常用于电流采样，将电流信号转换为电压信号后，用于控制或遥测判读。

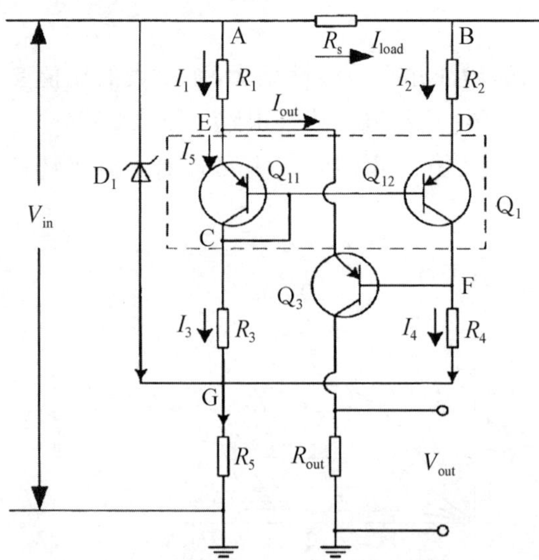

图 2.2.1　镜像电流采样电路

镜像电流采样电路原理如图 2.2.1 所示。

Q_1是两只特性相同的三极管 Q_{11} 和 Q_{12} 集成在一起使用的对管,三极管 Q_{11} 基极与集电极连在一起,从而保证其工作在放大态,设三极管基极与发射极压降为 U_{BE}。

$$I_3 = \frac{V_E - U_{BE11} - V_G}{R_3} \tag{2.2.1}$$

$$I_4 = \frac{V_E - U_{BE3} - V_G}{R_4} \tag{2.2.2}$$

由于选用的三极管放大倍数均在 100 左右,故流过基极电流很小,可忽略,则 $I_3 = I_5$, $I_2 = I_4$。取 $R_3 = R_4$,则 $I_3 = I_4$,因此 $I_2 = I_5$。

当电流流过采样电阻 R_S时,电阻两端产生压降,则

$$I_1 = \frac{V_A - V_E}{R_1} \tag{2.2.3}$$

$$I_2 = \frac{V_B - V_D}{R_2} \tag{2.2.4}$$

由于 $V_E = V_D$,取 $R_1 = R_2$,结合 $I_2 = I_5$,可推出:

$$I_{out} = I_1 - I_5 = I_1 - I_2 = \frac{V_A - V_B}{R_1} \tag{2.2.5}$$

忽略三极管基极电流,可得

$$V_{out} = \frac{V_A - V_B}{R_1} \times R_{out} \tag{2.2.6}$$

对管 Q_1 以及三极管 Q_3 组成基于镜像采样的放大电路对电流信号进行放大,放大倍数由 R_1、R_2、R_{out}决定。

2.2.2　三极管推挽放大电路

电子电源电路中,常常出现需要由控制信号驱动功率器件的使用场合,因此需要设计功率放大电路,常用三极管推挽功率放大电路,如图 2.2.2 所示。

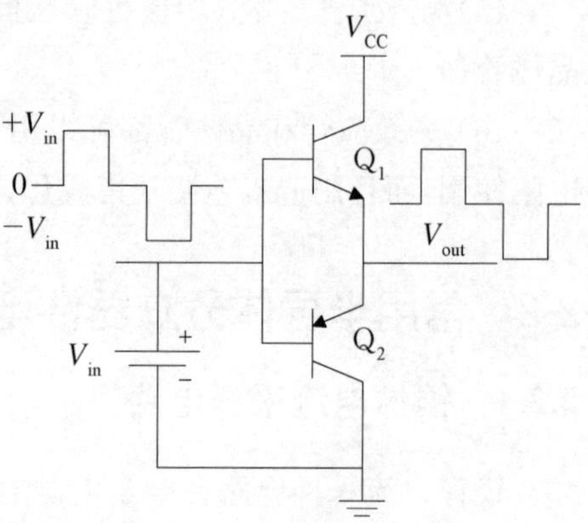

图 2.2.2　三极管推挽放大电路

三极管推挽功率放大电路由互补对称的两个

三极管 Q_1 和 Q_2 构成，其中 Q_1 为 NPN 三极管，Q_2 为 PNP 三极管，两管的基极和发射极相互连接在一起，信号由基极输入，由发射极输出。当输入信号 V_{in} 处于正半周期时，Q_2 截止，Q_1 工作在放大状态；当输入信号处于负半周期时，Q_1 截止，Q_2 工作在放大状态，组成推挽电路。

2.2.3　达林顿驱动电路

当使用场合中需求大电流时，一般采用达林顿电路进行多级放大，图 2.2.3 以 NPN 为例，给出了达林顿驱动电路形式。

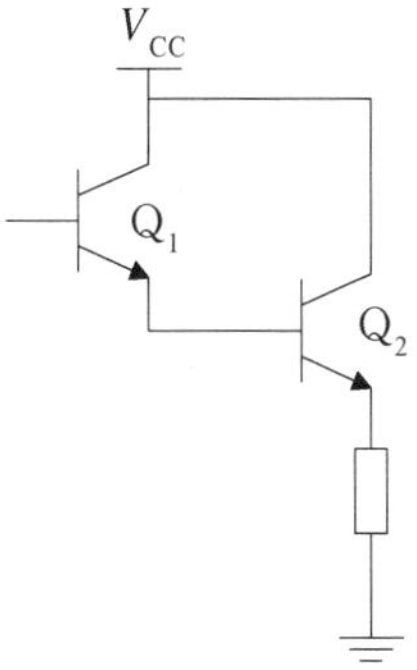

达林顿驱动电路工作原则如下。

(1) 选取同一种导电类型(PNP 或 NPN)的三极管构成达林顿电路时，需将前一只三极管的发射极连接至后一只三极管的基极。

(2) 选取不同导电类型(PNP 与 NPN)的三极管构成达林顿电路时，需将前一只三极管的集电极连接至后一只三极管的基极。

图 2.2.3　达林顿驱动电路(NPN 型)

(3) 两只三极管需均工作在放大状态，使得达林顿电路的放大倍数为各组成三极管的电流放大倍数。

2.3　集成运算放大电路

2.3.1　理想运算放大器

1) 理想运算放大器

实际运放的开环电压增益非常大，可以近似认为 $A=\infty$ 和 $e=0$。此时，有限增益运放模型可以进一步简化为理想运放模型，简称理想运放，如图 2.3.1 所示。

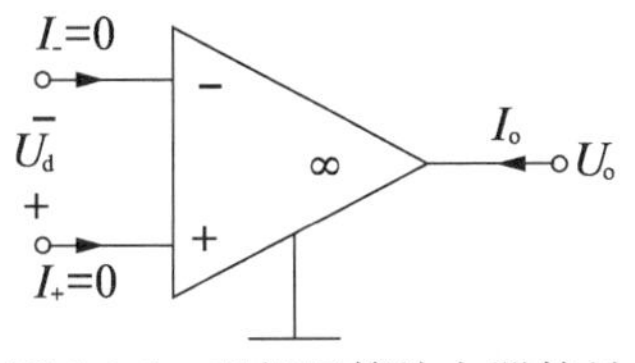

图 2.3.1　理想运算放大器符号

2) 特性

一个理想的运算放大器(ideal OPAMP)必须具备下列特性。

(1) 无限大的输入阻抗 ($Z_{in}=\infty$)。理想的运算放大器输入端不容许任何电流流入，即图 2.3.1 中的理想运放正相输入端与反向输入端的电流信号恒为零，亦即输入阻抗无限大。

(2) 趋近于零的输出阻抗 ($Z_{out}=0$)。理想运算放大器的输出端是一个完美的电压源，无论流至放大器负载的电流如何变化，放大器的输出电压恒为一定值，亦即输出阻抗为零。

(3) 无限大的开回路增益 ($A_d=\infty$)。理想运算放大器的一个重要性质就是开回路的状态下，输入端的差动信号有无限大的电压增益，这个特性使得运算放大器十分适合在实际应用时加上负反馈组态。

(4) 无限大的共模排斥比(CMRR=∞)。理想运算放大器只能对两端点电压的差值有反应，亦即只放大差值部分。对于两输入信号的相同的部分(即共模信号)将完全忽略不计。

(5) 无限大的带宽。理想的运算放大器对于任何频率的输入信号都将以一样的差动增益放大,不因为信号频率的改变而改变。

3) 理想运放工作在线性区时的特点

理想运放工作在线性区时,输出电压与输入电压呈现线性关系,其中,U_o是集成运放的输出电压;U_+和U_-分别是同相输入端及反相输入端的电压;A_{uo}是开环差模电压放大倍数。根据理想运放的特征,可以导出工作在线性区时集成运放的两个重要特点。

(1) 理想运放的差模输入电压等于零。由于理想运放的开环差模电压放大倍数等于无穷大,而输出电压为确定数值,同相输入端电压与反相输入端电压近似相等,如同将U_+和U_-两点短路一样,但两点的短路是虚假的短路,是等效短路,并不是真正的短路,所以把这种现象称为“虚短”。

(2) 理想运放的输入电流等于零。由于理想运放的开环输入电阻$R_{id}=\infty$,因此它不向信号源索取电流,两个输入端都没有电流流入集成运放。此时,同相输入端电流和反相输入端电流都等于零,如同两点断开一样。而这种断开也不是真正的断路,是等效断路,所以把这种现象称为“虚断”。“虚短”和“虚断”是分析理想运放工作在线性区的两条重要结论。

4) 理想运放工作在非线性区时的特点

集成运算放大器简称为“集成运放”。集成运放工作在非线性区时,输出电压不再随输入电压线性增长,而是达到饱和。

理想运放工作在非线性区时,也有两个重要特点。

(1) 当理想运放的$U_+\neq U_-$时,理想运放的输出电压达到饱和值。当$U_+>U_-$时,集成运放工作在正向饱和区,输出电压为正饱和值;当$U_+<U_-$时,集成运放工作在负向饱和压,输出电压为负饱和值。理想运放工作在非线性区时,$U_+\neq U_-$,不存在“虚短”现象。

(2) 理想运放的输入电流等于零。由于理想运放的输入电阻$R_{id}=\infty$,尽管输入电压$U_+\neq U_-$,仍可认为此时输入电流为零。

2.3.2 比例放大电路

运算放大器简称为“运放”。将信号按比例放大的电路,简称为比例电路或比例运算电路,它是常遇到的基本电路。由深度负反馈电路的分析已知,可由集成运放和电阻构成比例电路。它有反相输入和同相输入两种不同形式,下面分别介绍。

1. 反相比例放大电路

1) 电路的构成

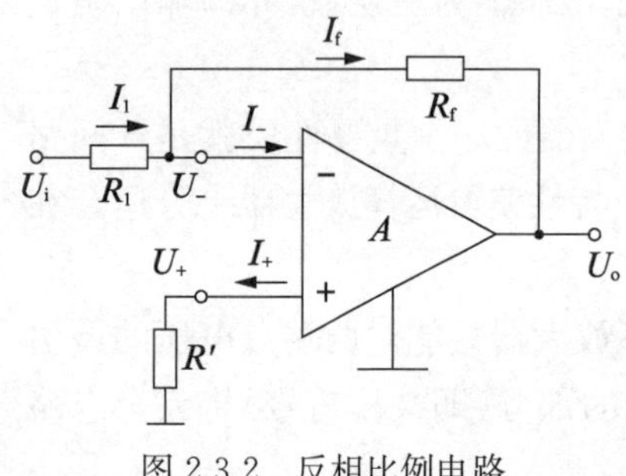

图 2.3.2 反相比例电路

电压并联深度负反馈电路的输出电压与输入电压之比的绝对值基本上等于反馈电阻与信号源内阻之比。因此可用图 2.3.2 所示电路实现比例运算。图中的电阻R_1与信号源相串联,其作用与信号源内阻R_s类似。由于这个电路的输入信号从集成运放的反相输入端引入,因而称为反相比例电路。

图 2.3.2 电路中集成运放的同相输入端接有电阻R',这是因为集成运放输入级是由差动放大电路组

成，它要求两边的输入回路参数对称，即从集成运放反相输入端和地两点向外看的等效电阻 R_n 应当等于从集成运放同相输入端和地两点向外看的等效电阻 R_p，即

$$R_n = R_p \tag{2.3.1}$$

上述对称条件，对于各种双极型晶体管集成运放构成的运算电路和放大电路是普遍适用的。但有时（如集成运放是高阻型，I_{IB} 很小）对此要求并不严格。

对于图 2.3.2 电路，设输入信号源的内阻为零，或者把信号源内阻计算到电阻 R_1 中去，则

$$R_n = R_1 \mathbin{/\!/} R_f$$

若 $R_1 = 20\ \text{k}\Omega$，$R_f = 200\ \text{k}\Omega$，则 R' 应为 $R_1 \mathbin{/\!/} R_f = 18.2\ \text{k}\Omega$，可取 $R' = 18\ \text{k}\Omega$。

2）函数关系

设图 2.3.2 电路的各参数合适，集成运放工作在线性放大状态，且负反馈深度很大，那么它具有以下两个特点。

（1）集成运放两个输入端之间的电压通常非常接近于零，即 $U_+ \approx U_-$，但不是短路，故称为“虚短”。

（2）流入集成运放两个输入端的电流通常可视为零，即 $I_- \approx 0$，$I_+ \approx 0$。但不是断开，故称为“虚断”。

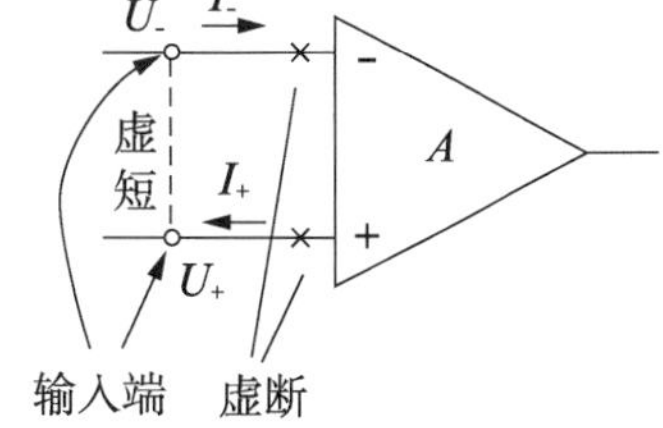

图 2.3.3　“虚短”和“虚断”示意图

虚短和虚断的情况如图 2.3.3 所示。本书的分析中经常用到。由于集成运放性能好，利用虚短和虚断概念求解运算电路的函数关系时所产生的误差，通常可忽略不计，因此我们可将 $U_+ \approx U_-$ 写成 $U_+ = U_-$，也可将 $I_+ \approx 0$ 和 $I_- \approx 0$ 分别写成 $I_+ = 0$ 和 $I_- = 0$。

根据以上概念可知，图 2.3.3 电路中集成运放的反相输入端与地端等电位，即 $U_- = 0$，故在这种情况下运放的反相输入端又称为虚地点，因此：

$$I_1 \overset{\text{虚地}}{=\!=} \frac{U_i}{R_1} \tag{2.3.2}$$

$$I_f \overset{\text{虚地}}{=\!=} -\frac{U_o}{R_f} \tag{2.3.3}$$

则可得反相比例电路输出电压与输入电压的函数关系是

$$U_o = -\frac{R_f}{R_1} U_i \tag{2.3.4}$$

可见 U_o 与 U_i 符合比例关系。式中的负号表示输出电压与输入电压的变化方向相反。对于正弦信号，二者相位相反；对于直流信号，二者的正、负极性相反（设 $U_i = 0$ 时 $U_o = 0$）。

3）主要特点

反相比例电路的主要特点如下。

(1) 集成运放的反相输入端为虚地点,它的共模输入电压可视为零。因此对运放的共模抑制比要求低。

(2) 由于电压负反馈的作用、输出电阻小、通常可将 R_o视为零。因此带负载能力强。

(3) 由于并联负反馈的作用,输入电阻小,通常可认为 $R_i=R_1$。因此对输入电流有一定的要求。

2. 同相比例放大电路

1) 电路的构成

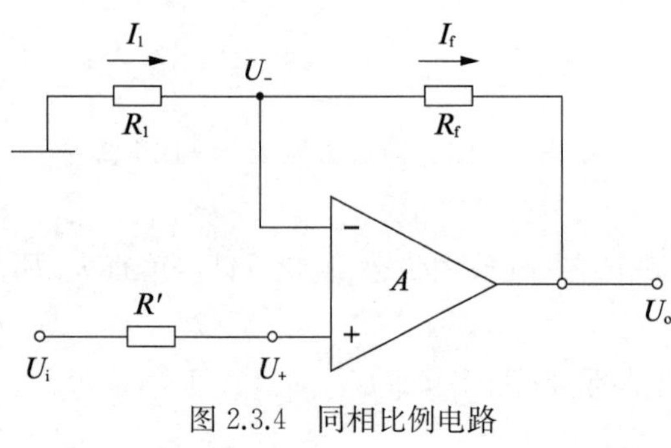

图 2.3.4 同相比例电路

前面提到反相比例电路的输入电阻小,如果希望输入电阻大,且 U_o与 U_i按一定比例同方向变化,那么可将信号接到运放的同相输入端,并在反相输入端引入负反馈,如图 2.3.4 所示。图中的 R'的作用是使 $R_p=R_n$,因此 $R'=R_1 /\!/ R_f$。此外,在意外情况下,当 U_i太大,使运放不再处于线性工作范围时,R'可起限制输入电流的作用。

2) 函数关系

$$U_o=\left(1+\frac{R_f}{R_1}\right)U_i \tag{2.3.5}$$

或

$$A_u=\frac{U_o}{U_i}=\left(1+\frac{R_f}{R_1}\right) \tag{2.3.6}$$

式中,A_u 为电压放大倍数。

3) 主要特点

同相比例电路的主要特点如下。

(1) 由于引入的负反馈属于电压串联的形式,所以能使输入电阻大(1+AF)倍,可高达 1 000 MΩ 以上,其中,A 为基本放大电路增益,F 为反馈系数。

(2) 同理输出电阻也减小到$\dfrac{1}{1+AF}$,一般可视为零。

(3) 由于 $U_-=U_+=U_i$,即同相比例电路中集成运放的共模电压等于输入电压,因此对集成运放的共模抑制比要求较高,这是它的缺点。

4) 电压跟随器

如果希望 $U_o\approx U_i$,可将同相比例电路中的电阻 R_1开路,即接成电压跟随器形式。图 2.3.4 中的电阻 R_f和 R'起限流作用,防止因意外造成过大的电流。根据虚短和虚断概念可知:

$$U_o\xlongequal{\text{虚断}}U_-\xlongequal{\text{虚短}}U_+\xlongequal{\text{虚断}}U_i$$

由于集成运放性能优良,所以由它构成的电压跟随器不仅精度高,而且输入电阻大,输出电阻小。例如，当运放的 $A_{od}=10^6$ 时，$R_{id}=1\ \text{M}\Omega$，$R_0=1\ \text{k}\Omega$ 时，在不考虑失调及漂移等前提下，读者可自行证明，电压跟随器的输出电压与输入电压之比是

$$\frac{U_o}{U_i}=\frac{1}{1+10^{-6}}\approx 1-10^{-6}$$

即跟随误差约为百万分之一，输出电阻可降为 $10^{-3}\ \Omega$。且理论上输入电阻可高达 $10^{12}\ \Omega$，所以它能真实地将输入信号传给负载，而向信号源索取的电流极小。

值得注意的是，电压跟随器的反馈系数等于 1，所以它的反馈深度很大。对于有的器件(如 725 型运放)而言，如果外接的相位补偿网络参数不合适，极易引起自激振荡。

2.3.3　加减运算电路

输出电压与若干个输入电压之和或差呈比例关系的电路称为加减运算电路。它不仅是模拟计算机的基本单元，而且在测量和控制系统中经常用到。下面先介绍求和电路，然后介绍加减运算电路。

1. 求和电路

集成运放可与电阻构成求和电路，它有反相输入和同相输入两种接法。

1) 反相求和电路

前面介绍的反相比例电路中集成运放的反相输入端为虚地点，反馈电流等于输入电流，而且这个电流与输入电压成正比，因此可利用虚地的概念，实现电流相加，从而得出求和电路。可在反相比例电路的虚地点再接几个电阻，它们的另一端各接一个信号电压，如图 2.3.5 所示(图中画了 3 个输入端，实际应用时可根据需要增减输入端的数量)。其中，电阻 R' 应等于集成运放反相输入端所接的各电阻相并联的阻值，即 $R'=R_1 /\!/ R_2 /\!/ R_3 /\!/ R_f$。

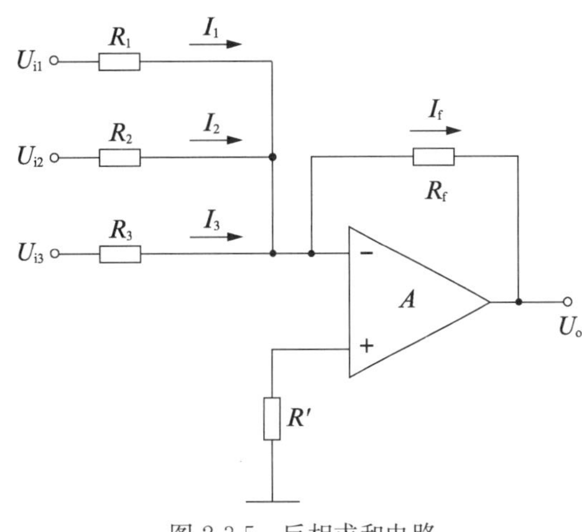

图 2.3.5　反相求和电路

运用虚短和虚断的概念，由图 2.3.5 电路可得

$$I_f\approx I_1+I_2+I_3$$

即

$$\frac{0-U_o}{R_f}\approx\frac{U_{i1}}{R_1}+\frac{U_{i2}}{R_2}+\frac{U_{i3}}{R_3}$$

因此，图 2.3.5 电路输出电压与输入电压的函数关系是

$$U_o=-R_f\left(\frac{U_{i1}}{R_1}+\frac{U_{i2}}{R_2}+\frac{U_{i3}}{R_3}\right)\tag{2.3.7}$$

反相求和电路的主要特点与反相比例电路类似。值得指出的是：调节反相求和电路

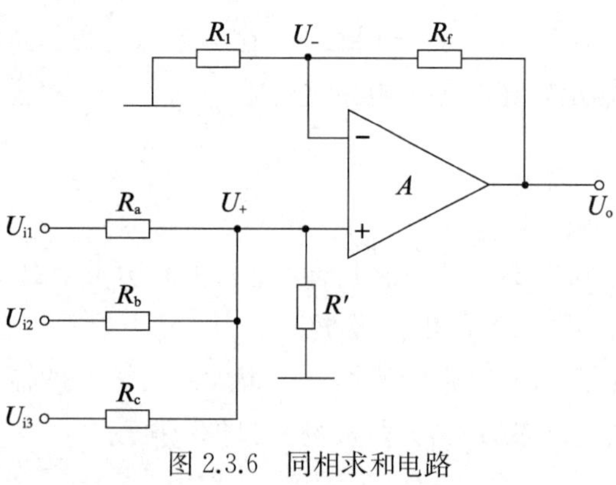

图 2.3.6 同相求和电路

某一路信号的输入电阻(R_1或R_2、R_3)的阻值不影响其他输入电压与输出电压的比例关系,因而调节方便。

2) 同相求和电路

如果把各输入电压加到集成运放的同相输入端,如图 2.3.6 所示(图中画出了 3 个输入端,实际应用时可酌情增减),是否也可以实现同相求和呢?下面求它的函数关系。

将这个电路与同相比例电路进行比较可知,它们的输出电压与集成运放同相输入端电位U_+的关系相同,即

$$U_o=\left(1+\frac{R_f}{R_1}\right)U_+ \tag{2.3.8}$$

而U_+可由下式求出

$$\frac{U_{i1}-U_+}{R_a}+\frac{U_{i2}-U_+}{R_b}+\frac{U_{i3}-U_+}{R_c}=\frac{U_+}{R'}$$

即

$$U_+=R_p\left(\frac{U_{i1}}{R_a}+\frac{U_{i2}}{R_b}+\frac{U_{i3}}{R_c}\right) \tag{2.3.9}$$

其中

$$R_p=R_a \mathbin{/\!/} R_b \mathbin{/\!/} R_c \mathbin{/\!/} R'$$

$$U_o=\left(1+\frac{R_f}{R_1}\right)R_p\left(\frac{U_{i1}}{R_a}+\frac{U_{i2}}{R_b}+\frac{U_{i3}}{R_c}\right)$$

由于$R_n=R_1 \mathbin{/\!/} R_f$,即$1+\frac{R_f}{R_1}=\frac{R_f}{R_n}$,因此上式可化为

$$U_o=\frac{R_p}{R_n}R_f\left(\frac{U_{i1}}{R_a}+\frac{U_{i2}}{R_b}+\frac{U_{i3}}{R_c}\right) \tag{2.3.10}$$

所以在R_p与R_n精确相等的条件下,图 2.3.6 电路输出电压与输入电压的函数关系是

$$U_o=R_f\left(\frac{U_{i1}}{R_a}+\frac{U_{i2}}{R_b}+\frac{U_{i3}}{R_c}\right) \tag{2.3.11}$$

值得指出是,式(2.3.11)仅在R_n严格等于R_p的条件下才是正确的。因此如果调整某一路信号的电阻(R_a、R_b或R_c)的阻值,则必须改变电阻R'的阻值,使R_p严格等于R_n,所以不如反相求和电路调节方便。此外,同相输入求和电路中集成运放的共模输入电压较

高，这也是它的缺点。

2. 单运放加减运算电路

1）电路的构成

前面介绍的求和电路可对同极性的信号进行加法运算，如果希望对同极性的信号电压进行加减运算，怎样才能实现呢？反相求和电路的输出电压与各输入电压之和的极性相反，而同相求和电路的输出电压与各输入电压之和的极性相同，因此可将反相求和电路与同相求和电路合并构成加减运算电路，如图 2.3.7 所示。它是一个可接 4 个输入信号的加减运算电路，实际应用时，可适当增加或减少输入端的个数，以适应各种不同的需要。

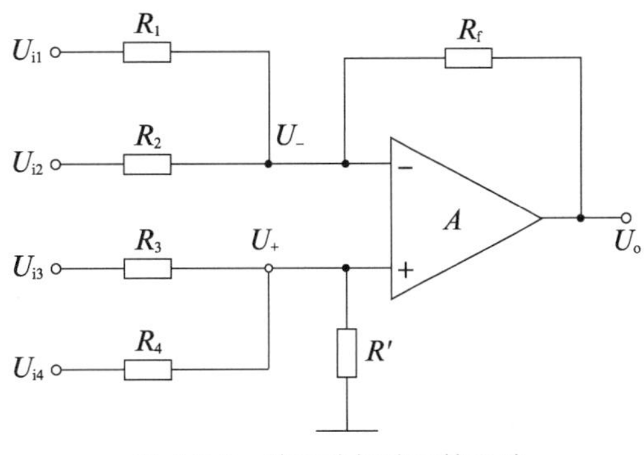

图 2.3.7　单运放加减运算电路

2）函数关系

下面用叠加原理求图 2.3.7 电路输出电压和各输入电压的函数关系。

令同相端输入信号 U_{i3} 和 U_{i4}，均为零。反相端输入信号 U_{i1} 和 U_{i2} 共同作用，此时集成运放反相输入端为虚地点，这种情况下电路相当于反相求和电路，所以此时的输出电压（用 U_{o1} 表示）为

$$U_{o1}=-R_f\left(\frac{U_{i1}}{R_1}+\frac{U_{i2}}{R_2}\right) \tag{2.3.12}$$

令反相端输入信号 U_{i1} 和 U_{i2} 为零，同相端输入信号 U_{i3} 和 U_{i4} 共同作用时，此时的输出电压（用 U_{o2} 表示）的表达式为

$$U_{o2}=\frac{R_p}{R_n}R_f\left(\frac{U_{i3}}{R_3}+\frac{U_{i4}}{R_4}\right) \tag{2.3.13}$$

其中

$$R_p=R_3 \mathbin{/\!/} R_4 \mathbin{/\!/} R'$$
$$R_n=R_1 \mathbin{/\!/} R_2 \mathbin{/\!/} R_f$$

根据平衡条件，取 $R_n=R_p$，因此由叠加原理可得

$$U_o=U_{o1}+U_{o2}-R_f\left(\frac{U_{i3}}{R_3}+\frac{U_{i4}}{R_4}-\frac{U_{i1}}{R_1}-\frac{U_{i2}}{R_2}\right) \tag{2.3.14}$$

2.3.4　积分和微分电路

1. 积分电路

积分电路是模拟计算机及积分型模数转换等电路的基本单元之一，它可以实现积分运算或起延迟作用及产生三角波等。下面介绍基本的积分电路。

1）基本积分电路的构成

积分电路的输出电压与输入电压成积分关系。怎样才能构成这种电路呢？电容两端的电压与它的电流成积分关系，而反相比例电路中流过反馈电阻的电流与输入电压成正比，因此只要将反相比例电路中的反馈电阻换成电容，就构成了基本的积分电路，如图2.3.8所示。

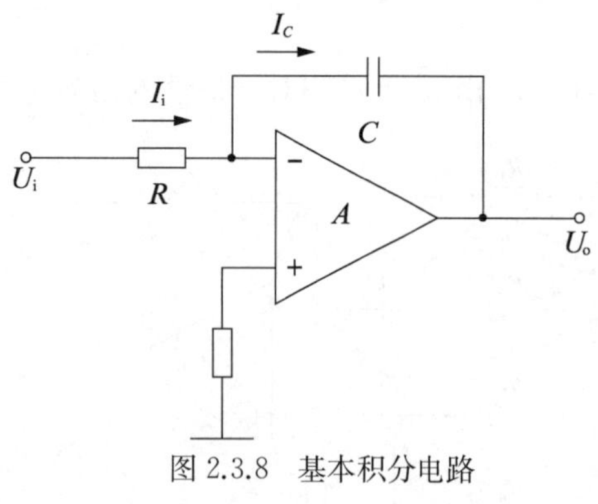

图2.3.8　基本积分电路

2）函数关系

运用虚短和虚断概念。由图2.3.8电路可知，运放反相输入端为虚地点，流过电容C的电流与流过电阻R的电流可视为相等，输出电压等于电容两端的电压，因此在理想情况下，输出电压是

$$U_o=-\frac{1}{C}\int_{t_1}^{t_2}I_C\mathrm{d}t+U_C|_{t_1}$$

将$I_C=I_i=\dfrac{U_i}{R}$代入上式，得

$$U_o=-\frac{1}{RC}\int_{t_1}^{t_2}U_i\mathrm{d}t+U_C|_{t_1} \tag{2.3.15}$$

式中，$U_C|_{t_1}$是t_1时刻电容两端的电压值，即初始值。

3）积分电路的主要用途

(1) 延迟。若将图2.3.8电路的输出电压作为电子开关的输入电压，那么积分电路可起延迟作用。例如，设图2.3.8电路中的电阻$R=10\ \mathrm{k\Omega}$，$C=0.05\ \mu\mathrm{F}$，在$t=0$时刻电容两端的电压为零。输出端接一个电子开关，当U_o经过+6 V时电子开关动作。若输入电压在$t=0$时刻由0 V跳变到−3 V，则输出电压将随时间线性上升，如图2.3.9(a)中的波形所示。设U_o上升到+6 V时所对应的时间为T，则

$$+6=\frac{-1}{10^4\times0.05\times10^{-6}}\int_0^T(-3)\mathrm{d}t+0$$

解方程，得到$T=1$ ms，即延迟时间为1 ms。

(2) 将方波变换为三角波。如果图2.3.8电路的输入信号是方波[图2.3.9(b)中所示U_i的波形]，电路参数与前面叙述“延迟”时相同，可画出U_o的波形如图2.3.9(b)中所示。可见积分电路能将方波变换为三角波。

(3) 移相90°。如果图2.3.8所示积分电路的输入信号是正弦波，并设运放处于线性工作范围，那么输出电压相量与输入电压相量的关系是

$$\dot{U}_o=-\frac{\dfrac{1}{\mathrm{j}\omega C}}{R}\dot{U}_i$$

即

$$\dot{U}_o = \frac{j}{\omega CR}\dot{U}_i \qquad (2.3.16)$$

因此在正弦稳态条件下，输出电压的相位比输入电压领先 90°，如图 2.3.9(c)中所示，且这个相位差与频率无关(集成运放按理想情况考虑)。但输出电压的幅值随频率升高而下降。

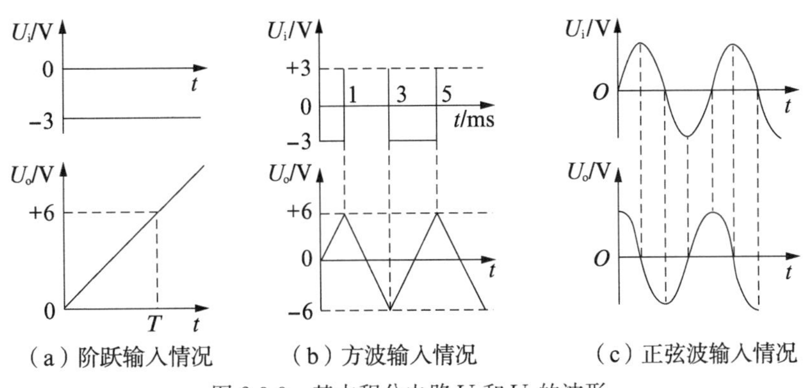

图 2.3.9　基本积分电路 U_i 和 U_o 的波形

2. 微分电路

1) 基本微分电路的构成和函数关系

微分是积分的逆运算，即输出电压与输入电压成微分关系。利用 $I_C = C\dfrac{dU_C}{dt}$ 的规律，只要将图 2.3.8 中的电容 C 和电阻 R 的位置交换，就得到了基本微分电路，如图 2.3.10 所示。在理想情况下，它的输出电压与输入电压的函数关系是

$$U_o = -RI_f = -RI_i = -RC\frac{dU_i}{dt} \qquad (2.3.17)$$

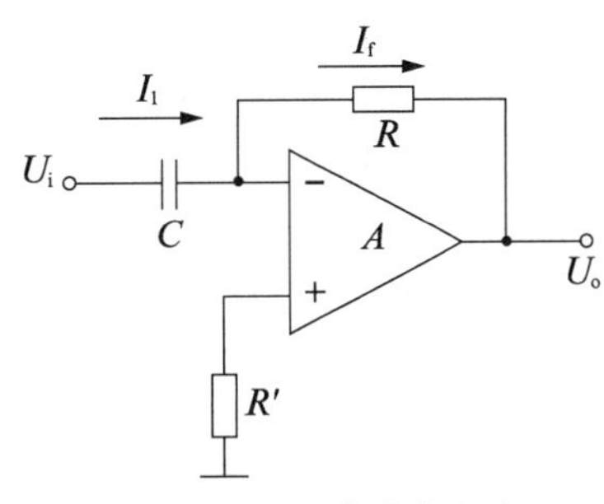

图 2.3.10　基本微分电路

可见 U_o 与 U_i 的微分成正比。

2) 基本微分电路存在的问题

基本微分电路存在以下问题。

(1) 由于输出电压与输入电压的变化率成正比，U_o 对 U_i 的变化非常敏感，因此基本微分电路的抗干扰性能差。

(2) 基本微分电路的 RC 环节对于反馈信号具有滞后作用，它和集成运放内部电路的滞后作用合在一起，可能引起自激振荡。

(3) 当输出电压发生突变时，输入电流(一般情况下可认为它等于反馈电流)与反馈电阻的乘积可能超过集成运放的最大输出电压，严重时将使微分电路不能正常工作。

3) 改进措施

解决上述问题的方法之一是：加一个小电阻与微分电容串联，以限制输入电流；在反馈电阻两端并联稳压管，限制输出幅度；在电阻 R' 和反馈电阻两端各并联一只小电容器

C_1和C_2,起相位补偿作用。实现上述意图的电路如图 2.3.11 所示。实际上它是近似微分电路。

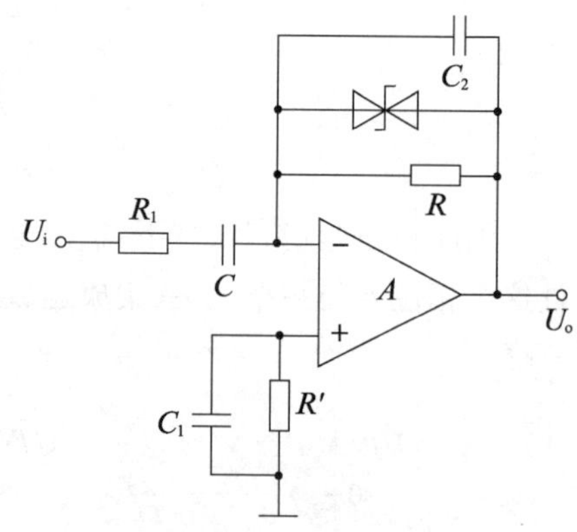

图 2.3.11　实用的微分电路

2.3.5　电压比较器

1. 什么是电压比较器

电压比较器(通常简称为比较器)的功能是比较两个电压的大小,例如,将一个信号电压U_i和另一个参考电压U_R进行比较,在$U_i > U_R$和$U_i < U_R$两种不同情况下,电压比较器输出两个不同的电平,即高电平和低电平。而U_i变化经过U_R时,比较器的输出将从一个电平跳变到另一个电平。图 2.3.12 画出了一种简单电压比较器的传输特性,其中U_{oh}和U_{ol}分别是电压比较器输出的高电平和低电平。

比较器有各种不同的类型。对它的要求是:鉴别要准确,反应要灵敏,动作要迅速,抗干扰能力要强,还应有一定的保护措施,以防止因过电压或过电流而造成器件损坏。下面以简单电压比较器为例,阐述比较器的构成和工作原理。

2. 简单电压比较器

1) 电路的构成

由于简单电压比较器的输出只需要两种稳定状态,为了提高灵敏度,通常用集成运放构成,并使它工作在开环状态,它的两个输入端分别接输入信号U_i和参考电压U_R,或者接两个输入信号,就构成了简单电压比较器,如图 2.3.13 所示。

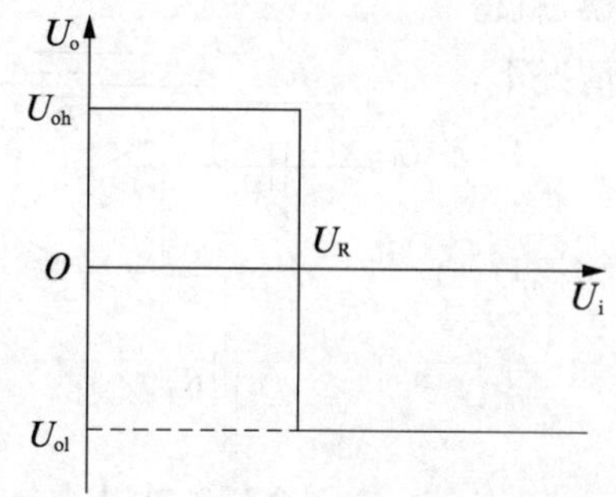

图 2.3.12　简单电压比较器的传输特性

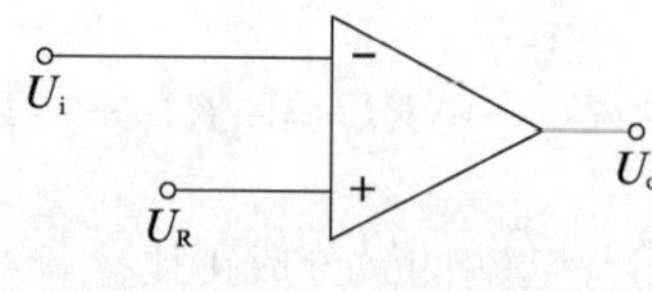

图 2.3.13　简单电压比较器

2) 基本工作原理

由于高质量集成运放的开环电压放大倍数很大,输入偏置电流很小,失调电压也较小,一般可按理想情况 ($A_{od}=\infty$, $I_{iB}=0$, $U_{io}=0$) 考虑,因此在开环状态下,只要反相输入端的电位高于同相输入端的电位即$U_- > U_+$,则U_o为低电平。反之,若$U_+ > U_-$,则U_o为高电平。

3) 传输特性和阈值

比较器的输出电压从一个电平跳变到另一个电平的临界条件是集成运放两个输入端的电位相等,即$U_+ = U_-$。对于图 2.3.13 电路,$U_- = U_i$,$U_+ = U_R$,所以该电压比较器的传输特性就是图 2.3.12 中的曲线。它表明输入电压从低逐渐升高经过U_R时，U_o将从高电平跳变为低电平。相反，当输入电压从高逐渐降低经过U_R时，U_o将从低电平跳变为高电平。比较器的输出电压从一个电平跳变到另一个电平时对应的输入电压值称为阈值电平或门槛电平，简称为阈值，用符号U_{th}表示。对于图 2.3.13 电路，$U_{th}=U_R$。

4）过零比较器

有时需要将信号电压与零进行比较，即参考电压等于零，满足该要求的电路很简单，只要将前面图 2.3.13 电路中接参考电压的端点接地就可以了，即如图 2.3.14(a)所示(图中加了电阻 R，以避免因U_i过大而损坏器件)。显然在理想情况下，它的阈值是零，也就是说U_i变化经过零时输出电压从一个电平跳变到另一个电平，因此称为过零比较器。

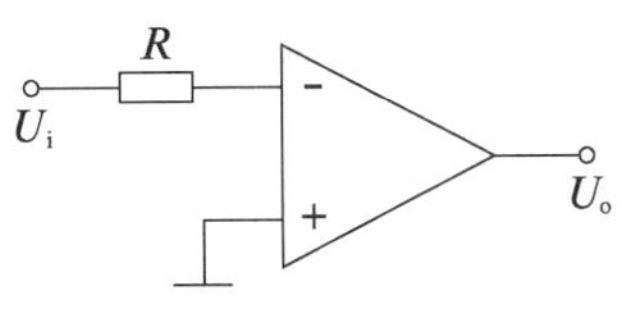

（a）反相输入过零比较器

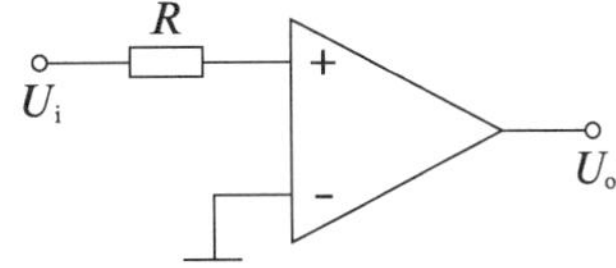

（b）同相输入过零比较器

图 2.3.14　过零比较器

图 2.3.14(a)过零比较器的信号电压接到集成运放的反相输入端，属于反相输入接法。也可以采用同相输入接法，如图 2.3.14(b)所示。各种比较器一般都有同相输入和反相输入两种接法，究竟采用哪种接法，视比较器前后电路所需要的电压极性关系而定。

利用过零比较器可将正弦波变成方波。如果给图 2.3.14(a)电路的输入端加正弦信号，那么它的输出电压波形如图 2.3.15 中U_o的波形所示(这种高、低电平各占周期时间一半的波形称为方波，理想方波的上升时间和下降时间均为零)，其输出幅度与电源电压和运放的最大输出电压值有关。实际电路还包括限幅和保护措施。

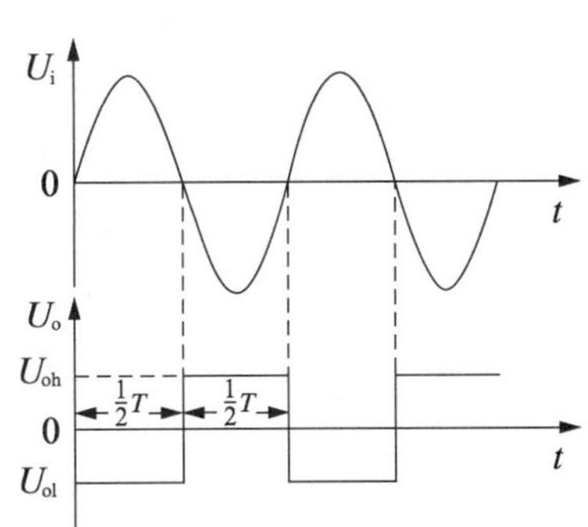

图 2.3.15　反相过零比较器的U_i和U_o波形

5）限幅措施

如果希望减小比较器的输出幅值，以适应某种需要(如用来驱动 TTL 器件)，可在比较器的输出回路加限幅电路。图 2.3.16(a)和图 2.3.16(b)中右边的电路就是两种利用稳压管的限幅电路，图 2.3.16(a)电路的正向输出幅度与负向输出幅度基本相等。图 2.3.16(b)可用来驱动 TTL 数字集成电路，图中稳压管的稳压值为 3～4 V，在它的两端并联锗开关二极管，是为了使负向输出电压更接近于零。

6）输入过电压保护措施

为了防止输入信号过大损坏集成运放，除了在比较器的输入回路中串接电阻，还可以在集成运放的两个输入端并联二极管，如图 2.3.16(a)和图 2.3.16(b)中左边的电路所示。

3. 比较器的特点及分析方法

比较器与放大电路、运算电路、有源滤波电路等相比，具有一些截然不同的特点。掌

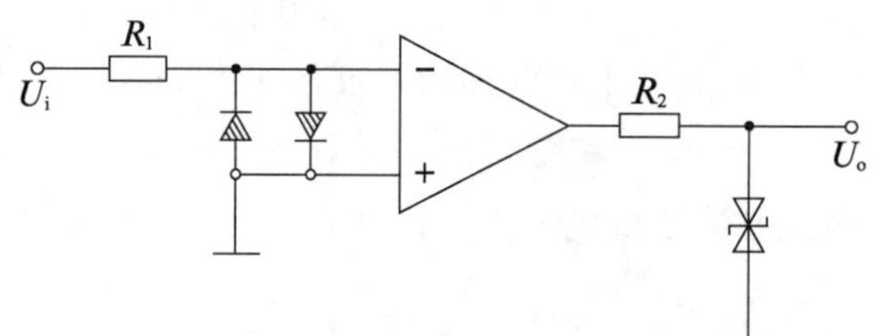

(a)输出正负电压限幅过零比较器

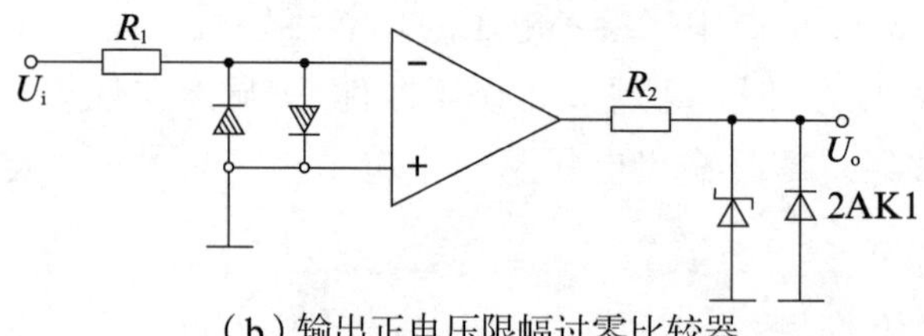

(b)输出正电压限幅过零比较器

图 2.3.16 具有输入保护和输出限幅的过零比较器

握这些特点对于比较器的分析和计算是十分有益的,因此本节将先归纳比较器的特点,然后阐述比较器的一般分析方法。

1) 比较器的特点

(1) 工作在开环或正反馈状态。放大、运算等电路为了实现性能稳定并满足一定的精度要求,这些电路中的运放均引入深度负反馈;而为了提高比较器的灵敏度和响应速度,它所采用的运放不但没有引入负反馈,有时甚至还加正反馈,如滞回比较器。因此比较器的性能和分析方法与放大、运算等电路是不同的。

(2) 非线性。由于比较器中运放处于开环或正反馈状态,它的两个输入端之间的电位差与开环电压放大倍数的乘积通常超过最大输出电压,使其内部某些管子进入饱和区或截止区,因此,在绝大多数情况下输出与输入不呈线性关系,即在放大、运算等电路中常用的虚短等深度反馈概念对比较器不再适用。

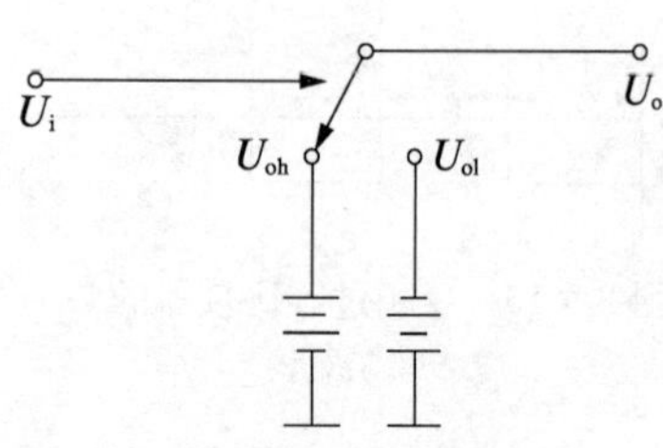

图 2.3.17 电压比较器的开关特性示意图

(3) 开关特性。比较器的输出通常只有高电平和低电平两个稳定状态,因此它相当于一个受输入信号控制的开关,如图 2.3.17 所示。当输入电压经过阈值时,开关动作,使输出从一个电平跳变到另一个电平。这种功能将在下一章的非正弦波形发生电路中得到应用。

由于比较器的输入信号是模拟量,而它的输出电平是离散的,因此电压比较器可作为模拟电路与数字电路之间的过渡电路。

2) 比较器的分析方法

由于比较器的上述特点,在分析时既不能像对待放大电路那样去计算放大倍数,也不能像分析运算电路那样去求解输出与输入的函数关系,而应当着重抓住比较器的输出从一个电平跳变到另一个电平的临界条件(此时运放两个输入端之间的电压可视为零,两个输入端的电流也可视为零)所对应的输入电压值(即为阈值)来分析输入量与输出量之间的关系。这一点将在下面的滞回比较器部分详述。

4. 滞回比较器

1）如何提高抗干扰能力

简单电压比较器结构简单，而且灵敏度高，但它的抗干扰能力差，也就是说如果输入信号因受干扰在阈值附近变化，如图 2.3.18 中 U_i 的波形所示，则过零比较器输出电压就会反复地从一个电平跳变到另一个电平。若过零比较器为同相输入接法，则输出电压如图 2.3.18 中 U_o 的波形所示。如果用这样的输出电压控制继电器或电机，将出现频繁动作或起停现象。这种情况通常是不允许的。怎样解决这个问题呢？设想如果电压比较器有两个数值不同的阈值，其传输特性如图 2.3.19(b)所示，即 U_o 由低电平变到高电平时的阈值为 U_{th1}，U_o 由高电平变到低电平的阈值为 U_{th2}，那么当输入信号因受干扰或其他原因发生变化时，只要变化量不超过两个阈值之差，这种比较器的输出电压就不会来回变化。图 2.3.19(a)和(c)示出了同相滞回比较器[它的传输特性如图 2.3.19(b)所示]的输入电压和输出电压的波形，可见后者并不因前者受干扰而变化，所以抗干扰能力强。

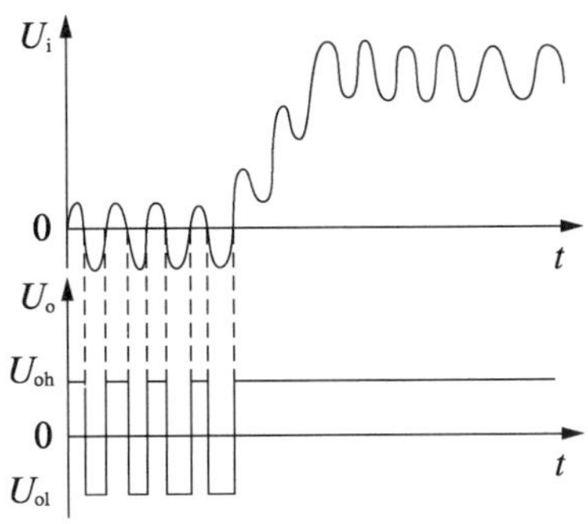

图 2.3.18　过零比较器抗干扰性差的波形图

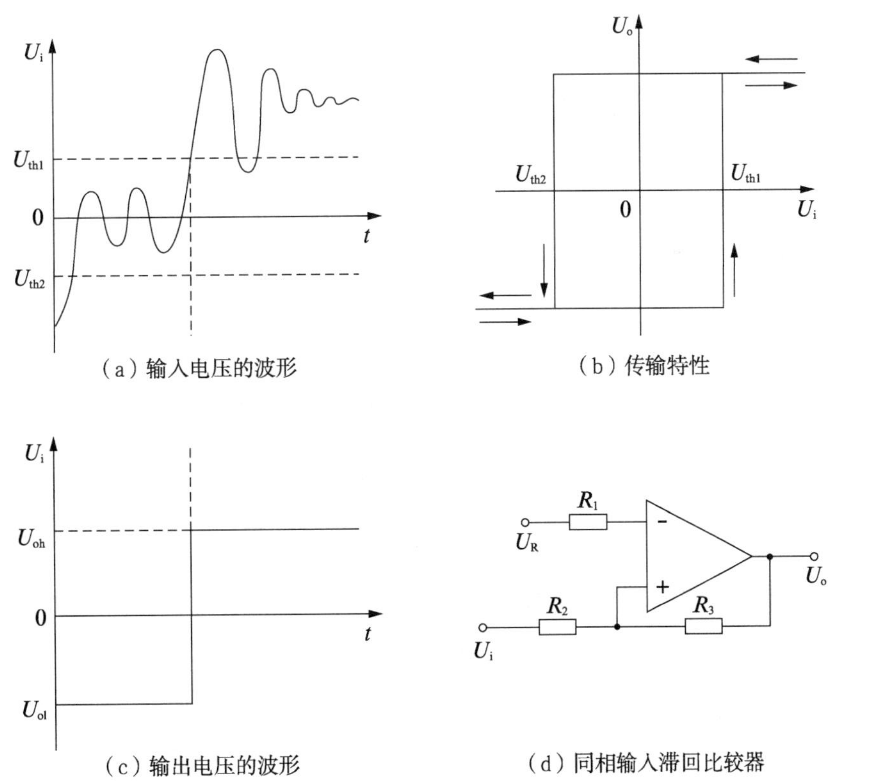

图 2.3.19　同相滞回比较器

图 2.3.19(b)所示传输特性与磁滞回线类似，因此人们将具有这类传输特性的电压比较器称为滞回比较器或施密特触发器。

2) 电路的构成

怎样构成滞回比较器电路呢？观察图 2.3.19(b)所示传输特性可知，它的两个阈值与输出端在状态转换前是高电平还是低电平有关，因此可在简单电压比较器电路中加正反馈来构成滞回比较器。图 2.3.19(d)中示出了一种同相输入滞回比较器。

3) 估算阈值

下面以图 2.3.20(a)所示比较器为例说明如何估算阈值。由此图可知，它的输出电压发生跳变的临界条件是集成运放两个输入端之间的电压等于零，即

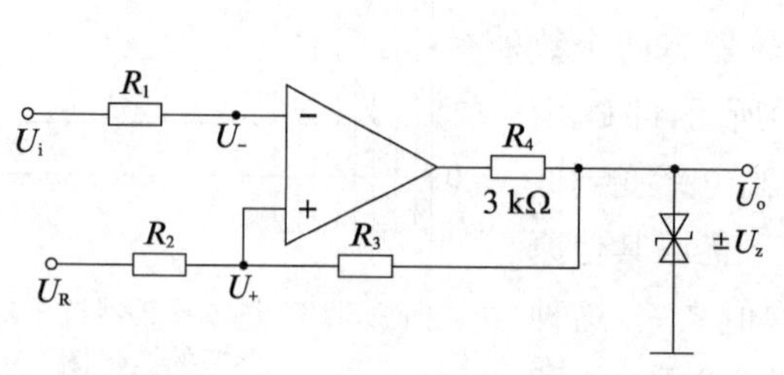

(a) 反相滞回比较器电路

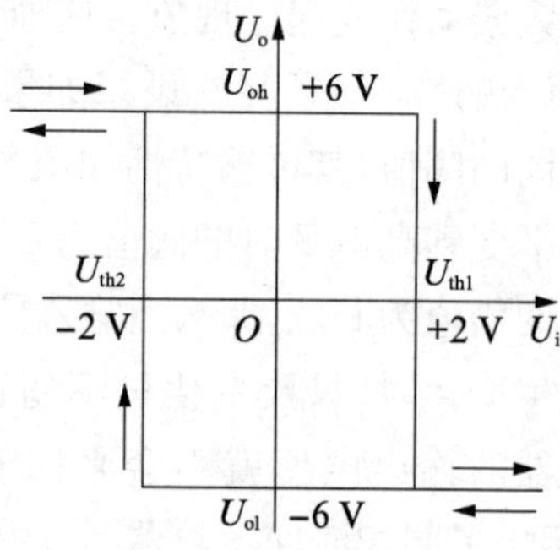

(b) 反相滞回比较器的传输特性

图 2.3.20 反相滞回比较器

$$U_- = U_+ \tag{2.3.18}$$

而在 $U_- \approx U_+$ 时，集成运放两个输入端的电流均可视为零，因此运放反相输入端的电位等于输入电压，即

$$U_- = U_i \tag{2.3.19}$$

而运放同相输入端的电位是

$$U_+ = U_R - \frac{U_R - U_o}{R_2 + R_3} \cdot R_2 = \frac{R_3 U_R + R_2 U_o}{R_2 + R_3} \tag{2.3.20}$$

因为 $U_- = U_+$ 时对应的 U_i 值就是阈值，故图 2.3.20(a)电路的阈值是

$$U_{th} = \frac{R_3 U_R + R_2 U_o}{R_2 + R_3}$$

式中，U_o的值是输出高电平($+U_z$)或输出低电平($-U_z$)，故将 $U_o = +U_z$ 和 $U_o = -U_z$ 分别代入上式。可得两个不同的阈值，它们分别是

$$U_{th1} = \frac{R_3 U_R + R_2 U_z}{R_2 + R_3} \tag{2.3.21}$$

$$U_{th2} = \frac{R_3 U_R - R_2 U_z}{R_2 + R_3} \tag{2.3.22}$$

反相滞回比较器的传输特性如图 2.3.20(b)所示。

5. 窗口比较器

简单比较器和滞回比较器有一个共同的特点，即 U_i 单方向变化时，U_o 只跳变一次，因

而只能检查一个电平。如果要判断U_i是否在某两个电平之间，则应采用窗口比较器。

1）电路的构成

窗口比较器的主要特点是输入信号单方向变化（如从足够低单调升高到足够高）可使输出电压跳变两次，其传输特性如图 2.3.21(b)所示。它形似窗口，故将具有这类传输特性的比较器，称为窗口比较器。将它与反相简单电压比较器、同相简单电压比较器的传输特性相比较，可以发现，可用两个阈值不同的简单比较器构成窗口比较器，阈值小的简单比较器采用反相输入接法，阈值大的简单比较器采用同相输入接法，再用具有单向导电性的二极管将两个简单比较器的输出引到同一点，作为窗口比较器的输出端。实现上述意图的电路如图 2.3.21(a)所示，图中的参考电压$U_{rh}>U_{rl}$。 至于图中各电阻值，可根据具体情况适当增减。

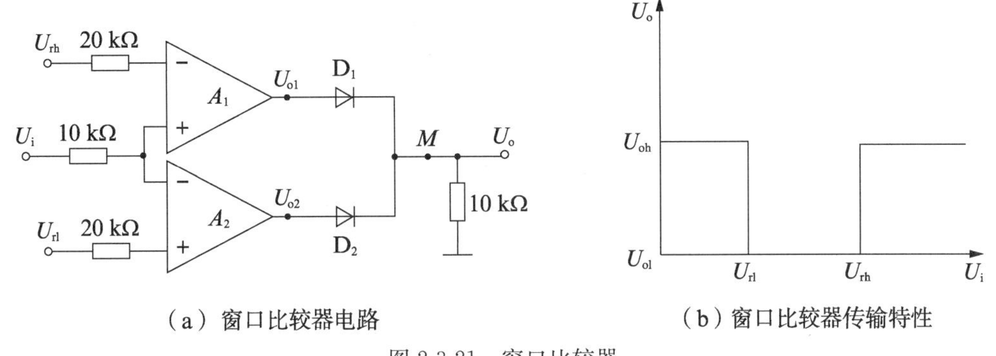

（a）窗口比较器电路　　（b）窗口比较器传输特性

图 2.3.21　窗口比较器

2）工作原理

下面按输入电压与参考电压U_{rh}、U_{rl}的大小分 3 种情况分析图 2.3.21(a)窗口比较器的工作原理。

(1) 当$U_i>U_{rh}$时，U_{o1}为高电平，二极管 D_1 导通。由于$U_{rl}<U_{rh}$，因此U_i 也大于U_{rl}，但A_2 采用反相输入接法，所以U_{o2}为低电平（负值），二极管 D_2 截止。也就是说在这种情况下的图 2.3.21(a)窗口比较器相当于同相输入简单比较器，此时$U_o\approx U_{o1}$，为高电平。

(2) 当$U_i<U_{rl}$时，U_{o2}为高电平，二极管 D_2 导通。由于$U_{rl}<U_{rh}$，因此U_i 也小于U_{rh}，U_{o1}为低电平（负值），二极管 D_1 截止。也就是说，在这种情况下的图 2.3.21(a)窗口比较器相当于反相输入简单电压比较器，此时$U_o\approx U_{o2}$，为高电平。

(3) 当$U_{rl}<U_i<U_{rh}$时，U_{o1}和U_{o2}均为低电平，二极管 D_1 和 D_2 都截止，此时图 2.3.21(a)中的 M 点相当于开路，所以$U_o=0$，即窗口比较器输出为低电平。

3）阈值和传输特性

据以上所述可知，图 2.3.21(a)窗口比较器有两个阈值，它们是U_{rh}和U_{rl}。而且当$U_i<U_{rl}$或$U_i>U_{rh}$时，U_o 均为高电平；仅当$U_{rl}<U_i<U_{rh}$时，U_o 为低电平，因此可画出图2.3.21(a)窗口比较器的传输特性如图 2.3.21(b)所示。

窗口比较器提供了两个阈值和两种输出状态，从检查产品的角度来看，可区分参数值在一定范围之内和这个范围之外的产品。例如，利用图 2.3.22 电路可将三极管按β值的大小分为两档，即β值在 50～100 为一档，其他的为另一档。当图 2.3.22 中右边的发光二极管为暗状态时,说明图中左边的被测三极管(硅管)β值在50~100。当发光二极管为亮状态时,说明被测三极管$\beta < 50$或$\beta > 100$。

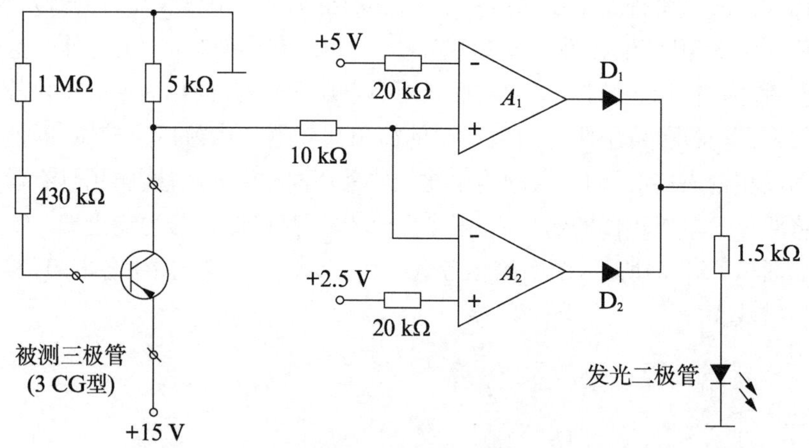

图 2.3.22　利用窗口比较器区分三极管β值的原理电路

如果希望将三极管按β值的大小分为三档,例如,β值在50以下的为A档,β值在50~100的为B档,β值大于100的为C档,则要求比较器不仅有两个不同阈值,而且要有三种不同状态的输出电平。能实现这种功能的比较器称为三态比较器。

6. 集成电压比较器

前面提到电压比较器是模拟电路与数字电路之间的过渡电路,但通用型集成运放构成的电压比较器的高、低电平与数字电路TTL器件的高、低电平的数值相差较大,一般需要加限幅电路才能驱动TTL器件,因此给使用带来不便。而且通用型集成运放构成的电压比较器响应速度低,采用集成电压比较器可以克服这些缺点。

集成电压比较器内部电路的结构和工作原理与集成运放十分相似,但由于用途不同,集成电压比较器有其固有的特点,现概述如下。

(1) 集成电压比较器一般无须外接元件,就可以直接驱动TTL等数字集成电路器件。

(2) 与同等价格的集成运放相比,集成电压比较器的响应速度快。

(3) 为了提高响应速度,集成电压比较器内部电路的输入级工作电流较大。

(4) 有的集成电压比较器具有选通端。

2.4 波形发生电路

波形发生电路和波形变换电路在量测、自动控制、通信、无线电广播和遥控等技术领域中有着广泛的应用,甚至在收音机、电视机和电子表等日常生活用品中也离不开它。波形发生电路包括正弦波振荡电路和非正弦波形发生电路,它们不需要输入信号便能产生各种周期性的波形,如正弦波、方波、三角波和锯齿波等。波形变换电路是将输入信号的波形变换成另一种形状的波形,如将方波变换成三角波,将三角波变换成锯齿波或正弦波等。

2.4.1　RC 正弦波振荡电路

常见的 RC 正弦波振荡电路是 RC 串并联式正弦波振荡电路，在有的文献中称为文氏桥正弦波振荡器。它的主要特点是采用 RC 串并联网络作为选频和反馈网络，因此我们必须先了解它的频率特性，然后才能分析这种正弦波振荡电路的原理。

1. RC 串并联网络的频率特性

RC 串并联网络由电阻 R_1 与电容 C_1 相串联、电阻 R_2 与电容 C_2 相并联组成，如图 2.4.1(a)所示。

为了方便，我们假定在图 2.4.1(a)电路的左侧加幅值恒定、频率可调的正弦信号。当信号的频率足够低时，近似的低频等效电路如图 2.4.1(b)所示。据此图可画出低频段的幅频特性和相频特性，分别如图 2.4.1(c)和图 2.4.1(d)中的实线所示。

当信号的频率足够高时，可得近似高频等效电路如图 2.4.1(e)所示，根据它可画出高频段的幅频特性和相频特性分别如图 2.4.1(f)和图 2.4.1(g)中的实线所示。

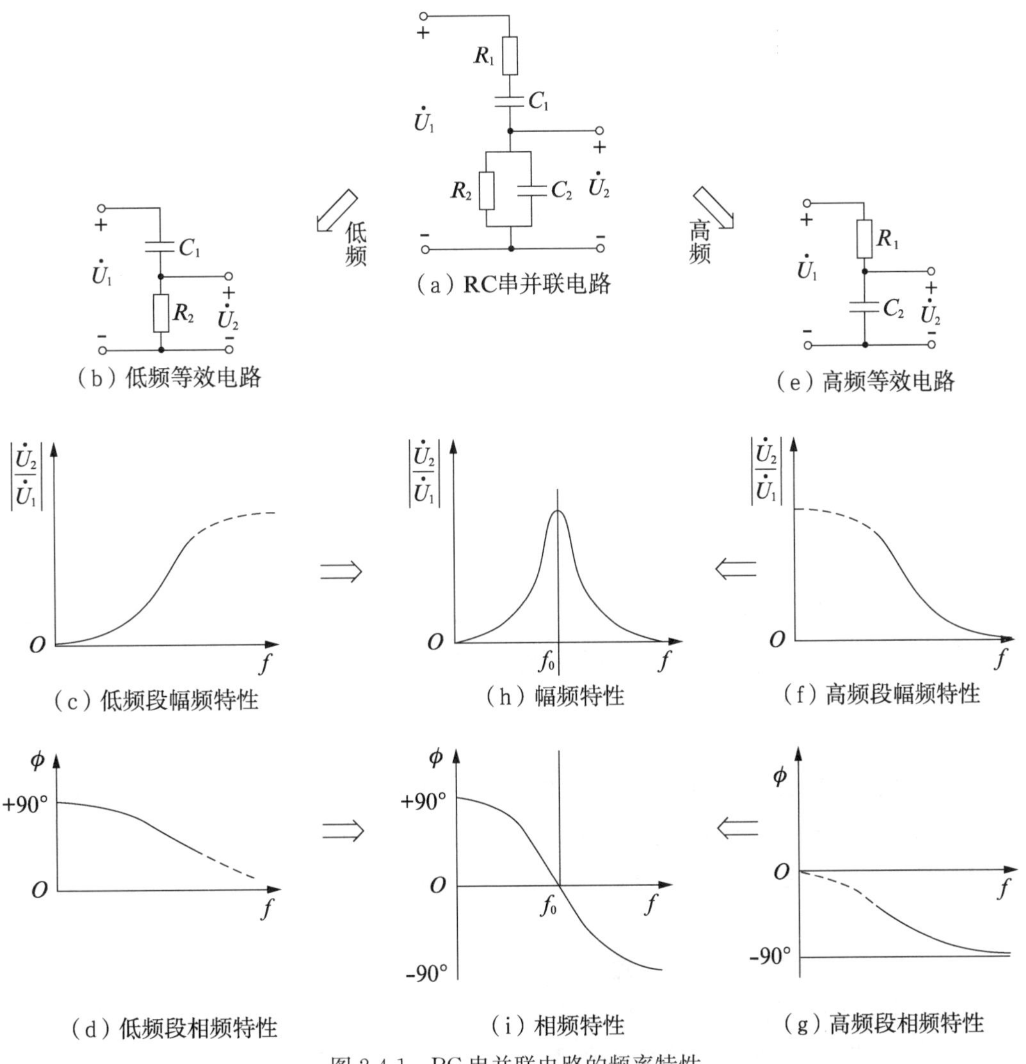

图 2.4.1　RC 串并联电路的频率特性

综合以上两种情况，可定性画出 RC 串并联网络的幅频特性和相频特性分别如图 2.4.1(h)和图 2.4.1(i)所示。由图 2.4.1(i)可知，当频率由零升高到无穷大时，相移由 $+90^\circ$连续变化到-90°，其中必有一个频率(设它为 f_0)使相移等于零。

2. 电路的构成

根据前面分析，正弦波振荡电路必须具有放大电路和反馈网络(包括选频网络)，现在反馈网络的频率特性已知。根据这个原则所组成的电路如图 2.4.2 所示。

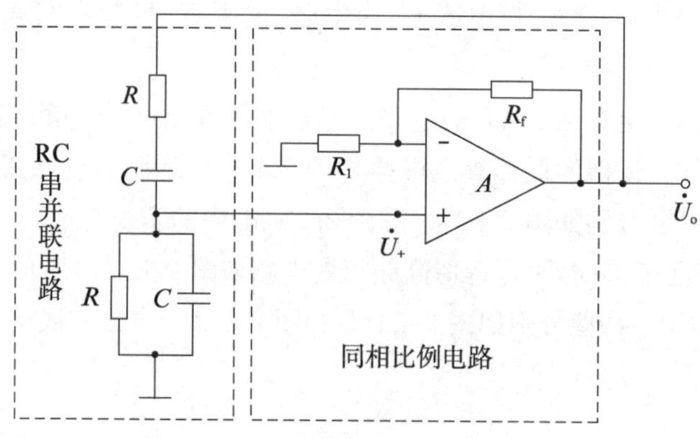

图 2.4.2　RC 串并联式正弦波振荡电路

3. RC 正弦波振荡电路的适用范围

RC 正弦波振荡电路的振荡频率与 R、C 的乘积成反比，如果希望它的振荡频率较高，势必要减小 R 和 C 的数值。例如，若 RC 串并联式正弦波振荡电路中的 $R=1\ \text{k}\Omega$，$C=200\ \text{pF}$，则振荡频率为 $f_o=796\ \text{kHz}$。如果希望获得更高的振荡频率，那么还应再减小 R 和 C，而减小 R 将使放大电路的负载加重，减小 C 也不能超过一定的限度，否则振荡频率将受寄生电容的影响而不稳定。此外，普通集成运放的带宽较窄，也限制了振荡频率的提高。因此由集成运放构成的 RC 正弦波振荡电路的振荡频率一般不超过 1 MHz。如果希望产生更高频率的正弦波，可采用下面介绍的 LC 正弦波振荡电路。

2.4.2　非正弦波发生电路

由于非正弦波形发生电路所产生的波形不是正弦波，因此它的工作原理、电路结构和分析方法都与正弦波振荡电路不同，矩形波发生电路是非正弦波形发生电路中最常见的电路之一，而且是产生其他波形的基础。

1. 矩形波发生电路的基本工作原理

矩形波如图 2.4.3 中 U_o的波形所示，除跳变过程外它只有高电平和低电平两个状态。如果我们将一个单刀双位开关的两个定端 H 和 L 分别接正电源和负电源，并将开关的动端 M 和两个电源的公共端 G 作为输出(图 2.4.3)，那么只要开关能自动地周期性地动作，就可以自动地连续产生矩形波。怎样才能使开关自动地、周期性地动作呢？只要适当引入反馈、并把开关换成具有开关特性的器件就可以实现。也就是说可以从输出端引入反馈，使输出电压 U_o为高电平时反馈电压 U_F随时间逐渐升高，经过一定时间升高到一定程度后使开关动作，动端 M 与接负电源的 L 点接通，输出跳变为低电平。同理当输出电压为低电平时，反馈电压 U_F 随时间下降，经过一定时间下降到一定程度后使开关动作，动端 M 与接正电源的 H 点接通，输出跳变为高电平。如此周而复始，可连续不断地产生矩形波。

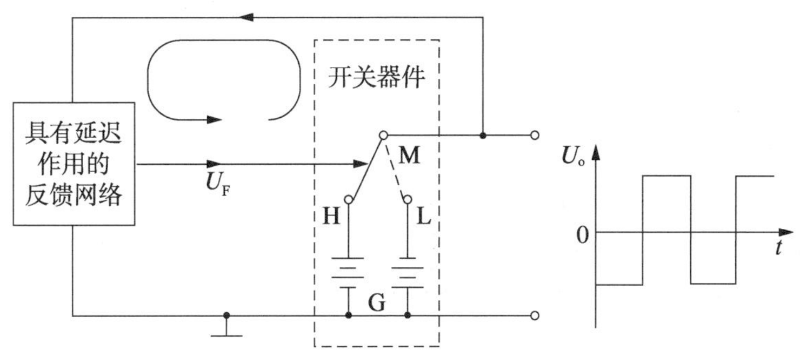

图 2.4.3　产生矩形波的原理示意图

图 2.4.3 所示矩形波经过积分电路可变为三角波，而三角波发生电路稍加改动就成了锯齿波发生电路。所以矩形波发生电路是非正弦波形发生电路的基础。

2. 基本组成部分

由上面所述可知非正弦波形发生电路应有以下几个基本组成部分。

(1) 具有开关特性的器件。它可以是电压比较器、集成模拟开关、TTL 与非门等器件。具有开关特性的三极管也可以起开关作用。在本节中我们均用滞回比较器作为开关。

(2) 反馈网络。在非正弦波形发生电路中必须设法使具有开关特性的器件能改变状态，将输出电压恰当地反馈给关有开关特性的器件，方可实现上述意图。

(3) 延迟环节。有了延迟环节，才能获得我们所需要的振荡频率。利用 RC 电路的充放电特性可实现延迟，也有利用器件的延迟时间实现延迟的。在有些场合延迟环节可与反馈网络合在一起。

(4) 如果要求产生三角波或锯齿波，还应加积分环节。

3. 振荡条件

本节所讨论的非正弦波形发生电路的振荡条件比较简单，其是：无论开关器件的输出电压为高电平或低电平，如果经过一定的延迟时间后可使开关器件的输出改变状态，便能产生周期性的振荡，否则不能振荡。

4. 分析方法

分析非正弦波形发生电路能否发生振荡的基本方法如下。

(1) 检查电路是否具有非正弦波形发生电路的基本组成部分，即是否具有作为开关的器件、反馈网络、延迟环节等。

(2) 分析是否满足非正弦波形发生电路的振荡条件。以图 2.4.3 为例，可先假定 U_o 为高电平，分析它经具有延迟作用的反馈网络后产生的 U_F 能否使开关器件(对于本节所介绍的电路而言，实际上是滞回比较器)的 U_o 从原来的高电平变为低电平。若能，还应分析 U_o 为低电平时 U_F 能否使 U_o 从低电平变为高电平。若也能，则满足振荡条件。

2.4.3 矩形波发生电路

矩形波有两种,一种是输出电压处于高电平的时间 T_H 和输出电压处于低电平的时间 T_L 不相等,另一种是二者相等。人们常把 $T_H = T_L$ 的矩形波称为方波。下面介绍方波发生电路。

1. 方波发生电路

1) 电路的构成

可选择滞回比较器作为前面图 2.4.3 中的开关,用电阻与电容相串联的 RC 电路作为具有延迟作用的反馈网络,构成图 2.4.4 所示的方波发生电路。它的右边是滞回比较器,起开关作用;它的左边是 RC 电路,起反馈初延迟作用。下面先定性分析它的工作原理,然后估算振荡周期。

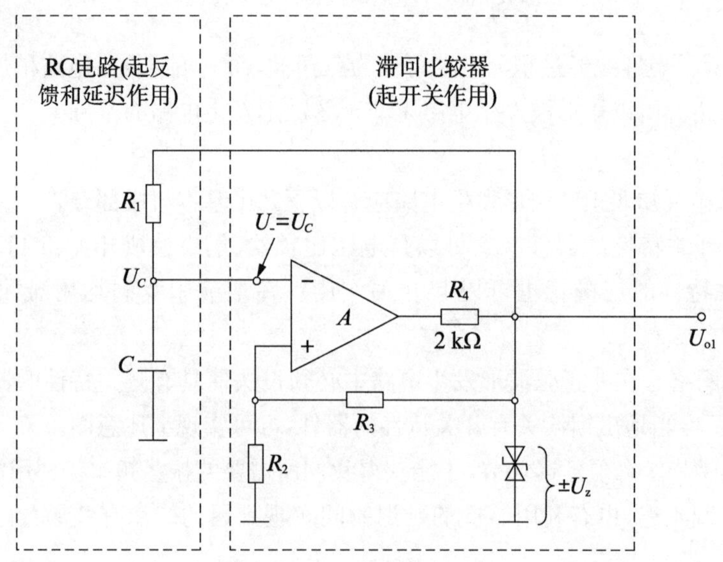

图 2.4.4 方波发生电路

2) 工作原理

图 2.4.4 中滞回比较器的输出只有高电平和低电平两个稳定状态。设接通电源时刻电容两端的电压 $U_C = 0$,滞回比较器的输出电压 $U_o = +U_z$,则集成运放同相输入端此时的电位为

$$U_+ = \frac{R_2}{R_2 + R_3}(+U_z)$$

而 $U_o = +U_z$ 时电容充电,使集成运放反相输入端的电位 U_-(它等于 U_C)由零逐渐上升。在 U_- 低于 U_+ 以前,$U_o = +U_z$ 不变。当 U_- 上升到略高于 U_+ 时,U_o 从高电平跳变为低电平,即变为 $+U_z$。当 $U_o = -U_z$ 时,$U_+ = \frac{R_2}{R_2 + R_3}(-U_z)$,同时电容经 R_1 放电,使 U_- 逐渐下降。在 U_- 高于 U_+ 以前,$U_o = -U_z$ 不变,当 U_- 下降到略低于 U_+ 时,U_o 从 $-U_z$ 跳变为 $+U_z$,又回到初始状态。如此周而复始,产生振荡,输出方波。

为了便于分析U_o与U_-（即U_C）的相互关系，根据上面的分析我们把U_o和U_C的波形画在图 2.4.5 中。

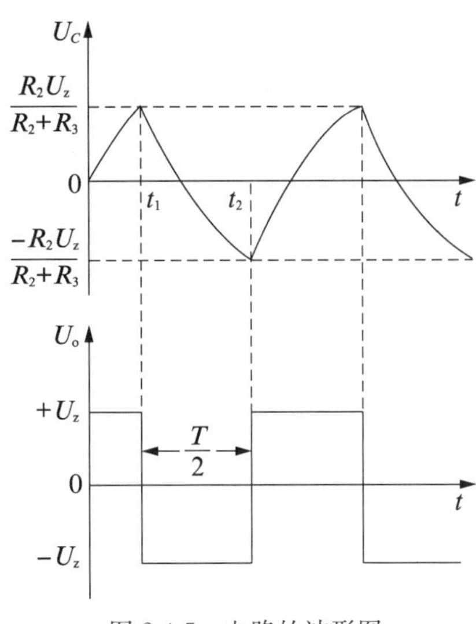

图 2.4.5　电路的波形图

2. 其他矩形波发生电路

矩形波发生电路的种类较多，除了用集成运放或集成电压比较器构成矩形波发生电路外，主要还有以下两种。

(1) 用数字集成电路（如 74LS14 等）组成矩形波发生电路，不仅电路结构简单、成本低，而且最高振荡频率可达 5 MHz 以上，但存在输出电压幅度小等缺点。

(2) 用集成定时器（如 5G555 等）组成矩形波发生电路，具有简便灵活等优点，但振荡频率较低，一般在 1 MHz 以下。

2.4.4　三角波发生电路

1. 电路的构成

图 2.4.6 电路中集成运放反相输入端的波形近似三角波，在要求不高的情况下，可将它作为三角波信号。但它是由指数曲线组成，线性度很差。怎样才能产生线性度高的三角波呢？已知积分电路可将方波变换成线性度高的三角波，但这样得到的三角波的幅值随方波输入信号的频率变化。为了克服这个缺点，可将积分电路的输出送给滞回比较器的输入，再将它输出的方波送给积分电路的输入，如图 2.4.6 所示。改变R_4的阻值或C的容量，可使输出电压上升和下降的斜率变化，因此振荡频率随之变化。但只要R_1、R_2的阻值和稳压管的稳压值不变，输出电压的幅值不会改变，因而克服了三角波幅值随频率变化的缺点。

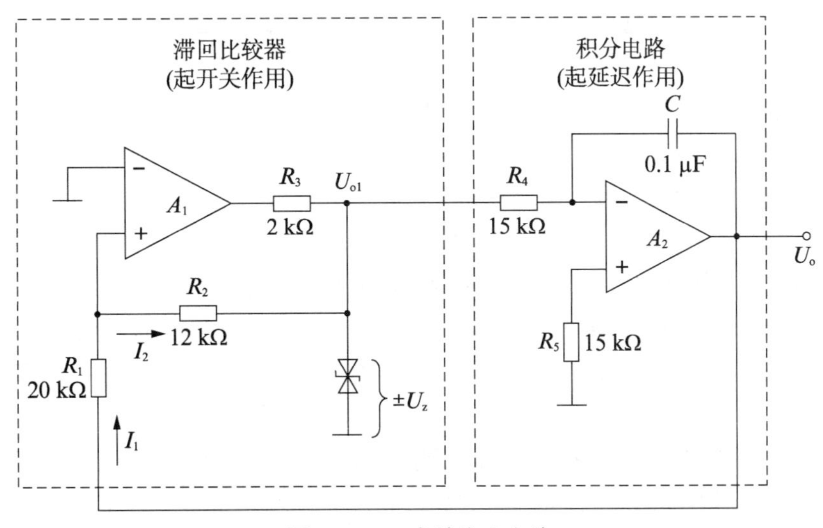

图 2.4.6　三角波发生电路

2. 工作原理

分析这个电路能否振荡,关键要看积分电路的输出电压 U_o 是否既能使比较器的输出电压 U_{o1} 从高电平变为低电平,又能使 U_{o1} 从低电平变为高电平。下面具体分析。

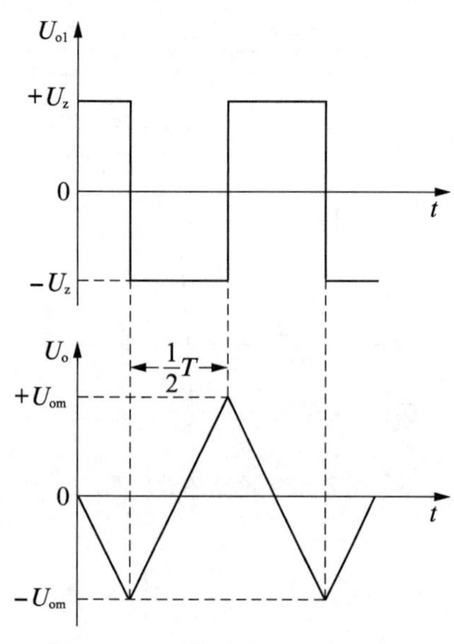

图 2.4.7　三角波发生电路的波形

若 $U_{o1}=+U_z$,则电容充电,U_o 按线性规律逐渐下降,当 U_o 下降到零以后再下降到一定程度,使 A_1 的 U_+ 略低于 U_-,即 U_+ 略低于零时,U_{o1} 从 $+U_z$ 跳变为 $-U_z$,同时 U_+ 也跳变到更低的值(比零低得多)。在 U_{o1} 变为 $-U_z$ 后,电容放电,U_o 按线性规律逐渐上升,当 U_o 上升到一定程度,使 A_1 的 U_+ 略大于零时,U_{o1} 从 $-U_z$ 跳回到 $+U_z$。如此周而复始,产生振荡。由于电容充电回路与放电回路相同,积分电路输出电压上升与下降的时间相等,上升与下降的斜率的绝对值也相等,因此 U_o 是三角波。

据以上所述,三角波发生电路 U_o 和 U_{o1} 的波形,如图 2.4.7 所示。可见图 2.4.6 所示电路既能输出三角波,又能输出方波。

电阻 R_1、R_2、R_4 和电容 C 均与振荡频率有关。因此应当先调整电阻 R_1 或 R_2,使输出电压的峰值达到所需要的值,然后再调整电阻 R_4 或电容 C,使振荡频率满足要求。反之,若先调振荡频率,那么输出电压的峰值改变时,振荡频率也会随之变化。

2.5　三取二型电路

控制信号冗余设计是电子电源可靠性设计技术领域的一个重要组成部分,冗余信号的输出方式近年来在各个领域都得到了大量的研究。其中,三取二选通电路(也称为三取二型电路)是一个重要的输出方式,该电路具有结构简单、使用器件少、成本低等优点。具体电路形式如图 2.5.1 所示。

$V_{11}\sim V_{33}$ 表示信号源;$D_{11}\sim D_{99}$ 表示二极管,其中 D_{33}、D_{66}、D_{99} 表示隔离二极管;$R_{11}\sim R_{66}$ 表示电阻;$N_{11}\sim N_{33}$ 表示跟随电路中的运算放大器;Vcc 表示上拉电源,上拉电源的取值可以为+12 V;V_o 表示三取二电路输出。

第一信号源 V_{11}、第二信号源 V_{22} 和第三信号源 V_{33} 分别与三个跟随电路(分别对应第一跟随电路、第二跟随电路和第三跟随电路)中的第一运算放大器 N_{11}、第二运算放大器 N_{22} 和第三运算放大器 N_{33} 的输入正端相连,第一跟随电路、第二跟随电路和第三跟随电路分别跟随输出第一信号源 V_{11}、第二信号源 V_{22} 和第三信号源 V_{33},第一跟随电路的输出分别与第一二极管 D_{11} 和第六二极管 D_{88} 的负端相连,第二跟随电路的输出分别与第二二极管 D_{22} 和第三二极管 D_{44} 的负端相连,第三跟随电路的输出分别与第四二极管 D_{55} 和第五二极管 D_{77} 的负端相连,第一取小电路将第一信号源 V_{11} 与第二信号源 V_{22} 取小输出,第二取小电路将第二信号源 V_{22} 与第三信号源 V_{33} 取小输出,第三取小电路将第一信号源 V_{11}

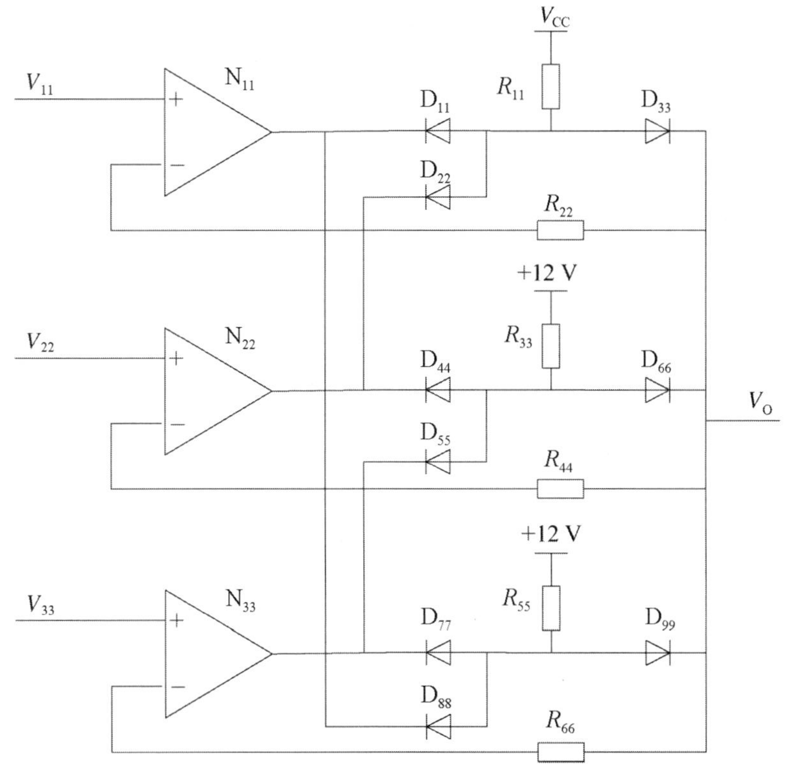

图 2.5.1　三取二型电路

与第三信号源 V_{33} 取小输出，三组取小电路的输出分别与第一隔离二极管 D_{33}、第二隔离二极管 D_{66} 和第三隔离二极管 D_{99} 的正端相连，所述第一隔离二极管 D_{33}、第二隔离二极管 D_{66} 和第三隔离二极管 D_{99} 的负端并联实现三个小信号（信号源经取小电路取小之后的信号称为小信号）的取大输出 V_o，同时三个隔离二极管的负端分别串联第一电阻 R_{22}、第二电阻 R_{44} 和第三电阻 R_{66} 后，再分别反馈到第一运算放大器 N_{11}、第二运算放大器 N_{22} 和第三运算放大器 N_{33} 的输入负端，最终在第一信号源 V_{11}、第二信号源 V_{22} 和第三信号源 V_{33} 中取中间值输出，所述第一电阻 R_{22}、第二电阻 R_{44} 和第三电阻 R_{66} 均为大阻值的电阻。

根据以上叙述，三取二型电路输出通过大电阻反馈到运算放大器的输入负端，可将输出值与输入值保持一致。电路正常工作时，该电路可以可靠地输出三个信号中的中间值。在其中一个运算放大器出现恒高或恒低故障输出时，后级取小电路可以将最高值阻止输出，隔离二极管构成的取大电路可以将最低值阻止输出，最终输出三者中的相对中间值。

2.6　定时器电路

利用 555 定时器可构成多谐振荡器，结合三极管推挽放大电路，可形成电子电源电路中常用的定时器驱动电路，电路形式如图 2.6.1 所示。

当电路接通电源后，电容 C_{11} 被充电，当电容两端电压上升至 $2V_{CC}/3$ 时，输出电压为

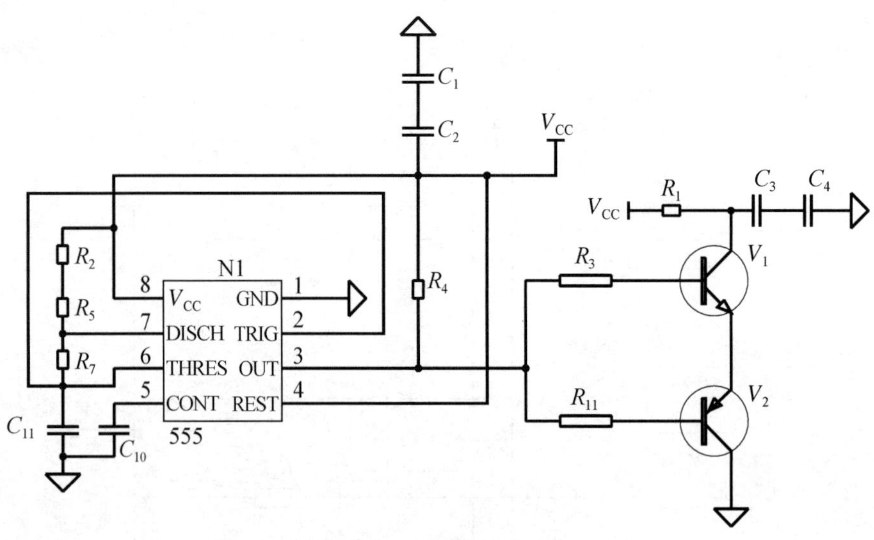

图 2.6.1　定时器驱动电路

低电平,同时555定时器电路内部三极管T导通,此时电容 C_{11} 通过 R_5 和三极管T放电,电容两端电压下降,当下降至 $V_{CC}/3$ 时,输出电压翻转为高电平。

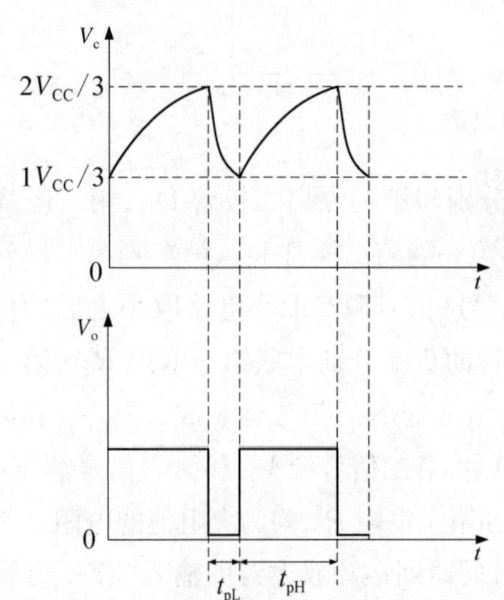

图 2.6.2　定时器驱动电路工作波形图

电容器 C_{11} 放电所需时间为

$$t_{pL}=R_7C_{11}\ln 2\approx 0.7R_7C_{11} \tag{2.6.1}$$

当放电结束时,T截止,V_{CC} 将通过电阻 R_2、R_5 和 R_7 向电容器 C_{11} 充电,电容两端电压由 $V_{CC}/3$ 充电至 $2V_{CC}/3$ 所需时间为

$$\begin{aligned} t_{pH} &= (R_2+R_5+R_7)C_{11}\ln 2 \\ &\approx 0.7(R_2+R_5+R_7)C_{11} \end{aligned} \tag{2.6.2}$$

输出端周期性波形如图2.6.2所示,振荡频率为

$$f=\frac{1}{t_{pL}+t_{pH}}\approx\frac{1.43}{(R_2+R_5+2R_7)C} \tag{2.6.3}$$

通过三极管推挽放大电路,增大555定时器的输出驱动能力,提供电子电源后级功率开关器件的通断驱动信号。

2.7　保护锁定电路

为增加电子产品工作可靠性,在电路设计中会加入许多保护环节,如过电压保护、过电流保护等,当电压或电流超出保护点时,将电源电路中功率回路的功率器件断开,进而实现保护的作用。

由于电路保护时，过压或过流现象消失，若无锁定电路，则电源电路会持续工作在过压/过流—保护—过压/过流—保护间歇工作状态，属于非期望电路输出，因此需要针对保护电路设计锁定电路，图 2.7.1 给出了其中一种锁定电路示意图。

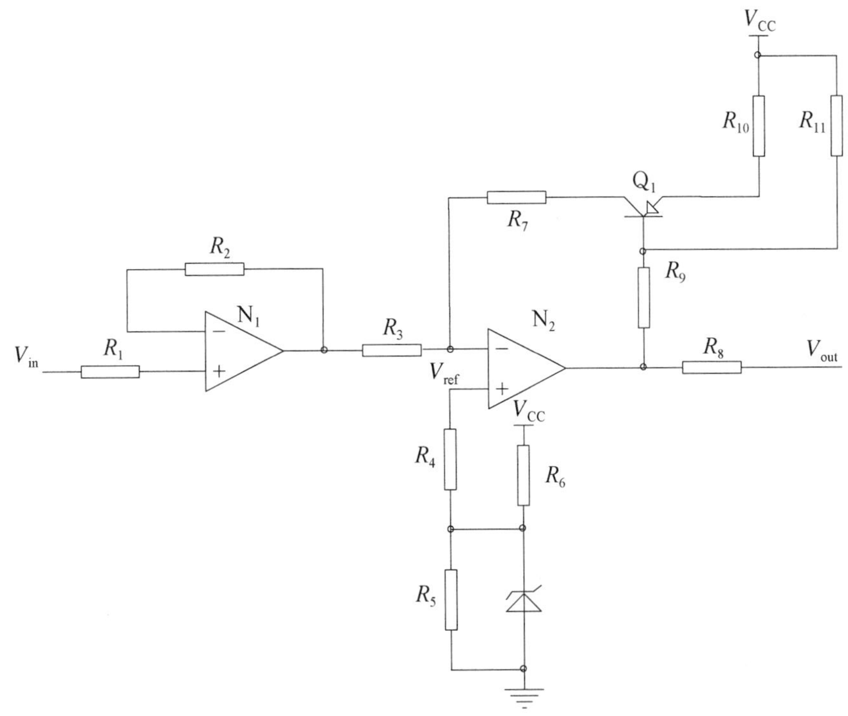

图 2.7.1　保护锁定电路

电路中 V_{ref} 为保护电路基准值，即可设置为过压或过流保护点对应的电压量，V_{in} 输入信号为电源电路中采集的保护目标对象变换电压量，运算放大器 N_1 工作在跟随状态，N_2 工作在比较器电路状态，比较器 N_2 的输出连接在三极管 Q_1 的基极，三极管 Q_1 的发射极通过电阻连接至电源。

当输入信号 V_{in} 大于保护基准值 V_{ref} 时，比较器 N_2 输出低电平，使得 PNP 三极管 Q_1 处于开通状态。当 Q_1 开通时，电源 V_{CC} 通过电阻 R_{10}、三极管 Q_1 和电阻 R_7 加在比较器 N_2 的负向输入端，并且持续保持高于基准值 V_{ref} 的状态，从而实现保护锁定的状态，使得 V_{out} 持续保持低电平。

保护锁定电路的输出 V_{out} 可以用于控制电源电路中的 MOSFET 或磁保持继电器等功率器件，实现电源电路的保护功能。

思　考　题

1. 为什么在使用二极管时，应特别注意不要超过最大整流电流和最高反向工作电压？

2. 如何用万用表的“Ω”挡来辨别一只二极管的阳、阴两极？（提示：万用表的黑笔接表内直流电源的正极端，而红笔接负极端）

3. 比较硅、锗两种二极管的性能。在工程实践中，为什么硅二极管应用的比较普遍？

4. 电路如思考题图 1 所示，三极管为 3AX21，$R_b = 100\ \text{k}\Omega$，$V_{CC} = 9\ \text{V}$，晶体管参数 $\beta = 50$，$U_{BE} = -0.2\ \text{V}$。

(1) 要求 $I_C = 2\ \text{mA}$，V_{BB}为多少？

(2) 要求 $I_C = 2\ \text{mA}$，$-U_{CE} = 5\ \text{V}$，R_C 为多少？

(3) 如果基极改为由电源 V_{CC}供电，工作点不改变，则 R_b 值应改为多少？

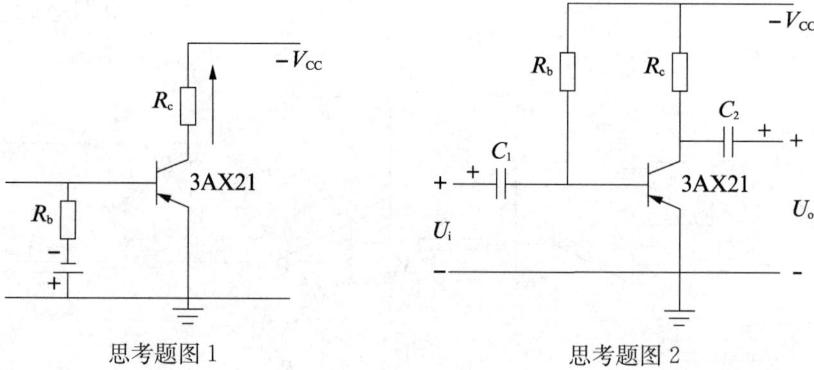

思考题图 1　　思考题图 2

5. 如果放大电路的接法如思考题图 2 所示，其中 $R_b = 120\ \text{k}\Omega$，$R_c = 1.5\ \text{k}\Omega$，$V_{CC} = 16\ \text{V}$，三极管为 3AX21，它的 $\bar{\beta} \approx \beta = 40$，$I_{CEQ} = 0$。

(1) 求静态工作点处的 I_{BQ}、I_{CQ}、U_{CEQ}值。

(2) 如果原来的三极管坏了，换上一只 $\beta = 80$ 的三极管，试计算此时的静态工作点有何变化？电路能否达到改善放大性能的目的？为什么？

6. 什么是集成电路？它与分立元件电路相比，具有哪些特点？

7. 集成运放通常由哪几部分组成？各部分的主要作用是什么？

8. 具有什么特点的多级直接耦合放大电路称为集成运放？

9. 什么叫“虚短”“虚断”和“虚地”？在 3 种基本输入方式中，哪种方式有“虚地”？哪种方式只有“虚短”和“虚断”而没有“虚地”？

10. 从反馈效果看，为什么说串联负反馈电路信号源内阻 R_S 越小越好，而并联负反馈电路中 R_S 越大越好？

11. 在思考题图 3 所示反馈系统中，若 $U_i = 0.2\text{V}$，$A = 50$，$U_0 = 2\text{V}$，试求 F、U_f、U_{i1}及 $A_f = \dfrac{U_0}{U_i}$。

12. 在思考题图 3 中，若 $A_f = 100$，$F = 0.008$，$U_0 = 5\ \text{V}$，试求 U_i、U_{i1}、A。

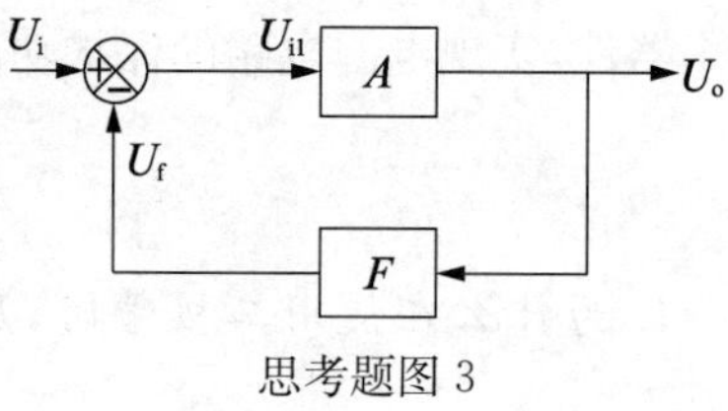

思考题图 3

13. 一个放大电路的开环放大倍数 A 的相对变化量为 10%，要求闭环放大倍数 A_f 的相对变化量不超过 0.5%，如闭环放大倍数 $A_f = 150$ 时，试问 A 和 F 分别应该选多大？

14. 分别按下列要求设计一个比例放大电路(要求画出电路并标出各电阻值)：

(1) 电压放大倍数等于−5，输入电阻约为 20 kΩ；

(2) 电压放大倍数等于+5,且当 $U_i=0.75\ V$ 时,反馈电阻 R_f 中的电流等于 0.1 mA。

15. 设思考题图 4 电路中的集成运放是理想的,试分别求出它们的输出电压与输入电压的函数关系式。

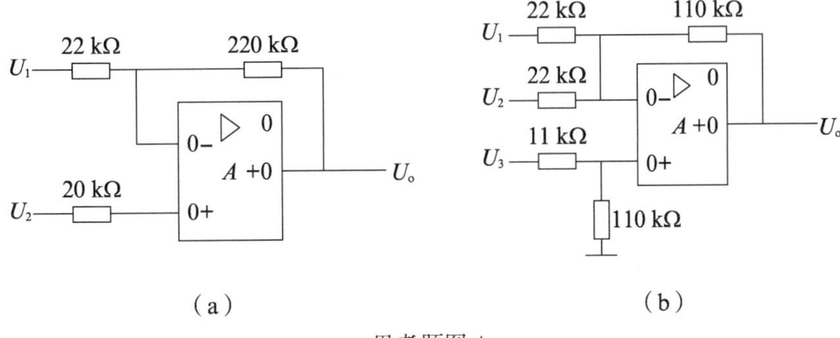

思考题图 4

16. 试分别用两种电路形式实现减法运算式:$U_o=2U_{i1}-U_{i2}$,画出电路图,计算电阻阻值并对电路性能进行比较。

17. 什么是无源滤波电路?什么是有源滤波电路?各有哪些优缺点?

18. 何谓电压比较器,它与放大电路、运算电路的主要区别是什么?

19. 正弦波振荡电路由哪几部分组成?其振荡条件是什么?它与负反馈放大电路的自激条件有何异同点?

20. 说明判断满足正弦波振荡电路相位平衡条件的方法和步骤。

第 3 章 下位机电路基础

3.1 概述

航天器电源分系统的地位十分重要，它的作用就像人的“心脏”，它发出的电能就像人体的“血液”一样流遍全身，从不间断，从不停歇。正因为电源如此重要，电子电源下位机系统的作用日益凸显，可靠性要求越来越高、复杂程度越来越大。

下位机系统包含硬件和软件两大部分，二者相辅相成，缺一不可。当前电子电源下位机软件主要以嵌入式软件为主，配合电子电源下位机硬件设备完成遥测遥控、充放电控制、蓄电池管理、自主健康管理以及能源管理等相关功能，常用的微处理器有单片机、DSP 等。

本章主要结合单片机对电子电源下位机系统硬件方面的接口设计、扩展设计、监控及复位电路等方面进行介绍。

3.2 模拟量采集接口电路

3.2.1 概述

在电子电源下位机系统中，输入量通常为温度、压力、蓄电池充放电电流等多种模拟量。这些连续变化的模拟量信号的输入，需要通过霍尔传感器、温度传感器等设备将被测量的参数转换成电信号，然后对该电信号进行放大，变换成标准的 0～5 V 或 0～3.3 V 的电压信号，然后通过 A/D 转换电路转换成数字量，最后才能送给 CPU 处理。因此模拟量采集涉及传感器技术、A/D 转换技术等，是综合知识的应用，本节重点对模拟量采集接口电路进行介绍。

3.2.2 常用模拟量采集接口器件

1. 模拟量多路开关

电子电源下位机系统中，往往需要对多个模拟量信号进行采集，而下位机一般只配置一个 A/D 转换器，所以需要模拟通道分别引入这些模拟量，通过切换这些模拟通道，实现下位机对所有模拟量的采集。

常用的模拟量多路开关器件包括 16 选 1 模拟开关 0546(4067)、8 选 1 模拟开关 4051、双 4 选 1 模拟开关 4052 等，对于数量少的模拟量参数采集，一般根据参数数量选择一个模拟选通开关即可，而对于较多模拟量参数的采集，需对选择的模拟选通开关进行分级扩展或选择多路模拟开关电路，如 32 选 1 模拟开关 BM4101ID。

图 3.2.1 为 16 选 1 模拟开关 0546 示意框图，IN1～IN16 为模拟量输入口，A0～A3

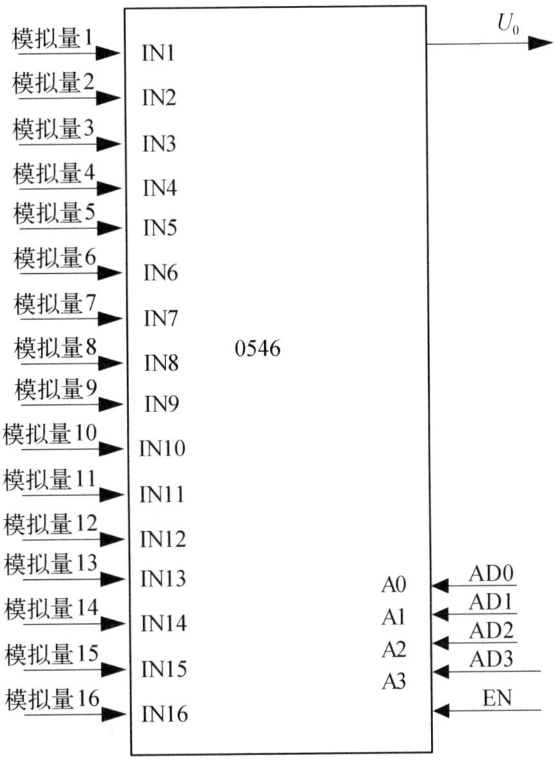

图 3.2.1　16 选 1 模拟开关电路框图

为选择端，EN 是芯片的使能信号，可以通过下位机 CPU 输出 4 位二进制数，与使能信号一起控制选择 16 个模拟量中的 1 个信号与 U_0 连接。

2. 仪用运算放大器

AD620 是一款仪用运算放大器，其内部各元器件参数对称，使其具有输入阻抗高、精度高、增益可调等特点。将锂离子电池高压经过分压电路分压后输入给运算放大器 AD620，只需调节增益电阻大小即可实现对电池电压的精确采集，该器件已广泛应用于航天、航空领域。

图 3.2.2 为 AD620 各管脚定义图，反相输入端 −IN、同相输入端 +IN 分别接模拟量输入负 U_{i-} 和模拟量输入正 U_{i+}，1 脚和 8 脚接增益电阻 R_G 可实现对差分输入信号（$U_{i+}-U_{i-}$）增益调节，增益 G 与增益电阻 R_G 关系为 $G=49.4K/R_G+1$。

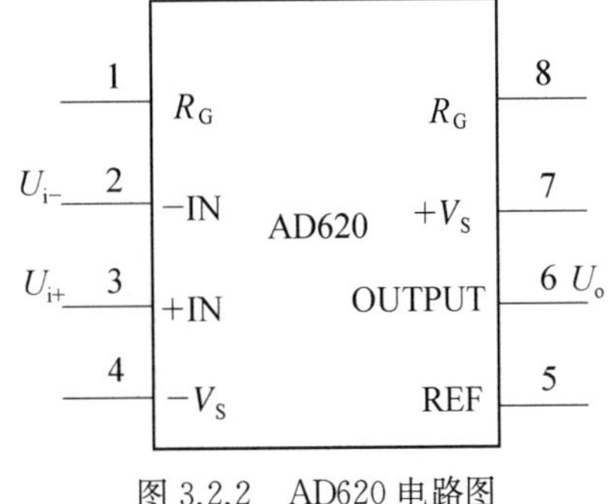

图 3.2.2　AD620 电路图

3.2.3　典型应用电路

1. 模拟开关典型应用

图 3.2.3 给出了模拟开关典型应用电路图，图中采用两级 0546 设计，第一级由 4 片 0546 组成，第二级由 1 片 0546 组成，共实现了对 76 个模拟量的采集。

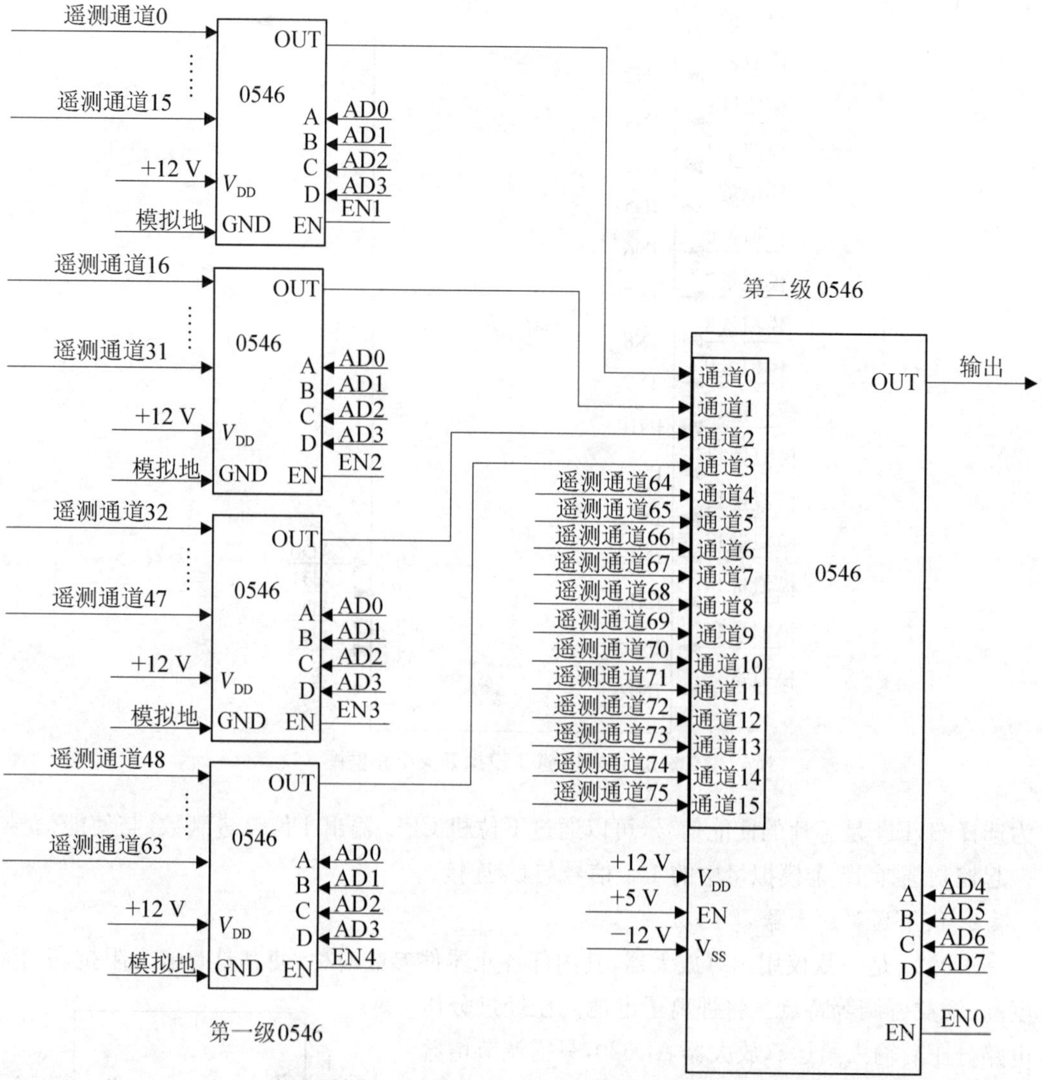

图 3.2.3 模拟开关典型应用电路图

第一级 4 片 0546 中,通过 EN1～EN4 和 AD0～AD3 分别对各个开关进行选通控制,第一级 4 片 0546 的输出端与第二级的 1 片 0546 输入端相连,同时模拟量遥测通道 64～75 与第二级的 0546 输入端相连,芯片使能端直接接高电平+5 V,使其处于一直使能状态,通过 AD4～AD7 实现对第二级 0546 的选通控制,第二级 0546 的输出端接 AD 转换器将模拟量转换成数字量。

随着电子电源控制系统中需要采集的模拟量参数越来越多,多选通模拟开关需求日益上升,如 32 选 1 模拟开关、64 选 1 模拟开关也应运而生,图 3.2.4 给出的是 32 选 1 模拟开关原理图。该电路由四组八通道模拟开关组成,由 3 个二进制地址输入端和 4 个独立的禁止端控制模拟开关的工作状态。禁止端 INH 低电平有效,地址码 CBA 由 000～111 分别对应本组通道 0～7。

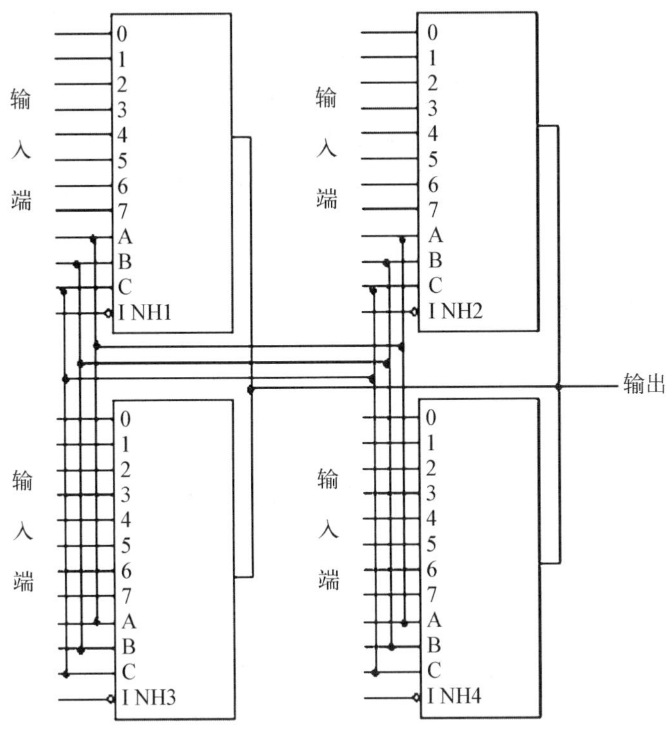

图 3.2.4　32 选 1 模拟开关电路图

2. AD620 典型应用

图 3.2.5 是 AD620 在高压蓄电池组采集电路中典型应用电路图。通过电阻分压方式实现对电池单体电压的采集，电池单体的正负端电压通过分压分别输入至 AD620 的正、负输入端，通过调试相应的增益电阻 R_G（$^*R_{G1}+{}^*R_{G2}$）使得 AD620 的输出 $U_0=U_{i+}-U_{i-}$，在 AD620 输入端并联滤波电容 C_1、C_2 可一定程度提高采集电路的稳定性，同时采

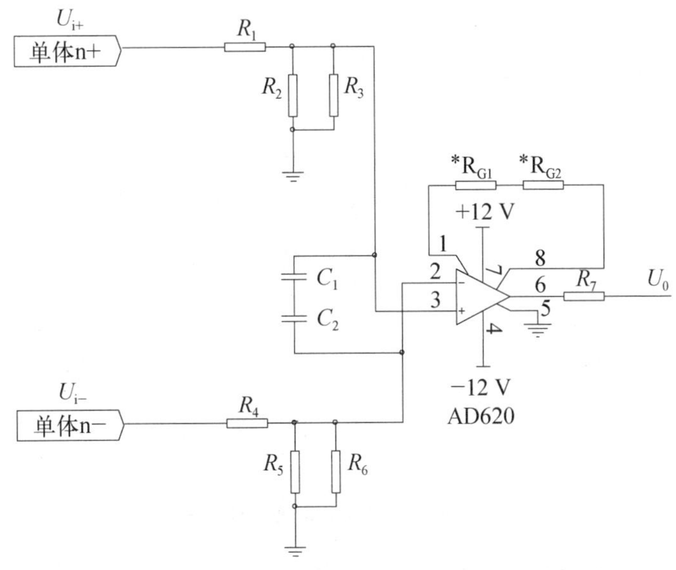

图 3.2.5　AD620 在电池单体采集电路中典型应用电路

用 R_2 与 R_3 并联,R_5 与 R_6 并联,可有效防止电阻开路时电池高压引入 AD620 中,电容 C_1 和 C_2 串联设计能有效防止一个电容短路故障对电路的影响。

需要注意的是,虽然 AD620 的增益范围较宽,但为了提高电池单体采集精度,在分压电阻和增益电阻的阻值选取时,注意增益电阻不宜过大,过大会增大调试精度和调试难度;电池单体电压 U_0 输出至 CPU 处理时,建议软件采用多次平均等滤波措施,以提高采样精度。

3.3 指令接口电路

3.3.1 概述

在下位机系统中,指令接口电路作为下位机最小系统电路与电磁继电器、固体继电器等指令执行电路之间的接口扩展电路,主要实现指令 I/O 扩展、增强驱动带载、防误指令输出等功能。

3.3.2 常用指令接口器件

电源控制单机常用的指令 I/O 扩展电路包括三态输出数字锁存器 54AC573、可编程输入输出接口电路 82C55 等。其中,54AC573 用作指令输出电路时,其输出三态特性,对冷热主备份电路隔离设计有重要意义,但该电路由于其单向工作模式,仅可用于 I/O 扩展输出电路;82C55 作为专门的 I/O 扩展芯片,可实现输入输出 I/O 扩展功能,但其内部寄存器工作特性和可编程工作特性,使其在宇航应用中做软硬件设计时,需要充分考虑抗辐照、抗单粒子等环境适应性问题。

3.3.3 典型应用电路

1. 基于数字锁存器的 I/O 扩展电路设计

图 3.3.1 给出了使用 54AC573 扩展 I/O 电路原理图。

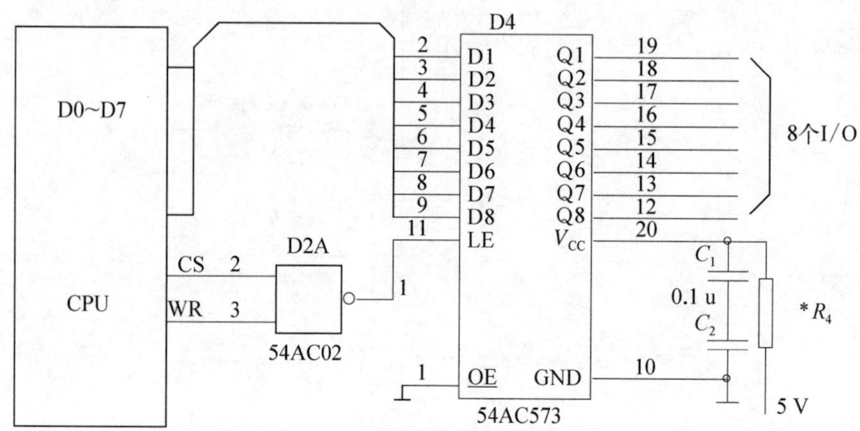

图 3.3.1 54AC573 扩展 I/O 电路

54AC573 芯片工作逻辑真值表如表 3.3.1 所示:

表 3.3.1　54AC573 真值表

输　入　D			输出 Q
OE	LE	D	Q
L	H	H	H
L	H	L	L
L	L	X	Q0
H	X	X	Z

注：L 表示低电平；H 表示高电平；X 表示低电平或高电平；Q0 表示前一个状态；Z 表示高阻。

按照图 3.3.1 所示连接，54AC573 芯片与单片机通过 8 位数据总线 D0～D7、写信号 WR、片选信号 CS 连接。当 CS 与 WR 信号低电平到达时，软件输出用于 I/O 锁定的总线数据直通输出在 54AC573 芯片的 Q1～Q8 端，当 WR 和 CS 信号恢复高电平时，54AC573 芯片的 LE 端由高变低，数据被锁定，Q1～Q8 端数据锁定为软件需要锁定输出的数据，由此实现了 I/O 扩展。

2. 基于可编程接口扩展芯片的 I/O 扩展电路设计

82C55 芯片是专用的 I/O 扩展芯片，具有 24 路 I/O 扩展，可实现输入、输出扩展功能。且 82C55 芯片 C 口可实现位操作或与 A、B 口联合使用，通过配置其内部寄存器，可将其配置在多种可编程工作模式，并且具有上电复位端口。

按照图 3.3.2 所示连接，82C55 芯片与单片机通过 8 位数据总线 D0～D7、写信号 WR、读信号 RD、片选信号 CS、低位地址线 A0、A1 连接。单片机通过写信号 WR、片选信

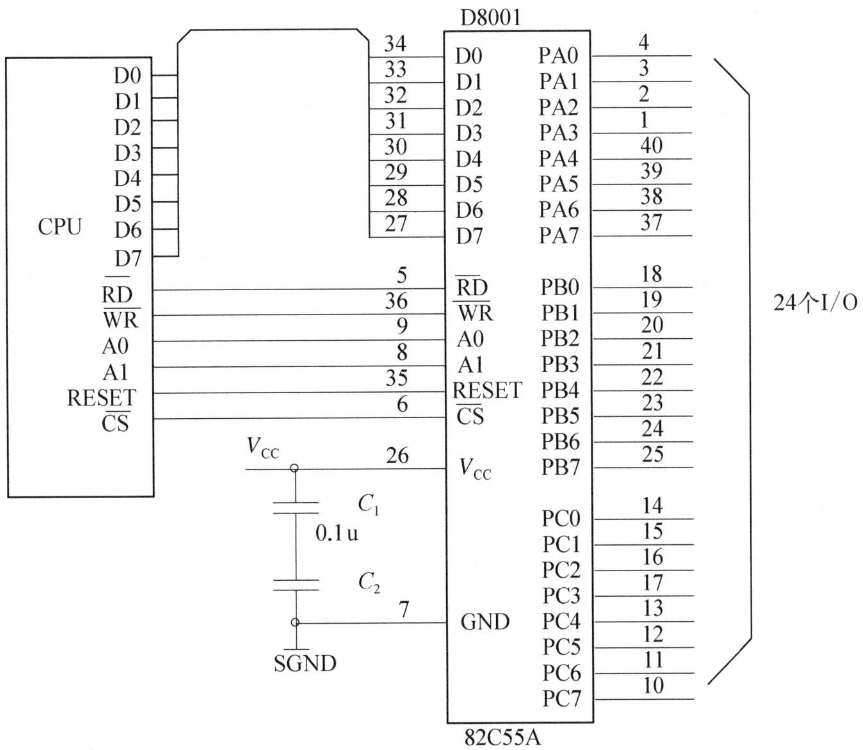

图 3.3.2　使用 82C55 构成的扩展 I/O 电路

号CS、低位地址线A0、A1配合8位数据总线D0～D7对82C55芯片内部寄存器进行写操作，配置其工作模式；通过读信号RD、写信号WR、片选信号CS、配合8位数据总线D0～D7实现24个I/O端口扩展。

关于82C55各内部寄存器的使用模式可以查看相关厂家的手册，需要指出的是，各厂家的82C55上电时A、B、C三个口的输出状态不尽一致，如有的厂家上电时为高电平输出，有的为低电平输出，需要根据I/O口驱动的对象分析上电的瞬态影响，设计时应加以考虑该影响，以期得到期望的结果。

3.4 通信接口电路

3.4.1 概述

在下位机系统中，通信接口电路作为下位机最小系统电路与单机外围通信设备之间的接口扩展电路，主要实现信号收发、缓存、电平匹配、接口隔离等功能，主要包括RS-422、SPI、I^2C、1553B等通信接口扩展电路。

3.4.2 常用通信接口器件

电源控制单机常用的通信接口电路器件包括：

RS-422通信接口电路包括RS-422专用的电气接口芯片AM26C31、AM26C32、DS96174、DS96175等；

部分MCU芯片内部集成了SPI、I^2C接口电路，对于没有集成SPI、I^2C接口电路资源的MCU芯片，SPI、I^2C通信接口可通过MCU可编程I/O口仿真实现；

1553B等通信接口电路包括1553B专用通信接口电路BU65170、BU65180，1553B传输变压器B-3226T等。

3.4.3 典型应用电路

1. RS-422接口设计

RS-422接口用于点对点的异步串行数字信号，差分式全双工传输。有两对差分信号线，其定义为：

TX+发送正线：主设备向目标设备发出的正向电平序列。

TX−发送负线：主设备向目标设备发出的反向电平序列。

RX+接收正线：目标设备向主设备发出的正向电平序列。

RX−接收负线：目标设备向主设备发出的反向电平序列。

在设计中要注意：差分发送的正端应上拉20 kΩ的电阻，负端应下拉20 kΩ的电阻。

差分接收的正端应上拉20 kΩ的电阻，负端应下拉20 kΩ的电阻。

RS-422异步串口通信接口，是全双工的通信接口，下位机通过RS-422接口可同时进行数据的收发。RS-422专用的电气接口芯片有多种，如MAX490等，但其质量等级都不够高。

因此在型号设计中，推荐使用AM26C31和AM26C32作为RS-422的电气接口芯片，基于AM26C31和AM26C32的RS-422通信接口电路设计如图3.4.1所示。

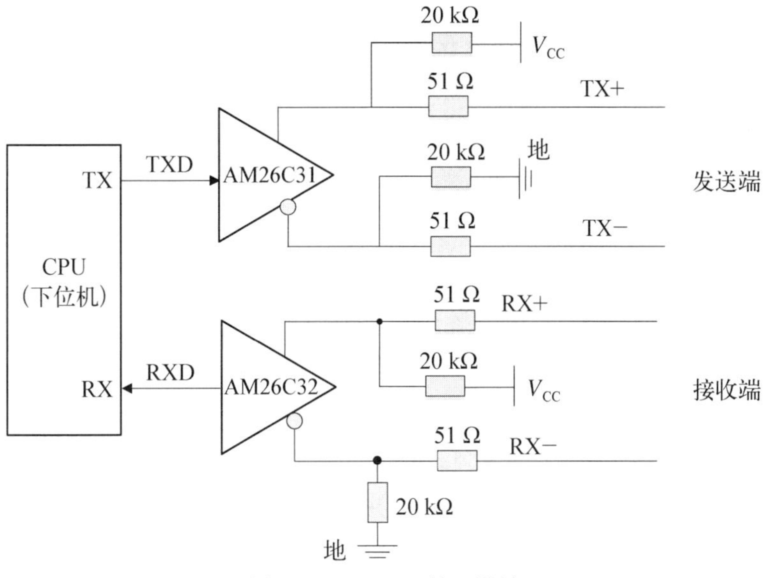

图 3.4.1　RS-422 接口设计

2. SPI 接口设计

SPI(serial peripheral interface)是一种高速同步串行口,3～4 线接口,收发独立、可同步进行。SPI 是一种高速的、全双工、同步的通信总线。如图 3.4.2 所示。

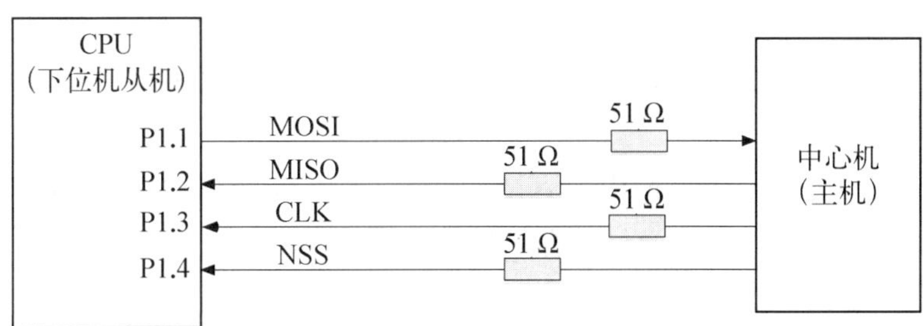

图 3.4.2　SPI 总线设计

在 4 线制的 SPI 接口设计中,4 根信号线为:

MOSI:主机输出从机输入,数据在 CLK 信号的上升沿或下降沿打入。

MISO:主机输入从机输出,数据在 CLK 信号的上升沿或下降沿打入。

CLK:串行时钟信号。

NSS:从机选择信号。

在 3 线制的 SPI 接口设计中,无 NSS。

在飞行器的 SPI 总线设计中,一般情况下下位机被认为是从机(slave),而中心机被认为是主机(master)。有的 CPU 或 MCU 自身带有 SPI 接口,设计时只需直接按 SPI 的管脚定义与总线连接就行。但当 CPU 自身不带 SPI 接口时,就需使用 CPU 的普通 I/O 端口来模拟实现 SPI 接口,图 3.4.2 即为使用 CPU 的 P1 口模拟实现 SPI 接口的用例。

NSS 由主机发出,NSS 引脚被置低时,通知从机处于被选中。

3. I^2C 接口设计

I^2C 总线只有两根信号线,一根是双向的数据线 SDA,另一根是时钟线 SCL。所有连接到 I^2C 总线上的设备的串行数据都接到总线的 SDA 上,而各设备的时钟均接到总线的 SCL 上。如图 3.4.3 所示。

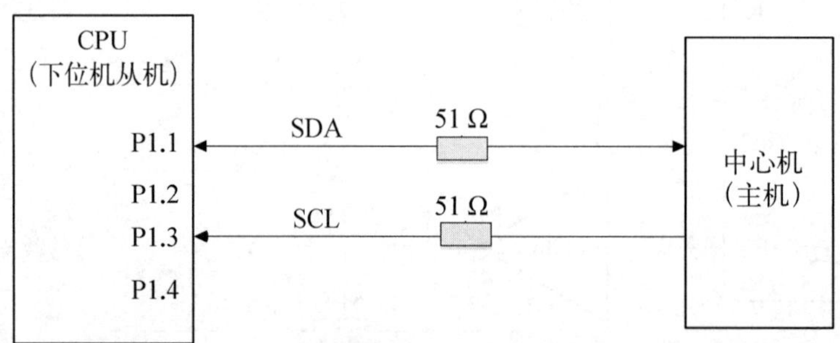

图 3.4.3　I^2C 总线设计

有的 CPU 或 MCU 自身带有 I^2C 接口,设计时只需直接按 I^2C 的管脚定义与总线连接就行。但当 CPU 自身不带 I^2C 接口,就需使用 CPU 的普通 I/O 端口来模拟实现 I^2C 接口,图 3.4.3 即为使用 CPU 的 P1 口模拟实现 I^2C 接口。

在多主机系统中,可能同时有几个主机企图启动总线传送数据。为了避免这种情况引起的混乱,保证数据的可靠传送,任一时刻总线只能由某一台主机控制。为此,该总线需要通过总线裁决过程,决定哪台主机控制总线。如果有两个或者两个以上的主机企图占用总线,一旦一个主机送“1”,而另一个(或多个)送“0”,这个主机即退出总线竞争。

4. 1553B 总线接口设计

1553B 串行数据总线采用 MIL-STD-1553B 标准,是所谓的指令/响应式时分制多路传输数据总线,由传输介质、总线耦合器和终端组成,如图 3.4.4 所示。

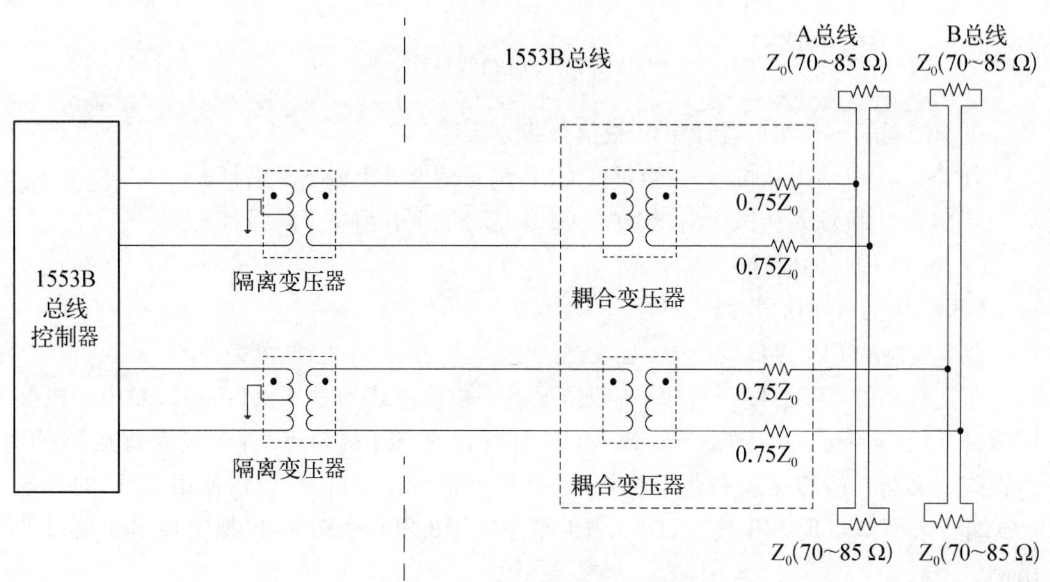

图 3.4.4　变压器耦合的数据总线接口

1553B总线是主从式总线，即每一次总线通信是由总线的控制端(BC端)发起，由终端(RT端)响应完成，RT端不能作为通信的主动发起方，只能作为通信的被动接收方。

1553B总线系统的操作应是指令/响应型的异步操作，数据总线上的信息传输以半双工方式进行，总线上的信息流以标准格式定义的消息包组成，为确保数据传输的完整性和可靠性，在应用层设计合理的差错控制措施；协议帧传输过程中各种字如命令字、状态字和数据字等所需的传输/响应时间按照具体的时间约束执行。

1553B总线接口的实际电路设计如图3.4.5所示：

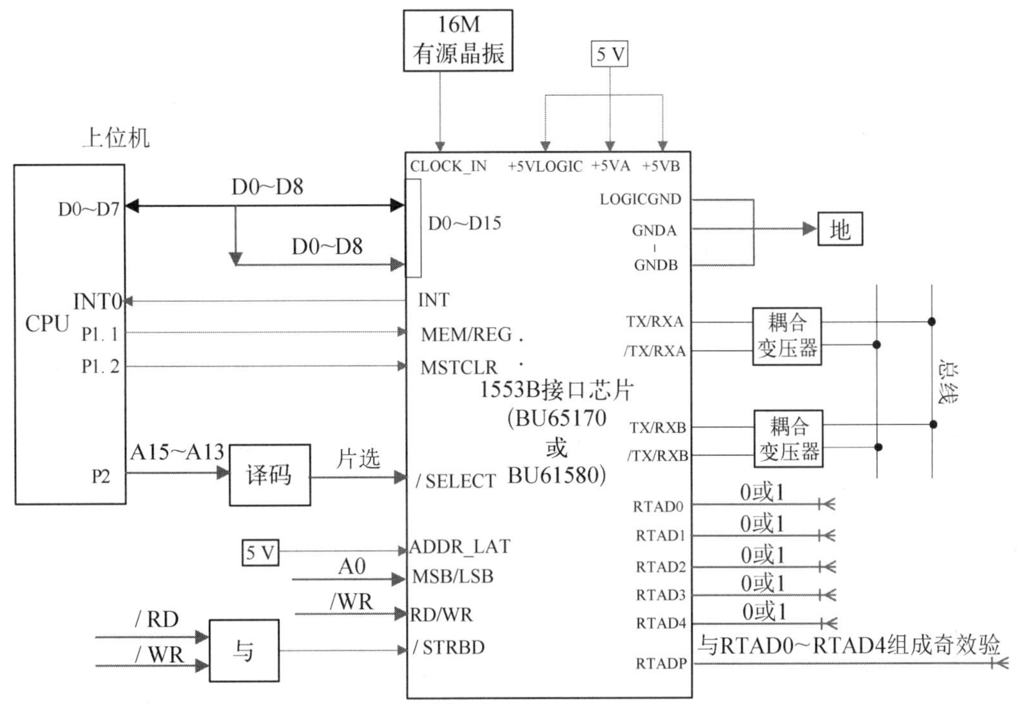

图3.4.5　1553B接口电路设计

BU65170(BU61580)的管脚定义及电路设计如下。

D0～D15：BU65170的16位数据总线，可分两次(D0～D7，D8～D15)接在80C32(CPU)的8位数据总线上。

INT：BU65170的接收数据中断输出，可连接在CPU的外中断0(INT0)上。

MEM/REG：BU65170的内部数据存储器访问与内部控制寄存器访问的切换控制端口，高电平访问内部数据存储器，低电平访问内部控制寄存器；可接在CPU的P1.1端口上。

MSTCLR：BU65170复位控制管脚，可接CPU的P1.2端口上。

/SELECT：BU65170的片选控制端，可接下位机系统地址译码电路的1553B接口地址片选输出端。

ADDR_LAT：BU65170的地址锁存控制端，一般情况下BU65170工作在地址透明工作模式下，所以直接接5 V。

MSB/LSB：数据存储器高8位与低8位控制端，可接0位地址线A0，便于8位单片机进行16 bit数据读写操作。

RD/WR：BU65170 的读写控制端，高电平读，低电平写。可接 CPU 的/WR。

/STRBD：BU65170 的写入数据锁存信号，可接 CPU 的/WR 和/RD 的逻辑与输出信号。

RTAD0～RTAD4：BU65170 的 RT 地址设置端。

RTADP：BU65170 的 RT 地址奇偶校验位，与 RTAD0～RTAD4 一起构成奇校验。

3.5 数模转换电路

3.5.1 概述

在下位机系统中，数模转换电路(即 D/A 电路)用于实现 MCU 系统输出的数字量向模拟量的转变，在电源控制单机内部一般用作恒流充电电流基准、恒压充电电压基准等模拟量的精确生成与稳定输出。

3.5.2 常用数模转换器件

电源控制单机常用的数模转换电路包括电压型输出 D/A 电路 AD558、电流型输出 D/A 电路 AD9762、B9762 等。其中，AD558 等电压型输出电路可直接精确单端输出 0～2.55 V电压，外围电路实现较为简单；AD9762、B9762 为双端电流型输出电路，要实现精确的电压输出一般需要在外围配置将电流信号转变为电压信号的运算电路，但其输出响应速度更快，模拟量输出精度更高。

3.5.3 典型应用电路

1. 基于电压型输出芯片的 D/A 电路设计

图 3.5.1 给出了基于电压型 D/A 芯片 AD558 为核心的基准产生电路。

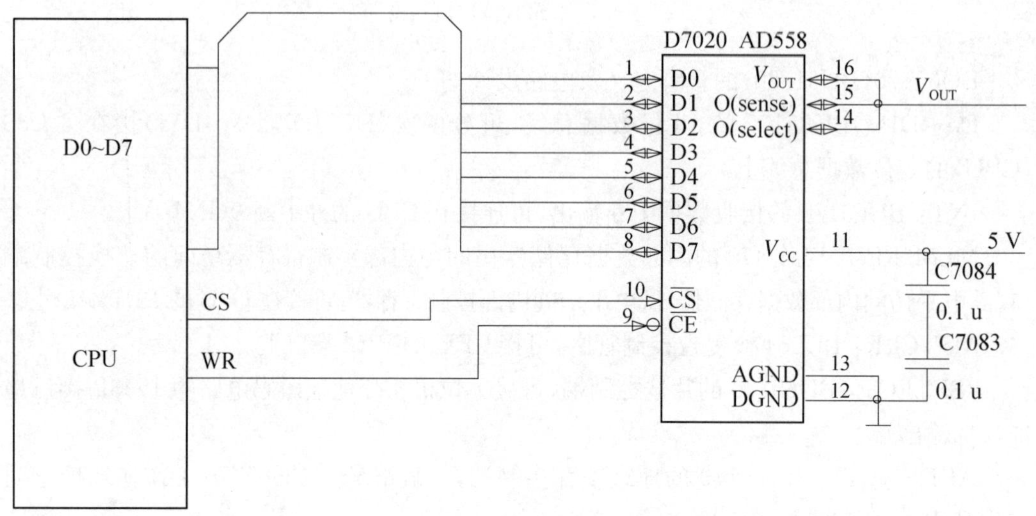

图 3.5.1　基于电压型输出芯片的 D/A 电路

AD558 芯片的电路真值表如表 3.5.1 所示。

表 **3.5.1　AD558 真值表**

输入数据	$\overline{CE}$	$\overline{CS}$	DAC 数据	锁存状态
0	0	0	0	直通
1	0	0	1	直通
0	g	0	0	锁存中
1	g	0	1	锁存中
0	0	g	0	锁存中
1	0	g	1	锁存中
X	1	X	锁存前值	已锁存
X	X	1	锁存前值	已锁存

注：X 表示低电平或高电平，g 表示逻辑变化沿。

按照图 3.5.2 所示连接，当 CS 与 WR 有效时，需要通过 D/A 转换电路输出的数字量出现在 D0～D7 端，并被 CS 与 WR 电平的下降沿触发锁存，并在 CS 与 WR 恢复高电平后，数字量锁存，D/A 电路锁存输出固定的模数转换模拟量。

2. 基于电流型输出芯片的 D/A 电路设计

图 3.5.2 给出了基于电流型 D/A 芯片 B9762 为核心的基准产生电路。

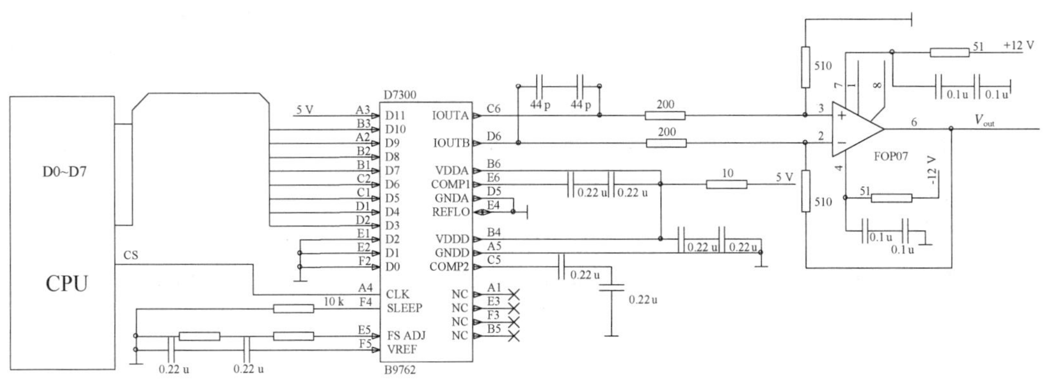

图 3.5.2　基于电流型输出芯片的 D/A 电路

B9762 芯片的工作时序图如图 3.5.3 所示。

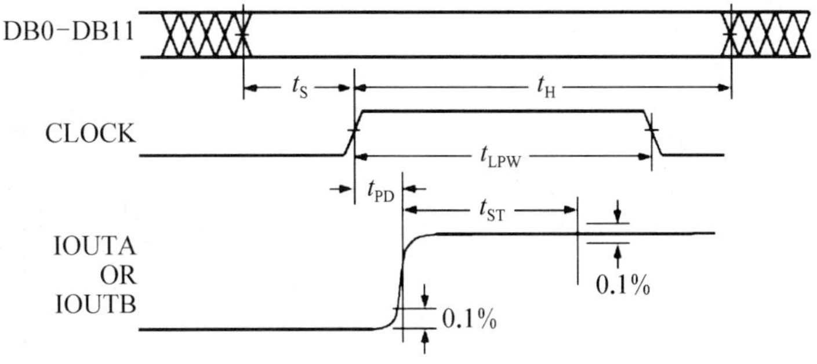

图 3.5.3　B9762 芯片工作时序图

按照图 3.5.2 所示连接，B9762 与单片机通过 8 位数据总线 D0～D7 连接，当 CS 信号电平上升沿到达时，B9762 芯片将出现在数据总线 D0～D7 上的数字量锁存并转换成 2～

20 mA 的双端差分电流模拟量输出,通过后接比例差分运算放大电路,将 2~20 mA 的双端差分电流模拟量转换成单端 0~2.55 V(电压范围可调整)输出。

在上述电路中,通过调整 B9762 芯片 E5 脚(即 FS ADJ 脚)与 GND 的电阻阻值,可以调整 B9762 的 2~20 mA 双端差分电流模拟量输出范围;通过调整 B9762 芯片后接差分比例运算放大电路的比例桥电阻,可以调整最终的输出电压值范围。

3.6 模数转换电路

3.6.1 概述

在下位机系统中,模数转换电路(即 A/D 转换电路)用于实现将电流、电压等模拟量转换为数字量并送 MCU 系统数据总线,实现 MCU 系统对外围设备模拟量的数字化采集,在电源控制单机内部一般用作充放电电流、母线端电压、电池组端电压、单机内部二次电源电压、MEA 信号、充放电控制信号等电流、电压模拟量的数字化采集。

3.6.2 常用模数转换器件

电源控制单机常用的模数转换电路包括通用 12 bit 模数转换电路 AD574ATD、SAD574,以及专用电池单体电压、温度转换电路 AD7280、B7280 等。其中,通用 12 bit 模数转换电路 AD574ATD、SAD574 一般用作电源控制单机内部电流、电压模拟量信号转换采集,AD7280、B7280 等专用器件一般用作蓄电池组的单体电压、单体温度模拟量转换采集。

3.6.3 典型应用电路

图 3.6.1 给出了基于 12 bit 模数转换芯片 AD574ATD 的 A/D 转换电路。

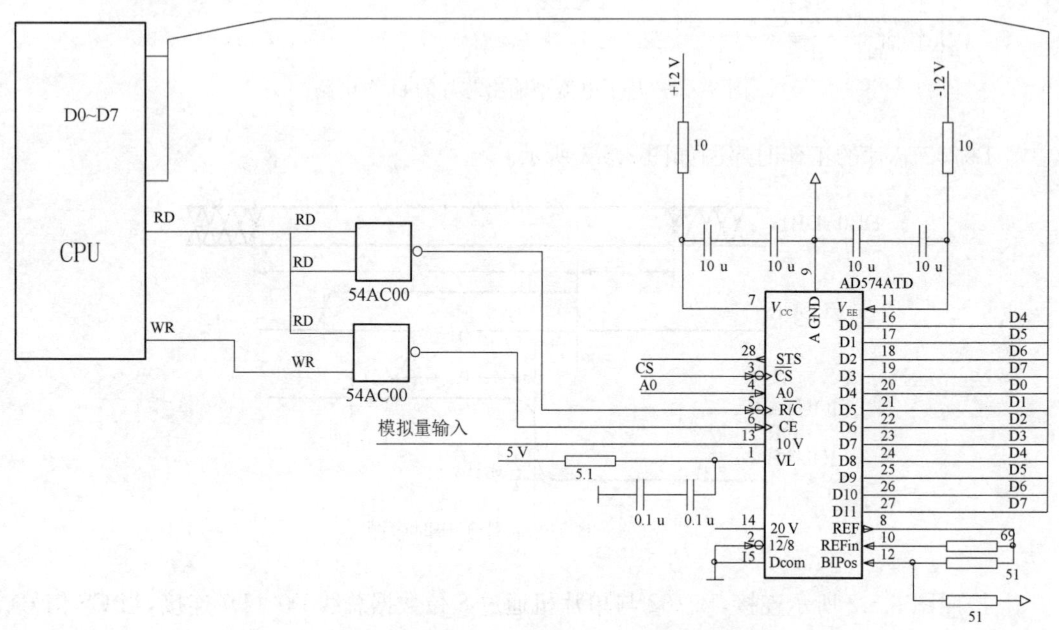

图 3.6.1 基于 AD574ATD 设计的模数转换电路

按照图3.6.1所示连接，AD574ATD与单片机通过8位数据总线D0～D7、读信号RD、写信号WR、片选信号CS、最低位地址线A0连接。当CS信号低电平到达时，AD574ATD芯片的R/C管脚所接的信号为低电平，该低电平启动AD574ATD开始模数转换。当AD574ATD完成模数转换后，STS标志位会置高表明转换结束，单片机再通过CS、RD、A0信号，将12 bit转换结果分高8位和低4位进行两次读取操作，以完成对模拟量的12 bit转换与读取工作。

在上述电路中，通过调整AD574ATD芯片8脚、10脚、12脚之间的电阻接法和阻值，可以调整AD574ATD进行模数转换的单端/双端工作模式、转换零点、转换斜率，用于调整补偿AD转换误差，同时配合模拟量输入端13脚和14脚的接入方式，可以将AD574ATD配置在0～10 V、0～20 V、－5～＋5 V、－10～＋10 V共计4种模拟量输入量程工作模式。

3.7　存储器扩展电路

3.7.1　概述

存储器是电子电源下位机系统中不可缺少的重要组成部分，它用来存储大量的二值数据。按照存储功能，存储器可分程序存储器(ROM)和数据存储器(RAM)。程序存储器又称为只读存储器，其因工作时内容只能读出而得名，常用于存储下位机系统程序和始终要保留的常数，存储的数据不会因断电而消失，具有非易失性；数据存储器通常用来存放程序运行中所需要的大量数据，其具有易失性，一旦失电，所存储的数据立即丢失。

在电子电源下位机系统常使用的微处理器中，有的处理器片内具有一定ROM或RAM存储空间，有的则无片内ROM、RAM或容量较小，如80C32片内无ROM容量，RAM容量大小也仅有256 bit，在实际应用时就需要外部扩展程序存储器，当数据存储容量不够使用时，还需要外部扩展数据存储器，本节结合单片机重点对存储器扩展设计进行介绍。

3.7.2　常用存储器件

在电子电源下位机系统中，作为常用的扩展程序存储器有AT28C64(8 K)、AT28C256(32 K)、SM28F256(32 K)、JMR28F256(32 K)、6664(8 K)等，其中AT28C64(8 K)、AT28C256(32 K)为电可擦写只读存储器E^2PROM，常作为调试、测试使用；而SM28F256(32 K)、JMR28F256(32 K)、6664(8 K)为抗辐照加固且不可电擦写只读存储器PROM，常作为软件程序固化之后使用，广泛应用于航空、航天领域。

作为常用的扩展数据存储器RAM芯片分静态和动态两种，一般采用静态RAM较为方便，如KW064(8 K)、6264(8 K)等，与动态RAM相比，静态RAM无须考虑为保持数据而设置刷新电路，因此扩展电路相对较为简单。

3.7.3　典型应用电路

1. 程序存储器扩展设计

单片机的存储器扩展一般有两种设计方法：线选法和译码法。线选法为将存储器的

片选线/CE接P2口的某位地址线来确定扩展芯片的地址;而译码法需要地址译码器(如3-8译码器54AC138)来选择地址,这样可充分利用地址资源。图3.7.1给出的是80C32外扩一片8 K E^2PROM AT28C64组成的系统。

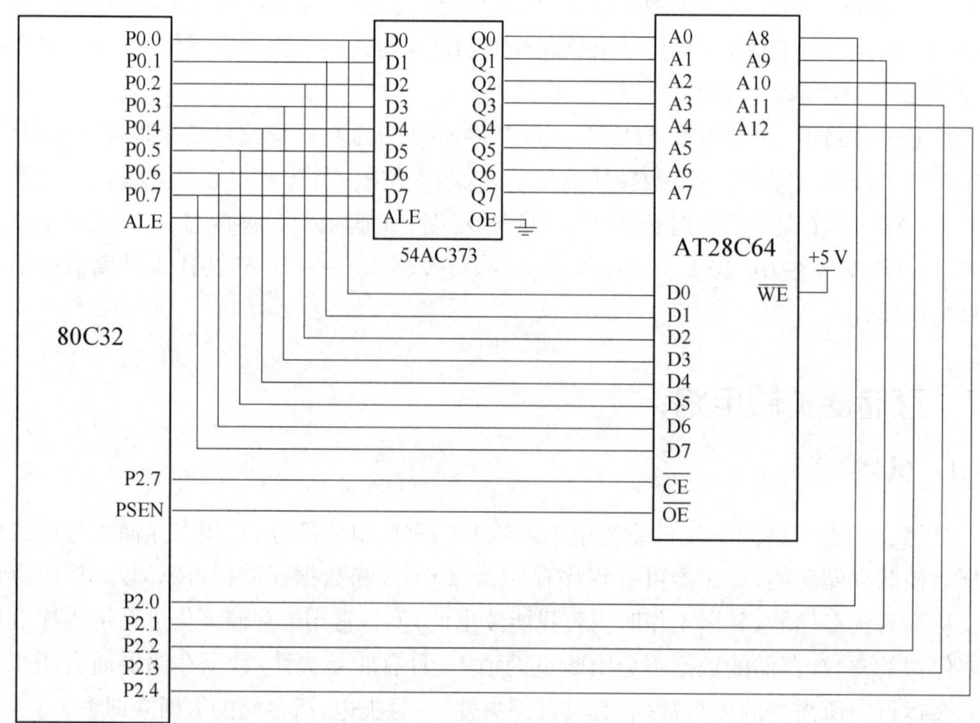

图3.7.1 扩展8K程序存储器

AT28C64是8 K×8位的程序存储器,有13根地址线A0~A12,他们分别与单片机80C32的P0口(P0.0~P0.7)和P2口的P2.0~P2.4连接,/WE接高电平+5 V,/OE与/PSEN连接,片选/CE与P2.7连接,低电平有效。当/PSEN=0,选通信号为低电平时,选通读出AT28C64的指令码;当/PSEN=1时,则AT28C64数据线输出为高阻态,AT28C64的地址范围为0000H~1FFFH。

在扩展中需注意P2口除被使用的口线外,多余的管脚不宜用作通用I/O线,否则会给软件设计和使用带来麻烦。

多片存储器扩展使用时,可用P2口的高位地址线连接各片存储器的片选线/CE,而后算出他们的不同的地址范围,如果程序较长,可选用大容量的芯片来扩充,如采用32 K的AT28C256,甚至选用容量更大的程序存储器芯片。

2. 数据存储器扩展设计

扩展数据存储器的地址空间同外扩程序存储器一样,用P2口提供高8位地址,P0口分时提供低8位地址和8位数据,片外数据存储器RAM的读写由80C32的/RD和/WR控制,虽然所扩展的RAM和EPROM处于同一地址,由于片外程序存储器EPROM的输出允许/OE受/PSEN信号控制,控制信号及使用的指令不同,故二者不会发生总线冲突。

下面以 80C32 单片机扩展一片 KW064 为例，说明数据存储器的扩展方法及电路设计，扩展电路如图 3.7.2 所示。

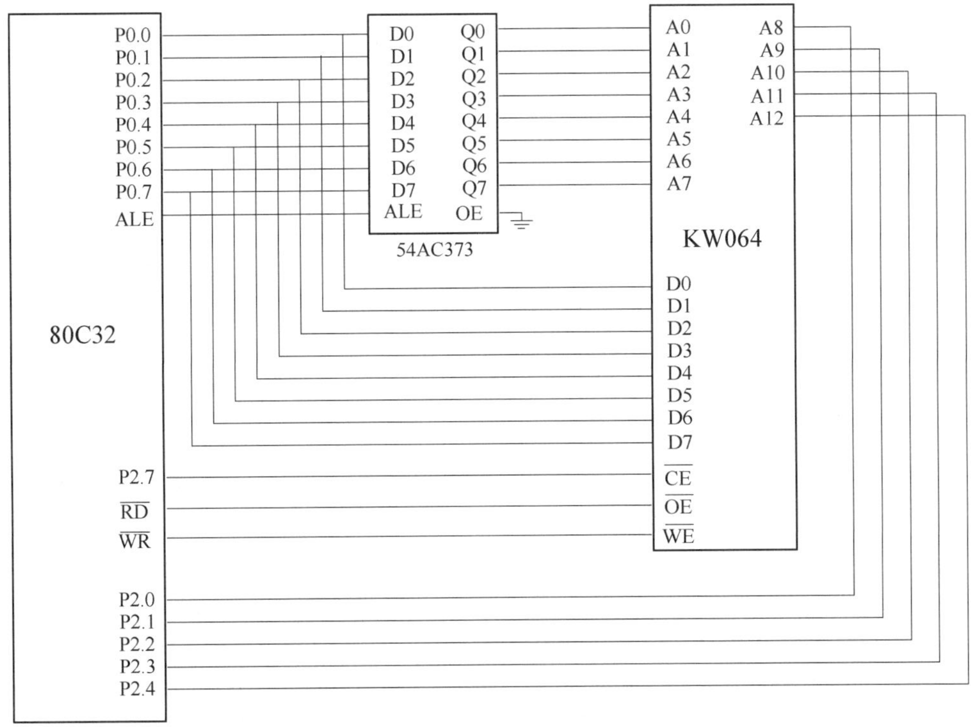

图 3.7.2　扩展 8 K 数据存储器

KW064 为 8 K×8 位辐照加固随机静态数据存储器，有 13 根地址线 A0～A12，他们分别与单片机 80C32 的 P0 口(P0.0～P0.7)和 P2 口的 P2.0～P2.4 连接，/WE 与单片机/WR 连接，/OE 与/RD 连接，片选/CE 与 P2.7 连接，低电平有效。P0 口通过地址锁存器 54AC373 提供低 8 位地址，P2 口的 P2.0～P2.4 向 KW064 提供高 5 位地址，所有 KW064 的地址范围为 0000H～1FFFH。

在 80C32 的读选通信号/RD 为电平时，使得 KW064 的读允许端/OE 为低电平，把制定单元中的数据经 P0 口读入单片机内部；写操作指令执行时，80C32 的写选通信号/WR 为低电平，使得 KW064 的写允许端/WE 为低电平，此时把数据写入 KW064 制定的单元中。

3.8　监控及复位电路

3.8.1　概述

下位机系统在启动和断电后，程序需要从头开始执行，CPU 内部寄存器、IO 接口等需要重新复位，这就需要根据 CPU 工作特性设计相应的复位电路；同时在下位机系统运行时，为避免软件跑飞等对系统的影响，往往需要设置监控电路对软件运行状态进行监测，当出现软件跑飞等异常情况时，实现对系统自动复位和初始化。

复位电路一般有自动复位和手动复位两种，自动复位又分上电自动复位和监控复位。在

电子电源下位机系统中,为提高系统的可靠性,除采用上电复位外,还采用监控复位电路设计。

3.8.2 RC上电复位电路

RC复位电路是较为常见的上电复位(也称为启动复位)电路,这种复位电路结构简单,成本低廉,应用非常广泛。如图3.8.1和图3.8.2所示,分别给出了低电平复位和高电平复位常用电路形式。

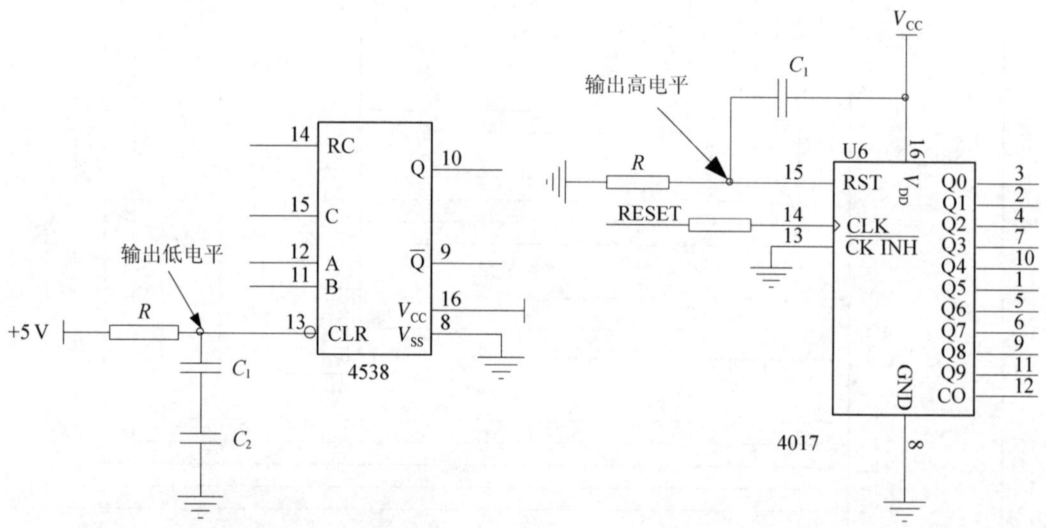

图3.8.1 低电平上电复位常用电路　　　　图3.8.2 高电平上电复位常用电路

对于数字电路,一般认为电压大于0.7 V_{DD}的信号为高电平,小于0.3 V_{DD}的信号为低电平。根据经验,在数字器件工作时(假设最小工作电源电压为4.5 V),要确保高电平复位输入信号大于0.7倍电源电压,低电平复位输入信号小于0.3倍电源电压,如图3.8.3和图3.8.4所示,分别为低电平和高电平复位电路电源与电源的关系。

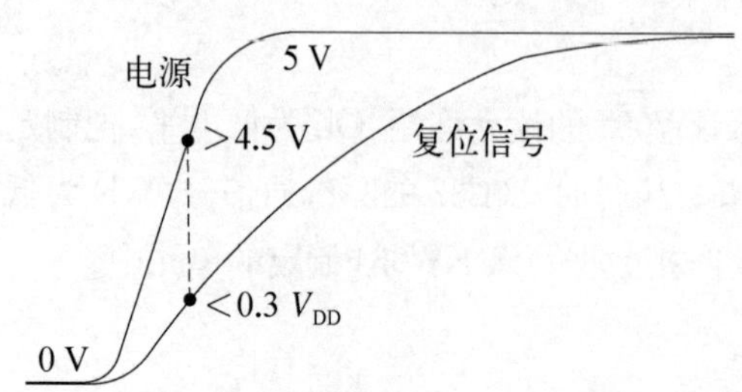

图3.8.3 低电平复位电路电源与电源关系

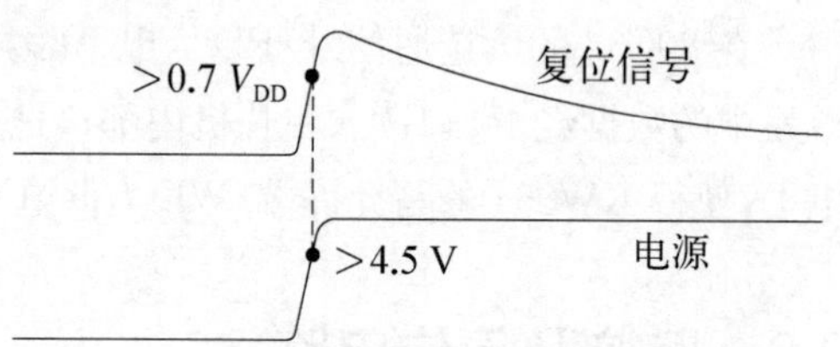

图3.8.4 高电平复位电路电源与电源关系

3.8.3 监控复位电路

为避免软件跑飞等对系统的影响,往往选择专用复位监控芯片对软件运行状态进行监控,常用复位监控电路有JSR706D、MAX706、MAX692等。

图3.8.5给出的是MAX692复位电路在80C32和82C55中的典型应用。其基本原理是:80C32的P1.3口在看门狗定时周期内(典型值1.6 s)定时向看门狗芯片MAX692的

WDI 端口发送喂狗信号脉冲，以表征 CPU 运行正常，如超过复位周期未向 MAX692 发送喂狗信号，则看门狗芯片输出脉冲信号经反相器后产生复位信号输入至 80C32 和 82C55 复位端复位，使系统（单片机和扩展 I/O 口）重新初始化后工作。采用反相器 54AC04 可以提高复位电路的抗干扰性，又能使复位电平上升沿更加陡峭，尽快脱离电压不确定区间，相比于简单的 RC 构成的微分复位电路抗干扰能力强。

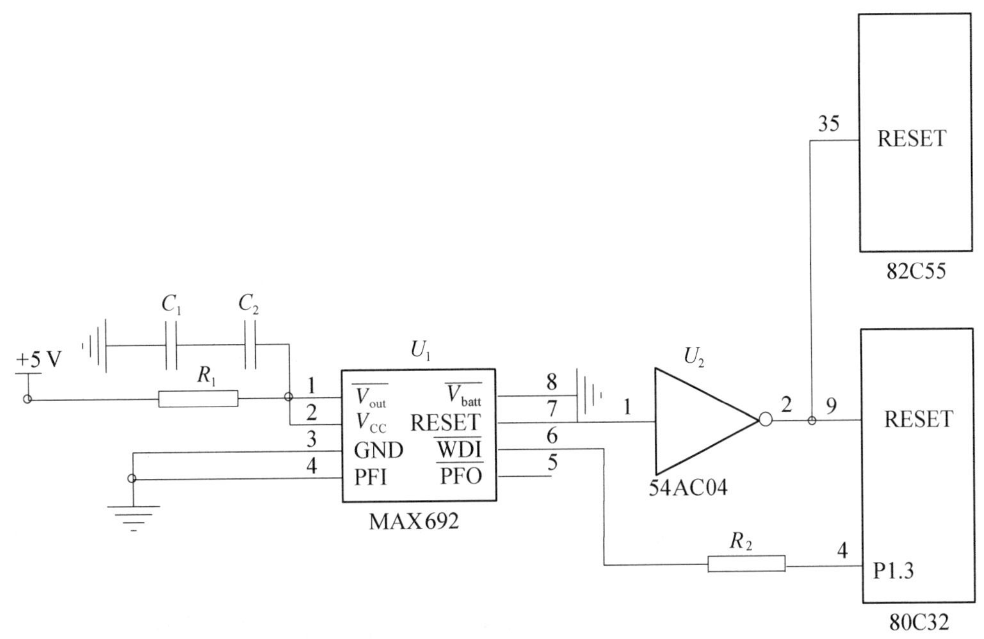

图 3.8.5　复位电路典型应用图

在复位电路设计时，需根据具体使用需求选择不同的复位电路，RC 复位电路结构简单、成本低，但抗干扰能力弱，对系统电源特性要求高；在系统中使用反相器可有效提高复位电路的抗干扰能力，对电源要求低；若对系统可靠性要求较高时，建议采用专门的复位监控电路设计，但成本会相应提高，该种设计广泛应用于航空、航天领域。

思　考　题

1. 如何采用最少数量的 0546 实现对 102 个模拟量的采集，试画出其接口关系图。

2. 存储器共分哪几类？各有什么特点？

3. 试采用 54AC138、80C32、54AC373 等器件扩展一片 32K 的程序存储器 28C256 和一片 8K 的数据存储器 KW064。

4. 常见的上电复位电路有哪些，各有什么优缺点？

第 4 章　DC/DC 电路基础

4.1　DC/DC 电路组成基本原理

4.1.1　概述

现代开关电源分为直流开关电源和交流开关电源两类，前者输出质量较高的直流电，后者输出质量较高的交流电。开关电源的核心是电力电子变换器。电力电子变换器是应用电力电子器件将一种电能转变为另一种或多种形式电能的装置，按转换电能的种类，可以分为 4 种类型：① 直流-直流变换器(DC－DC)，简称直流变换器，它是将一种直流电能转换成另一种或多种直流电能的变换器，是直流开关电源的主要部件；② 逆变器(DC－AC)，是将滞留电能变换为交流电的电能变换器，是交流开关电源和不间断电源 UPS 的主要部件；③ 整流器(AC－DC)，是将交流电转换为直流电的电能变换器；④ 交交变频器(AC－AC)，是将一种频率的交流电直接变换为另一种恒定频率或可变频率的交流电，或是将变频交流电直接转换为恒频交流电的电能变换器。这四类变换器可以是单向变换的，也可以是双向变换的。

直流变换器按输入和输出间是否有电气隔离可分为非隔离型直流变换器和隔离型直流变换器两类。

非隔离型直流变换器按所用有源功率器件个数，可分为单管、双管和四管三类。单管直流变换器有 6 种，即降压式(buck)变换器、升压式(boost)变换器、升降压式(buck/boost)变换器、cuk 变换器、zeta 变换器和 sepic 变换器。在这 6 种单管变换器中，降压式和升压式变换器是最基础的，另外 4 种是派生的。双管直流变换器有双管串接的升降压式(buck/boost)变换器。全桥直流变换器(full-bridge converter)是常用的四管直流变换器。

隔离型直流变换器也可按所用有源功率器件数量来分类。单管的有正激式(forward)和反激式(flyback)两种。双管有双管正激(double transistor forward converter)、双管反激(double transistor flyback converter)、推挽(push-pull converter)和半桥(half-bridge converter)等四种。四管直流变换器就是全桥直流变换器(full-bridge converter)。

隔离型直流变换器可以实现输入与输出之间的电气隔离，通常采用变压器实现电气隔离，变压器本身具有变压的功能，有利于扩大变换器的应用范围。变压器的应用还便于实现多路不同电压或多路相同电压的输出。

在功率开关管承受相同额定电压和电流时，变换器的输出功率通常与所用开关管的数量成正比，故四管变换器的输出功率最大，而单管变换器的输出功率最小。

按开关管的开关条件，直流变换器可分为硬开关(hard switching)和软开关(soft switching)两种。硬开关直流变换器的开关器件是在承受电压或流过电流的情况下接通或断开电路的，因此在开通或关断过程中伴随着较大的损耗，即开关损耗(switching loss)。变换器工作状态一定时，开关管开通或关断一次的损耗也是一定的，因此开关频率越高，开关损耗就越大。同时，开关过程中还会激起电路分布电感和寄生电容的振荡，带来附加损耗，因而硬开关直流变换器的开关频率不能太高。软开关直流变换器的开关管在开通或关断过程中，或是加于其上的电压为零，即零电压开关(zero-voltage-switching，ZVS)，或是通过器件的电流为零，即零电流开关(zero-current-switching，ZCS)。这种开关方式显著地减小了开关损耗和开关过程中激起的振荡，可以大幅度地提高开关频率，为变换器的小型化和模块化创造更好的条件。

4.1.2　DC/DC 电路基本要求和发展趋势

DC/DC 电路的电气性能包括输入特性、输出特性、附加功能、电磁兼容性和噪声容限。

输入电源电压额定值及其变化范围、输入电流额定值及其变化范围、输入浪涌电流、输入电压阶跃变化等是 DC/DC 设计时必须考虑的因素。DC/DC 输出参数有额定输出电压、电流，输出电压可变范围，输出电流变化范围和输出电压的纹波等。输出电压稳压精度是 DC/DC 的重要技术指标，输入电压的变化、负载电流的变化、工作环境温度的变化和工作时间的增长都会使电源输出电压变化。稳压精度包括负载效应(负载调整率)和源效应(输入电压调整率)。负载效应是只当负载在 0～100％额定电流范围内变化时，输出电压的变化量与输出电压额定值的比值。源效应是指当电网电压在规定的范围内变化时，输出电压的变化量与输出电压额定值的比值。DC/DC 一般还有输出过压、欠压、过流和过热等保护功能，以免损坏用电设备。在构成电源系统时，开关电源还应该有遥控、遥测、通信功能。

DC/DC 应有高的电能转换效率，低的噪声、好的电磁兼容性和绝缘性能。

高频化、小型化、模块化和智能化是直流开关电源的发展方向。高频化是小型化和模块化的基础，目前开关频率为数百千赫兹至数兆赫兹的开关电源已有应用。功率重量比或功率体积比是表征电源小型化的重要指标，目前，航天电源 DC/DC 开关电源的功率体积比一般在 0.5～1 W/cm^3。模块化与小型化分不开，同时模块化可显著提高电源的可靠性和使用灵活性，简化生产和使用。模块电源的并联、串联和级联既便于用户使用，也便于生产。智能化是便于使用和维修的基础，无人值守的电源机房、航空和航天电源系统等都要求高度智能化，以实现正常、故障应急和危急情况下对电源的自动管理。

4.2　基本非隔离型 DC/DC 电路

4.2.1　降压式(buck)变换器

降压式(buck)变换器是一种输出电压等于或小于输入电压单管非隔离型变换器。图 4.2.1 给出了它的电路图和主要波形。buck 变换器的主电路由开关管 Q，二极管 D，输出滤波电感 L_f 和输出滤波电容 C_f 构成。

在图 4.2.1(b)和图 4.2.1(c)中，给出了 PWM 控制方式下开关管、整流管、电感等器件

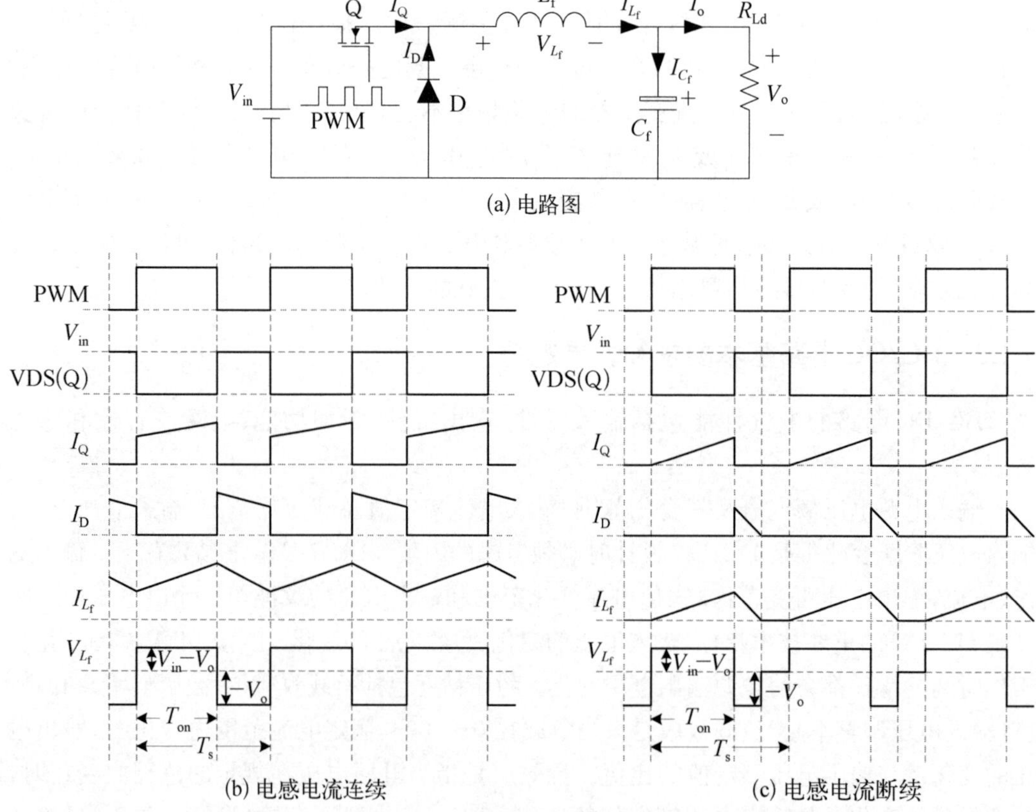

(a) 电路图

(b) 电感电流连续　　(c) 电感电流断续

图 4.2.1　buck 变换器的电路图和 PWM 控制方式下主要波形

的典型波形。

在[0, T_{on}]期间,Q 导通;在[T_{on}, T_s]期间,Q 截止。设开关管开关周期为 T_s,则开关频率 f_s-1/T_s。导通时间为 T_{on},关断时间为 T_{off},则 $T_s=T_{on}+T_{off}$。若设占空比为 D_y,则 $D_y=T_{on}/T_s$。改变占空比 D_y,即改变了导通时间 T_{on}的长短,这种控制方式称为脉冲宽度调制控制方式(pluse width modulation,PWM)。

buck 变换器有两种基本工作方式,即电感电流连续模式和电感电流断续模式。电感电流连续模式是指输出滤波电感 L_f电流总是大于零,电感电流断续模式是指输出滤波电感 L_f电流有一段时间等于零。在两种工作方式之间有一个工作边界,称为电感电流临界连续状态,即在开关管关断期末,L_f的电流刚好为零。图 4.2.2 给出了 buck 变换器在不同开关模态时的等效电路。当电感电流连续时,buck 变换器存在两种开关模态,如图 4.2.2(a)和图 4.2.2(b)所示;当电感电流断续时,buck 变换器存在三种开关模态,如图 4.2.2(a)、图 4.2.2(b)和图 4.2.2(c)所示。

4.2.2　升压式(boost)变换器

boost 变换器是输出电压高于输入电压的非隔离直流变换器,所用电力电子器件及元件和 buck 变换器相同,仅电路拓扑结构不同,如图 4.2.3(a)所示。比较图 4.2.1(a)和 4.2.3(a)可见,boost 变换器中的电感 L_f在输入侧,一般称为升压电感。开关管 Q 仍为

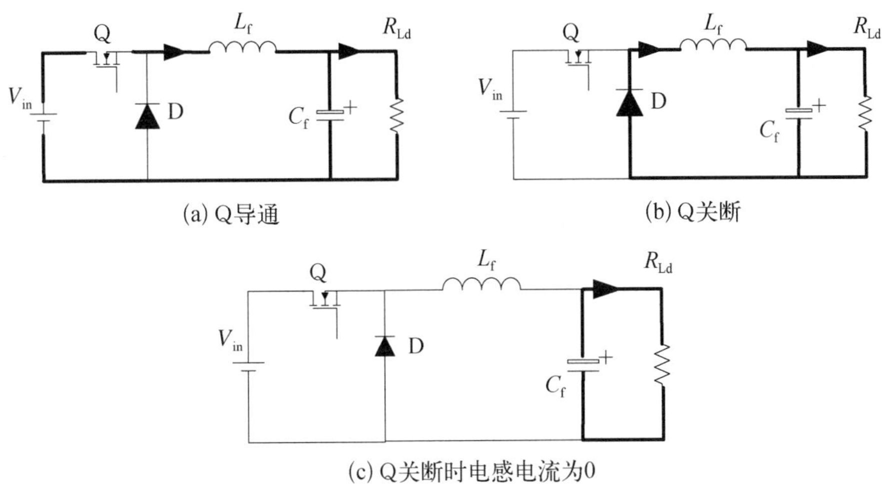

(a) Q导通　(b) Q关断

(c) Q关断时电感电流为0

图 4.2.2　不同开关模态下的等效电路

PWM 控制方式，但它的最大占空比 D_y 必须限制，不允许在 $D_y=1$ 的情况下工作。和 buck 变换器一样，boost 变换器也有电感电流连续和断续两种工作方式，图 4.2.3 给出了这两种工作方式下的主要波形图。图 4.2.4 给出了 boost 变换器在不同开关模态时的等效电路。当电感电流连续时，boost 变换器存在两种开关模态，如图 4.2.4(a)和图 4.2.4(b)所

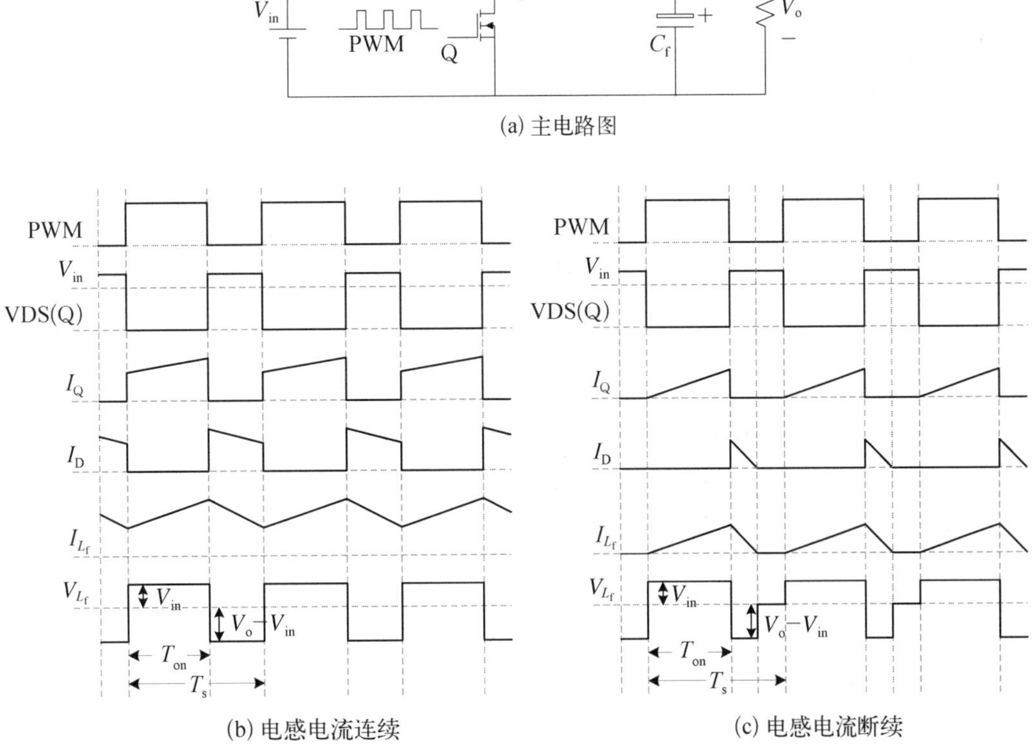

(a) 主电路图

(b) 电感电流连续　(c) 电感电流断续

图 4.2.3　boost 变换器电路图和 PWM 控制方式下主要波形

示;当电感电流断续时,boost 变换器存在三种开关模态,如图 4.2.4(a)、图 4.2.4(b)和图 4.2.4(c)所示。

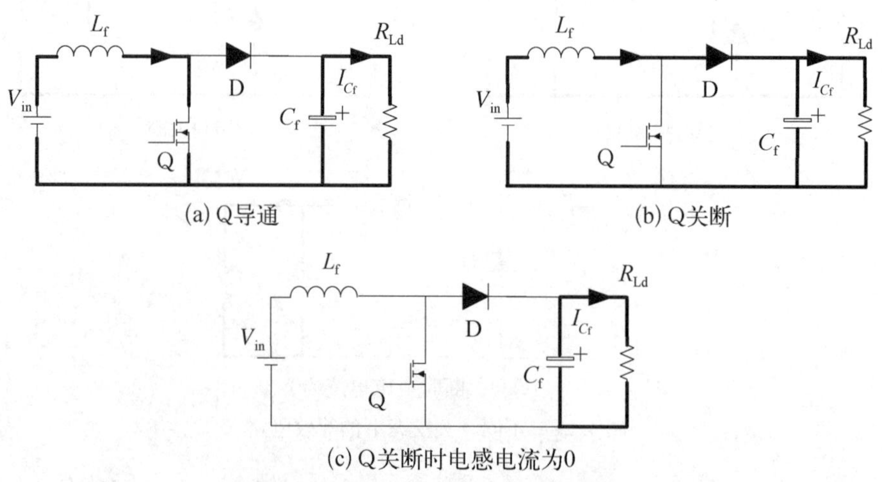

图 4.2.4　不同开关模态下的等效电路

boost 调整器通常用于低功率场合(小于 10 W)。在该功率场合,boost 调整器经常用于在印制电路板上将 5 V(数字电路逻辑电平)升压至 12 V,给运放供电。在电池输入的较高功率的电源中也有应用。电池放电时,其输出电压会快速大幅下降。许多用额定电压 12 V 或 28 V 电池供电的系统在电池电压下降到 9 V 或 22 V 时就会出现问题。boost 调整器电路经常用于这种场合,将电压回升至 12 V 或 28 V。这种场合的应用功率可达 50～500 W。

4.2.3　升降压(buck/boost)变换器

buck/boost 变换器是输出电压既可低于也可高于输入电压的单管非隔离型直流变换器,其主电路与 buck 或 boost 变换器元件相同,也由开关管、二极管、电感和电容构成,如图 4.2.5 所示。与 buck 和 boost 不同的是,其输出电压极性与输入电压相反。其开关管也为 PWM 控制方式。buck/boost 变换器也有电感电流连续和断续两种工作方式,图 4.2.5(b)和图 4.2.5(c)分别给出了这两种工作方式下的主要波形图。图 4.2.6 给出了 buck/boost 在不同开关模态时的等效电路,当电感电流连续时,buck/boost 变换器存在两种开关模态,如图 4.2.6(a)和图 4.2.6(b)所示;而当电感电流断续时,buck/boost 变换器存在三种开关模态,如图 4.2.6(a)、图 4.2.6(b)和图 4.2.6(c)所示。

通过对 buck/boost 变换器工作原理进行分析,在电感电流连续工作模式下,输入和输出电压的关系为

$$\frac{V_o}{V_{in}}=\frac{D_y}{1-D_y}$$

电感电流的平均值可由负载电流 I_o来求得

$$I_{L_f}=\frac{I_o}{1-D_y}$$

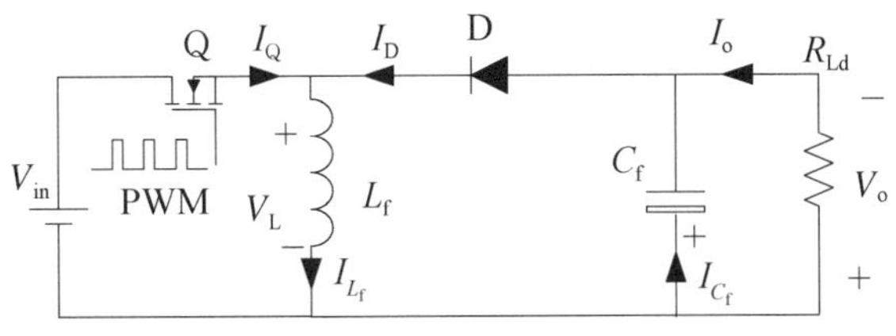

(a) 主电路图

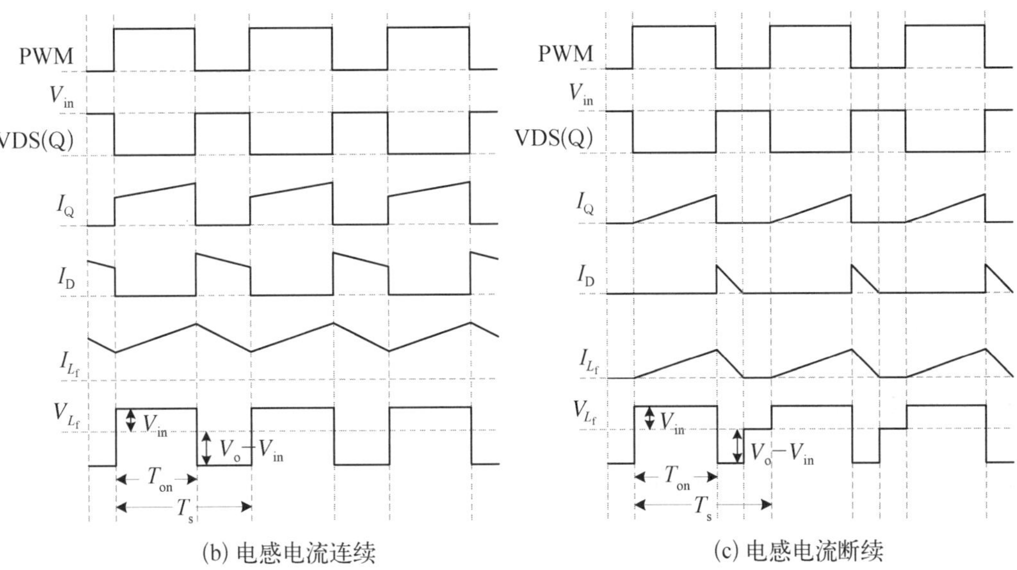

(b) 电感电流连续　　(c) 电感电流断续

图 4.2.5　buck/boost 变换器电路图和主要波形

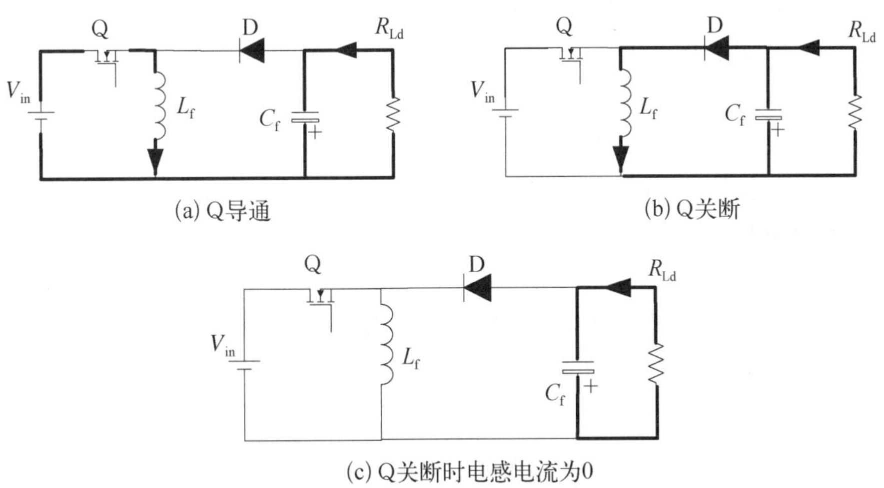

(a) Q导通　　(b) Q关断

(c) Q关断时电感电流为0

图 4.2.6　不同开关模态下的等效电路

开关管和二极管电流最大值为

$$I_{Dmax}=I_{Qmax}=I_{L_f max}=\frac{I_o}{1-D_y}+\frac{V_o}{2L_f f_s}(1-D_y)$$

开关管导通期间，输出电流 I_o由电容 C_f提供，输出电压纹波和 boost 变换器相同。

电感电流断续时,输入电压和输出电压关系为

$$\frac{V_o}{V_{in}}=\frac{D_y}{\Delta D}$$

变换器输出电流为

$$I_o=\frac{V_{in}}{2L_f f_s}\cdot\frac{V_{in}}{V_o}D_y^2$$

从上式可以看出,电感电流断续时,输出电压 V_o 不仅与输入电压 V_{in} 和占空比 D_y 有关,而且还和负载电流 I_o 的大小有关。

开关管和二极管电流最大值为

$$I_{Dmax}=I_{Qmax}=I_{L_f max}=\frac{V_{in}}{L_f f_s}D_y$$

buck/boost 一般用于有负电压需求的场合。

4.3 隔离型 DC/DC 电路

4.3.1 正激(forward)变换器

forward 变换器变压器磁芯的磁复位有多种方法,在输入端接复位绕组是最基本的方法,复位绕组也可接于输出端,其次还有 RCD 复位,LCD 复位和有源钳位等磁复位方法。本节介绍具有复位绕组的 forward 变换器。

forward 变换器实际上是在 buck 变换器中插入隔离变压器而成,图 4.3.1 给出了 forward 变换器的主要电路及其主要波形。开关管 Q 按 PWM 方式工作,D_1 是输出整流二极管,D_2 是续流二极管,L_f 是输出滤波电感,C_f 是输出滤波电容。变压器有三个绕组:原边绕组 W_1、副边绕组 W_2 和复位绕组 W_3,图中表有“*”号的一端,表示是该绕组的同名端。D_3 是复位绕组 W_3 串联的二极管。图 4.3.2 给出了变换器在不同开关模态下的等效电路图。

通过对 forward 变换器工作原理进行分析,forward 变换器实际上是一个隔离的 buck 变换器。在电感电流连续工作模式下,输入和输出电压的关系为

$$V_o=D_y\frac{V_{in}}{K_{12}}$$

在 forward 变换器中,变压器必须要复位,否则会导致磁芯饱和而损坏变换器。

通过推导分析,D_y 与变压器 W_1、W_3 的匝数及匝比存在如下关系:

$$D_{ymax}\leqslant\frac{W_1}{W_1+W_3}=\frac{K_{13}}{K_{13}+1}$$

加载开关管 Q 上的电压 V_Q 为

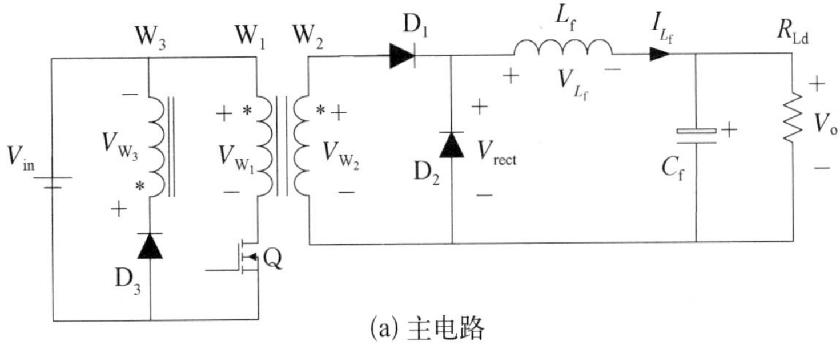

(a) 主电路

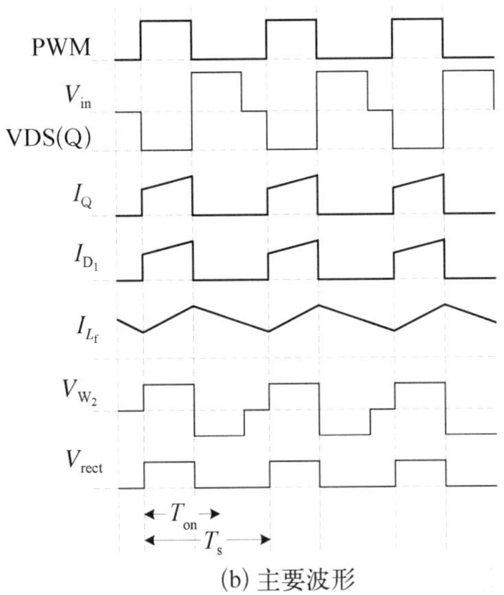

(b) 主要波形

图 4.3.1　forward 变换器的电路图及其主要波形

$$V_{\mathrm{Q}}=V_{\mathrm{in}}+K_{13}V_{\mathrm{in}}=(1+K_{13})V_{\mathrm{in}}$$

在 Q 导通、铁芯磁化时，续流二极管 D_2 上的电压 V_{D2} 为

$$V_{\mathrm{D2}}=\frac{W_2}{W_1}V_{\mathrm{in}}=\frac{V_{\mathrm{in}}}{K_{12}}$$

在 Q 截止、铁芯去磁时，续流二极管 D_1 上的电压 V_{D_1} 为

$$V_{\mathrm{D1}}=\frac{W_2}{W_3}V_{\mathrm{in}}=\frac{V_{\mathrm{in}}}{K_{32}}$$

二极管 D_3 上的电压 V_{D3} 在 Q 导通、铁芯磁化时求得

$$V_{\mathrm{D3}}=\left(1+\frac{W_3}{W_1}\right)V_{\mathrm{in}}=\left(1+\frac{1}{K_{13}}\right)V_{\mathrm{in}}$$

电感电流 I_{L_f} 的最大值为

$$I_{L_f\max}=I_0+\frac{1}{2}\cdot\frac{V_{\mathrm{D2}}}{L_f}\cdot D_y T_s=I_0+\frac{V_{\mathrm{in}}}{K_{12}}\cdot\frac{1}{2L_f f_s}\cdot D_y$$

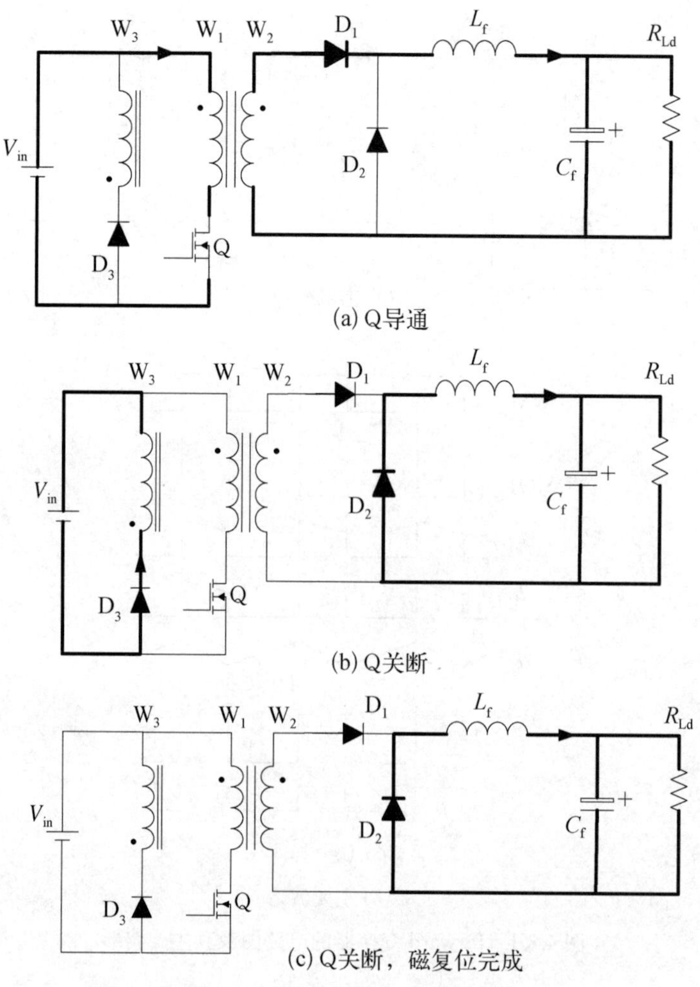

(a) Q导通

(b) Q关断

(c) Q关断，磁复位完成

图 4.3.2　不同开关模式下的等效电路

$I_{L_{\mathrm{f}}\max}$ 就是流过 D_1 和 D_2 电流的最大值，即

$$I_{\mathrm{D1\,max}}=I_{\mathrm{D2\,max}}=I_{L_{\mathrm{f}}\max}$$

流过开关管的最大电流为

$$I_{\mathrm{Qmax}}=\frac{\mathrm{W}_2}{\mathrm{W}_1}I_{L_{\mathrm{f}}\max}+I_{\mathrm{Mmax}}=\frac{1}{K_{12}}\left(I_0+\frac{V_{\mathrm{in}}}{K_{12}}\cdot\frac{1}{2L_{\mathrm{f}}f_{\mathrm{s}}}\cdot D_{\mathrm{y}}\right)+\frac{1}{K_{12}}\frac{V_{\mathrm{in}}}{L_{\mathrm{M}}f_{\mathrm{s}}}$$

式中，L_{M}为原边绕组的励磁电感。变压器的引入，不仅实现了电源侧与负载侧间的电气隔离，也使该变压器的输出电压可以高于电源电压，或低于电源电压，还可以实现多输出。

forward 变换器和 buck 变换器一样，也可以在电感电流断续条件下工作，这时的二极管 D_1 和 D_2 反向恢复条件改善，也改善了开关管 Q 的开通条件。

在最大直流输入电压 60～100 V，输出功率小于 500 W 的场合，正激变换器可能是最广泛应用的有隔离需求的拓扑。若最大输入电压低于 60 V，则对应最小输入电压所需的初级输入电流就太大。若最大输入电压超过 100 V，则开关管的最大应力太大，考虑降额设计，250 V 以上的 MOSFET 开关管可选较少。对于任何直流输入电压，若功率超过 500 W，则所需的初级电流太大。

4.3.2　反激(flyback)变换器

图 4.3.3 给出了 flyback 变换器的主要电路及其主要波形，它由开关管 Q、整流二极管 D_1、电容 C_f 和变压器构成。开关管 Q 按 PWM 方式工作。变压器有两个绕组：原边绕组 W_1 和副边绕组 W_2，两绕组要紧密耦合。flyback 的变压器和 forward 的有本质的区别：前者实际上是耦合电感，用普通导磁材料铁心时必须有气隙，以保证最大负载电流时铁心不饱和。flyback 变换器由于电路简洁，所用元器件少，适合于多输出场合使用。

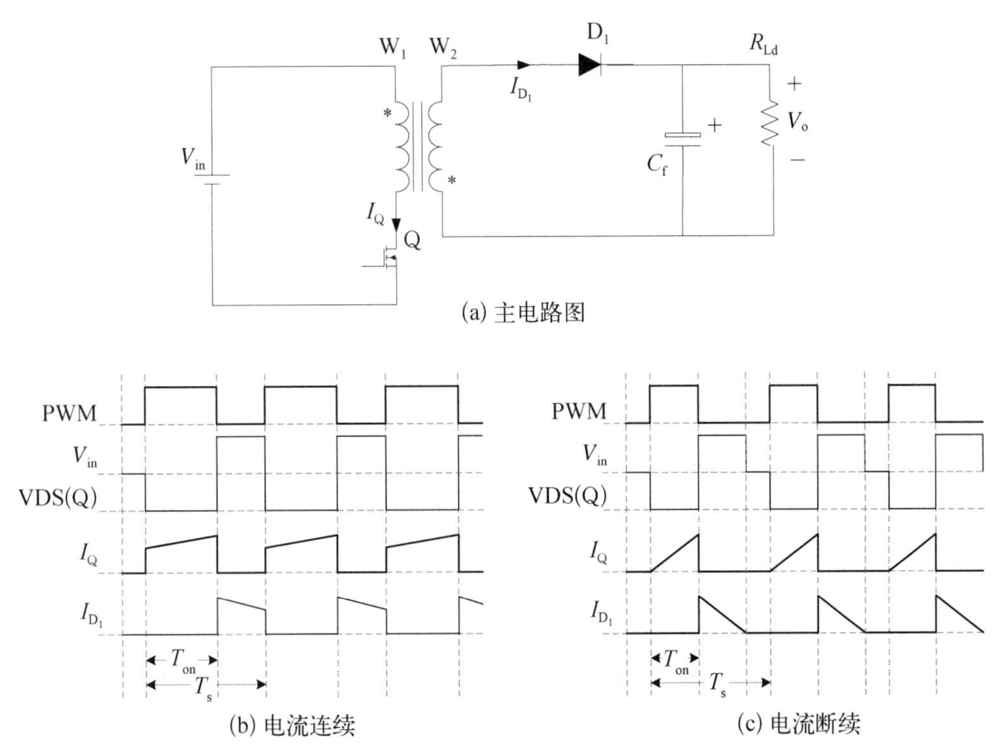

图 4.3.3　flyback 变换器的电路图及其主要波形

和 boost 变换器一样，flyback 变换器也有电流连续和断续两种工作方式。和 boost 变换器不同的是电流连续与断续的含义。boost 变换器只有一个电感，flyback 变换器是耦合电感，对原边绕组 W_1 的自感 L_1 来说，它的电流不可能连续，因为 Q 断开后其电流必然为零，但这时必在副边绕组 W_2 的自感 L_2 中引起电流，故对 flyback 变换器来说，电流连续是指变压器两个绕组合成安匝在一个开关周期中不为零，而电流断续是指合成安匝在 Q 截止期间有一段时间为零。图 4.3.4 给出了 flyback 变换器在不同开关模态时的等效电路。当电流连续时，flyback 有两种开关模态，如图 4.3.4(a)和图 4.3.4(b)所示；当电流断续时，flyback 变换器有三种开关模态，如图 4.3.4(a)、图 4.3.4(b)和图 4.3.4(c)所示。

经分析，电感电流连续时，输入输出电压的关系式为

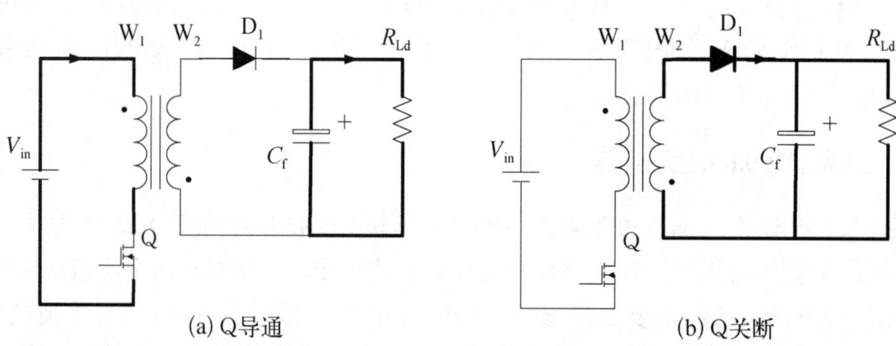

(a) Q导通 (b) Q关断

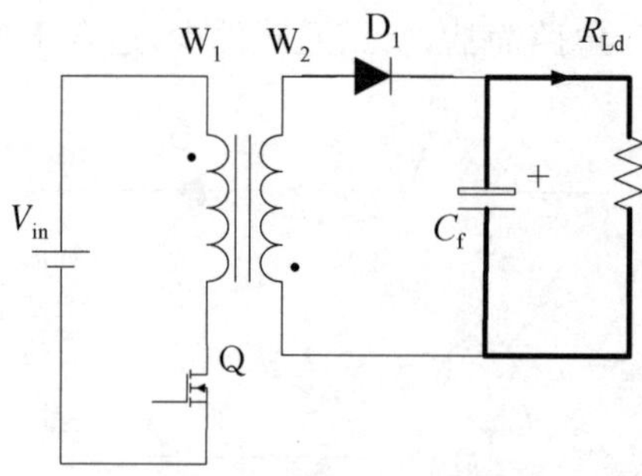

(c) Q关断，电流断续

图 4.3.4 不同开关模态下的等效电路

$$\frac{V_o}{V_{in}}=\frac{1}{K_{12}}\cdot\frac{D_y}{1-D_y}$$

开关管 Q 截止时所承受的电压为 V_{in} 和 W_1 中感应电势之和，即

$$V_Q=V_{in}+\frac{W_1}{W_2}V_o=\frac{V_{in}}{1-D_y}$$

在电源电压 V_{in} 一定时，开关管 Q 的电压和占空比有关，故必须限制 D_{ymax} 值。

二极管 D_1 承受的电压等于输出电压 V_o 与输入电压 V_{in} 折算到副边的电压之和，即

$$V_{D_1}=V_o+\frac{V_{in}}{K_{12}}$$

负载电流 I_o 就是流过 D_1 的电流平均值，由图 4.3.3(b)的波形图可得

$$I_o=\frac{1}{2}(I_{smin}+I_{smax})\cdot(1-D_y)$$

流过 Q 和 D_1 的最大电流分别为

$$I_{pmax}=\frac{W_2}{W_1}(1-D_y)I_o+\frac{V_{in}}{2L_1f_s}D_y$$

$$I_{smax}=\frac{W_1}{W_2}I_{pmax}=\frac{1}{1-D_y}I_o+\frac{W_1}{W_2}\cdot\frac{V_{in}}{2L_1f_s}D_y$$

若在临界电流连续时工作，输入输出电压的关系式仍为

$$\frac{V_o}{V_{in}}=\frac{1}{K_{12}}\cdot\frac{D_y}{1-D_y}$$

此时原边绕组的电流最大值为 $I_{pmax}=\frac{V_{in}}{L_1 f_s}D_y$，则 $I_{smax}=\frac{W_1}{W_2}\cdot\frac{V_{in}}{L_1 f_s}D_y$，负载电流 $I_o=\frac{1}{2}I_{smax}(1-D_y)$，故有临界连续负载电流：

$$I_{oG}=I_o=\frac{W_1}{W_2}\cdot\frac{V_{in}}{2L_1 f_s}D_y(1-D_y)$$

在 $D_y=0.5$ 时，I_{oG}达到最大值 $I_{oGmax}=\frac{W_1}{W_2}\cdot\frac{V_{in}}{8L_1 f_s}$，这就是电感电流连续的边界条件。

电感电流断续时，根据推到有

$$V_o=\frac{V_{in}^2 D_y^2}{2L_1 f_s I_o}$$

V_o/V_{in}不仅与 D_y 有关，而且还和负载电流 I_o 大小有关。D_y 一定时，减小 I_o 则输出电压升高。

flyback 所需电路元件较少，适用于有隔离需求的小功率低成本场合。

4.3.3　推挽(push-pull)变换器

推挽变换器由推挽逆变器和输出整流、滤波电路构成。推挽逆变器将直流电转变为交流电，输出整流、滤波电路再将交流电转变为直流电，故推挽变换器属于直流-交流-直流变换器。由于直交变换提高了工作效率，故变压器和输出滤波器的体积均可减小。

图 4.3.5 给出了电压型推挽直流变换器的主电路，输出整流二极管 D_{R1} 和 D_{R2} 的左侧是推挽逆变器电路，右侧是整流、滤波电路。输出整流电路有三种基本类型，即全波整流电路、桥式整流电路和倍流整流电路。全波整流电路应用于输出电压较高的场合，这样可降低整流管的电压定额。图 4.3.5 中为全波整流电路，L_f是输出滤波电感，C_f是输出滤波电容。推挽直流变换器可看成是两个 forward 变换器的组合，这两个 forward 变换器的开关管轮流导通，故变压器铁心是交变磁化的。全波整流电路变压器副边有 W_{21} 和 W_{22} 两个绕组，它们匝数相等，即 $W_{21}=W_{22}=W_2$。

图 4.3.5(b)、图 4.3.5(c)是推挽直流变换器的主要波形。在 Q_1 或 Q_2 导通期间，变压器副边绕组中的感应电动势为 V_{W2}，电压脉冲宽度决定于 Q_1或 Q_2的导通时间 T_{on}，幅值为 W_2V_{in}/W_1，为交流电。该电压经过整流管 D_{R1} 和 D_{R2} 整流成一个直流方波电压。滤波电感电流 I_{L_f} 在电流连续时为三角波，图中给出了流过 D_{R1}、D_{R2}的电流波形。

经分析推导，电感电流连续时输出电压和输入电压的关系为

$$\frac{V_o}{V_{in}}=\frac{W_2}{W_1}\cdot D_y$$

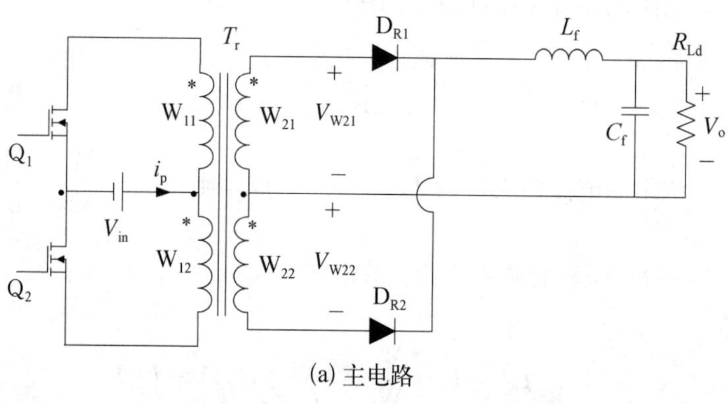

(a) 主电路

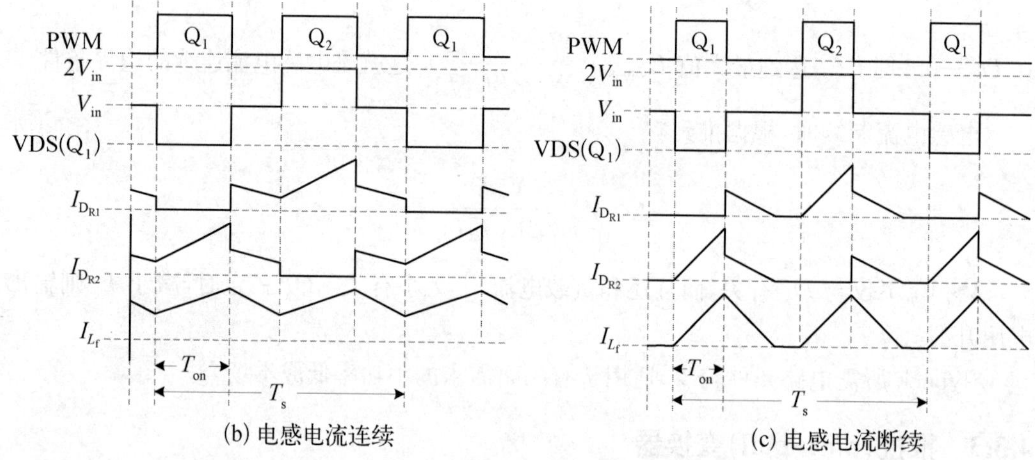

(b) 电感电流连续　　　　(c) 电感电流断续

图 4.3.5　推挽直流变换器的主电路和主要波形

开关管 Q_1 和 Q_2 上的电压为

$$V_{Q_1}=V_{Q_2}=2V_{in}$$

整流管 D_{R1} 和 D_{R2} 上电压为

$$V_{D_{R1}}=V_{D_{R2}}=2\frac{W_2}{W_1}V_{in}$$

电感电流 I_{L_f} 的平均值就是负载电流 I_o。由于 Q_1 和 Q_2 轮流导通，故 I_{L_f} 的脉动频率是开关频率 f_s 的二倍，通过 D_{R1}、D_{R2} 的电流最大值为

$$I_{D_{R1}\max}=I_{D_{R2}\max}=I_0+\frac{1}{2}\Delta I_{L_f}$$

ΔI_{L_f} 是电感电流脉动量：

$$\Delta I_{L_f}=\frac{W_2}{W_1}\cdot\frac{V_{in}}{L_f}\cdot D_y\frac{T_s}{2}$$

则：

$$I_{D_{R1}\max}=I_{D_{R2}\max}=I_0+\frac{W_2}{W_1}\cdot\frac{V_{in}}{4L_f f_s}\cdot D_y$$

I_{DR1} 和 I_{DR2} 就是流过变压器副边绕组的电流，若不计变压器的励磁电流，则变压器原边绕组电流的最大值为

$$I_{pmax}=\frac{W_2}{W_1}I_0+\left(\frac{W_2}{W_1}\right)^2\frac{V_{in}D_y}{4L_f f_s}$$

流过变压器原边的电流最大值 I_{pmax} 也就是流过开关管电流的最大值。

对于推挽变换器而言，Q_1 和 Q_2 的交替开关，使变压器铁芯交替磁化与去磁，完成电能从原边到副边的传递。由于电路不可能完全对称，例如，Q_1 和 Q_2 导通时的通态压降可能不同，或两管的开通时间可能不同，会在变压器原边的高频交流电压上叠加一个数值较小的直流偏磁电压，如果作用时间太长，会使变压器铁芯单方向饱和，引起大的磁化电流，导致器件损坏。通常推挽直流变换使用电流控制芯片，以限制流过器件的电流。

由于推挽变换器的开关管至少需要承受 2 倍输入电压，常见可选择 MOSFET 开关管的耐压一般不高于 250 V，考虑开关管开关时需承受的尖峰电压，推挽变换器一般适用于输入电压不大于 50 V，功率为 500 W 左右的中小功率场合。

4.3.4　半桥(half-bridge)直流变换器

推挽直流变换器开关管的电压是电源电压的二倍，因而大多用于电源电压较低的场合。半桥变换器则不同，开关管承受的电压为电源电压，故可在电源电压较高的场合应用。半桥变换器是由半桥逆变器、高频变压器和输出整流滤波电路组合而成，因此也属于直流-交流-直流变换器。

图 4.3.6 给出了输出为全波整流的半桥直流变换器的主电路及其主要波形，它实际上是两个正激变换器的组合，每个正激变换器输入电压为 $V_{in}/2$，输出电压为 V_o。变压器原边绕组匝数为 W_1，两个副边绕组匝数相等，即 $W_{21}=W_{22}=W_2$，变压器原副边匝比为 $K=W_1/W_2$。图中虚线框内是变压器漏感 L_{lk}。

通过分析可以知道，在设计半桥变换器时，漏感带来复位电压和占空比丢失两个问题。复位电压的存在，使得我们在设计电路时要对最大占空比 D_y 进行限制，以留出复位电压的时间。占空比丢失使得有效占空比减小，为了得到所要求的输出电压，必须减小变压器的原副边匝比。匝比减小会带来两个问题：① 原边的电流增加，开关管的电流峰值要增加，同态损耗加大；② 副边整流桥的耐压值要增加。为了减小复位电压的持续时间和占空比丢失，应该尽量减小漏感。

半桥变换器功率管理论上承受交流 1 倍电源电压，因此可用于输入电压小于 100 V，功率不大于 500 W 的中小功率场合。

4.3.5　全桥(full-bridge)直流变换器

全桥变换器拓扑是目前国内 DC/DC 变换器中最常用的电路拓扑之一，在中、大功率应用场合更是首选拓扑，因为该拓扑具有功率开关管的电压、电流额定值小，功率变压器的利用率高等明显优点。基本的全桥变换电路根据供电方式的不同可分为电压源型和电流源型两类，其中电压源型 DC/DC 全桥变换电路是由基本的 buck 变换电路演变而来，因

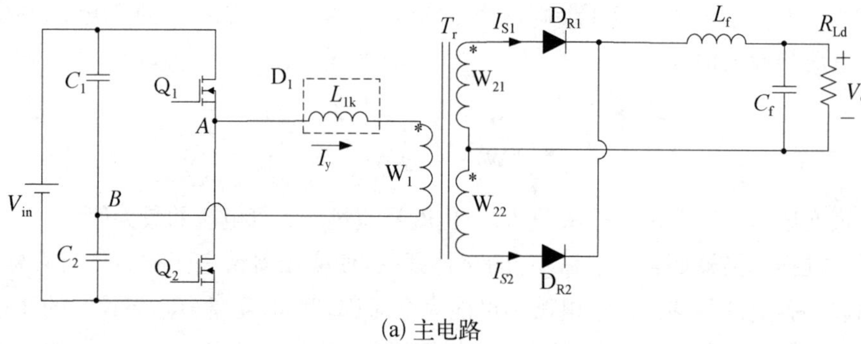

(a) 主电路

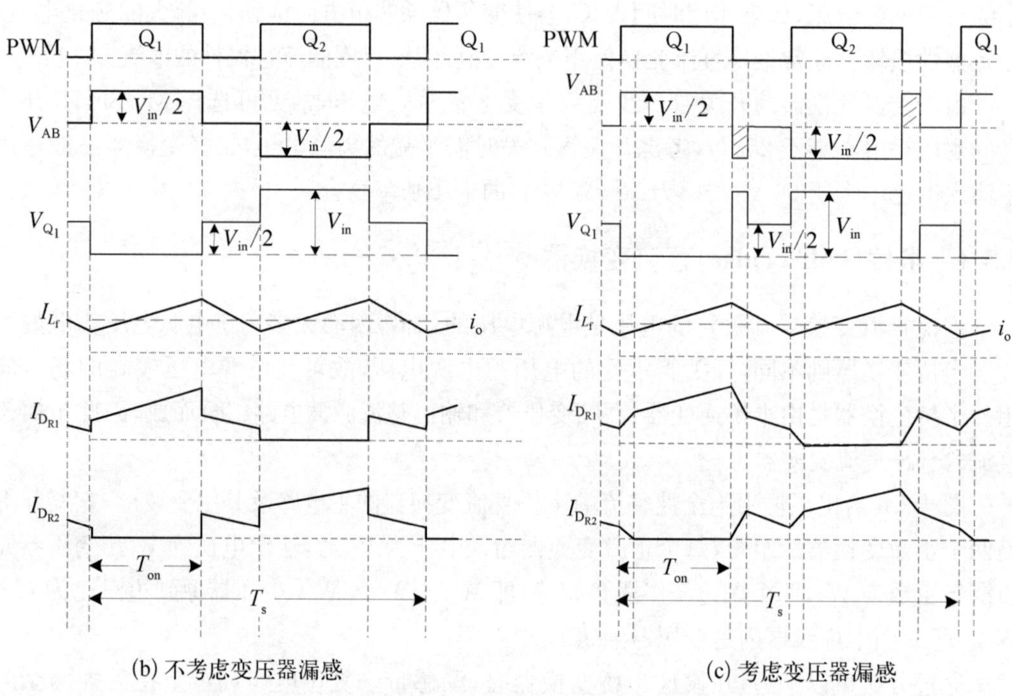

(b) 不考虑变压器漏感　　　　(c) 考虑变压器漏感

图 4.3.6　半桥直流变换器的主电路和主要波形

此又称为全桥 buck 变换器,在实际中得到广泛应用,其基本拓扑形式如图 4.3.7 所示,其中,V_{in}是输入直流电压;S_1&D_1～S_4&D_4构成两个桥臂;高频变压器原副边变比为 K;D_5和 D_6是输出整流二极管;L_f是输出滤波电管;C_f是输出滤波电感;R_L是负载。

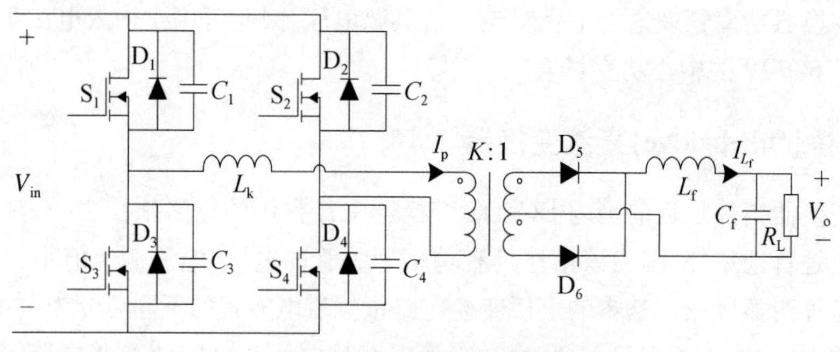

图 4.3.7　基本全桥电路拓

全桥电路的基本原理是：直流电压经过 S_1&D_1～S_4&D_4组成的全桥开关变换，在变压器的原边得到交流方波电压，该电压经过变压器的电压变换得到交流方波电压 V_{in}/K，再经过输出整流管将其整成直流方波 V_{in}/K，L_f和 C_f组成输出滤波器将这个直流方波电压中的高频分量滤波，在输出端得到平滑的直流电压，其电压值为 $V_o = DV_{in}/K$。其中 D 是占空比，$D = 2T_{on}/T_s$，T_{on}是导通时间，T_s是开关周期，通过调节占空比来调节输出电压 V_o。

全桥电路的控制方式一般分成四种：双极性控制方式、有限双极性控制方式、不对称控制方式、移相控制方式，如图 4.3.8 所示。

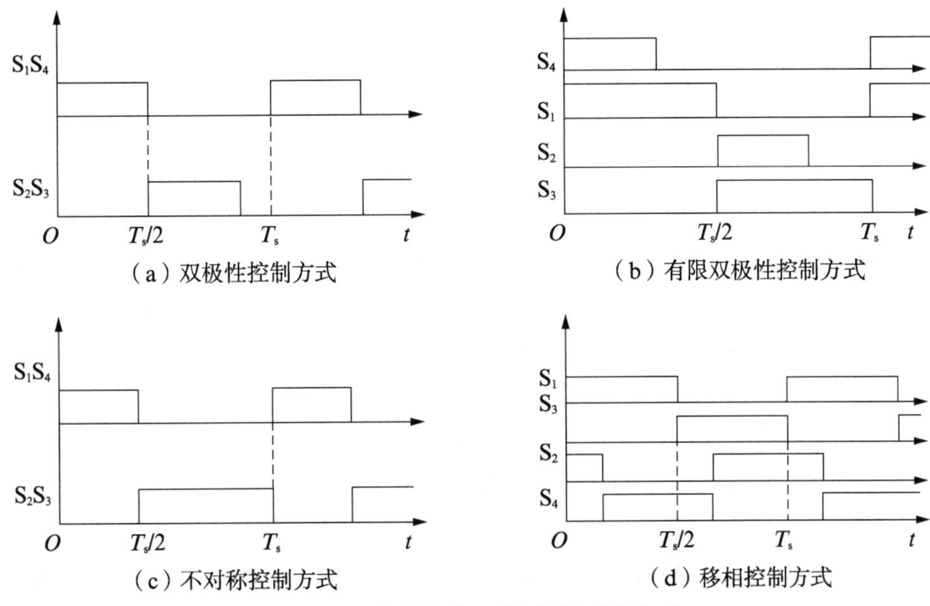

图 4.3.8　全桥电路四种不同的控制方式

(1) 双极性控制方式：斜对角的两只开关管 S_1&S_4 和 S_2&S_3 同时开通和关断，开通时间不超过半个周期，即导通角不超过 180°。

(2) 有限双极性控制方式：在正半周期中，S_1一直开通，S_4只开通一段时间；负半周期中，S_3一直开通，而 S_2只开通一段时间，由于 S_4、S_2分别在 S_1、S_3之前关断，可定义 S_4、S_2为超前桥臂，S_1、S_3为滞后桥臂。

(3) 不对称控制方式：斜对角的两只开关管 S_1&S_4和 S_2&S_3同时开通和关断，与①中不同的是，该方式中开通和关断是互补的。且 S_1&S_4的开通时间和 S_2&S_3的开通时间是不一样的，因此变压器两端的交流方波电压不对称。

(4) 移相控制方式：每个桥臂的两个开关管 180°互补导通，两个桥臂的开关管导通相差一个相位，即所谓移相角。两个有一个相位差的电压叠加后输送给负载，通过调节移相角的大小来调节输出电压。由于 S_1、S_3的驱动信号分别超前于 S_2、S_4，可定义 S_1&S_3为超前桥臂，S_2&S_4为滞后桥臂。

从控制策略来看，其可以归纳为两类。

(1) 斜对角的两只开关管同时关断，双极性控制方式、不对称控制方式属于此类，一般不能实现软开关。

(2) 斜对角的两只开关管关断时间错开，一只先关断，一只后关断，有限双极性控制方式、移相控制方式属于此类，适宜实现软开关。

根据四只开关管的导通情况不同，DC/DC全桥变换器存在+1,0,−1三种工作状态，参照图4.3.8，定义如下。

(1) +1状态：S_1和S_4同时导通，加在A、B两点上的电压为正的输入电压，即，$V_{AB}=(+1)V_{in}$，定义这种工作状态为+1状态。

(2) 0状态：$S_1(D_1)$和$S_2(D_2)$或者$S_3(D_3)$和$S_4(D_4)$同时导通，$V_{AB}=(0)V_{in}$。

(3) −1状态：S_2和S_3同时导通，$V_{AB}=(-1)V_{in}$。

以移相控制PWM DC/DC全桥软开关功率变换器为例，其主要有零电压和零电流两种。移相控制零电压开关PWM变换器是利用在"0"状态时开关管的结电容和高频变压器的漏感(或漏感与输出滤波电感折算到原边值之和)谐振，高频变压器的漏感储能对功率开关管两端寄生电容(或并联电容)充、放电，在开关管两端电压下降到零，使得其反并联的二极管导通之后开通开关管，实现零电压开通；此外，开关管关断时电容电压不能突变，从而实现开关管零电压关断。ZVS有效地降低了电路的开关损耗和开关噪声；减少器件开关过程中的EMI，为变换器装置提高开关频率、效率、减小尺寸及质量创造了条件；同时还保持了常规全桥PWM电路的拓扑简洁、控制方式简单、开关频率恒定、元器件应力小等一系列优点。非常适合于高频、大功率、开关器件采用MOSFET的应用场合。但该电路拓扑有如下缺点。

(1) 滞后臂开关管在轻载的条件下难以实现零电压开关。

(2) 原边有较大的环流，增加了系统的通态损耗。

(3) 存在较大的副边占空比丢失。

(4) 输出整流二极管为硬开关，反向恢复时造成很大的电压、电流尖峰，开关损耗大。

虽然针对以上缺陷，提出了许多改进的方法，如加入原边电感、增加变压器的励磁电流、采用辅助电路等，但是这些都不能解决较大的原边环流问题。另外近年来，绝缘栅双极性晶体管较MOSFET，具有更高的耐压值、更低的通态损耗、较大的功率密度和较低的成本，更适合于高压大功率的场合。但IGBT在关断时有较长的电流拖尾，造成关断损耗大，如果能做到零电流关断，IGBT在关断之前少数载流子就已经复合完毕，那么IGBT将基本上不存在关断损耗。所以移相控制零电压、零电流开关PWM变换器应运而生，就是超前桥臂开关管和传统ZVS变换器一样实现零电压开关，在"0"状态期间，使原边电流复位，实现滞后桥臂开关管ZCS开关，从而解决了FB-ZVS-PWM变换器中诸多问题，这种变换器的共同特点是：超前桥臂一般并联有吸收电容，用来实现ZVS开关；滞后桥臂不能并联吸收电容；原边电流没有环流，减小了通态损耗，有利于提高变换器效率。

可见ZVZCS的关键是在"0"状态时使原边电流复位，常用的方法可归纳为以下三种。

(1) 利用超前臂开关管的反向雪崩击穿，使存储在变压器漏感中的能量完全消失在超前臂的IGBT中，为滞后臂创造ZCS开关条件。

(2) 在变压器原边使用隔直电容和饱和电感，在原边电流过零期间，将隔直电容上的电压作为反向阻断电源，使原边电流复位，为滞后臂提供ZCS开关的条件。

(3) 在变压器副边输出端并联电容，在原边电压过零期间，将副边电容上电压反射到原边作为阻断电源，从而复位原边电流，实现ZCS开关。该方式拓扑最为活跃，优点多。

全桥变换器一般适用于输入电压 50～100 V，输出功率大于 1 000 W 的中大功率高输入电压场合。

4.4 软开关技术

4.4.1 软开关技术的提出

在 4.2 节和 4.3 节中，我们讨论了基本直流变换器的工作原理。这些电路一般采用 PWM 控制方式，开关管工作在硬开关(hard switching)状态。图 4.4.1 是开关管开关时的电压和电流波形。由于开关管不是理想器件，在开通时开关管的电压不是立即下降到零，而是有一个下降时间，同时它的电流也不是立即上升到负载电流，也有一个上升时间。在这段时间里，电流和电压有一个交叠区，产生损耗，我们称为开通损耗(turn-on loss)。当开关管关断时，开关管的电压也不是立即下降到零，也有一个下降时间。在这段时间里，电流和电压也有一个交叠区，产生损耗，我们称为关断损耗(turn-off loss)。因此在开关管开关工作时，要产生开通损耗和关断损耗，统称为开关损耗(switching loss)。在一定条件下，开关管在每个开关周期中的开关损耗是恒定的，变换器总的开关损耗与开关频率成正比，开关频率越高，总的开关损耗越大，变换器的效率就越低。开关损耗的存在限制了变换器开关频率的提高，从而限制了变换器的小型化和轻量化。

开关管工作在硬开关时还会产生高 $\mathrm{d}I/\mathrm{d}t$ 和 $\mathrm{d}V_{ce}/\mathrm{d}t$，从而产生大的电磁干扰(electromagnetic interference，EMI)。图 4.4.2 给出了接感性负载时，开关管工作在硬开关条件下的开关管的开关轨迹，图中虚线为双极性晶体管的安全工作区(safety operation area，SOA)，如果不改善开关管的开关条件，其开关轨迹很可能会超出安全工作区，导致开关管的损坏。

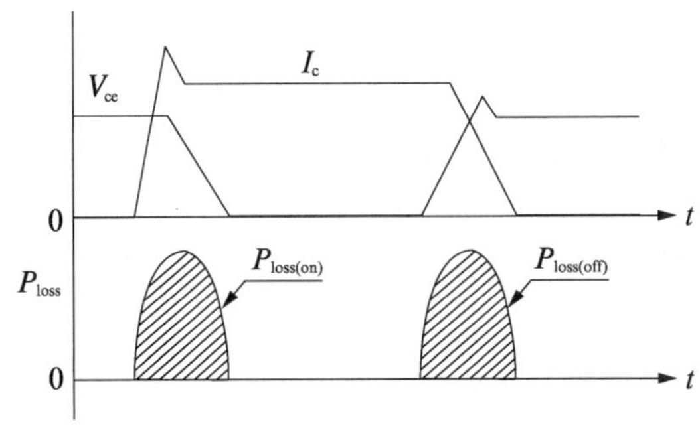

图 4.4.1 开关管开关时的电压和电流波形

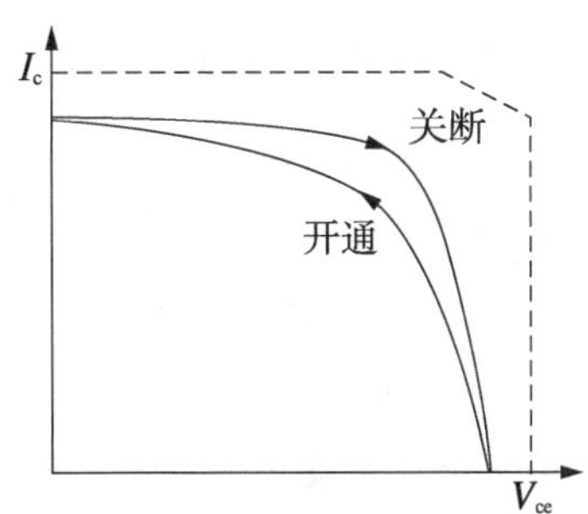

图 4.4.2 开关管工作在硬开关条件下的开关轨迹

为了减小变换器的体积和质量，必须实现高频化。要提高开关频率，同时提高变换器的变换效率，就必须减小开关损耗。减小开关损耗的途径就是实现开关管的软开关(soft switching)，因此软开关技术应运而生。图 4.4.3 给出了开关管实现软开关的波形图。

从前面的分析可以知道，开关损耗包括开通损耗和关断损耗。减小开通损耗有以下几种方法。

(1) 开关管开通时，使其电流保持在零，或者限制电流的上升率，从而减小电流与电

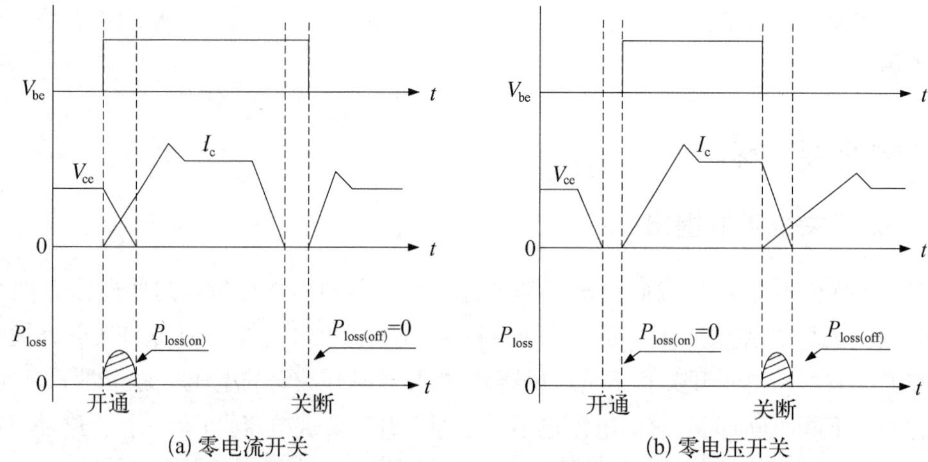

(a) 零电流开关　　(b) 零电压开关

图 4.4.3　开关管实现软开关的波形图

压的交叠区,这就是零电流开通。从图 4.4.3(a)可以看出,开通损耗大大减小。

(2) 在开关管开通前,使其电压下降到零,这就是所谓的零电压开通,从图 4.4.3(b)可以看出,开通损耗基本减小到零。

(3) 同时做到以上两点,在这种情况下,开通损耗为零。

从图 4.4.3 中可以看出减小关断损耗有以下几种方法。

(1) 在开关管关断前,使其电流减小到零,这就是所谓的零电流关断。从图 4.4.3(a)可以看出,关断损耗基本减小到零。

(2) 在开关管关断时,使其电压保持在零,或者限制电压的上升率,从而减小电流与电压的交叠区,这就是零电压关断。从图 4.4.3(b)可以看出,关断损耗大大减小。

(3) 同时做到以上两点,在这种情况下,关断损耗为零。

4.4.2　软开关技术的分类

变换器的软开关技术实际上是利用电感和电容的谐振工作来对开关的开关轨迹进行整形,以达到减小开关损耗的目的。

软开关技术的基础是谐振电路。从软开关技术的发展过程来看,直流开关电源的软开关技术一般可分为以下几类。

(1) 全谐振型变换器,一般称为谐振变换器(resonant converter)。该类变换器实际上是负载谐振型变换器,按照谐振元件的谐振方式,分为串联谐振变换器(series resonant converter,SRC)和并联谐振变换器(parallel resonant converter,PRC)两类。按负载与谐振电路的连接关系,谐振变换器可分为两类:一类是负载与谐振回路相串联,称为串联负载(或串联输出)谐振变换器(series load resonant converter,SLRC);另一类是负载与谐振回路相并联,称为并联负载(或并联输出)谐振变换器(parallel load resonant converter,PLRC)。在谐振变换器中,谐振元件一直在谐振工作,参与能量变换的全过程,该变换器与负载关系很大,对负载的变化很敏感,一般采用频率调制方法。

谐振变换器由于电压和电流波形均为正弦波,其 EMI 很小,在中频感应加热场合得到广泛应用。有些通讯用开关电源也采用谐振变换器,其开关频率范围为 180～450 kHz。

(2) 准谐振变换器(quasi-resonant converter,QRC)和多谐振变换器(multi-resonant converter,MRC),这是软开关技术的一次飞跃,这类变换器的特点是谐振元件参与能量变换的某一阶段,不是全程参与。准谐振变换器分为零电流开关准谐振变换器(zero-current-switching quasi-resonant converter,ZCS QRC)和零电压开关准谐振变换器(zero-voltage-switching quasi-resonant converter,ZVS QRC)。多谐振变换器一般实现开关管的零电压开关。这类变换器需要采用频率调制控制方法。

QRC 和 MRC 由于实现了开关管的软开关,可以将开关频率提高到几 MHz 甚至几十 MHz,但是由于它们的开关频率是变化的,很难优化设计滤波器,而且电压和电流应力很大,因此一般应用在小功率、低电压,而且对体积和质量要求十分严格的场合,如宇航电源和程控交换机的 DC/DC 电源模块。

(3) 零开关 PWM 变换器(zero switching PWM converter)。它可分为零电压开关 PWM 变换器(zero-voltage-switching PWM converter,ZVS PWM converter)和零电流开关 PWM 变换器(zero-current-switching PWM converter,ZCS PWM converter)。该类变换器是在 QRC 的基础上,加入一个辅助开关管,来控制谐振元件的谐振过程,实现恒定频率控制,即实现 PWM 控制。与 QRC 不同的是,谐振元件的谐振工作时间与开关周期相比很短,一般为开关周期的 1/10～1/5。

ZCS PWM 变换器和 ZVS PWM 变换器中谐振元件的谐振时间相对于开关周期来说很短,而谐振元件的谐振频率一般为几 MHz,这样 ZCS PWM 变换器和 ZVS PWM 变换器的开关频率为几百 kHz 到 1MHz,相对于 QRC 而言低一些。但由于实现了恒定频率工作,输出滤波器可以优化设计。而 QRC 的开关频率范围很宽,最低频率可能很低,因此 ZCS PWM 变换器和 ZVS PWM 变换器的性能指标和体积质量优于 QRC。与 QRC 一样,ZCS PWM 变换器和 ZVS PWM 变换器的电压和电流应力很大,因此一般也应用在小功率、低电压,而且对体积和质量要求十分严格的场合,比如宇航电源和程控交换机的 DC/DC 电源模块。

(4) 零转换 PWM 变换器(zero transition converter)。它可分为零电压转换 PWM 变换器(zero-voltage-transition PWM converter,ZVT PWM converter)和零电流开关 PWM 变换器(zero-current-transition PWM converter,ZCT PWM converter)。这类变换器是软开关技术的又一个飞跃。它的特点是变换器工作在 PWM 方式下,辅助谐振电路只在主开关管开关时工作一段时间,实现开关管的软开关,在其他时间则停止工作,这样辅助谐振电路的损耗很小。

在谐振变换器、准谐振变换器和多谐振变换器电路中,谐振电感和谐振电容一直参与能量传递,而且它们的电压和电流应力较大。在 ZVS PWM 变换器和 ZCS PWM 变换器中,谐振元件虽然不是一直在谐振工作,但谐振电感却串联在主功率回路中,损耗较大。同时,开关管和谐振元件的电压应力和电流应力与准谐振变换器的完全相同。零电压转换(zero-voltage-transition,ZVT)变换器克服上述这些缺陷,该类变换器的特点是: ① 采用 PWM 控制方式,实现恒定频率控制;② 辅助电路只是在开关管开关时工作,其他时候不工作,从而减小了辅助电路的损耗;③ 辅助电路不是串联在主功率回路中,而是与主功率回路相并联,这样也减小了辅助电路的损耗;④ 辅助电路的工作不会增加主开关管的电压和电流应力,主开关管的电压和电流应力很小,与第 1 章讨论的直流变换器的电压和电流应力一样,这是它与 ZVS PWM 变换器和 ZCS PWM 变换器的根本区别,这也使得 ZVT 变换器在中大功率场合得到广泛应用。

本章讨论该类变换器的工作原理及参数设计,由于该类变换器的辅助开关管是硬关断,本章还将介绍该类变换器的改进电路。

下面介绍零电压转换(ZVT)和零电流转换(ZCT)软开关技术 PWM 变换器的基本工作原理。

4.4.3 零电压转换(ZVT)PWM 变换器

本节以 boost ZVT PWM 变换器为例,讨论 ZVT PWM 变换器的工作原理。boost ZVT PWM 变换器的基本电路和主要波形如图 4.4.4 所示。输入直流电源 V_{in},主开关管

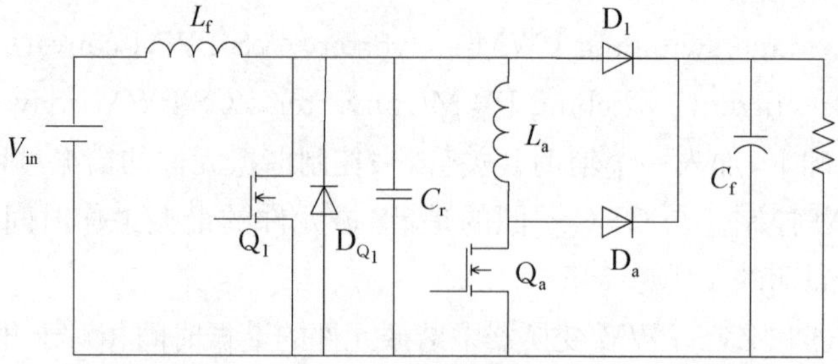

(a) 主电路

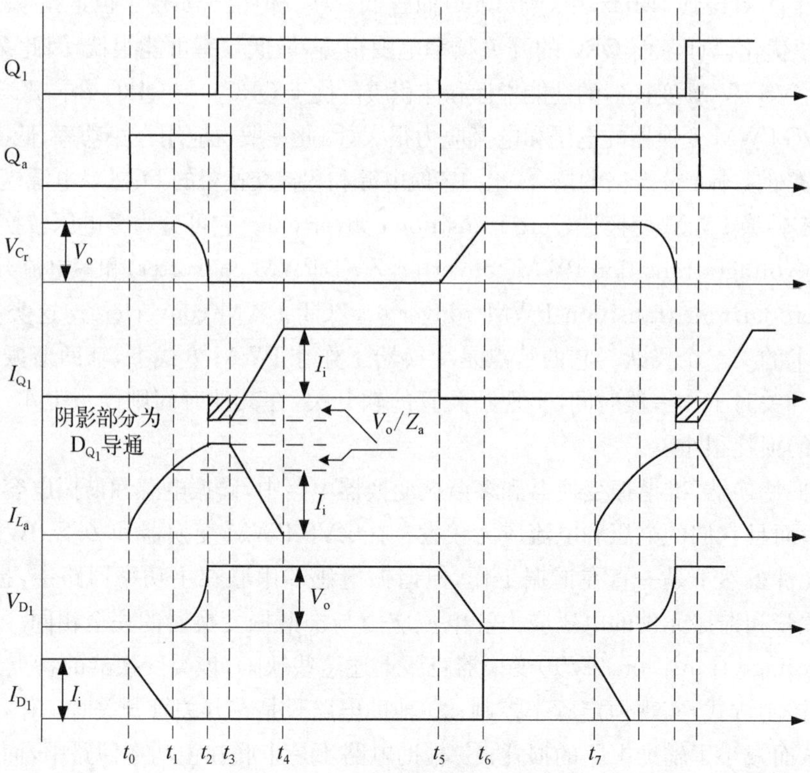

(b) 主要波形

图 4.4.4 boost ZVT PWM 变换器的基本电路及其主要波形

Q_1、升压二极管 D_1、升压电感 L_f和滤波电容 C_f组成基本的 boost 变换器，C_r是 Q_1的缓冲电容，它包括了 Q_1的结电容，D_{Q_1}是 Q_1的体二极管。虚框内的辅助开关管 Q_a、辅助二极管 D_a和辅助电感 L_a构成辅助电路。

在一个开关周期中，该变换器有七种开关状态。在分析之前，作出如下假设。

(1) 所有开关管、二极管均为理想器件。

(2) 所有电感、电容和变压器均为理想元件。

(3) 升压电感 L_f足够大，在一个开关周期中，其电流基本保持不变，为 I_i。

(4) 滤波电容 C_f足够大，在一个开关周期中，其电压基本保持不变，为 V_o。

图 4.4.5 给出了该变换器在不同开关状态下的等效电路。各开关状态的工作情况描述如下。

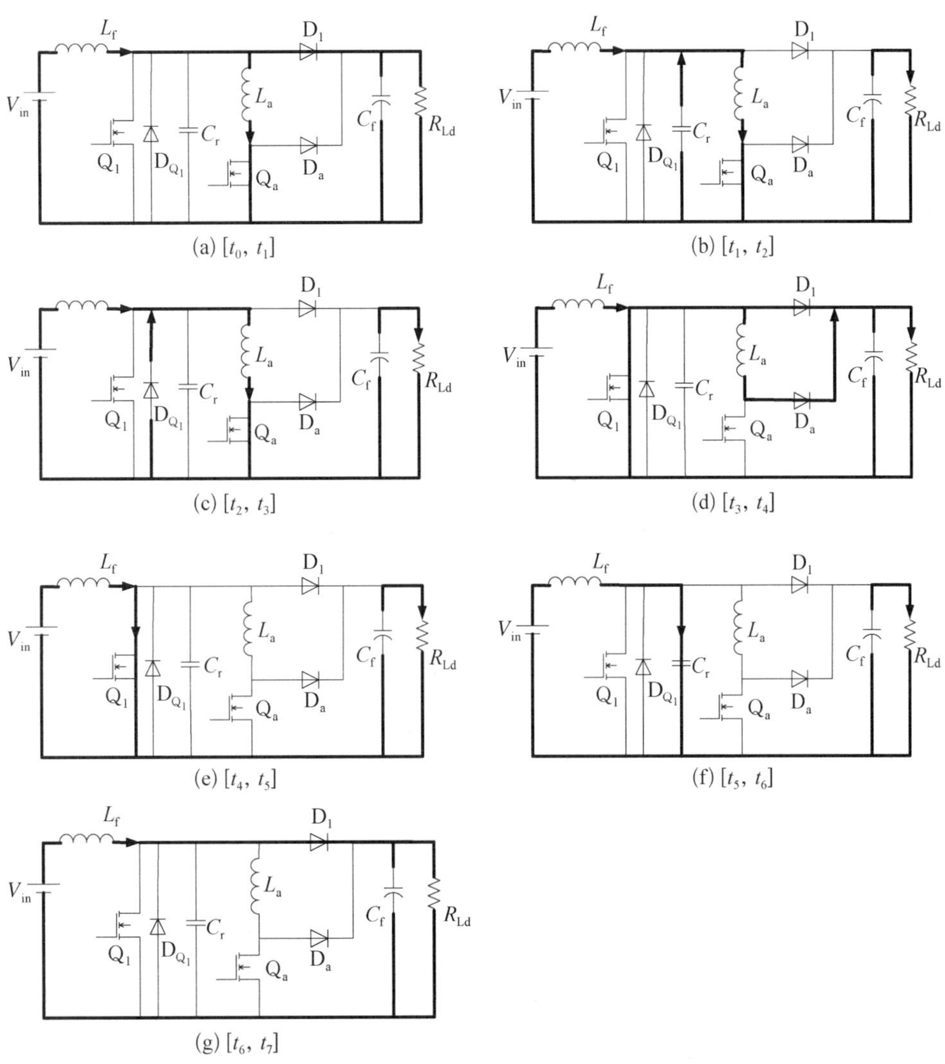

图 4.4.5　在不同开关状态下的等效电路

ZVT PWM 变换器的优点如下。

(1) 实现了主开关管 Q_1和升压二极管 D_1的软开关。

(2) 辅助开关管是零电流开通，但有容性开通损耗。

(3) 主开关管和升压二极管 D_1 中的电压、电流应力与不加辅助电路一样。

(4) 辅助电路的工作时间很短,其电流有效值很小,因此损耗小。

(5) 在任意负载和输入电压范围内均可实现 ZVS。

(6) 实现了恒频工作。

该电路的缺点是辅助开关管的关断损耗很大,比不加辅助电路时主开关管的关断损耗还要大,因此有必要改善辅助开关管的关断条件。

4.4.4 零电流转换(ZCT)PWM 变换器

本节还是以 boost ZCT PWM 变换器为例,讨论它的工作原理,其基本电路和主要波形如图 4.4.6 所示。输入直流电源 V_{in}、主开关管 Q_1、升压二极管 D_1、升压电感 L_f 和滤波

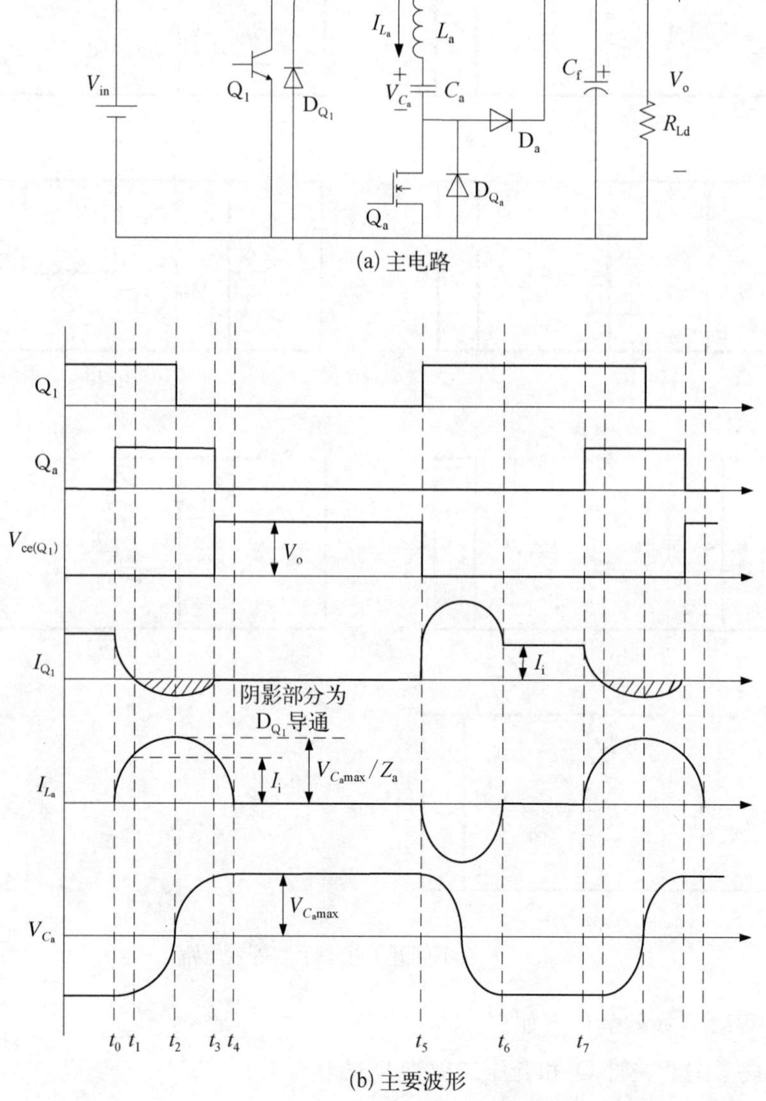

图 4.4.6 boost ZCT PWM 变换器的基本电路及其主要波形

电容 C_f组成基本的 boost 变换器，D_{Q_1} 是 Q_1 的反并二极管。虚框内的辅助开关管 Q_a、辅助二极管 D_a、辅助电感 L_a 和辅助电容 C_a 构成辅助电路，D_{Q_a} 是 Q_a 的体二极管。

在一个开关周期中，该变换器有六种开关状态，图 4.4.7 给出了在各种开关模态下的等效电路图。在分析之前，作出如下假设。

(1) 所有开关管、二极管均为理想器件。

(2) 所有电感、电容和变压器均为理想元件。

(3) 升压电感 L_f 足够大，在一个开关周期中，其电流基本保持不变，为 I_i。

(4) 滤波电容 C_f 足够大，在一个开关周期中，其电压基本保持不变，为 V_o。

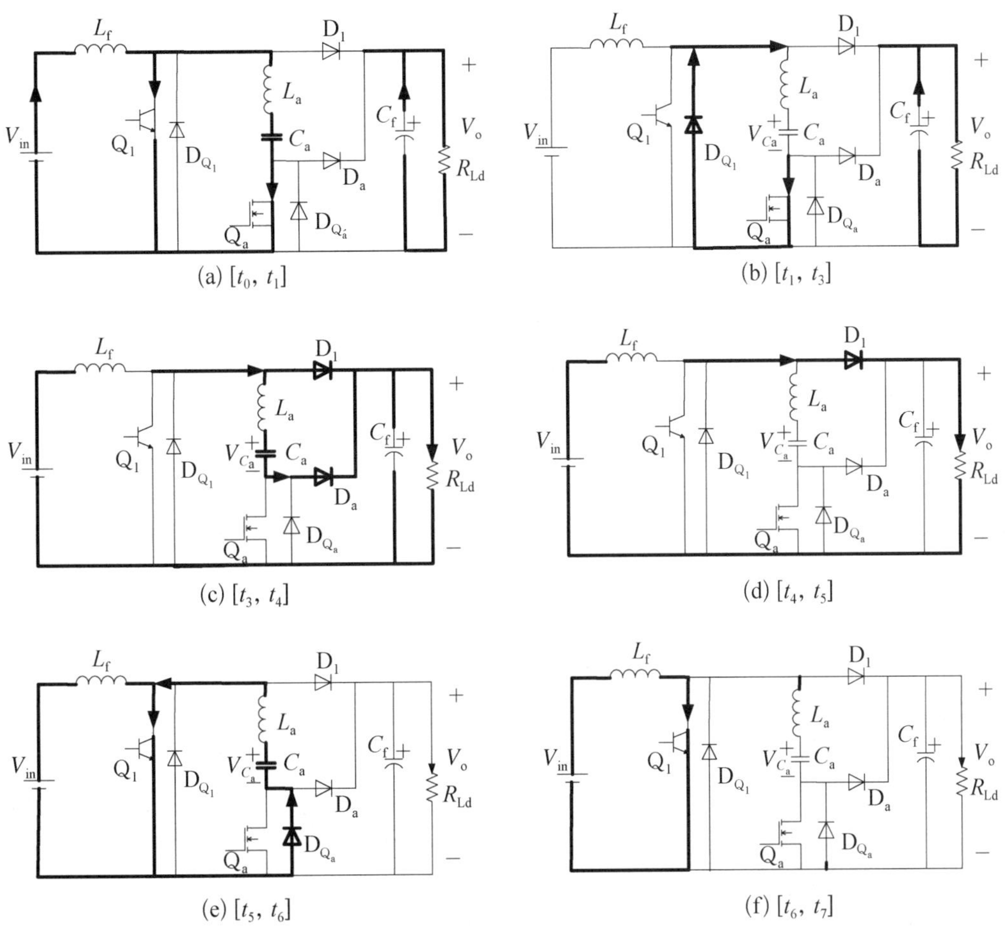

图 4.4.7　各种开关模态的等效电路图

从上面的分析中可以知道 ZCT PWM 变换器的优点如下。

(1) 在任意输入电压范围和负载范围内，均可实现主开关管的零电流关断。

(2) 辅助支路的能量随着负载的变化而调整，从而减小了辅助支路的损耗。

(3) 辅助电路工作时间很短，其损耗小。

(4) 实现了恒频控制。

该变换器的缺点如下。

(1) 开关管不是零电流开通。

(2) 升压二极管存在反向恢复的问题。

4.5 DC/DC控制电路设计及环路稳定性分析

4.5.1 DC/DC电路常用控制方法

1. 电压型控制

电压控制模式是20世纪60年代后期开关稳压电源刚刚开始发展而采用的一种控制模式。基本的电压控制模式如图4.5.1所示。H(s)环节对输出电压采样,采样信号与参考信号比较产生误差信号,误差信号通过控制器G(s)产生PWM信号,用于控制开关器件的状态。

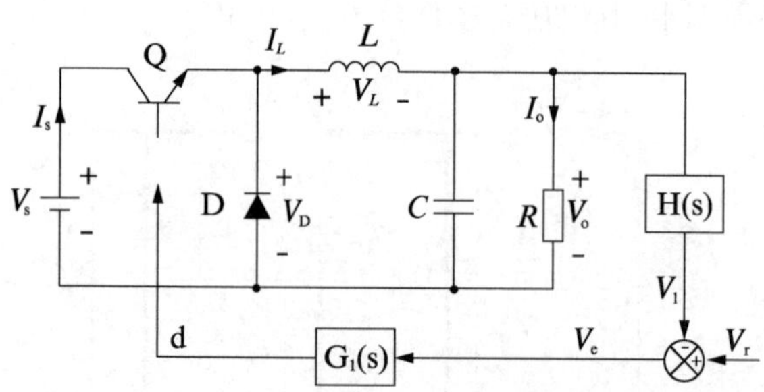

图4.5.1 基本电压控制buck变换器系统

电压控制方法的动态响应较慢,引入输入电压前馈控制,可以提高系统的动态响应速度,取得更好的控制效果。

输入电压前馈控制从20世纪80年代开始发展起来的,它在输出电压控制闭环的基础上,附加输入电压补偿电路。对输入电压的前馈控制是开环控制,对输出电压的控制是闭环控制,开环和闭环一起构成双环控制。

输入电压前馈控制有不同的模拟电路实现形式,可以用输入电压采样信号控制锯齿波发生电路,使得锯齿波的幅值与输入电压成比例,这种方式称为峰值电压前馈控制。另外一种输入电压前馈控制方式叫做参考电压调制前馈控制,在这种控制方式中,锯齿波的峰值恒定不变,输入电压采样信号和反馈的输出电压信号一起产生误差信号,与锯齿波比较,产生PWM信号。

无论峰值电压前馈,还是参考电压调制前馈,都可以提高系统抑制输入电压干扰的能力,提高反应速度,使开关电源可以在输入电压变化的较大范围内保持输出电压的稳定。

应用数字电路可以更方便,更准确地实现电压前馈控制,实现最理想的前馈补偿。

电压控制模式中,PWM三角调制波幅值较大,脉冲宽度调节时具有较好的抗噪声裕量;占空比调节不受限制;输出阻抗较低,对多路输出电源具有较好的交互调节性能;单一反馈电压闭环设计、调试比较容易。

电压控制模式对输入电压的变化动态响应较慢;输出LC滤波器给控制环增加了双极点,在补偿设计误差放大器时,需要将主极点低频衰减,或者增加一个零点进行补偿。

2. 电流型控制

20世纪70年代末期,电流控制模式的概念被提出。根据对电流信号的不同采样和处理方法,可以把电流模式分为峰值电流控制、平均电流控制和滞环电流控制等类型。

1) 峰值电流控制

在峰值电流控制模式中,直接被控制的对象是流过开关器件电流的峰值。可以让开关器件定时导通,导通后流过其中的电流上升,当电流值达到控制值时,使开关关断。因为开关器件电流的峰值受到控制,所以称为峰值电流控制。电流控制值通常由输出电压与参考电压比较后的电压误差通过补偿器 CV 后得到。峰值电流控制的双环 buck 变换器系统框图如图 4.5.2 所示。开关电流与电流控制信号的波形如图 4.5.3 所示。

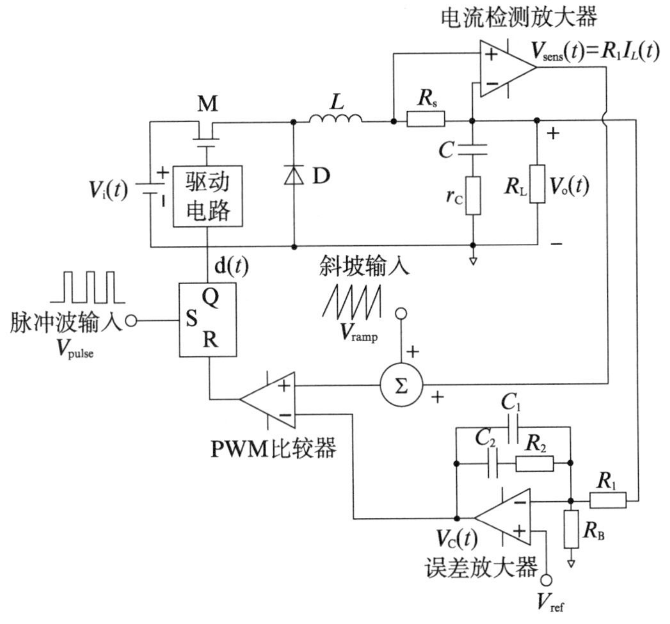

图 4.5.2　峰值电流控制的 buck 变换器示意图

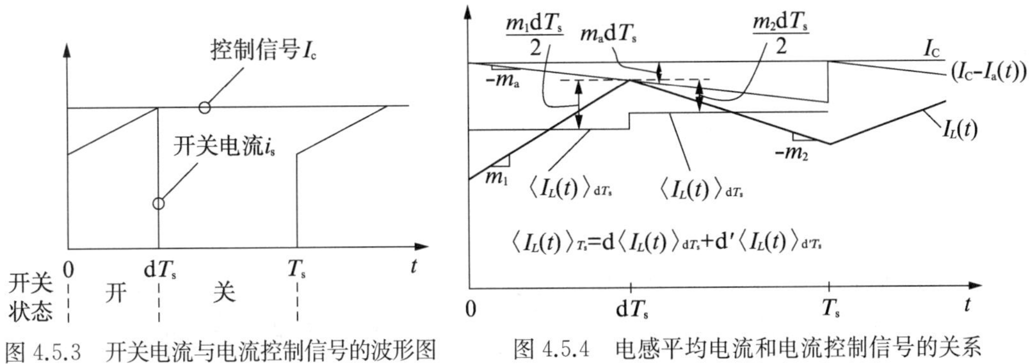

图 4.5.3　开关电流与电流控制信号的波形图　　　图 4.5.4　电感平均电流和电流控制信号的关系

峰值电流控制模式下，当占空比大于 50%时，要应用斜坡补偿才能保持系统的稳定。在斜坡补偿情况下，电感电流和电流控制信号的关系可用图 4.5.4 表示。其中，I_L 表示电感电流，m_1表示电感电流上升阶段的斜率，m_2表示电感电流下降阶段的斜率，m_a表示补偿斜坡的斜率。对于带“<>”的符号，有如下意义：

$$\langle x(t)\rangle_T=\frac{1}{T}\int_t^{t+T}x(\tau)\mathrm{d}\tau$$

在峰值电流控制系统中，主电路是由电流内环控制的电流源，而电压外环控制此电流源。在双环控制中，电流内环负责输出电感的动态变化，因而电压外环仅需控制输出电容，不必控制 LC 储能电路。因此，峰值电流模式 PWM 控制具有比电压模式大得多的带宽。

峰值电流控制在导通占空比大于 50%时,会出现次谐波振荡的现象,要求进行合适的斜坡补偿。另外,峰值电流模式的抗扰度较差,由于电流斜坡相对规定电平较小,尤其是在输入电压较低时,使得这种方法对噪声很敏感。当开关每次导通产生噪声尖峰时,如果耦合到控制电路就会使开关误动作。

2) 平均电流控制

平均电流控制的概念产生于 20 世纪 70 年代后期。与峰值电流控制相比,平均电流控制的电流内环存在一个电流补偿放大器,通过这个放大器使得内环的稳定性能提高。电感电流采样信号 I_L 与电压外环设定的电流控制信号 I_c 分别接入电流放大器 c/a(比例积分环节)的反向端和同向端,电流放大器的输出 U_{ca} 即为平均电流误差信号。平均电流误差信号 U_{ca} 与锯齿波信号 U_t 通过比较器比较得到 PWM 关断时刻,如图 4.5.5 所示。

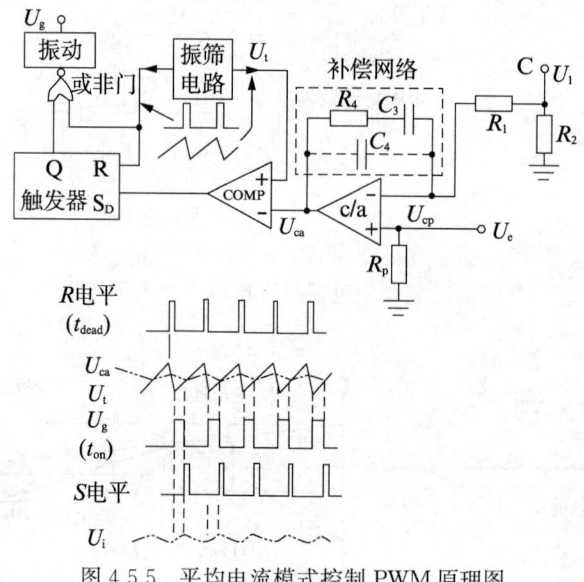

图 4.5.5 平均电流模式控制 PWM 原理图

在平均电流控制方式中,只要平均电流误差信号 U_{ca} 的上斜坡不超过锯齿波 U_t 的上斜坡,就可以避免次谐波振荡。由于锯齿波 U_t 的上斜坡很大,只要设计合理,一般不需要另外附加斜坡补偿。

除不需要斜坡补偿外,平均电流模式还有以下优点:平均电感电流能够精确地跟踪电流规定信号;抗噪声能力强;适合于任何电路拓扑对输入或输出电流的控制。

平均电流控制的缺点是:电流放大器在开关频率处的增益有最大限制;双环放大器带宽、增益等配合参数设计调试复杂。

3) 滞环电流控制

滞环电流模式控制 PWM 为变频调制,也可以为定频调制。将电感电流信号与两个电压值比较,第一个较高的控制电压值 U_c 由输出电压与基准电压的差值放大得到,它控制开关器件的关断时刻;第二个较低电压值 U_{ch} 由控制电压 U_c 减去一个固定电压值 U_h 得到,U_h 为滞环带,U_{ch} 控制开关器件的开启时刻。滞环电流模式控制是由输出电压值 U_{out}、控制电压值 U_c 及 U_{ch} 三个电压值确定一个稳定状态,比电流模式控制多一个控制电压值

U_{ch}，去除了发生次谐波振荡的可能性。

3. 其他控制方式

除了上述常见的电压型控制模式和电流型控制模式外，还存在以下类型控制方式。

1）相加模式控制

相加控制模式与电压模式控制有些相似，但有两点不同：一是放大器（e/a）是比例放大器，没有电抗性补偿元件。控制电路中电容 C_1 较小，起滤除高频开关杂波作用。主电路中的较小的 L_f、C_f滤波电路（如图 4.5.6 中虚线所示，也可以不用）也起减小输出高频杂波作用。若输出高频杂波小，均可以不加。因此，电压误差放大没有延时环节，电流放大也没有大延时环节；二是经过滤波后的电感电流信号 U_i；也与电压误差信号 U_o相加在一起构成一个总和信号 U 与三角锯齿波比较，得到 PWM 控制脉冲宽度。相加模式控制 PWM 是单环控制，但它有输出电压、输出电流两个输入参数。如果输出电压或输出电流变化，那么占空比将按照补偿它们变化的方向而变化。

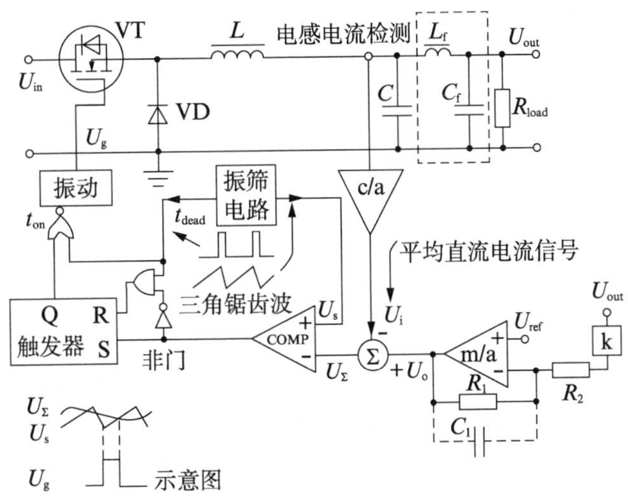

图 4.5.6　相加模式控制电路

2）电荷控制

所谓电荷控制就是在一个开关周期内对流过主开关管电流的检测信号积分，得到表征输入总电荷量的电压信号，通过控制这一电压去控制输入的总电荷量，即控制输入的平均电流。

传统控制模式适用于电阻等线性负载 DC/DC 变换器的控制，用于控制恒功率负载等非线性负载 DC/DC 变换器时，存在稳定性问题。而电荷控制是一种非线性的控制方式，每个周期的电流都能够得到控制，电荷控制能够快速抑制输入电压的扰动，也不需要进行斜坡补偿，因而具有广泛的应用前景。电荷控制不仅适用于电阻等线性负载，而且适用于恒功率负载等非线性负载。电荷控制方式是电流控制的一种，它是一种非线性的控制方式，具有反应速度快、不需要额外的补偿电路等特点，不但适用于电阻等线性负载，而且适用于恒功率负载等非线性负载。

电荷控制的 boost 变换器如图 4.5.7 所示。利用 PWM 发生器中的时钟进行定频控制，开关周期为 T_s。主电路的有源开关 Q 在每个开关周期开始时导通，开关 Q 导通期

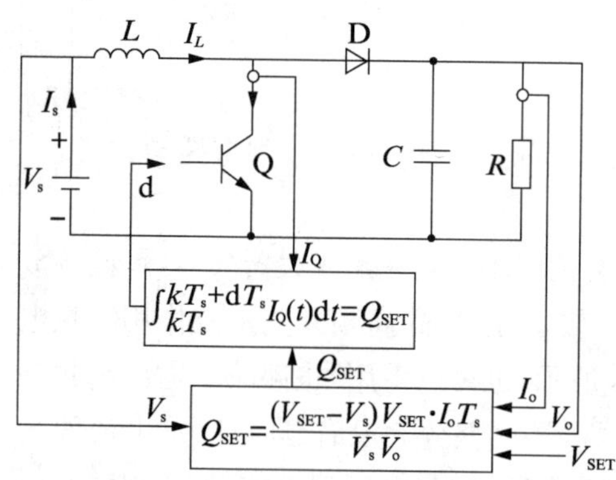

图 4.5.7　电荷控制全闭环系统示意图

间,直流电源 V_s 中的电流通过电感 L 和开关 Q 形成回路,输入电流 I_s 等于开关电流 I_q。开关 Q 导通后,电流 I_q 增大,电流信号通过传感器引到电容 C_t 上,电容 C_t 被充电,电压 V_t 上升。电容 C_t 上的电压 V_t 代表了通过开关 Q 的电荷量,即开关电流的时间积分。

当积分电容上的电压达到参考电压时,主电路开关关断,同时与电容并联的开关导通,给电容放电,在下一个周期到来之前,电容上的电荷被全部放掉。参考电压的大小控制了一个周期中通过主电路开关 Q 的全部电荷。由于采用定频控制,每个周期通过开关的电荷值与该周期内的开关平均电流值成比例。这样,每周期的开关平均电流受到控制。

在将电压参考值 V_{SET} 转化为电荷参考值 Q_{SET} 的过程中,用到了输入电压、输出电压和输出电流等系统动态参量,因而整个系统不是一个只检测开关电流的单闭环系统,也不是一个电压外环控制电流内环的双闭环系统,而是一个检测多种系统动态参量的复杂的控制系统,但是这种复杂的控制通过电压参考值向电荷参考值的转化简单地得到实现。

3) 单周期控制

单周期控制是一种非线性、大信号 PWM 控制方法,其最大优点是能够使系统在一个周期内达到稳定,从而使系统得到良好的动态响应特性。但单纯的单周期控制并不是一种严格意义上的闭环控制,控制器对开关误差校正能力有限,系统存在稳态误差。

单周期控制技术将非线性开关变为线性开关,是一种非线性控制技术。对于输入电压或负载的扰动,单周期控制技术可以在一个开关周期内瞬时地控制输出信号,其动态性能将比电压型、电流型瞬时值控制技术优越,故它在动态性能要求高的功率变换场合具有重要应用价值。

单周控制,就是在每个开关周期内控制开关管的占空比 D,使开关变量的稳态平均值或瞬态平均值等于参考量或与参考量成比例。单周控制方法不是直接控制输出量使其等于参考值,而是通过控制与输出值相关的器件上的变量来间接控制输出。单周控制中的开关可以是任何形式的开关,既可以是物理开关,也可以是电气开关或机械开关,而且还可以是能转换为开关变量形式的函数。每个开关周期的误差都在本周期内消除,前一个开关周期的误差不会带到后一个开关周期,这也就是称为单周控制的原因。单周控制的核心部分是带复位端的积分器和比较器。

开关变换器是脉冲型非线性系统,在适当的非线性控制方式下控制会比在线性反馈控制方式下控制具有更高的鲁棒性,更快的动态响应速度和更强的对电源扰动的抗干扰性,由于单周控制的固有优点,它的应用范围会逐渐扩大。

从上面单周期控制方法的优缺点分析可以看出,将单周期控制和传统的 PID 控制相结合,将能实现电路控制性能的优化,在 DC/DC 控制领域有着广阔的应用前景。图 4.5.8 给出了单周期和 PID 方式结合的控制电路。

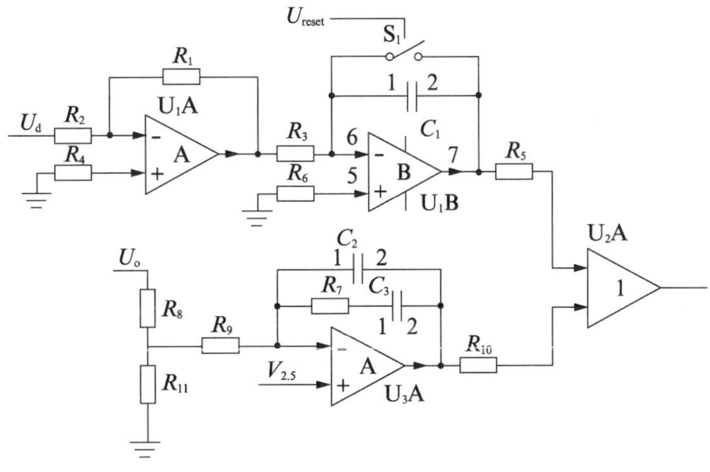

图 4.5.8　单周期和 PID 方式结合的控制电路

4. 各种控制方法优缺点分析

1) 电压控制

优点如下。

(1) PWM 三角波幅值较大,脉冲宽度调节时具有较好的抗噪声裕量。

(2) 占空比调节不受限制。

(3) 对于多路输出电源,它们之间的交互调节效应较好。

(4) 单一反馈电压闭环设计、调试比较容易。

(5) 对输出负载的变化有较好的响应调节。

缺点如下。

(1) 对输入电压的变化动态响应较慢。

(2) 补偿网络设计本来就较为复杂,闭环增益随输入电压而变化使其更为复杂。

(3) 输出 LC 滤波器给控制环增加了双极点,在补偿设计误差放大器时,需要将主极点低频衰减,或者增加一个零点进行补偿。

(4) 在传感及控制磁芯饱和故障状态方面较为麻烦、复杂。

2) 峰值电流控制

优点如下。

(1) 暂态闭环响应较快,对输入电压的变化和输出负载的变化的瞬态响应均快。

(2) 控制环易于设计。

(3) 输入电压的调整可与电压模式控制的输入电压前馈技术相媲美。

(4) 简单自动的磁通平衡功能。

(5) 瞬时峰值电流限流功能,即内在固有的逐个脉冲限流功能。

(6) 自动均流并联功能。

缺点如下。

(1) 占空比大于 50%的开环不稳定性,存在难以校正的峰值电流与平均电流的误差。

(2) 闭环响应不如平均电流模式控制理想。

(3) 容易发生次谐波振荡,即使占空比小于50%,也有发生高频次谐波振荡的可能性,因而需要斜坡补偿。

(4) 对噪声敏感,抗噪声性差,因为电感处于连续储能电流状态,与控制电压编程决定的电流电平相比较,开关器件的电流信号的上斜坡通常较小,电流信号上的较小的噪声就很容易使得开关器件改变关断时刻,使系统进入次谐波振荡。

(5) 电路拓扑受限制。

(6) 对多路输出电源的交互调节性能不好。

3) 平均电流控制

优点如下。

(1) 不需要斜坡补偿,但要满足一个极限条件:经电流环补偿电路放大的电感电流下降沿斜率要小于PWM比较器的一端输入的锯齿波的上升沿斜率。

(2) 具有较强的抗干扰特性。调节电流内环补偿放大器的电阻、电容参数,可使系统获得较好的动态特性。

(3) 调试好的电路抗噪声性能优越。

(4) 适合于任何电路拓扑对输入或输出电流的控制。

缺点如下。

(1) 电流放大器在开关频率处的增益有最大限制。

(2) 双闭环放大器带宽、增益等参数设计调试复杂。

4) 滞环电流控制

优点如下。

(1) 不需要斜坡补偿。

(2) 稳定性好,不容易因噪声发生不稳定振荡。

缺点如下。

(1) 需要对电感电流全周期的检测和控制。

(2) 变频控制容易产生变频噪声。

5) 相加控制模式

优点如下。

动态响应快(比普通电压模式控制快35倍),动态过冲电压小,输出滤波电容需要较少。相加模式控制中的U_i注入信号容易用于电源并联时的均流控制。

缺点如下。

需要精心处理电流、电压取样时的高频噪声抑制。

6) 单周期控制

优点如下。

(1) 单周期控制的通用性强,抗电源扰动的能力强,传统的PWM控制是通过减少误差来线性调节占空比,当电源电压突变时,必须有误差出现时才能对占空比进行调节,这往往需要几个开关周期,因此,输出会出现一个瞬时过冲,经过几个开关周期才能建立新的稳态。单周期控制有很强的抗电源扰动的能力,动态响应快。

(2) 单周期控制比PWM控制跟踪瞬态变化的动态响应快,波形质量好,能够克服

PWM 控制方法固有的一些缺陷，PWM 控制是用来消除谐波的，但调节后还有一些不可预知的谐波成分存在，单周期控制可以消除大部分的谐波成分，大大减少输出谐波含量；单周期控制的参考信号和输出值之间的延迟小于 PWM 调节方式。

缺点如下。

在硬件设计方面比 PWM 控制复杂，实现单周期控制的算法需要快速积分器，而 PWM 控制不需要积分器；不直接控制输出量，而是间接控制开关变量。由于有一些寄生参数的存在，所以存在稳态误差。

4.5.2　反馈环路稳定性分析及设计

在详细讨论反馈环路稳定性之前，首先分析一下反馈环路为什么会振荡。

图 4.5.9 是一个典型的正激变换器负反馈系统（环路）。一般的脉宽调制芯片，都有误差放大器和 PWM 调制器功能。芯片也会具备其他一些辅助功能，但对于系统稳定性问题，只需考虑误差放大器和脉宽调制器就可以了。

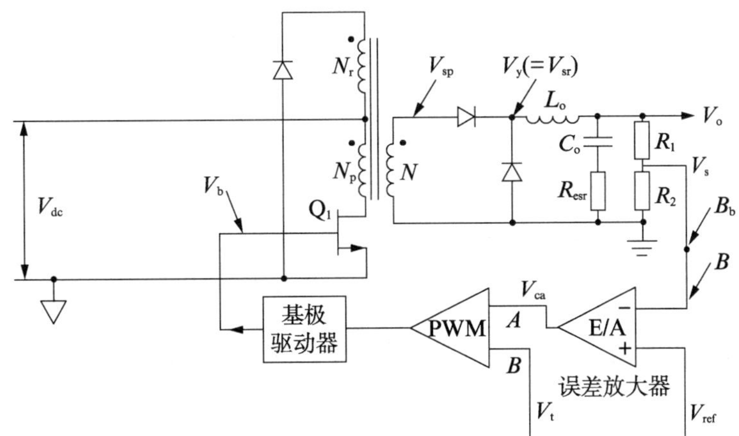

（a）电路图

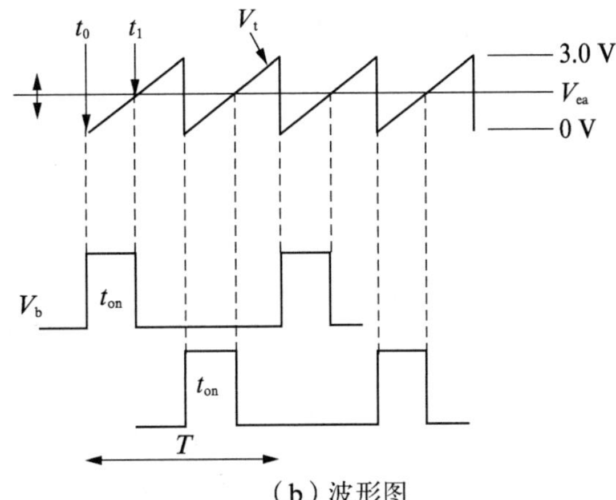

（b）波形图

图 4.5.9　一个典型正激变换器的闭环反馈环路

对于输出电压V_o的缓慢变化,系统自然是稳定的。由于输入电压或负载的变化,会引起V_o的缓慢变化,其变化通过R_1/R_2的电阻网络检测,输入到误差放大器E/A的反向端,与E/A同相输入端的参考电压进行比较,从而使E/A的输出电压(也就是PWM调制器的A端输入电压)V_{ea}产生微小的变化(实现系统的自动调节功能)。

上述PWM调节器,将直流电压V_{ea}(A端)与B端的三角波V_t(幅值为0～3 V)进行比较,得到矩形脉冲(PWM脉冲),其脉冲宽度t_{on}等于从三角波开始时刻t_0到直流电压V_{ea}与B端三角波相交时刻t_1的时间,此脉冲宽度确定了PWM芯片输出晶体管的导通时间,也就确定了功率晶体管的导通时间。

输入电压V_{dc}的缓慢上升将导致V_y的缓慢上升,由于输出电压$V_o \approx V_y t_{on}/T$,从而引起V_o的缓慢上升。V_o的上升引起反馈V_s的上升,使V_{ea}变小。因t_{on}是从三角波开始时刻到t_1的时间,V_{ea}变小将导致t_{on}的减小,使V_o恢复到它的初始值。同理,V_{dc}的下降将导致t_{on}的增加,以保持V_o不变。

功率开关管的驱动信号是来自PWM芯片输出晶体管的信号经过放大得到的。不论从集电极输出或是从发射极输出,都必须保证其极性正确,即当输出V_o上升时,导通时间t_{on}下降。

注意,大部分的PWM芯片的输出晶体管,都是在t_0到t_1时间内导通。使用这类芯片时,反馈V_s要接到E/A的反向输入端。采用NPN型功率晶体管作为功率开关器件时,其基极(或MOSFET管门极)可由PWM芯片输出晶体管的发射极来驱动。

然而在一些PWM芯片中,如TL494,输出晶体管的导通时间是从V_{ea}穿越三角波V_t的时刻开始的,直到三角波结束时刻t_2为止。对于这类芯片,PWM芯片输出晶体管导通时,NPN型功率晶体管(驱动信号由芯片晶体管射极输出)被触发导通,这将使V_{dc}增大时,功率晶体管的导通时间增加。这时,系统变成正反馈而不是负反馈。

所以,对于TL494系列芯片,应将反馈V_s接到E/A的同相端。这样,当输出电压V_o增大时,TL494输出晶体管导通时间下降,使得功率晶体管导通时间也下降。这时,同样可用TL494芯片晶体管发射极输出驱动功率晶体管。

图4.5.9所示的电路是一个低频情况下的负反馈稳定系统。在系统内部存在着电压噪声或电压瞬时变化,它们是具有连续频谱的正弦傅里叶分量。噪声干扰的各分量经过输出滤波器、误差放大器和PWM(V_{ea}到V_{sr})等各个环节,增益和相位都会发生变化。噪声干扰任意一个分量的增益和相位发生变化时,都可能会使系统由负反馈变成正反馈,从而引起下面所说的振荡。

1. 系统振荡的原理

考虑图4.5.9所示的正激变换器反馈系统。假设在某一时刻,环路误差放大器的反相端B点断开,干扰噪声中所有傅里叶分量,从B点到V_{ea},从V_{ea}到平均电压V_{sr},再从平均电压V_{sr}通过L_o、C_o滤波器返回到B_b(即先前回路断开处)的过程中,会引起增益变化和相位变化。

现在假设,从B点注入一个频率为f_1的信号,经过环路各环节后,最后返回到B_b,形成环路响应(echo)。注入信号的相位和增益通过系统中各环节后会产生变化。如果经过环路后返回的信号,在相位和幅值上与初始信号完全一致,此时若闭合回路(B_b闭合到

B)，并移去注入信号，电路将继续以频率 f_1 振荡。引起并维持振荡的信号，就是噪声频谱中频率为 f_1 的傅里叶分量。

1) 电路稳定的增益准则

电路稳定的第一个准则是：在开环增益为 1 的频率(通常称剪切频率、交越频率或截止频率)处，系统所有环节的总开环相位延迟必须小于 360°。在剪切频率处，总开环相位延迟小于 360°(在此频率处，总开环增益为 1)的角度，称为相位裕度。

为了使系统中各器件工作在最恶劣的情况下时仍然保持稳定，通常设计准则是使系统至少有 35°～45°的相位裕量。

2) 电路稳定的增益斜率准则

首先引入普遍使用的专用术语来描述增益斜率。增益随频率变化的特性，通常被描绘在半对数坐标纸上，如图 4.5.10 所示。如果增益坐标变化的线性距离是 20 dB(增益的数值变化 10 倍)时，频率也线性变化 10 倍，那么称该±20 dB/10 倍频程的特性曲线具有±1 的斜率。因此，具有±20 dB/10 倍频程增益变化的电路，用±1 的增益斜率来表示。

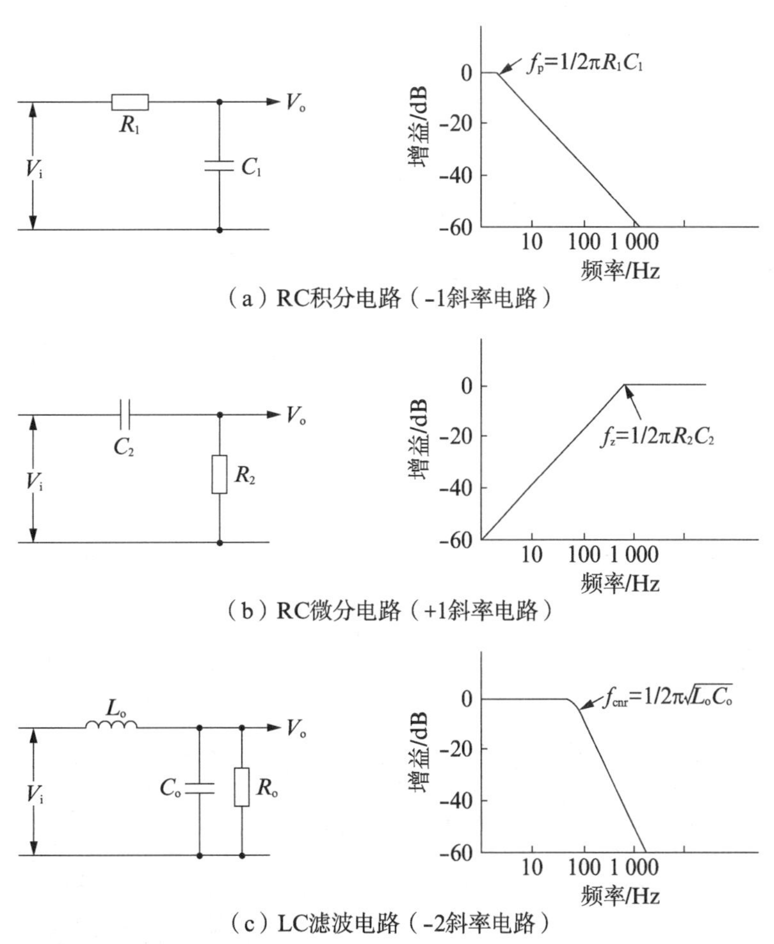

图 4.5.10　增益随频率变化的特性

输出和输入之间具有－1 增益斜率(频率大于 $f_p=1/2\pi R_1C_1$ 时)的基本电路，如图 4.5.10(a)所示的 RC 积分器电路。图 4.5.10(b)中的 RC 积分器，其输出与输入之间的增益斜率(频率小于 $f_p = 1/2\pi R_2 C_2$ 时)是+1,或者说增益变化为 20 dB/10 倍频程。因为当频率增加或减少 10 倍时,容抗也增加或减少 10 倍,但电阻的阻抗保持不变,所以这样的电路具有 20 dB/10 倍频程的增益变化。

当输出电容中没有等效阻抗(ESR)时,输出 LC 滤波电路[图 4.5.10(c)]具有−2(或者说有−40 Db/10 倍频程)的增益斜率(频率大于 $f_o = 1/2\pi\sqrt{L_o C_o}$ 时),这是因为,当频率增大 10 倍时,电感的感抗增大 10 倍,而电容的容抗减小 10 倍。

图 4.5.11(a)和图 4.5.11(b)所示对应于不同输出阻抗 R_o 值,$L_o C_o$ 滤波器的幅频特性和相频特性。图中的曲线是对应于不同比率 $k_1 = f/F_o(F_o = 1/2\pi\sqrt{L_o C_o})$ 和 $k_2 = R_o/\sqrt{L_o C_o}$ 的归一化曲线。

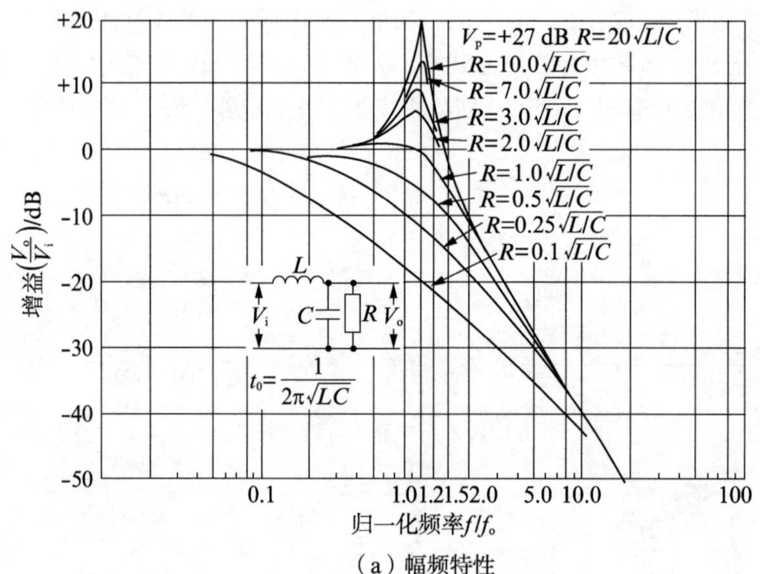

(a)幅频特性

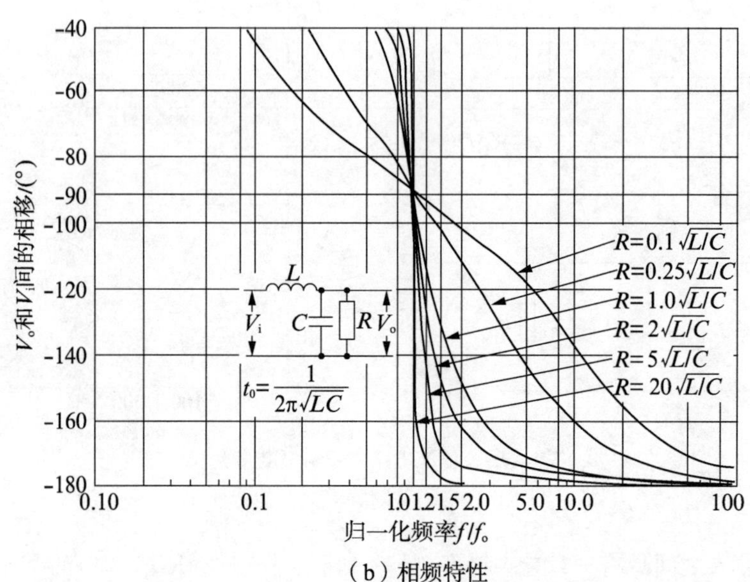

(b)相频特性

图 4.5.11 不同输出阻抗 R_o 值,$L_o C_o$ 滤波器的幅频特性和相频特性

图 4.5.11(a)表明，无论 k_2 取何值，所有的增益曲线在高于转折频率 $f_o=1/2\pi\sqrt{L_oC_o}$ 时，渐近线斜率近似为−2(−40 dB/10 倍频程)。$k_2=1.0$ 的电路，成为临界阻尼电路。临界阻尼电路的增益具有非常小的谐振峰值，而其在转折频率 f_o 处，会立刻以−2 的斜率开始下降。

$k_2>1$ 的电路称为欠阻尼电路，从图 4.5.11 中可以看出，欠阻尼 LC 滤波器的增益在频率 f_o 处，有一个非常大的谐振峰值。

$k_2<1$ 的电路是过阻尼电路。图 4.5.11(a)可以看出，过阻尼的 LC 滤波器也渐近地趋近−2 增益斜率。但若是一个严重过阻尼 ($k_2=0.1$) 的滤波器，则幅频曲线在转折频率 f_o 的 20 倍处，才接近−2 增益斜率。

图 4.5.11(b)所示为不同比值 $k_2=R_o/\sqrt{L_oC_o}$ 下的相移，即归一化频率(f/F_o)曲线。从图中可以看出，对任意 k_2 值，在转折频率 ($f_o=1/2\pi\sqrt{L_oC_o}$) 处输出和输入之间的相位延迟都是 90°。但是，欠阻尼滤波器 ($R_o>5\sqrt{L_oC_o}$) 的相位延迟随频率变化得很快，对于 $R_o=5\sqrt{L_oC_o}$ 的相频曲线，$1.5f_o$ 频率处的相位延迟已经接近 170°。

相比之下，具有−1 增益斜率的电路，相位延迟不会超过 90°，其相频特性的变化率，远低于如图 4.5.11(b)所示的增益斜率为−2 的电路。

由此得出系统稳定的第二个准则。第一个准则是在剪切频率处(增益曲线过 0 dB 点)，总开环相位延迟有小于 360°的相位裕量，一般至少有 45°。

系统稳定的第二个准则是，为防止−2 的增益斜率的电路相位快速变化，系统的开环增益(包括环路中所有环节增益之和)曲线，在剪切频率附近的增益斜率，应为−1(−20 dB/10 倍频程)，如图 4.5.12 所示。

应当注意，并不是绝对要求开环增益曲线在剪切频率附近的增益斜率必须为−1，但是由于−1 增益斜率对应的相频曲线相位延迟较小，且变化相对较慢，因此它能够保证当某环节的相位变化被忽略时，相频曲线仍将具有足够的相位裕量，使得系统保持稳定。

稳定电路的第三个准则是，提供所需的相位裕量，在此(图 4.5.12)规定为 45°。

要满足上述三个准则，必须知道怎样计算图 4.5.9 中的所有环节增益和相位延迟。这将在下面进行说明。

3) LC 滤波器的增益特性(输出电容含/不含 ESR)

除反激变换器(只含有一个输出电容滤波器)外，这里讨论的所有电路拓扑中都含有 LC 输出滤波器。LC 输出滤波器增益特性是非常

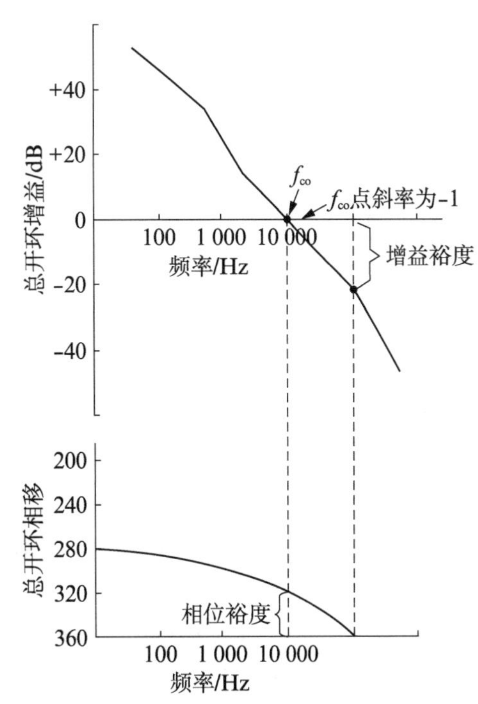

图 4.5.12　开环增益和相位延迟

重要的。它确定了误差放大器的增益特性和相频特性的形状,以使系统稳定的三个准则得到满足。因此首先对其进行计算。

输出负载电阻不同时,输出 LC 滤波器的增益特性如图 4.5.11(a)所示。这里假设输出电容不含等效电阻(ESR)。为了便于讨论,假设输出滤波器处于临界阻尼,即 $R_o > 1.0\sqrt{L_oC_o}$。如果系统在临界阻尼是稳定的,那么在其他负载情况下也是稳定的。当然,该系统更适于工作在轻载($R_o \gg 1.0\sqrt{L_oC_o}$)情况下,因为在 LC 转折频率($f_o = 1/2\pi\sqrt{L_oC_o}$)处,增益存在谐振峰值。这将在下文中详细论述。

没有 ESR 的 LC 输出滤波器增益特性,绘制成图 4.5.13(a)中的曲线 12345 段,从图 4.5.13 中可以看出,在频率小于转折频率 $f_o = 1/2\pi\sqrt{L_oC_o}$ 的低频段内,增益为 0 dB(数值增益为 1)。在低频段,C_o 的阻抗远大于 L_o 的,同时输出输入增益为 1。

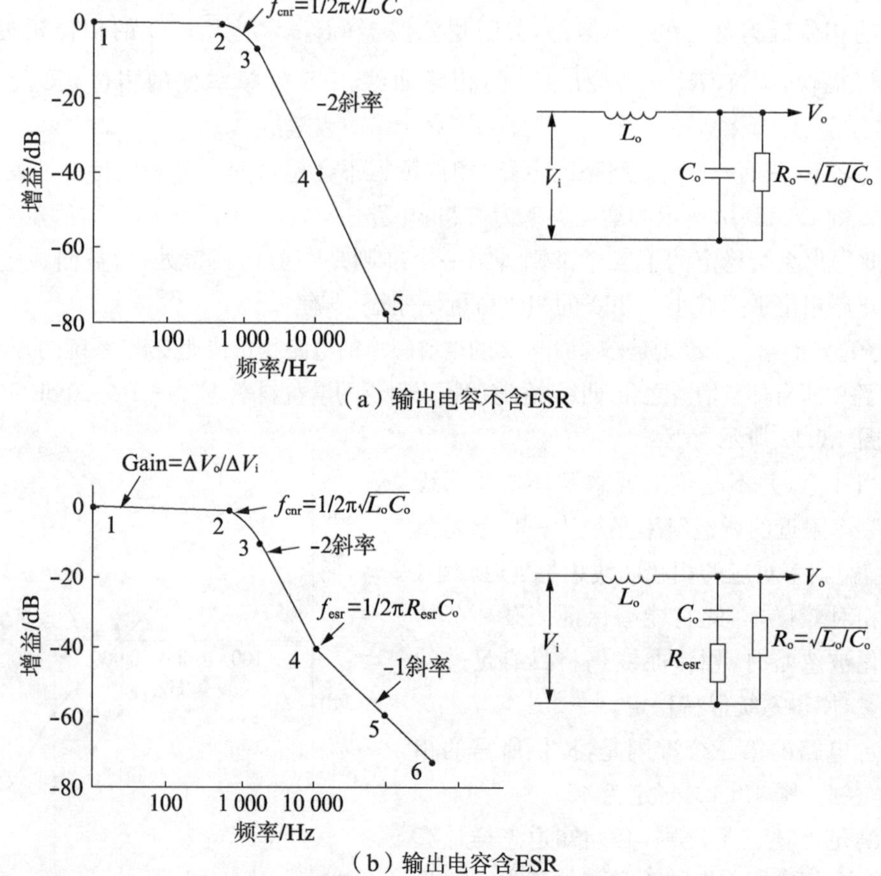

图 4.5.13 LC 输出滤波器增益特性

频率超过转折频率 f_o 以后,C_o 的容抗以 20 dB/10 倍频程的速率减小,同时 L_o 的感抗以 20 dB/10 倍频程的速率增大,使增益斜率以-40 dB/10 倍频程的速率,或者说以-2 的斜率下降。当然,在转折频率 f_o 处,由 0 dB 变到-2 斜率并不像图中所示那么陡峭。实际的增益曲线在 f_o 之前平滑地离开 0 dB,在 f_o 之后快速渐进-2 斜率。但为了方便讨论,图 4.5.13 所示的增益曲线 12345 段具有较陡峭的变化。

大多数输出滤波电容器都含有一个等效串联电阻 R_{esr}，如图 4.5.13(b)所示，这将改变输出和输入之间的增益特性。

在大于 f_o 的较低频率范围内，C_o 的阻抗远大于 R_{esr}。这时，从 V_o 到地唯一的有效阻抗，是 C_o 的阻抗。在这个频率范围内，增益仍以 −2 的斜率下降。在较高频率处，C_o 的阻抗小于 R_{esr}，从 V_o 到地的有效阻抗只有 R_{esr}。因此在这个频率范围内，电路可看作 LR 电路而不是 LC 电路。L_o 的阻抗以 20 dB/10 倍频程速率增大，而 R_{esr} 保持不变。故在此频率范围内，增益以 −1 斜率下降。

增益斜率由 −2 到 −1 的转折点在频率 $f_{esr}=1/2\pi R_{esr}C_o$ 处，此时 C_o 的容抗等于 R_{esr}。增益曲线 G_{1c} 如图 4.5.13(b)中的曲线 12345 段所示。增益斜率由 −2 到 −1 的转折也是渐近的，但可将其近似为如图 4.5.13 所示的变化过程。

4) 脉宽调制器的增益

在图 4.5.9 中，从误差放大器的输出到平均电压 V_{sr}（输出电感的输入端电压）的增益，称为 PWM 增益，用 G_{pwm} 表示。

PWM 增益是一种电压增益。这时因为 V_{ea} 处的电压与误差放大器的 B 点输入电压成正比，而 V_{sr} 与 PWM 脉宽成正比，脉宽又与 V_{ea} 成正比。

增益 G_{pwm} 的意义和幅值大小说明如下。在图 4.5.9 中，PWM 调制器将直流电压 V_{ea} 与一个幅值为 3 V 的三角波 V_t 比较。在所有 PWM 芯片中，都可以输出两路相位相差 180°的且脉宽可调的脉冲（驱动推挽、半桥或全桥电路），脉冲在每个三角波周期内出现一次，最大导通时间为半个周期。在 PWM 之后，脉冲是分两路输出的，交替地发送到两个分离的输出端。在正激变换器中，只用其中一路输出。

图 4.5.9 中，当 V_{ea} 位于三角波底部时，脉冲导通时间或脉宽为 0。因此，平均电压 V_{sr} 也是 0。这是因为 $V_{av}=(V_{sp}-1)(t_{on}/T)$，其中，$V_{sp}$ 是初级线圈峰值电压。当 V_{ea} 移动到 3 V三角波顶部时，有 $t_{on}/T=0.5$，$V_{av}=0.5(V_{sp}-1)$。因此，V_{av} 和 V_{ea} 之间的调制器电压增益 G_m 为

$$G_m=\frac{0.5(V_{sp}-1)}{3} \tag{4.5.1}$$

该增益与频率无关。

在图 4.5.9 中，由于采样网络 R_1、R_2 的存在，有一个增益衰减（损失）G_s。常用 PWM 芯片的误差放大器 A 点的输入参考电压大多不超过 2.5 V。因此在图 4.5.9 中，当采样 +5 V的输出电压时，$R_1=R_2$，V_s 和 V_o 之间的增益 G_s 是 −6 dB。

5) 输出滤波器加调制器和采样网络的总增益

综上所述，输出 LC 滤波器增益 G_f 加上调制器增益 G_m，再加上采样网络增益 G_s，所得的总增益 G_t（以分贝表示），如图 4.5.14 所示。从 0 到 $f_o=1/2\pi\sqrt{L_oC_o}$ 的低频范围内，增益 G_t 等于 G_m+G_s。在转折频率 f_o 处，增益 G_t 转折为 −2 的斜率，该斜率一直保持到频率 f_{esr}，此时 C_o 的容抗等于 R_{esr}。在频率 f_{esr} 处，增益 G_s 转折为 −1 斜率。

通过这条曲线，再根据系统稳定的三个准则，就可以确定误差放大器的增益和相频特性。

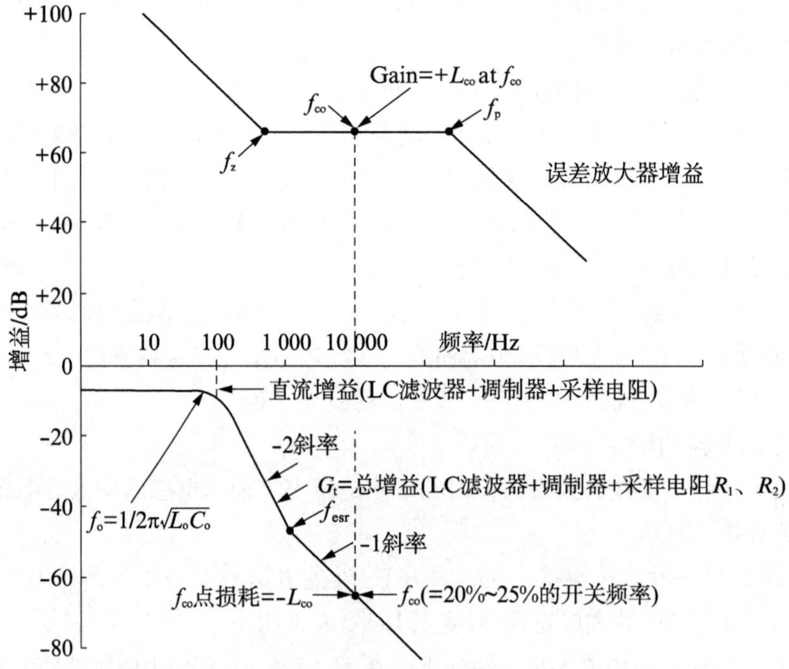

图 4.5.14　输出滤波器加调制器和采样网络的总增益

2. 误差放大器的幅频特性曲线的设计

系统稳定的第一个准则是，在剪切频率 f_{co}处(开环增益 0 dB 处)，总开环相位延迟必须小于 360°。在这里，相角裕度取为 45°。

设计步骤：首先确定剪切频率 f_{co}，因为系统开环增益在此频率处为 0 dB，所以(对象确定后)必须选定误差放大器增益，使系统总开环增益在此频率处为 0 dB；然后设计误差放大器的斜率增益，使系统的总开环增益曲线在剪切频率附近的斜率为−1(图 4.5.13)；最后调整误差放大器的增益曲线，以获得所需要的相位裕量。

为保证系统的稳定，根据采样定理，剪切频率 f_{co}必须小于开关频率的 1/2。但实际上 f_{co}必须远远小于开关频率的 1/2，否则在输出中将会有很大的开关纹波。因此，通常将 f_{co}设计为开关频率的 1/4～1/5 处。

参考图 4.5.14，增益是由 LC 滤波器加 PWM 调制器再加上采样网络的增益总和。假设图 4.5.14 中输出滤波器的电容含有 ESR，这使得在频率 $f_{esr}=1/2\pi R_{esr}C_o$ 处，增益斜率将从−2 转折到−1。假设此时剪切频率 f_{co}为开关频率的 1/5，即可求出这点的分贝数(同样是增益 G_t 的倒数)。

在大多数情况下，输出电容含有 ESR，f_{esr}低于剪切频率 f_{co}。因此，在剪切频率 f_{co}处，增益曲线 $G_t=(G_{1c}+G_{pwm}+G_s)$ 的斜率为−1。

当增益用分贝来表示时，各串联环节的增益和增益斜率是相加的。因此，取剪切频率为开关频率的 1/5，误差放大器在 f_{co}的增益必须等于此频率处增益 $G_t=(G_{1c}+G_{pwm}+G_s)$ 的负分贝数(数值上，两者是倒数的关系)。

放置剪切频率 f_{co}在所期望的点，如果误差放大器在 f_{co}的增益斜率是水平的，由于增

益 G_t 的曲线在 f_{co} 处斜率已经为－1，已同时满足了系统稳定的第二个准则。

在 f_{co} 处，误差放大器的增益等于 G_t 的倒数，同时斜率为 0（图 4.5.14）。这样的增益特性，可以采用如图 4.5.15(a)所示具有一个输入电阻和一个反馈电阻的运算放大器实现。此类运算放大器的增益 $G_{ea}=Z_2/Z_1=R_2/R_1$，但是如何确定此恒定增益的频率范围（左右边界）呢？

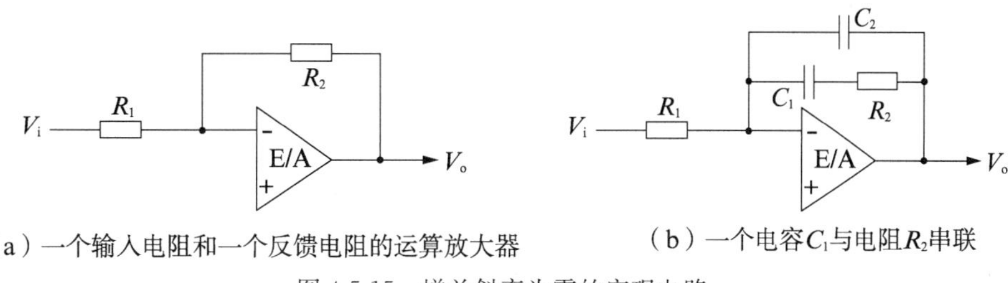

（a）一个输入电阻和一个反馈电阻的运算放大器　　（b）一个电容 C_1 与电阻 R_2 串联

图 4.5.15　增益斜率为零的实现电路

系统总开环增益是误差放大器增益与增益 G_t 的和，如果误差放大器的增益始终保持恒定，直到频率减小为 0，在频率为 120 Hz（美国交流电网整流后的纹波频率）处，系统开环增益将不会太大。

但是一般希望在输出端，电网纹波（120 Hz）能够减小到非常低的水平。为使频率 120 Hz 的纹波衰减到足够小，在此频率处的开环增益应当尽可能的大。因此在剪切频率 f_{co} 左端的某一频率开始，随着频率降低，误差放大器的增益应迅速增加。

或者可以由一个电容 C_1 与电阻 R_2 串联来实现[图 4.5.15(b)]，从而得到图 4.5.14 所示的低频特性。在 C_1 的阻抗小于 R_2 的频率范围内，增益是水平的，等于 R_2/R_1。低频时，C_2 的阻抗远大于 R_2，电路中的电阻 R_2 可以忽略，且增益为 X_{c1}/R_1。该增益随着频率的降低，以 20 dB/10 倍频程（斜率为＋1）的速率上升，在频率 120 Hz 处获得较大的增益。随着频率升高，增益在频率 $f_z=1/2\pi R_2C_1$ 处，由－1 斜率转折为水平线。

现在讨论图 4.5.14 中剪切频率 f_{co} 右边的高频部分。如果误差放大器的增益曲线保持水平，则在高频范围内，总的开环增益会比较大。但是，在高频段并不希望有很大的增益，因为这样会使高频噪声干扰在系统中放大，并传递到输出端，使系统的抗噪性能降低。因此在高频范围内增益应当降低。

这可以通过放置一个电容 C_2 和 R_2、C_1 支路相并联[图 4.5.15(b)]来实现。在 f_{co} 处，X_{c1} 与 R_2 相比已经很小，C_1 在电路中不起作用。

在较高的频率范围内，X_{c2} 比 R_2 小，R_2 在电路中不起作用，因此增益为 X_{c1}/R_1。现在可从图 4.5.14 看出，从频率 f_{co} 到频率 $f_p=1/2\pi R_2C_2$ 段，增益特性是水平的，在频率 f_p 处，增益曲线转折，然后以－1 斜率下降。在高频范围内较低的增益可以防止高频噪声尖峰传递到输出端。

选择转折频率 f_z 和 f_p，使它们满足 $f_{co}/f_z=f_p/f_{co}$。f_z 和 f_p 离得越远，在剪切频率 f_{co} 处的相位裕量越大。大的相位裕量是设计中所期望的，但是如果 f_z 选得太低，在 120 Hz 处的低频增益将会比选择较高频率时低（图 4.5.16）。这样，120 Hz 纹波衰减效果将会很差。如果 f_p 选得太高，高频增益比选择较低 f_p 时的大，输出端将会有更高的幅值

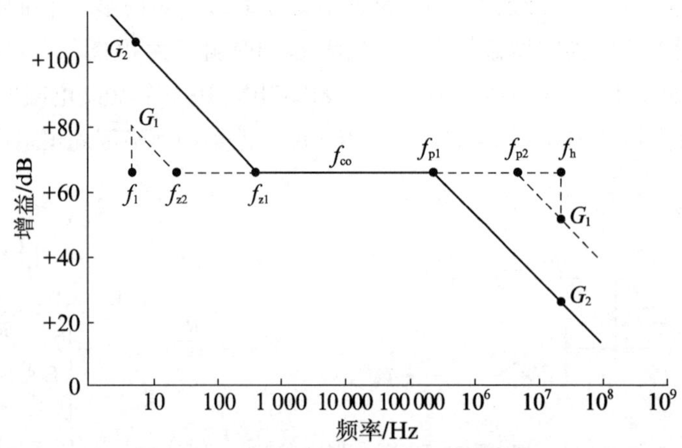

图 4.5.16 转折频率 f_z 和 f_p 设置示意图

高频噪声尖峰。

因此,增加 f_z 和 f_p 之间的距离,会获得较大的相位裕度,减小 f_z 和 f_p 之间的距离,会更好地衰减 120 Hz 的纹波,并抑制高频噪声尖峰。必须在两者之间寻求最佳的折中。

引入如下所述的传递函数、零点和极点概念,可以很容易地对上述问题进行折中,并更准确地分析。

3. 误差放大器的传递函数、零点和极点

如图 4.5.17 所示的误差放大器电路,在输入端有一个复阻抗 Z_1,在反馈端有一个复阻抗 Z_2,增益为 Z_2/Z_1。如果 Z_1 是纯电阻 R_1,而 Z_2 是纯电阻 R_2,如图 4.5.15(a)所示,则增益是 R_2/R_1,且与频率无关。在 V_o 和 V_{in} 之间的相位延迟是 180°,因为输入是在放大器的反相端。

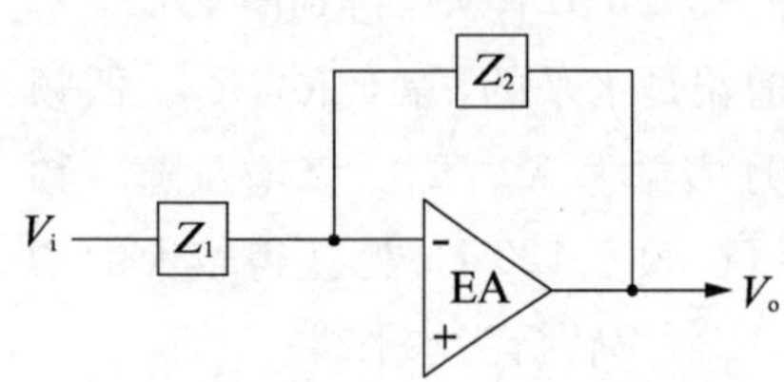

图 4.5.17 带复阻抗误差放大器电路

现在,阻抗 Z_1 和 Z_2 用复变量 $s=\mathrm{j}(2\pi f)=\mathrm{j}\omega$ 表示,电容 C_1 的阻抗是 $1/sC_1$,电阻 R_1 和电容 C_1 的串联阻抗是 R_1+1/sC_1,那么,串联的 R_1 和 C_1 与电容 C_2 并联形成的反馈支路阻抗为

$$Z=\frac{(r+1/sC_1)(1/sC_2)}{r+1/sC_1+1/sC_2} \tag{4.5.2}$$

将误差放大器的增益或传递函数用它的复阻抗 Z_1 和 Z_2 写出,即以复变量 s 表示,$G(s)=Z_2(s)/Z_1(s)$。通过代数运算,把 $G(s)$表示为 $G(s)=N(s)/D(s)$,其分子和分母都是 s 的函数,然后将分子和分母进行因式分解,表示成多个因式的乘积,即

$$G(s)=\frac{N(s)}{D(s)}=\frac{(1+sz_1)(1+sz_2)(1+sz_3)}{sp_0(1+sp_1)(1+sp_2)(1+sp_3)} \tag{4.5.3}$$

式中,z 和 p 的值是 RC 乘积的表达式,表示不同的斜率。令因式为 0,可得到这些频率,即

$$1+sz_1=1+s(\mathrm{j}2\pi fz_1)=1+\mathrm{j}2\pi fR_1C_1=0 \text{ 或 } f_1=1/2\pi R_1C_1$$

与 z 值相对应的频率称为零点频率，而与 p 值相对应的频率称为极点频率。在分母中总是存在一个因式中没有加数 1 的因子（如上式中的 sp_0），这表示一个很重要的极点频率 $f_{p_0}=1/2\pi R_o C_o$，称为初始极点。

从初始极点、零点和极点频率的位置，可以描绘出下面讨论的误差放大器的增益（幅频）特性曲线。

4. 零、极点频率引起的增益斜率变化规则

零、极点表示的是误差放大器增益斜率的变化点。

一个零点，表示增益斜率变化了 +1。如果零点出现在增益斜率为零的频率上时，它将是增益斜率变为 +1［图 4.5.18(a)］。如果出现在原增益斜率为 −1 的斜率上时，它将使增益变为 0［图 4.5.18(b)］。若在原增益是 −1 的同一个频率上存在两个相同的零点［式(4.5.3)的分子中含有两个相同的 RC 乘积因式］时，第一个零点将使增益斜率变为水平，在相同斜率的第二个零点，使增益斜率变为 +1［图 4.5.18(c)］。

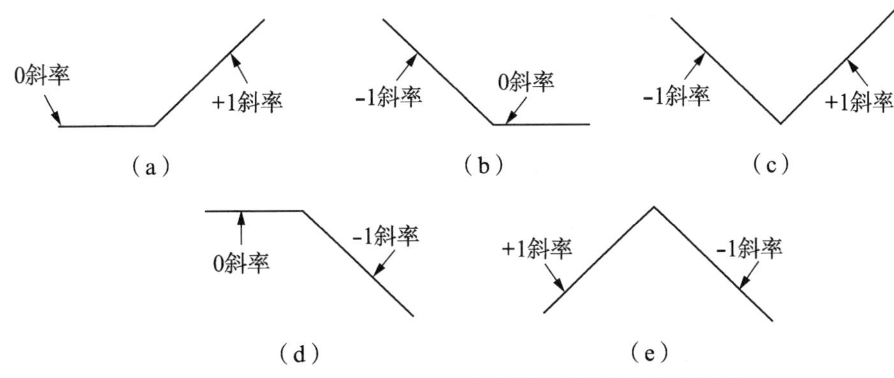

图 4.5.18　零、极点引起误差放大器增益斜率的变化情况

一个极点表示增益斜率变化了 −1。如果它出现在原增益斜率为 0 的频率上时，它将使增益斜率变为 −1［图 4.5.18(d)］。或者如果在原增益斜率为 +1 的同一频率处存在两个极点，第一个极点将使斜率变化为 0，在相同频率上的第二个极点将使斜率变为 −1［图 4.5.18(e)］。

初始极点和其他极点一样，表示增益斜率变化为 −1。它也表示在该频率点，其增益为 1 dB 或 0 dB。因此可按如下方法从初始极点开始绘制误差放大器的增益曲线。首先，从初始极点 $f_{p_0}=1/2\pi R_o C_o$ 开始（在频率 f_{p_0} 处增益为 0 dB），然后向斜率减小的方向绘制一条斜率为 +1 的直线（图 4.5.19），即这条直线往频率增大方向的斜率为 −1。如果这条直线在某一位置上存在传递函数的零点 $f_z=1/2\pi R_1 C_1$，则在 f_z 处将此直线的增益斜率改为水平，接着向高频方向无限延

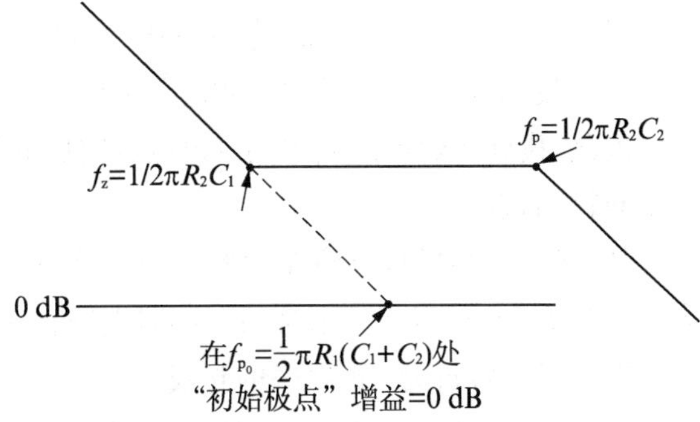

图 4.5.19　直接画出由式(4.5.3)确定的图 4.5.15(b)中误差放大器的增益曲线

长。如果在更高频率处传递函数在频率 $f_p = 1/2\pi R_2 C_2$ 处存在极点,则在 f_p 处水平线的斜率变为-1(图4.5.19)。

传递函数的水平部分的增益是 R_2/R_1,用分贝数表示,等于图4.5.14中剪切频率 f_{co} 处的增益 G_t 的相反数(数值上表示为倒数)。

因此,一个含有一个初始极点、一个零点和另一个极点的误差放大器的增益曲线具有图4.5.19所示的形状。它可用图4.5.15(b)所示的电路实现。剩下的问题仅仅是选择零、极点频率的位置,以获得所需要的相位裕量,这将在下面讨论。

5. 含有单一零点和极点的误差放大器传递函数的推导

如上所述,如果一个误差放大器含有一个零点、一个极点和一个初始极点,它的增益特性曲线如图4.5.19所示。

下面讲述误差放大器传递函数的推导过程。如图4.5.15(b)所示,电路含有一个零点、一个极点和一个初始极点。图4.5.15(b)中的误差放大器传递函数为

$$G = \frac{\mathrm{d}V_o}{\mathrm{d}V_i} = \frac{Z_2}{Z_1} = \frac{(R_2 + 1/\mathrm{j}\omega C_1)(1/\mathrm{j}\omega C_2)}{R_1(R_2 + 1/\mathrm{j}\omega C_1 + 1/\mathrm{j}\omega C_2)}$$

引入复变量 $s = \mathrm{j}\omega$,那么:

$$G = \frac{(R_2 + 1/sC_1)(1/sC_2)}{R_1(R_2 + 1/sC_1 + 1/sC_2)}$$

通过代数化简,可得

$$G = \frac{1 + sR_2C_1}{sR_1(C_1 + C_2)[1 + sR_2C_1C_2/(C_1 + C_2)]}$$

通常 $C_2 \ll C_1$,故

$$G = \frac{1 + sR_2C_1}{sR_1(C_1 + C_2)(1 + sR_2C_2)} \tag{4.5.4}$$

式(4.5.4)是图4.5.15(b)中的误差放大器的传递函数表达式,根据 Venable 在他的经典文章中的命名,此类放大器通常被称为2型放大器。输出滤波电容含有ESR时,使用2型误差放大器将使得 G_t 曲线以-1斜率穿越剪切频率 f_{co}(图4.5.14)。

对图4.5.15(b)中的电路传递函数,直接绘制它的增益特性曲线,如图4.5.19所示。式(4.5.4)说明,图4.5.15(b)中的电路在频率 $f_{p_0} = 1/2\pi R_1(C_1 + C_2)$ 处,有一个初始极点。因此,找到初始极点频率的0 dB点,向更低频率方向绘制一条$+1$(即高频方向的-1斜率)斜率的直线。

从式(4.5.4)可得,电路在频率 $f_z = 1/2\pi R_2 C_1$ 处有一个零点,它使得刚刚绘制的斜率为-1的直线在该点变为水平线。同时电路在频率 $f_p = 1/2\pi R_2 C_2$ 处有一个极点,使得水平线在 f_p 处,转折为-1斜率的直线。

既然可以通过零、极点频率绘制2型误差放大器传递函数的增益曲线,也同样可以通过定位零、极点的位置(选择 R_1、R_2、C_1、C_2),来获得所需要的相位裕量。这将在下面

说明。

6. 根据 2 型误差放大器的零、极点位置计算它的相位延迟

可以采用 venable 的方法，选定比率 $K = f_{co}/f_z = f_p/f_{co}$。

一个零点等同于一个 RC 微分器[图 4.5.10(b)]，会引起相位超前。一个极点等同于一个 RC 积分器[图 4.5.10(a)]，会引起相位滞后。

由 f_z 处的零点，会引起频率 f 处的超前相位是

$$\theta_{Ld} = \tan^{-1}\frac{f}{f_z}$$

这里更关注的是零点 f_z 引起的，在剪切频率 f_{co}处的相位超前，即

$$\theta_{Ld}(\text{at}f_{co}) = \tan^{-1}K \tag{4.5.5}$$

由极点 f_p 引起的，在 f 处的相位滞后是

$$\theta_{lag} = \tan^{-1}\frac{f}{f_p}$$

极点 f_p 引起的，在剪切频率 f_{co}处的相位滞后为

$$\theta_{lag}(\text{at}f_{co}) = \tan^{-1}\frac{1}{K} \tag{4.5.6}$$

在频率 f_z 处的零点，引起相位超前；而在 f_p 处的极点，引起相位滞后。因此在 f_{co}处系统相位滞后，是式(4.5.5)与式(4.5.6)的和。

剪切频率 f_{co}处的相位滞后，要与误差放大器的固有低频段相位滞后相加。该放大器有一个初始极点，且误差放大器是一个反相器，在低频时产生 180°的相位滞后。

在低频段，初始极点引起 90°的相位滞后。也就是说，在低频段，电路是一个电阻输入，电容反馈的积分器，如图 4.5.15(a)所示。在低频段，C_1 的阻抗远大于 R_2，因此反馈支路仅仅是 C_1 和 C_2 相并联。

因此，2 型误差放大器的固有低频相位滞后是 180°，加上初始极点引起的相位滞后 90°，总的相位滞后(包括由零点引起的相位滞后和由极点引起的相位滞后)是

$$\theta_{(\text{total-lag})} = 270° - \tan^{-1}K + \tan^{-1}\frac{1}{K} \tag{4.5.7}$$

注意，当 K 值无穷大时，这是一个纯粹的相位滞后，零、极点频率相隔很远，零点引起的相位超前为最大值 90°，而极点引起的相位滞后为 0°。

经过误差放大器的相位滞后，由式(4.5.7)计算得出，列于表 4.5.1 中。

表 4.5.1　对应不同 *K* 值通过 2 型误差放大器的相位滞后

K	延迟角度/(°)	K	延迟角度/(°)
2	233	5	202
3	216	6	198
4	208	10	191

7. 输出电容含有ESR的LC滤波器的相位延迟

总的开环相位延迟,是误差放大器与输出LC滤波器的相位延迟之和。从图4.5.11(b)可以看出,当$R_o > 20\sqrt{L_o/C_o}$,且输出滤波电容不含ESR时,在$1.2f_o$频率处,通过LC滤波器的相位滞后已有175°。

如图4.5.13(b)所示,如果输出电容含有ESR,LC滤波器的相位之后将会有明显的改变。在图4.5.13(b)中,增益斜率在被称为ESR零点频率处(即$f_{esr}=1/2\pi R_{esr}C_o$)从$-2$转折为$-1$。前面提过在$f_{esr}$处,$C_o$的阻抗等于$R_{esr}$。频率高于$f_{esr}$时,$C_o$的阻抗变得比$R_{esr}$小,电路变为LR电路,而不是LC电路。而且,对于LC电路,最大能引起180°的相位滞后,LR电路只能引起90°的相位滞后。

因此,ESR零点起了相位超前的作用。由f_{esro}处的ESR零点引起的,在频率f处的相位滞后是

$$\theta_{lc}=180°-\tan^{-1}\frac{f}{f_{esro}}$$

而我们感兴趣的是,由f_{esro}的零点引起的,在剪切频率f_{co}处的相位滞后:

$$\theta_{lc}=180°-\tan^{-1}\frac{f_{co}}{f_{esro}} \tag{4.5.8}$$

对应不同的f_{co}/f_{esro}值,经过LC滤波器(具有ESR零点)引起的相位滞后,列于表4.5.2中。

表4.5.2　由f_{esro}处零点在f_{co}处引起的相位滞后

f_{co}/f_{esro}	相位滞后/(°)	f_{co}/f_{esro}	相位滞后/(°)
0.25	166	2.5	112
0.50	153	3	108
0.75	143	4	104
1.0	135	5	101
1.2	130	6	99.5
1.4	126	7	98.1
1.6	122	8	97.1
1.8	119	9	96.3
2.0	116	10	95.7

剪切频率f_{co}确定后,误差放大器增益曲线(图4.5.14)的水平部分增益大小,等于G_t(图4.5.14)在f_{co}处所对应增益的倒数。在大多数情况下,需要开环增益曲线以-1斜率穿过点f_{co}。根据表4.5.1和表4.5.2确定恰当的K值(零点和极点的位置),就可以获得所需要的相位裕量。

8. 反馈系统的条件稳定

一个反馈系统在正常工作条件下,启动和运行可能是稳定的,但在开机或输入电压产

生瞬时变化时，可能会受到冲击，造成连续振荡。这种特殊的情况，被称为条件稳定，可以通过图 4.5.20(a)和图 4.5.20(b)加以理解。

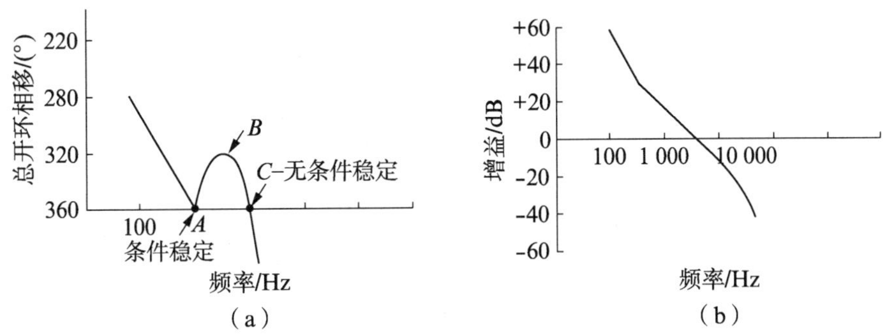

图 4.5.20　条件稳定系统开环相频特性和增益(幅频)特性图

图 4.5.20(a)和图 4.5.20(b)分别为系统开环相频特性和增益(幅频)特性图。如图 4.5.20(a)所示，在总开环相移达到 360°时，出现两个频率点(A 点和 C 点)，则可能出现条件稳定。

振荡的条件是在开环增益为 1 的 0 dB 处，总开环相移是 360°。但如果在某给定频率处，开环相移是 360°，而开环增益大于 1，则系统仍是稳定的。

这可能很难掌握，因为如果在某一频率通过环路的信号响应与初始信号完全同相但幅值增大，这样每一次经过环路振幅都会增大。因此，它会建立一个有一定幅值的振荡，并保持下去。但通过数学证明，这种情况不会发生。这里为了方便讨论，先接受这样的观点，即假设在总开环相移 360°的频率处，当总开环增益大于 1 时，振荡不会发生。

因此，在图 4.5.20(a)中的 B 点，系统是无条件稳定的。因为在这点开环增益为 1，但开环相移小于 360°，相位裕度约为 40°。在 C 点，系统也是稳定的，虽然在这点开环相移是 360°，但增益小于 1，即在 C 点有增益裕量。在 A 点，系统则是条件稳定的，虽然此时的开环相移是 360°，但其增益大于 1(大约为＋16 dB)。所以在一定条件下系统才是稳定的。

然而，在某些条件下，即电路在开始导通时，没有达到平衡点，开环增益在 A 点(存在振荡条件)瞬间下降了 16 dB。这时 A 点的增益为 1，相移是 360°，电路进入振荡状态，并保持振荡。C 点不可能发生条件振荡，因为它的增益不可能突变。

如果条件稳定存在(大多数出现在刚刚导通时)，它最有可能出现在输出 LC 滤波器在轻载情况下的转折频率处。从图 4.5.11(a)和图 4.5.11(b)可以看出，轻载时，在转折频率处，LC 滤波器增益曲线有很大的谐振峰值，并且有非常大的相移。在 LC 的转折频率处，这种大的相移会导致总共 360°的相位改变。如果总开环增益(在导通瞬间，不容易估计此增益的值)可能为 1 或可能瞬间为 1，则环路可能进入振荡状态。

通过计算判断系统是否会发生条件振荡是很困难的。避免振荡的最安全方法是，在 LC 滤波器转折频率处设置一个零点使相位增加，抵消系统的相位滞后。

思　考　题

1. 整理出相同输入电压 V_{in}、相同输出电压 V_o 条件下，隔离型拓扑 DC/DC 变换器中开关管电压、电流应力关系，变压器变比关系及输出整流电压脉动频率关系。

2. 4.4.3节介绍了ZVT PWM变换器的工作原理，并介绍了优缺点，针对缺点“辅助开关管的关断损耗很大”，思考题图1所示为改进型ZVT PWM变换器，思考该改进型boost ZVT PWM变换器不同开关模态下的等效电路及其带来的优点。

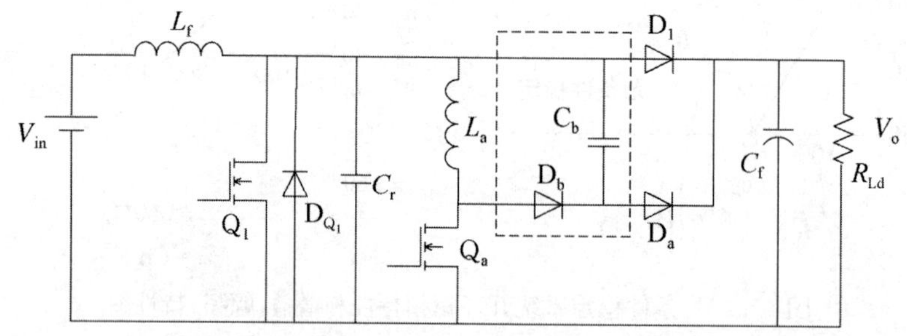

思考题图1　改进型boost ZVT PWM变换器的基本电路

第 5 章　空间电子电源电路设计初步

5.1　设计需求综述

电源控制设备电路的设计基线依据总体下发的任务书、技术要求等总体性文件，要求主要涵盖了任务要求、主要技术指标、机械接口和热接口设计、可靠性设计与分析、原材料元器件外协件选用和控制等。通过总体技术要求的指标分解，作为设计的依据。

根据航天器对电源系统“功能性、可靠性、安全性、电磁兼容性和抗辐射加固能力”的要求，航天器对电源控制设备电路的设计要求及约束条件主要有下列几个方面。

1）功率要求

航天器的功率要求指航天器在不同飞行阶段，各用电设备对系统功率的要求。它包括长期功率、短期功率及脉冲功率。

电源系统控制设备应在航天器飞行寿命期间内，按负载功率要求可靠并不间断地完成供电任务。

2）电源系统控制设备性能要求

电源母线电压的选择：电源母线电压是根据航天器负载功率的大小，为减少系统功率传输损耗、提高空间能源的利用率而设置的，母线电压一般在 5～135 V 内选择。一般有 28 V、42 V 和 100 V 母线。其中，对于负载功率小于 2 kW 以下的空间飞行器电源系统，一般选择 28 V 的电源母线，功率需求在 2～5 kW 的空间飞行器电源系统一般采用 42 V 母线，更高功率的空间飞行器电源系统一般选用 100 V 或 100 V 以上母线；对于负载功率大于 10 kW 以上的电源系统，一般选择 100 V 或 100 V 以上的电源母线。功率需求在 2～3 kW 的空间飞行器，考虑已有的飞行平台和负载接口的继承性，也可采用 28 V 母线。功率很小的微小飞行器电源系统也可采用低于 28 V 的母线。

电源母线电压的控制精度要求：对于全调节母线，电源母线电压的控制精度应为 ±3%。

电压的纹波要求：要求纹波电压足够小，以免对用电设备产生干扰。在 0 Hz～50 MHz 频率下，电源系统在额定负载下的母线纹波电压(峰—峰值)一般不大于 600 mV。

电源母线输出阻抗特性要求：要求电源阻抗足够的低，在 0～10 kHz 频率范围内，一般不大于 100 mΩ。

电源母线电压的瞬态特性：当电源切换或大功率负载通断的瞬间，负载瞬变或通断引起的功率母线电压上冲或下凹一般不大于母线电压的 5%，且在 20 ms 内回到初始电压的 1%范围内。

电源母线的浪涌电流能力要求：当航天器的某些大功率用电设备开机时，要求电源母线能提供足够的浪涌电流，其电流跳变速率应不低于 1×10^{6} A/S，浪涌电流宽度不小于

2 ms。

在进出地影时电源母线电压跃变速率的要求：在光照期和地影期，电源母线电压是不同的。航天器在进出地影的瞬间，电源母线电压均会出现跃变。航天器对此跃变速率进行限制，一般不大于 3.5 V/ms。

3）寿命要求

不同类型的航天器有不同的工作寿命要求，电源控制设备应满足航天器工作寿命的要求。为提高可靠性，电源控制设备的设计寿命应比航天器工作寿命长 0.5～2 年。

4）可靠性要求

可靠性要求包括：可靠性指标分配、可靠性设计要求、可靠性分析、单点失效和关键项目控制、可靠性试验、元器件订购活动中的可靠性工作要求和试验以及失效报告制度等。

5）电磁兼容性要求

对电源系统的电磁兼容性要求有：接地要求、减小电源阻抗、防止静电放电、剩余磁矩要求、电缆设计与辐射要求、电源变换器配置和电磁兼容性试验等。

6）电源系统能量综合利用率要求

能量综合利用率是降低电源系统体积和质量的一个极其重要的硬指标。它要求电源功率调节设备的单机效率必须大于 90%。目前，我国小型航天器电源系统的质量占整体的 38%～42%。

7）环境条件要求

电源控制设备应能承受航天器的地面环境、发射环境、空间环境和返回环境等恶劣环境的考验。并在此环境下正常工作，力求较小的性能衰减。

同时，电源控制设备需要满足一些极端情况。

① 功率决定元件额定功率和散热要求；

② 负载开关和故障响应；

③ 各种反馈控制回路的母线稳定性，每个反馈环的额定相位裕度应不小于 45°，增益裕度不小于 10 dB。最坏情况下相位裕度不小于 30°，增益裕度应不小于 6 dB。

5.2 电源控制设备结构体系

5.2.1 电源系统结构体系

电源系统的结构分为直接能量传输和峰值功率跟踪两大类。

1）直接能量传输

直接能量传输（direct energy transfer，DET）方式。它是一种消耗型系统，将太阳电池输出能量超过负载所需要的部分以分流形式分流掉，将多余的能量消耗在分流电路和太阳电池阵中。此种方法具有元件少、效率高和成本低等优点。其基本架构如图 5.2.1 所示。

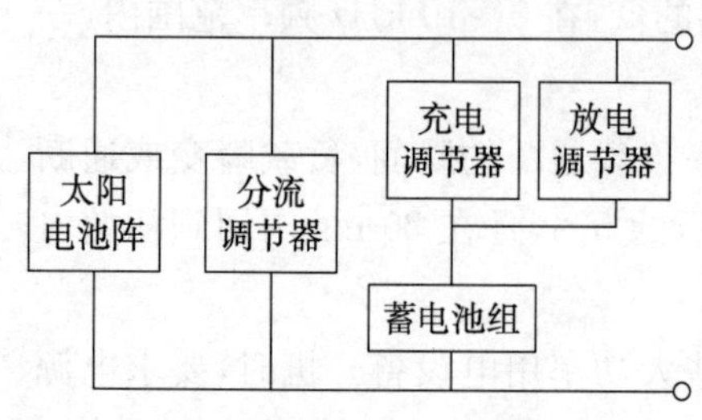

图 5.2.1 DET 方式的基本结构

2）峰值功率跟踪

峰值功率跟踪(maxium power point tracking,MPPT)方式是非耗散性的,它通过调节太阳电池阵的工作点来满足负载的需要。在负载需要的情况下,自动跟踪太阳电池的峰值功率点,把太阳电池输出能量全部都发挥出来。如图 5.2.2 所示,MPPT 方式是在太阳电池阵与负载之间引入一个串联开关调节器 S^2R(serial switch regulator)代替传统的 DET 方式的分流调节器。

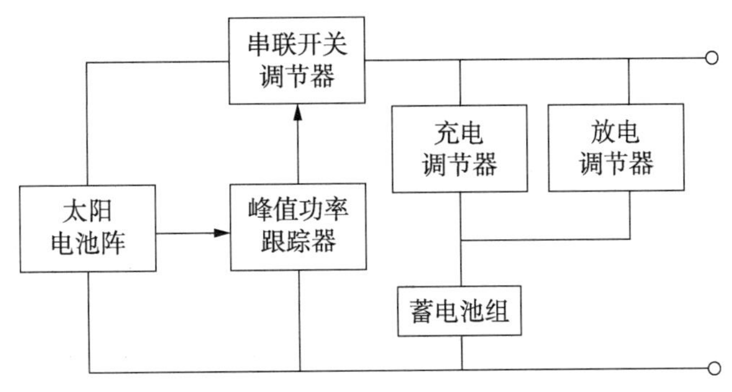

图 5.2.2　MPPT 方式的基本结构

两种方案比较具体如表 5.2.1 所示。

表 5.2.1　两种方案比较

序号	性　　能	直接能量传输	峰值功率跟踪	备　注
1	结构复杂度	可简单	较复杂	完成同等功能相当
2	能量变换形式	无变换	有变换	—
3	能量传输方式	低压大电流	高压小电流	能量传输损耗差异大
4	电源母线电压稳定方式	多级分流间接控制	升/降压串联调节,始终双向跟踪控制	串调:适应空间各种环境,一步稳压
5	电源母线电压稳定度	较差(间接)	较好(直接)	—
6	工作频率	直流	高频(100 KHz)	串调:脉冲宽度调制技术
7	电源母线瞬间响应	较差(大滤波阵)	较好(滤波电容小)	—
8	充电方式	常规	快速	—
9	充电电流	0.1～0.2C	1～1.5C	C 为蓄电池容量
10	充电速率	慢	快	—
11	低温充电速率	1	快 37%	相对常规充电
12	高温充电速率(+40℃)	1	快 14%	相对常规充电
13	充电控制方式	电量、压力、温度	电量(压力、温度修正)	并调:控制复杂
14	电量计精度	较差(浮充测控)	较好(间歇测控),用占空比衡量充电程度	串调:占空比＜5%～10%时,蓄电池已充满
15	能源综合利用率	较低	较高	—
16	当太阳阵电压低于母线电压时	无输出	正常供电	串调:升压作用最大限度的利用太阳能

续表

序号	性 能	直接能量传输	峰值功率跟踪	备 注
17	蓄电池的工作环境	较差	较好	—
18	蓄电池的使用寿命	较差	大大延长	串调：充放电温升低
19	对蓄电池类型的适应性	针对性强(不同的蓄电池,影响到系统设计)	通用性强(适应任何一类蓄电池)	串调：不同类蓄电池、同等负载功率,无须重新设计太阳电池电路
20	系统优化设计、模块化设计,批量生产	难	易	串调：可大大地缩短研制周期
21	电源系统的质量	占整星20%～40%(自重+机构结构重)	降低消耗1/3～1/2	串调：降低研制与发射费用
22	地面综合测试程序	复杂	简化	—
23	地面综合测试费用	大电流长期分流并进行温控	无功消耗	串调：降低综合测试能源费用
24	系统供电方式	分散供电	易集中供电	—

5.2.2 电源控制拓扑体系

空间电源控制拓扑体系可分为：不调节母线方式、半调节母线方式和全调节母线方式。对于电源控制设备而言,所有的调节方式都是围绕保证系统功能、性能需求去选择。

1. 不调节母线方式

不调节母线系统是指不对供电母线电压进行调节,母线电压始终随电池电压变化而变化,光照期太阳电池输出功率首先满足负载需求,然后满足充电需求,满足供电和充电需求后对地分流。电源控制器(PCU)只对太阳电池输出功率进行充电调节。

不调节母线系统的优点是输出母线具有极小的输出阻抗、极快的响应速度、最大限度地满足了短期峰值负载和脉冲负载的供电需要、电源系统控制简单、电源控制器体积质量和热耗小、可靠性高。缺点是母线电压变化范围较大,对输入电压要求较高的用电设备需经过二次变换。

不调节母线也有两种模式,一种是传统的不调节母线;另一种是带有太阳电池最大功率电跟踪技术(MPPT)的不调节母线。

1) 传统不调节母线

传统不调节母线工作原理为PCU采样电池组的电压和充电电流控制分流开关的开通与关断,当蓄电池组需要充电时,PCU控制分流开关关断,太阳电池输出功率首先满足负载需要,剩余功率为蓄电池组充电。如果太阳电池的输出功率不能满足负载需要,蓄电池组参与放电,联合供电。当蓄电池组充满电后,太阳电池输出功率只满足负载需要,多余功率由PCU控制对地分流。

传统不调节母线的太阳电池输出电压始终被蓄电池组钳位,太阳电池阵的最大工作点电压要满足蓄电池组最高电压需要,而当蓄电池组电压没有达到最高电压时,太阳电池的利用率下降。传统不调节母线系统如图5.2.3所示。

国内的 XX-5、XX-7 以及 GF-3 等载荷卫星均采用了传统不调节供电母线的设计。

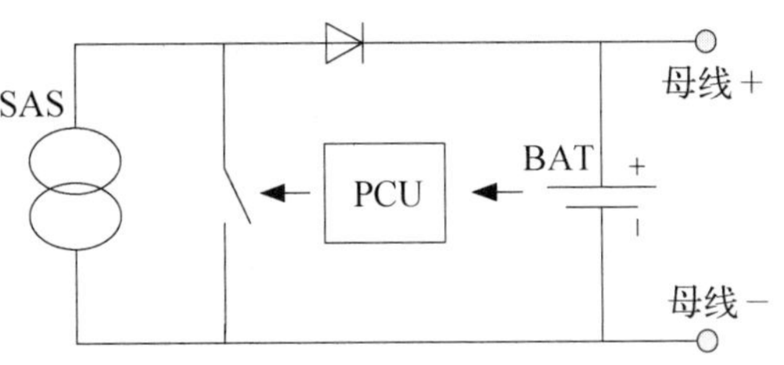

图 5.2.3　传统不调节母线系统框图

2) MPPT 不调节母线

MPPT 不调节母线系统的工作原理为串联在太阳电池阵与蓄电池组之间的 DC/DC 模块受蓄电池组充电电流和充电电压以及 MPPT 控制信号的控制，MPPT 电路采样太阳电池阵的输出电压和输出电流经过运算控制 DC/DC 的工作状态使太阳电池阵工作在最大功率点，蓄电池组的充电电压和充电电流控制 DC/DC 输出蓄电池组需要的充电电流和充电电压。

MPPT 不调节母线系统解决了传统不调节母线系统太阳电池利用率不高的缺点，太阳电池在光照期始终工作在最大功率点，但是其控制电路较复杂，同时 DC/DC 模块串联在太阳电池和蓄电池组之间，也会带来能量转换损失，同时降低了系统的可靠性。MPPT 不调节母线的工作原理框图如图 5.2.4 所示。

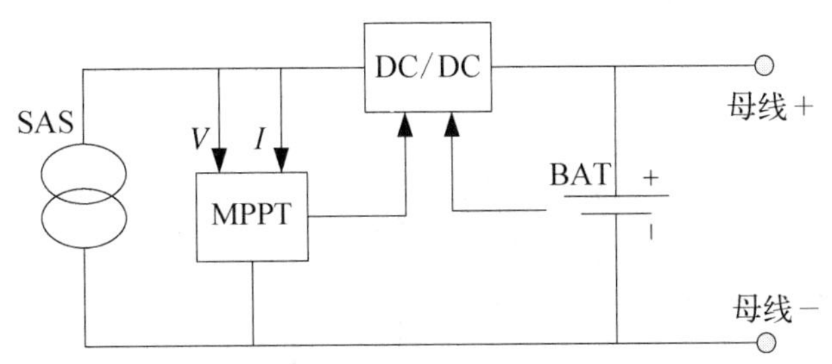

图 5.2.4　MPPT 不调节母线系统原理框图

2. 半调节母线方式

半调节母线方式是指光照期母线电压由分流调节器调节太阳电池阵的输出电压在一个稳定值，地影期蓄电池组直接接入母线放电，地影期的母线电压就是蓄电池组的放电电压。这种方式在卫星光照和地影转换期间，母线电压有一个“跃变”，星上仪器要能适应。这种方式的优点是电源系统效率保持最高水平，卫星轨道大部分工作时间处于光照期，太阳电池阵供电(LEO 的太阳电池阵约 60%；GEO 的太阳电池阵约 98%)电源母线电压稳定，内阻低，EMC 特性好；地影期虽然电压较低，有波动，但蓄电池组放电功率传输效率很高。这种方式，只要星上负载输入电压允许，不失为电源系统的一种好的配置。

半调节母线的电压控制方式在国际上有代表性的航天器是国际通信卫星 5 号、我国的东方红 3 号系列卫星。

3. 全调节母线方式

全调节母线方式和半调节方式相比，引进了蓄电池组放电调节器，使得电源系统的输出电压在航天器轨道工作全部时间内均得到稳定电压供电。这对提高航天器的用电效率、良好的 EMC 特性、热控加热器稳定供电以及航天器仪器的输入电压均提供了良好的条件。

全调节母线方式的另一个突出的优点是配置更具有灵活性，结构上更容易实现模块化和通用化，能够适应各种各样的轨道航天器。这种电源系统显示出很强的自主性和对外界的适应能力,设计师不用担心因为太阳光入射角的变化、太阳电池阵辐照衰降、进出地影区温度剧变而引起母线电压波动以及对蓄电池组充电控制困难等问题。

全调节母线缺点是电源控制器的体积质量和热耗较大,电源系统的输出阻抗较大,在短期负载加载、卸载和脉冲负载工作时,母线电压的波动和干扰较大。因此,全调节母线适用于对母线电压要求较高,且用电负载相对稳定的空间飞行器电源系统。目前国内外大、中型航天器普遍采用全调节母线方式。

在国内外航天电源领域中全调节母线拓扑又可细分为: S^3R 三域控制全调节母线模式、混合布阵两域控制全调节母线模式、S^4R 两域控制全调节母线模式。

1) S^3R 三域控制全调节母线模式

S^3R 三域控制全调节技术的设计思想在1977年第三届ESA空间能源会议上被提出并引起极大反响。即通过对主误差放大器在三个线性区间内分别对分流调节器、充电控制器和放电控制器进行控制,实现电源系统母线三域全调节功能。

该控制模式的主要特点是: 实现了全调节母线控制,可将电源分系统母线稳定在要求的设计值上,实现了模块化设计,可按功率要求通过模块组合来适应新的任务要求,热耗低。具体结构如图5.2.5所示。

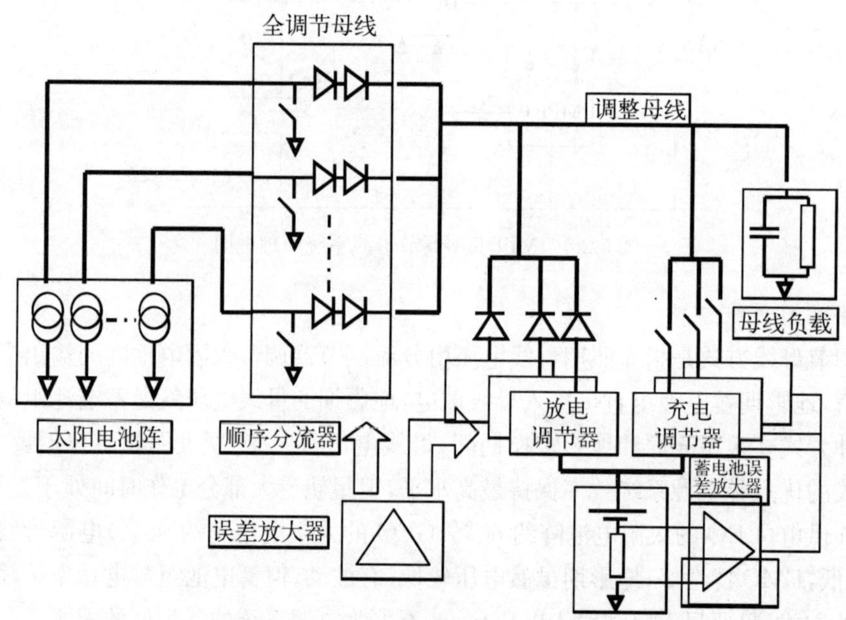

图5.2.5 S^3R 三域控制全调节母线模式

由于 S^3R 三域控制全调节技术的充电功能是通过充电调节器(BCR)模块从母线取电经过DC/DC变换后给蓄电池组充电,充电电流较大时,需要的充电模块的数量也会增加,因此该技术适用于充电时间较长,充电电流较小的地球同步轨道(GEO),低地球轨道(LEO)由于充电时间较短,所需的充电电流相对较大,若采用 S^3R 全调节母线控制技术,会增加充电模块的数量,导致PCU的体积质量过大。

2) 混合布阵两域控制全调节母线模式

为克服采用 S^3R 的功率调节技术充电扩展能力的局限,ESA在20世纪80年代末期研制出混合布阵功率调节技术，即采用充电阵和供电阵彼此独立的设计技术，其特点是主误差放大器在两个线性区间内分别控制分流调节器和放电调节器，减少了控制电路的复杂程度，通过独立的充电阵对蓄电池组进行充电和控制实现电源系统母线的全调节功能。具体结构如图 5.2.6 所示。

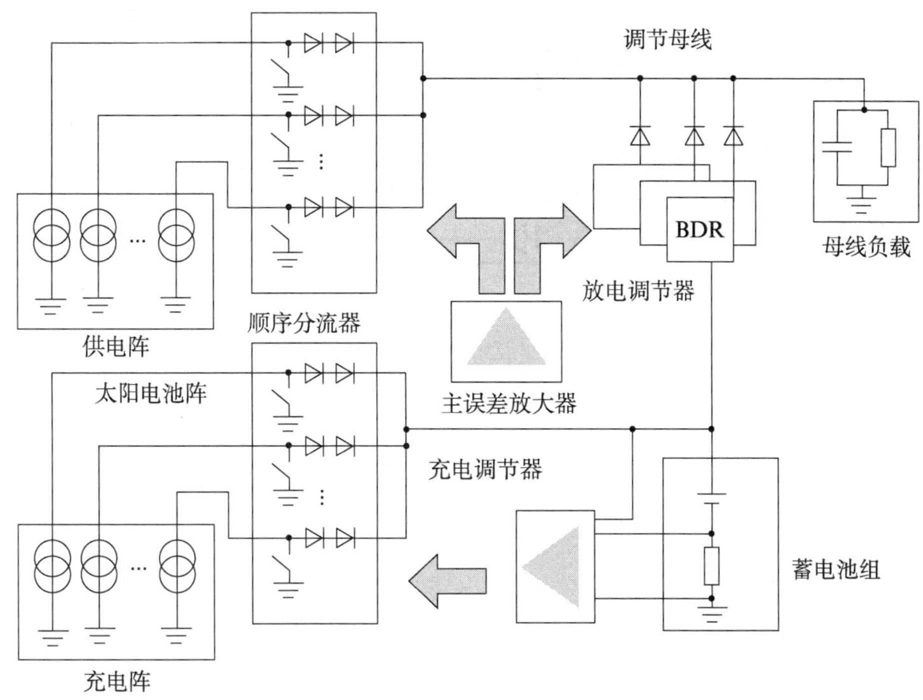

图 5.2.6　混合布阵两域控制全调节母线模式

该技术缺点在于充电阵与供电阵相分离，当供电阵满足负载功率需求后多余的方阵功率会被白白分流掉，造成整个系统使用效率的下降，增加太阳电池阵的面积。

3) S^4R 两域控制全调节母线模式

20 世纪 90 年代中期，ESA 电源系统试验室在全球首次研制出了 S^4R 两域控制全调节母线系统，该功率调节系统既克服了 S^3R 三域控制全调节母线技术中充电控制器直接连接在母线上所带来功率损耗过大和质量过大以及充电电流扩展能力有限的缺点(可以减轻约 30%的质量)，又克服了混合布阵功率调节技术使用独立充电阵和供电阵效率较低的困难，继承了混合型功率调节技术的两域控制的优势，减少了控制的复杂程度，较好地满足了卫星对电源系统的使用要求，具体结构如图 5.2.7 所示。

S^4R 两域控制全调节母线系统在地球同步轨道应用优势不明显，原因是地球同步轨道充电时间较长，充电电流的需求并不大，在低轨道应用优势明显，能够有效地减少电源控制器的体积质量和热耗。

S^4R 两域控制全调节母线系统也有缺点和局限性，主要体现在 S^4R 母线系统中蓄电池组的电压必须低于母线电压和在充电时太阳电池输出电压被蓄电池电压钳位，偏离最大工作点，导致充电时太阳电池阵的利用率降低。

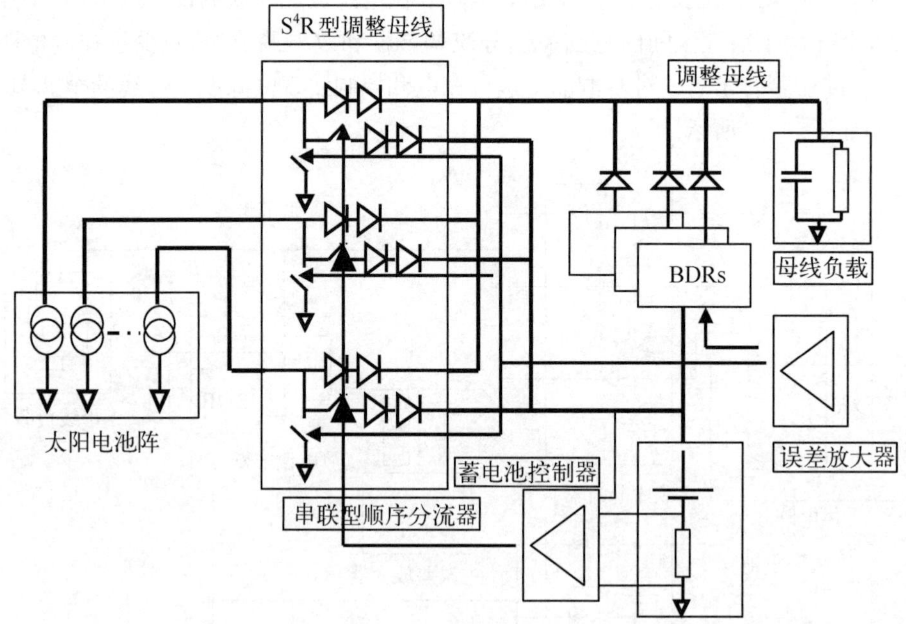

图 5.2.7 S⁴R 两域控制全调节母线模式

5.2.3 电源控制设备体系

电源控制装置功能是协调太阳电池阵、蓄电池工作，控制太阳电池阵产生能量的分配，以及蓄电池充放电，使航天器在光照期间用太阳电池阵的多余能量对蓄电池充电，或将其分流并变换成热能辐射到空间，在航天器阴影期或负载峰值功率期间释放蓄电池的能量，由此使航天器在整个在轨运行期间将功率母线电压稳定在规定范围内。

电源控制设备按照功能进行划分，分别由太阳电池阵功率调节电路(SR)、充电调节电路(BCR)、放电调节电路(BDR)、遥测遥控处理(TM/TC)、主误差放大器(MEA)、蓄电池在轨管理器/均衡器(BMS/BMU)、母线电容阵等几大功能组成。功能的实现有两种方式，一种是通过模块组合集中在一个设备内，称为电源控制设备(power conditioning unit，PCU)；另外一种将不同的功能分散成不同的独立的控制器，分别为“分流调节器”“蓄电池充放电调节器”“主误差放大器”“蓄电池在轨管理器”和“遥测遥控及二次电源管理器”等设备类型，通过独立的设备组合装配成完整的控制功能。

此外，电源控制设备按照功率进行划分，分为小功率电源控制设备、中功率电源控制设备及大功率电源控制设备。

5.2.4 电源控制设备构型举例

(1) 设计需求示例 1：电源系统母线需求 42 V，功率需求 3 600 W。电源控制结构选用 S^4R 功率调节技术的 PCU 方案(方案 1)，集分流、充电、放电等功能于一体，采用模块式结构，可按功率的变化调整模块数量。此外，根据电池在轨使用时间长度需求，配备独立的均衡管理器。具体结构如图 5.2.8 所示。方案 1 主要特点见表 5.2.2。

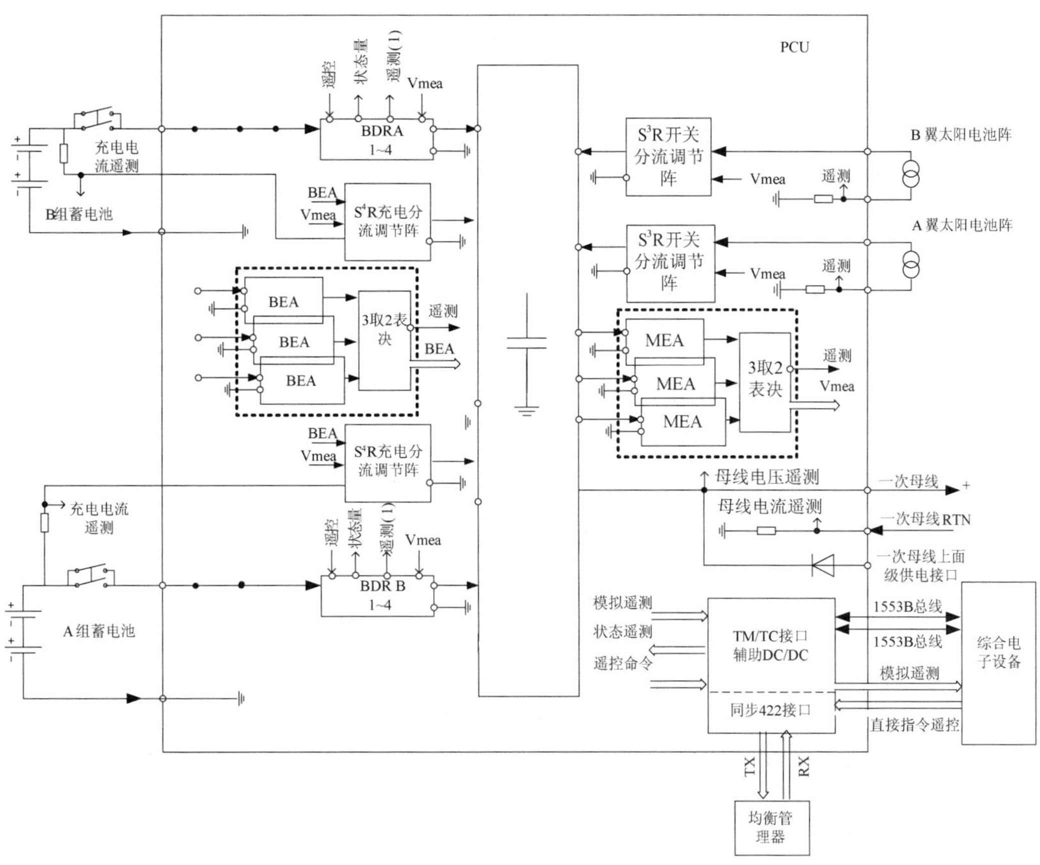

图 5.2.8　42 V,3 600 W 控制设备体系选型

表 5.2.2　方案 1 主要特点

主 要 电 路	功　　能	方　　案
主误差放大电路	电路实现	统一 MEA 控制母线、两组 BEA 分别控制两组蓄电池充电
	母线控制	全调节 42 V 母线电压
放电调节电路	放电调节方式	Weinberg Boost
	配置	8 路取 2 路热备份
	最大输出功率	母线 600 W/路
	效率	额定工况不低于 94%
	保护	有限流、过流、过压、欠压保护
	两组不均衡度	1%
功率调节方式	拓扑结构	S^4R
	控制方式	限频调节
S^4R 电路	S^4R 级数	6

方案 1 主要考虑了在光照期太阳电池阵通过顺序开关分流调节(S^4R),使用 MEA 母线主误差放大信号,实现对母线电压的稳定调节,母线控制在 42.0 ± 0.5 V,同时在刚进入光照时,充电分流控制逻辑电路根据系统母线负载的用电需求,在满足母线负载稳定供电

的同时把太阳电池阵的富余功率给蓄电池组充电,多余能量分流。充电过程受蓄电池误差放大信号BEA的控制,完成从恒流到限压充电的转换。在充电分流控制逻辑电路设计中融入了制约控制技术,有效地避免了充电和分流功率管工作时相互干涉现象,保证母线输出电压的稳定。

在地影期蓄电池通过8路放电调节模块(BDR),稳定母线电压。在进影过程中,太阳电池阵功率逐步下降,不能满足整星功率时,主误差放大信号将顺序关闭分流和充电,并开启放电调节进行联合补充供电直到进入全地影。在出影过程中,太阳电池阵功率逐步增加,顺序开关分流调节(S^3R)为全输出,放电调节输出电流逐步减小进行联合供电直到进入全光照,由主误差放大信号关闭放电调节并进行蓄电池充电。不论卫星轨道状态和负载特性在正常范围内如何变化,通过MEA的统一控制,电源控制器都保持输出稳定的母线电源。

下位机模块对电源控制器工作状态进行实时监控,并通过1553B总线、直接遥测信号和直接离散指令的连接模式与星上数管分系统进行数据交换和控制。通过422总线与A、B组的均衡管理器通讯,完成对均衡管理器的控制。实时监测电源分系统的健康状态,形成健康预报字。完成电量计累计并协助BEA电路完成对蓄电池的在轨管理功能。

(2) 设计需求示例2:电源系统母线需求100 V,功率需求10 000 W。电源控制结构选择"全调节+不调节"功率调节拓扑体系、限频充电调节技术、统一MEA跨导控制技术、隔离型全调节变换器电路技术等(方案2)。控制设备选型方面包括了集成PCU,均衡管理器,蓄电池继电器盒等设备。具体结构如图5.2.9所示。方案2主要特点见表5.2.3。

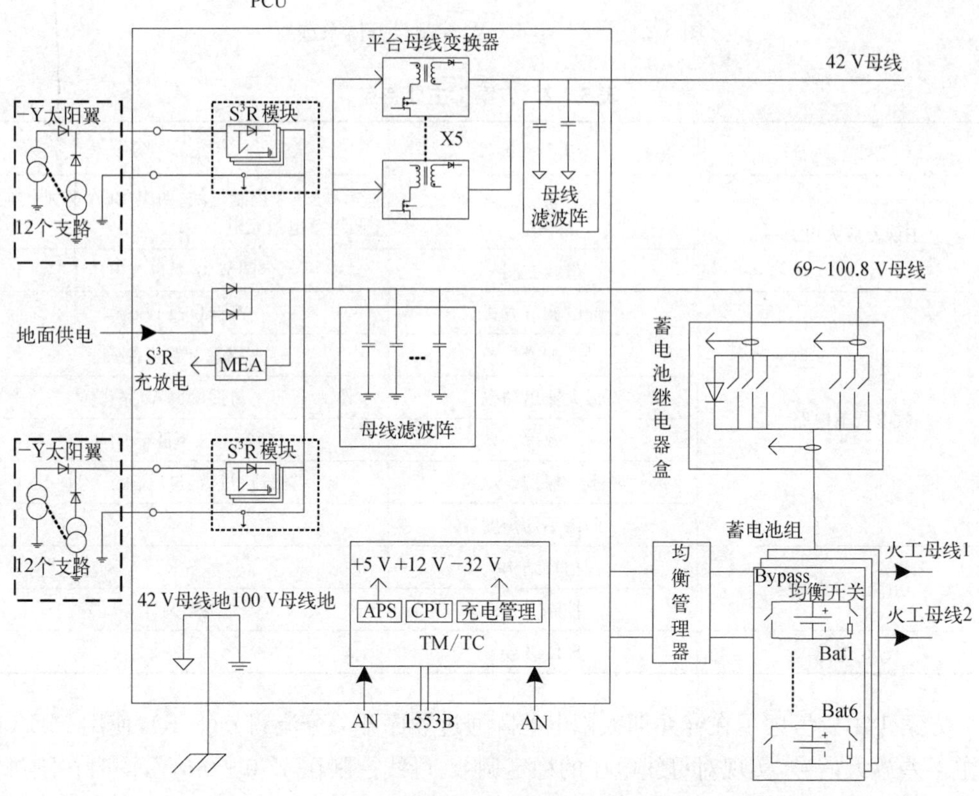

图5.2.9 示例2控制设备体系选型

该方案采用多路大功率并联输出控制，主要特点如下：① 对各路全调节变换器的输入输出回路单独设置，避免共线干扰，每路设置电流环反馈，实现自主均流控制；② 采用移相控制技术实现全调节变换器开关管的零电压开关来降低器件的开关热耗。

表 5.2.3　方案 2 主要特点

主要电路	功能设计	方案
主误差放大电路	电路实现	统一 MEA 控制 PSR 全调节母线；统一 BEA 控制 24 级 S^3R 太阳阵对 1 组蓄电池充电
	母线控制	不调节母线由 BEA 控制，母线电压 69～100.8 V；全调节母线由 MEA 控制，母线电压为 42.2±0.2 V
不调节母线	放电方式	蓄电池直接供母线，蓄电池电压为母线电压
	充电控制方式	24 级 S^3R 电路，每路最大 7 A，采用限频调节模式，降低热耗，限压控制
	限压点设置	8 档可调
	保护	防止“常分流”保护、防“过充”保护
全调节母线	调整方式	蓄电池输入，隔离降压调节
	保护	输入过流、输出欠压、过压、限流保护
	控制方式	统一 MEA、引入电流环控制
通信方式	—	直接遥测遥控、集成下位机、1553B 总线通信

5.3　主误差放大器(MEA)

5.3.1　原理简介

主误差放大器(main error amplifier，MEA)在集中式控制的电源控制器中，主管系统工作状态的调整、协调工作。它控制着分流调节器(SR)、充电控制器(BCR)和放电调节器(BDR)的工作状态，调节太阳电池阵、蓄电池组和负载之间的功率平衡和系统母线输出的稳定，通过主误差放大器将分流调节器、放电调节器和充电控制器的各个功能模块串联成电源控制系统，因此，主误差放大器的设计必须合理和高度可靠，国内外普遍采用 3 取 2 表决逻辑，即设计 3 路独立的误差放大电路，经过一定的或、与表决关系，只要保证其中任何两路电路工作正常，就能保证主误差放大器工作正常，不同的拓扑结构，MEA 会有差异，但其表决电路的可靠性设计原则相同。

图 5.3.1 为 MEA 的原理框图，由 3 路相同的放电电路和逻辑关系电路组成，最终输出 1 路 MEA 信号。

主误差放大信号与各个模块功能电路的工作模式如图 5.3.2 所示，各个 MEA 工作区间原理如下。

(a) 0～A：航天器处于阴影区，能量完全由电池提供，系统工作在 BDR 模式下。

(b) A～B：MEA 第一个死区间隔，航天器处于出影区，太阳电池开始供电，但是仍旧由蓄电池提供供电，PCU 工作在 BDR 模式。

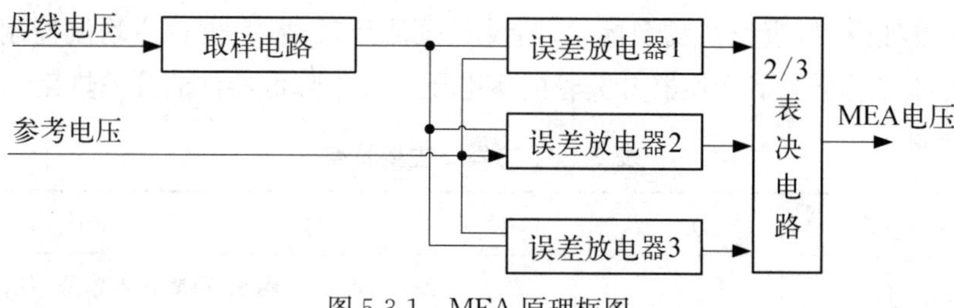

图 5.3.1　MEA 原理框图

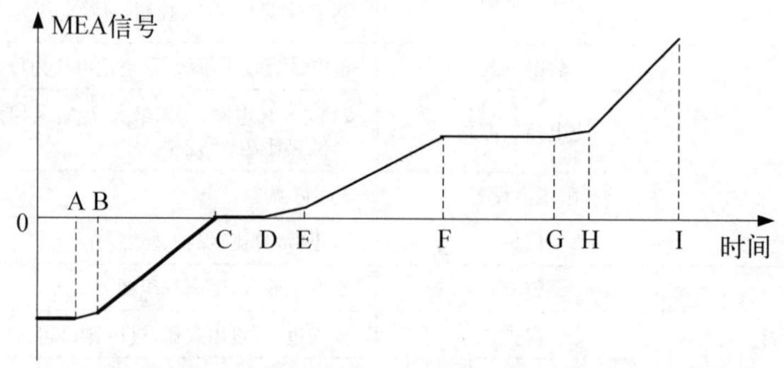

图 5.3.2　主误差放大信号控制原理图

(c) B~C：航天器处于出影区或母线处于峰值功率状态，航天器由太阳能电池阵和蓄电池联合供电。

(d) C~D：此时太阳电池阵产生的能量刚好满足母线负载需求，航天器能量完全由太阳电池阵提供，该情况概率极小，持续时间极短。

(e) D~E：MEA 信号第二个死区间隔，太阳电池阵能量略大于母线负载需求，太阳电池阵供电，蓄电池不充电，分流器不分流。

(f) E~F：太阳电池阵能量大于母线负载需求，太阳电池供电，蓄电池充电，电流大小随母线变化，系统工作在 BCR 模式下。

(g) F~G：太阳电池阵产生的能量满足负载和最大充电电流需求，系统工作在 BCR 模式下。

(h) G~H：MEA 信号第三个死区间隔，太阳电池阵除了满足功率负载和蓄电池最大充电电流外，还有富余，此时分流未工作。

(i) H~I：太阳电池阵能量很大，或蓄电池已充满，此时分流电路开始工作，随着母线电压大小按照顺序分流和退出分流。

5.3.2　设计要点

主误差放大器一般设计要求如下。

(1) 主误差放大电路和传输路径要求高可靠，应有冗余备份，且无单点故障。

(2) 主误差放大信号在各域之间应留有死区。

(3) 主误差放大器应具有终端故障隔离保护。

5.3.3　电路设计

MEA 电路设计如图 5.3.3 所示，其工作原理是利用运算放大器直流开环输出电压增益为无穷大，交流输出增益根据交流输入频域的变化而成为对数形式变化。MEA 电路变化输出电压 V_{MEA} 与母线电压 V_{bus} 关系数学表达式如式(5.3.1)所示：

$$V_{MEA} = K_p(kV_{bus} - V_{ref}) + \frac{1}{K_i S}(kV_{bus} - V_{ref}) \tag{5.3.1}$$

式中，K_p 为 MEA 电压放大比例系数；K_i 为 MEA 电压放大积分系数；k 为母线电压反馈分压比例系数；V_{bus} 为母线电压；V_{ref} 为参考电压。

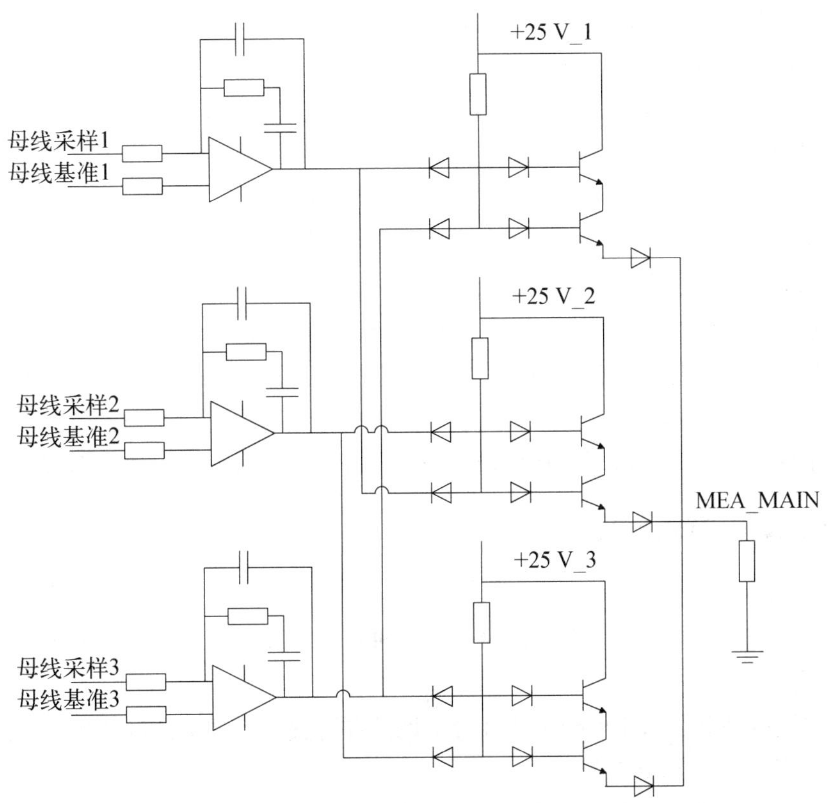

图 5.3.3　主误差放大器(MEA)原理图

MEA 控制区域电压划分是根据母线电压性能和设计限制来确定的。为了获取 MEA 较高的可靠性，采取了较宽的电压范围便于控制，例如，设定其输出电压范围为 3.5～20 V，各个电压分配具体分配如下。

(1) S^3R 模式下 MEA 值：12～20 V。

(2) BCR 模式下 MEA 值：9.5～11.5 V。

(3) BDR 模式下 MEA 值：3.5～9.0 V。

(4) S^3R 与 BCR 模式 MEA 值间隔：0.5 V。

(5) BCR 与 BDR 模式 MEA 值间隔：0.5 V。

MEA 电路使用的供电电源直接从母线变换形成。母线电压和基准电压的采样都通过对母线电压比例分压所获得,此外 MEA 电阻选择方面应该选取低温漂系数的电阻,从而最大程度上防止了温度系数漂移所造成的域内误差。

5.4 分流调节电路

5.4.1 分流调节电路概述

一般情况下,光照期太阳电池阵的输出功率会大于负载和蓄电池充电需求的总和,尤其在电池寿命的初期更是如此。为了控制母线电压,超额的功率必须在流入母线之前被分流。用做分流的负载可以使用电阻,它把超额功率转换成热能,但这部分热量会给航天器舱体内的热控系统造成额外负担。为此,可将太阳电池阵电流的部分电池组结构接地。这将使太阳电池阵在短路情况下工作,并得到 0 V 下的 I_{sc}。在这种分流模式下,没有能量被传输到负载或者结构地。光子能量依然聚集在太阳电池阵内,太阳电池阵的温度升高,并最终将超额功率以热的形式发散到空间。实质上,太阳电池阵在这里被用作了散热器。

分流调节器还可以用在一些小型专用太阳电池阵模块中,这些模块可以不通过蓄电池充电控制器而直接给蓄电池充电。当电池被充满电以后,通过闭合开关,电池从太阳电池阵模块被分流到结构地。这样,电池受到保护而免于过度充电。

电源功率调节器包括太阳电池阵分流功率调节器(并调系统)、太阳电池阵串联功率调节器(串调系统)、蓄电池组充电功率调节器、蓄电池组放电功率调节器及控制与管理单元等部分组成。整体上经历了消耗型、S^3R 型、混合型和 S^4R 型几个大的阶段。

5.4.2 分流调节方式分类

1. 并联式调节

太阳电池阵并联调节是目前广泛采用的一种母线电压调节方法。该调节方法即以分流的形式调节母线电压。

太阳电池阵并联调节主要分为线性分流调节和开关分流调节两种类型。

1) 并联型线性分流调节器

太阳电池阵全线性分流调节是由母线误差放大电路和线性分流调节单元组成。控制电路检测母线电压将其同参考电压进行比较,并用其输出控制线性分流调节单元(受当时电子技术及元器件的限制,只能采用如国产 3DD15 类低频功率器件)的工作。分流调整管跨接在太阳电池阵的输出端,它根据误差电压的高低,旁路掉一定的太阳电池阵输出功率,从而将母线电压维持在希望的数值上。因此,分流调节电路可以看作是负载的一部分。不过,这个负载不是固定不变的,而是时刻根据母线上负载的变化自动减少或增加,以维持太阳电池阵的总负载不变,从而达到调节母线电压的目的。太阳电池阵全线性分流调节的基本原理,如图 5.4.1 所示。

2) 并联型太阳电池阵开关/顺序分流调节器

在太阳电池阵局部/线性/顺序分流调节器中,由于各级分流器中存在着线性调节工

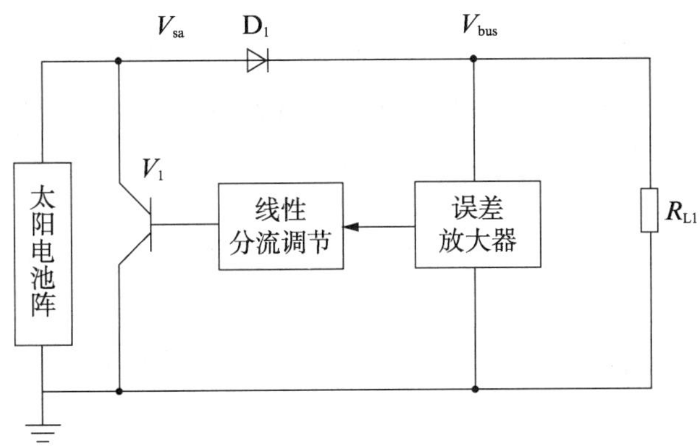

图 5.4.1　太阳电池阵全线性分流调节的基本原理

作状态。而分流调整管在线性工作时相当于一个可变电阻器，这样会使分流调节器内部存在较高的温度，给热控带来新的问题。

太阳电池阵全部/开关/顺序分流器，采用脉冲宽度调制开关技术，通过测量母线电压的反馈信号与母线电压的基准信号比较、放大，驱动并改变 MOSFET 功率调整管的导通时间，达到调节分流太阳电池阵多余功率的目的。

开关分流调节大致可以分为两种。

(1) 采用脉冲调宽方式，即分流调整管的开关频率不变，通过改变导通脉冲的宽度来改变脉冲的占空比，调节分流电流的大小；

(2) 采用脉冲调频方式，在这种方式中，导通脉冲的宽度不变，通过改变脉冲的频率来改变脉冲的占空比。

图 5.4.2 给出了脉冲调宽方式分流调节器电路，顺序开关分流调节器在任何时刻只有一级工作在调整状态，其余各级不是饱和就是截止。工作在饱和状态的分流级数目和工作在开关状态的精调级的占空系数由母线误差电压 V_{ref} 决定。

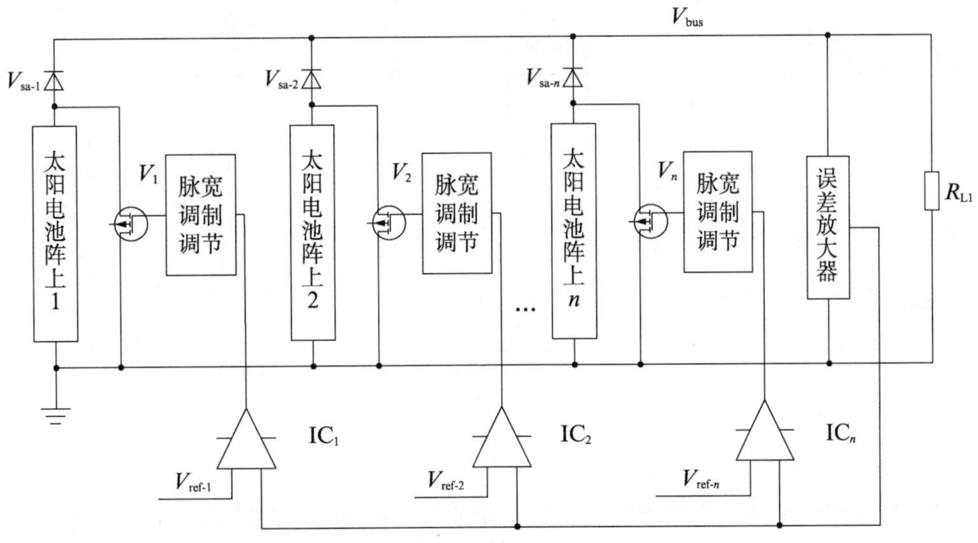

图 5.4.2　太阳电池阵全部/开关/顺序分流调节器

2. 串联式调节

太阳电池阵串联功率调节器,用一套控制电路即可控制千瓦级的输出功率。与并联功率调节器相比,可大大减少元器件的数量,减小系统的体积、质量,减小功率调节器输出电容器的容量,简化控制线路,改善母线电压的瞬态效应,提高系统各项电性能指标。其具备的优点如下。

(1) 太阳电池阵串联功率调节器不会降低太阳电池阵的输出电压,为蓄电池组充电创造了有利条件;

(2) 即使太阳电池阵的输出电压低于母线电压,由于串联功率调节器的升—降压作用,也能最大限度地利用太阳电池阵的能量;

(3) 容易备份设置与控制,防止单点失效;

(4) 通过检测负载电流,可控制功率调节器的最大工作电流,防止电源出现短路故障。

串联式调节分为串联式脉冲宽度开关调节、半调节峰值功率跟踪调节、全调节峰值功率跟踪调节。

1) 串联式太阳电池阵开关/顺序分流调节器

太阳电池阵串联开关/顺序调节工作模式,是在太阳电池阵和负载之间引入一个串联脉冲宽度开关调节器,无论是何种因素(光照强度、温度)引起太阳电池阵输出电压的波动,还是由于负载变化引起电源母线电压的波动,它通过检测母线电压,实时地使母线电压控制在规定的工作范围内。该调节方法以调节脉冲宽度占空比的形式调节母线电压。属全开关工作模式,或全关,或全开。如图 5.4.3 所示。

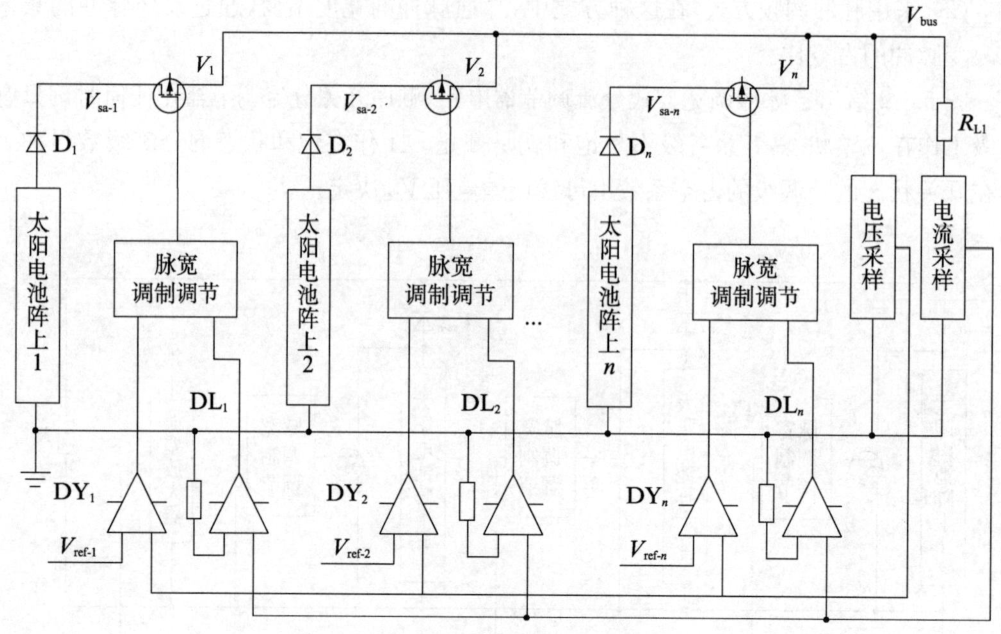

图 5.4.3 太阳电池阵串联功率调节器

2) 半调节母线峰值功率跟踪功率调节器

串联型功率调节的一个典型代表就是半调节母线峰值功率跟踪功率调节系统。

峰值功率跟踪方式是在太阳电池阵和负载之间引入一个串联开关调节器。它通过调节太阳电池阵的工作点来满足负载的需要，并在负载需要的情况下，自动跟踪太阳电池阵的峰值功率点，以获得最大的输出功率。采用峰值功率跟踪器，可以最大限度地利用太阳电池阵的输出功率。这一特点使其在低轨道航天器的电源系统中显示出明显的优越性。系统的结构如图 5.4.4 所示。

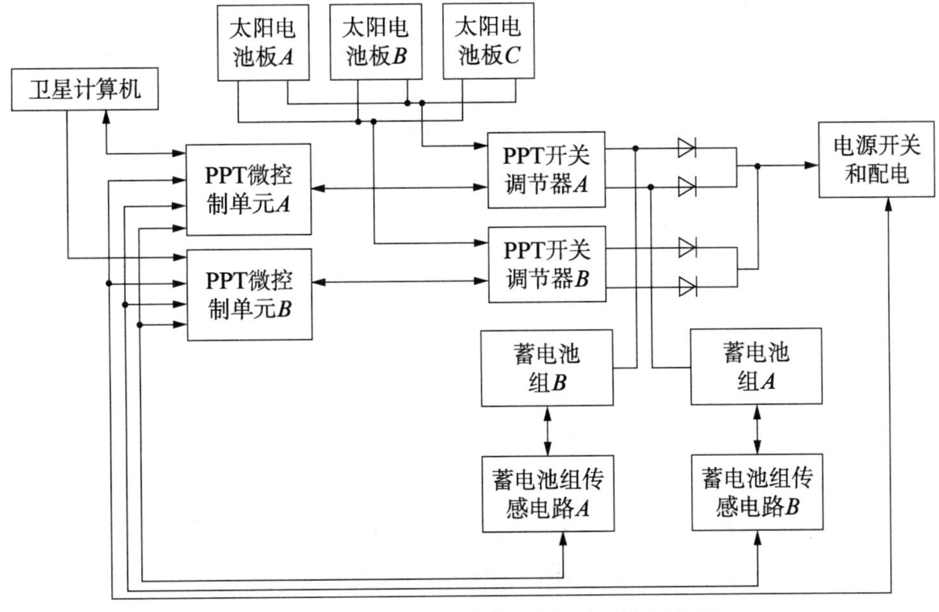

图 5.4.4　半调节母线峰值功率跟踪功率调节器

3）全调节母线峰值功率跟踪功率调节器

该分流调节功能由太阳电池阵、蓄电池组、电源控制器组成。电源控制器由蓄电池充电调节器(BCR)、电源调节模块(PCM)、电源分配模块(PDM)和电压、电流监测电路组成。

其中，在光照期间，蓄电池充电调节器(BCR)既保证电源系统母线供电技术指标要求，又为蓄电池组提供充电调节。该串联型充电调节器对蓄电池组的充电终止电压即为电源母线电压。此外，该串联调节器还采用了双备份措施，以防止单点失效故障，我国航天清华小卫星就是采用了这种全调节母线峰值功率跟踪的功率调节结构，如图 5.4.5 所示。

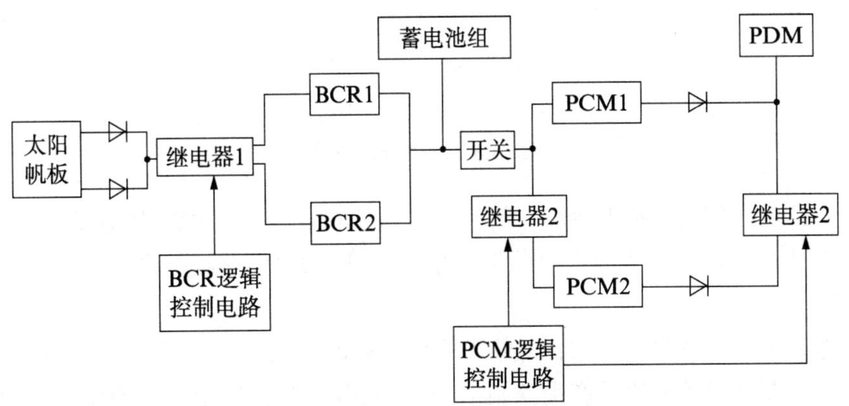

图 5.4.5　全调节母线峰值功率跟踪功率调节器

5.4.3 设计要点

分流调节电路设计要求一般包括以下几部分内容。

(1) 分流电路配置：根据输出母线的纹波要求以及太阳方阵路数规定配置分流调节电路的路数，并按照分流顺序约定分阵编号，以及内部分流使用的拓扑形式。

(2) 分流电路能力：根据单阵太阳电池阵的开路电压和短路电流来确定各分流电路最大分流能力、耐压能力。

(3) 分流电路转换效率：确定分流电路转换效率。

(4) 分流电路频率：根据航天器内部EMC需求，确定分流调节模块各级分流的开关频率。

(5) 太阳电池阵结电容效应：所有分流调节电路能适应太阳电池阵的结电容特性，分流管导通瞬间其各项指标满足降额要求。

(6) 分流电路故障保护：为确保不因为分流电路发生常分流故障造成太阳电池阵功率损失，在分流通路上应设计相应的故障保护功能。

5.4.4 开关分流电路

1. 电路原理

开关分流电路一般用于对太阳电池阵输出富裕功率的调节，电路利用了太阳电池阵 $I-V$ 特性，通过开关的方式分流掉太阳电池阵输出的富裕功率，实现电源输出母线的稳定，分流电路主要由控制电路、驱动电路和功率调节电路三部分组成。具体如图5.4.6所示，其中 V_i 为母线电压采样反馈信号，V_{ref} 为分流电路工作的基准电压。

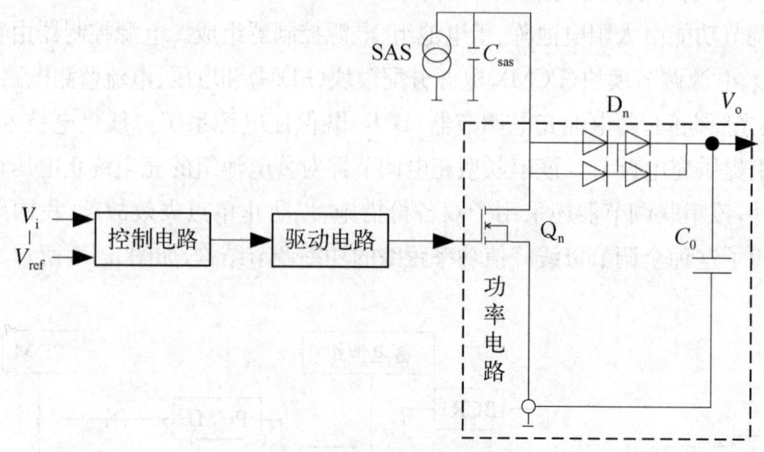

图5.4.6 开关分流电路

控制电路的作用是根据 V_i 和 V_{ref} 的比较差值输出相应的PWM控制信号；驱动电路用于将PWM信号进行功率放大以驱动功率开关管；功率电路根据调整开关管的工作状态控制太阳电池功率的去向。

分流电路的一个调整周期为：当母线功率富裕时母线电压升高，通过母线电压采样反馈信号与控制基准信号比较产生控制信号，驱动电路根据控制信号的输入开通分流调整管 Q_n，使太阳电池功率对“地”分流，由母线滤波电容阵 C_0 提供母线，母线电压降低，当母线电压低至控制点时，控制信号通过驱动电路关闭分流调整管 Q_n，太阳电池阵输出功率通过功率二极管 D_n 给母线供电同时为电容阵 C_0 充电使母线电压升高，以此反复工作。

多路分流电路工作时可按照固定步长设计不同的基准 V_{ref}，此时分流电路具有三种工作状态，即“常分流”“常供载”及“调制态”。

2. 定频控制电路

1) 集成 PWM 式调节

分流控制电路属于单环控制，常用的脉宽调制芯片为 SG1525，通过配置脉宽调制芯片的外围阻容器件可实现不同频率的锯齿波信号，电压反馈比较采用 SG1525 芯片的内部运算放大器，电源母线经采样电阻分压后送入 SG1525 误差放大器同相输入端，设置的固定基准接入 SG1525 的误差放大器反相端，误差放大器输出电压信号与锯齿波电压信号经过比较器比较，输出一个随误差放大器输出电压的高低而改变宽度的方波脉冲，电路将此方波驱动后级两路图腾柱输出。

通过电阻 R_1 及电容 C_1 根据式(5.4.1)，实现锯齿波信号的频率设置：

$$f = 1/(0.7R_1 + 3R_2)C_1 \tag{5.4.1}$$

式中，R_1 为电阻(单位为 kΩ)；C_1 为电容(单位为μF)。

U_1 为或门电路，将 SG1525 的两路推挽输出信号作“相加”处理，然后滤波整形后输出至驱动电路。

以 SG1525 为例进行设计如图 5.4.7 所示。集成脉宽调制芯片输出占空比最大为0.9，无法实现 100%全分流功能，因此需要对控制信号进行 RC 滤波(如图中 R_4 和 C_4)和整形处理。RC 参数的取值与电路工作频率、占空比、与门电路的输入高低电平域值有关。

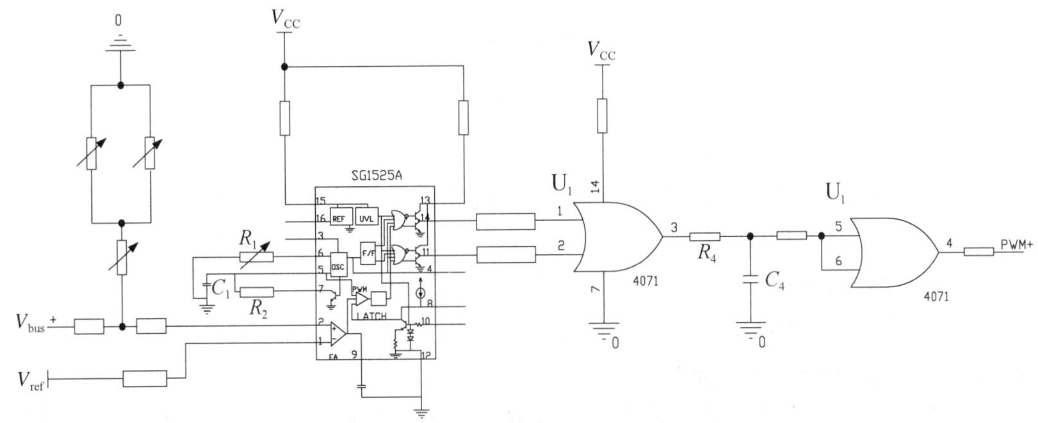

图 5.4.7　SG1525 实现集成式分流控制电路

2) 分立式 PWM 控制

采用分立器件实现 PWM 信号一般是先产生固定的三角波信号，然后母线电压反馈信号与三角波电压信号通过比较器进行比较，输出控制的 PWM 信号。

三角波发生信号的设计比较成熟且形式多样，可采用比较器、定时器通过外围电路设置实现。目前分流电路中采用较多的是用 7J193 比较器或 555 时基电路实现三角波信号，如图 5.4.8 所示，将 555 时基电路接成无稳态形式，可以产生一个固定频率的幅值为 0.2～6 V 的三角波。

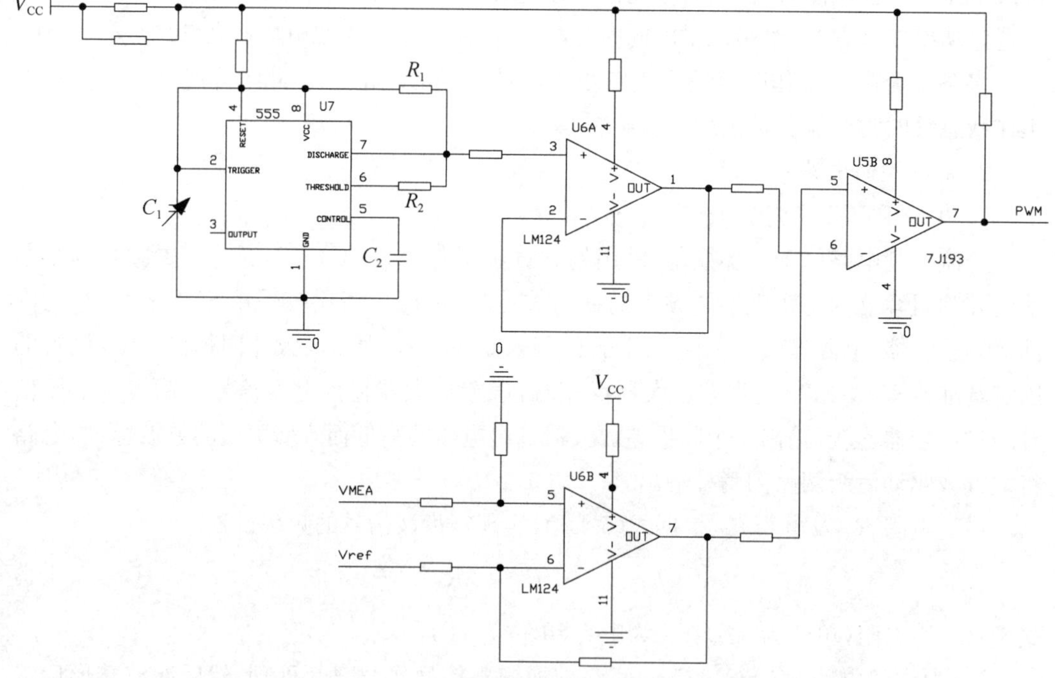

图 5.4.8　分立器件实现分流 PWM 控制电路

信号频率由电阻 R_1、R_2 和电容 C_1 决定。电容充电时间如式(5.4.2)所示：

$$T_1=0.693(R_1+R_2)C_1 \tag{5.4.2}$$

电容放电时间为

$$T_2=0.693R_2C_1 \tag{5.4.3}$$

$$f=1/T=1.44/(R_1+2R_2)C_1 \tag{5.4.4}$$

其中，T_1 和 T_2 决定三角波信号的形状。

母线电压反馈信号 V_i 与基准电压信号 V_{ref} 经误差放大器放大后，输入电压比较器与三角波进行比较，从而可以得到占空比为 0～100％之间的脉宽调制波形。

定频分流控制电路设计时需要重点考虑如下事项。

(1) 对于多路分流调节电路工作时，为保证电路的功能独立性，建议每路分流调节电路应设置独立使用的二次电源 V_{CC}。

(2) 集成脉宽调制芯片输出占空比最大为 0.9，无法实现 100％全分流功能，因此需要对控制信号进行 RC 滤波(如图 5.4.7 中 R_4 和 C_4)和整形处理。RC 参数的取值与电路工作频率、占空比、与门电路的输入高低电平域值有关。

(3) 建议单路分流调节电路对应的太阳电池分阵电流不大于 6 A 时，“定频”控制电路的频率设计在 10～20 kHz。

(4) 集成式脉宽调制芯片为开关电源控制通用器件，器件功能强大，部分功能对于分流控制电路不适用，且脉宽输出的两路控制信号需做后级处理，而分类器件实现的脉宽控制电路简单，易实现 0～100％占空比的控制。分流调节电路选用定频控制方式，推荐采用分类器件实现的脉宽调节控制电路。

3. 限频控制电路

限频控制电路采用滞回型比较器电路实现，如图 5.4.9 所示，U_2 为滞回型比较器，其高门限电压为 V_H，低门限电压为 V_L。MEA 信号、母线电压和 PWA 控制信号关系如图 5.4.10 所示。

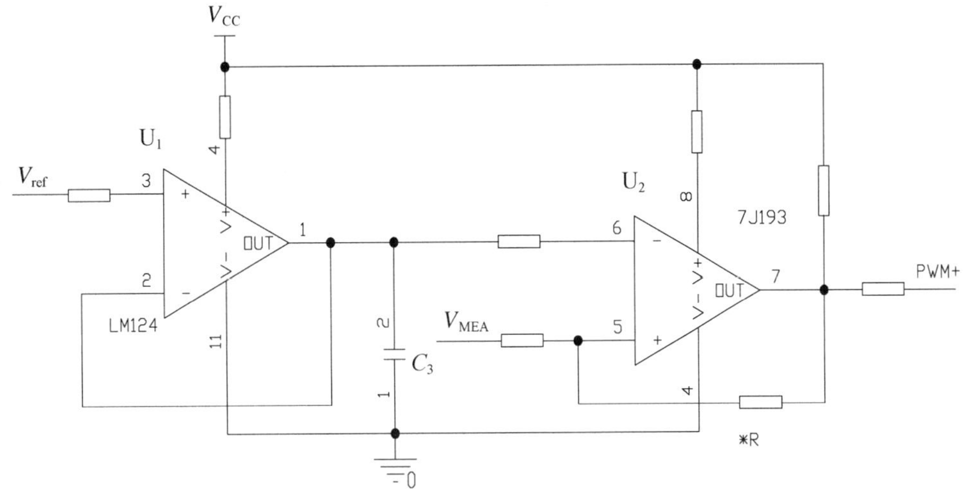

图 5.4.9　限频顺序开关分流调节电路原理框图

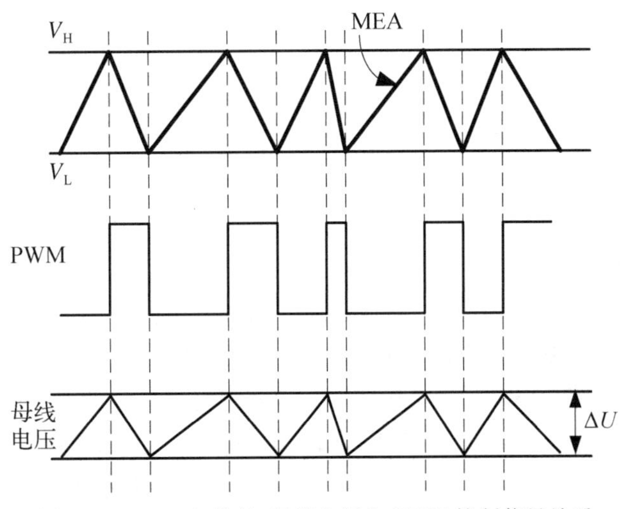

图 5.4.10　MEA 信号、母线电压和 PWM 控制信号关系

限频控制电路的特点是分流管开关频率随负载变化而变化，分流工作的频率与方阵电流、母线电压输出纹波、电容阵容量等因素有关，计算公式见式(5.4.5)。当负载为太阳电池阵功率的一半时分流管工作频率最大，考虑功率器件的开关热耗，一般在单路分流电流小于 8 A 时设计的工作频率为 0～3 kHz。

$$f=\frac{(I_1-I_2)\times I_2}{I_1\times C\times \Delta V} \tag{5.4.5}$$

式中，I_1 为太阳电池阵电流；I_2 为负载电流；C 为母线滤波电容；ΔV 为母线电压输出纹波。

4. 功率及驱动电路

1) 功率电路单元

分流功率调整管和隔离二极管在电流、电压选取时应满足降额要求,建议余度选用大于3倍,同时,考虑器件的结温降额,尽量选择导通阻抗低的开关管。功率二极管建议选用恢复时间快、导通电压低的肖特基型二极管,二极管在使用方面需要进行串联以防止二极管短路产生的危害。

2) 驱动电路设计

分流驱动电路可采用NPN与PNP组成射极驱动控制,如图5.4.11所示。驱动电源可使用二次电源V_{CC}也可直接使用母线供电,后级功率MOSFET的V_{gs}驱动电压应控制在10~12 V。

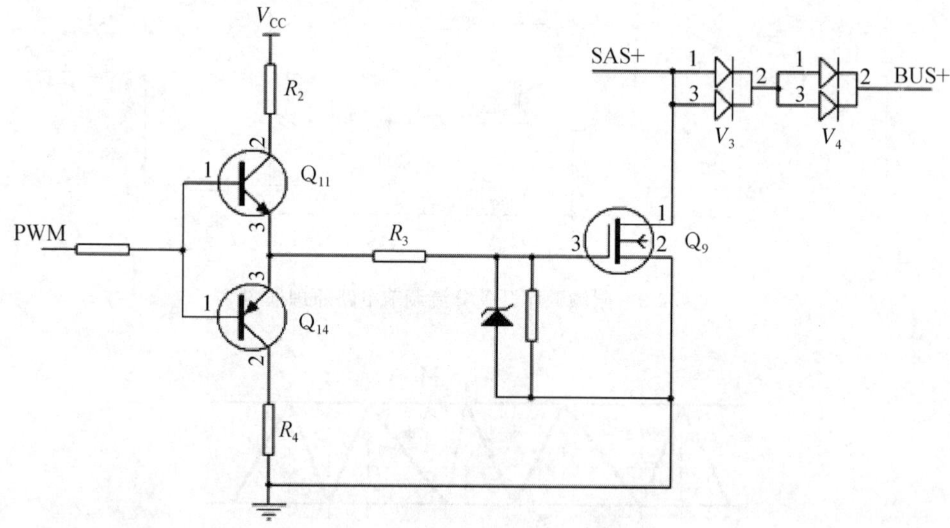

图5.4.11 驱动及功率电路

R_2、R_3影响MOSFET的开通时间,R_3、R_4影响MOSFET的关断时间,阻值越大开通或关断时间越长。"定频"型分流调节电路开关管的导通、关断时间应控制在1~2 μs;"限频"型分流调节电路由于工作频率较低,驱动速度可控制在4~5 μs。

由于分流调节电路功率调节管直接并联在太阳电池阵分阵的输入两端,太阳电池分阵与电源母线是通过二极管隔离的,分流工作时分流调整管对太阳电池分阵正负两端进行开关调节,为避免因太阳电池分阵与电源母线隔离二极管短路失效引起分流工作时母线短路故障,在功率通路上太阳电池分阵与电源输出母线隔离二极管应采用两并两串设计。

3) 常分流故障电路保护

分流调节电路设计应考虑分流调整电路"常分流"故障的保护措施。建议采用双管串联的设计,如图5.4.12所示,在分流开关管下端串联保护管Q_4,正常状态下保护管Q_4一直处于导通状态,分流调节电路工作时仅控制上端的功率开关管,当分流调节电路发生"常分流"故障时,可通过指令断开开关K使保护管关断该常分流回路,使该路太阳电池阵输出功率不经调节直接给母线供电。

该电路故障保护措施设计时要确保故障保护实施时切出的太阳电池分阵输出功率低于电源母线最低负载配置,同时在设计上要充分考虑电路上电过程和指令操作中电路保

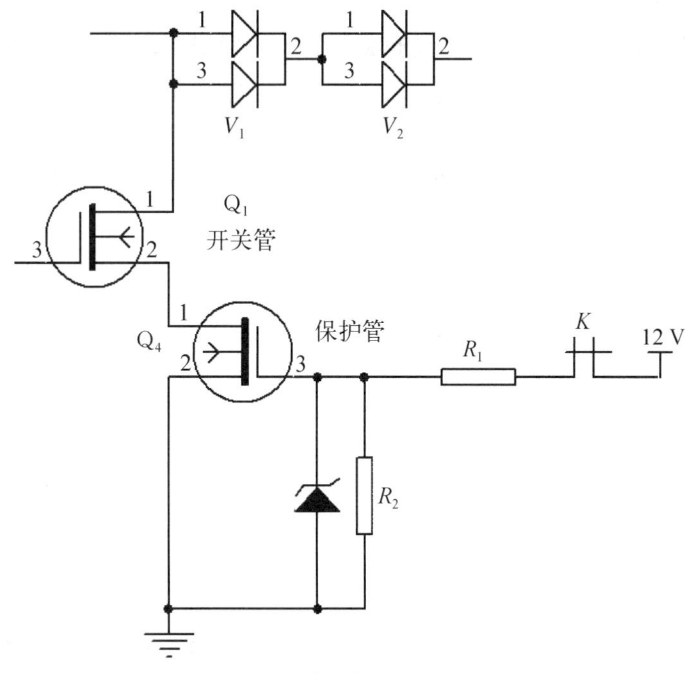

图 5.4.12　分流保护管驱动电路

护管可靠，避免因误动作引起分阵输出电流大于母线负载需求造成电源母线电压抬压。

4）结电容尖峰电流抑制保护考虑

由于太阳电池单片因其工艺结构特性而自身存在寄生电容，通过太阳电池串并联组合，组阵后在对应的分流调整管两端会存在一定容量的结电容，在分流调整管导通瞬间会产生浪涌电流。若瞬间浪涌电流大于选用的分流调整管可承受的耐流值，且不加抑制，随着时间的推移会对分流调整管产生损伤。在分流调整管选用时应充分考虑分阵结电容在开通瞬态的电流冲击影响，在器件电流、耐压留有足够的降额余度时，对于分阵调节电流大于 6 A 的分流调节电路建议采用结电容尖峰电流抑制保护措施。

对分流调整管的结电容尖峰电流抑制一般采用被动式控制方案。被动式控制是指在调整回路串接电感 L，具体如图 5.4.13 所示。

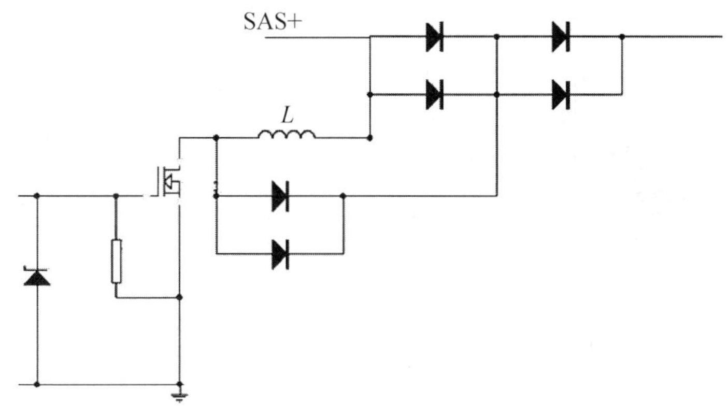

图 5.4.13　被动式尖峰电流抑制保护

5. 滤波电容阵

PWM分流操作产生的纹波由母线滤波器的电容器限制在最小范围之内。当分流开关关闭时,电容器充电;当分流开关打开时,电容器放电。如图5.4.14所示,纹波有两个来源,当电容器充电或放电时,电容器的等效串联电阻(ESR)导致反极电压下降,造成电容器的电压时升时降。母线纹波的峰-峰值电压 V_{PP} 可以通过式(5.4.6)得到

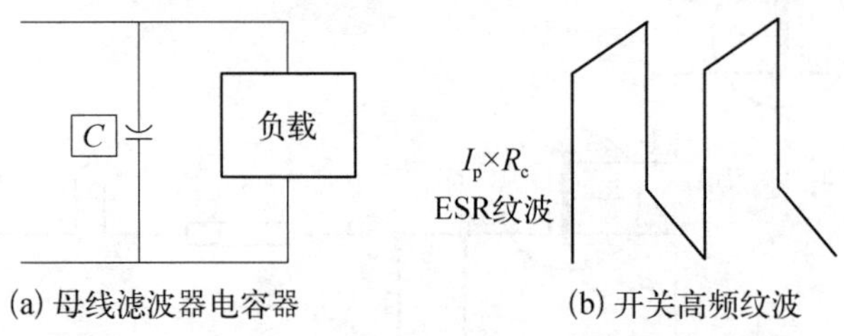

(a) 母线滤波器电容器　　(b) 开关高频纹波

图5.4.14　带滤波电容高频分流的母线电压纹波

$$V_{PP} = I_S R_C + D(1-D)\frac{I_S T}{C} \tag{5.4.6}$$

式中,I_S 为各个分流电路的开关电流;R_C 为母线电容器的ESR;D 为PWM开关的占空比;T 为开关周期;C 为母线电容值。

纹波电压随占空比变化而不同。在 $D=0.5$ 时达最大值,得到式(5.4.7):

$$V_{PP} = I_S R_C + 0.25\frac{I_S}{C} \tag{5.4.7}$$

对于已知的ESR和切换频率,满足特定纹波的最小母线电容器为式(5.4.8):

$$C_{min} = \frac{0.25 I_S T}{V_{PP} - I_S R_C} \tag{5.4.8}$$

一方面,为了减少纹波,需要大的母线滤波电容,同时还能降低高频时的母线阻抗。另一方面,在给定回路增益分割频率的情况下,快速的瞬态响应要求较小的母线电容值。设计者需要在两种性能之间进行权衡。

采用高频,即采用较小的开关周期可以减小滤波器电容尺寸。图5.4.15所示的是在

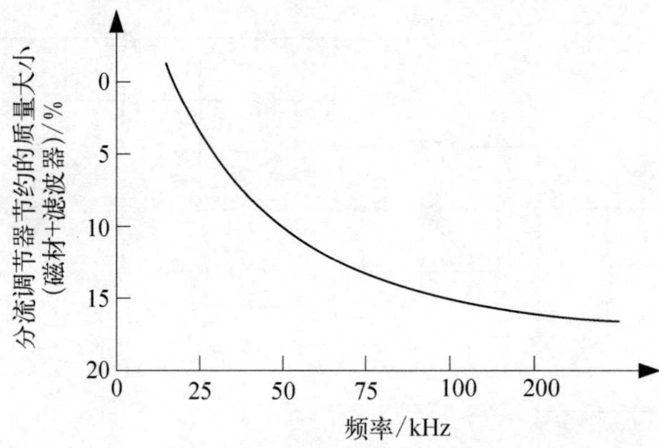

图5.4.15　分流调节器的质量大小和开关频率关系

20～200 kHz 的频率范围内，能够节约的质量大小的近似值。

5.5　充电调节电路

5.5.1　蓄电池组充电制度选择

航天器电源系统采用的蓄电池主要包括镉镍蓄电池，氢镍蓄电池和锂离子蓄电池。锂离子蓄电池是 20 世纪 90 年代初期发展的一种先进蓄电池，具有高比能量、高电压、良好的低温性能、低自放电率和无记忆效应等一系列优点。因此在对储能电源电性能、可靠性要求较高的场合，锂离子蓄电池组将成为首选对象。若用锂离子蓄电池取代镉镍或氢镍蓄电池，可将储能电源在电源系统所占质量的 30%～40%降低至 10%，从而大大降低发射成本，增加有效载荷，表 5.5.1 给出了三种储能电源的性能比较。

表 5.5.1　不同种类卫星用储能电源性能比较

性 能 对 比	锂离子蓄电池	镉镍蓄电池	高压氢镍蓄电池
平均工作电压	3.7 V	1.2 V	1.25 V
体积比能量	300 Wh/L	70 Wh/L	70 Wh/L
重量比能量	110～150 Wh/kg	60 Wh/kg	60 Wh/kg
循环寿命	30%DOD≥3a	20%DOD≥4a	30%DOD≥5a
自放电	≤10%/月	20%/月	50%/周
充电安时效率	高	中	低

在采用镉镍、氢镍蓄电池的航天器电源系统中，基本上都采用恒流充电方式，当达到 $V-T$ 曲线、电子电量、压力、第三电极等控制方式的控制点时停止充电，完成一个充电过程。用锂离子蓄电池替代镉镍、氢镍蓄电池不是简单的“即插即用”方式，这是因为锂离子蓄电池与镉镍、氢镍蓄电池相比有一个最大的不同点：锂离子蓄电池严禁过充电。在镉镍蓄电池应用中反而可以利用适当的过充电来均衡电池单体的电化学特性，以保证各电池单体电压偏差在允许的范围内。因此，必须结合锂离子蓄电池特性设计新的充电管理电路，锂离子蓄电池充电管理电路的关键点(与镉镍、氢镍蓄电池充电管理电路主要不同点)主要包括两方面：充电方式和均衡充电。

充电制度的选择决定于蓄电池组的类型，如镍镉电池组一般可选用 $V-T$ 控制及安时控制，镍氢电池组一般可选用用 $V-T$ 控制、安时控制及 $P-T$ 控制，锂离子蓄电池组一般可采用限流恒压和安时控制。

充电控制电路应根据蓄电池类型设计蓄电池组过充、过温、过放保护功能，采集蓄电池组电压、单体电压、电池组温度等参数，根据保护阈值，在各参数超出阈值时，启动保护电路，如切断充电回路，同时切断充放电回路等措施，保证蓄电池组在轨应用的安全。

5.5.2 蓄电池充电方式

1. 恒压充电法

充电电源的电压在全部充电时间里保持恒定的数值,随着蓄电池端电压的逐渐升高,电流逐渐减少。与恒流充电法相比,其充电过程更接近于最佳充电曲线。用恒定电压充电,如图5.5.1所示。由于充电初期蓄电池电动势较低,充电电流很大,随着充电的进行,电流将逐渐减少,因此,只需简易控制系统。

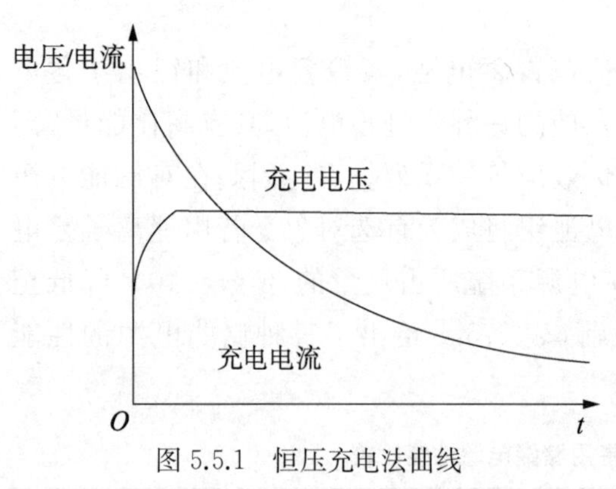

图5.5.1 恒压充电法曲线

2. 恒流充电法

恒流充电法是用调整充电装置输出电压或改变与蓄电池串联电阻,保持充电电流强度不变的充电方法,如图5.5.2所示。控制方法简单,但由于电池的可接受充电电流能力是随着充电过程的进行而逐渐下降的,到充电后期,充电电流多用于电解水,产生气体,使出气过甚。因此,常用于阶段充电法之一。

3. 阶段充电法

此方法包括二阶段充电法和三阶段充电法。

(1) 二阶段充电法是采用恒电流和恒电压相结合的充电方法,如图5.5.3所示。首先,以恒电流充电至预定的电压值,然后,改为恒电压完成剩余的充电。一般两阶段之间的转换电压就是第二阶段的恒电压。

(2) 三阶段充电法在充电开始和结束时采用恒电流充电,中间用恒电压充电。当电流衰减到预定值时,由第二阶段转换到第三阶段。这种方法可以将出气量减到最少,但作为一种快速充电方法使用,会受到一定的限制。

以上三种充电方法通常称为常规充电规则。

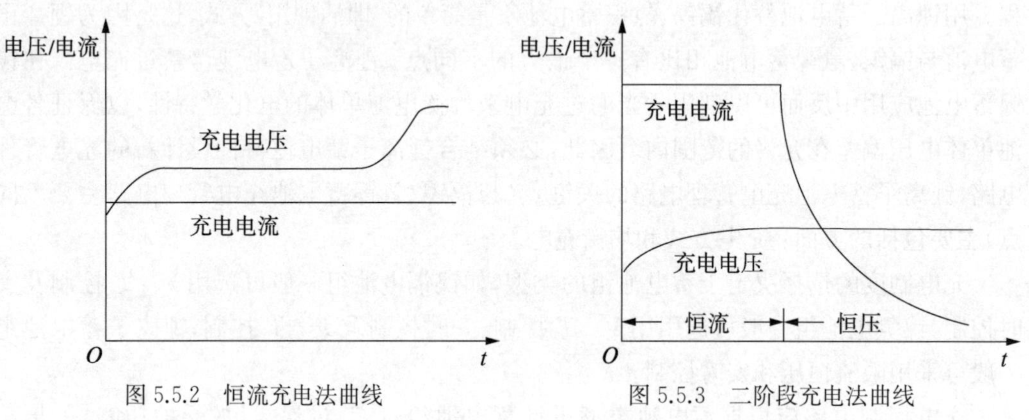

图5.5.2 恒流充电法曲线　　图5.5.3 二阶段充电法曲线

常规充电制度是依据1940年前国际公认的经验法则设计的。其中最著名的就是“安培小时规则”:充电电流安培数不应超过蓄电池待充电的安时数。实际上,常规充电的速度被蓄电池在充电过程中的温升和气体的产生所限制。这个现象对蓄电池充电所必需的最短时间具有重要意义。

4. 脉冲式充电法

这种充电法不仅遵循蓄电池固有的充电接受率，而且能够提高蓄电池充电接受率，从而打破了蓄电池指数充电接受曲线的限制，这也是蓄电池充电理论的新发展。

脉冲充电方式首先用脉冲电流对蓄电池充电，然后让蓄电池停充一段时间，如此循环，如图 5.5.4 所示。充电脉冲使蓄电池获得充电电量，而间歇期使蓄电池经化学反应产生的氧气和氢气有时间重新化合而被吸收掉，使浓差极化和欧姆极化自然而然地得到消除，从而减轻了蓄电池的内压，使下一轮的恒流充电能够更加顺利地进行，使蓄电池可以吸收更多的电量。间歇脉冲使蓄电池有较充分的反应时间，减少了析气量，提高了蓄电池的充电电流接受率。

5. ReflexTM 快速充电法

这种技术是美国的一项专利技术，它主要面对的充电对象是镉镍蓄电池。由于它采用了新型的充电方法，解决了镉镍蓄电池的记忆效应，因此，大大降低了蓄电池的快速充电的时间，如图 5.5.5 所示。

ReflexTM 充电法的一个工作周期包括正向充电脉冲(t_1)、反向瞬间放电脉冲(t_2)、停充维持(t_0)3 个阶段。

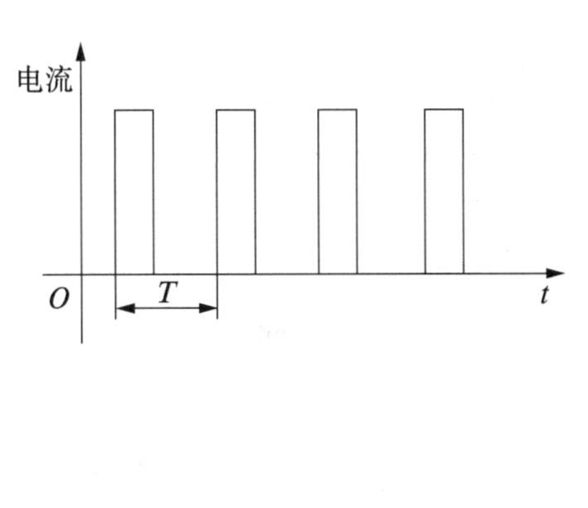

图 5.5.4　脉冲式充电曲线

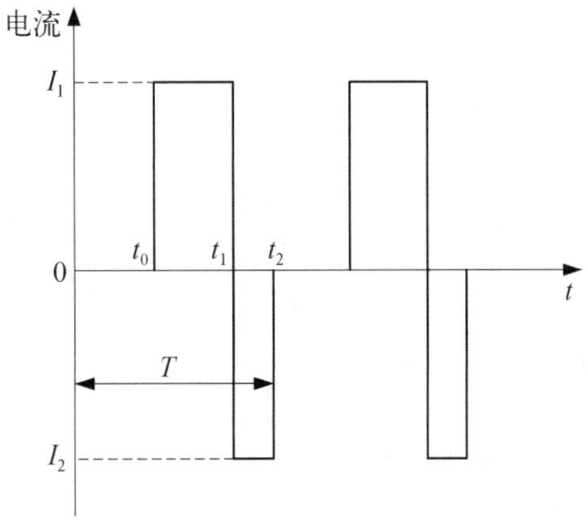

图 5.5.5　ReflexTM 快速充电曲线

6. 变电流间歇充电法

这种充电方法建立在恒流充电和脉冲充电的基础上，如图 5.5.6 所示。其特点是将恒流充电段改为限压变电流间歇充电段。充电前期的各段采用变电流间歇充电的方法，保证加大充电电流，获得绝大部分充电量。充电后期采用定电压充电段，获得过充电量，将蓄电池恢复至完全充电态。通过间歇停充，使蓄电池经化学反应产生的氧气和氢气有时间重新化合而被吸收掉，使浓差极化和欧姆极化自然而然地得到消除，从而减轻了蓄电池的内压，使下一轮的恒流充电能够更加顺利地进行，使蓄电池可以吸收更多的电量。

7. 变电压间歇充电法

在变电流间歇充电法的基础上又有人提出了变电压间歇充电法，如图 5.5.7 所示。与变电流间歇充电方法不同之处在于第一阶段的不是间歇恒流，而是间歇恒压。

图 5.5.7 是更加符合最佳充电的充电曲线。在每个恒电压充电阶段，由于是恒压充

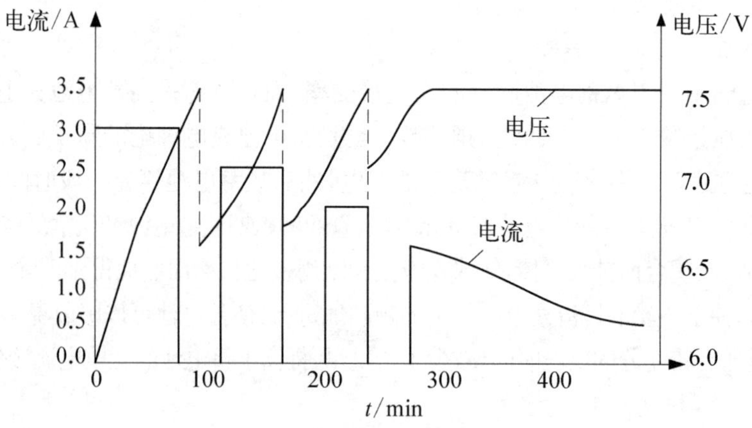

图 5.5.6 变电流间歇充电曲线

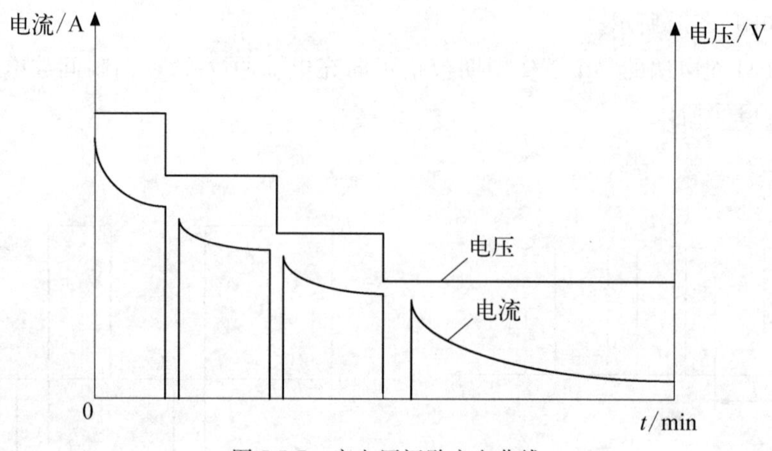

图 5.5.7 变电压间歇充电曲线

电,充电电流自然按照指数规律下降,符合蓄电池电流可接受率随着充电的进行逐步下降的特点。

8. 变电压变电流波浪式间歇正负零脉冲快速充电法

综合脉冲充电法、ReflexTM 快速充电法、变电流间歇充电法及变电压间歇充电法的优点,变电压变电流波浪式正负零脉冲间歇快速充电法得到发展应用。脉冲充电法充电电路的控制一般有两种。

(1) 脉冲电流的幅值可变,而 PWM(驱动充放电开关管)信号的频率是固定的。

(2) 脉冲电流幅值固定不变,PWM 信号的频率可调。

图 5.5.8 采用了一种不同于这两者的控制模式,脉冲电流幅值和 PWM 信号的频率均固定,PWM 占空比可调,在此基础上加入间歇停充阶段,能够在较短的时间内充进更多的电量,提高蓄电池的充电接受能力。

以上是目前比较流行的几种快速充电方法,通常称为快速充电技术。

为了能够最大限度地加快蓄电池的化学反应速度,缩短蓄电池达到满充状态的时间,同时保证蓄电池正负极板的极化现象尽量地少或轻,提高蓄电池使用效率,使快速充电技

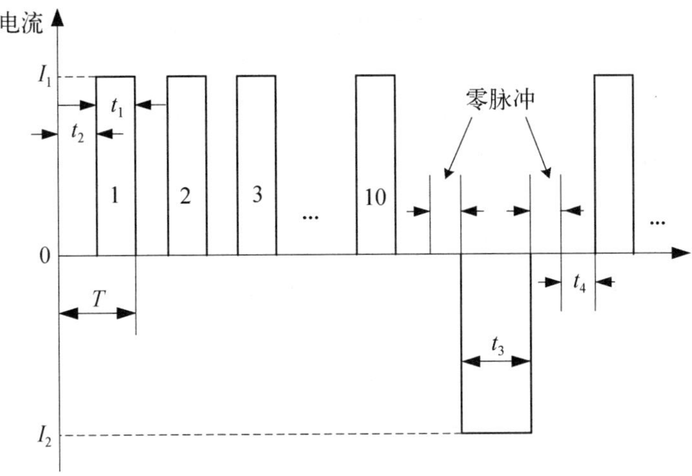

图 5.5.8　波浪式间歇正负零脉冲快速充电曲线

术近年来得到了迅速发展。

这些方法都是围绕着最佳充电曲线进行设计的，目的就是使其充电曲线尽可能地逼近最佳充电曲线。空间电源考虑长寿命应用，目前普遍采用的还是阶段充电法。

5.5.3　充电拓扑方式选择

充电控制电路是太阳电池阵—蓄电池组型空间飞行器电源系统的重要组成部分，充电电路的拓扑取决于电源分系统的拓扑及蓄电池组的类型，全调节母线的几种充电电路拓扑构型如下。

1. 分阵式充电拓扑

如图 5.5.9 所示，太阳电池阵分为两部分，分为充电阵及供电阵，由于方阵特性类似恒

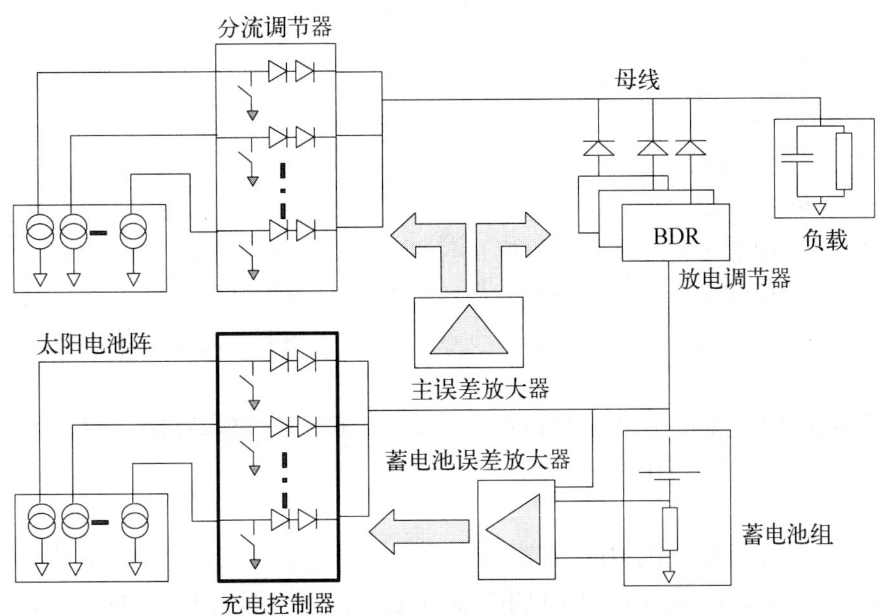

图 5.5.9　分阵式充电调节拓扑

流源,充电电流大小取决于方阵并联数,充电电流的大小受蓄电池组产生的误差放大信号控制,充电功率电路一般情况下可选择的电路形式如下。

(1) PWM型的充电分流电路,根据蓄电池误差放大器的信号,对分流管进行PWM调制,实现充电电流的连续变化,控制电路复杂,开关管损耗较大。

(2) ON/OFF型的充电分流电路,根据蓄电池误差放大器的信号,对分流管进行ON/OFF控制,实现充电电流的阶梯变化,阶梯挡数取决于具体的充电要求,挡数越多,电流调节越细,电路相对复杂;挡数少,电流变化较大,控制电路简单,开关管损耗较小。

2. S^3R 充电拓扑

统一方阵拓扑主要特点是太阳电池阵的充电功率和供电功率统一设计,对 S^3R 型系统拓扑而言,S^3R 型拓扑的充电功率取自母线,如图5.5.10所示,充电拓扑的选择根据蓄电池组的电压与母线电压的高低可以选择为升压型或降压型。

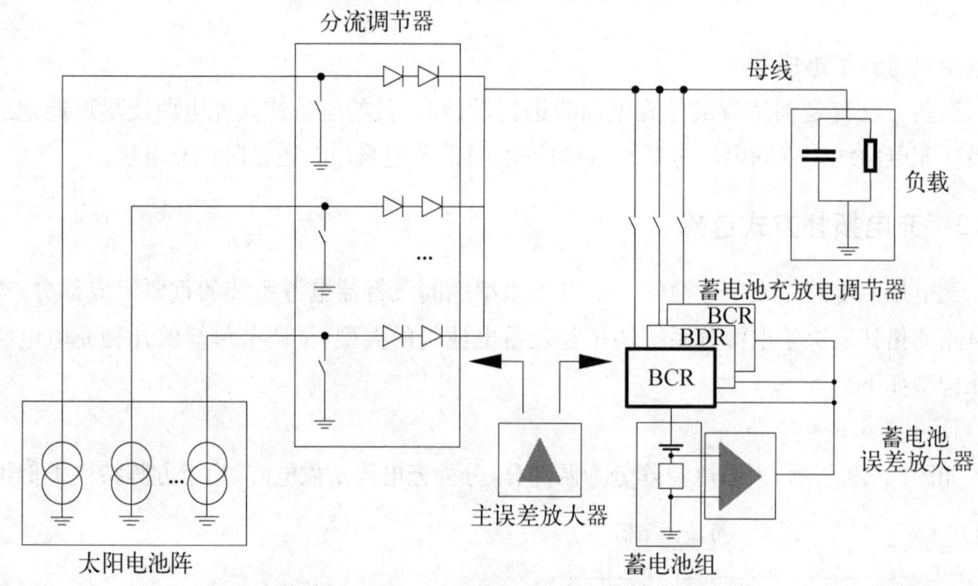

图5.5.10　S^3R 系统的充电拓扑

BCR充电电路针对锂离子蓄电池组充电,充电电流来自母线,所以需要控制回路具有恒流、恒压和保持母线电压三种工作模式。当太阳电池阵输出电流大于或等于负载电流和充电电流恒流点之和时,电路为恒流充电控制模式;当太阳电池阵输出电流小于负载电流和充电电流限流点之和时,此时母线电压由BCR电路控制稳定,充电电流适应母线需求自动减少;当蓄电池充电至设置的恒压点时,电路控制蓄电池恒压充电,充电电流逐渐减小。

为提高电源系统效率,一般所选拓扑均为非隔离式。如升压型拓扑有并联boost、推挽、weinberg等,降压型拓扑有buck及superbuck等。

3. S^4R 充电拓扑

S^4R 型拓扑充电分流拓扑如图5.5.11所示,太阳电池阵的每一个子阵或部分子阵同时具有充电和供电的功能,子阵处于供电还是充电,取决于母线电压产生的误差放大信号(MEA)和蓄电池组产生的误差放大信号(BEA)共同作用的结果,一般的MEA信号控制权优于 BEA 控制，子阵工作状态应该是唯一确定的，处于供电或分流或充电状态，不应处于两种以上的状态。

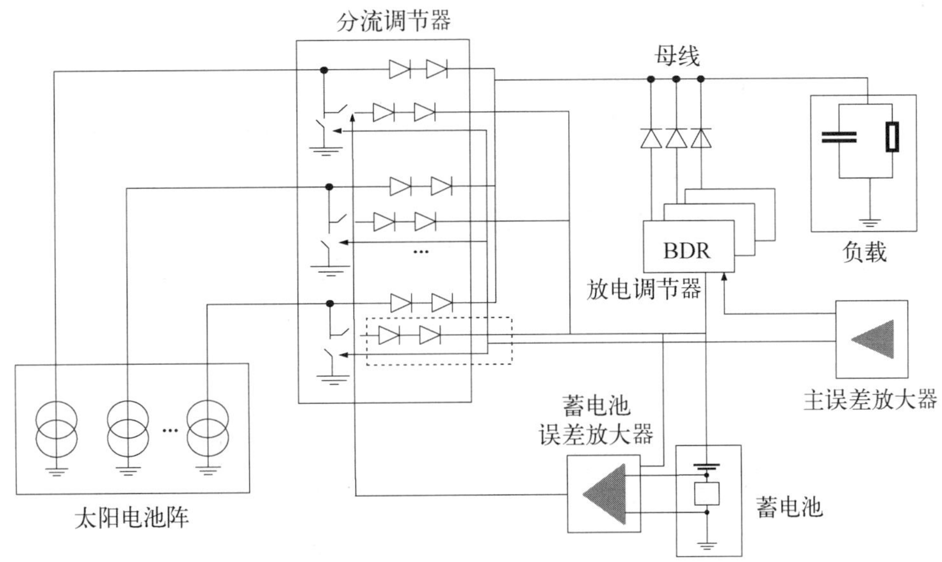

图 5.5.11　S^4R 结构中的充电电路

5.5.4　充电电路设计原则

根据系统轨道条件、最长阴影与最短光照时间、最大阴影放电功率等条件，确定最小充电电流，以保证系统的充电能力。根据阴影期的功率得出的放电电量、最大阴影时间和最小光照时间，计算得出最小充电电流。而后在确定每路充电电流的情况下，确定充电的路数，再考虑冗余设计，最后得出最终充电能力。

充电电路设计一般需要考虑如下原则。

(1) 充电电路的设计应保证电池及母线的安全，充电电路故障情况下应不引起母线或电池的短路。

(2) 蓄电池组的充电控制应采用自主控制为主，多种控制手段互为备份的冗余方式。

(3) 各种控制方式及控制阈值的选择应经过充分论证和试验验证，避免多种控制方式竞争。

(4) 蓄电池组充电控制的遥控备份控制，包括对自控方式选择的要求，对控制阈值的遥控，当出现镍镉电池过温、镍氢电池过温及压力超限，锂离子蓄电池组过电压、过温、过放等异常时，或航天器有改变蓄电池自主充电策略的需求，应能利用遥控指令对蓄电池充电控制修改。

(5) 条件允许时，(一般为高轨航天器)应使两组蓄电池能够交叉充电。

5.5.5　充电电路举例

1. 分阵式充电控制电路设计

分阵式充电控制器根据充电路数设计相应的充电电路，每路充电电路分别与一路太阳电池阵相连,每个太阳阵在对蓄电池母线负载供电的同时又可以对储能电源进行充电,只有在蓄电池组充电任务完成后,多余的太阳翼功率才会被分流掉。具体电路如图5.5.12所示。

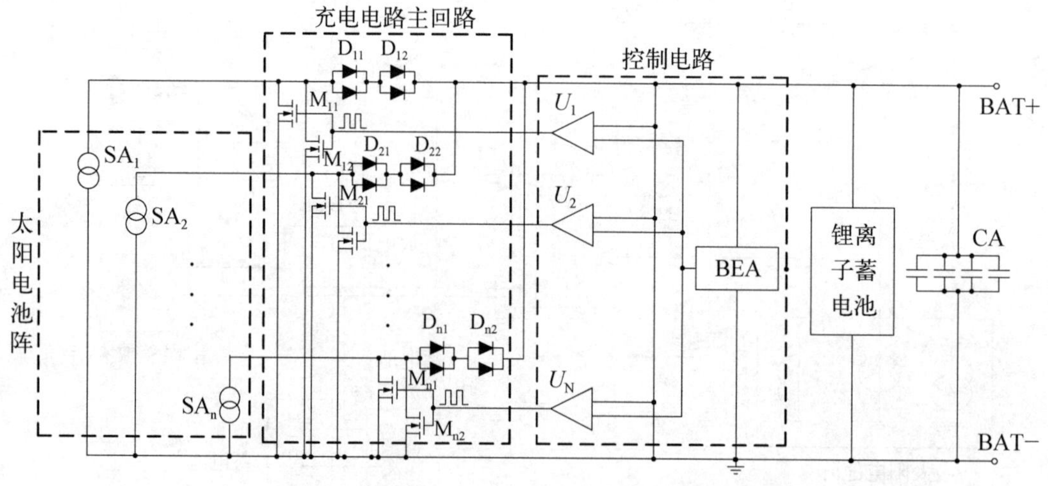

图5.5.12 充电阵充电电路原理图

充电分流电路采用 N 级分流方式,每级分流能力不小于6 A,N 级全部分流的情况下,可将与之相连的太阳电池阵输出功率全部分流,停止充电。1到 N 级充电分流电路每级设置大小不同的调制电压,从大到小分别为 U_1、U_2、U_3、U_N($29\ \text{V}>U_1>U_2>U_3>U_N>30\ \text{V}$)。

2. S^3R BCC型充电电路

S^3R 电路中充电调节电路功率拓扑采用superbuck拓扑,充电功率取自母线,当太阳电池阵输出电流大于或等于负载电流和充电电流恒流点之和时,充电电流按照设定的恒流对蓄电池进行充电;当太阳电池阵输出电流小于负载电流和充电电流限流点之和,不能保证按设置的倍率对蓄电池充电时,通过MEA控制电路使得充电电流自动减少,以优先满足负载功率需求,此时BCR处于母线跟随状态,母线电压由BCR调节。

采用superbuck降压拓扑充电功率电路拓扑如图5.5.13所示。

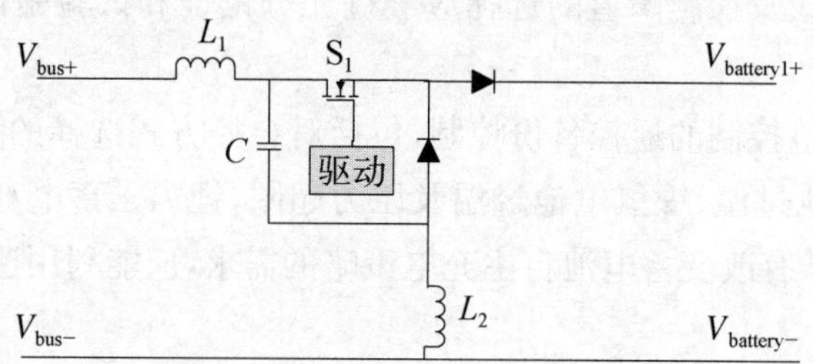

图5.5.13 superbuck降压拓扑结构图

当开关管 S_1 导通,电容 C 端电压 V_1 被钳为于蓄电池组电压 V_{bat},根据电容两端电压不能突变的原理,为了维持电容 C 两端电压不变,电容 C 端电压 $V_2=V_{bus}-V_{battery}$。电容 C 通过开关管 S_1 向负载放电,蓄电池给电感 L_1 储能,并供给母线,电容 C_1 放电,并给

电感 L_2 储能。

电路模型简化如图 5.5.14 所示，当母线对蓄电池充电时，电路为 buck 降压工作模式，能量由 A 传送到 B，MOS 管 S_1 与二极管 S_2 工作，在稳态下，电感 L_1 与 L_2 是没有直流分量的，因此电容 C 两端的平均电压 $\overline{V}_c$ 等于母线电压 V_{bus}，即 $V_1 - V_2 = V_{bus}$。电路工作如图 5.5.14(a)所示。

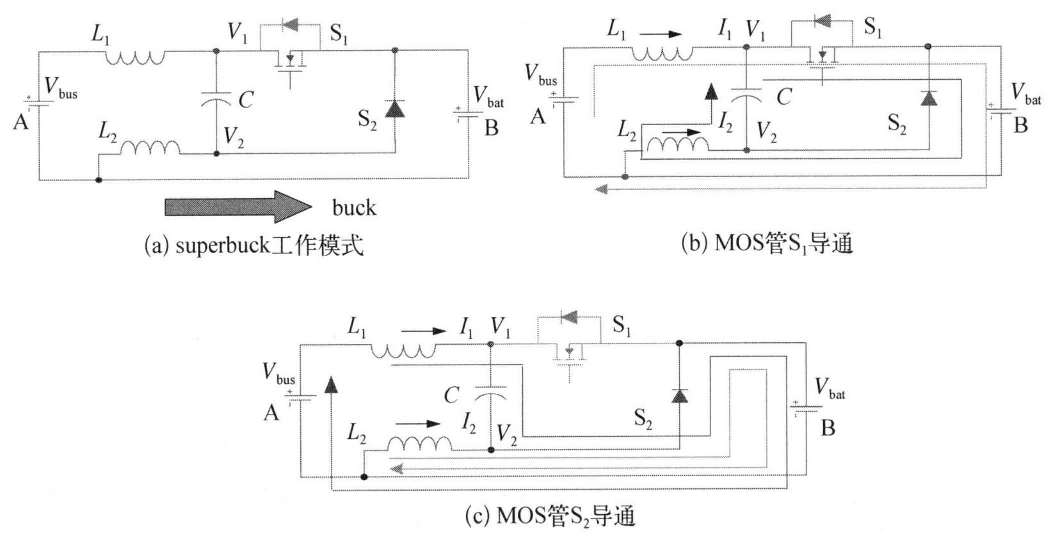

图 5.5.14　superbuck 电路工作原理图

当开关管 S_1 导通，电路工作如图 5.5.14(b)所示，电容 C 端电压 V_1 被钳为于蓄电池组电压 V_{bat}，根据电容两端电压不能突变的原理，为了维持电容 C 两端电压不变，电容 C 端电压 $V_2 = V_{bat} - V_{bus}$。电容 C 通过开关管 S_1 向负载放电，放电电流 I_2，同时母线通过电感 L_1 和开关管 S_1 向蓄电池提供电流 I_1。因电流 I_1 和 I_2 分别流过电感 L_1 和 L_2 所以电流 I_1 和 I_2 线性上升，其关系见式(5.5.1)、式(5.5.2)：

$$\frac{\mathrm{d}I_1}{\mathrm{d}t} = \frac{V_{bus} - V_{bat}}{L_1} \tag{5.5.1}$$

$$\frac{\mathrm{d}I_2}{\mathrm{d}t} = \frac{V_{bat} - V_{bus}}{L_2} \tag{5.5.2}$$

式中，$\mathrm{d}t$ 为开关管 S_1 导通时间。

当开关管 S_1 关断，S_2 正向导通时，由于电感电流连续，此时电流通过二极管 S_2 流通，电路工作如图 5.5.14(c)所示。电流 I_1 流过电感 L_1，电容 C 和功率二极管 S_2，在给蓄电池充电的同时对电容 C 进行充电从而补充电容 C 在开关管 S_1 导通时所释放的能量。电流 I_2 流过电感 L_2，二极管 S_2，给蓄电池充电。由于电容 C 两端的电压不能突变，当开关管 S_1 断开，S_2 导通时电容 C 的端电压 V_2 被钳位于 V_{bat}，根据前面的分析可知为了维持电容 C 两端电压不变，电容 C 端电压 $V_1 = V_{bat} + V_{bus}$。因为是电感续流电流，所以电流 I_1 和电流 I_2 线性下降。关系见式(5.5.3)、式(5.5.4)：

$$\frac{\mathrm{d}I_1}{\mathrm{d}t}=\frac{V_{\mathrm{bat}}}{L_1} \tag{5.5.3}$$

$$\frac{\mathrm{d}I_2}{\mathrm{d}t}=\frac{V_{\mathrm{bat}}}{L_2} \tag{5.5.4}$$

式中,$\mathrm{d}t$ 为开关管 S_1 关断,二极管正向 S_2 导通时间。

若取电感 $L_1=L_2$,则整个工作周期中电感 L_1 和 L_2 的电流波形如图 5.5.15 所示,其中,t_{on}为开关管 S_1 导通时间;t_{off}为开关管 S_1 关断时间。

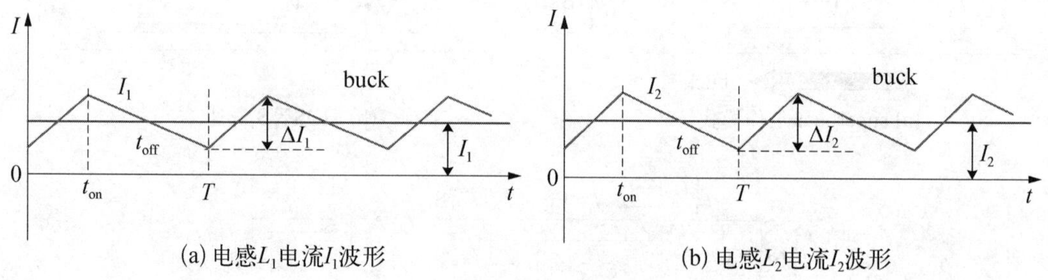

(a) 电感L_1电流I_1波形　(b) 电感L_2电流I_2波形

图 5.5.15　superbuck 电路电流波形

为了防止磁性元件饱和,在每个工作周期电感的平均电压必须为零(伏秒平衡),因此可得到式(5.5.5):

$$\frac{V_{\mathrm{bus}}}{V_{\mathrm{bat}}}=D \tag{5.5.5}$$

式中,$D=\dfrac{t_{\mathrm{on}}}{T}$。

superbuck 电路针对蓄电池组充电,充电电流来自母线,所以需要控制回路具有恒流、恒压和保持母线电压三种工作模式,控制电路具体如图 5.5.16 所示。当太阳电池阵输出电流大于或等于负载电流和充电电流恒流点之和时,电路为恒流充电控制模式,稳压环和

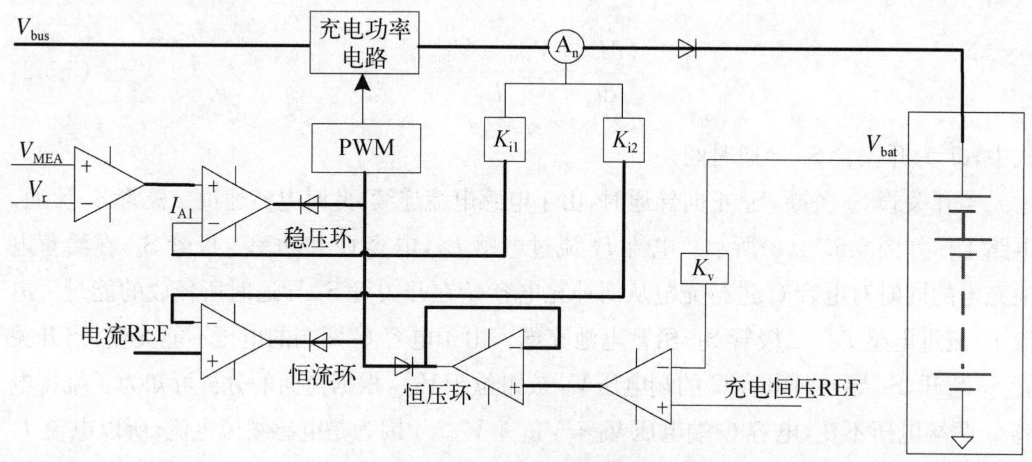

图 5.5.16　BCC 控制环路设计

恒压环处于饱和状态；当太阳电池阵输出电流小于负载电流和充电电流限流点之和时，此时稳压环工作，母线电压由 superbuck 电路控制稳定，充电电流适应母线需求自动减少；当蓄电池充电至设置的恒压点时，恒压环作用，其余两个环饱和，电路控制蓄电池恒压充电，充电电流逐渐减小。

3. S^4R 充电分流控制

对于 S^4R 充电分流电路的拓扑结构，如图 5.5.17 所示，太阳阵输出的能量经过二极管 D_1、D_2 直接传递到一次电源母线上，二极管前有两个功率管 M_1、M_2，作为分流调节器的分流管使用；M_3、M_4 作为控制储能电源充电的充电开关，太阳阵输出能量经过二极管 D_1、M_3 和 M_4 为蓄电池组充电；M_1、M_2 的驱动电平分别是 G_1、G_2，驱动电路的参考电位来自母线的基准电平，控制信号来自母线；M_3、M_4 的驱动电平是 G_3，驱动电路的参考电位来自蓄电池组的充电参考电平，控制信号来自蓄电池组电压。

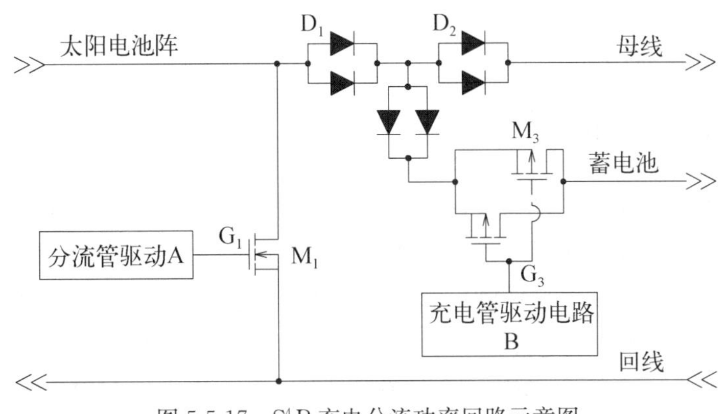

图 5.5.17　S^4R 充电分流功率回路示意图

根据 S^4R 控制逻辑需求，电路应根据系统母线负载的用电需求，在满足母线负载稳定供电的同时把太阳电池阵的富余功率给蓄电池组充电，多余能量分流，它按系统的控制需求完成充电调节和分流调节。在充电分流控制逻辑电路设计中融入了充电和分流控制调节的制约控制技术，避免了充电和分流功率管工作时相互干涉现象，保证母线输出电压的稳定，同时充电控制电路对蓄电池组充电实施控制管理。

表 5.5.2 给出了充电分流控制的逻辑关系。

表 5.5.2　充电分流逻辑关系

信　号 工　况	MEA	BEA	分流管驱动 A	充电管驱动 B
太阳阵功率富裕	1	1	0	1
	1	0	1	0
太阳阵功率匮乏	0	1	0	0
	0	0	0	0

由表 5.5.2 可以得出式(5.5.6)及式(5.5.7)：

$$A = \overline{BEA} \cdot MEA \tag{5.5.6}$$

$$B = MEA \cdot BEA \tag{5.5.7}$$

根据逻辑关系,利用非门、与非门及与门构建控制逻辑电路如图5.5.18所示。

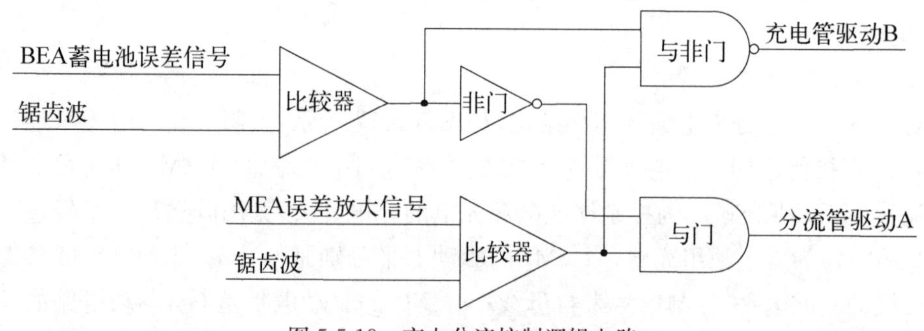

图5.5.18 充电分流控制逻辑电路

5.6 放电调节电路

5.6.1 放电调节电路概述

由于航天器电源系统的功率不断增大产生对高性能蓄电池放电调节器的需求,同时也依托着开关稳压电源及其所使用的元器件性能的飞速发展,近些年来航天器电源系统蓄电池组放电调节器的技术水平也有了飞速的进步。这主要体现在下述几个方面:

(1) 在许多新一代航天电源系统中所使用的放电调节器体积愈来愈小,质量愈来愈轻。缩小放电调节器体积、减少放电调节器质量的关键是提高放电调节器的工作频率,而提高放电调节器工作频率的基础是开关调节器的专用元器件。新型高频开关功率场效应管(如VMOS管)、续流二极管、滤波电容和磁性材料的出现为提高开关调节器的工作频率、缩小放电调节器的体积、减小放电调节器的质量起到了极大的推进作用。

(2) 放电调节器的效率越来越高。目前,效率高达95%的放电调节器已经在航天器电源系统中得到了广泛的使用。新研制的采用串联升压模式的升压调节器效率则高达98%。

(3) 放电调节器的模块化、组件化设计取得了实质性的进展,单个组件的输出功率越来越大,组件的性能越来越完善。组件一般有自备的辅助电源,具有对输入电源(蓄电池组)过流、欠压和输出过电流等保护措施。

5.6.2 放电调节拓扑

为满足不同结构电源系统的需要,常用的空间电源升压拓扑主要有交错并联boost、Weinberg、叠加式推挽和全桥等4种常见电路,要恰当选择拓扑,熟悉各种不同拓扑的优缺点及应用范围,错误的选择会给后续的加工制造带来很大的麻烦。

1) 交错并联boost拓扑

boost升压调节电路是最经典的升压调节电路,在MOS管开通时,蓄电池给电感储能,MOS管关断时,电感给输出电容充电并提供母线能源,电感储能期间母线由输出滤波电容提供能源。

交错并联 boost 放电调节模块拓扑原理如图 5.6.1 所示。为防止功率 MOS 管短路使蓄电池组发生短路失效，在 MOS 管 Q_1 和 Q_2 上端串接限流保险丝 F_1 和 F_2。

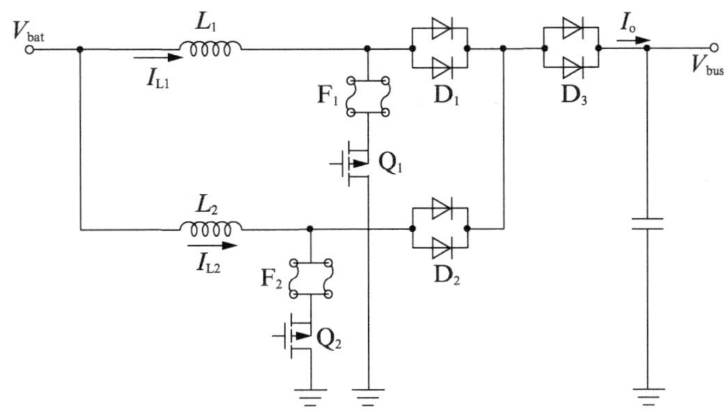

图 5.6.1　交错并联 BOOST 放电电路

上图中电感 L_1 和 L_2 相同，功率管 Q_1 和 Q_2 交错工作，驱动波形相位相差 180°，其驱动和电流的理想波形如图 5.6.2 所示。

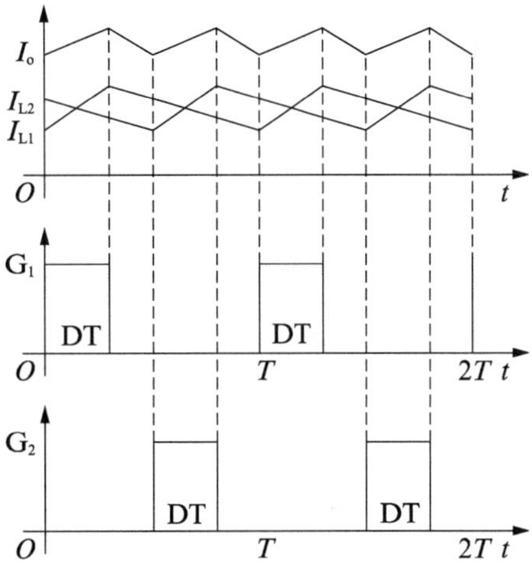

图 5.6.2　驱动和电流波形

该拓扑具有以下优点。

（1）比功率高，交错并联 boost 电路功率管的开关频率是实际输出频率的一半，从而减小开关损耗，提高了比功率，减小放电电路的体积和质量。

（2）输出电流纹波小。

（3）系统可靠性高，当其中一个功率管损坏后交错并联 boost 放电电路成为普通的 boost 放电电路，不影响蓄电池组放电，提高了系统可靠性。

2）叠加推挽拓扑

叠加推挽放电调节电路如图 5.6.3 所示，能量传递分为两部分，其一为蓄电池组直接通过变压器次级线圈经功率二极管输出到母线负载端；其二为可控电源部分，它通过调节变压器初级线圈对地功率开关管的通断，将能量通过变压器传递到变压器次级线圈输出

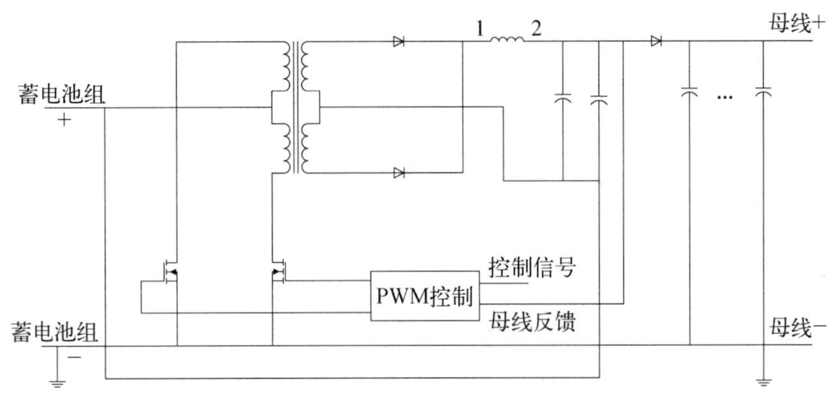

图 5.6.3　叠加推挽拓扑

端,叠加到蓄电池组正端上经功率二极管输出到母线负载端。电路是通过调节可控电源的输出电压来保证蓄电池组电压与可控电源电压叠加之和稳定,从而保证输出母线的稳定。

3）Weinberg boost 拓扑

Weinberg boost 拓扑结构框图如图 5.6.4 所示。图中,电感 L_1 和 L_2 线圈匝比为 1∶2,变压器 T 线圈 1 和 2 匝数相同。功率管 Q_1、Q_2 交错工作。

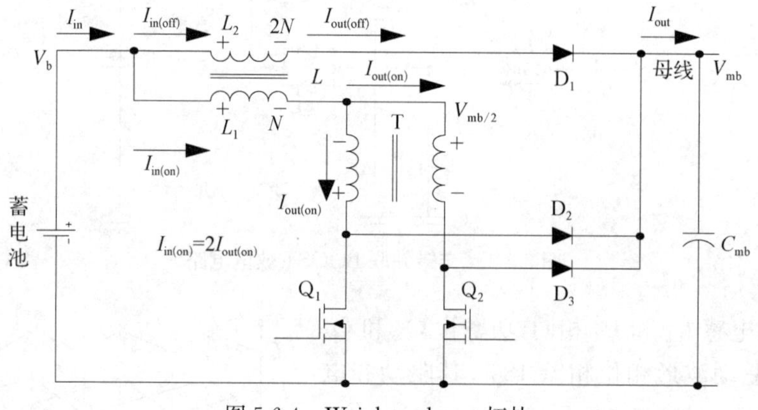

图 5.6.4　Weinberg boost 拓扑

Q_1 导通 Q_2 关断时,变压器通过 D_3 输出电流供给母线,Q_1 关断 Q_2 导通时,变压器通过 D_2 输出电流供给母线,Q_1 关断 Q_2 关断时电感 L_2 的 2N 边输出电流供给母线,使母线电流一直处于连续状态。该拓扑的特点是感性器件工作频率提高至开关管工作频率的两倍,减小了磁性元器件的体积以及输出电流纹波。Weinberg 变换器工作主要波形如图 5.6.5 所示。

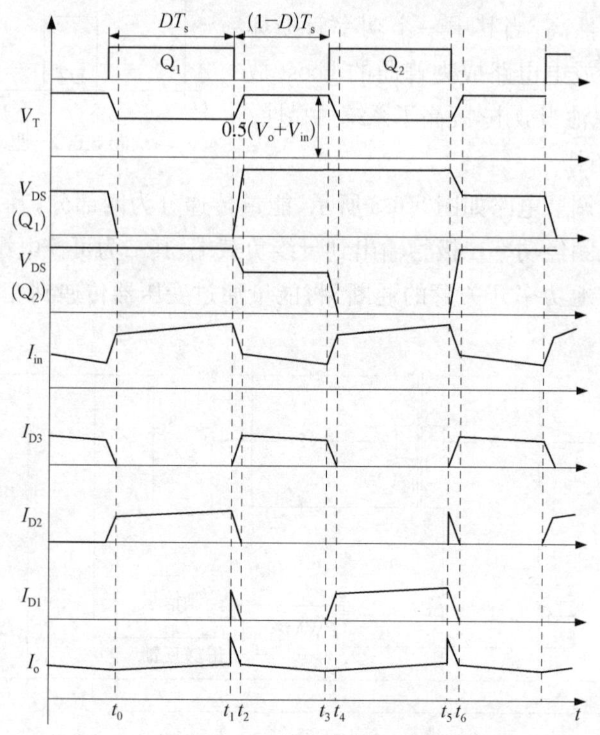

图 5.6.5　Weinberg 变换器工作主要波形图

4）移相全桥软开关拓扑

移相全桥软开关拓扑如图 5.6.6 所示，采用移相 ZVZCSPWM 控制，即超前臂开关管实现 ZVS，滞后臂开关管实现 ZCS。当开关管 Q_1 和 Q_4 或 Q_1 和 Q_3 同时导通时，主变压器原边向复边提供能量。通过移相控制，在关断 Q_4 时候经过一定的延时再关断 Q_1，同时由于 C_1 电容电压不能突变的原理，实现 Q_1 的零电压关断。同样，由于电感 L_T 的作用，Q_1 关断后，C_2 通过电感放电，C_2 电压降到 0 V 的时候，Q_2 自然导通，实现 Q_2 的零电压开通，各点关键波形如图 5.6.7 所示。

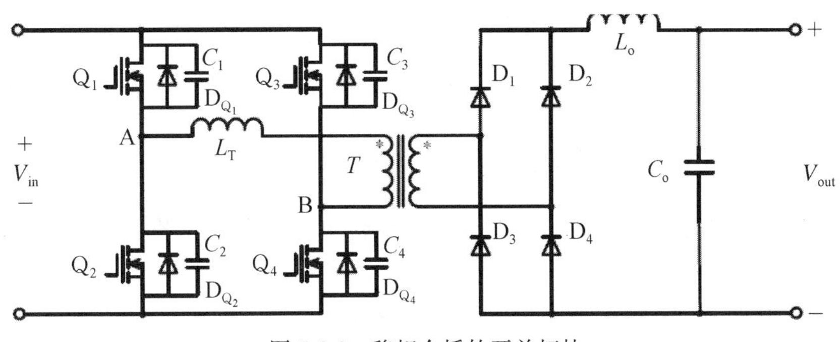

图 5.6.6　移相全桥软开关拓扑

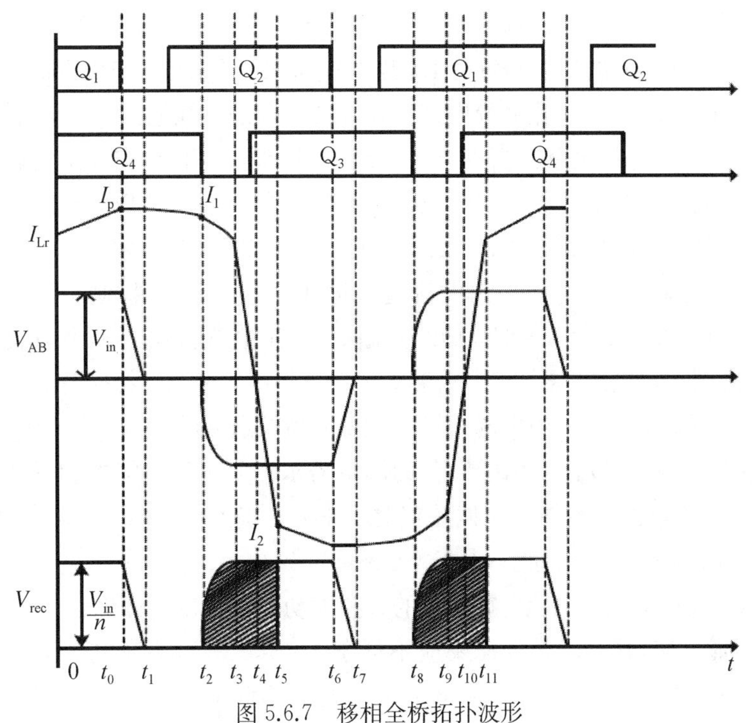

图 5.6.7　移相全桥拓扑波形

上述四种典型的放电电路，在现有的空间飞行器中，都有相关的应用基础和经验，表 5.6.1 是四种放电电路的对比分析。

表5.6.1　四种电路对比分析

放电电路方案	功率器件数量(每路)		磁性元器件数量		电路效率	特　点
boost 交错并联	N-MOS管	2	电感	2	较低	相对于boost可节省硬件,具有同步功能,仅用于3 A以下电路
	功率二极管	2	变压器	0		
Weinberg boost	N-MOS管	2	电感	1	较高	全功率变换,安全性最高,输入输出电流连续,EMC好,重量体积略大
	功率二极管	3	变压器	1		
推挽叠加电路	N-MOS管	2	电感	1	较高	效率高,功率密度高,但输入电流不连续,EMC难处理
	功率二极管	2	变压器	1		
移相全桥软开关	N-MOS管	4	电感	2	较高	效率高,功率密度高,EMC特性最好
	功率二极管	4	变压器	1		

5.6.3　放电电路设计流程及原则

根据应用场合的不同、应用功率的不同、高压输出还是低压输出以及可靠性和成本综合去选择拓扑。

放电调节电路设计要求一般包括以下几部分内容。

(1) 输入电压范围。

(2) 输出电压范围及纹波要求。

(3) 最大输出功率及效率要求。

(4) 均流设计要求:多组并联技术中,核心的技术是并联均流技术。不同的模块均衡提供输出,并工作在相同的功率和负荷下,提高单模块的可靠性和使用寿命。

(5) 输出过压保护:为防止系统电路工作异常引起的母线电压抬升损坏用电设备,在控制设备中加入过压保护电路。当母线电压超过设定电压值时,在放电电路控制中加入关断信号,使得放电电路不升压。同时,加入使能和复位信号,可以有选择地打开。过压电压值的选取根据母线电压的范围以及总体任务书的指标合理选定。

(6) 输出过流保护:为防止输出电流过大损坏放电电路,在控制中引入电流采样信号。当采样电流超过设定参考值时,输出电流保持设定值,达到电流保护功能。过流电流数值的确定,必须涵盖最低电压、最大功率等最恶劣情况,同时留够一定的裕度。

(7) 母线电压瞬态特性:当电源切换或大功率负载通断的瞬间,在电源母线上产生的瞬态电压变化应足够小,以符合用电设备的用电需求。完善瞬态特性的具体要求负载瞬态特性:阶跃负载变化时,母线电压偏差相对于中心点应小于5%V_{PP},同时超过3.5%时间不大于400 μs,超过3.5%时间不大于4.5 ms。

(8) 提供浪涌电流的能力:当航天器的某些大功率用电设备开机时,要求电源母线能提供足够的浪涌电流,其电流跳变速率应不低于1×10^6 A/s,浪涌电流宽度一般不小于2 ms,在此浪涌电流作用下引起的母线电压瞬变特性不低于第(7)条的要求。

(9) 在进出地影时电源母线电压跃变速率的要求:在光照期和地影期,电源母线电压是不同的。航天器在进出地影的瞬间,电源母线电压均会出现跃变。航天器对此跃变速率进行限制,一般不大于3.5 V/ms。

(10) 稳定性要求：额定工作点时，放电调节电路的小信号相位裕度一般应大于 45°，增益裕度一般应大于 10 dB。

5.6.4　放电保护电路

放电调节电路一般设置了输入过流、欠压、输出限流和过压保护功能，具体如图 5.6.8 所示。设置过流保护电路以保护调节电路不受大电流的冲击，过流开关使用导通电阻比较小的 VMOS 管 Q_3、Q_4，同时可以通过遥控指令对 BDR 电路进行开关。当单路 BDR 的 PWM 产生故障时，功率管的通断不受正常逻辑的控制，该路 BDR 有可能会过压。由于整个电路受控于统一 MEA 信号，当 BDR 因故障过压时，MEA 会关闭其他正常的 BDR，使得所有功率由放生故障的 BDR 输出，这样容易造成故障的扩大。因此，过压保护电路以 MEA 信号和自身的 PWM 作为判别条件，当 BDR 出现过压时，过压保护电路能够快速反应，将该路 BDR 切除。

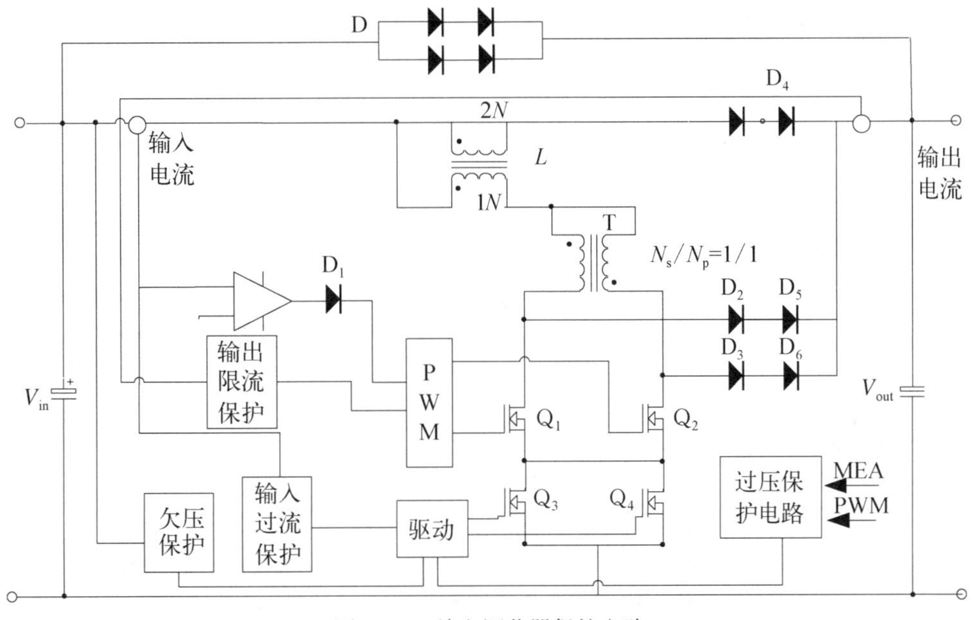

图 5.6.8　放电调节器保护电路

5.6.5　控制电路设计

控制方式首推选用电流环电压环双环控制，多阶系统通过电流环进行降阶。如选用 boost、boost 交错并联和 buck 需考虑到选择该结构主要是小功率和小体积，可考虑使用电压环单环控制，要大幅降低带宽。电压环控制原理和电流环控制原理如图 5.6.9 所示。

电流环可采用平均电流和峰值电流，峰值电流精度高，可以设计更高带宽，但是采样较为复杂。如果对带宽设计要求不是很高(如单路带宽在 400 Hz 以内)，可采用平均电流控制，如果对带宽设计要求高，需采用峰值电流控制。

电流采样有电阻采样、互感器和霍尔传感器采样三种。

(1) 霍尔传感器采样考虑到线性度、零点漂移和稳定性等问题在控制电路里不推荐采用。

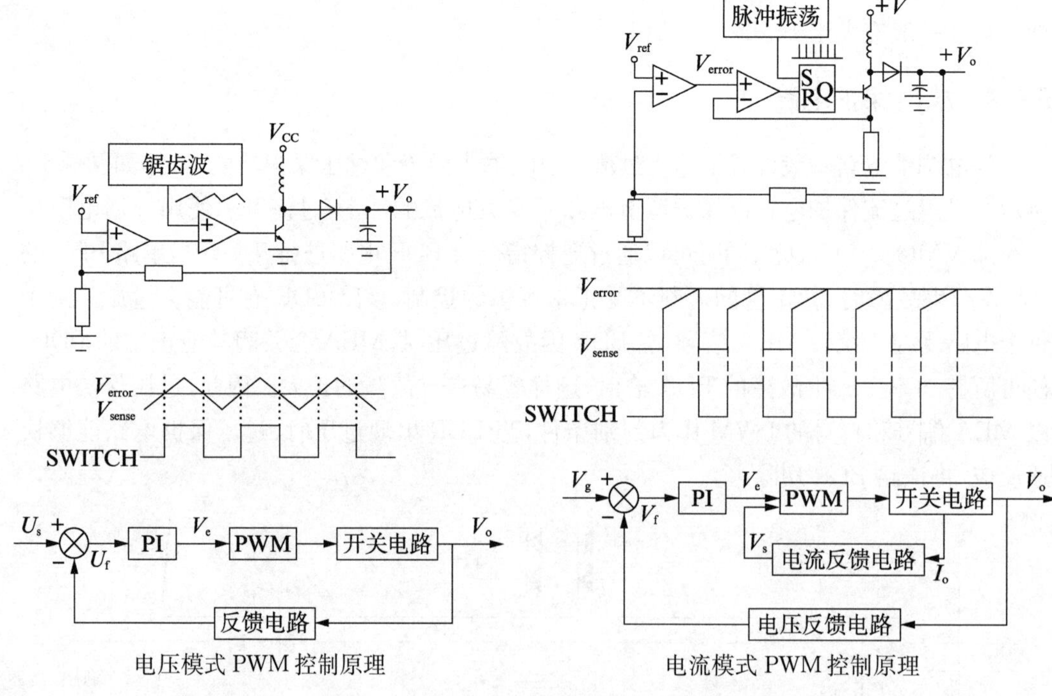

电压模式 PWM 控制原理

电流模式 PWM 控制原理

图 5.6.9　电压及电流模式 PWM 控制原理

(2) 电阻采样结构简单,但是容易引入噪声,控制电路带宽不是很高时可以采用。

(3) 互感器采样纹波电流精度高,但是控制相对复杂,Weinberg 由于有偏磁现象必须采样。如果控制电路带宽要求高也需采用电阻采直流,互感器采交流的控制方式。

一般带宽(400 Hz 以内)采样,电阻采样电流用于控制电路。

5.6.6　元器件应力设计

(1) 导线或印制板导线电流降额取 0.5 以下。

(2) MOS 管和二极管电流、电压、结温降额取一级降额,尤其要注意尖峰电压降额。

(3) 电感导线电流降额取 0.5,电感量降额取 0.3～0.5,磁通饱和降额取 0.5 以下。

(4) 变压器电流降额取 0.5,磁通饱和降额取 0.4 以下。

电感和变压器的降额在任何情况下不推荐超过上述的值,因为其降额除了可靠性考虑还有安全性考虑。

5.6.7　放电调节电路设计举例

蓄电池放电调节器是全调节母线电源系统中的重要组成部分,起着在地影期稳定母线输出电压的作用。因此,蓄电池放电调节器的效率高低直接关系到蓄电池的使用寿命,下面将就高效、高频、低纹波放电调节器的设计和试验进行介绍。

1) UC3846 简介

基于电流模式 PWM 控制方式的优点,在设计蓄电池放电调节器的过程中,选择了电流型 PWM 控制芯片 UC3846,作为电路系统中的核心器件,UC3846 的主要特点如下。

(1) 自动反馈补偿。

(2) 可编程逐脉冲电流限制。

(3) 在推拉式配置下，输出脉冲自动对称校正。

(4) 增强的负载响应特性。

(5) 模块化的电源系统中的并行操作的能力。

(6) 宽范围的差分电流检测放大器。

(7) 500 mA(峰值)图腾柱输出。

(8) ±1%精度的参考电压源。

(9) 欠压锁定功能。

(10) 具有软启动能力。

(11) 具有关断端子。

(12) 500 kHz 的操作频率。

图 5.6.10 为 UC3846 的原理框图。UC3846 系列控制芯片具有所有 PWM 所必需的特性，包括固定频率、电流型控制、维持一个最小的外部计数。这种技术的优异表现可反映在线性调节、负载响应相应特性的增强以及更简单、更易设计的控制回路。内部结构的优势包括其固有的脉冲电流限制能力，对称的推挽式转换器的自动校正能力以及比较各“电源模块”以维持相同的电流分配的能力。

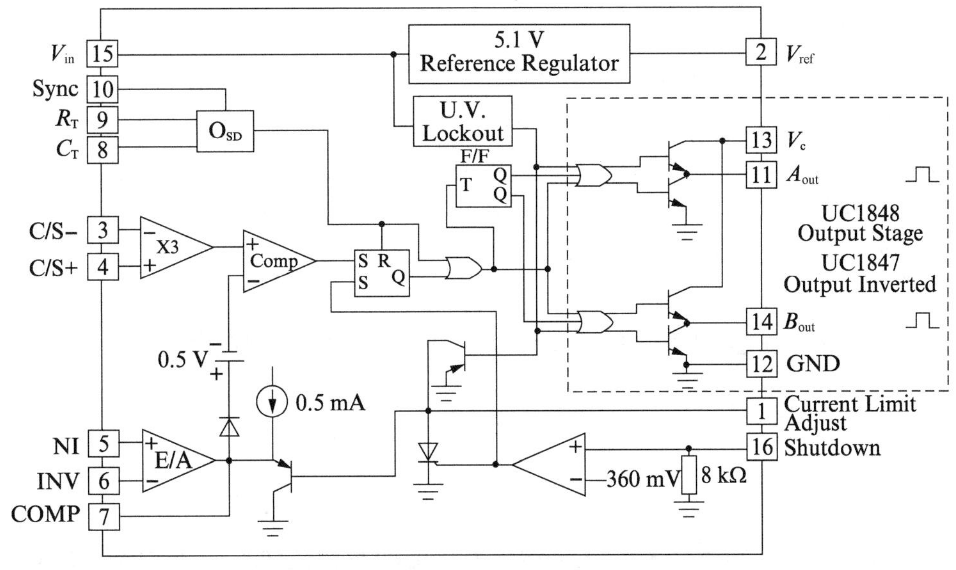

图 5.6.10　UC3846 的原理框图

保护电路包括内建的电压保护电路和可编程的、带软开关的电流限制电路。关断电路既能在自动重启时完成彻底的关断，又能在掉电时实现电路的保护。

其他特性包括完善的电路保护、双脉冲的抑制、死区调整能力和±1%的频带调整能力。

另外，UC3846 在关断状态下表现为低电平有效。

UC3846 的极限参数如下(图 5.6.11)。

引脚功能	
功能	引脚号
N/C	1
C/L SS	2
V_{ref}	3
C/S-	4
C/S+	5
N/C	6
E/A+	7
E/A-	8
COMP	9
C_T	10
N/C	11
R_T	12
Sync	13
A_{out}	14
GND	15
N/C	16
V_C	17
B_{out}	18
V_{in}	19
Shutdown	20

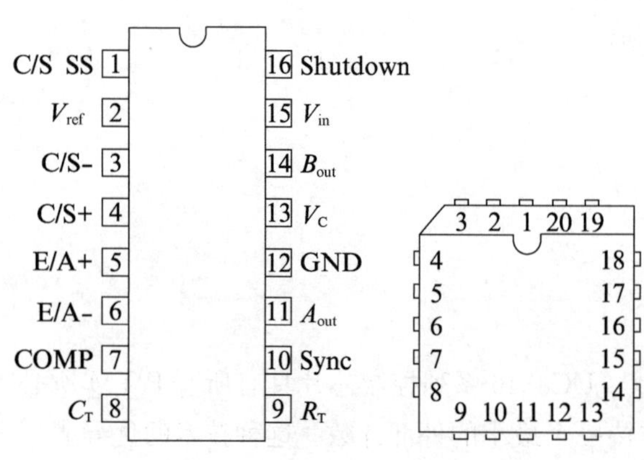

图 5.6.11　UC3846 引脚示意图

(1) 供电电源(15 引脚)：+40 V。

(2) 输出电流(11、14 引脚)：500 mA。

(3) 模拟输入(3、4、5、6、16 引脚)：−0.3 V～$+V_{in}$。

(4) 参考输出电流(2 引脚)：−30 mA。

(5) 同步输出电流(10 引脚)：−5 mA。

(6) 误差放大输出电流(7 引脚)：−5 mA。

(7) 软开关下沉电流(1 引脚)：50 mA。

(8) 振荡器充电电流(9 引脚)：5 mA。

(9) 温度范围：−65℃～+150℃。

UC3846 的振荡电路中输出的死区时间 τ_d(单位μs)是由外部电容 C_T决定的：

$$\tau_d = 145C_T\left(\frac{I_d}{I_d - \frac{3.6}{R_T}}\right) \tag{5.6.1}$$

式中，C_T为定时电容(单位μF)；I_d 为振荡器放电电流(单位 A，25℃室温时为 7.5 A)。对于 R_T取比较大的值时有

$$\tau_d = 145C_T \tag{5.6.2}$$

振荡器频率 f_T(单位 kHz)由下面的公式决定，即

$$f_T = \frac{2.2}{R_T C_T} \tag{5.6.3}$$

图 5.6.12 为 UC3846 的振荡电路原理图，UC3846 内部具有高增益(105 dB)、高共模

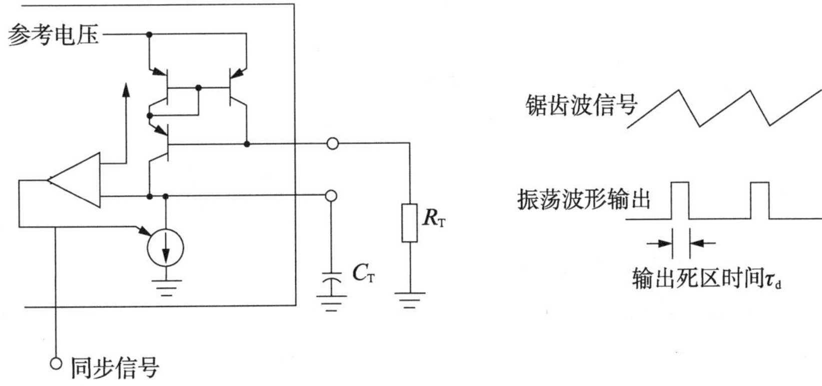

图 5.6.12　UC3846 的振荡电路原理图

抑制比(83 dB)的内部误差放大器，这为提高系统的动态响应、抗干扰能力创造了有利条件。图 5.6.13 为 UC3846 的内部误差放大器的原理框图。

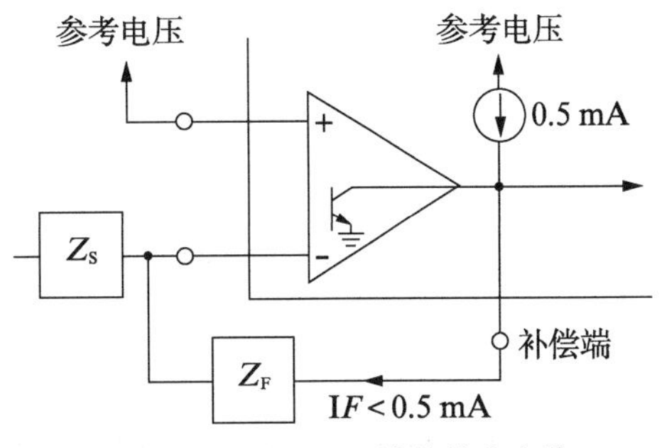

图 5.6.13　UC3846 误差放大电路

2) BDR 电路参数的选择

(1) 开关频率的选择。在开关电路的设计中，开关频率的选择对于整个模块的设计、模块的性能是非常重要的因素，根据小信号模型纹波分析式，即

$$\Delta V_B = \frac{I_D R_C}{D} + \frac{2I_D(1-D)}{f_s C} \tag{5.6.4}$$

式中，ΔV_B 为输出纹波；I_D 为负载电流；R_C 为滤波电容的等效串联电阻；D 为占空比；f_s 为开关频率；C 为滤波电容。从式(5.6.4)可以看出，在输出电容一定的情况下，提高模块的开关频率，可以降低模块(或系统)的纹波输出。在综合考虑多种因素的情况下，模块的开关频率选择了 200 kHz，根据式(5.6.3)，选择振荡电路的 R_T、C_T，这里取 $R_T=2.2\ \text{k}\Omega$，$C_T=5\text{nF}$，所以，有 $f_T=200\ \text{kHz}$。

$$\tau_d = 145C_T = 145\times 5\times 10^{-3} = 0.725\ \mu\text{s} \tag{5.6.5}$$

$$D_{max} = \frac{\dfrac{1}{200\ \text{kHz}} - 0.725\ \mu\text{s}}{\dfrac{1}{200\ \text{kHz}}} = 85\% \tag{5.6.6}$$

(2) 模块工作模式的选择。在系统中，需要将电源母线的输出电压稳定在 42(1±1%)V 的范围内，为了减少蓄电池的数量，降低系统的总体质量，为此，在蓄电池放电调节器工作模式的选择上，采用升压型放电调节模式；同时，为了提高放电调节器的效率，设计了叠加式的电路。

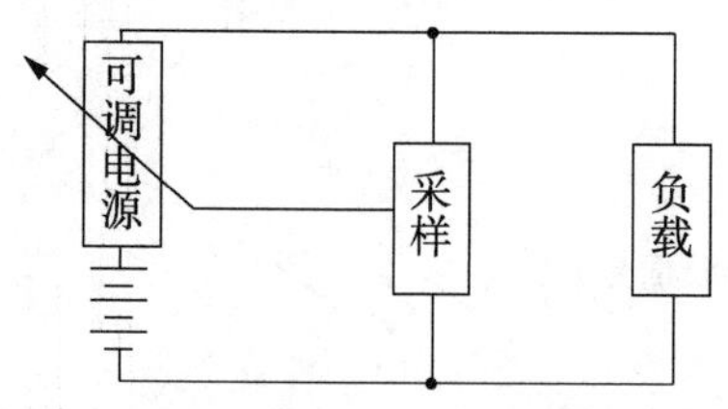

图5.6.14　叠加式BDR的原理框图

下面介绍一下叠加式蓄电池放电调节器的工作原理,其原理框图见图5.6.14。

在叠加式BDR的原理中,主要是基于在蓄电池放电调节器工作时,模块输出的功率,绝大部分直接取自蓄电池组,这一部分的放电调节效率为100%,而输出功率的一小部分,通过可调电压源产生。采用此种方式,即可以提高蓄电池放电调节器的输出效率。

在系统中,蓄电池组采用27节Ni-Cd蓄电池,电池组的最高输出电压为41.05 V,蓄电池组的最低输出电压为31.05 V,为了将母线的输出电压稳定到42 V,则可变电压源的输出范围为1~11 V,假设模块的输出功率为500 W,蓄电池组直接输出的最大、最小功率为

$$P_{\text{battery}_{\max}}=\frac{P_{\text{total}}}{V_{\text{bus}}}\times V_{\text{battery}_{\max}}=\frac{500\ \text{W}}{42\ \text{V}}\times 41.05\ \text{V}=488.7\ \text{W} \tag{5.6.7}$$

$$P_{\text{transform}_{\min}}=P_{\text{total}}-P_{\text{battery}_{\max}}=500\ \text{W}-488.7\ \text{W}=11.3\ \text{W} \tag{5.6.8}$$

$$P_{\text{battery}_{\min}}=\frac{P_{\text{total}}}{V_{\text{bus}}}\times V_{\text{battery}_{\min}}=\frac{500\ \text{W}}{42\ \text{V}}\times 31.05\ \text{V}=369.6\ \text{W} \tag{5.6.9}$$

$$P_{\text{transform}_{\max}}=P_{\text{total}}-P_{\text{battery}_{\min}}=500\ \text{W}-369.6\ \text{W}=130.4\ \text{W} \tag{5.6.10}$$

可调电压源的效率为85%,则模块的调节效率为

$$\eta_{\text{module}}=\frac{P_{\text{out}}}{P_{\text{in}}}\times 100\% \tag{5.6.11}$$

式中

$$P_{\text{out}}=P_{\text{total}}=500\ \text{W} \tag{5.6.12}$$

$$P_{\text{in}}=P_{\text{battery}}+\frac{P_{\text{transform}}}{\eta_{\text{transform}}} \tag{5.6.13}$$

这里,P_{battery}、$P_{\text{transform}}$分别取其最小、最大值,为369.6 W、130.4 W,则有

$$\eta_{\text{module}}=\frac{P_{\text{out}}}{P_{\text{in}}}\times 100\%=\frac{500}{369.6+\dfrac{130.4}{85\%}}\times 100\%=95.6\% \tag{5.6.14}$$

因此,通过该种蓄电池放电调节模式,就可以提高放电调节的效率。

3) 叠加式BDR的实现

在介绍了叠加式BDR的基本原理的基础上,下面阐述其具体实现方法,图5.6.15为叠加式BDR的实现原理框图。

在叠加式BDR电路的设计中,隔离式变换器是模块的关键,下面将进行重点介绍。

(1) 初级电流的计算。在初级电流的计算中,只考虑系统需要变换的功率部分,即$P_{\text{transform}_{\max}}=130.4$ W,这里设定变换效率$\eta_{\text{transform}}$为85%,则初级的输入功率P_{in}由式

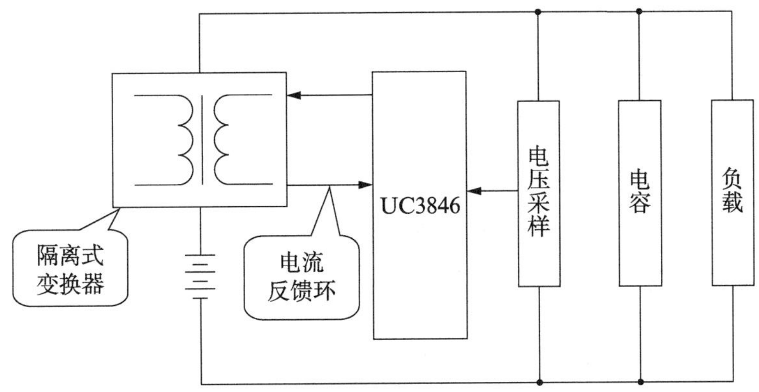

图 5.6.15　叠加式 BDR 的实现原理框图

(5.6.15)确定，即

$$P_{\text{in}}=\frac{P_{\text{transform}}}{\eta_{\text{transform}}} \tag{5.6.15}$$

得 $P_{\text{in}}=153.4\ \text{W}$，则初级最大电流 I_{primary}，有

$$I_{\text{primary}}=\frac{P_{\text{in}}}{V_{\text{battery}_{\min}}}=\frac{153.4}{31.05}=4.94(\text{A}) \tag{5.6.16}$$

在开关管导通时的电流 I_{P} 由式(5.6.17)确定，即

$$I_{\text{P}}=\frac{I_{\text{primary}}}{D_{\max}} \tag{5.6.17}$$

得 $I_{\text{P}}=5.81\ \text{A}$。

(2) 变压器设计。为了进行变压器的设计，首先需要确定变压器的变比，然后确定变压器的磁心的截面积，最后确定线圈的选择。

变压器的匝数比由式(5.6.18)决定，即

$$N_{\text{T}}=\frac{V_{\text{primary}_{\min}}\times D_{\max}}{V_{\text{secondary}_{\min}}} \tag{5.6.18}$$

式中，

$$V_{\text{primary}_{\min}}=V_{\text{in}_{\min}}-V_{\text{XTORmax}}-V_{\text{RSmax}} \tag{5.6.19}$$

$$V_{\text{secondary}_{\min}}=V_{\text{out}_{\max}}+V_{\text{diode}_{\max}}+V_{\text{chock DC}}+V_{\text{losees}} \tag{5.6.20}$$

则有

$$V_{\text{primary}_{\min}}=V_{\text{in}_{\min}}-V_{\text{XTORmin}}-V_{\text{RSmin}}=31.05-2-1=28.05(\text{V}) \tag{5.6.21}$$

$$\begin{aligned}V_{\text{secondary}_{\min}}&=V_{\text{out}_{\max}}+V_{\text{diode}_{\max}}+V_{\text{chock DC}}+V_{\text{losees}}\\&=(42-31.05)+0.65+0.1+0.05=11.75(\text{V})\end{aligned} \tag{5.6.22}$$

则

$$N_T = \frac{V_{\text{primary}_{\min}} \times D_{\max}}{V_{\text{secondary}_{\min}}} = \frac{28.05 \times 0.96}{11.75} = 2.3 \tag{5.6.23}$$

这里取 $N_T = 2$。

(3) 磁芯的选择。变压器的初级、次级的线圈匝数主要由磁芯随频率、磁通的特性所决定,而磁芯的最小截面 $AC_{\min}$ 由公式(5.6.24)确定,即

$$AC_{\min} = \frac{V_{\text{primary}_{\min}} \times D_{\max} \times 10^4}{2 \times F \times N_P \times \Delta B} (\text{cm}^2) \tag{5.6.24}$$

式中,$V_{\text{primary}_{\min}}$、$D_{\max}$、$F$、$N_P$ 和 ΔB 分别为初级的输入电压的最小值、占空比的最大值、开关频率、初级线圈的匝数和磁感应强度的变化量,这里,取 $N_P = 15$,$\Delta B = 510$ mT (PC40 磁性材料在 25℃时),则根据式(5.6.24),有

$$\begin{aligned} AC_{\min} &= \frac{V_{\text{primary}_{\min}} \times D_{\max} \times 10^4}{2 \times F \times N_P \times \Delta B} \\ &= \frac{28.05 \times 0.85 \times 10^4}{2 \times 110 \times 15 \times 0.51} = 0.142(\text{cm}^2) \end{aligned} \tag{5.6.25}$$

根据计算结果,选择 TDK 公司的 PC40EER40－Z 磁心,它的 AC 为 0.149 cm^2,满足设计要求。

(4) 输出部分的计算。为了获得低纹波的输出性能,需要对输出部分的电感、滤波电容进行计算选择最佳的参数。

典型情况下,纹波输出(RMS)一般要小于直流电流的 15%,这里模块输出的电流为 12 A,纹波电流为 1.8 A,而纹波的峰峰值是 RMS 纹波的 2 倍,即 3.6 A,则对于输出电感有

$$L = V\frac{\mathrm{d}t}{\mathrm{d}i} = 11.75 \times \frac{4.54 \times 10^{-6}}{3.6} = 14(\mu\text{H}) \tag{5.6.26}$$

按上述方法设计的高频低纹波放电调节器模块可达到如下的技术指标要求:输出功率 500 W,母线输出电压(42±0.1)V,最大输出电流 12 A,纹波 120 mV,开关频率 200 kHz,效率 95%。

5.7 蓄电池管理/蓄电池均衡单元(BMS/BMU)

5.7.1 蓄电池管理设计概述

蓄电池自主管理包括限压保护、均衡控制、过放保护等。其核心内容在于单体电压电路的准确采集,尤其是针对锂离子蓄电池电路。

(1) 单体电压温度采集功能：实现串联电池组单体电压，温度的采集，重点针对锂离子电池组。

(2) 电池组限压保护：当锂离子蓄电池组电压大于某数值时，充电控制模块转入恒压充电方式，避免蓄电池组的过充电。

(3) 单体限压保护：在锂离子蓄电池组充电过程中，单体中的任意一节电压高于单体充电电压最大允许值时，充电控制模块立即转入恒压充电方式，避免蓄电池单体过充电。

(4) 均衡充电功能：在锂离子蓄电池组充电过程中，均衡电路对锂离子蓄电池单体，进行均衡充电控制，以保证蓄电池组单体间的电压均衡。

(5) 过放保护功能：在蓄电池放电过程中，为防止蓄电池过放引起对蓄电池的损伤，加入过放保护功能，当蓄电池电压低至一定电压值时，电路自主将蓄电池放电开关断掉，切断放电回路。过放保护功能包括软件保护和硬件保护。优先软件控制保护，硬件保护一般作为备份方案。

5.7.2　设计流程及原则

根据航天器电源分系统对锂电池管理系统的任务书及电源分系统总体设计，确定蓄电池管理系统的关键设计参数，一般应包括下列设计要求。

(1) 串联单体的数量、测量精度要求。

(2) 温度测量点的数量、测量精度要求。

(3) 电池均衡数量及均衡电流要求。

(4) 充放电电流范围及充电恒压控制要求。

(5) 电池保护需求及接口，一般包括过充保护(OVP)、过放保护(UVP)、过温保护(OTP)、短路保护功能(SCP)。

(6) 安时容量计算。

(7) 总线通信要求。

5.7.3　锂电采集系统

1. 设计概述

鉴于微处理器 MCU 控制的灵活性、低成本及国产 B7280RH 高集成度、小型化的特性，采用锂离子电池监控芯片 B7280RH 和微处理器 MCU 单元结合实现电池组管理功能。B7280RH 负责前端高精度单体电压，电池组温度采集。微处理器做主控芯片，负责对 B7280RH 采集通信及电池组电流、总电压的采集、恒压—恒流控制、Ah 控制、充放电保护控制、均衡控制及外部通信等，具体如图 5.7.1 所示。

2. 电池单体电压采集接口

单个 B7280RH 可以监控 4 个、5 个或 6 个串联电池单元。在这类应用中，应注意确保各电池电压之和仍然超过最小 V_{DD} 电源电压。因此，推荐连接到各 B7280RH 的最少电池单元数量为 4。还应注意确保 V_{IN6} 输入上的电压始终大于或等于 V_{DD} 电源引脚上的电压，但不宜超过 1.1 V。例如，在 5 个电池单元连接到 B7280RH 的应用中，应将单元 5 的电池电压施加于 V_{IN6} 和 V_{IN5} 上，V_{IN4} 和 V_{IN5} 输入应短接在一起。具体接法见图 5.7.2～图 5.7.4。

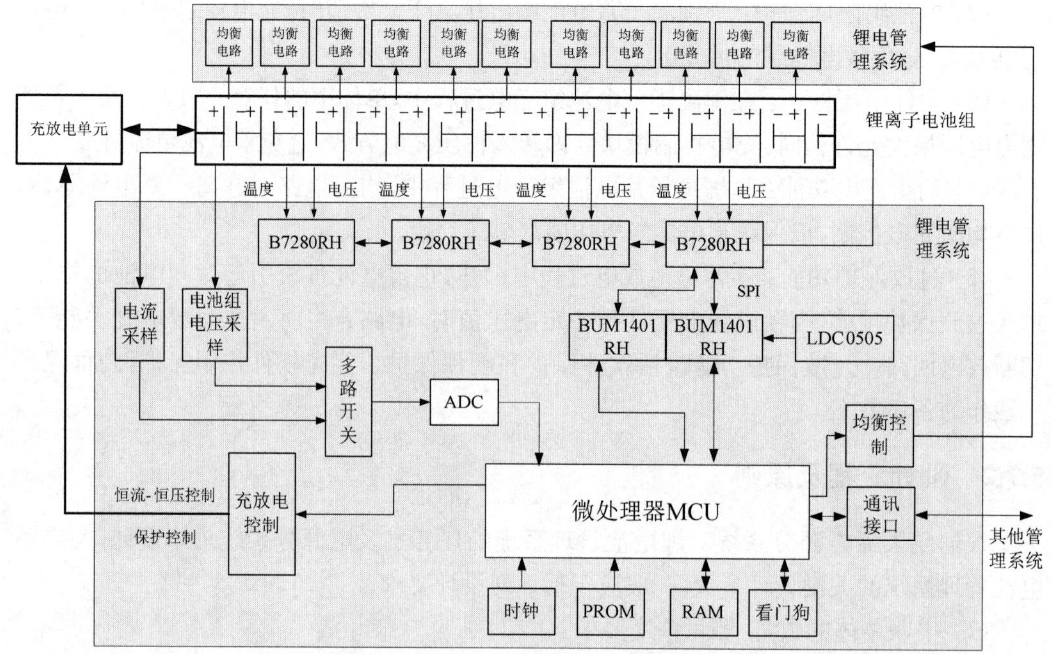

图 5.7.1 锂电池管理系统设计

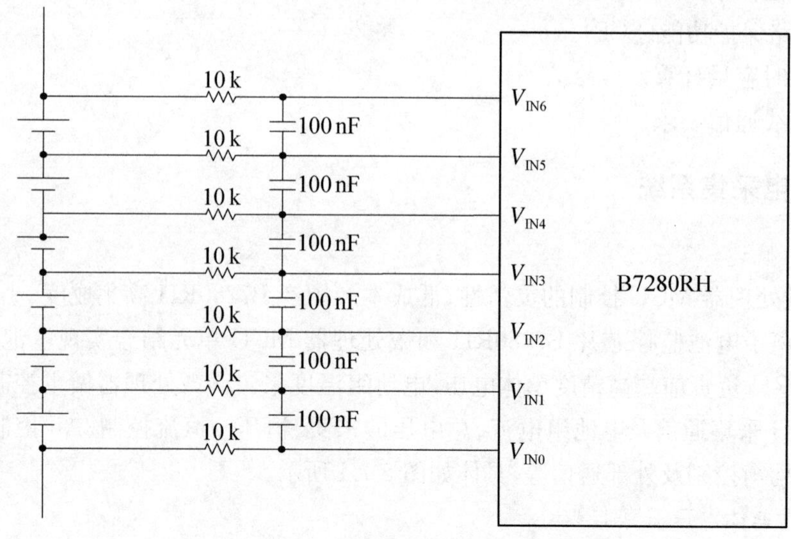

图 5.7.2 6节单体接口配置

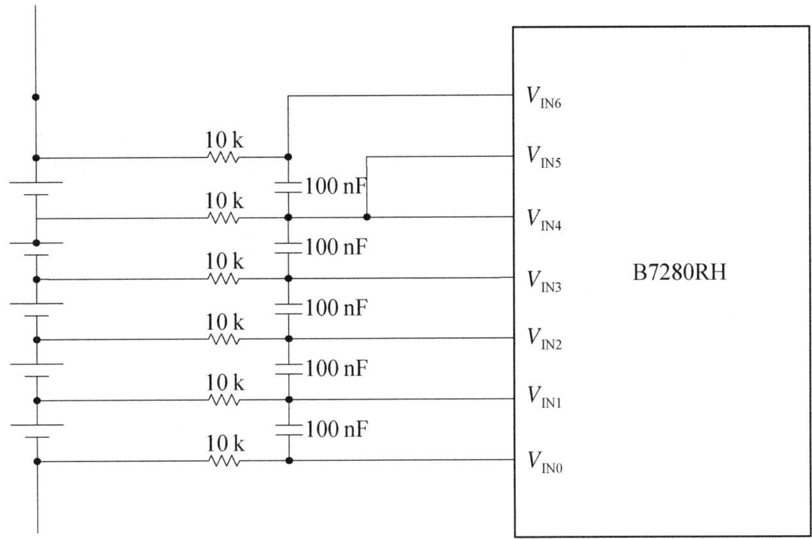

图 5.7.3　5 节单体接口配置

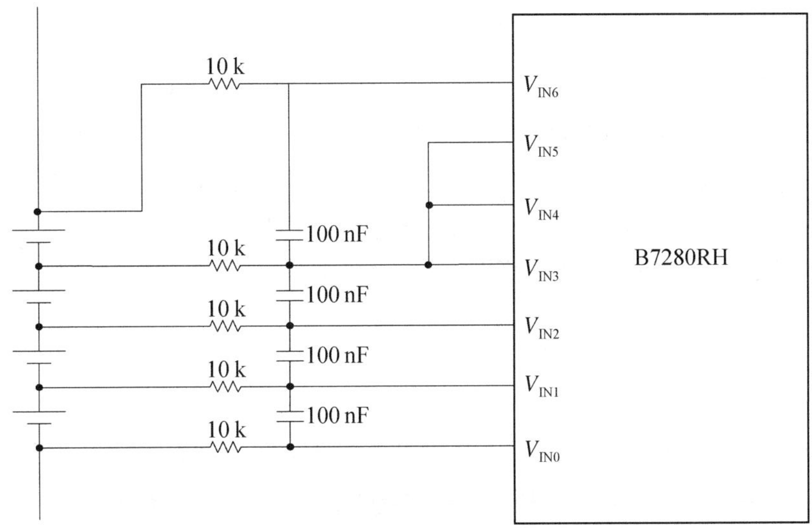

图 5.7.4　4 节单体接口配置

无论用户应用需要多少电池单元电压测量，B7280RH 都会采集和转换全部 6 个电池电压输入通道上的电压。所有 6 个电压通道的转换数据通过 SPI/菊花链接口提供给微处理器。使用时提取其中需要的转换数据。

3. 电池温度采集接口

B7280RH 提供 6 路单端模拟输入——AUX1 至 AUX6，可用来转换热敏电阻温度测量电路的电压输出。如果不需要温度测量，或者不需要测量个别单元的温度，则可以利用辅助 ADC 输入转换任何其他 0～5 V 的输入信号。一般利用这个接口进行温度测量，接口配置见图 5.7.5，测温电阻 MF501 和地之间应该并接 1 个 0.1 μF 的电容用来消除测温信号上的扰动。

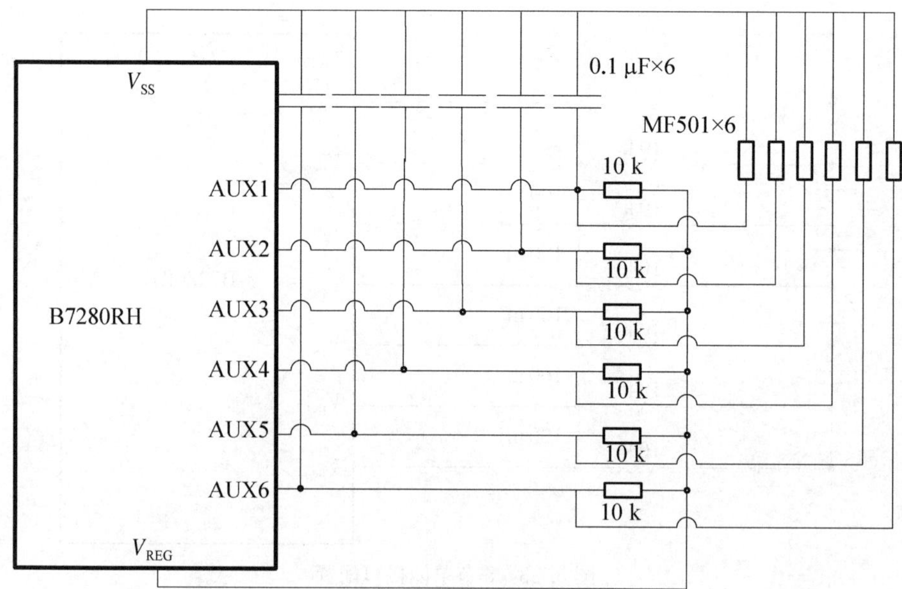

图 5.7.5　MF501 测量接口

4. 串行通信接口

B7280RH 串行接口为模式 1 SPI 兼容型,即时钟极性(CPOL)为 0,时钟相位(CPHA)为 1。接口由四个信号构成: /CS、SCLK、SDI 和 SDO。SDI 线用于将数据传输至片内寄存器中,SDO 线则用于读取片内寄存器和转换结果寄存器。SCLK 是器件的串行时钟输入,所有数据传输(无论是 SDI 上还是 SDO 上)均相对于 SCLK 进行。数据应在 SCLK 下降沿读入 B7280RH,并在 SCLK 上升沿读出 B7280RH。

5. 菊花链接口

B7280RH 配有一个菊花链接口,支持将最多八个器件堆叠起来,而无须单独隔离。其设计要点如下。

B7280RH 串联数约束: B7280RH 采集多个单体电池串联组成的电池组时,使用的最大芯片最少个数 N 为电池组单体串联总个数除以 6。一般情况下锂离子蓄电池单体电压高于 3.3 V,短路保护的判据为 2.5 V,为使得这些参数均能检测,最多的芯片个数为单体串联总个数除以 4(保证蓄电池正常工作电压不低于芯片最低工作电压 8 V)。

典型接法: B7280RH 作为菊花链工作时,其电路的典型接法如图 5.7.6 所示,菊花链接口的特性之一是可以通过单个转换开始命令启动菊花链堆叠中的所有器件的转换。转换开始命令沿着菊花链向上传递,从主器件依次传递到各 B7280RH。

6. 监控隔离电路设计

当该系统在航天飞行器高可靠性应用时,需要在 B7280RH 锂电监控系统和 MCU 控制器之间增加隔离通信系统,从而保证当 B7280RH 芯片出现故障时能进行有效故障隔离。

隔离电路主要包括供电电源电路及磁隔离电路,供电电源 5 V/5 V 的 DC/DC 实现初次级的供电电压隔离,磁隔离电路 BUM1401RH 实现初次级的数字信号的编码解码及隔

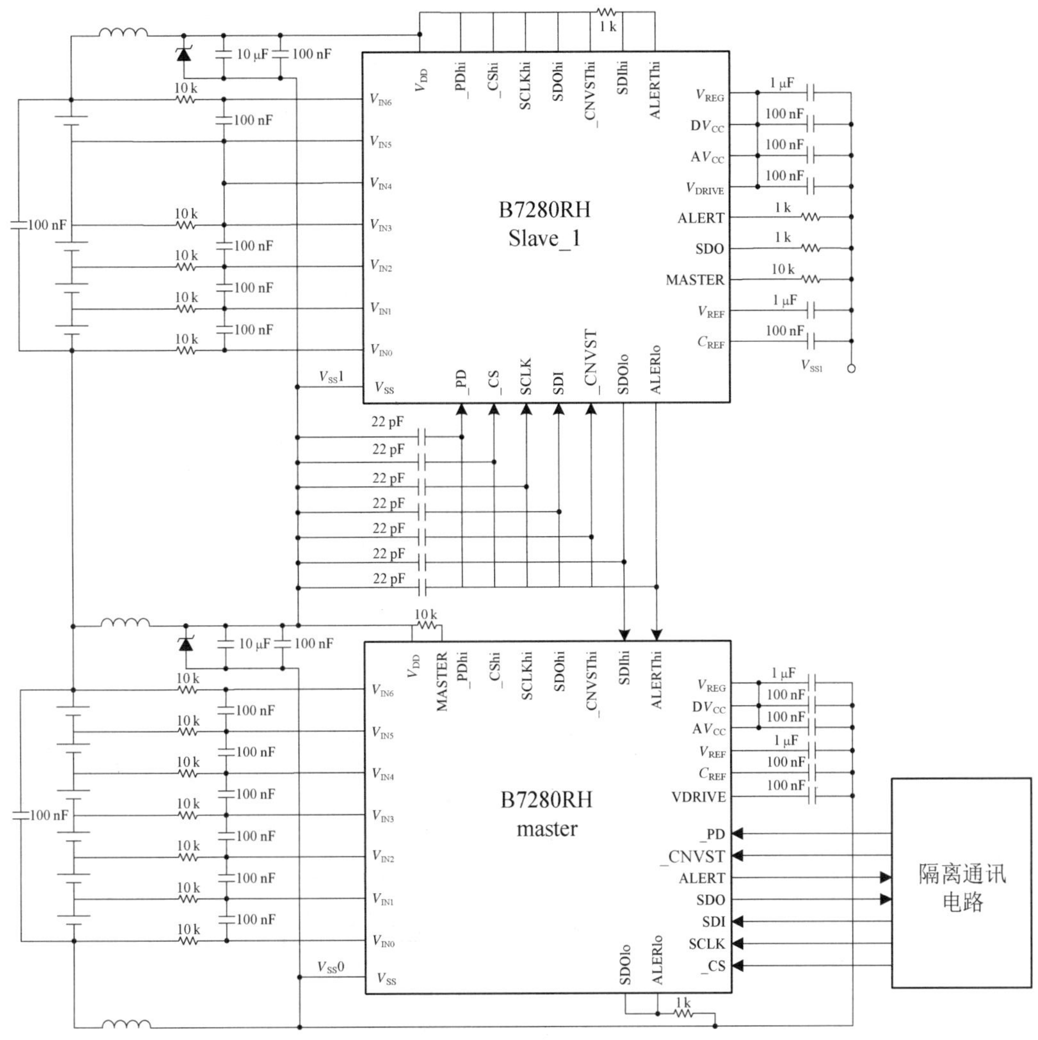

图 5.7.6 二片菊花链级联通信接口

离，具体如图 5.7.7 所示。

7. 电池均衡电路设计

为了充分发挥锂离子电池组的性能，延长在轨工作寿命，除要求电池组在组装时挑选一致性较好的电池单体进行成组配对外，在轨超过 1 年以上寿命时还必须对电池组进行均衡管理。一般均衡管理方法采用被动均衡法。

根据电池组电压、需求均衡电流大小要求、下位机系统输出的均衡控制电平确定均衡电路的技术指标，包括均衡开关管的耐压值、导通电流、隔离二极管的正向压降及耐压值。

当均衡电流大于 100 mA 时，推荐使用达林顿开关管形式，以匹配均衡控制电平驱动能力。旁路开关管单元及耗散电阻一般应考虑安装在结构上，结构设计时应考虑低的热阻通道保证模块工作温度。

单体均衡电路原理如图 5.7.8 所示，每节蓄电池单体对应两路并联的均衡电路，电路

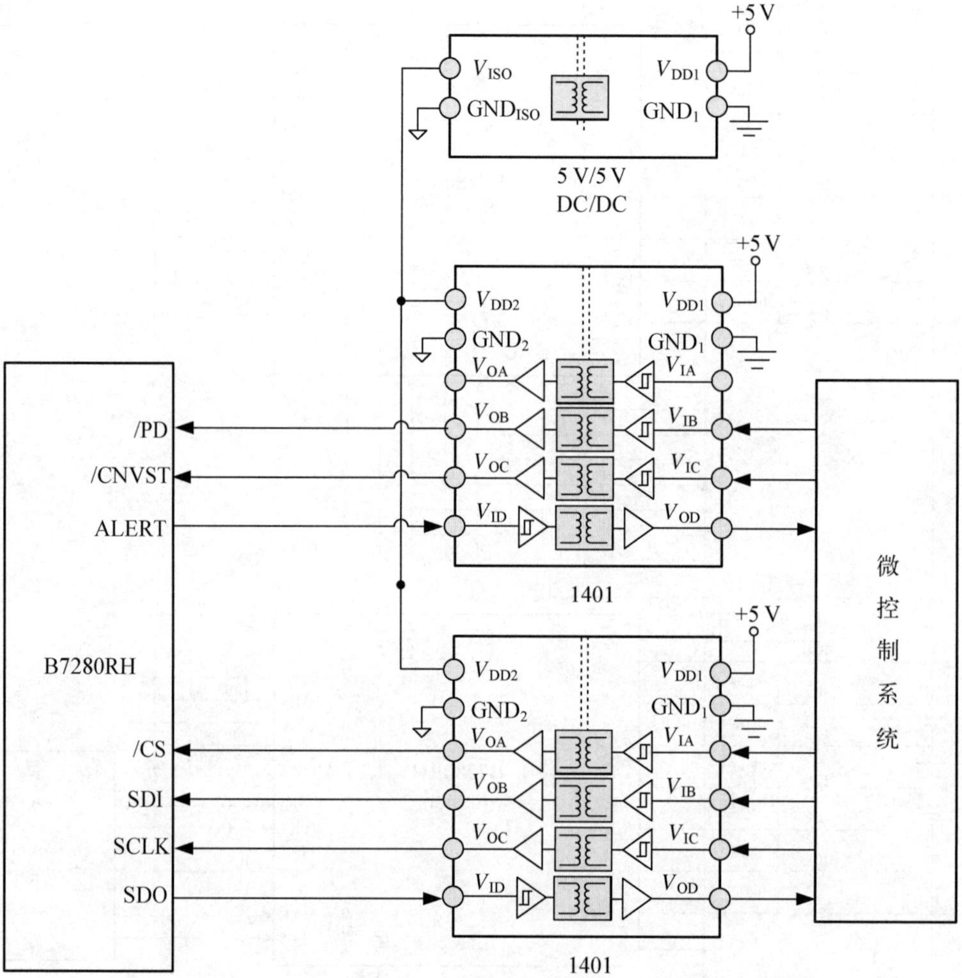

图 5.7.7　隔离电路原理图

采用开关三极管、均衡电阻与蓄电池单体串联的方式。三极管串联连接,同时设置了两路热备份冗余措施。

8. 微处理单元及通信电路

根据系统提供的供电特性、I/O 口数量资源需求、数据的采样精度、信息运算量、通信要求需求确认微处理单元的控制器选型、外围扩展芯片数量、A/D 的参数指标及指令路数等。

微处理单元及通信电路设计中主要包括外围供电电路、数据存储器(RAM)、程序存储器(ROM)、I/O 口扩展、地址锁存、译码片选电路、通信电路、看门狗电路、A/D、指令电路、内部串口总线模拟等,完成数据信息的采集、数据分析与处理、充电控制、与上级系统的通信等功能,具体原理见图 5.7.9。

9. 软件设计

ADC 设置为−5 V(000H)~+5 V(fffH)采集,输入信号正常范围为(−5 V~5 V),对于电池组电压及电流高精度应用均应采用双字节下行。

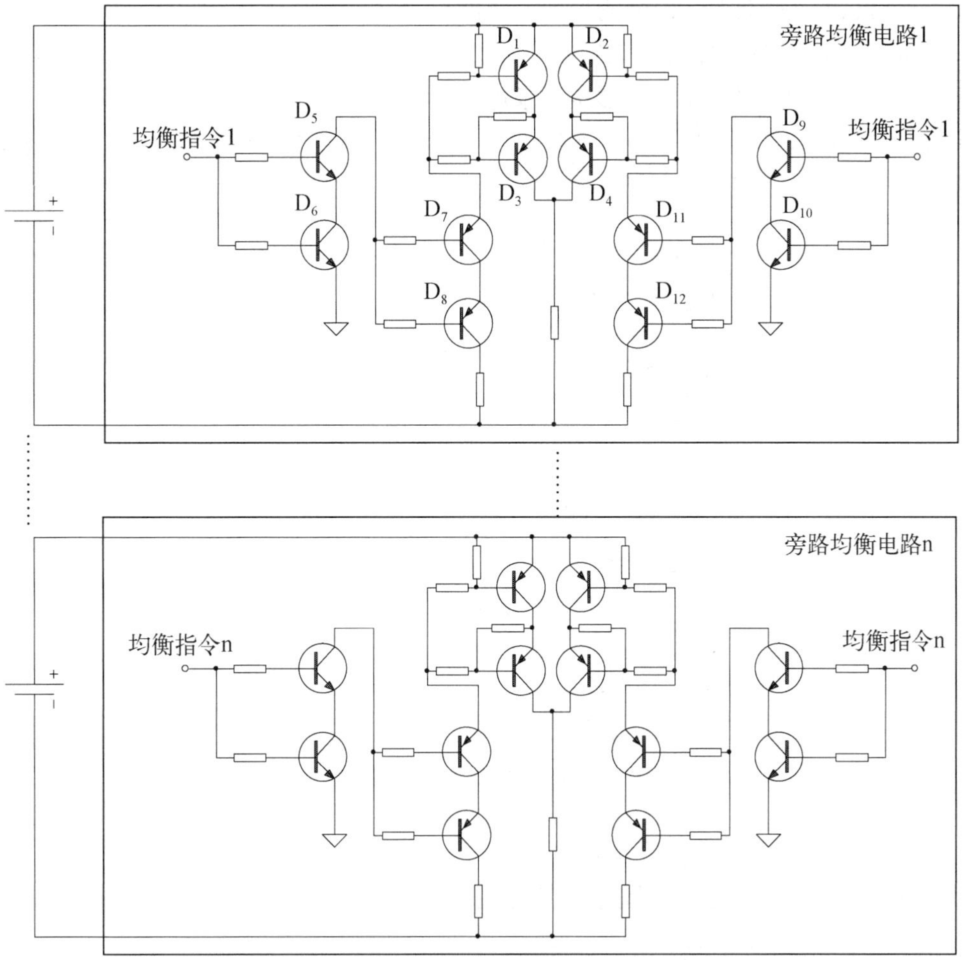

旁路均衡电路1
均衡指令1
D1
D2
D3
D4
D5
D6
D7
D8
D9
D10
D11
D12
均衡指令1
旁路均衡电路n
均衡指令n
均衡指令n

图 5.7.8　隔离电路原理图

电池组电压、电流
0~5 V模拟量参数
模拟开关
A/D转换
MCU
通信电路
通信接口
充放电单元
恒压恒流控制保护
充电控制
看门狗
均衡电路
电平指令
I/O
外部RAM
外部ROM
锂电监控隔离电路
SPI串口模拟
晶振

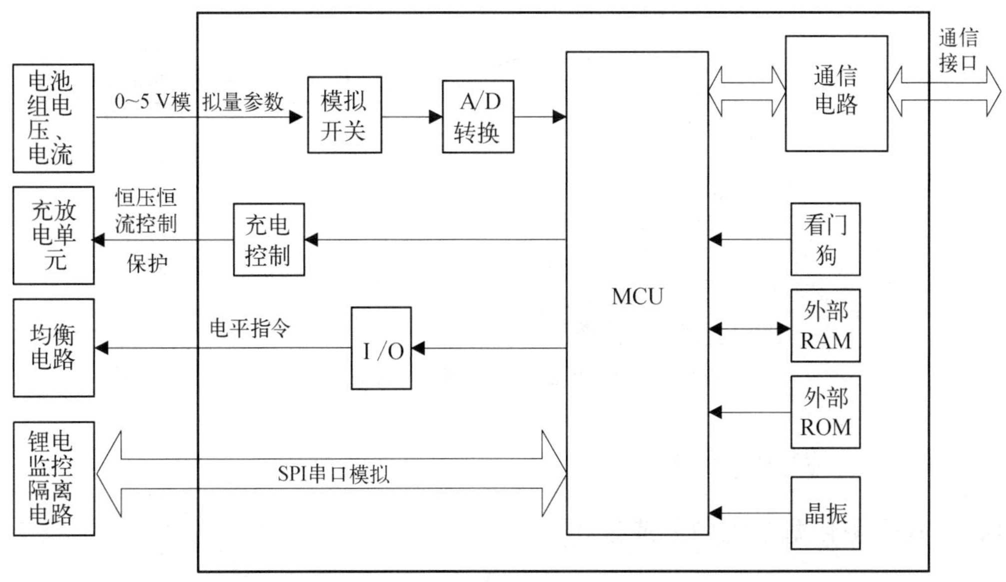

图 5.7.9　锂电管理系统微处理器系统及通信电路原理图

电池信息的准确获取是锂电池管理系统的核心,由于锂电池管理系统基本需要工作在高噪声环境下,软件流程如图 5.7.10 所示。首先对锂电监控芯片 B7280RH 上电初始化,然后将 B7280RH 的内部寄存器按要求进行配置,配置完成后等待所有结果转换完成,并进行 CRC 校验,若校验过程中出现问题,在高噪声环境下忽略个别错误,完成数据校验过程,并下行数据。对 B7280RH 断电,准备下一个信息采集过程。

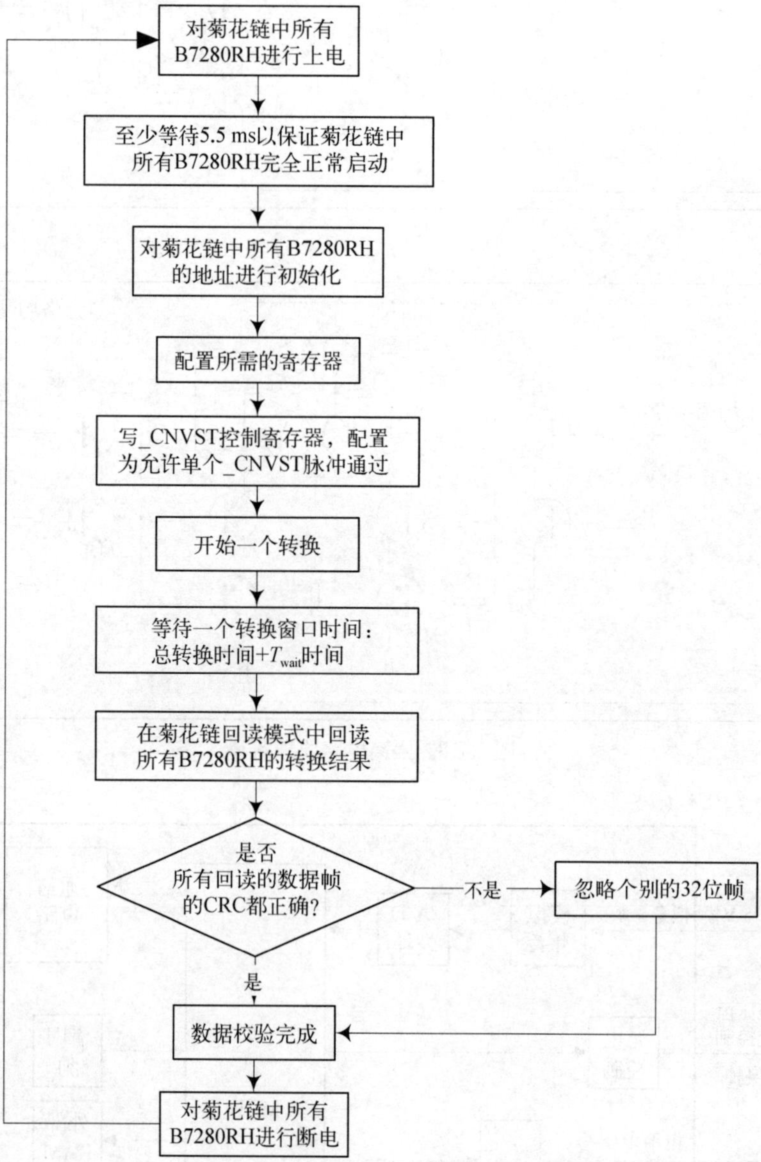

对菊花链中所有B7280RH进行上电

至少等待5.5 ms以保证菊花链中所有B7280RH完全正常启动

对菊花链中所有B7280RH的地址进行初始化

配置所需的寄存器

写_CNVST控制寄存器，配置为允许单个_CNVST脉冲通过

开始一个转换

等待一个转换窗口时间：总转换时间+T_{wait}时间

在菊花链回读模式中回读所有B7280RH的转换结果

是否所有回读的数据帧的CRC都正确?

不是

忽略个别的32位帧

是

数据校验完成

对菊花链中所有B7280RH进行断电

图 5.7.10　电池温度/单体读取流程图

5.8　新型电源控制技术

5.8.1　微小型化薄膜电源集成技术

集成薄膜电源系统(thin-film integrated power system),是以薄膜光伏电池(thin-film photovoltaic,TFPV)、薄膜能量存储(thin-film energy storage,TFES)和附加的集成电源控制元件为基础而构成的一种崭新意义的空间电源系统。

由于TFPV与TFES在材料和生产过程的相似性,将二者进行集成是可行的,这里主要是将薄膜太阳电池与薄膜锂离子蓄电池进行集成,再增加非常微小的电源控制单元,进而构成集成电源系统(integrated power source,IPS)。IPS的示意图见图5.8.1。

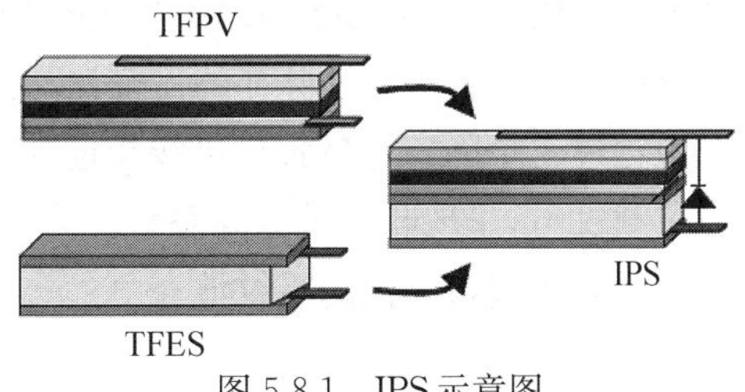

图5.8.1 IPS示意图

基于IPS的构成原理,在IPS中主要包括三个方面的技术,即薄膜太阳电池技术、薄膜锂离子蓄电池技术和电源控制器件微小型化技术。薄膜空间电源集成技术,作为一种新型的空间电源技术,可以满足航天技术对电源系统的发展要求,已经引起了国内外空间电源研究领域的重点关注和研究。

集成薄膜空间电源系统的优点如下。

(1) 降低了电源系统的复杂性,具有极高的比能量。

(2) 具有良好的抗辐射能力和良好的安装性能。

(3) 可以作为空间飞行器的主电源。

(4) 通过IPS的扩展,可以提供更大的输出能量,降低电源系统的质量,降低航天器的发射成本。

(5) 用IPS替代以化学蓄电池为储能单元传统电源系统,可以降低飞行器的复杂程度。

(6) 减少电源系统的分配连线。

(7) 简化飞行器的集成。

集成薄膜空间系统作为崭新的电源技术,在国外已经取得了很大的发展,大量的TFPV、TFES等相关设备已经研制成功和实验测试,在2000年的第35届IECEC会议上,报道了Raffaelle、Harris等对集成薄膜电源系统的研究成果,以及Clark等提出的创新的柔性轻量化薄膜电源的空间应用技术等。第一个集成薄膜空间电源演示系统,已经搭载在Starshine-3卫星中,当时采用的是GaAs单片互连组件太阳电池单体,采用锂离子硬币式蓄电池。

5.8.2 集成化控制方式

BCDSR(battery charge discharge shunt regulator)功率模块主要包括蓄电池充电控制、蓄电池放电调节以及太阳阵分流调节等功能,这也是BCDSR模块的最大特点。模块在蓄电池误差放大器、母线误差放大器和模块控制单元的控制下,实现对太阳电池电流的分流、蓄电池的充放电自动进行控制,BCDSR的原理如图5.8.2所示。

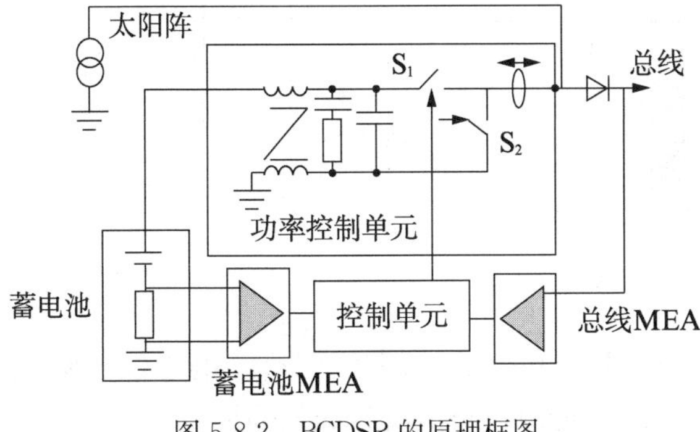

图5.8.2 BCDSR的原理框图

BCDSR集成化结构的功率调节单元主电路拓扑结构如图5.8.3所示。这种电路拓扑可以看作是buck和boost拓扑的组合。当电路工作在放电模式时,S_1作为放电调节器的开关管使用,S_2为同步整流管;当电路工作在充电模式时,S_2为调节器的开关管,S_1为同步整流管;当S_2的驱动脉冲的占空比达到100%时,电路工作在SR模式。蓄电池和太阳电池通过一个隔离二极管与母线相连,当负载的峰值功率出现在光照期时,二者可以同时为负载供电,呈现联合供电的态势。合理设计电路拓扑中L_1和L_2构成的耦合电感,理论上可以实现蓄电池的零纹波充电。

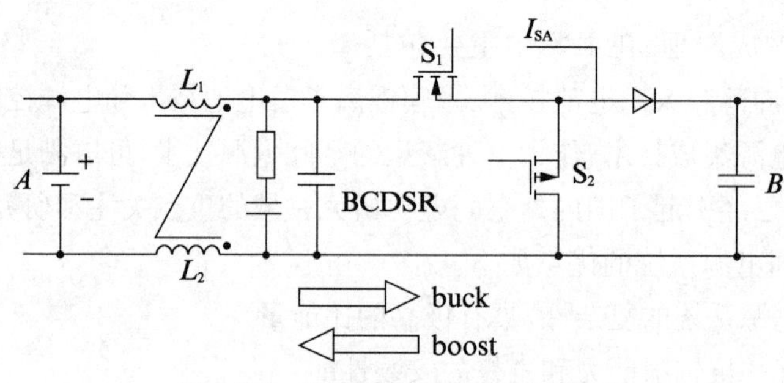

图5.8.3 BCDSR双向DC/DC电路

5.8.3 B³R拓扑

2010年,欧空局的Olivier等针对全调节母线电源控制的需求,提出了B²R(buck-boost requlator)拓扑结构,用来实现系统效率最优化(图5.8.4)。这种结构下的太阳电池阵最大功率点电压相比于单纯的升压或降压拓扑,在任何工况下均更接近于母线电压。因此,系统总是工作于DET模式或非常接近于DET模式,进而极大地提高了系统的效率(损耗最小化)。

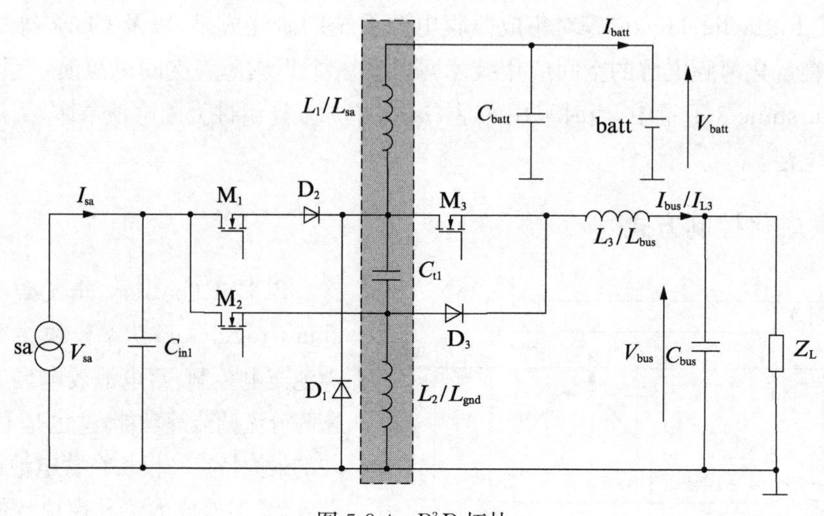

图5.8.4 B³R拓扑

太阳电池到蓄电池的电压可升降压(buck-boost)变换,蓄电池到母线电压经过降压(buck)变换,因此叫该种拓扑结构为B³R(buck-buck-boost requlator)拓扑。

1）工作模态 1：阴影区模式

在这种模式下，太阳电池阵输出能量为 0，蓄电池组是母线的唯一能量来源，B^3R 的等效电路如图 5.8.5 所示。图中加粗部分器件和线路表示电路工作时的能量传输回路，下同。可以看出，放电电路等效为 buck 降压电路。

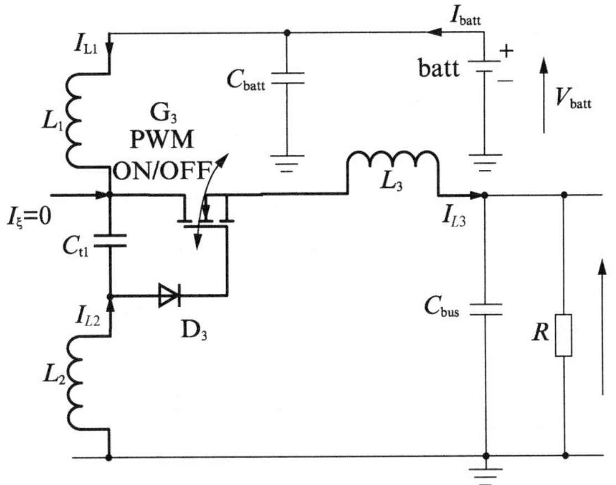

图 5.8.5　阴影区 BDR 工作模式等效电路图

2）工作模式 2：$V_{sa} > V_{bat}$（M_2 断开，M_1 和 M_3 开关）

在这种模式下，太阳阵提供一部分能量。M_2 长时间处于关断状态（$G_2=0$），同时，M_1 以占空比为 α_1 开通（图 5.8.6），系统运行在太阳阵的某一点，即 V_{sa} 高于 V_{bat} 的点。太阳阵电压和蓄电池电压有如下关系：

$$V_{bat}=\alpha_1 \cdot V_{sa} \tag{5.8.1}$$

此时，蓄电池所处的工作模式（充电或者放电）由太阳阵的可用能量决定。太阳阵到蓄电池是降压模式，蓄电池到母线也是降压模式。在 M_3 的作用下，母线是可以调节的。电感 L_1 和 L_2 的纹波取决于在 M_1 的 PWM 控制器 G_1 和它的占空比 α_1。在这些电感中的电流为三角波，然而 L_3 的纹波由 M_1 和它的占空比 α_1 和 M_3 及它的占空比 α_3 决定，因此电流不是三角波。

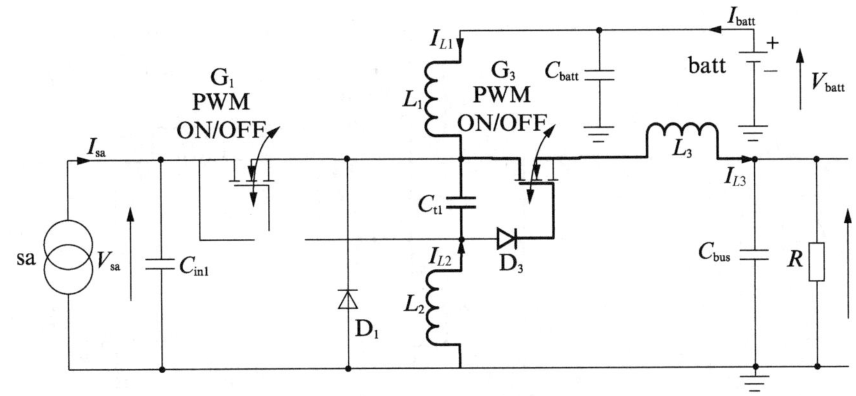

图 5.8.6　$V_{sa} > V_{bat}$ 时的 buck 工作模式

3) 工作模式3：$V_{sa} < V_{bat}$ (M_1 闭合，M_2 和 M_3 开关)

在这种模式下，系统运行在太阳阵 V_{sa} 低于 V_{bat} 的点。M_1 处于长时间导通 ($G_1 = 1$) 且 M_2 处于开关状态(图5.8.7)。此时太阳阵的能量状态决定蓄电池组的工作状态(充电或放电)。在 M_3 的作用下，母线是可以调节的。太阳阵电压和蓄电池电压的关系如式(5.8.2)所示：

$$V_{bat} = \frac{V_{sa}}{1 - \alpha_2} \tag{5.8.2}$$

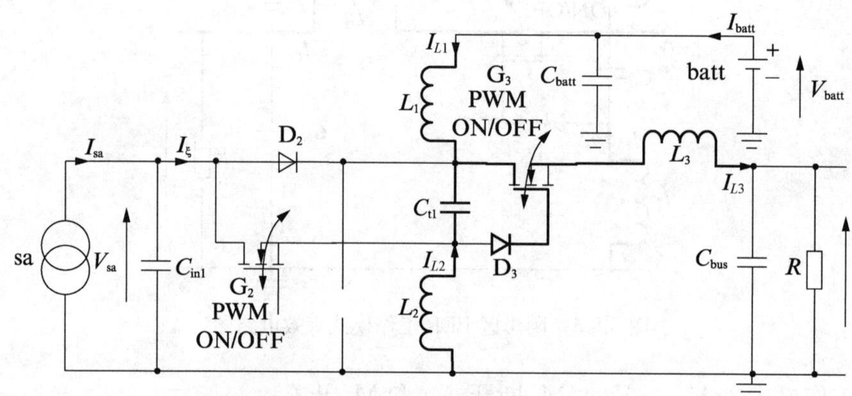

图5.8.7 $V_{sa} < V_{bat}$ 时的boost模式

电感 L_1 和 L_2 的纹波由 M_2 的PWM控制信号 G_2 和它的占空比 α_2 决定。L_3 的电流由 M_2 及其占空比 α_2 和 M_3 及其占空比 α_3 决定。与 L_1 和 L_2 不同，在 L_3 中的电流不是三角波。电容 C_{t1} 用于吸收由流经 M_1 的太阳阵和蓄电池之间的boost电路和流经 M_3 的蓄电池和母线之间的buck电路产生的电流纹波。可见，在持续的输出和输入能量时，这种模式下电容 C_{t1} 的电流有效值比任何其他一种模式下都要高。

4) 工作模式4：$V_{sa} = V_{bat}$ (M_1 闭合，M_2 断开，M_3 开关)

当最大功率点MPP对应蓄电池电压时，B^3R 将会处于在太阳阵和蓄电池之间的DET模式下。在这种模式下，M_3 将会处于开通状态(图5.8.8)，此时太阳阵能量直接转

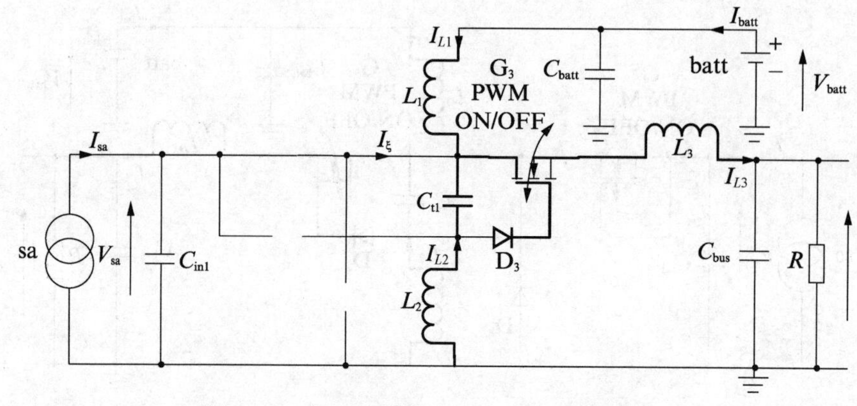

图5.8.8 在DET模式下 $V_{sa} = V_{bat}$ 时的 B^3R

换为蓄电池能量，L_1 和 L_2 将会流过连续的没有纹波的电流。L_3 处电流为三角波，仅由 G_3 PWM 控制器 M_3 信号和它的占空比 α_3 决定。电容 C_{t1} 吸收二极管 D_2 的交流纹波电流。

思考题

1. 随着电源控制设备模块化、集成化的普及，电源控制设备越来越小，但航天器的功率需求却越来越大，对电源控制设备的输出能力要求越来越大，如何选择合理的拓扑电路？如何解决设备内部热分布？如何在多模块并联的使用要求下，解决电磁干扰/兼容问题？

2. 为保证放电模块均衡输出，多模块并联均流方法有哪几种？不同控制法不均衡度如何？

3. 按照母线调节方式，电源分系统可以分为几类？简述其特点。

4. MEA 电路设计准则是什么？

5. 简述锂离子蓄电池组充电方式和终止充电方式。

6. 放电调节器电路稳定性指标是什么？

7. 分流调节电路的工作原理是什么，设计注意事项有哪些？

8. 7 节锂离子蓄电池组如何设置单体测量方案？

第 6 章　电子电源常用电路仿真

6.1　概述

近年来，电路分析和设计的方法由于采用计算机仿真技术而得到飞速发展。电路设计采用计算机仿真技术对不同的设计方案迅速地进行模拟分析，并在电路形式确定以后，对电路的器件参数进行灵敏度分析和容错分析，从而优化器件参数，保证设计质量。因此，电路设计采用计算机仿真技术，能极大减少人工劳动、缩短设计周期、降低设计成本。

目前，在电力电子装置的研究中，越来越多的装置采用计算机仿真技术。对于空间电源来说，工作环境和负载情况都非常恶劣，而采用的功率器件却很昂贵，所以在空间电源的设计中采用计算机仿真技术就更具有优越性。特别是空间电源系统逐步呈现出高电压、大功率、长寿命、高可靠性和高稳定性的设计趋势，因此，空间电源系统的高稳定性是保证其稳态性能和动态性能的重要前提。据统计，1998～2002 年间所发射的商用地球同步轨道卫星中，有 1/4 的卫星都存在电源问题，这些在轨运行问题产生的保险索赔额占据了 60%的产业保险索赔额。因此，高可靠性、高稳定性的电源系统设计显得尤为重要。

在空间电源模块中，充电调节器(BCR)对蓄电池进行充电，当进入阴影期，蓄电池通过放电调节器(BDR)实现阴影期内输出母线电压的稳定。BCR 可以有多种电路拓扑选择，如 buck、superbuck、buck/boost 等。superbuck 电路具有输入输出电压极性相同、主电路器件较为简单、输入输出电流连续、对母线及蓄电池造成的电流脉动较小等特点，已广泛应用到航天电源系统中。BDR 有三种拓扑常常被用于高功率密度电源系统中，包括 Weinberg、super-boost、he-boost 等。其中，Weinberg 拓扑具有升压、功率密度大、输入输出电流连续等优点，适合作为 BDR 的拓扑选择，具有较大的应用前景。

本章通过对空间电源常用的充放电拓扑 superbuck、Weinberg 变换器进行设计、小信号建模和电性能测试，分析系统的稳定性与动态特性，最后对其进行了仿真和实验验证。

6.2　superbuck 电路工作原理分析

6.2.1　电路拓扑

图 6.2.1 为不考虑杂散参数下的独立电感构成的 superbuck 电路拓扑，Q 表示 MOSFET 开关管，VD 表示二极管。其输入侧存在电感 L_1，因而输入电流连续。输出电流为两个电感电流之和，在连续导通模式(CCM)下，Q 与 VD 交替导通，所以输出电流也连续，且输出电压极性与输入电压极性相同。

superbuck 电路是电流源型的 buck 电路，基本原理是通过控制开关管 Q 的开通关断来实现对输出电压的控制，其输出电压 V_o与输入电压 V_{in}的关系为

$$\frac{V_o}{V_{in}}=D \tag{6.2.1}$$

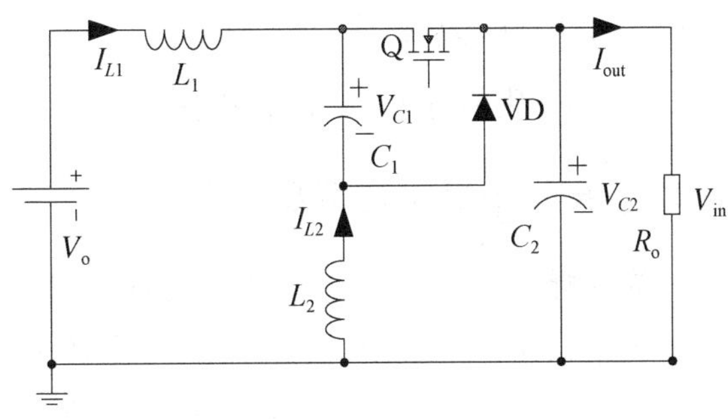

图 6.2.1　superbuck 电路拓扑结构

superbuck 工作模态示意见图 6.2.2，具体分析如下。

(1) 模态 1[t_0～t_1]。开关管 Q 开通，二极管 VD 截止，电感电流 I_{L1}和 I_{L2}增加，输出电流 I_{out}为两电感电流之和，因此也逐渐增加。

(2) 模态 2[t_1～t_2]。开关管 Q 截止，二极管 VD 导通，电感电流 I_{L1}和 I_{L2}减小，输出电流 I_{out}也随之减小。

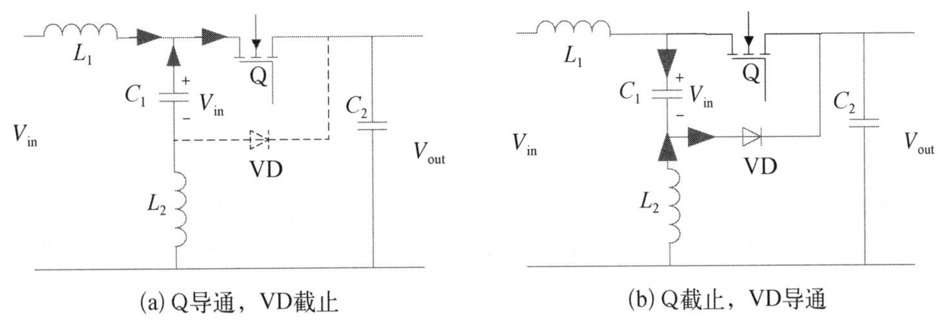

图 6.2.2　superbuck 拓扑工作示意图

图 6.2.3 是 superbuck 电路工作于 CCM 模式下的关键波形。其中，V_Q为开关管 Q 的

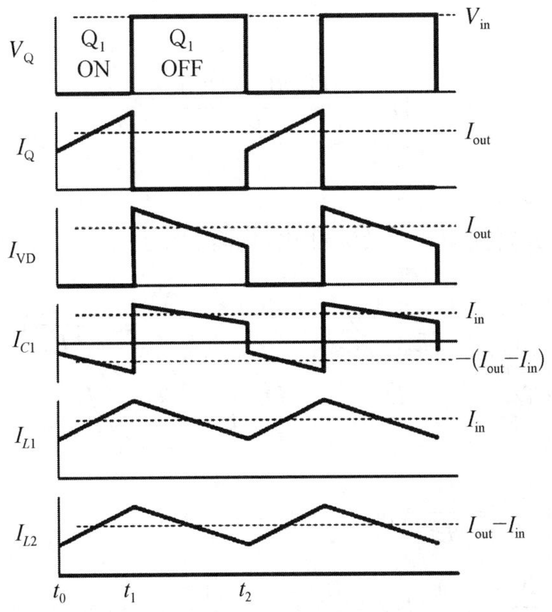

图 6.2.3　superbuck 在 CCM 模式下稳态工作关键波形

驱动波形,I_Q为开关管的电流波形,I_{VD}为二极管VD的电流波形,I_{C1}为电容C_1的电流波形,I_{L1}和I_{L2}别为电感L_1、L_2的电流波形。

6.2.2 拓扑小信号建模及分析

为分析superbuck变换器拓扑特性,采用状态平均方法对拓扑进行小信号模型的建立。根据superbuck变换器工作原理,选取电感L_1和L_2电流$I_{L1}(t)$和$I_{L2}(t)$、电容C_1和C_2两端电压$V_{C1}(t)$和$V_{C2}(t)$为状态变量,输入电压$V_g(t)$为输入变量。

针对图6.2.2所示的电路拓扑列写状态方程,可得

$$\begin{cases}\dfrac{\mathrm{d}I_{L1}}{\mathrm{d}t}=\dfrac{1}{L_1}[V_g-V_{C2}-(1-q)V_{C1}]\\ \dfrac{\mathrm{d}V_{C1}}{\mathrm{d}t}=\dfrac{1}{C_1}[(1-q)I_{L1}-\mathrm{q}I_{L2}]\\ \dfrac{\mathrm{d}I_{L2}}{\mathrm{d}t}=\dfrac{1}{L_2}[qV_{C1}-V_{C2}]\\ \dfrac{\mathrm{d}V_{C2}}{\mathrm{d}t}=\dfrac{1}{C_2}\left(I_{L1}+I_{L2}-\dfrac{V_{C2}}{R}\right)\end{cases}\tag{6.2.2}$$

式中,q表示开关状态,$q=1$表示开关管导通,$q=0$表示开关管截止。

对上述方程组中状态变量进行周期平均,得到稳态时电感电流和电容电压的直流量表达式为

$$\begin{cases}V_{C1}=V_g\\ V_{C2}=D_{ss}V_g\\ I_{L1}=\dfrac{D_{ss}^2}{R}V_g\\ I_{L2}=\dfrac{D_{ss}(1-D_{ss})}{R}V_g\end{cases}\tag{6.2.3}$$

式中,D_{ss}为稳态占空比。

对状态方程进行分离扰动变量及线性化,化简后得到小信号表达式如下:

$$\begin{cases}\dfrac{\mathrm{d}I_{L1}}{\mathrm{d}t}=\dfrac{D_{ss}-1}{L_1}V_{C1}-\dfrac{1}{L_1}V_{C2}+\dfrac{V_{C1}}{L_1}d+\dfrac{1}{L_1}V_g\\ \dfrac{\mathrm{d}V_{C1}}{\mathrm{d}t}=\dfrac{1-D_{ss}}{C_1}I_{L1}-\dfrac{D_{ss}}{C_1}I_{L2}-\dfrac{I_{L1}+I_{L2}}{C_1}d\\ \dfrac{\mathrm{d}I_{L2}}{\mathrm{d}t}=\dfrac{D_{ss}}{L_2}V_{C1}-\dfrac{1}{L_2}V_{C2}+\dfrac{V_{C1}}{L_2}d\\ \dfrac{\mathrm{d}V_{C2}}{\mathrm{d}t}=\dfrac{1}{C_2}I_{L1}+\dfrac{1}{C_2}I_{L2}-\dfrac{1}{C_2R}V_{C2}\end{cases}\tag{6.2.4}$$

忽略输入电压扰动 V_g，得到占空比直接控制下 superbuck 电路线性模型矩阵方程：$\dot{\boldsymbol{X}}=\boldsymbol{A}X+\boldsymbol{B}U$，其中，矩阵 $\boldsymbol{A}$、$\boldsymbol{B}$ 分别如下：

$$\boldsymbol{A}=\begin{bmatrix} 0 & \dfrac{D_{ss}-1}{L_1} & 0 & -\dfrac{1}{L_1} \\ \dfrac{1-D_{ss}}{C_1} & 0 & -\dfrac{D_{ss}}{C_1} & 0 \\ 0 & \dfrac{D_{ss}}{L_2} & 0 & -\dfrac{1}{L_2} \\ \dfrac{1}{C_2} & 0 & \dfrac{1}{C_2} & -\dfrac{1}{C_2R} \end{bmatrix} \tag{6.2.5}$$

$$\boldsymbol{B}=\begin{bmatrix} \dfrac{V_g}{L_1} & -\dfrac{D_{ss}V_g}{RC_1} & \dfrac{V_g}{L_2} & 0 \end{bmatrix}^{\mathrm{T}} \tag{6.2.6}$$

其中，状态变量 $\boldsymbol{X}=[I_{L1}\quad V_{C1}\quad I_{L2}\quad V_{C2}]^{\mathrm{T}}$，$V_{out}=V_{C2}$，$D_{ss}$ 是稳态占空比，R 为负载等效电阻。

经拉氏变换，求出输出电压对占空比的传递函数 $G_{Vd}(s)$ 为

$$\begin{aligned} G_{Vd}(s)=\frac{V_{out}}{d}=&[V_gRC_1(L_1+L_2)S^2+V_gD_{ss}(L_2-D_{ss}L_1-D_{ss}L_2)S+V_gR] \\ &\times\{C_1C_2L_1L_2RS^4+C_1L_1L_2S^3+[R(L_1+L_2) \\ &+C_2R(L_2-2D_{ss}L_2+D_{ss}^2L_1+D_{ss}^2L_2)]S^2 \\ &+(D_{ss}^2L_1+L_2(1-D_{ss})^2)S+R\}^{-1} \end{aligned} \tag{6.2.7}$$

根据劳斯定理，只要保证式(6.2.7)的分子各项系数为正即可避免 RHP 零点，由此可得到电路设计的参数约束条件：

$$L_2-L_2D_{ss}-L_1D_{ss}>0 \tag{6.2.8}$$

根据不等式(6.2.8)选取的主电路参数使得 superbuck 电路无 RHP 零点，表现为二阶系统特性，控制器设计较为方便。但是当电路稳定工作点的占空比较大时，两电感值的选取差异较大，甚至相差十几倍。受电路体积和成本限制，式(6.2.8)中的条件很难满足，此时系统出现复数 RHP 零点，表现为高阶系统特性。为了消除模型在不满足约束条件式(6.2.8)而产生的 RHP 零点，对电路加入阻尼回路。

6.2.3　改善变换器控制对象的阻尼回路设计方法

当变换器模型阶次较高时，其占空比-输出电压传递函数 G_{Vd} 将不可避免的引入多个零极点，大量文献针对如何优化改善高阶变换器的模型进行了研究。RC 阻尼回路由于结构简单、不引入直流损耗、成本较低等优点被广泛应用于优化高阶变换器的电路中。在 RC 阻尼回路的应用中，阻尼回路并联于主电路拓扑的中间电容两端，阻尼电容需要比变

换器中的功率电容具有更大的容值,以便能提供阻抗较低的回路,使阻尼电阻起作用,优化被控对象的模型。

superbuck 变换器具有双电感和双电容结构,文献指出,通过适当选择给定占空比情况下的两电感值,可以避免占空比—输出电压传递函数 G_{Vd} 中存在 RHP 零点。但对于大占空比情况下,这种约束条件会导致两电感值差异较大,由此带来的损耗、体积、成本都会增加,在实际情况中不易实现。针对 superbuck 变换器,在主电路参数不满足电感值设计条件时,可以采用将阻尼回路并联在中间电容两端的方法消除 RHP 零点,以避免被控对象传递函数中存在 RHP 零点。

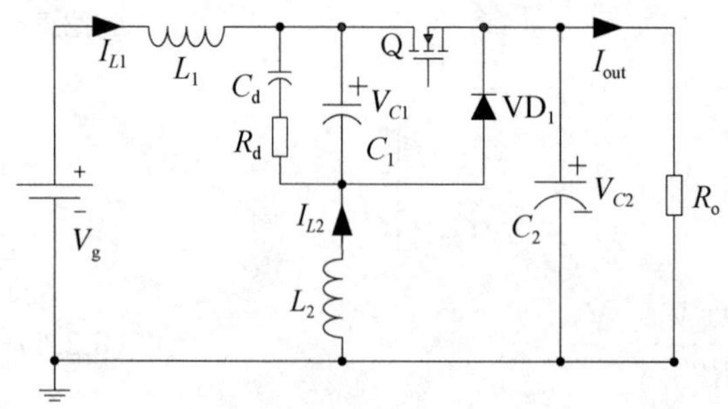

图 6.2.4 加入阻尼回路的 superbuck 拓扑示意图

1. 加入阻尼回路后的传递函数

图 6.2.4 所示为加入阻尼回路的 superbuck 拓扑示意图。

针对图 6.2.4 所示加入阻尼回路后的电路拓扑列写状态方程,可得

$$\begin{cases}\dfrac{\mathrm{d}I_{L1}}{\mathrm{d}t}=\dfrac{1}{L_1}\left[V_g-V_{C2}-(1-\mathrm{q})V_{C1}\right]\\[2ex] \dfrac{\mathrm{d}V_{c1}}{\mathrm{d}t}=\dfrac{1}{C_1}\left[(1-\mathrm{q})I_{L1}-\mathrm{q}I_{L2}-\dfrac{V_{C1}-V_{Cd}}{R_\mathrm{d}}\right]\\[2ex] \dfrac{\mathrm{d}I_{L2}}{\mathrm{d}t}=\dfrac{1}{L_2}\left[\mathrm{q}V_{C1}-V_{C2}\right]\\[2ex] \dfrac{\mathrm{d}V_{C2}}{\mathrm{d}t}=\dfrac{1}{C_2}\left(I_{L1}+I_{L2}-\dfrac{V_{C2}}{R}\right)\\[2ex] \dfrac{\mathrm{d}V_{Cd}}{\mathrm{d}t}=\dfrac{V_{C1}-V_{Cd}}{C_\mathrm{d}R_\mathrm{d}}\end{cases} \tag{6.2.9}$$

对上述方程组中状态变量进行周期平均,得到稳态时电感电流和电容电压的直流量表达式为

$$\begin{cases}V_{C1}=V_\mathrm{g}\\ V_{C2}=D_\mathrm{ss}V_\mathrm{g}\\ I_{L1}=\dfrac{{D_\mathrm{ss}}^2}{R}V_\mathrm{g}\\[2ex] I_{L2}=\dfrac{D_\mathrm{ss}(1-D_\mathrm{ss})}{R}V_\mathrm{g}\\[2ex] V_{Cd}=V_\mathrm{g}\end{cases} \tag{6.2.10}$$

由式(6.2.10)可知,阻尼回路不会影响电路本身的稳态直流量。

对状态方程进行分离扰动变量及线性化,化简后得到小信号表达式如下:

$$\begin{cases}\dfrac{\mathrm{d}I_{L1}}{\mathrm{d}t}=\dfrac{D_{\mathrm{ss}}-1}{L_1}V_{C1}-\dfrac{1}{L_1}V_{C2}+\dfrac{V_{C1}}{L_1}d+\dfrac{1}{L_1}V_{\mathrm{g}}\\ \dfrac{\mathrm{d}V_{C1}}{\mathrm{d}t}=\dfrac{1-D_{\mathrm{ss}}}{C_1}I_{L1}-\dfrac{1}{R_{\mathrm{d}}C_1}V_{C1}-\dfrac{D_{\mathrm{ss}}}{C_1}I_{L2}+\dfrac{1}{R_{\mathrm{d}}C_1}V_{C\mathrm{d}}-\dfrac{I_{L1}+I_{L2}}{C_1}d\\ \dfrac{\mathrm{d}I_{L2}}{\mathrm{d}t}=\dfrac{D_{\mathrm{ss}}}{L_2}V_{C1}-\dfrac{1}{L_2}V_{C2}+\dfrac{V_{C1}}{L_2}d\\ \dfrac{\mathrm{d}V_{C2}}{\mathrm{d}t}=\dfrac{1}{C_2}I_{L1}+\dfrac{1}{C_2}I_{L2}-\dfrac{1}{C_2R}V_{C2}\\ \dfrac{\mathrm{d}V_{C\mathrm{d}}}{\mathrm{d}t}=\dfrac{1}{R_{\mathrm{d}}C_{\mathrm{d}}}V_{C1}-\dfrac{1}{R_{\mathrm{d}}C_{\mathrm{d}}}V_{C\mathrm{d}}\end{cases} \tag{6.2.11}$$

忽略输入电压扰动 V_{g}，得到占空比直接控制下 superbuck 电路的线性模型矩阵方程：$\dot{\boldsymbol{X}}=\boldsymbol{A}X+\boldsymbol{B}U$，其中，矩阵 $\boldsymbol{A}$、$\boldsymbol{B}$ 如下：

$$\boldsymbol{A}=\begin{bmatrix}0 & \dfrac{D_{\mathrm{ss}}-1}{L_1} & 0 & -\dfrac{1}{L_1} & 0\\ \dfrac{1-D_{\mathrm{ss}}}{C_1} & -\dfrac{1}{R_{\mathrm{d}}C_1} & -\dfrac{D_{\mathrm{ss}}}{C_1} & 0 & \dfrac{1}{R_{\mathrm{d}}C_1}\\ 0 & \dfrac{D_{\mathrm{ss}}}{L_2} & 0 & -\dfrac{1}{L_2} & 0\\ \dfrac{1}{C_2} & 0 & \dfrac{1}{C_2} & -\dfrac{1}{C_2R} & 0\\ 0 & \dfrac{1}{R_{\mathrm{d}}C_{\mathrm{d}}} & 0 & 0 & -\dfrac{1}{R_{\mathrm{d}}C_{\mathrm{d}}}\end{bmatrix} \tag{6.2.12}$$

$$\boldsymbol{B}=\begin{bmatrix}\dfrac{V_{\mathrm{g}}}{L_1} & -\dfrac{D_{\mathrm{ss}}V_{\mathrm{g}}}{RC_1} & \dfrac{V_{\mathrm{g}}}{L_2} & 0 & 0\end{bmatrix}^{\mathrm{T}} \tag{6.2.13}$$

状态变量 $\boldsymbol{X}=[I_{L1}\quad V_{C1}\quad I_{L2}\quad V_{C2}\quad V_{C\mathrm{d}}]^{\mathrm{T}}$，$V_{\mathrm{out}}=V_{C2}$，$D_{\mathrm{ss}}$是稳态占空比，$R$ 为负载等效电阻。由此得到输出电压对占空比的传递函数为

$$G_{Vd}(s)=\frac{V_{\mathrm{out}}}{d}=\frac{a_3S^3+a_2S^2+a_1S+a_0}{b_5S^5+b_4S^4+b_3S^3+b_2S^2+b_1S+b_0} \tag{6.2.14}$$

2. 主拓扑电路仿真分析

为了对比 superbuck 电路加入阻尼前后的系统动态性和稳定性，采用 PSIM 软件进行了仿真验证。PSIM 软件是专门为电力电子和电动机控制设计的一款仿真软件。它可以快速地仿真和便利地与用户接触，为电力电子分析、数字控制和电动机驱动系统研究提供了强大的仿真环境。

图 6.2.5～图 6.2.7 分别显示了直接占空比控制下无阻尼网络的 superbuck 电路仿真图、superbuck 输出电压和输出电流波形以及 superbuck 电路小信号分析伯德图。

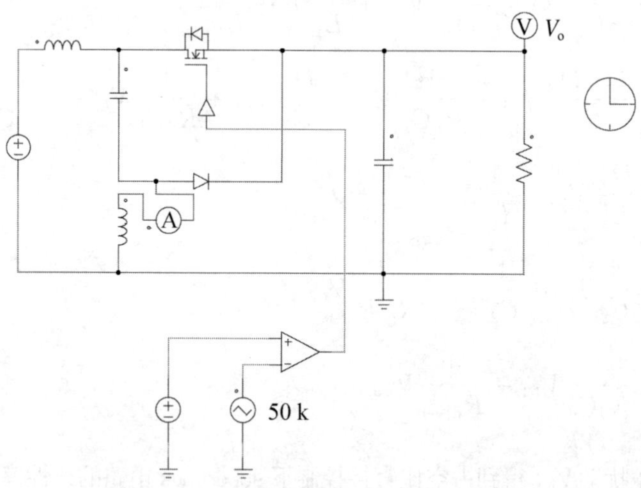

图 6.2.5　无阻尼网络的 superbuck 电路仿真图

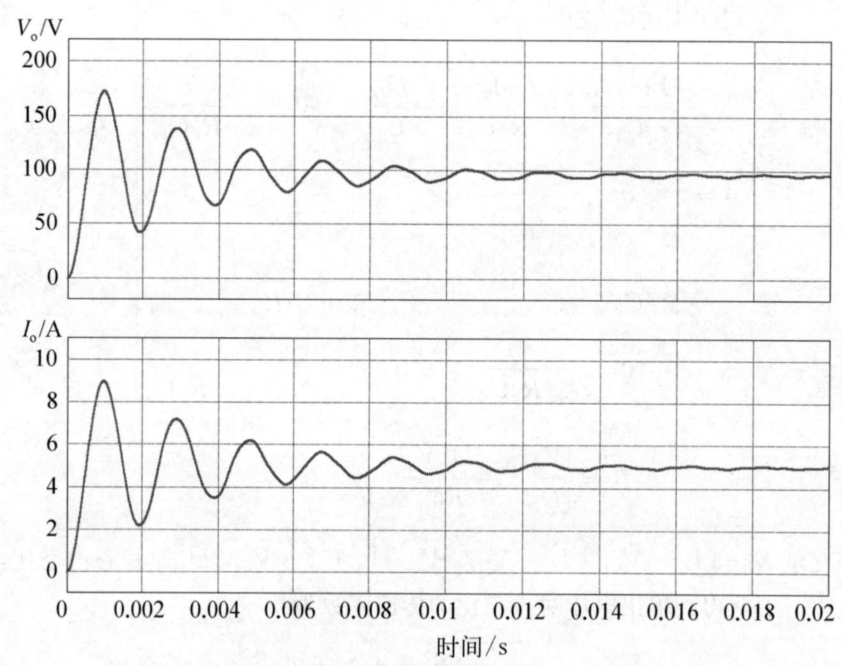

图 6.2.6　无阻尼网络的 superbuck 电路输出电压和输出电流波形

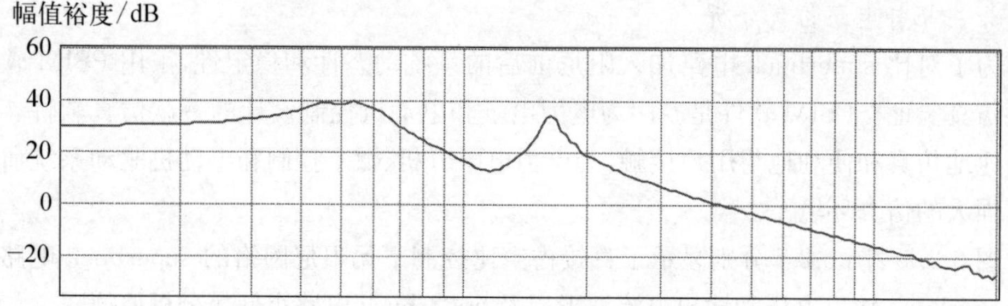

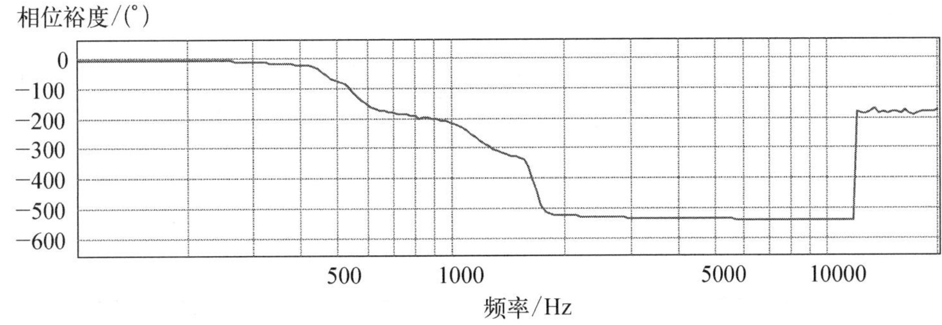

图 6.2.7　无阻尼网络的 superbuck 电路小信号分析伯德图

图 6.2.8～图 6.2.10 分别显示直接占空比控制下带阻尼网络的 superbuck 电路仿真图、superbuck 输出电压和输出电流波形以及 superbuck 电路小信号分析伯德图。

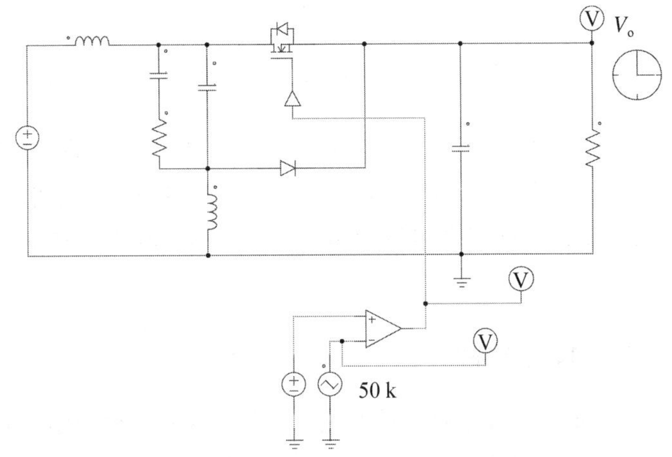

图 6.2.8　带阻尼网络的 superbuck 电路仿真图

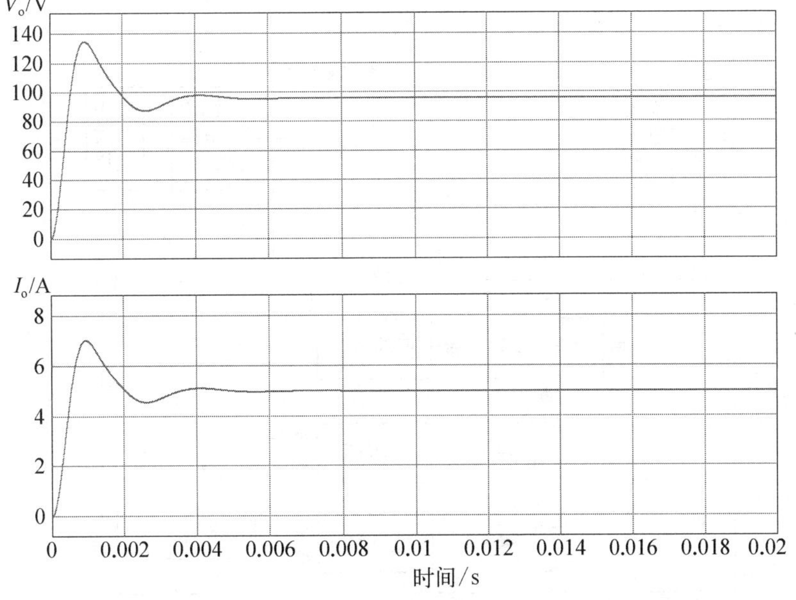

图 6.2.9　带阻尼网络的 superbuck 电路输出电压和输出电流波形

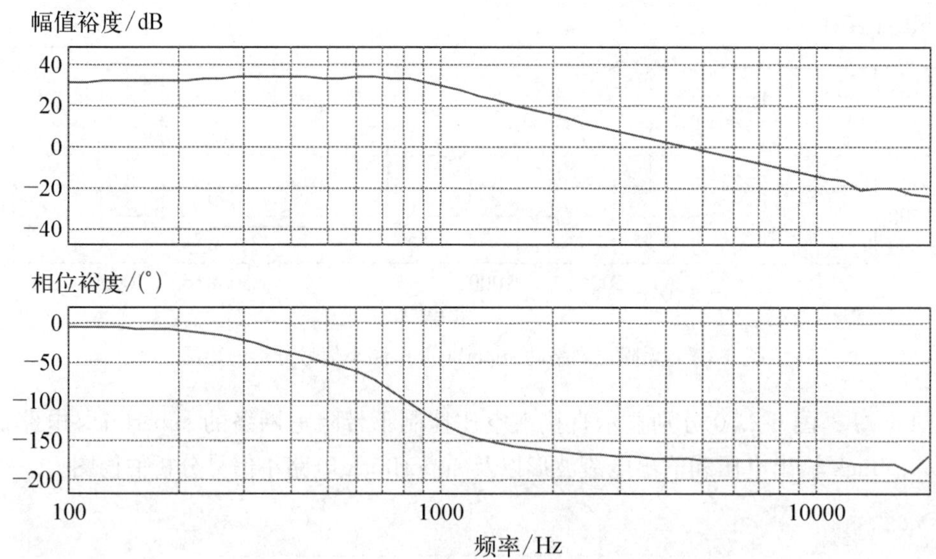

图 6.2.10　带阻尼网络的 superbuck 电路小信号分析伯德图

由上述仿真结果可知,当变换器中没有阻尼回路时,系统发生振荡,响应速度慢,稳定性差。有阻尼网络情况下,电路启动时稳定所需的时间短,电压、电流波动较小,变换器具有较快的响应速度,结果也验证了带阻尼网络的 superbuck 电路具有良好的动态性能和稳定裕度。

6.2.4　控制环路的建模与分析

图 6.2.11 为采用 superbuck 电路拓扑的充电控制模块系统原理图。采用双环控制策略,外环是恒压环或恒流环,以控制充电调节器的输出特性,内环是输入电流环控制,限制

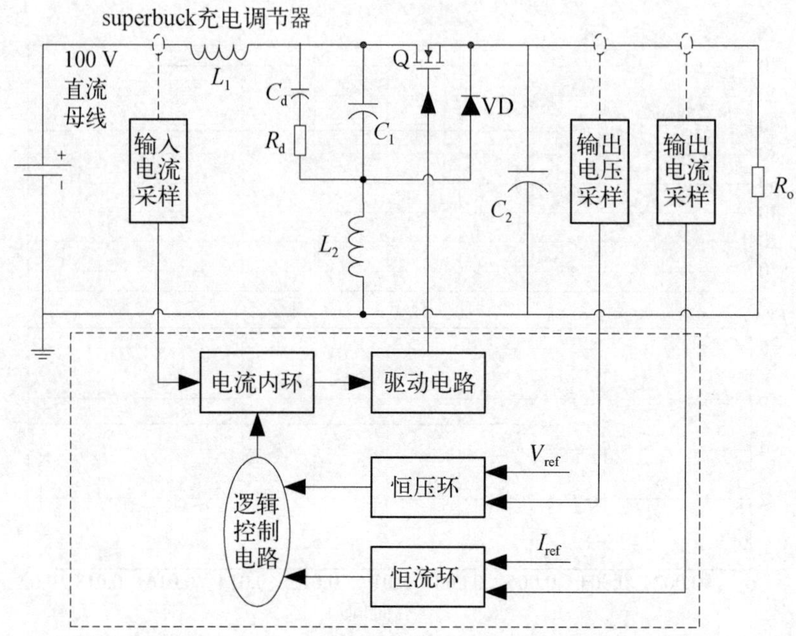

图 6.2.11　superbuck 充电控制模块系统原理图

变换器的输入电流。控制电路还包括对恒压环和恒流环控制信号选择的逻辑控制电路，以及输入电流采样电路、驱动电路等。

1. 单环控制

恒压输出模式下的充电控制模块控制框图如图6.2.12所示，其中G_{cv}为控制器传递函数，F_{pwm}是调节器增益，$F_{pwm}=1/V_M$，V_M为锯齿波的峰值，G_{vo-d}为控制输出传递函数，F_V为电压采样系数。

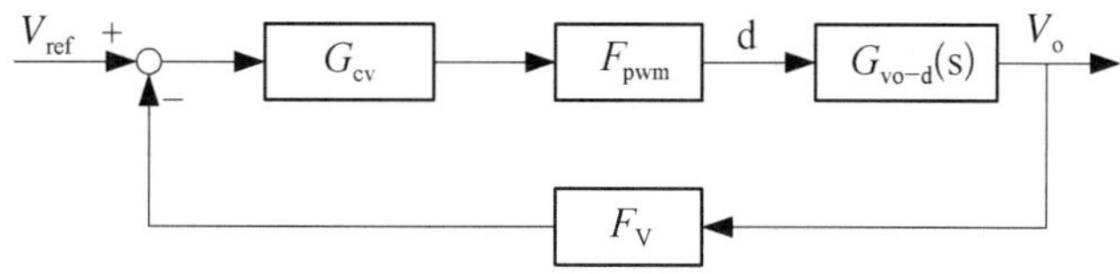

图6.2.12　恒压模式控制流程框图

由图6.2.12可得系统的传递函数为

$$G_v(s)=G_{cv}(s)\,F_{pwm}(s)\,G_{vo-d}(s)\,F_V \tag{6.2.15}$$

考虑到蓄电池侧电压变化较为缓慢，对调节系统快速性要求不高，故G_{cv}控制器采用比例积分PI控制器，即

$$G_{cv}(s)=K_p+\frac{K_i}{s} \tag{6.2.16}$$

得到校正后的系统环路增益为

$$G_v(s)=\left(K_p+\frac{K_i}{s}\right)\frac{1}{V_M}\,\frac{a_3S^3+a_2S^2+a_1S+a_0}{b_5S^5+b_4S^4+b_3S^3+b_2S^2+b_1S+b_0}F_V \tag{6.2.17}$$

在式(6.2.17)中，令$K_p=1$，$K_i=3\,000$，对于SG3525芯片，三角波峰峰值为0.6～3.3 V，V_M取1/2.7。F_v为电压采样系数，输出电压采样比为0.05，得到单环控制充电系统伯德图(图6.2.13)。

由伯德图可知，单电压环回路函数幅频曲线相位裕度为37°，因此单电压环的superbuck充电环路穿越频率和相位裕度较低，控制系统不能及时响应输入端的扰动，只有等到输入扰动到达输出端时才开始调节，输入端的扰动越大，输出的影响越大。为了提高系统的动态性能，引入电流反馈实现双环控制。

2. 双环控制

双环控制系统原理如图6.2.14所示。系统采用电压外环和电流内环的控制方式，电流内环基于输入电流的控制，电压外环基于蓄电池输出电压的控制。图中F_i表示电流采样系数。

电流内环等效传递函数：

$$G_{iloop}(s)=\frac{G_{ci}(s)\,F_{pwm}(s)\,G_{ig-d}(s)}{1+G_{ci}(s)\,F_{pwm}(s)\,G_{ig-d}(s)\,F_i} \tag{6.2.18}$$

G_{ig-d}是输入电流I_g即电感L_1的电流对占空比d的传递函数，为

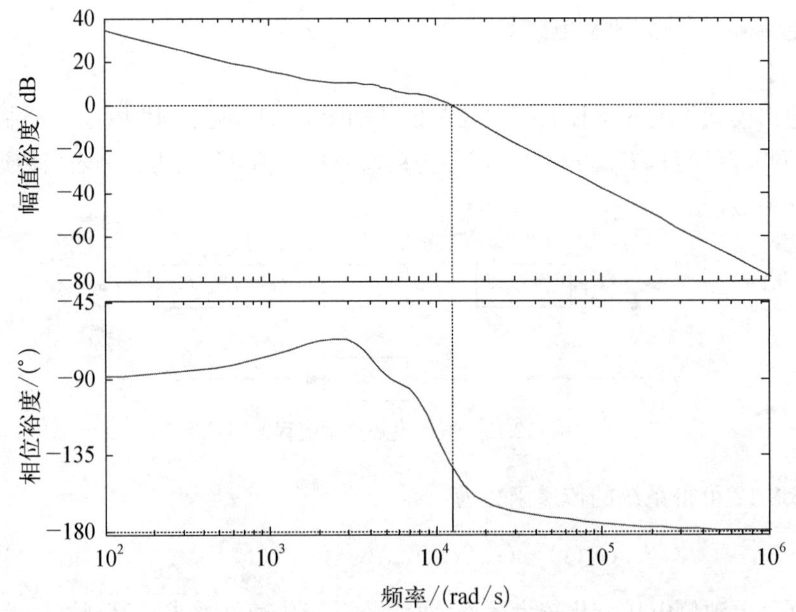

图 6.2.13 单电压环控制的 superbuck 充电系统环路伯德图

频率为无穷大时，幅值裕度无穷小；频率为 1.25×10^4 rad/s 时，相位裕度为 37°

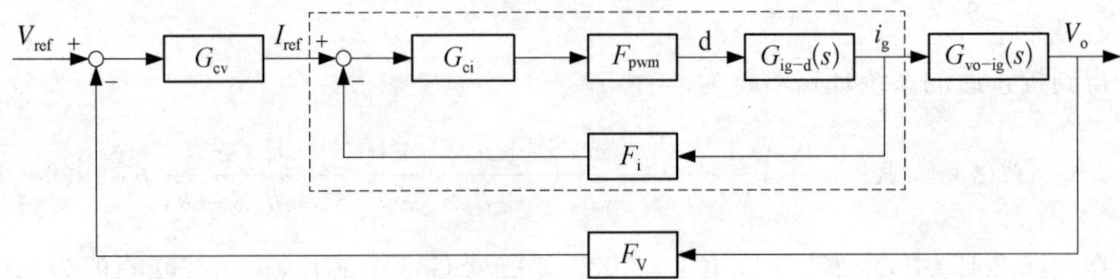

图 6.2.14 双闭环控制系统框图

$$G_{ig-d}(s)=\frac{I_g}{d}=\frac{a_4S^4+a_3S^3+a_2S^2+a_1S+a_0}{b_5S^5+b_4S^4+b_3S^3+b_2S^2+b_1S+b_0} \tag{6.2.19}$$

电压外环环路增益：

$$G_v(s)=G_{cv}(s)\,G_{iloop}(s)\,G_{vo-ig}(s)\,F_V \tag{6.2.20}$$

G_{vo-ig} 是输出电压对输入电流的传递函数，为

$$G_{vo-ig}(s)=\frac{G_{vo-d}(s)}{G_{ig-d}(s)} \tag{6.2.21}$$

$$G_{vo-d}(s)=\frac{V_{out}}{d}=\frac{c_3S^3+c_2S^2+c_1S+c_0}{b_5S^5+b_4S^4+b_3S^3+b_2S^2+b_1S+b_0} \tag{6.2.22}$$

$$G_v(s)=G_{cv}(s)\,G_{iloop}(s)\,G_{vo-ig}(s)\,F_V \tag{6.2.23}$$

式(6.2.23)中，G_{ci}、G_{cv}采用 PI 补偿网络，取电流内环 $K_{p1}=1.325$，$K_{i1}=44\,500$；

电压外环 $K_{p2}=10.55$，$K_{i2}=96\,200$。三角波峰值 V_m 为 1/2.7。F_i 为输入电流 I_g 的电流采样比，由于变换器的最大输入电流平均值 5 A，同时为了限制启动时的电流过充，选取比例为 1。F_v 是输出电压采样的比例值，取 0.05，得到双环控制充电系统伯德图(图 6.2.15)。

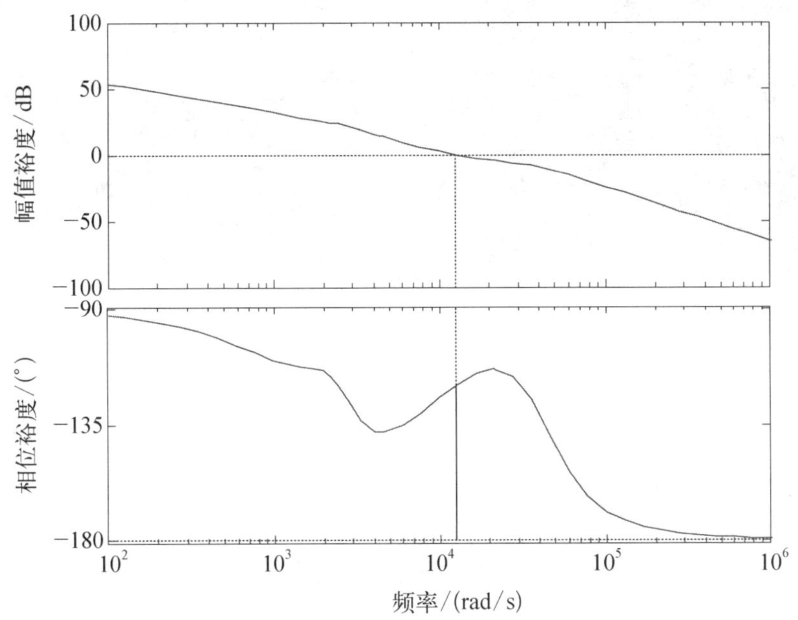

图 6.2.15　双环控制的 superbuck 充电系统环路伯德图

频率为无穷大时，幅值裕度无穷小；频率为 1.25×10^4 rad/s 时，相位裕度为 60°。

由伯德图可知，双环控制低频段增益比单环控制有较大提高，穿越频率斜率更为平缓，不会有较大的超调和调节时间，相位裕度为 60°，满足稳定性要求。

6.2.5　功能验证

为了验证 superbuck 电路的工作原理，搭建 5 A 充电电流的 superbuck 充电实验模块平台进行应用验证，如图 6.2.16 所示。电路主要由主功率电路、采样电路、控制电路以及保护电路四个部分组成。主电路参数如下：$L_1=0.9$ mH，$L_2=0.96$ mH，$C_1=10$ μF，$C_2=100$ μF，$R_d=5.1\ \Omega$，母线电压纹波峰峰值不大于 500 mV，母线电压为 100 V，输出电压为 55～96 V，充电电流为 0～5 A，开关频率为 50 kHz。

图 6.2.16　5 A 充电电流的 superbuck 变换器充电实验平台

图 6.2.17 给出了输出电压为 55 V、最大输出电流为 5 A 情况下的 superbuck 变换器实验波形。其中粉色波形为开关管驱动波

形，黄色波形为母线电压波形，蓝色波形为母线电压纹波。实验测得母线纹波为 154 mV。结果表明，superbuck 电路实现了功能变换，不同负载电流下均能稳定工作，变换器工作原理与理论分析一致。

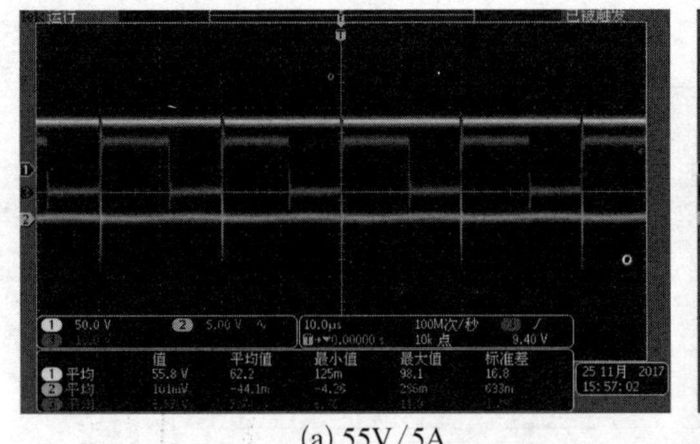
(a) 55V/5A

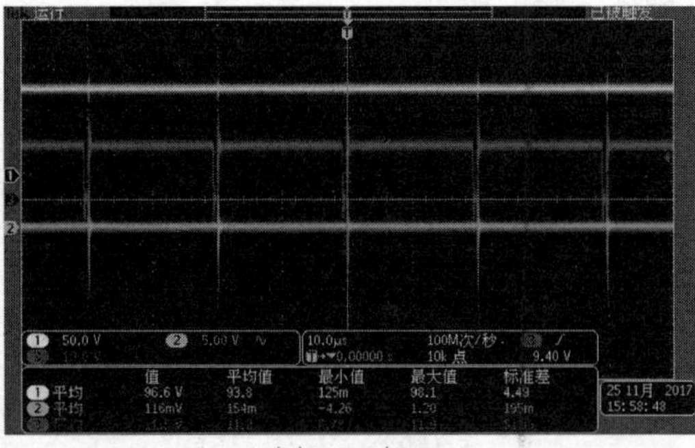
(b) 96V/5A

图 6.2.17 变换器主要实验波形

综上，基于 PSIM 仿真平台建立的仿真模型与 superbuck 电路的测试结果具有一致性，说明本书采用的基于仿真分析的 superbuck 设计方法在进行电子电源电路设计时，能提高电路设计的效率，减小电路反复调试的过程。

6.3 Weinberg 电路工作原理分析

6.3.1 电路拓扑

Weinberg 电路结构是在推挽电路结构基础上改进而成的一种电路结构，用中心误差放大器控制这种电路，和传统的升压电路一样应用于成熟的母线全调节方式，非常适合负载功率在 2 kW 以上，母线电压为中、低压的卫星平台。

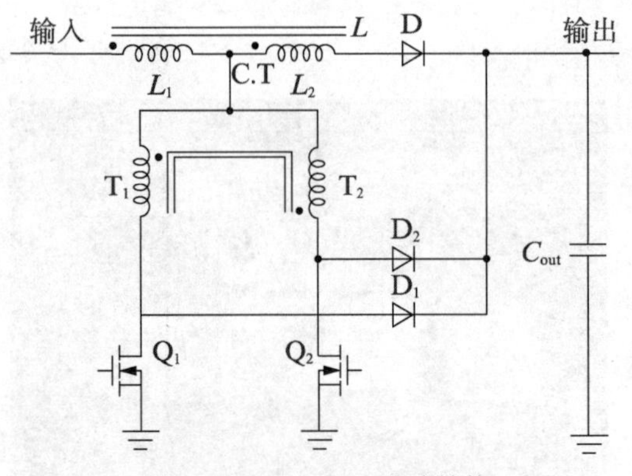

图 6.3.1 Weinberg 电路结构

Weinberg 电路结构如图 6.3.1 所示，电路通过调制开关管 Q_1、Q_2 的脉宽来控制输出电压。由于 Q_1 和 Q_2 交错 180°工作，因此电路工作频率是 Q_1、Q_2 开关频率的 2 倍。这有利于减小磁性元件和滤波器件的体积，增加电路频带，同时降低开关管上的开关损耗。

图 6.3.2 给出了 Weinberg 电路理想状态下的 2 个简化工作状态。当处于工作状态 a 时，如图 6.3.2(a)所示，Q_1 导通，Q_2 断开，D_1 和 D 反偏截止。大小为 I_{T1} 的电流流过 L_1、T_1 以及 Q_1、T_2 感应出相同大小的电流流过 T_2、D_2 并提供给输出端，V_{CT}的大小是输出电压的一半：$[V_{CT}]_{on}=\frac{V_{out}}{2}$。输入电流 I_L 流经 L_1，所以有 $I_L=I_{Q_1}+I_{Q_2}$ 和 $I_{Q_1}=I_{D_2}=I_{out}$。可以得

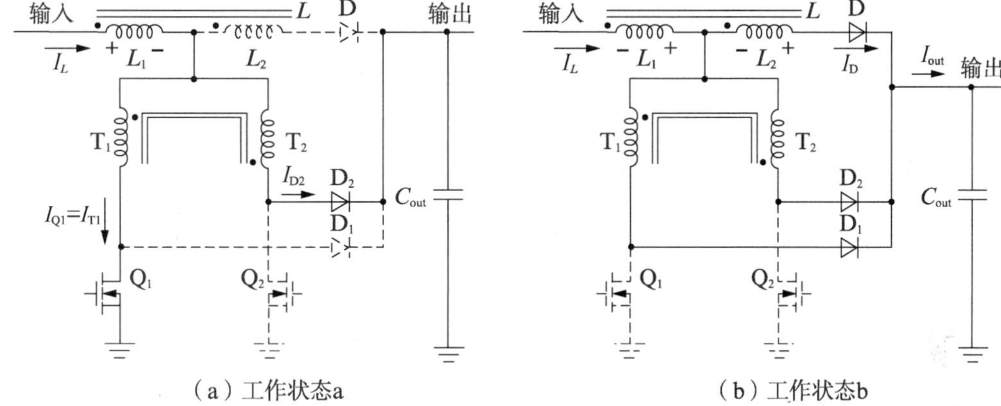

（a）工作状态a　　（b）工作状态b

图 6.3.2　Weinberg 电路的工作状态

$$[I_L]_{on}=2[I_{out}]_{on} \tag{6.3.1}$$

设电感 L_1 的电感量为 L_{on}，L_1 两端的电压是 $V_{L1}=V_{in}-\frac{V_{out}}{2}=L_{on}\frac{\Delta I_L}{\Delta t}$，通过电感的电流变化量为

$$\left[\frac{\Delta I_L}{\Delta t}\right]_{on}=\frac{V_{in}-\frac{V_{out}}{2}}{L_{on}} \tag{6.3.2}$$

由式(6.3.1)和式(6.3.2)，可以得

$$\left[\frac{\Delta I_{out}}{\Delta t}\right]_{on}=\frac{1}{2}\left[\frac{\Delta I_L}{\Delta t}\right]_{on}=\frac{2V_{in}-V_{out}}{4L_{on}} \tag{6.3.3}$$

当处于工作状态 b 时，如图 6.3.2(b)所示，Q_1、Q_2 断开，D、D_1 及 D_2 正向导通。由于电感上的电流不能突变，电感上电压极性翻转，又由于电感上绕组完全相同，此时电感量为

$$L_{off}=(N_{L_1}+N_{L_2})^2A_L=4N^2A_L=4L_{on} \tag{6.3.4}$$

流过 L 及 D 的电流为 $[I_L]_{off}2N=[I_L]_{on}N$，于是有

$$[I_{out}]_{off}=I_D=[I_L]_{off}=\frac{1}{2}[I_L]_{on} \tag{6.3.5}$$

通过式(6.3.4)和式(6.3.5)，得出电感的电流变化量为

$$\left[\frac{\Delta I_L}{\Delta t}\right]_{off}=\left[\frac{\Delta I_{out}}{\Delta t}\right]_{off}=\frac{V_{in}-V_{out}}{4L_{on}} \tag{6.3.6}$$

又因为 $V_{in}-V_{CT}=V_{CT}-V_{out}$，所以 $[V_{CT}]_{off}=\frac{V_{in}+V_{out}}{2}$。

电路占空比 D 为 $D=\frac{t_{on}}{T_{switching}}$。通过式(6.3.3)和式(6.3.6)可以得 $\frac{2V_{in}-V_{out}}{4L_{on}}D=-\frac{V_{in}-V_{out}}{4L_{on}}(1-D)$，所以有

$$V_{\text{out}}=(1+D)V_{\text{in}} \tag{6.3.7}$$

由此可见,改进型 Weinberg 电路的输出电压能达到输入电压与两倍输入电压之间任意一个值。

通过观察式(6.3.3),不难发现,改进型 Weinberg 电路的输出纹波可以写成 $\Delta I_{\text{out}}=\dfrac{2V_{\text{in}}-V_{\text{out}}}{4L_{\text{on}}}t_{\text{ON}}$,将式(6.3.7)中 V_{in}代入后有

$$\Delta I_{\text{out}}=\frac{\left(\dfrac{2}{1+D}-1\right)V_{\text{out}}}{4L_{\text{on}}}\times\frac{D}{f_{\text{S}}} \tag{6.3.8}$$

式中,f_{S}是脉宽调制频率,式(6.3.8)可以简化成

$$\Delta I_{\text{out}}=\frac{V_{\text{out}}}{4L_{\text{on}}f_{\text{S}}}\left(\frac{2D}{1+D}-D\right) \tag{6.3.9}$$

通过数值分析可知,当占空比 $D=41.4\%$的时候,输出纹波最大,此时

$$\Delta I_{\text{out}}=0.043\frac{V_{\text{out}}}{L_{\text{on}}f_{\text{S}}}=0.17\frac{V_{\text{out}}}{L_{\text{off}}f_{\text{S}}} \tag{6.3.10}$$

由上述分析可知,开关管压降最大为输入及输出电压和的一半,因此 Weinberg 电路中开关管电压应力小于输出电压,这有利于提高电路的输出功率、减小开关尖峰、并且输出电流连续、开关损耗低,避免了变压器饱和问题。

6.3.2 拓扑小信号建模及分析

为分析拓扑特性,采用状态空间平均法对 Weinberg 放电拓扑进行小信号建模及分析。为便于小信号建模,忽略掉耦合电感漏感和励磁电感、忽略自耦变压器漏感和励磁电感、忽略滤波电容寄生电阻和滤波电感等效电阻,简化小信号建模过程。

图 6.3.3 为 Weinberg 放电拓扑图,由 Weinberg 电路原理性分析,可以得到电路的等效状态。当 Q_1 导通时,其等效电路如图 6.3.4(a)所示;当两个开关管都关断时,等效电路如图 6.3.4(b)所示。

Q_1 开通时,变压器的中心抽头电压为 $V_{\text{out}}/2$,从图 6.3.4(a)可以得到如下关系:

$$\begin{cases}\dfrac{1}{2}V_{\text{out}}+L\dfrac{\mathrm{d}I_{\text{in}}(t)}{\mathrm{d}t}=V_{\text{in}}\\ C\dfrac{\mathrm{d}V_{\text{out}}(t)}{\mathrm{d}t}+\dfrac{V_{\text{out}}}{R}=I_{\text{out}}\\ I_{\text{in}}=2I_{\text{out}}\end{cases} \tag{6.3.11}$$

当开关管都关断时,电感上的电流发生变化,为保持恒定的磁通,从图 6.3.4(b)可以得到以下关系:

$$L_{\text{off}}=(N_1+N_2)^2A_L=4N^2A_L=4L_{\text{on}} \tag{6.3.12}$$

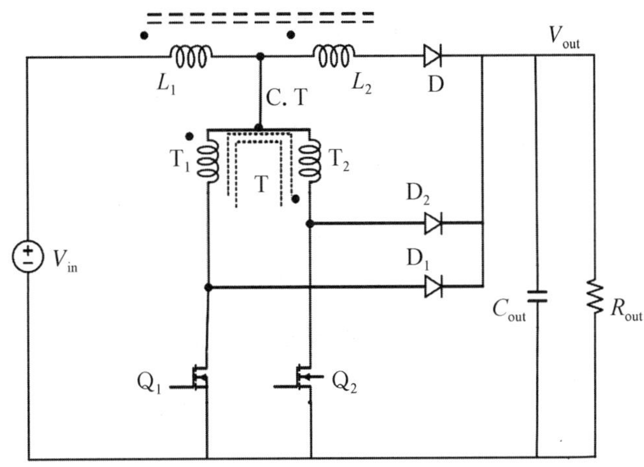

图 6.3.3　Weinberg 放电拓扑

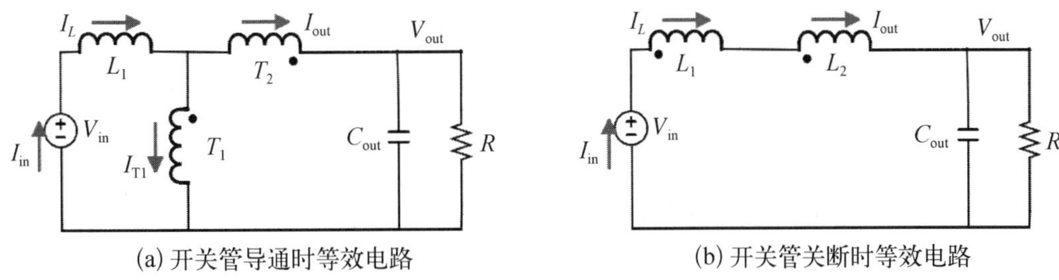

图 6.3.4　Weinberg 放电拓扑等效电路

$$\begin{cases} V_{out}+4L\dfrac{dI_{out}(t)}{dt}=V_{in} \\ C\dfrac{dV_{out}(t)}{dt}+\dfrac{V_{out}}{R}=I_{out} \\ I_{in}=I_{out} \end{cases} \tag{6.3.13}$$

因为 Q_2 开通时的状态和 Q_1 是一样的，总结几个不同时刻的电路状态，得到整个工作周期内电感电压、电容电流以及拓扑的输入电流方程：

$$\begin{cases} 4L\dfrac{dI_{out}(t)}{dt}=(2V_{in}-V_{out})\times D+(V_{in}-V_{out})\times(1-D) \\ C\dfrac{dV_{out}(t)}{dt}=I_{out}-\dfrac{V_{out}}{R} \\ I_{in}=2I_{out}\times D+I_{out}\times(1-D) \end{cases} \tag{6.3.14}$$

式中，D 表示放电拓扑的占空比，这里设定电感的电压 $v_L(t)$ 和占空比 $d(t)$ 等于静态值加上交流小信号，即

$$v_l(t)=V_L+\tilde{v}_L(t),\ d(t)=D+\tilde{d}(t),\ i(t)=I+\tilde{I}(t) \tag{6.3.15}$$

将式(6.3.15)代入式(6.3.14)中，得到以下方程：

$$
\begin{cases}
4L\left(\dfrac{\mathrm{d}I_{out}(t)}{\mathrm{d}t}+\dfrac{\mathrm{d}\widetilde{I}_{out}(t)}{\mathrm{d}t}\right)=[(1+D)V_{in}-V_{out}] \\
\qquad +[(1+D)\widetilde{v}_{in}-\widetilde{v}_{out}+V_{in}\widetilde{d}(t)]+\widetilde{v}_{in}\widetilde{d}(t) \\
C\left(\dfrac{\mathrm{d}v_{out}(t)}{\mathrm{d}t}+\dfrac{\mathrm{d}\widetilde{v}_{out}(t)}{\mathrm{d}t}\right)=\left(I_{out}-\dfrac{V_{out}}{R}\right)+\left(\widetilde{i}_{out}(t)-\dfrac{\widetilde{v}_{out}(t)}{R}\right) \\
I_{in}+\widetilde{I}_{in}(t)=(1+D)I_{out}+[(1+D)\widetilde{I}_{out}(t)+I_{out}\widetilde{d}(t)]+\widetilde{I}_{out}\widetilde{d}(t)
\end{cases}
\tag{6.3.16}
$$

由此可得,Weinberg电路的小信号模型等效电路如图6.3.5所示。

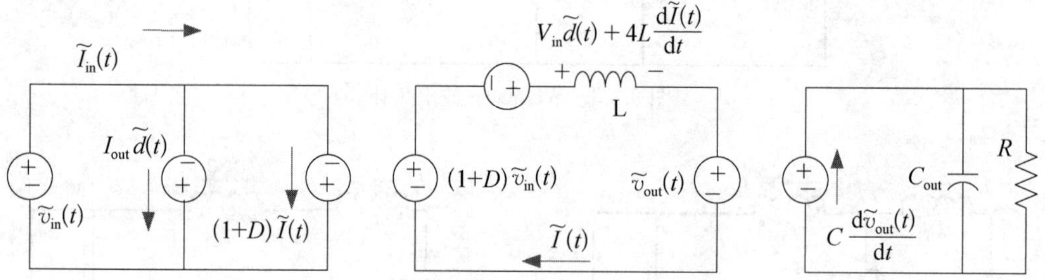

图6.3.5 Weinberg电路小信号模型等效电路

求出控制至输出电压的传递函数为

$$
G_{Vd}(s)=\frac{\widetilde{v}_{out}(s)}{\widetilde{d}(s)}=\frac{V_{in}}{4LC\,s^2+\dfrac{4Ls}{R}+1}
\tag{6.3.17}
$$

6.3.3 控制环路的建模与分析

1. 单环控制

图6.3.6为单环电压反馈补偿系统控制框图。

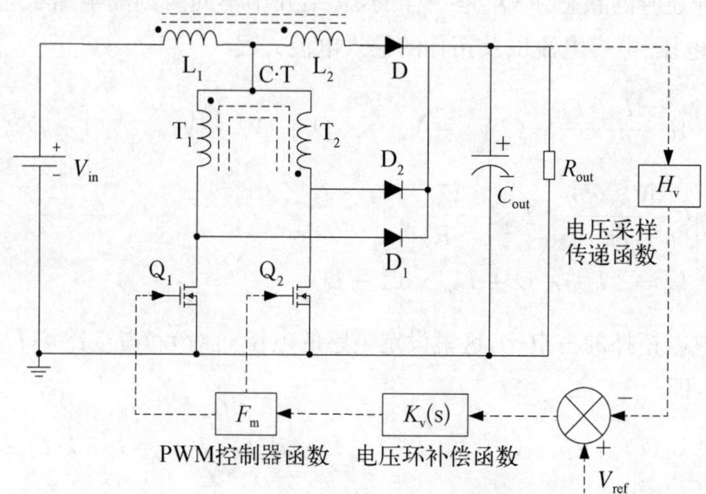

图6.3.6 Weinberg电路单电压环控制框图

其中电压采样为电阻分压采样，比例系数$H_v=0.145$。PWM 驱动器采用 SG1525 芯片，取 PWM 函数$F_m=1/V_m=1/3$。电压补偿控制器采用单零点双极点补偿器，如图 6.3.7 所示。

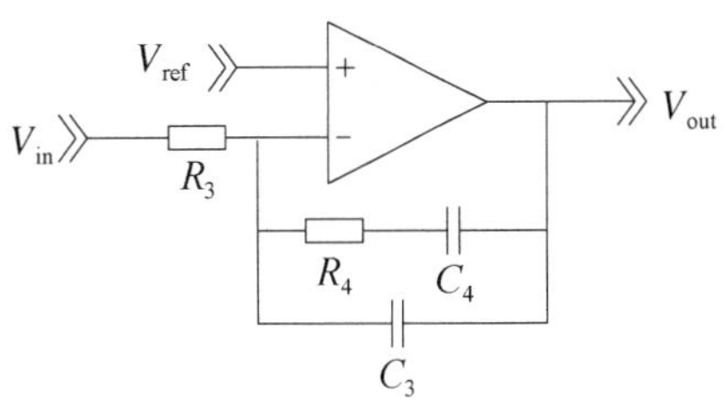

图 6.3.7　单零点双极点补偿网络

单零点双极点补偿网络传递函数为

$$K_v(s)=\frac{1+R_4C_4s}{R_3(C_3+C_4)s\cdot\left(1+R_4\dfrac{C_3C_4}{C_3+C_4}s\right)} \tag{6.3.18}$$

加入补偿网络后的传递函数为

$$G_v(s)=K_v(s)\,F_m(s)\,G_{vd}(s)\,H_v \tag{6.3.19}$$

由此得到校正后的 Weinberg 电路传递函数为

$$G_v(s)=\frac{1}{3}\frac{1+R_4C_4s}{R_3(C_3+C_4)s\cdot\left(1+R_4\dfrac{C_3C_4}{C_3+C_4}s\right)}\frac{V_{in}}{4LCs^2+\dfrac{4Ls}{R}+1}\frac{5.1}{35.1} \tag{6.3.20}$$

化简得

$$G_v(s)=\frac{17}{351}\cdot\frac{R_4C_4V_{in}s+V_{in}}{(C_3R_3s+C_4R_3s)\cdot\left(1+R_4\dfrac{C_3C_4}{C_3+C_4}s\right)\cdot\left(4LCs^2+\dfrac{4Ls}{R}+1\right)} \tag{6.3.21}$$

为使开关变换器稳定可靠地工作，必须对变换器的控制环路进行优化设计，但是在实际应用中还应根据具体设计要求，在稳定性和快速性上有所权衡。补偿后的 Weinberg 电路单电压环传递函数伯德图簇，如图 6.3.8 所示。

从伯德图可以看出，单环闭环系统补偿网络的相位未能对拓扑传递函数的相位达到有效补偿，不能得到足够的相位裕度，下面将采用双环控制进一步改善。

2. 双环控制

Weinberg 放电调节单元系统层面采用电压电流双环的控制方式，控制原理如图 6.3.9 所示，图 6.3.10 为变换器控制系统框图。电流环在每个开关周期，电流误差放大器的同相输入端电压反映了平均电流设定值的大小，电流采样电路检测到的电压信号反映电感电流的实际值，并送入电流调节器的反相输入端。

根据小信号模型分析可知，电压环和电流环的控制对象分别为$G_v(s)$和$G_{id}(s)$，电压环路和电流环路的增益分别为$T_v(s)$和$T_{id}(s)$：

$$G_v(s)=\frac{V_{in}R}{4LCRs^2+4Ls+R} \tag{6.3.22}$$

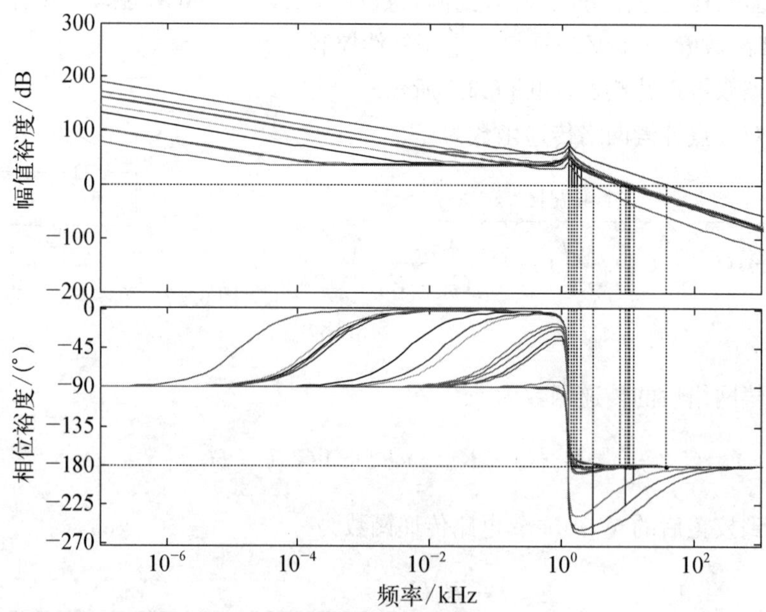

图 6.3.8 Weinberg 电路单电压环传递函数伯德图

频率无穷大时，幅值裕度无穷小；频率为 9.99 kHz 时，相位裕度为 0.525°

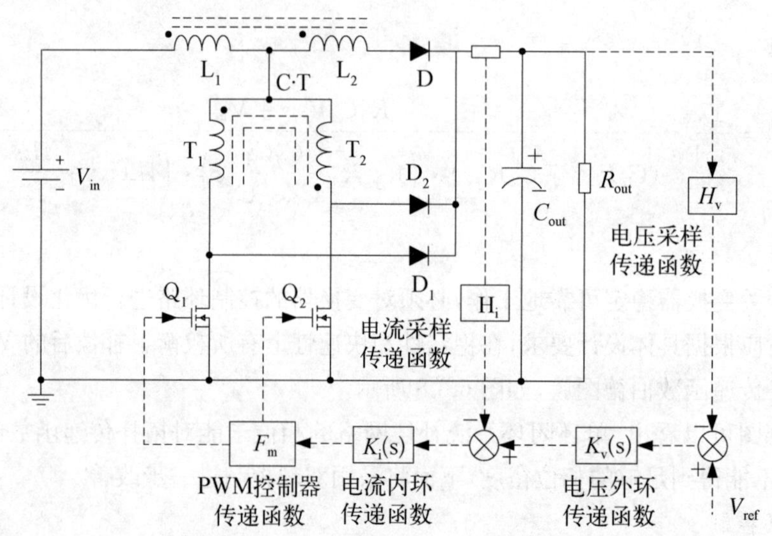

图 6.3.9 Weinberg 电路双环控制原理框图

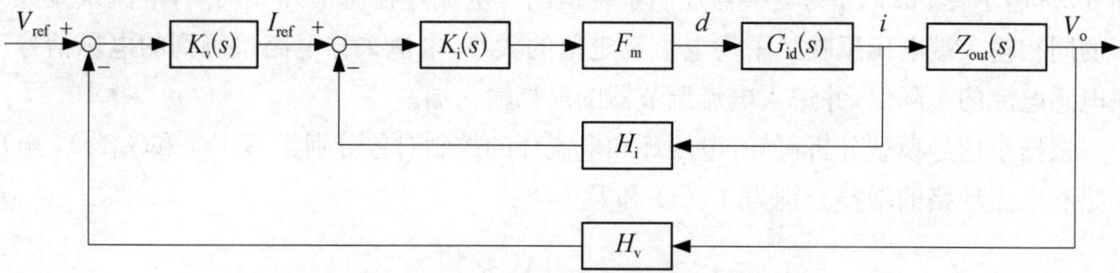

图 6.3.10 Weinberg 变换器控制系统框图

$$T_v(s)=K_v(s)\cdot F_m\cdot G_v(s)\cdot H_v(s)=\frac{0.145}{V_m}\cdot\frac{RV_{in}K_v(s)}{4LCRs^2+4Ls+R}\tag{6.3.23}$$

$$G_{id}(s)=\frac{V_{in}+V_{in}RCs}{4LCRs^2+4Ls+R}\tag{6.3.24}$$

$$T_{id}(s)=K_i(s)\cdot F_m\cdot G_{id}(s)\cdot H_i(s)=\frac{0.25}{V_m}\cdot\frac{RCV_{in}K_i(s)s+V_{in}K_i(s)}{4LCRs^2+4Ls+R}\tag{6.3.25}$$

式(6.3.22)～式(6.3.25)中,$G_v(s)$为占空比到输出电压的传递函数;H_v为输出电压采样系数,$H_v=0.145$;$K_v(s)$为电压环路的补偿传递函数;$G_{id}(s)$为占空比到输出电流的传递函数;H_i为平均电流采样系数,$H_i=0.25$;$K_i(s)$为电流环路的补偿传递函数;PWM控制器的传递函数依然是$F_m=1/V_m$,V_m为锯齿波峰值,SG3525芯片的V_m为3 V。

图6.3.11为系统闭环传递函数绘制的伯德图,系统在穿越频率6 kHz处,相位裕度60°,幅值曲线以约−20 dB的斜率穿越0点。可以看出补偿后系统在低频段具备良好的直流增益和稳定裕度,系统小信号整体性能满足设计要求。

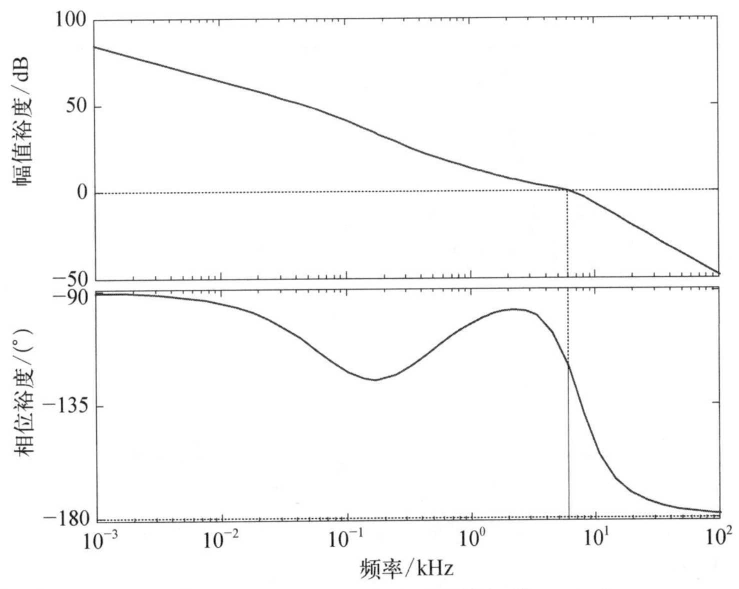

图6.3.11　Weinberg电路双环控制伯德图

频率无穷大时,幅值裕度无穷小;频率为6 kHz时,相位裕度为60°

6.3.4　主拓扑电路仿真分析

为了验证Weinberg电路的工作原理,采用PSIM仿真软件搭建了Weinberg电路模型,如图6.3.12所示。

图6.3.13和图6.3.14分别显示了Weinberg电路母线纹波波形图和阶跃母线动态响应波形图,图6.3.15为闭环系统伯德图。可以看出,采用平均电流控制的双闭环系统具有良好的动态性能和小信号稳定性。

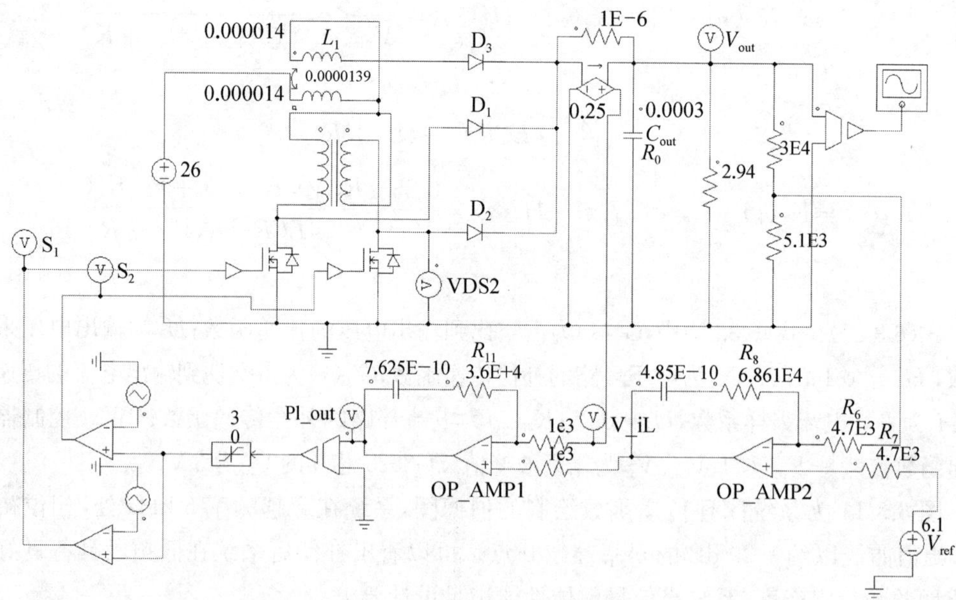

图 6.3.12 Weinberg 电路仿真模型图(电感单位为 H,电容单位为 F)

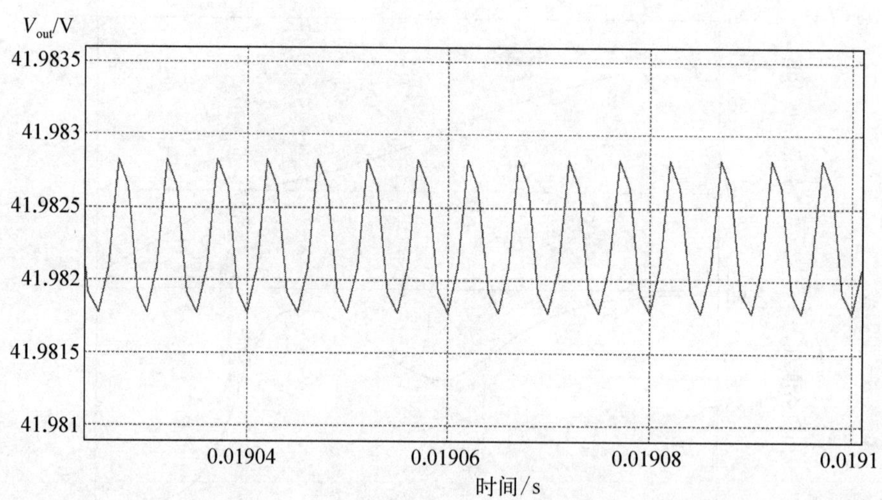

图 6.3.13 Weinberg 电路仿真输出母线纹波波形

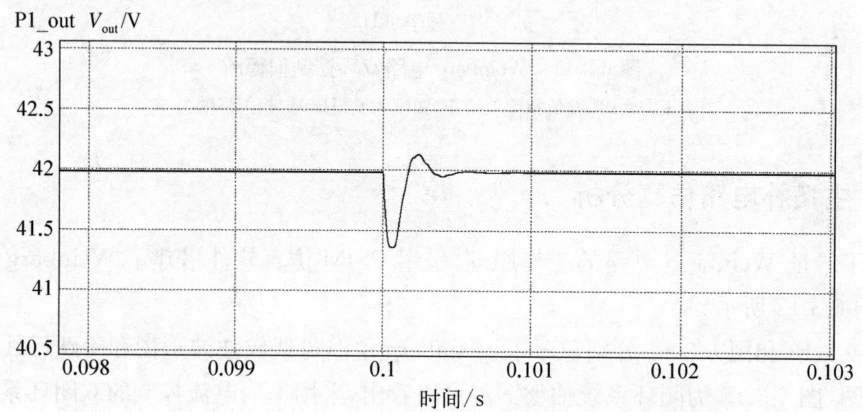

图 6.3.14 Weinberg 电路仿真半载阶跃母线动态响应波形

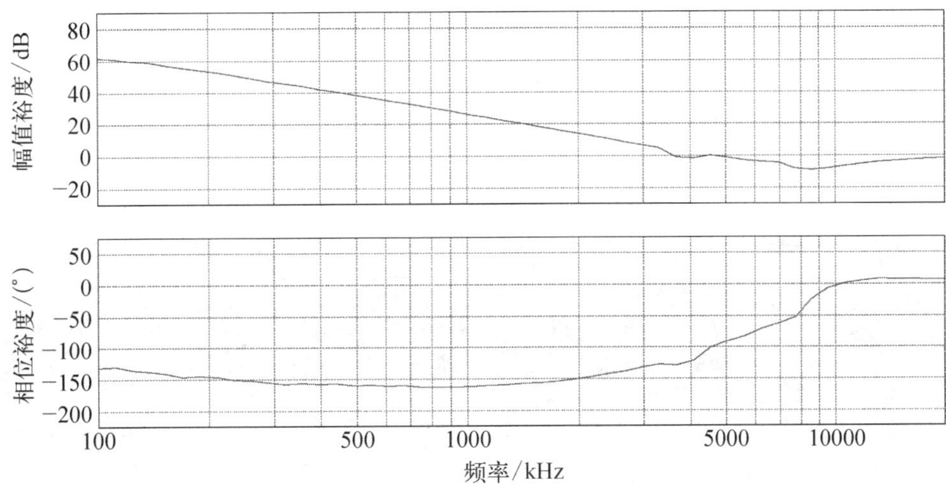

图 6.3.15　Weinberg 电路仿真闭环扫频波形

6.3.5　功能验证

为验证上述 Weinberg 电路研究结果和设计正确性，按照放电调节器的电性能要求制作样机进行功能验证，如图 6.3.16 所示。主电路参数如下：输入电压为 26～42 V，输出功率为 600 W，原边电感 $L=6\ \mu H$，输出电容 $C=300\ \mu F$，母线电压纹波峰峰值不大于 500 mV，母线电压为 42 V，开关频率为 100 kHz。

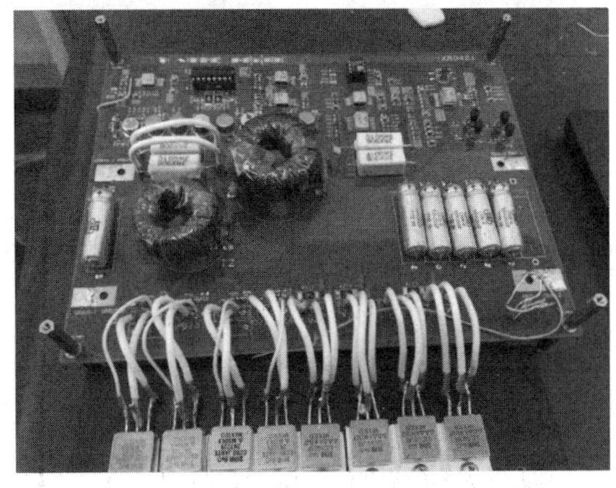

图 6.3.16　Weinberg 电路仿真闭环扫频波形

1）纹波测试

图 6.3.17 为母线纹波测试波形图。如图所示，当输入电压为 26 V 时，母线纹波为 372 mV；当输入电压为 42 V 时，母线纹波为 432 mV，满足指标要求。

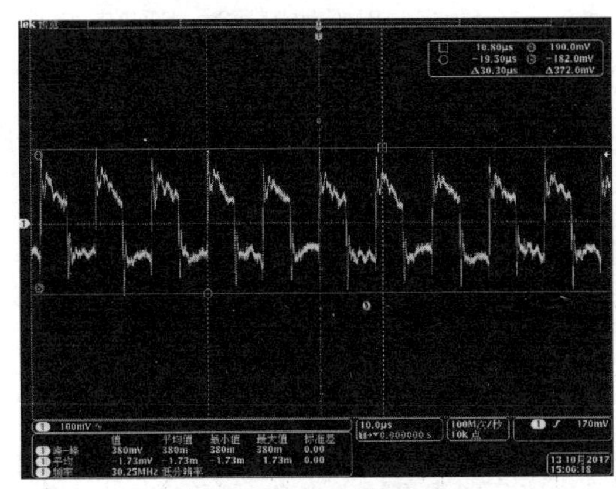

(a) V_{in}=26 V时母线纹波

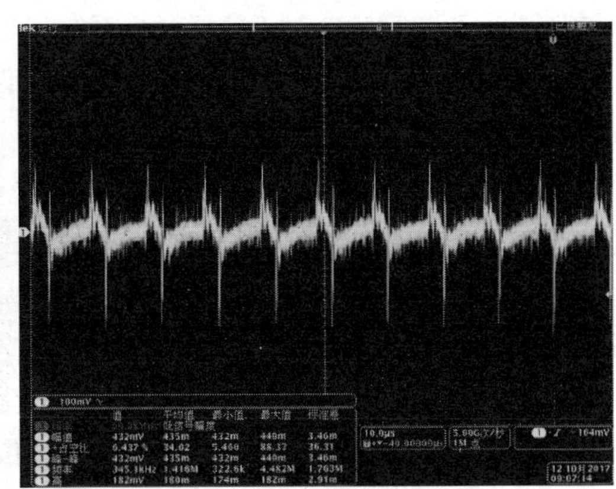

(b) V_{in}=42 V时母线纹波

图 6.3.17　母线纹波测试波形图

2）动态响应测试

图 6.3.18 为 Weinberg 电路闭环负载切换动态响应测试图，测试条件为 42 V 输入条件下负载从 15%(约 100 W)至 85%(约 500 W)来回阶跃切换，测得母线电压变换情况。测试结果表明，母线超调在加载和减载情况下均小于 1.2 V，母线超调恢复时间约为 2 ms，均满足指标要求。

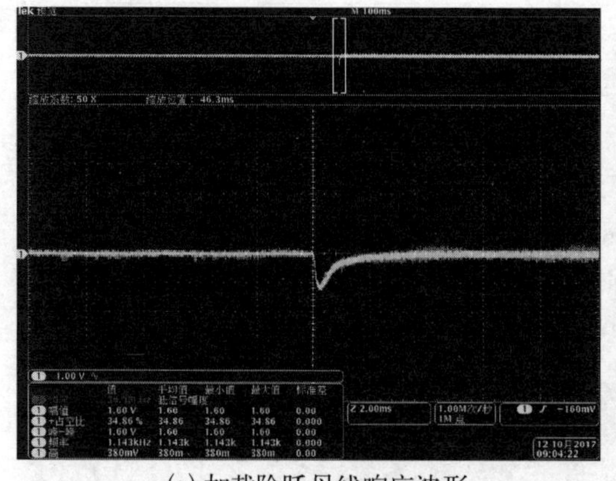

(a) 加载阶跃母线响应波形

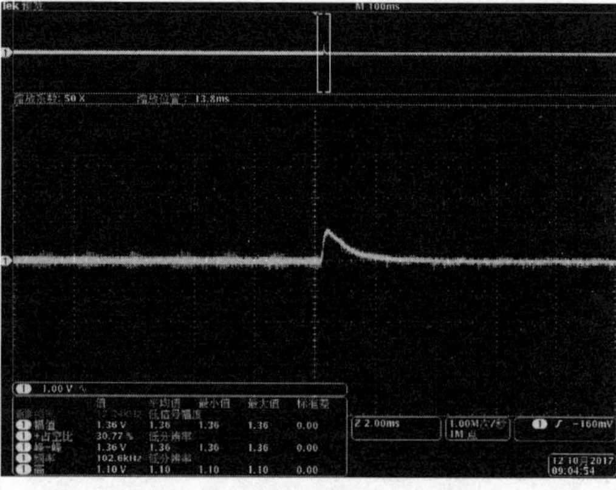

(b) 减载阶跃母线响应波形

图 6.3.18　母线动态响应波形图

综上，本节首先对 Weinberg 电路进行理论分析和参数设计，并基于 PSIM 软件搭建了仿真模型，分析了其稳定性条件，最后根据相同参数搭建了测试电路，仿真与测试结果具有一致性。

6.4　本节小结

从总体上看，计算机仿真技术在电源领域属于新事物，其进一步发展尚需时间。当前与计算机仿真技术的结合还存在下述问题。

(1) 开关电源系统是一个强电和弱电相结合的非线性系统，其中电和磁的相互作用非常复杂、不易理解。对于这样一个系统很难找到一个数学方程来加以描述，因此不容易用传递函数从整体上对其加以仿真。所以，现有的仿真大多集中于其具体的电路部分仿真。这样，不便于检验已进行完仿真设计系统的整体效果。

(2) 元器件模型的精度对最终仿真结果影响很大，因此建立精确的元件模型至关重要。而在开关电源电路中包括大量的非线性大功率开关元件和电磁器件，其建模与参数提取一直是难点，有待于进一步完善。因此，若不能解决该项技术，要想让已仿真完成的电路应用于实际电路之中显然是不太现实的。

(3) 电源的种类多种多样，带来了具体设计电源时的电路选择问题。

总之，上述问题的解决关系到开关电源仿真技术能否真正得到推广，而如何解决这些问题则是未来相当一段时间内的研究方向，一旦这些问题得到妥善解决，则不难想象其未来的广阔前景。

思　考　题

1. 简述 PSIM 在电源仿真应用中的一般流程。

2. 简述改善变换器控制对象的阻尼回路设计方法。

3. 为保证不同放电模块的均衡输出,实现多模块的并联均流有哪些方法? 不同控制方法的不均衡度如何?

4. 电源系统按母线的电压调节方式可以分为几种方式? 简述其特点。

5. 主误差放大器(MEA)电路的设计准则是什么?

6. 简述蓄电池组的充电方式和终止控制方式。

7. 简述锂离子蓄电池组的充电特点以及与镉镍、氢镍蓄电池组充电方式的不同。

8. 电源控制器稳定性分析有哪些要求?

9. 太阳电池阵功率调节主要有几种方式? 简述其工作特点。

10. 简述变换器交流小信号建模过程。

第7章　PCB与模块化设计

7.1　概述

印制电路板(printed circuit board,PCB),又称印刷电路板、印刷线路板,是重要的电子部件,是电子元器件的支撑体,是电子元器件电气连接的载体。

模块化设计是指电源单机按照功能划分为若干单元,相同类的单元集中在单个模块内,若干个模块经过电气和结构互联组合成单机。单个模块实为PCB组件和结构组件的总和。

本章主要对航天用开关电源的PCB设计流程、布局布线规则、电磁兼容设计、散热处理等进行讲解,对电源单机模块化设计原则和常用接口设计等进行介绍。

7.2　PCB设计

7.2.1　PCB设计流程

PCB设计大体可分为以下4步。

1) 设计准备工作

进行PCB设计前,须准备好正确的原理图包括纸面文件和电子件,并理解电路的工作条件,如模拟电路的工作频率、数字电路的工作速度等与布线要求相关的要素,理解电路的基本功能、在系统中的作用等相关问题。

网络表与元器件库,含SCH元件库和PCB元器件库,具有正确的元件管脚属性和对应关系。

PCB结构图,应明确外形尺寸、安装孔大小及定位尺寸、接插件定位尺寸、禁止布局及布线区、散热孔、搭接孔、各布局区域限高等相关尺寸信息;确保每一个元器件及焊盘的封装正确,对于新的元器件需做好封装。

2) 布局设计

通俗地讲布局设计就是在PCB板上放置器件,根据结构图设置板框尺寸,按结构要素布置安装孔、接插件等需要定位的器件,并给这些器件赋予不可移动属性。这个步骤关系到PCB板整体形象和后续布线的难易程度,需要充分考虑,是PCB设计的重点。

3) 布线绘制

布线是根据器件间的电气关系进行连线,是整个PCB设计中最重要的工序,直接影响PCB板的性能好坏,因此也是设计的重点。

4) 加工前确认

加工前确认是指在PCB板布线完成后需要进行设计检查,主要包括网络、DRC及结构检查。网络检查是对原理图与 PCB 的对应关系进行检查以保证预定对应关系的正确性，DRC 检查保证电气接线关系的正确性，结构检查是对整个 PCB 的安全间距、安装干预等进行检查确认。

7.2.2　PCB 器件布局设计

在 PCB 设计中，器件布局不仅影响整个 PCB 组件的外观，还影响电路的关键性能，在 PCB 布局设计时应遵循以下基本规则。

1. 整体统筹

布局中应参考原理框图，根据单板的主信号流向规律安排主要元器件，遵照“先大后小，先难后易”的布置原则，即重要的单元电路、核心元器件应当优先布局。

按照均匀分布、重心平衡、版面美观的标准优化布局。相同结构电路部分，尽可能采用“对称式”标准布局。应适当考虑使用同一种电源的器件尽量放在一起，以便于将来的电源分隔。

2. 便于加工、调试和维修

元器件的排列要便于调试和维修，如两个高度高的元件之间尽量避免放置矮小的元件，小元件周围也尽量避免放置大元件。需调试的元器件周围要有足够的空间。如果需要专用测试点，应在被测器件的焊盘上并联设置专用测试点，禁止使用表面安装焊盘的焊点做专用测试点。

同类型插装元器件在 X 或 Y 方向上应朝一个方向放置。同一种类型的有极性分立元件也要力争在 X 或 Y 方向上保持一致，便于生产和检验。

焊接面的贴装元件采用波峰焊接生产工艺时，阻、容件轴向要与波峰焊传送方向垂直，阻排及 SOP(引脚间距大于等于 1.27 mm)元器件轴向与传送方向平行；引脚间距小于 1.27 mm(50 mil)的 IC、SOJ、PLCC、QFP 等有源元件避免用波峰焊接。

BGA 与相邻元件的距离应大于 5 mm，其他贴片元件相互间的距离应大于 0.7 mm，贴装元件焊盘的外侧与相邻插装元件的外侧应留有足够间距。对于有压接件的 PCB，压接的接插件周围 5 mm 内一般不放置插装元器件，在焊接面其周围 5 mm 内一般不放置贴装元器件。

3. 干扰最小

总的连线尽可能短，关键信号线最短；高电压、大电流信号与小电流、低电压的弱信号完全分开；模拟信号与数字信号分开；高频信号与低频信号分开；高频元器件的间隔要充分。

光电耦合器件和电流采样电路，容易被干扰，应远离强电场、强磁场器件，如大电流走线、变压器、高电位脉动器件等。

高频脉冲电流流过的区域要远离输入、输出端子，使噪声源远离输入、输出口，有利于提高 EMC 性能。

优先考虑高频脉冲电流和大电流的环路面积，并使其尽可能地减小，以抑制开关电源的辐射干扰。

4. 力、热兼顾

器件布局前，可通过力学仿真分析对 PCB 的整体力学特性有一定了解，图 7.2.1 为一垂直于 PCB 板方向的力学响应云图。由图可知,靠近 PCB 板固定安装区域,力学响应较小,该区域应优先考虑布局力学敏感器件,如玻璃外壳封装二极管、晶振、继电器等器件。对于体积较大器件,应尽可能布局在 PCB 板力学响应较一致的区域,以减小 PCB 板的曲翘、形变对器件的影响。

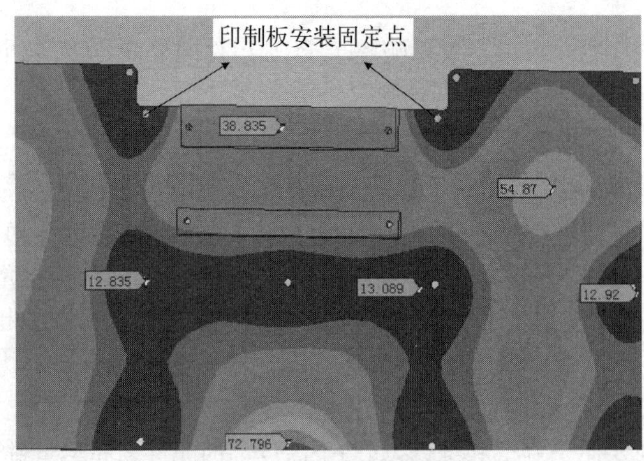

图 7.2.1　PCB 板力学响应云图

对于较重(一般超过 15 g) 的元器件或每个引脚承重 7 g 以上的元器件,在布局时应在周边留有足够空间,以便实施加固工艺,过重的元器件(如较大的变压器、继电器等)不宜在印制板上直接焊接。

对于发热元件(如变压器、开关管、整流二极管等)的布局要考虑散热的效果,使得整个电源的散热均匀。必要时可靠近结构布局,便于实施散热措施。

对温度敏感的关键元器件(如 IC、热敏电阻等)应远离发热元件,发热较大的器件应与电解电容等影响整机寿命的器件保持一定的距离。

7.2.3　PCB 布线设计

1. 布线层设置

电源与地层应尽量靠在一起,中间不安排布线。所有布线层都尽量靠近一平面层,优选地平面为走线隔离层。

为了减少层间信号的电磁干扰,相邻布线层的信号线走向应取垂直方向。可以根据需要设计 1~2 个阻抗控制层,如果需要更多的阻抗控制层,则需要与 PCB 厂家协商。阻抗控制层要按要求标注清楚。将单板上有阻抗控制要求的网络布线分布在阻抗控制层上。

2. 线宽的设置

线宽的设置与所处的布线层和所承载的信号电流有关,一般可参考以下数据。

1) 表层连续电流

印制导线的电流负载能力受印制板最高安全工作温度的限制,在电流负载能力要求严格的情况下,应由印制板导线通过电流时的温升来确定:在一般场合下,可按设计预计的允许最高工作温升来估算。当导线的厚度已知时,通过试验得出不同宽度导线的电流负载能力与温升之间的关系，如图 7.2.2 所示，按导线铜层厚度和允许的温升来确定印制导线的宽度和电流负载能力大小，建议选用温升 10℃的曲线。

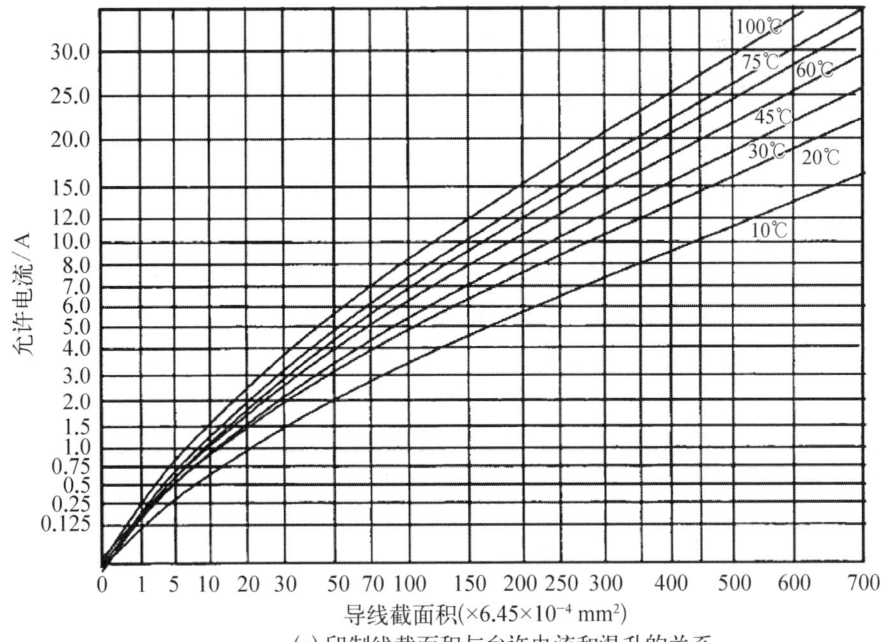

(a) 印制线截面积与允许电流和温升的关系

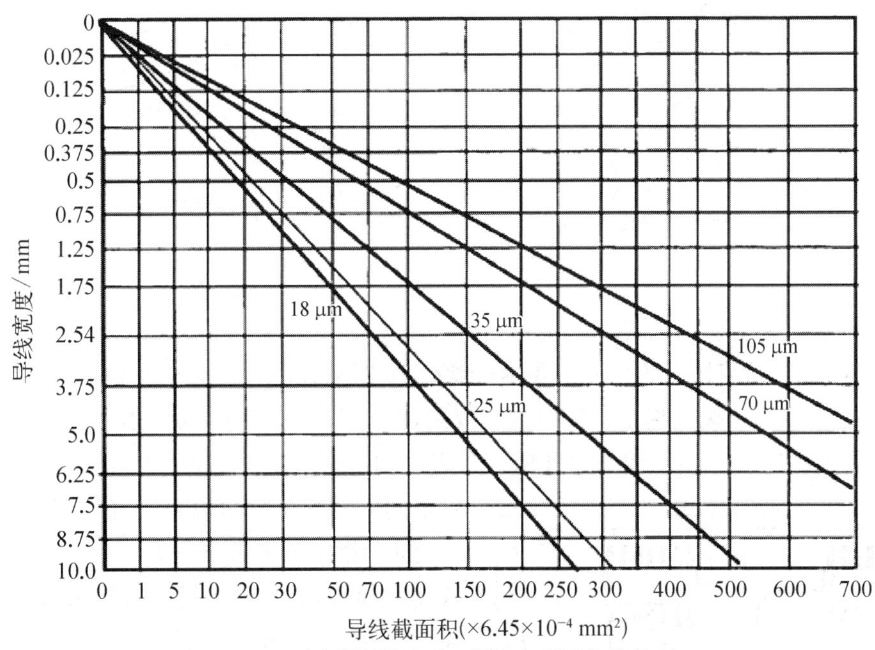

(b) 印制线宽度、厚度与截面积的关系

图 7.2.2　不同宽度导线的电流负载能力与温升之间的关系

从安全使用考虑，宜在下列情况下将从图 7.2.2.2 中得出的数值再降低 15% 使用。

(1) 印制板的厚度在 1.6 mm 以下。

(2) 如果采用表面涂覆层。

(3) 导线间距小于导线宽度。

2) 内层连续电流

多层印制板中同样厚度和宽度的印制导线,其内层导线和表层导线的负载电流基本上是相同的,但是在实际应用的条件下,内层散热不如表层导线的散热好,并且内层的热量要通过印制板的绝缘材料和其他层导线来散发,不但散热效果差,还会引起整个印制板的温度升高,降低多层印制板的层间结合力,严重时会影响元器件的正常工作,因此一般按表层的电流负载能力降额一半使用。

3) 冲击电流

电流使印制导线发热的程度取决于导线的电阻、电流的大小和持续时间以及冷却的条件等。在没有强制冷却的情况下,冷却效果受印制板基材类型的影响。

导线电流过载会使导线温升大大提高,同时产生大量的热量,这不仅会使导线与绝缘基材之间的结合强度降低,而且由于局部热膨胀使印制板承受相当大的机械应力,以致破坏印制板。不同宽度和厚度的导线所允许的冲击电流与持续时间的关系可参照图7.2.3进行设计。

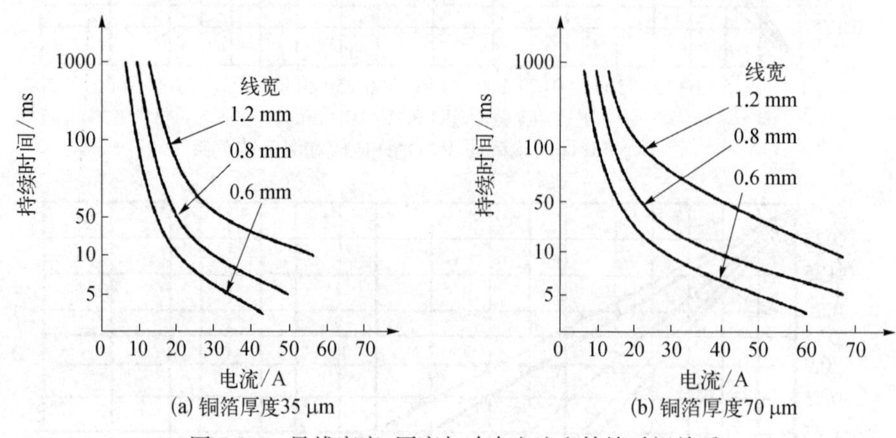

图7.2.3 导线宽度、厚度与冲击电流和持续时间关系

3. 地线回路规则

信号线与其回路构成的环面积要尽可能小,如图7.2.4所示,环面积越小,对外的辐射越少,接收外界的干扰也越小。针对这一规则,在地平面分割时,要考虑到地平面与重要信号走线的分布,防止由于地平面开槽等带来的问题;在双层板设计中,在为电源留下足够空间的情况下,应该将留下的部分用参考地填充,且增加一些必要的孔,将双面地信号有效连接起来,对一些关键信号尽量采用地线隔离,对一些频率较高的设计,需特别考虑其地平面信号回路问题,采用多层板为宜。

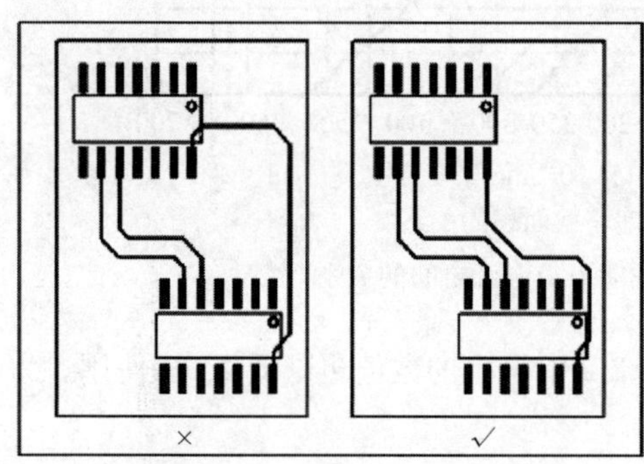

图7.2.4 地线回路的设计规则

4. 电源与地线层的完整性规则

如图7.2.5所示,对于导通孔密集的区域,要注意避免孔在电源和地层的挖空区域相互连接,形成对平面层的分割,从而破坏平面层

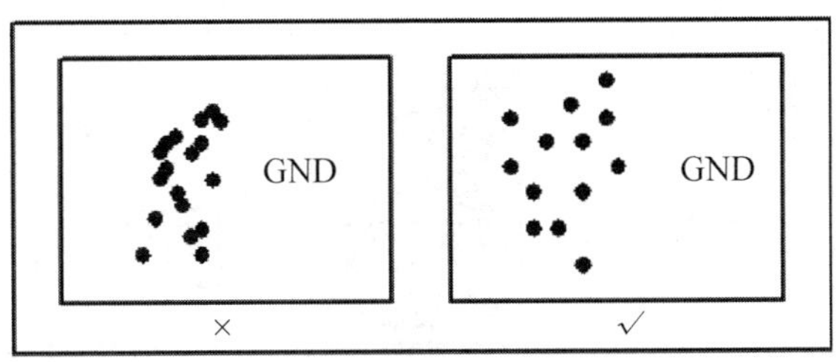

图 7.2.5　地线层的设计规则

的完整性，并进而导致信号线在地层的回路面积增大。

5. 重叠电源与地线层规则

不同电源层在空间上要避免重叠。主要是为了减少不同电源之间的干扰，特别是一些电压相差很大的电源之间，电源平面的重叠问题一定要设法避免，难以避免时可考虑中间隔地层。

6. 3 W 规则

为了减少线间串扰，应保证线间距足够大，当线中心间距不小于 3 倍线宽时，则可保持 70%的电场不互相干扰，称为 3 W 规则，如图 7.2.6 所示。如要达到 98%的电场不互相干扰，可使用 10 W 的间距。

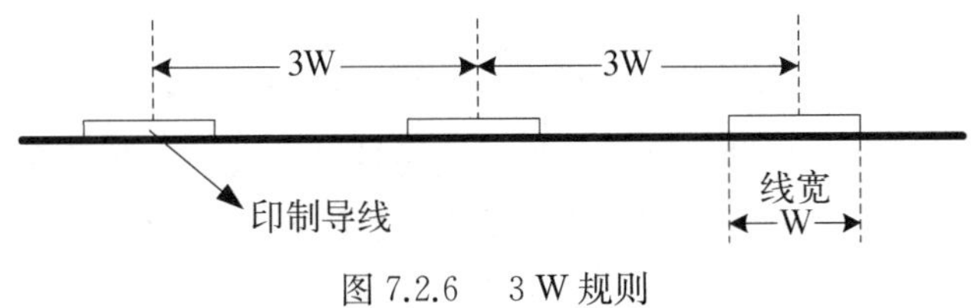

图 7.2.6　3 W 规则

7. 20H 规则

由于电源层与地层之间的电场是变化的，在板的边缘会向外辐射电磁干扰，称为边沿效应。解决的办法是将电源层内缩，使得电场只在接地层的范围内传导。如图 7.2.7 所示，以一个 H(电源和地之间的介质厚度)为单位，若内缩 20H 则可以将 70%的电场限制在接地层边沿内；内缩 100H 则可以将 98%的电场限制在内。

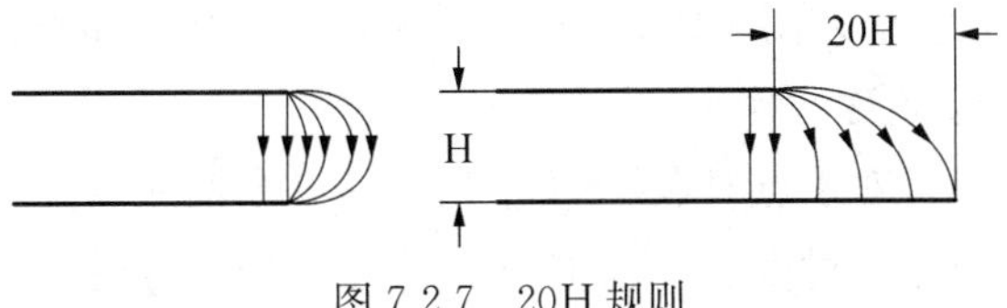

图 7.2.7　20H 规则

8. 串扰控制

串扰是指 PCB 上不同网络之间因较长的平行布线引起的相互干扰，主要是由于平行线间的分布电容和分布电感的作用。克服串扰的主要措施是：加大平行布线的间距，遵循 3 W 规则；在平行线间插入接地的隔离线；减小布线层与地平面的距离。

9. 屏蔽保护

对应地线回路规则，实际上也是为了尽量减小信号的回路面积，多见于一些比较重要的信号，如时钟信号、同步信号；对一些特别重要、频率特别高的信号，应该考虑采用铜轴电缆屏蔽结构设计，即将所布的线上、下、左、右用地线隔离如图 7.2.8 所示，而且还要考虑

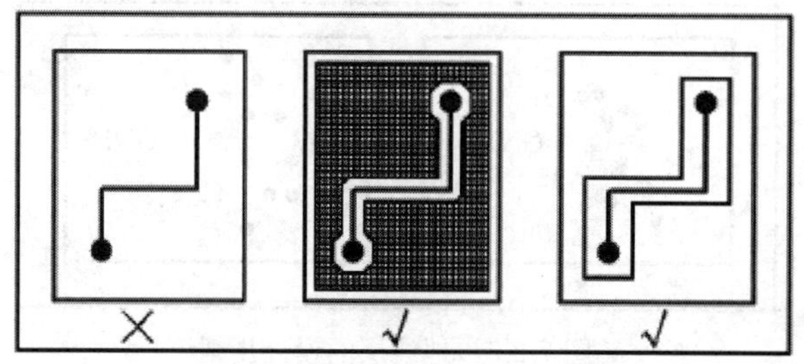

图 7.2.8　屏蔽保护的设计规则

如何有效地让屏蔽地与实际地平面有效结合。

10. 走线的方向控制规则

避免将不同的信号线在相邻层走成同一方向，以减少不必要的层间窜扰；当由于板结构限制难以避免出现该情况，特别是信号速率较高时，应考虑用地平面隔离各布线层，用地信号线隔离各信号线。

11. 走线的开环检查规则

一般不允许出现一端浮空的布线(dangling line)，主要是为了避免产生“天线效应”，减少不必要的干扰辐射和接收，否则可能带来不可预知的结果。

12. 阻抗匹配检查规则

同一网络的布线宽度应保持一致，线宽的变化会造成线路特性阻抗的不均匀，当传输的速度较高时会产生反射，在设计中应该尽量避免这种情况。在某些条件下，如接插件引出线、BGA 封装的引出线类似的结构，可能无法避免线宽的变化，应该尽量减少中间不一致部分的有效长度。

13. 走线终结网络规则

在一些高速电路中，当 PCB 布线的延迟时间大于信号上升时间(或下降时间)的 1/4 时，该布线即可以看成传输线，为了保证信号的输入和输出阻抗与传输线的阻抗正确匹配，可以采用多种形式的匹配方法，所选择的匹配方法与网络的连接方式和布线的拓扑结构有关。

对于点对点(一个输出对应一个输入)连接，可以选择始端串联匹配或终端并联匹配；对于点对多点(一个输出对应多个输出)连接，当网络的拓扑结构为菊花链时，应选择终端并联匹配。当网络为星型结构时，可以参考点对点结构。

14. 走线闭环检查规则

防止信号线在不同层间形成自环。在多层板设计中容易发生此类问题，自环将引起辐射干扰。

15. 走线的分支长度控制规则

尽量控制分支的长度，一般的要求是 $T_{delay} \leqslant T_{rise}/20$。

16. 走线的谐振规则

主要针对高频信号设计而言，即布线长度不得与其波长成整数倍关系，以免产生谐振现象。

17. 短线规则

在设计时应该尽量让布线长度尽量短，以减少由于走线过长带来的干扰问题，如图 7.2.9，特别是一些重要信号线，如时钟线务必将其振荡器放在离器件很近的地方。对驱动多个器件的情况，应根据具体情况决定采用何种网络拓扑结构。

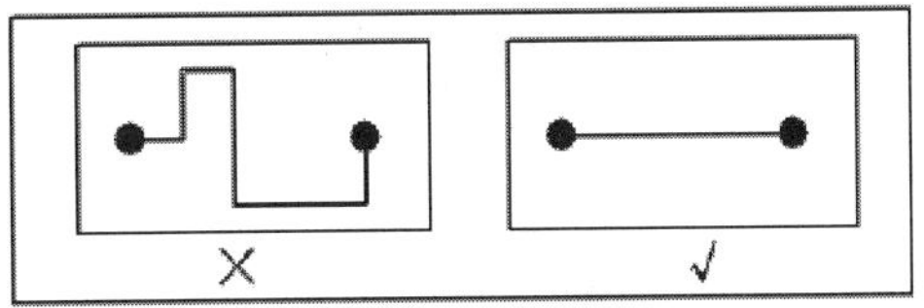

图 7.2.9　走线长度的设计规则

18. 倒角规则

PCB 设计中应避免产生锐角和直角，以免产生不必要的辐射，同时工艺性能也不好。图 7.2.10 给出了常用的倒角设计规则。

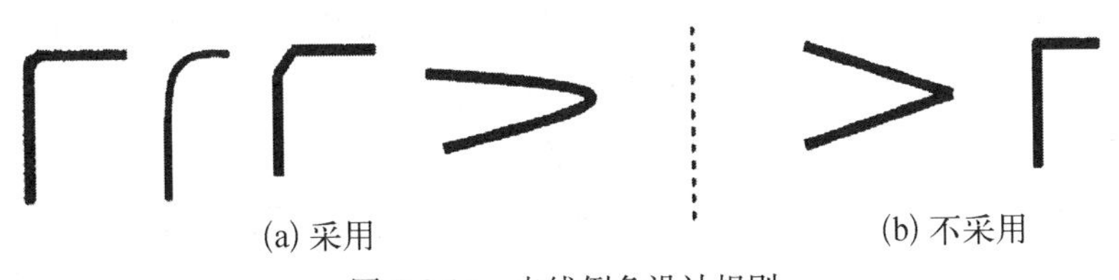

图 7.2.10　走线倒角设计规则

19. 器件布局分区/分层规则

为了防止不同工作频率的模块之间的互相干扰，同时尽量缩短高频部分的布线长度。通常将高频的部分布设在接口区域以减少布线长度，当然，这样的布局仍然要考虑到低频信号可能受到的干扰。同时还要考虑到高/低频部分地平面的分割问题，通常采用将二者的地分割，再在接口处单点相接。

混合电路可将模拟与数字电路分别布置在印制板的两面，分别使用不同的层布线，中间用地层隔离的方式。

20. 孤立铜区控制规则

在实际的制作中，PCB 厂家将一些板的空置部分增加了一些铜箔，这主要是为了方便印制板加工，同时对防止印制板翘曲也有一定的作用。孤立铜区的出现将带来一些不可预知的问题，因此将孤立铜区与别的信号相接，有助于改善信号质量，通常的做法是将孤立铜区接地。

7.2.4　PCB 电磁兼容设计

电磁兼容是指电气系统、电子设备装置在预定的安全界限和电磁环境内，产品的性能不会因电磁感染而导致功能降级。若设计不当，即使电路原理正确，也会对产品性能或可靠性造成影响，因此需对电磁兼容性进行针对性设计。

开关电源的 PCB 电磁兼容设计有一般 PCB 设计的共性，又有其特性。在遵循上述布局布线原则的基础上，本节重点讲解关于开关电源 PCB 设计中电磁兼容设计的注意事项。

1. 功率级的电流环路面积要小

实际上每一个开关电源内部都可等效为四个电流环路：① 功率开关管交流电流环路；② 输出整流器交流电流环路；③ 输入电源电流环路；④ 输出负载电流环路。如图 7.2.11 所示。

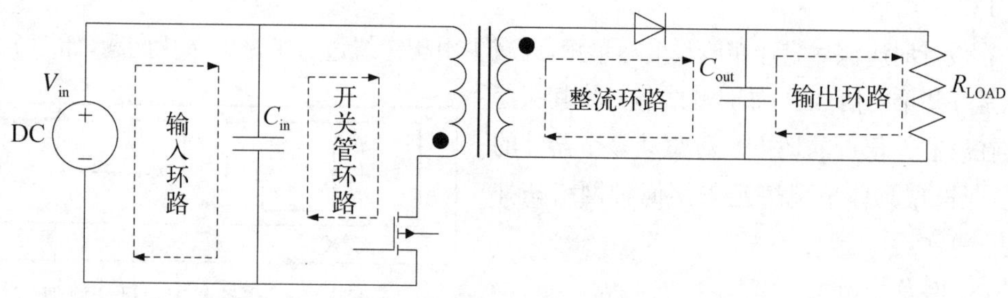

图 7.2.11　开关电源等效环路

通常输入和输出电流环路问题不大，这两个环路主要是在直流电流上叠加了一些小的交流电流分量。它们一般有专门的滤波器来阻止交流噪声进入周围的电路。功率开关和整流器的交流电流环路包含非常高的 PWM 开关电源典型的梯形电流波形，这些环路电流中谐波成分很高，其频率远大于开关频率，峰值幅度很高，最容易产生电磁干扰。为了减小高频环路所产生的电磁波噪声，该环路的面积应该控制得非常小。如图 7.2.12 所示，高频电流环路面积很大，就会在环路的内部和外部产生很强的电磁干扰。同样的高频电流，当环路面积设计得非常小时，如图 7.2.13 所示，环路内部和外部电磁场互相抵消。

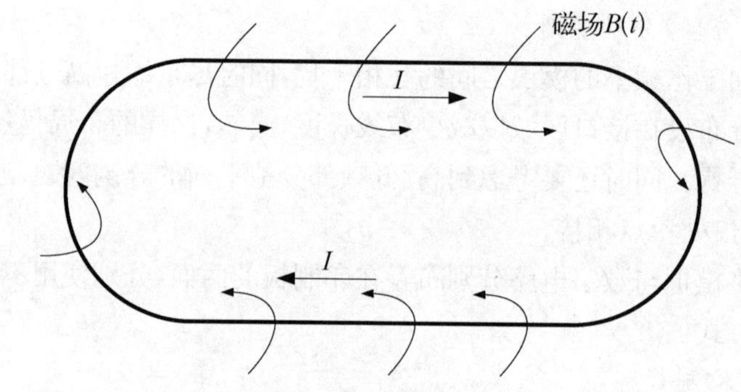

图 7.2.12　环路面积大

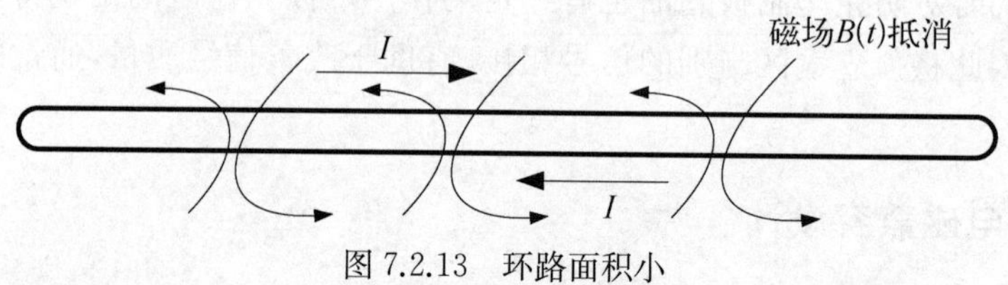

图 7.2.13　环路面积小

因此，在电源 PCB 制作中应优先对交流电流环路布局，可参照如图 7.2.14 所示顺序进行：

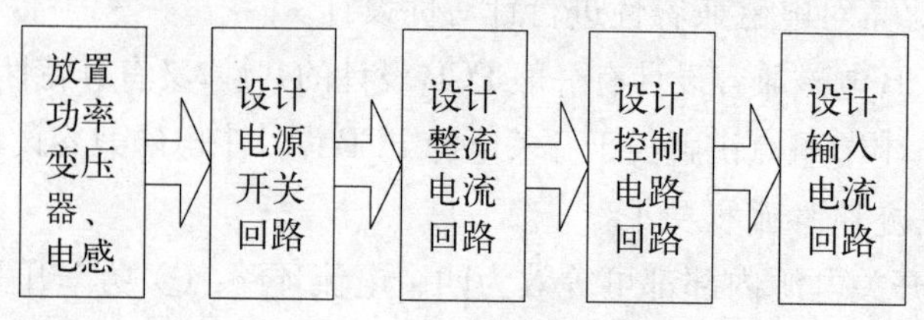

图 7.2.14　开关电源布局顺序

在布线过程中，优先布好交流电流环路。每个环路滤波电容、功率开关管或整流器、电感或变压器的放置位置要尽可能靠近。根据功率流方向确定这些器件的方向，相互间连线要短而宽，环路面积要尽可能小。

2. 考虑寄生电感和电容效应

在开关电源中电感的寄生电容效应和电容的寄生电感效应要考虑。在高频滤波中，如果一个电感的寄生电容太大，高频噪声就会很容易地通过寄生电容直接耦合到负载上。图 7.2.15(a)的电感引线方式寄生电容较大，且环路面积大，容易产生干扰。图 7.2.15(b)为改进后的引线方式，减小了电感两端的并联引线长度，同时减小了环路面积，可有效降低干扰。

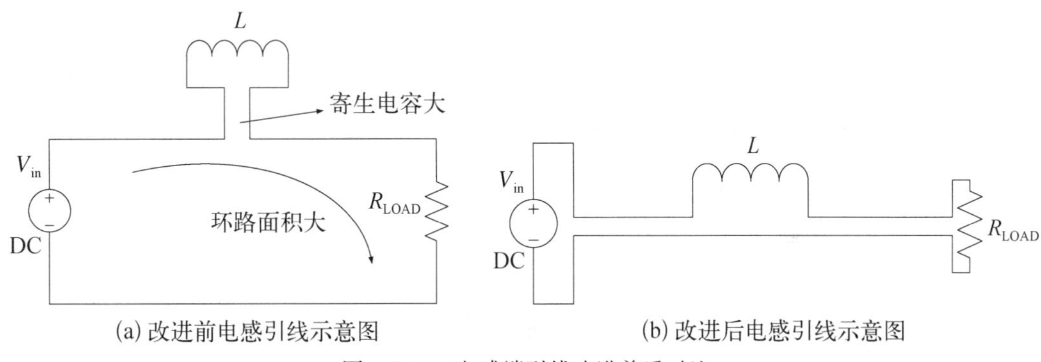

图 7.2.15　电感端引线改进前后对比

多个电容器并联能改善电容的高频阻抗特性，在走线上为了降低滤波电容器的 ESL，其引线长度应尽量减短，电容两端引线较长时，交流能量就会从输入或输出滤波电容上流进流出，并通过输入和输出电流环辐射到外面环境中。图 7.2.16 是电容端引线改进前后的对比。

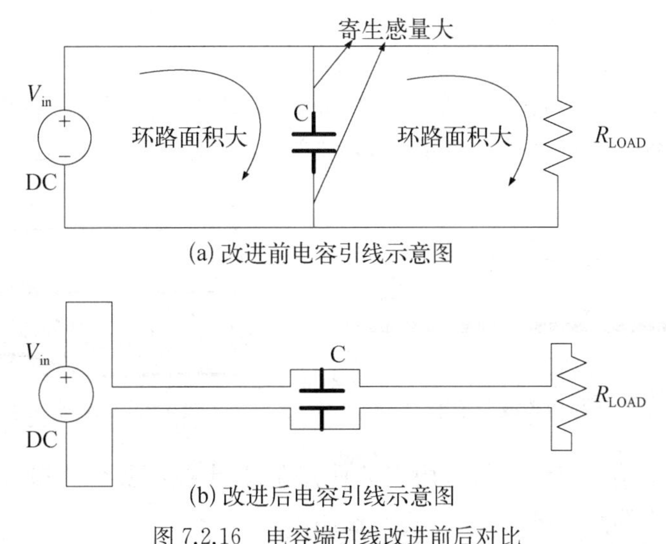

图 7.2.16　电容端引线改进前后对比

3. 旁路电容的位置

旁路电容的放置也要考虑到它的串联电感值。如果一个高品质瓷片电容在 PCB 上放置的方式不对,它的高频滤波功能会受很大影响。图 7.2.17 显示了旁路电容常见的几种放置方式。为了避免输出走线受自身电路或周边其他电路所产生的电磁干扰,振荡电路、滤波去耦电容要紧靠近 IC,输出电源走线也需要靠得很近,使输出电流环路的面积尽可能减小。

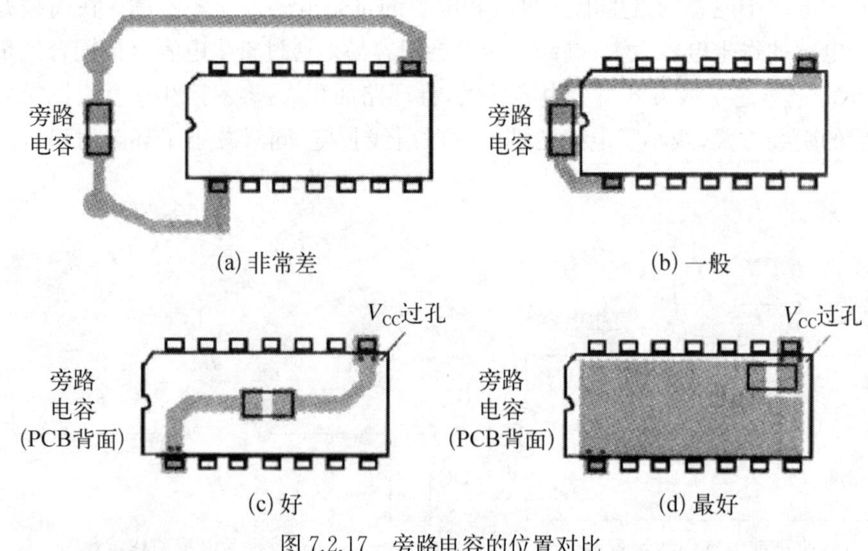

图 7.2.17　旁路电容的位置对比

4. 弱信号线处理

相对功率电路,开关电源中弱信号线一般指控制信号,包括电流采样信号、电压反馈信号、MOS 管驱动信号、MEA 控制信号等。在处理这类信号线时要注意以下几点。

(1) MEA 电压采样网络最好靠近误差放大器,而不是靠近输出端,这是由于低阻抗信号比高阻抗信号更不容易受到干扰。

(2) 信号线要尽量远离功率线,如图 7.2.18 所示,两者不要靠近平行走线,如果无法避免,要拉开足够的距离,避免信号走线受到干扰。

(3) 如图 7.2.19 所示,关键的小信号走线,如电流取样信号线、反馈信号线等。MOS 管驱动线尽量减小回路包围的面积。采样正负线需要差分走线且尽量相互靠近以减小噪声干扰。

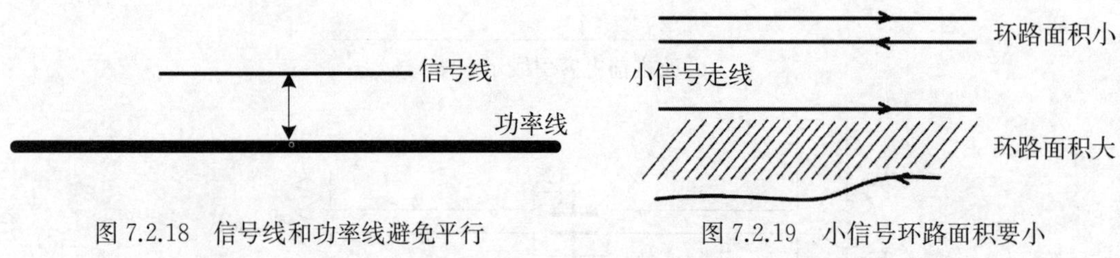

图 7.2.18　信号线和功率线避免平行　　　图 7.2.19　小信号环路面积要小

(4) 上下层的信号走线尽量采用交叉垂直方式,走线不要突然拐角(即小于或等于 90°),直角、锐角在高频电路中会影响电气性能。

(5) 高频元件(如变压器、电感)底下一般不能走线和放置元件(如图 7.2.20 所示的阴影区),如果无法避免,可以采用屏蔽的方式。例如,在高频元件所在的第一层敷铜进行屏蔽,这样可以避免高频噪声辐射干扰到底面的控制电路。

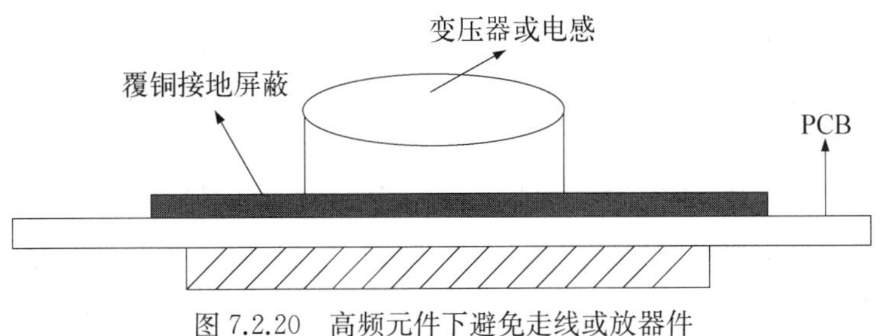

图 7.2.20　高频元件下避免走线或放器件

5. 单点接地

在 PCB 设计中，接地是控制干扰的重要方法，除了为信号电压提供一个稳定的零电位参考点外，接地还可以起到屏蔽作用。航天用开关电源一般采用单点接地的方式。如图 7.2.21 所示，单点接地是指整个系统中只有一个物理点被定义为接地参考点，其他各个需要接地的电路最终在这一点进行汇合。

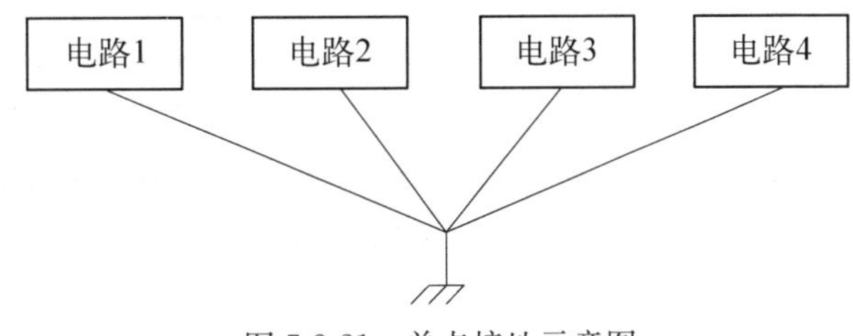

图 7.2.21　单点接地示意图

开关电源在接地设计中，电源地的安排要十分小心。把地混淆的话，会引起电源工作不稳定。一般需要注意以下问题。

(1) 接地时首先应先判断地的性质，模拟地、数字地、各独立电路的地都应该通过单点与开关电源的接地层相连接。

(2) 采样及误差放大的地通常应当接到输出电容的负极，即"输出地"，采样信号通常应从输出电容的正极取出，小信号控制地和驱动地通常要分别接到开关管的 E/S 极或取样电阻上，防止共阻抗干扰。

(3) 通常 IC 的控制地和驱动地不能混用，取样电阻到控制地的引线阻抗必须尽量小，最大程度减小共阻抗干扰，提高电流采样的精度。

(4) 功率回路和控制回路要注意分开，采用单点接地方式。一般 PWM 控制 IC 周围的元件接地接至 IC 的地脚，再从地脚引出至大电容地线，然后与功率地连接。

(5) 多路并联工作时，各电路间的地要相互独立，最终单点接地。对于统一控制信号应从控制电路独立走线到各并联电路，如统一 MEA 控制 3 路放电调节电路，如图 7.2.22 所示。

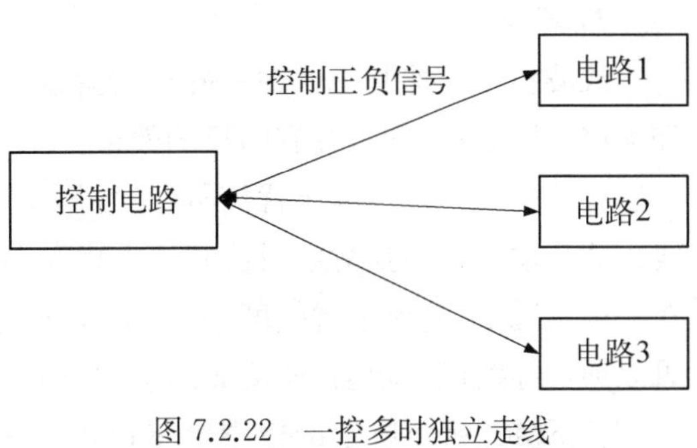

图 7.2.22　一控多时独立走线

6. 其他

1) PCB分层原则

多层板板层的排列原则为:① 元件面下为地平面,提供器件屏蔽层以及为顶层布线提供参考平面;② 所有信号层尽可能与地平面相邻;③ 尽量避免两信号层直接相邻;④ 主电源尽可能与其对应地相邻;⑤ 在多层PCB布线时,信号线可以在电(地)层上进行布线。例如,四层板层叠顺序一般为信号、地、电源、信号;六层板层叠顺序为信号、地、信号、地、电源、信号。多层板其分层结构见图7.2.23。

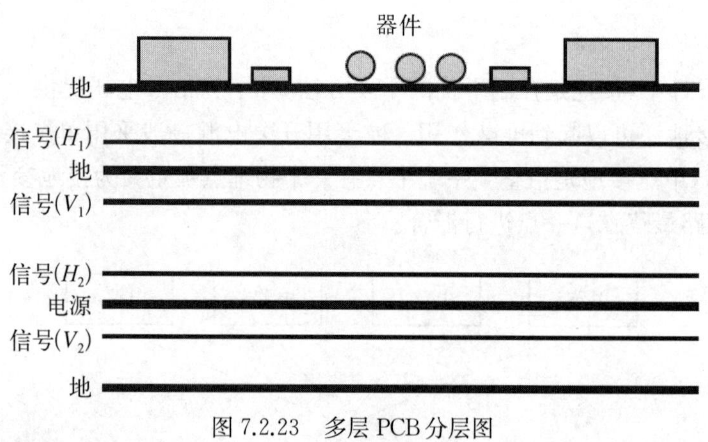

图7.2.23 多层PCB分层图

2) 屏蔽

屏蔽效能SE(dB)=反射损耗R(dB)+吸收损耗A(dB),高频射频屏蔽的关键是反射,吸收是低频磁场屏蔽的关键机理。

工作频率低于1 MHz时,噪声一般由电场或磁场引起(磁场引起时干扰,一般在几百赫兹以内);工作频率为1 MHz以上,考虑电磁干扰。单板上的屏蔽实体包括变压器、传感器、放大器、DC/DC模块等。更大的涉及单板间、子架、机架的屏蔽。

静电屏蔽不要求屏蔽体是封闭的,只要求高电导率材料和接地。电磁屏蔽不要求接地,但要求感应电流在屏蔽体上有通路,故必须闭合。磁屏蔽要求高磁导率的材料做封闭的屏蔽体,为了让涡流产生的磁通和干扰产生的磁通相消达到吸收的目的,对材料有厚度的要求。高频情况下,三者可以统一,即用高电导率材料(如铜)封闭并接地。低频情况下,高电导率的材料吸收衰减少,对磁场屏蔽效果不好,需采用高磁导率的材料(如镀锌铁)。

3) 滤波

滤波技术是抑制干扰的一种有效措施,尤其是在对付开关电源EMI信号的传导干扰和某些辐射干扰方面,具有明显的效果。

开关电源线上传导干扰信号,均可用差模和共模干扰信号来表示。差模干扰在两导线之间传输,属于对称性干扰;共模干扰在导线与地(机壳)之间传输,属于非对称性干扰。在一般情况下,差模干扰幅度小、频率低,所造成的干扰较小;共模干扰幅度大、频率高,还可以通过导线产生辐射,所造成的干扰较大。因此,欲削弱传导干扰,需把EMI信号控制在有关EMC标准规定的极限电平以下。一般设备的工作频率约为10 kHz~50 kHz。

EMC 很多标准规定的传导干扰电平的极限值都是从 10 kHz 算起。对开关电源产生的高频段 EMI 信号，只要选择相应的去耦电路或网络结构较为简单的 EMI 滤波器，就不难满足符合 EMC 标准的滤波效果。常见滤波手段如下。

(1) 在电源变压器前端加电源滤波器，抑制共模噪声和差模噪声，隔离外部和内部脉冲噪声的干扰。

(2) 印制电路板的供电线路应加上滤波电容和去耦电容。电路板的电源引入端加上较大容量的电解电容做低频滤波，再并联一个容量较小的瓷片电容做高频滤波。

(3) 集成电路的电源电路加去耦电容。

7.2.5　PCB 的热设计

1. PCB 散热设计

PCB 中热量的来源主要有三个方面：① PCB 上器件的发热；② PCB 铜箔的电阻热；③ 相邻热源传来的热。其中元器件的发热量最大，是主要热源。

航天用电子电源产品的 PCB 上的热设计主要是针对印制板上的发热器件及整板 PCB 的传热环境。因此对于 PCB 的热设计一般采取以下措施。

(1) 增加 PCB 板中接地层的数量，接地层采用大面积敷铜方式，使 PCB 中的接地层不仅有电性能要求，还具备 PCB 的导热功能。

(2) 增加 PCB 与结构金属框架的接触面积，使 PCB 上的热量可以传导到金属框架上。

(3) PCB 中设置独立的散热层，增加 PCB 内层的散热能力，散热层的铜帛厚度为 105～210 μm。

(4) PCB 板上不设置功率大于 0.3 W 的器件，对于必须设置的器件，需针对该器件进行热设计，一般设置专用散热结构使其元器件与散热面间使用导热填充物，从而提高元器件的导热能力。

2. 焊盘传热设计

在 PCB 设计时，还需要注意对焊盘的导热设计，避免焊点散热太快影响焊点质量，大导电面积的散热窗口和隔热焊盘设计，如图 7.2.24 所示。对印制板表面较大的导电面积 (大于 25 mm×25 mm) 应采用网格式的窗口以减少焊接过程中对热量的吸收，如果有焊盘，应进行热隔离并保持电气连接，避免大的导电面积在焊接时因热量积累而起泡，多层印制板内层地、电层铜界面上如果有连接盘，也应进行热隔离，在焊接时减小散热速度，使热量集中在焊盘上，有利于焊接。

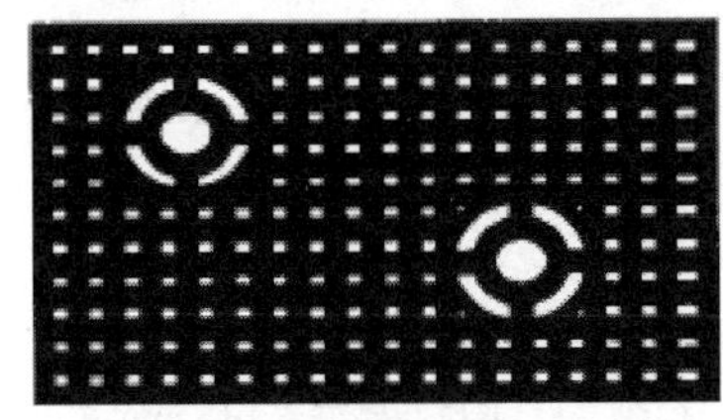

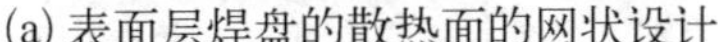

(a) 表面层焊盘的散热面的网状设计

(b) 内层接地、电源面上的连接盘(花盘)

图 7.2.24　大导电面积的散热窗口和隔热焊盘设计

对于面积较大的连接盘(焊盘)和大面积铜筒(大于 $\phi 25$ mm)上的焊点,应设计焊盘隔热环(俗称“花盘”寸),在保持焊盘与导电面电气连接的同时,将焊盘周围的部分导体蚀刻掉,形成隔热区。焊盘与导电面电气连接的导电连接通道的总宽度以连接盘(焊盘)直径的60%为宜,每条连接通道(辐条或散热条)的宽度为连接通道的总宽度除以通道数。目的是防止焊接热量散失过快,使热量集中在焊盘上,保证焊点质量。在焊接时可减少加热焊盘的时间,以免因大面积铜膜热传导过快、使板内累计热量过多引起基材起泡、鼓胀等现象。但隔热环上的导电连接通道的总面积,不应小于该金属化孔传输电流所需的面积。连接盘上的隔热环见图7.2.25。

(a) 方形连接盘

(b) 圆形连接盘(钻孔前)

(c) 圆形连接盘(钻孔后)

图7.2.25　连接盘上的隔热环

同一元器件的表面安装焊盘尺寸应均匀一致,保持焊盘的热容量一致,使焊接时焊盘温升相同,从而保证焊接质量。

表面安装的阻、容元件的焊盘,如果有一端设置焊盘,另一端需要接地时,不应直接用大面积接地面作为焊盘,需要将接地面设计成图7.2.26所示的热隔离焊盘,保持元件两端焊盘尺寸相近,避免焊接时一端起翘。

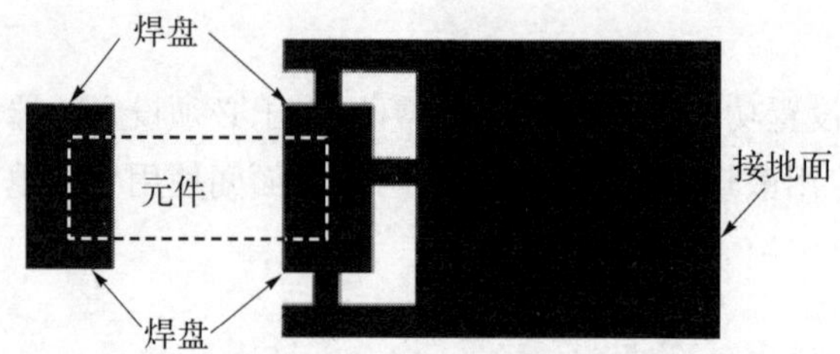

图7.2.26　片式电阻电容在较大接地面上的热隔离焊盘

7.2.6　PCB安全间距要求

航天用电源控制单机对印制板电气绝缘安全设计有严格的要求,表7.2.1给出了常用工程经验值,在印制板设计时可供参考。

表7.2.1　印制板电气绝缘安全设计要求

序号	项目	标准要求	
		0～50 V设计要求	50～100 V设计要求
1	金属元器件与金属边框最小间距	一般要求≥2.5 mm 最低要求≥1.6 mm	一般要求≥2.5 mm 最低要求≥1.6 mm
2	相邻非金属元件外壳间最小间距	一般要求≥0.75 mm 最低要求≥0.13 mm BGA,微电连接器的引脚无涂覆的必须进行多余物防护	一般要求≥0.75 mm 最低要求≥0.13 mm BGA,微电连接器的引脚无涂覆的必须进行多余物防护

续表

序　号	项　　目	标　准　要　求	
		0～50 V 设计要求	50～100 V 设计要求
3	相邻金属元件间(金属元件与非金属元件间)外壳最小间距	一般要求≥1.6 mm 最低要求≥0.75 mm 表贴封装见标准 GJB 3243-98	一般要求≥1.6 mm 最低要求≥0.75 mm 表贴封装见标准 GJB 3243-98
4	三防后的印制导线和器件引脚与紧固件、垫圈、螺钉头的间距	一般≥1 mm 最低要求≥0.75 mm	一般≥1 mm 最低要求≥0.75 mm
5	焊盘与平垫边缘距离	先焊接后安装的情况≥2.5 mm 先安装后焊接的情况≥1.6 mm	先焊接后安装的情况≥2.5 mm 先安装后焊接的情况≥1.6 mm
6	印制板上过孔与中间层的最小间距(仅适用于多层板)	BGA 反焊盘≥0.25 mm， 反焊盘≥0.36 mm， 隔离盘≥0.13 mm	BGA 反焊盘≥0.25 mm， 反焊盘≥0.36 mm， 隔离盘≥0.13 mm
7	电源线或电源面导体与印制板边缘距离	≥max(板厚 or 2 mm)	≥max(板厚 or 2 mm)
8	多层印制板内层导电图形与外形边缘尺寸的距离	≥1.25 mm	≥1.25 mm
9	导电线与印制板边框的距离	≥1.25 mm	≥1.25 mm
10	焊盘边缘与金属边框距离	一般要求≥2.5 mm 最低要求≥1.6 mm 若采用导槽的结构，印制板边框插入导槽后，印制板边框应该露出来	一般要求≥2.5 mm 最低要求≥1.6 mm 若采用导槽的结构，印制板边框插入导槽后，印制板边框应该露出来
11	电源层导体距板边缘的尺寸与接地层导体距板边缘的尺寸的关系	≥20×0.09 mm	≥20×0.13 mm
12	相邻印制导线之间的距离	表层铜箔实际厚度 40 μm 下≥0.15 mm，内层铜箔实际厚度 25.4 μm下≥0.13 mm 当实际铜箔更厚时，最小间距可以适当放大	≥0.4 mm
13	相邻印制导线与焊盘之间的距离	≥0.4 mm	≥0.8 mm
14	正负汇流条之间的距离	≥1.6 mm	≥3.2 mm
15	相邻印制板间元器件间最小间距	≥min[5 mm，(计算相邻制板最大变形并+1.6 mm)]	≥min[5 mm，(计算相邻印制板最大变形并+1.6 mm)]

7.2.7　多层印制板设计实例

以 BCDR 电路为例进行 PCB 设计。BCDR 电路包括 1 路放电和 1 路充电。

印制板分层。印制板设计层数共 6 层，主要包含了两种：① 功率地、信号地和遥测、遥控地覆铜层;② 功率正线覆铜层(其中包含信号走线)。

按照功能布局:① 充放电功率回路(包括开关回路、整流回路);② 充电控制电路;③ 放电控制电路;④ 遥测电路。布局上优先布置功率回路,并使走线最短,如图7.2.27所示。功率部分和信号部分分开,旁路电容靠近芯片布局,电流采样、信号反馈等信号线采用差分走线,并远离功率电感、变压器。力学敏感器件靠近紧固点布置。

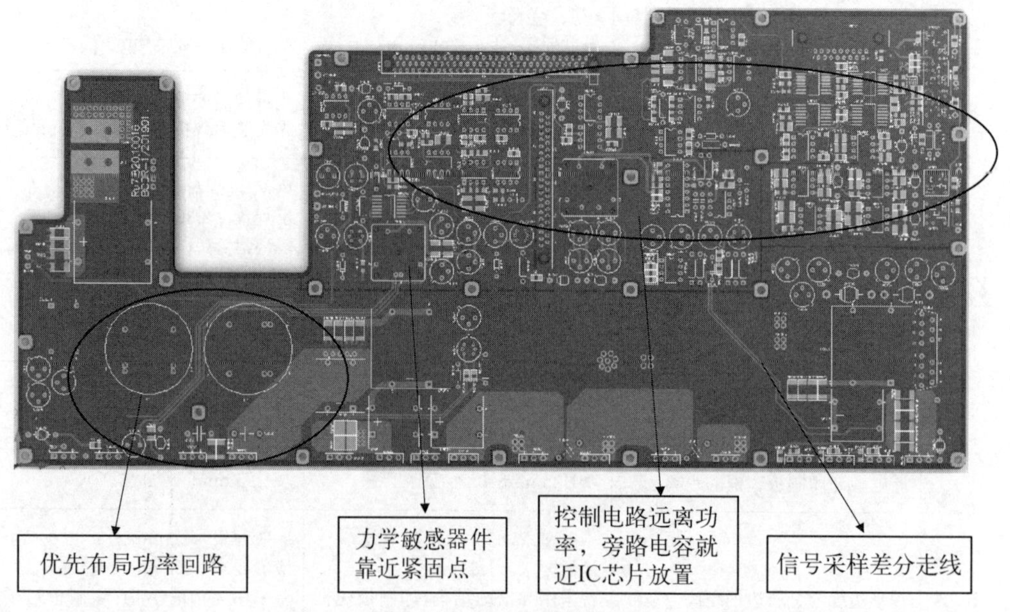

图7.2.27　PCB设计实例

地线分为4类:1功率地、2充电控制地、3放电控制地、4遥测地。各地层相互隔离,最终单点共地,如图7.2.28所示。

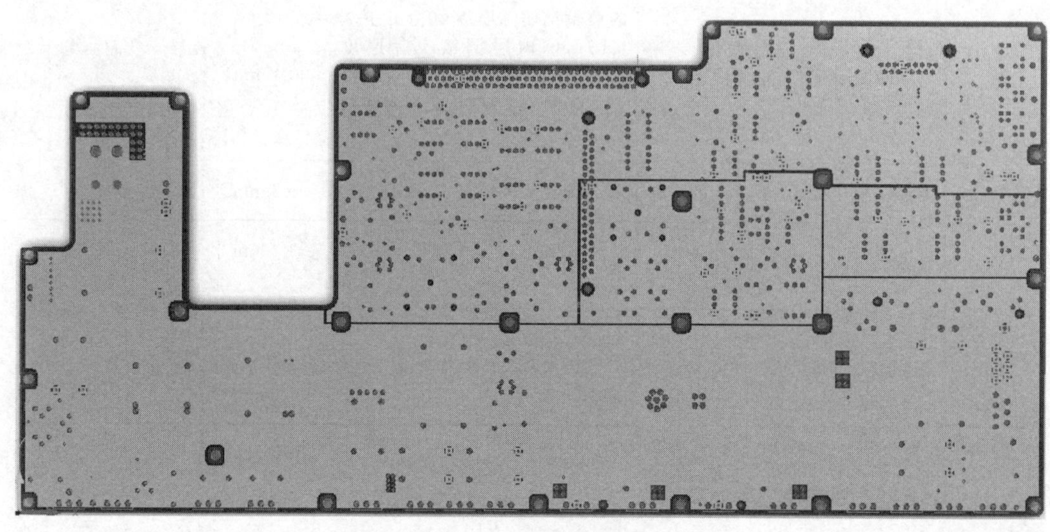

图7.2.28　地层分割

对整个BCDR电路PCB板的设计及检查确认汇总见表7.2.2。

表 7.2.2　BCDR 电路印制板设计过程确认

阶　　段	项　　　目	设　计　结　果
布局布线的间距要求	裸露导体最小电气间隙	电位差 50～100 V，间隙 1.5 mm； 电位差 101～170 V，间隙 3.2 mm； 电位差 171～250 V，间隙 6.4 mm
	涂覆后导体最小电气间距	电位差 50～100 V，间隙 0.13 mm； 厚铜箔（不小于 70 μm）的印制线间隙 0.2 mm； 电位差 101～250 V，间隙 0.4 mm
	印制导线间距	外层导线最小间距不小于 0.13 mm； 内层导线间距不小于 0.1 mm； 相邻的高速信号印制导线间距不小于导线宽度的 2 倍
	过孔和焊盘间距	表面安装焊盘上不设置过孔，过孔与焊盘间距不小于 0.635 mm
	表层导电图形和 PCB 边界的间距	表层导电图形（除结构接地层外）与印制电路板外形边缘的距离应大于印制电路板厚度，内层导电图形与印制电路板外形边缘的距离大于 1.25 mm
	孔和 PCB 边缘	孔边缘与印制电路板边缘间距应大于印制电路板厚度
	印制导线、焊盘和机械安装孔的间距	印制导线、焊盘距机械安装孔边缘距离大于（2.5 mm＋金属平垫圈环宽）
	安装孔之间的间距	相邻机械安装孔边缘间距应大于印制电路板厚度
	器件间距	元器件本体之间必须存有间隙，在进行表面覆形涂敷处理后，元器件非金属本体之间的间距不小于 0.13 mm，元器件一方有金属外壳的，本体之间的间距不小于 0.64 mm
	带电导体间距	未经过表面覆形涂敷的带电导体（元器件引脚及焊点、元器件金属外壳、接线端子等带电表面）之间及其与非带电导体（紧固件、元器件金属外壳、机箱金属结构件等）的最小间距为 1.6 mm
	焊盘间距	焊盘边缘之间最小间距应不小于 0.2 mm
	平面层分割间距	电位差大于 12 V 时，分隔宽度为 1.27 mm，反之，可选 0.5～0.63 mm
	盘与敷铜之间的间距	覆铜箔（地、电源层等）上布设有与其无电连接的过孔/焊盘，过孔/焊盘周围绝缘隔离环宽度不小于 0.13 mm
	BGA 器件间距	相邻 BGA 器件间距大于 5 mm
	表贴电容和连接器间距	表贴瓷介电容不布设在板间电连接器周围 2 mm 以内
	印制板与印制板之间	两块印制电路板组件相邻侧同一部位的最小距离应不小于 5 mm
	与结构的间距	印制导线、焊盘与金属框架无安装干涉，留有不小于 1.6 mm 的安装间距（有直接接地要求的除外）
禁布检查	器件壳体底部	金属壳体器件本体底部投影区域及其 1.6 mm 范围内禁止布设焊盘
		金属壳体器件本体底部投影区域尽量避免布设过孔和印制导线
		集成电路底部应尽量避免布置过孔

续表

阶　　段	项　　目	设 计 结 果
载流能力	表层连续电流	温升10度1 mm 70 μm：4×0.75=2.8 A
		温升10度1 mm 35 μm：2×0.75=1.5 A
	内层连续电流	按表层降额一般使用
	冲击电流	铜膜厚35 μm,线宽为2 mm：20 A/100 ms,60 A/10 ms
		铜膜厚70 μm,线宽为2 mm：20 A/200 ms,60 A/20 ms
电磁场干扰	3 W规则	可保持70%的电场不互相干扰

7.3　模块化设计

7.3.1　模块化设计原则

模块化设计已成为当前航天用电源控制单机的主流。图7.3.1为模块化单机组成示意图。模块化设计适用于多路相同状态的功率电路并联工作的场合,尤其适用于大功率电源控制设备。

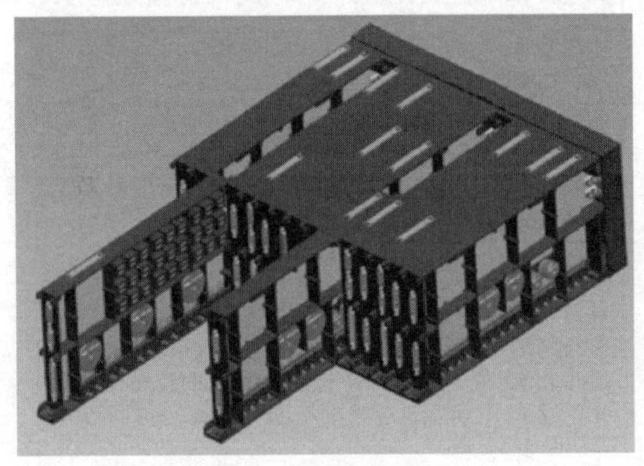

图7.3.1　模块化单机

单个模块实为PCB组件和相关结构组件的总和,对于PCB的设计原则与7.2节一致,不再赘述。除PCB设计的要求外,模块化设计还需要遵循以下原则。

1) 通用性

通用性是指同一类型的模块,电路设置的形式和路数应一致,输入和输出接口形式,电气接口定义应一致,同类模块间能够原位替换。每个模块在结构上应做到最优,形成统一标准,有利于批生产组装、调试、测试等。

2) 扩展性

扩展性是模块化设计的一大优势,在划分模块类型时应充分识别整机公共功能电路部分,特别是共用供电功率通路,统一控制信号,指令、遥测通道等设计上考虑留有一定余量,支持整机在一定程度上加减功率或信号的配置。

3) 可测性

电路模块划分时尽可能地功能独立,电路模块自身的功能和性能应具备可测性,必要时需要留有特定测试接口便于整机组合后对特定功能进行测试。

4) 可维修性

印制板模块电路在设计时应充分考虑返修装联的可实施性,对于故障率较高器件应留有拆装操作口,模块内多个印制板互联时应采取独立的接插件以便于拆卸,尤其避免因维修或更换某一器件造成大范围器件返工的局面。

7.3.2　常用电接口设计

模块化设计的核心在于功能划分，重点在于各模块间的互联和接口设计，包括功率接口、信号接口、热接口及机械接口等。

1. 功率接口

一般各模块内部设置接口相同定义的接插件或接线柱，外部通过可拆卸的第三方来实现各模块的连接，这里第三方可以是印制电路板，也可以是导线或专用的导流条，印制电路板对结构尺寸、配装精度要求比较高，拆装比较麻烦，导线互联对大功率传输场合不适应，需要考虑线束固定、走线等问题，工艺实施复杂，导流条连接便于工艺实施，且载流能力强，目前得到广泛应用。如图 7.3.2 所示，各模块在内部设置专用功率接线柱，模块拼装后通过外部导流条进行串行互联。

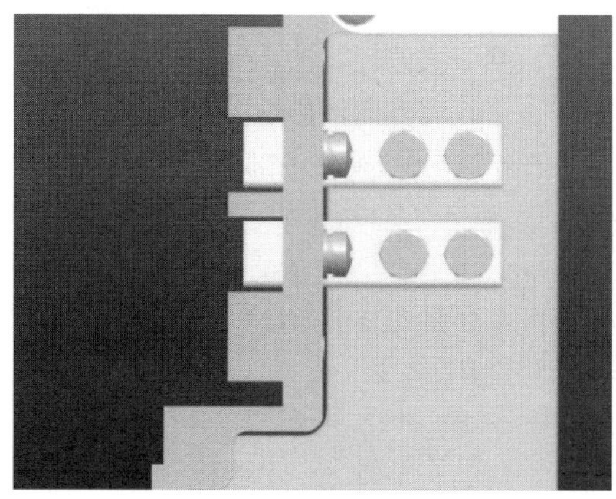
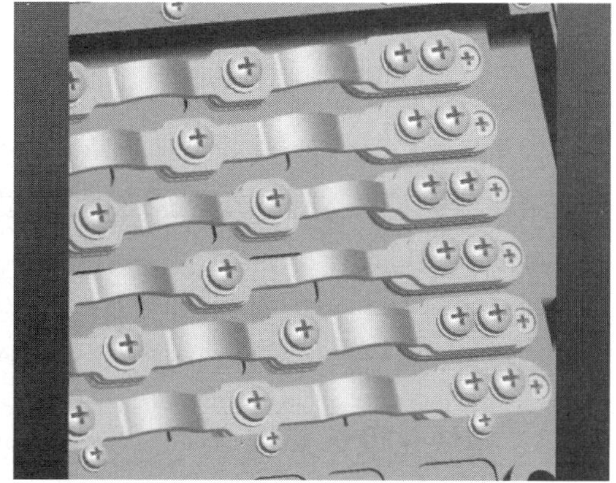

图 7.3.2　功率接口

2. 信号接口

同功率接口一样，各模块间通过设置统一接插件，在相应插头上通过外部软导线或特定的柔性印制板等方式进行信号互联，信号接口如图 7.3.3 所示。软导线适用于互联信号较少的场合，优势在于走线方便、纠错性强。柔性印制板适用于互联信号复查的场合，需要提前对各模块的信号内容统一规划，确保柔性印制板走线顺利，往往一个点错误导致整个柔性印制板报废。

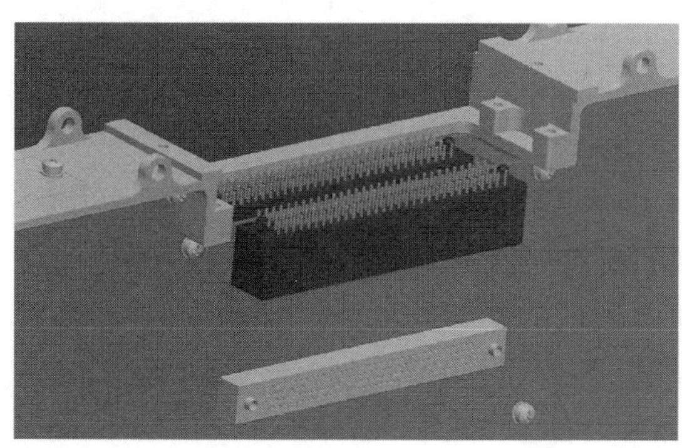
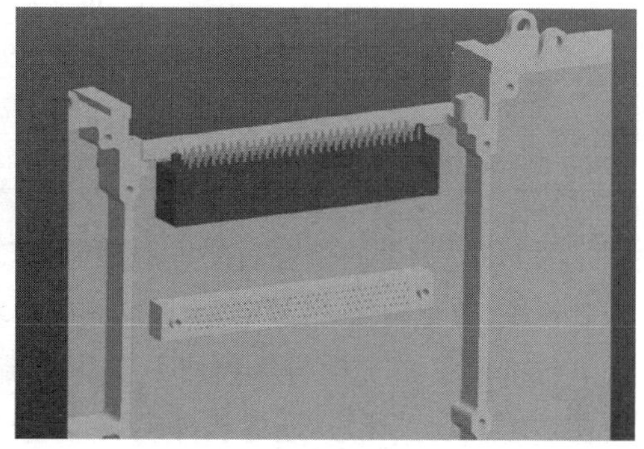

图 7.3.3　信号接口

统一模块内部可以设置几块 PCB 板,各板间可通过接插接对插的形式实现信号互联,一般需要考虑接插接的点数是否满足需求,对插后两印制板的间距是否对 PCB 上其他器件产生干涉等问题。

3. 热接口设计

整机功能划分,各模块联合工作时应统筹考虑各模块的工作状态,不应让单个模块集中发热,对热控和产品可靠性带来影响,每个模块在最大热耗下不依托其他模块散热,独立能够满足热设计要求。

对于航天产品,控制单机印制板上的热除辐射散热外,主要依靠结构框架的传导散热,因此单模块内应注意印制板与结构框架的接触面积,一般通过设置多个固定点的方式增加印制板和结构框架的接触面积,或设置多个加强筋与印制板直接接触增加传热面积。对于 PCB 板上发热量大的元器件,可在模块框架上配合设置专门散热结构,器件和散热结构之间填导热胶,从而提高元器件的导热能力。在图 7.3.4 中,模块内部对于大功率器件应安装在结构上,安装部位应靠近整机的散热面。

图 7.3.4　散热设计

4. 机械接口设计

机械接口设计一般包括对外和对内两部分,对外主要是安装面的接口,对内是模块间互联的接口,具体设计详见第 9 章电子电源产品结构设计。

7.3.3　模块化设计实例

设计一款模块式电源控制器,具有分流、充电、放电和下位机通信功能。

根据模块化设计原则将电源控制器功能相同或相近的电路划分为一个模块,各模块功能独立互不影响。共分为 5 种标准模块,每种模块选配的数量如表 7.3.1 所示。

表 7.3.1　电源控制器模块划分

模块种类	单结构模块内最大电路设置	模块数量	功　能
充电分流模块	3 路充电分流电路和 1 路分流电路	4	分流和充电
放电模块	2 路 BDR 电路	4	放电调节
主误差放大模块	3 路 MEA	1	母线误差放大控制器
	分别对应 A、B 两组蓄电池的 3 路 BEA		蓄电池误差放大控制器
下位机模块	下位机主备份电路	2	总线通信
放电通断控制模块	2 组放电开关、充/放电功率通路	1	功率开关控制、功率汇流

图 7.3.5 为模块组合后的电源控制器,共设置有 12 个模块,从左到右依次为放电通断控制模块、放电模块 1、放电模块 2、放电模块 3、放电模块 4、主误差控制模块、下位机模块 1、下位机模块 2、充电分流模块 1、充电分流模块 2、充电分流模块 3、充电分流模块 4,各模块在结构上设立耳片,通过相邻模块耳片的紧固使各模块成为一体。

如图 7.3.6 所示,功率接口上各模块设置统一标准的功率接线柱,接口定义一致从上

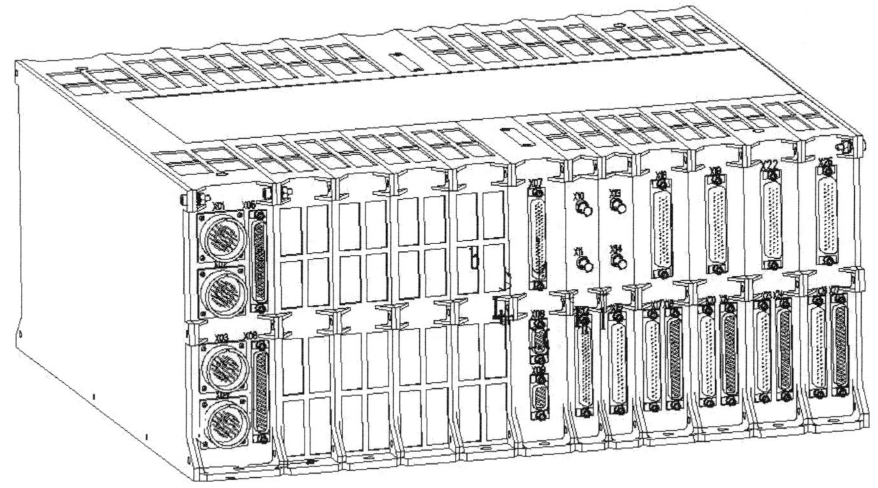

图 7.3.5　模块式设计电源控制器

至下分别为功率地、母线正、A 组充电正、B 组充电正、A 组放电输入正、B 组放电输入正。其中，充电分流模块、主误差控制模块设置前四个接口，放电模块和放电通断控制模块设置 6 个接口，下位机模块不设置功率接口。信号接口：各模块在顶部设置同系列印制板接插件，通过柔性印制板实现各模块的信号互联，信号互联接口如图 7.3.7 所示。

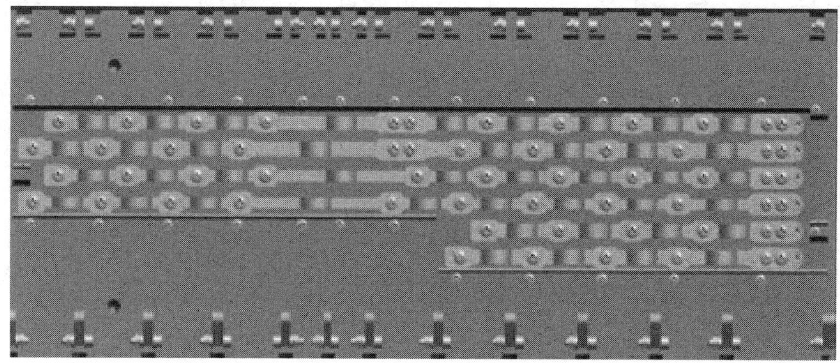

图 7.3.6　功率互联接口

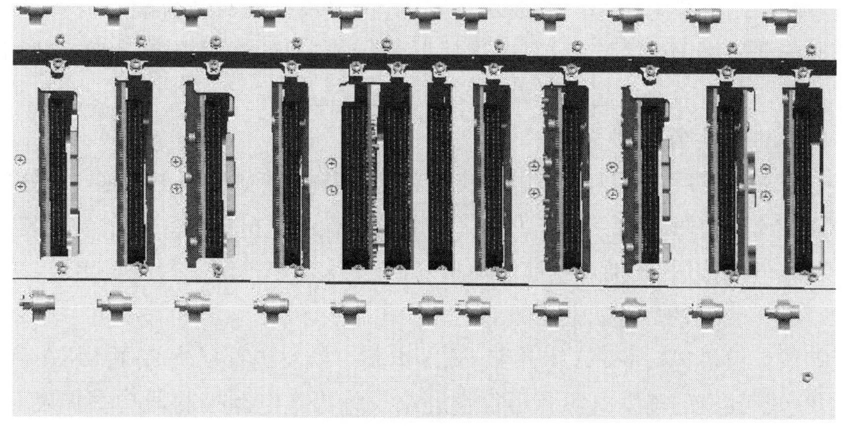

图 7.3.7　信号互联接口

各模块印制板上设置器件的热耗低于0.2 W,对于功率高的器件均安装在结构上,如图7.3.8所示,对16路充电分流电路合理设置工作顺序,各模块轮流调制工作,避免热集中,散热不均。

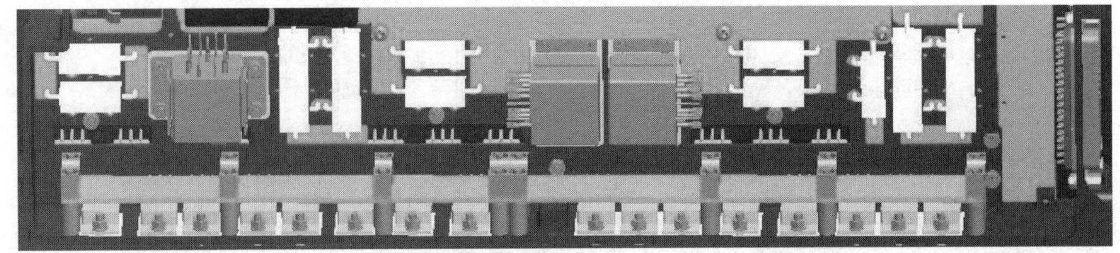

图7.3.8 散热安装

1. 放电模块的可扩展性设计

如图7.3.9所示,每个模块对称设置AB两路BDR电路,分别对应蓄电池A和蓄电池B。在扩展一个放电模块时,可同时对A、B路进行扩展。电源控制器模块间功率的输入输出均通过左侧汇流条连接,控制和遥测遥控信号都通过模块顶上电缆连接。

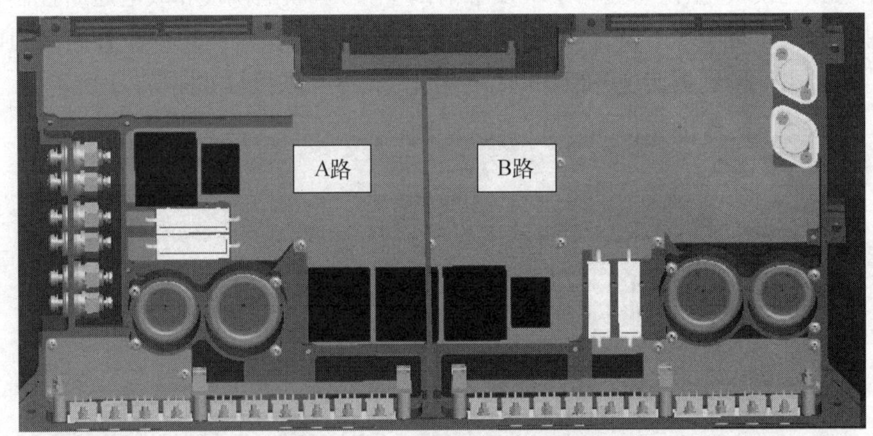

图7.3.9 放电模块内部示意图

2. 放电通断控制模块的可扩展性设计

放电通断控制模块为功率汇总模块,考虑其他模块扩展对载流能力的要求。放电通断控制模块内部采用铜排汇流,功率电连接器正负独立,载流能力强,开关选型上也留有较高功率裕量。放电通断控制模块内部示意图见图7.3.10。

3. 分流充电模块的可扩展性设计

每个分流充电模块设置3路充电分流电路和1路全分流电路。增加一个分流充电模块可以增加对4路太阳阵的分流能力和3路对蓄电池的充电能力。每个模块装有相同型号的对外功率电连接器,分别对应地面模拟阵、星上太阳电池阵和母线输出。

4. 主误差放大模块的可扩展性设计

主误差放大模块包括MEA电路和BEA电路。模块内部已完成了MEA和BEA的可靠性设计包括独立的辅助电源和可靠性冗余设计等。电源控制器功率扩展时,该模块可保持不变。

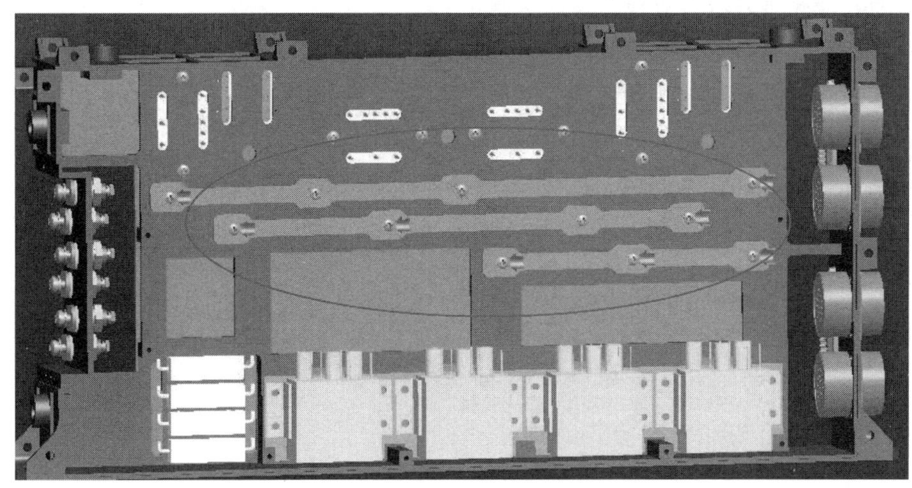

图 7.3.10　放电通断控制模块内部示意图

5. 下位机模块的可扩展性设计

下位机模块包括主备下位机电路，内部预留多路遥测遥控通道，以适应电源控制器的功率扩展。

6. 电源控制器功率扩展示例

设定 30.5 V 母线，放电功率每扩展一个模块可扩展 2 路功率电路(约 800 W)，以放电模块为步长电源控制器功率由 2.4 kW 扩展到 3.2 kW 示例如表 7.3.2 所示。

表 7.3.2　30.5 V 电源控制器功率扩展

	2.4 kW 电源控制器		3.2 kW 电源控制器	
各功能模块配置数量	分流模块	4	分流模块	4
	放电模块	3	放电模块	4
	主误差放大模块	1	主误差放大模块	1
	放电通端模块	1	放电通端模块	1
	下位机模块	2	下位机模块	2
太阳阵路数	16		16	
BDR 路数	6		8	
最大输出功率	2 400 W		3 200 W	
地影期可适用功率范围	1 600～2 400 W		2 400～3 200 W	
光照期可适用最大功率(含充电功率)	3 904 W		3 904 W	
可适应最大充电电流	80 A		80 A	
电源控制器外形尺寸	442 mm×400 mm×197 mm		484 mm×400 mm×197 mm	
电源控制器质量	28±0.5 kg		30±0.5 kg	

思　考　题

1. 简述印制电路板器件的布局原则。

2. 简述印制电路板器布线原则。

3. 简述印制电路板器电磁兼容设计中“地线”的注意事项。

4. 模块化设计的核心是什么?

5. 简述模块化设计的原则。

6. 设计一款具有分流、充电、放电、配电功能的模块化PCDU产品。

第 8 章　电子电源软件

8.1　概述

随着航天器对电源系统的功率需求越来越大，电子电源的复杂度越来越高，软件技术在整个电源系统中的作用日益突显，软件已成为系统的神经中枢，其质量关系到电源系统甚至是整个飞行器的成败，因此软件技术在电子电源研制过程中需要格外重视。

电子电源软件主要以嵌入式软件为主，配合电子电源硬件设备完成遥测遥控、充放电控制、蓄电池管理、自主健康管理以及能源管理等相关功能。本书重点对电子电源工程应用中的嵌入式软件的功能需求、设计，以及软件工程化管理等方面进行论述。

本书术语一律采用 GB/T 11457－2006《信息技术 软件工程术语》规定，对软件领域的一些术语明确定义如下。

(1) 计算机软件配置项(computer software configuration item，CSCI)，为独立的配置管理(技术状态管理)而设计的且能满足最终用户要求的一组软件。简称软件配置项。

(2) 计算机软件文档(computer software documents)，一组资料或信息的集合，包括计算机软件的列表和打印输出。该文档记录了计算机软件的要求、设计或细节，解释了软件的能力和限制条件，并提供了在软件运行中或保障时使用的操作命令。简称软件文档。

(3) 固件 firmware，该硬件装置中驻留有只读的计算机指令或计算机数据组合的软件，该软件不易在程序控制下修改。

(4) 硬件配置项(hardware configuration item，HWCI)，为独立的功能而设计的且能满足最终用户功能要求的一组硬件。

(5) 软件测试环境(software test environment)，测试软件所需的一组软件工具、固件和硬件的集合。软件工具可以包括(但不局限于)测试工具，如模拟软件、代码分析器和测试用例生成器等，也可能包括包含在软件工程环境中的工具。

(6) 软件维护(software maintenance)，在软件已经交付使用之后，为了改正错误或满足新的需求而修改软件的过程。

(7) 可在轨维护软件(on-board maintainable software)，在轨飞行过程中可接收航天员或地面传送的数据或代码，具有修改能力的软件。

(8) 计算机软件单元(computer software unit，CSU)，计算机软件部件设计中确定的能单独测试的一部分软件，简称软件单元。

(9) 计算机软件单元测试(computer software unit testing)，对软件单元的测试，简称软件单元测试。

(10) 计算机软件部件(computer software component，CSC)，计算机软件配置项中功

能和性质不同的部分。计算机软件部件可以进一步分解成其他计算机软件部件和软件单元,简称软件部件。

(11) 计算机软件集成测试(computer software integration testing),为软件单元或部件集成过程的测试,简称软件集成测试。

(12) 计算机软件配置项测试(computer software configuration item testing),对软计算机软件配置项的测试,简称软件配置项测试。

(13) 软件系统测试(software system testing),在完整的、集成的软件系统上的测试行为,以评价软件系统与规定的需求的遵从性。软件系统测试重点考核各软件配置项之间能否协调正确工作,简称系统测试。

(14) 代码审查和走查(code inspection and walkthrough),由若干个程序员和测试员组成一个小组,使用代码检查单,集体阅读并讨论程序或者用"脑"执行程序,以检测错误、对编程准则的违反和其他问题。

(15) 静态分析(static analysis),一种对代码的机械性的、程序化的特性分析方法。静态分析常需使用软件工具进行。一般包括控制流分析、数据流分析、接口分析、表达式分析。

8.2 软件功能需求

根据电子电源特点,电子电源软件主要功能需求是配合电子电源下位机硬件平台完成电源系统的遥测遥控、蓄电池管理以及自主健康管理等相关功能。

8.2.1 A/D 功能

A/D采集是电子电源软件中基本的功能模块,电子电源典型A/D采集电路如图8.2.1所示。大量的模拟量遥测通过多路选择器选通后送入A/D变换器,转换成数字量后送CPU进行存储和处理。

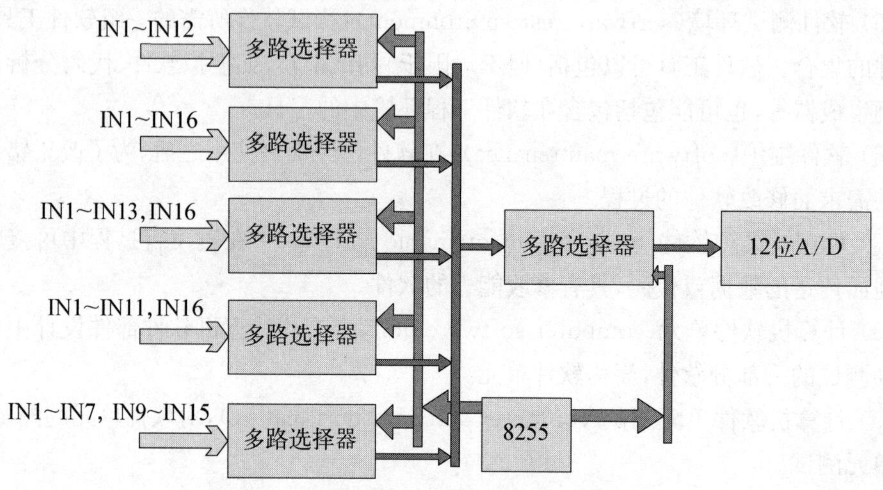

图8.2.1　典型模拟参数采集硬件连接示意图

软件对多个采集通道轮询,通过 I/O 口输出选择各个通道,每选中一路,延时一段时间以后启动采集,延时时间需要根据硬件电路特性以及整个软件系统的时间进行合适的选取,必要时需要和硬件电路进行联调。多路选通开关选通后,然后延时再读取采集数据,这里的延时时间主要考虑选用的 A/D 转换器的转换时间,如常见的 AD574 转换时间是 35 μs。对于不同位数的 A/D,在数据读取以及数据下行时需要考虑字节位数(bit)的匹配,如 AD574 是 12 位转换器,如果下行遥测是 8 bit,就需要进行四舍五入;如果下行遥测是 16 bit,就需要在高位或者低位进行补 0 操作。

典型的 A/D 模拟量采集的软件流程图如图 8.2.2 所示。

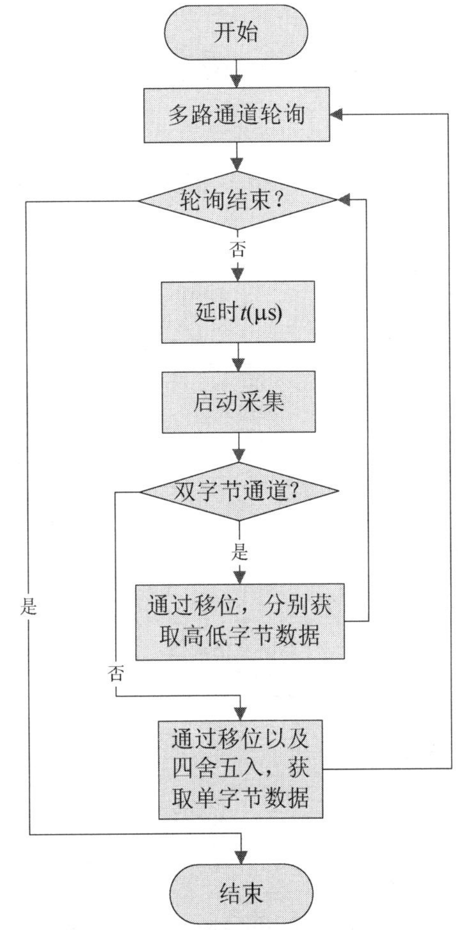

图 8.2.2　模拟量参数采集模块流程图

8.2.2　D/A 功能

D/A 功能在电子电源中一般使用在充电控制电路中,用于 CPU 输出某个用于控制电路基准的模拟量。以某个电源控制器为例,CPU 电路参与电池充电控制,通过 D/A 输出锂离子蓄电池恒压充电基准。软件首先根据公式计算恒压基准 DA 调整值,然后根据当前的恒压基准 DA 输出值计算当前的恒压基准值,比较两者的大小,通过调整 DA 的输出值使两者相等。

典型的 D/A 输出参与电池控制的流程见图 8.2.3 所示。

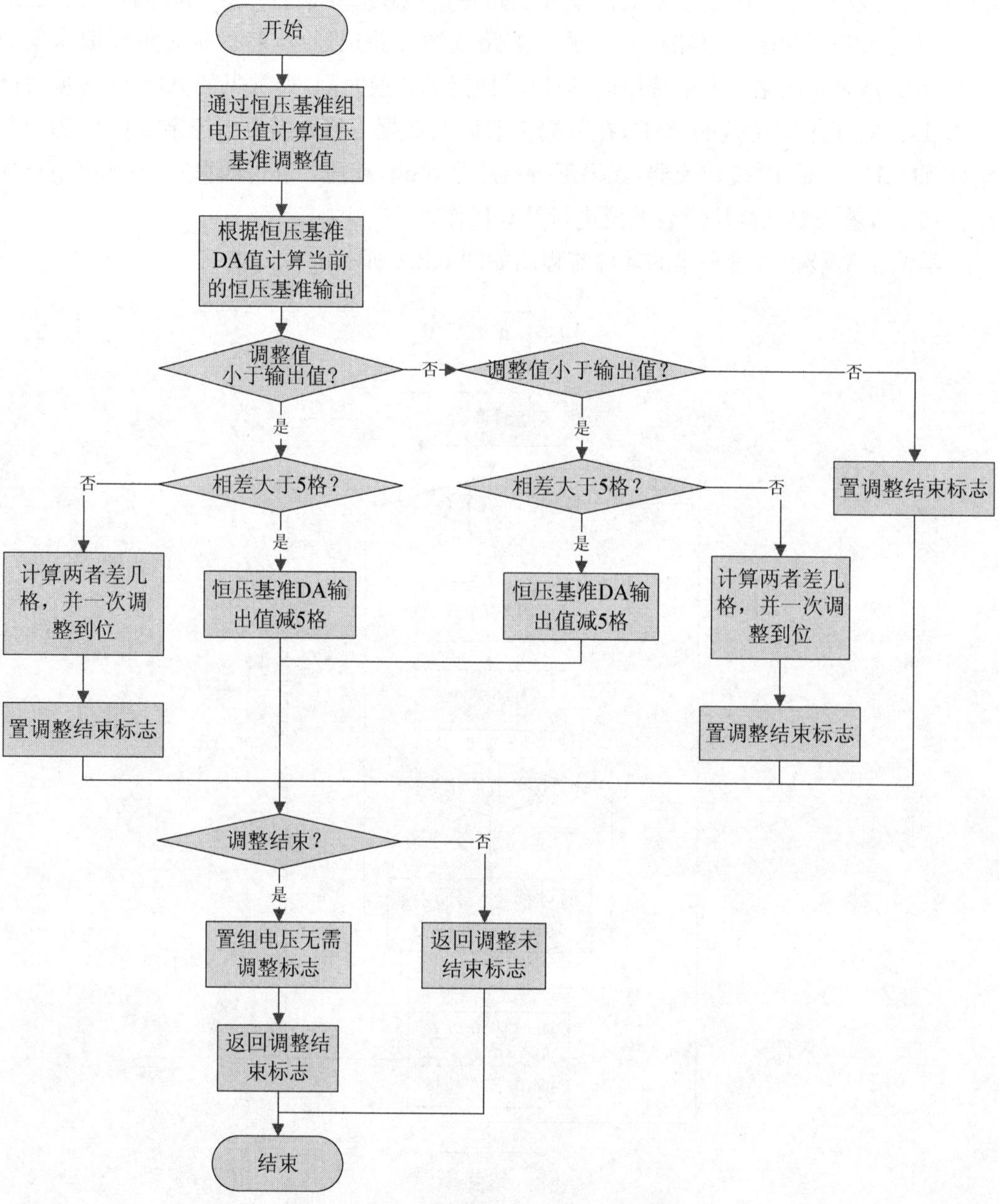

开始
通过恒压基准组电压值计算恒压基准调整值
根据恒压基准DA值计算当前的恒压基准输出
调整值小于输出值?
否
调整值小于输出值?
否
是
是
置调整结束标志
否
相差大于5格?
相差大于5格?
否
是
是
计算两者差几格，并一次调整到位
恒压基准DA输出值减5格
恒压基准DA输出值减5格
计算两者差几格，并一次调整到位
置调整结束标志
置调整结束标志
调整结束?
否
是
置组电压无需调整标志
返回调整未结束标志
返回调整结束标志
结束

图 8.2.3　恒压基准组电压调整子模块流程图

工程实际应用中,DA 输出值用于充电控制时,需要兼顾到控制系统的稳定性,在调整 DA 值时需要选取合适的步进值。同时需要考虑为防止 D/A 故障造成异常或单粒子打翻,软件需对输出的基准值进行回采检测。

8.2.3　OC 脉冲指令功能

OC 脉冲指令主要是 CPU 接收上行的数字量指令,执行时通过相应的端口输出脉冲指令,脉冲指令宽度一般是 80±10 ms。图 8.2.4 是典型的 OC 门控制电路流程图。

软件收到上级设备发来的总线指令并解析为 OC 门指令后，置相应的通道标志为有效，然后定时器中断判断相应的通道标志有效后，则对其定时 80 ms 高电平脉冲输出。

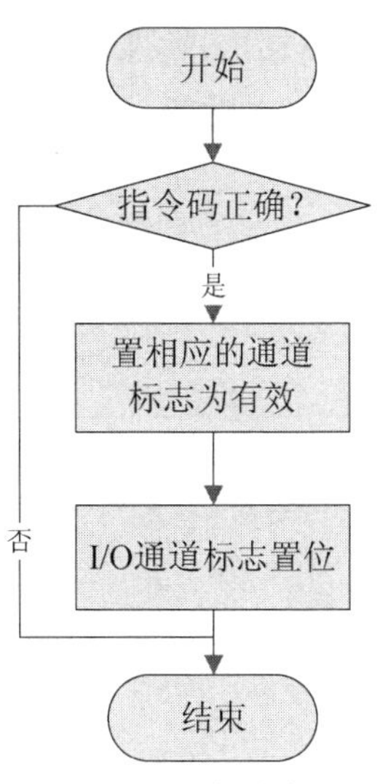

图 8.2.4　OC 门指令处理子模块流程图

8.2.4　蓄电池管理功能

蓄电池管理功能一般包括蓄电池的充放电控制、均衡控制、充放电保护、Ah 容量计算等功能。

1. 充电控制

空间电源系统的控制拓扑常见的有混合型功率调节，S^3R 型功率调节和 S^4R 型功率调节，混合型功率调节和 S^4R 型功率调节的蓄电池充电功率来源于太阳电池，中间没有变换调节环节，S^3R 型功率调节的蓄电池充电功率来源于供电母线，中间有变换调节环节，相对而言，充电控制策略也较为复杂。

以某电源控制器为例，系统采用 100 V 母线三域控制，采用锂离子蓄电池，采用恒流恒压充电方式，在正常情况下，根据母线电压、蓄电池组电压或单体电压的情况，进行恒流、恒压或线性调整电流充电，直至光照期结束。当出现紧急情况或故障时，可通过发送指令断开充电回路，停止充电。

1）恒流-恒压控制方式

当母线电压在充电控制域范围内时，采用恒流转恒压充电控制方式(CC－CV)对锂离子蓄电池组进行充电。首先以恒定的充电电流对锂离子蓄电池进行恒流充电，在不同曲线段内，当电池组电压或单体电压恒流充至设定的充电恒压点时，转入恒压充电控制方式。如蓄电池组电压先满足，以此电池组电压进行恒压充电。如单体电压先满足，以此时电池组的电压为恒压值进行恒压充电，当光照期结束时(最短为 55 min)，充电自动终止。单体电压先起控的情况下，在下一循环光照区开始前，电池组电压充电恒压点需恢复至原设定值。

图 8.2.5 为恒流恒压充电逻辑关系图。

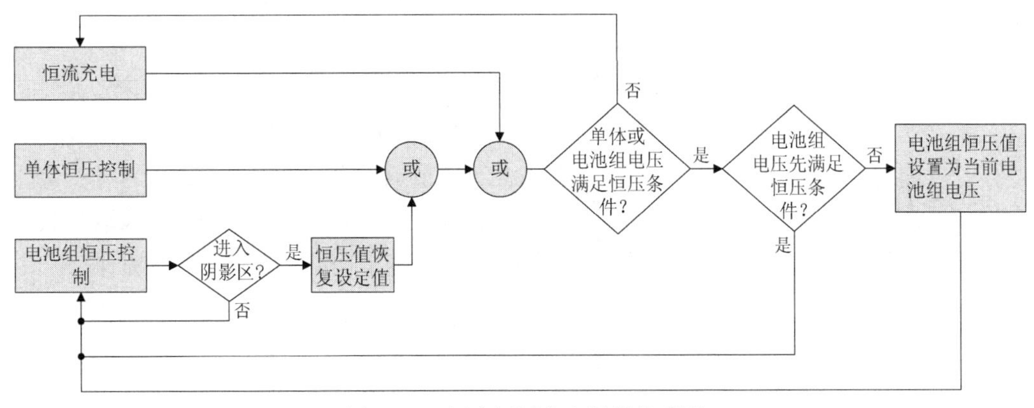

图 8.2.5　恒流恒压充电逻辑关系图

2）充电电流设置

电源控制器设置充电电流基准用于蓄电池恒流充电控制，基准由下位机电路 D/A 变换器输出,软件根据在轨蓄电池实际运行状态,输出合适的电流基准,相关功能见8.2.2节的D/A功能。

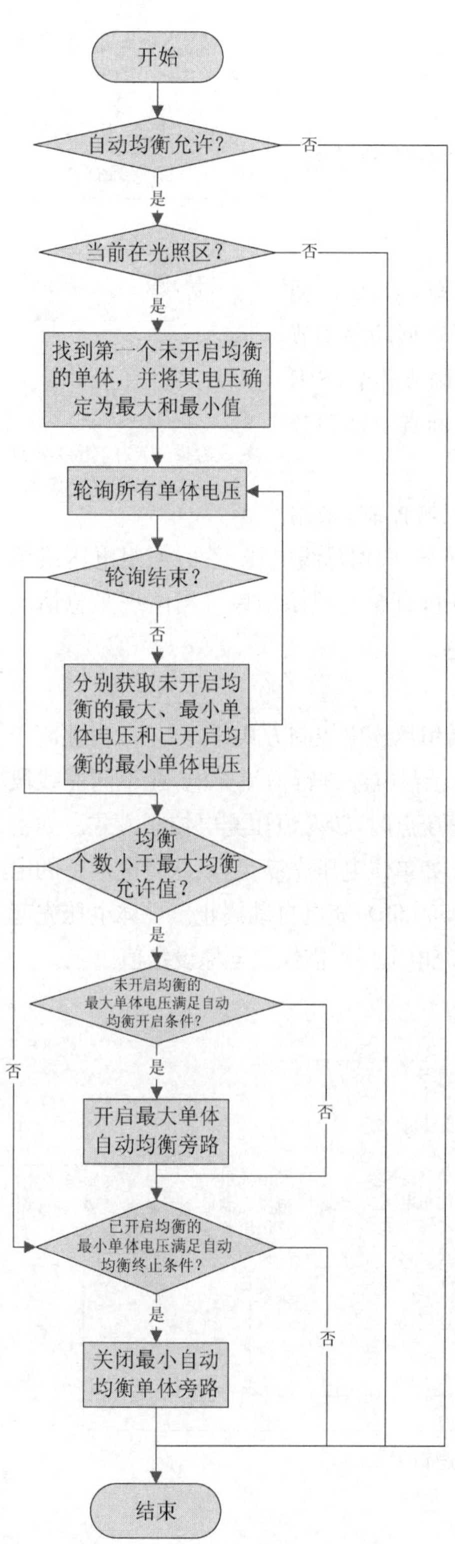

图8.2.6　均衡控制模块流程图

3)充电恒压设置

与设置恒流基准类似,利用D/A功能输出用于蓄电池恒压控制的恒压基准信号。

2. 均衡控制

目前主流的锂离子蓄电池在使用时,需要控制一个蓄电池组内各单体电压,使其一致性较好,均衡控制是软件通过控制I/O口输出高/低电平信号,实现打开或关闭蓄电池单体均衡的功能。均衡控制一般分为两种情况:强制均衡和自动均衡。

(1)强制均衡:通过外部指令可以强制任意一路有效单体均衡旁路的开通或关断。

(2)自动均衡:根据自动均衡计算、判断和执行。

图8.2.6是某电源控制器的均衡控制策略,软件首先判断自动均衡是否允许以及是否在光照区,若不是,则直接退出;若是,则先找到第一个未开启均衡的单体,以其电压作为最大值和最小值,接着轮询所有单体电压,分别获取未开启均衡的最大、最小单体电压和已开启均衡的最小单体电压,然后判断当前已开启均衡是否达到最大均衡个数,若达到,则不开启新的均衡;若未达到,则判断是否达到开启条件,最后判断是否达到均衡关闭条件,并执行相应的操作。

3. 过充保护

蓄电池过充对电池本身来讲会带来安全性问题,电源系统中都需要设置对蓄电池的过充电保护。软件主要通过实时检测电池组的单体最高电压是否连续长时间超过预设限度,并采取执行相应的指令断开充电回路的方式实行过充保护。

图8.2.7为一般的软件过充保护流程图。

软件首先判断过充保护是否允许,若禁止,则直接退出;接着判断当前是否处于保护中,若是,则只执行过充保护流程;若当前状态正常,则开启过充检测,轮询所有单体电压,是否满足过充保护条件,或恢复条件,并执行相应的功能。

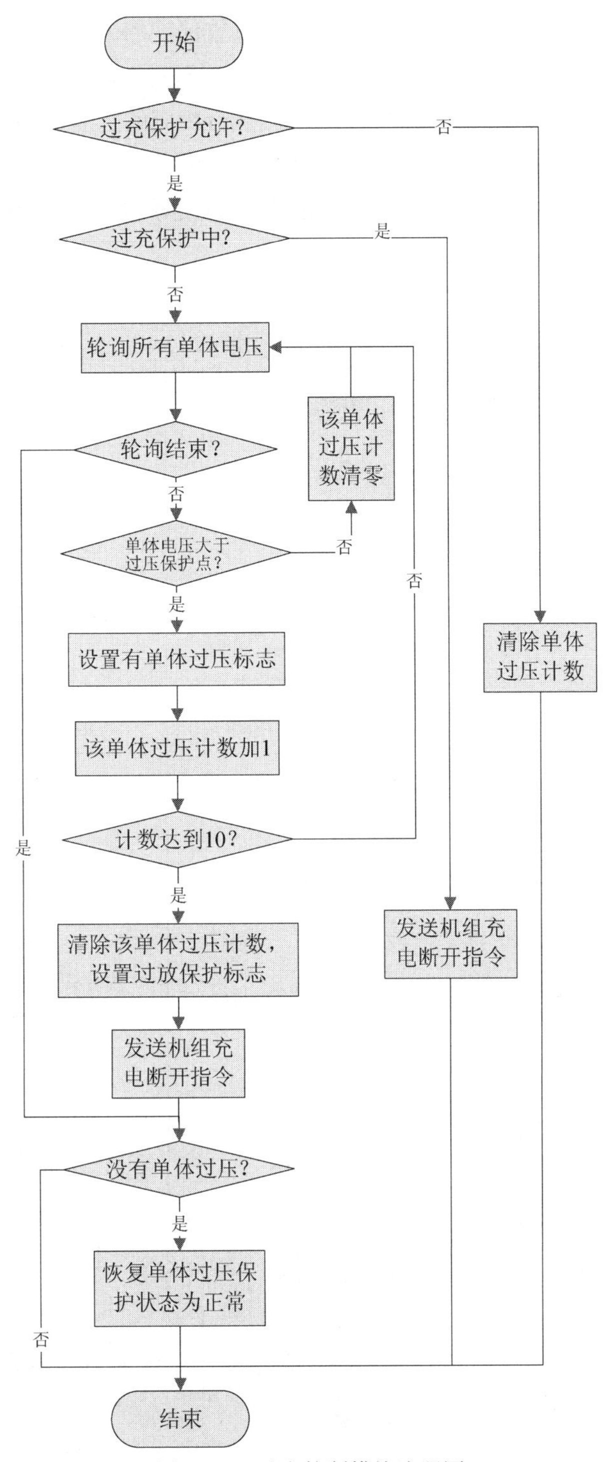

图 8.2.7　过充控制模块流程图

4. 过放保护

过放保护与过充保护类似,主要通过实时检测电池组是否同时有多个单体电压低于预设限度,并执行相应的指令断开放电回路,以及置过放报警信号的方式来实行过放保护。工程实际中对于过放保护的使用需要谨慎对待,既要保证蓄电池的安全,又要保证不会误断开,防止整个飞行器掉电。图 8.2.8 给出了过放保护的软件流程图,判断条件比较复杂。软件首先判断当前是否过放保护允许,若禁止,则仅清除所有单体过放计数及状态;若允许,则判断当前是否正处于过放保护中;若是,则执行相应的过放保护流程;接着判断是否处于过放报警中,若是,则连续发送 20 次过放授权服务请求,接着依次判断当前是否满足过放报警、保护阶段 1、短路报警、保护阶段 2 的条件,或恢复条件,并执行相应的处理。

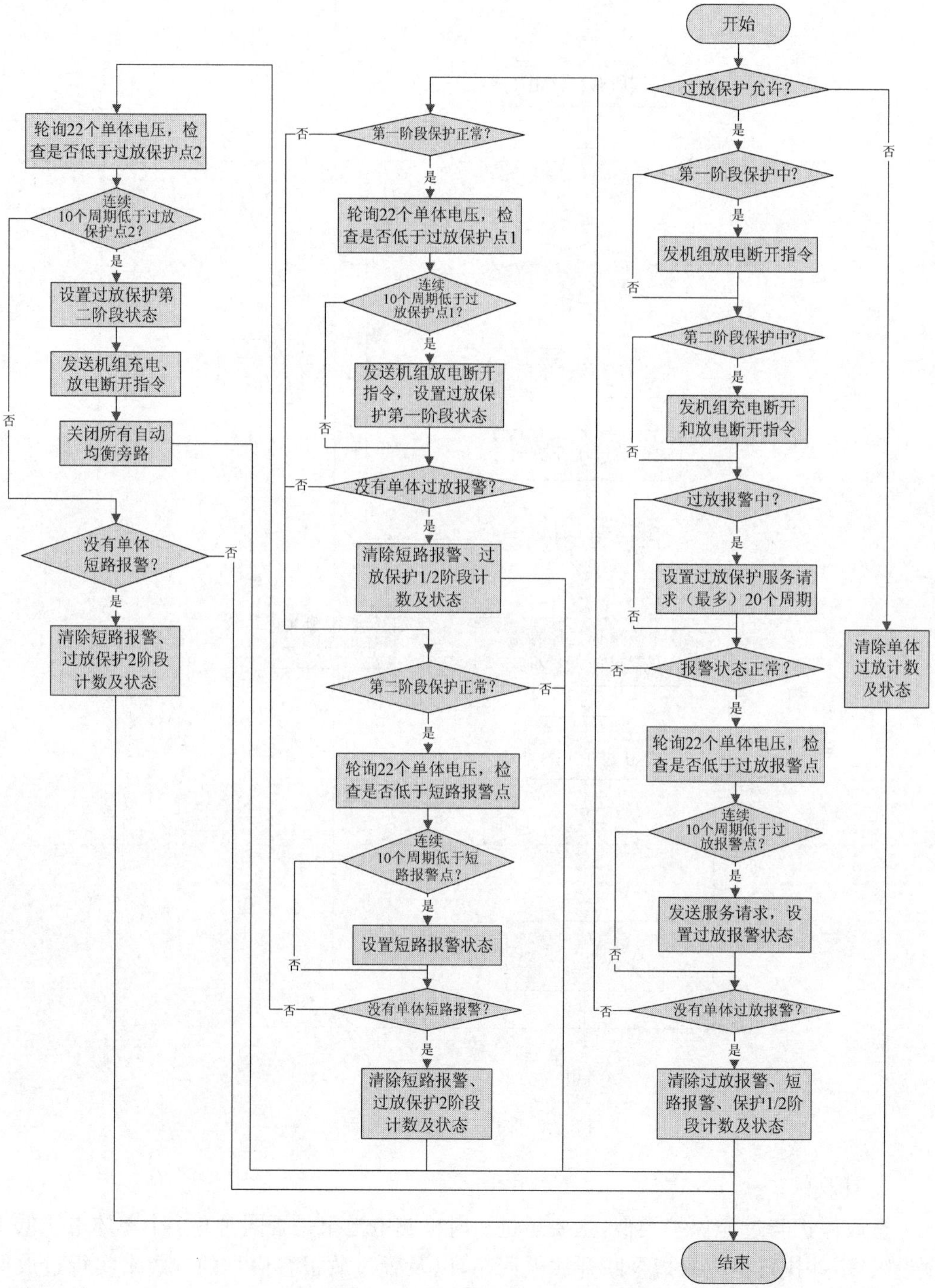

开始
过放保护允许?
是
否
清除单体过放计数及状态
第一阶段保护中?
是
发机组放电断开指令
否
第二阶段保护中?
是
发机组充电断开和放电断开指令
否
过放报警中?
是
设置过放保护服务请求(最多)20个周期
否
报警状态正常?
是
轮询22个单体电压,检查是否低于过放报警点
连续10个周期低于过放报警点?
是
发送服务请求,设置过放报警状态
否
没有单体过放报警?
是
清除过放报警、短路报警、保护1/2阶段计数及状态
否
第一阶段保护正常?
是
轮询22个单体电压,检查是否低于过放保护点1
连续10个周期低于过放保护点1?
是
发送机组放电断开指令,设置过放保护第一阶段状态
否
没有单体过放报警?
是
清除短路报警、过放保护1/2阶段计数及状态
否
第二阶段保护正常?
是
轮询22个单体电压,检查是否低于短路报警点
连续10个周期低于短路报警点?
是
设置短路报警状态
否
没有单体短路报警?
是
清除短路报警、过放保护2阶段计数及状态
否
轮询22个单体电压,检查是否低于过放保护点2
连续10个周期低于过放保护点2?
是
设置过放保护第二阶段状态
发送机组充电、放电断开指令
关闭所有自动均衡旁路
否
没有单体短路报警?
是
清除短路报警、过放保护2阶段计数及状态
否
结束

图 8.2.8　过放控制模块流程图

5. 过温保护

基本所有的蓄电池都对工作环境的温度有严格的要求，蓄电池长期在高温环境下工作，性能会加速衰退，甚至引起爆炸。过温保护主要通过实时检测电池组任意单体电压的温度是否超过预设的限度，并采取执行相应的指令断开充放电回路，以及置过温报警信号的方式来实行过温保护。图 8.2.9 为过温控制模块流程图。

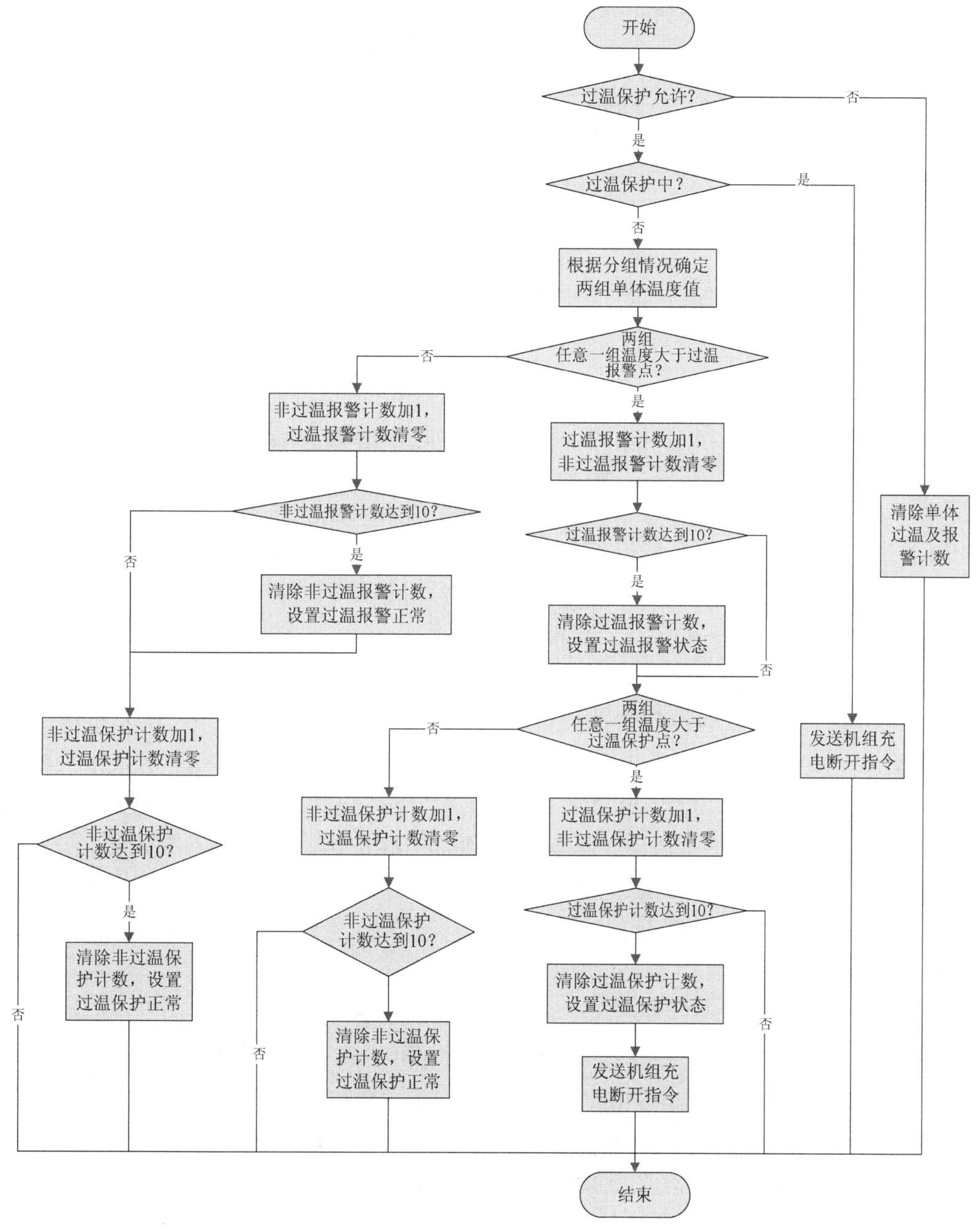

图 8.2.9　过温控制模块流程图

软件首先判断过温保护是否允许，若不允许，则直接退出；接着判断当前是否正在过温保护中，若是，则只执行过温保护；若当前正常，则根据分组模式，确定两组温度值，并判

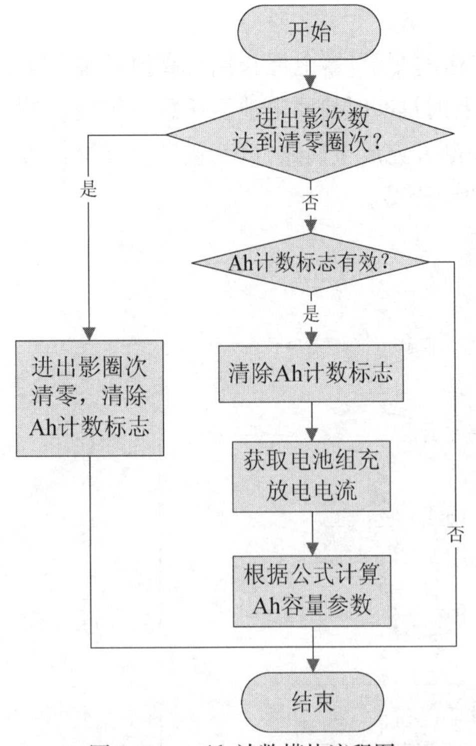

图 8.2.10　Ah 计数模块流程图

断其是否满足过温报警/保护或恢复条件，并执行相应的处理流程。

6. Ah 计算

Ah 计数表征的是电池组的放电容量，软件应一直对电池组进行 Ah 计数。Ah 表征为电流值在时间轴上的积分，软件至少每 m 秒(可注入，$m=0.5$、1、2、3、4、5)采样一次“电池组充放电电流”，然后根据计算公式计算锂离子蓄电池组当前的放电容量。Ah 计算软件流程如图 8.2.10 所示。

首先判断进影圈次是否达到清零圈次，若是，则直接清零 Ah 计数值并退出；若未达到清零圈次，则判断当前 Ah 计算周期是否达到，若达到，则获取当前电池充放电电流，按照公式计算当前的 Ah 容量。

8.2.5　自主健康管理功能

对于有长寿命设计需求的电源系统，为减少地面飞控负担，需要电源系统具备在轨自主健康管理功能。自主健康管理的主要功能包括：电源系统遥测参数的采集获取、数据传输、故障检测、诊断与决策，所有环节均是软件起主导作用。

1. 遥测参数采集

遥测参数的采集获取属于可测试性设计范畴，设计是以最少费用、最大诊断能力和最佳费效比为原则，采取机内测试(BIT)、外部自动测试、人工测试等多种手段相结合的方式。测试性设计是在电源系统 FMEA 分析的基础上，开展故障模式与测试之间的相关性分析，分析每一个故障模式是否都有相应类型的遥测参数表征，作为电源系统开展详细测试性设计的基础和依据。针对电源系统不同情况下的信息需求，开展电源系统测试点/参数设置工作，满足电源系统性能监控、健康管理、维修等需求。

2. 数据传输

为满足电源系统在轨状态监测、性能的评估与预计、产品的故障检测与隔离，电源系统各产品的遥测数据需要进行交换、组帧下行。对于简单的电源系统，一般采取硬线直接送给星务计算机采集，对于复杂的电源系统，特别是产品遥测参数数据多，需要在电源系统各产品之间进行组网通信来交换数据。电源系统常见的通信方式有 1553B 总线、RS422 串口、CAN 总线等。

确定电源系统信息组网方式以及相应的通信协议设计均属于系统层面的软件设计内容，也是电源系统的设计方案的重要环节。系统软件在设计时需要从顶层进行策划，选取最优方案，确定每个设备的软件基本功能需求以及设备间的信息流架构。

3. 故障检测、诊断与决策

故障检测是基于收集到的健康状态信息，判定故障是否发生。应将可测的信号经过滤波、整型等信号处理，提高可测信号的可信性。故障诊断为在检测出故障后，确定故障位置的过程。该过程需要综合各设备或相关分系统的状态。故障诊断定位的过程应简单、可靠。故障决策是指根据诊断的结果，以及故障的类别，自主地执行相应的动作序列。对于可能导致平台失效的紧急重大故障，故障决策根据既定的策略进行处置，恢复故障或者使系统降级运行，进入安全模式；对于其他故障，则将故障相关信息下行地面，尽可能少地开展自主处置。

8.3　软件设计

8.3.1　概述

嵌入式软件是为满足人们的使用需求而开发的程序、文件和相关技术，主要可以分为系统软件和应用软件，本章主要针对电子电源领域软件设计，主要偏重于嵌入式系统软件的设计。该系统包括微处理器、微控制器、存储器、定时器等一系列微电子芯片、器件和嵌入在存储器中的微型操作系统、控制应用软件组成，共同实现电池监视、实时控制、电池管理、数据处理等功能。常见的电源控制软件无微型操作系统，仅在单一的 ROM 中运行，实现对电源管理单元的总线通信、数据处理和接口控制等实时控制功能。

嵌入式软件设计是软件工程的核心，是整个软件生命周期中承前启后、最为关键的一步，一个软件系统经过需求分析阶段的孕育，在设计阶段诞生，因此，设计阶段应该做什么和如何做是十分重要的。软件设计阶段包括软件的系统设计、概要设计、详细设计及实现。对于有些小型电源控制软件，软件的系统设计可以省略，概要设计和详细设计可合并。

8.3.2　软件系统设计

以往电源系统的软件设计一般都是直接从软件配置项开始，对于简单的电源系统可以适用，但对于复杂的电源系统，在开展软件配置项设计工作之前需要首先开展软件系统层面的设计工作，软件系统设计工作一般包括以下内容。

1. 信息流设计

确定电源系统总体架构后，需要开展系统的信息流设计。信息流设计的一般原则如下。

(1) 电源系统设置的信息传输方式。信息传输方式一般有总线和硬线两类。总线上传输总线参数和总线指令；硬线分为内部硬线和外部硬线：内部硬线由电源系统内下位机完成转换，外部硬线包括与其他如数管分系统、测控分系统间的硬线信息。

(2) 根据各类信息资源确定该类信息量的多少，总线信息量最多，其次为与数管分系统间的硬线信息，与测控分系统间的硬线信息量最少。

(3) 设置外部硬线参数和指令，保证当总线故障或某些设备故障时，仍能够监测电源分系统基本参数，进行基本操作，保证电源系统的短期正常任务支持。

(4) 对表征电源系统供电状态的关键参数设置为仪表参数，包括母线电压、母线输出电流、电池组电压、充放电电流、电池组温度等。

(5) 对参数及指令传输路径进行主备冗余设计，当某一路传输路径故障时，可通过其他路径进行参数与指令的传输，保证电源系统的正常运行。

下面以某较为复杂的飞行器电源系统为例，电源系统的信息互连拓扑如图 8.3.1 所示。中源系统包括内网、外网两部分。电源系统共有两个功率通道，两个功率通道的产品状态完全一致，即两个通道的软件配置项完全相同，同时每个功率通道配置有 4 个机组，每个机组的充放电调节器状态完全一致。

功率通道内网。以功率通道为单位，内网包括两部分：舱内设备内网和舱外设备内网。

舱内设备内网每个功率通道组成一个电源系统的 1553B 总线，电源管理器作为总线控制器(BC)，负责功率通道所有总线参数、总线指令的中转收发，充放电调节器(4 台)、综合驱动控制器、舱内驱动控制器、舱外驱动控制器作为远程终端(RT)，将本设备采集的参数下行给电源管理器，同时接收并执行电源管理器转发的总线指令。

舱外设备内网由分流调节器、综合驱动控制器、舱外控温仪和舱外驱动控制器组网构成。综合驱动控制器和舱外驱动控制器作为 RT 接入舱内 1553B 内网。控温仪和分流调节器通过 RS422 串口，与综合驱动控制器通讯进行参数和指令的交换。

对于分系统内无下位机的设备以及重要参数、指令的备份，设置了内部硬线参数、指令，由电源管理器负责采集和转发。

功率通道外网。电源管理器对外设置两套 1553B 总线的 RT 分别挂接在数管的主总线和 GNC 局部总线下，作为电源分系统与数管分系统、GNC 分系统的接口设备。

电源分系统的分流调节器、综合驱动控制器、充放电调节器、电源管理器、舱内驱动控制器、舱外驱动控制器和母线滤波器等所有电子单机对外设置了 K 令、P 令以及数管硬线参数，用于电源分系统的 1553B 总线故障时对总线参数的备份。

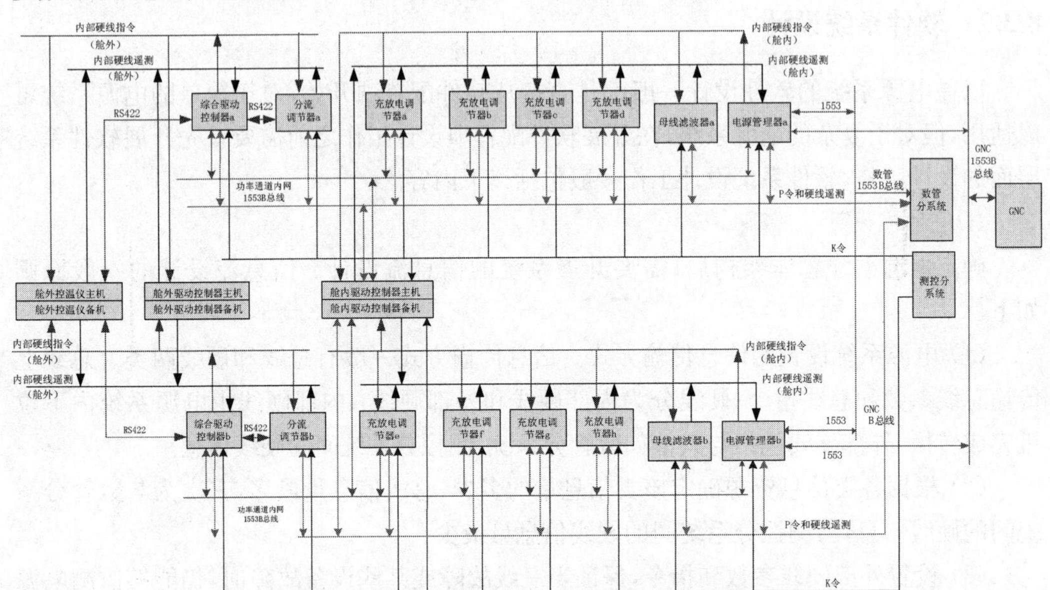

图 8.3.1 某电源系统设备信息互连拓扑图

2. 通信协议设计

确定了系统顶层信息流架构后，对选用的通信方式需要从系统层面确定各产品间的通信协议，电源系统常见的通信方式有 1553B 总线、RS422 串口、CAN 总线等，各通信方式的通信协议设计主要内容如下。

1) 1553B 总线

(1) RT 地址分配，一般避开 RT0 和 RT31，其中 RT31 是广播专用地址。

(2) 子地址分配，需要对总线内各子地址的通信内容进行规定，并约束通信周期。

(3) 字格式约定，由于 1553B 总线是按字(word)传输，对于数据的高低字节(byte)需要统一定义。

(4) 消息格式约定，约定所采取的 1553B 标准规定的消息格式。

(5) 对总线错误处理方式进行约定；

(6) 对总线性能(如消息间间隔、响应时间)进行约束。

2) RS422 串口

(1) 确定硬件的连接关系，是点对点连接还是一对多、冗余备份关系。

(2) 波特率的选择。

(3) 确定字节格式，如数据位数、是否有奇偶校验以及停止位。

(4) 确定数据内容的字节定义，高低字节的排序。

(5) 确定数据字头的定义以及数据的类型和周期。

3) CAN 总线

(1) 确定信息类型。

(2) 明确传输规范，确定主从节点关系。

(3) 滤波器模式配置。

(4) 确定总线故障时的恢复类型。

(5) 数据传输帧格式的确定。

3. 配置项划分

软件系统设计需要明确系统内各产品的配置项划分，明确各软件配置项的功能以及相互间的数据约定。根据飞行器的特点，还需要对软件配置项的危险严重等级、危险发生的可能性、系统风险指标、软件控制类别以及软件的关键等级进行确定，指导各配置项后续的设计工作。

4. 软硬件联合设计

软硬件联合设计是开展软件研制工作前的重要环节，主要目的是确定硬件和软件之间的接口关系，明确软硬件的界面，确定软硬件的功能划分，给出硬件电路的性能指标和特性，明确软件设计的性能需求，明确软件的时序关系。确定硬件资源分配，开展产品级的软件系统设计，并对软硬件系统的可靠性、安全性和健壮性进行设计与分析。

8.3.3　概要设计

概要设计是将整个应用系统的软件功能进行分解，形成若干个有层次的、功能独立、易于设计、易于实现、易于测试和维护的模块。

结构设计阶段的技术可分为两类：面向过程的方法和面向数据的方法。面向过程的设计技术强调创建软件体系结构时的分解过程和结构；面向数据的技术强调软件系统的数据设计成分和导出数据设计的技术。在电源系统软件设计中，一般采用面向过程的结构化设计，以完成对电源控制器的控制功能。

1. 本阶段的任务

根据软件需求规格说明，设计电源控制软件的总体结构，划分并定义软件部件，以及各部件的数据接口、控制接口，设计全局数据库和数据结构，编写软件概要设计说明，编写软件集成测试计划。

2. 实施步骤

(1) 建立目标系统的总体结构。对于电源控制系统而言，一般属于中型或小型软件系统，可采用自顶向下方法，按照软件需求直接定义电源控制系统的部件模块及各部件模块间的关系，一般应至少包含初始化模块、总线通信模块、遥测采集模块、指令执行模块以及其他软件功能模块，具体应根据需求规格说明中各功能配置项展开设计。

(2) 给出各个部件间的功能描述、数据接口和控制接口描述、外部文件及全局变量的定义。

(3) 遵循软件安全性和可靠性设计准则，开展各部件的可靠性和安全性设计，进行基于软件部件的故障树分析、软件失效模式及影响分析，尤其对影响到电源控制系统故障的软件功能、参数或接口(如过充控制、过放控制、自主指令控制等)进行进一步完善。软件安全性需求和相应的软件安全性设计。对于A、B类软件，需单独形成关键软件安全性分析报告。

(4) 建立每个软件部件对每项软件需求的追踪关系。

(5) 根据软件概要设计，编写初步的集成测试计划，开展软件集成测试设计工作。

3. 实施要求

(1) 在设计目标系统的整体结构时，应力争使其具有好的形态，各功能模块间应满足低耦合度，而各功能模块内应满足高内聚度，功能模块的作用范围应在控制范围之内。

(2) 在设计目标系统的总体结构时，应降低模块接口的复杂性，提高目标系统的可移植性。

4. 完成标志

(1) 所有的软件需求均被所设计的系统覆盖。

(2) 软件概要设计通过评审，并形成初步软件集成测试计划。

8.3.4 详细设计

详细设计是把概要设计阶段产生的系统结构转换成软件系统的过程化描述，需详细规划各个软件模块的功能实现方式、接口形式参数、过程与函数调用、安全冗余余量、可靠性设计等要求，按计划进行软件详细设计说明书的编写和评审工作。软件详细设计应包含软件的总体流程图、各功能模块分支的流程图以及软件功能分解图等。该阶段强调选择和评价以实现每个模块的算法，每个模块的所有细节和决策都要充分定义，并要能容易实现。

1）本阶段的任务

详细设计是把概要设计阶段产生的系统结构转换到软件系统的过程化描述，需详细规划电源系统各个软件模块的功能实现方式、接口形式参数、过程与函数调用、安全冗余余量、可靠性设计等要求，按计划进行软件详细设计说明书的编写和评审工作。

2）实施步骤

（1）将概要设计产生的各个软件部件逐步细化，并定义成软件单元，如将遥测采集功能细化为模拟通道选择单元、A/D 转换单元、数据滤波单元；将总线通信模块细分为总线指令接收单元、总线指令解析单元、总线指令发送单元等。

（2）确定电源系统软件各单元之间的数据流和控制流，确定每个单元的输入、输出和处理。特别需要明确对一些非法指令、影响电源控制性能的参数等的处理措施。

（3）对各个单元进行过程描述，尤其是对电源系统健康管理的算法进行描述，建议采用流程图的方式进行。

（4）开展软件单元的可靠性和安全性设计。

（5）确定编程准则和编程风格。

（6）编写软件详细说明和初步的单元测试计划，开展单元测试设计工作。

3）实施要求

（1）控制每个软件单元的复杂度，合理地使每个软件单元的圈复杂度不大于 10。

（2）设计各单元内满足高内聚度要求，使每个软件的扇出数小于 7。

（3）使各单元的功能单一，单元接口的复杂度降低。

（4）每个单元应只有一个入口和一个出口。

（5）应清晰地说明软件单元和软件部件的追踪关系。

4）完成标志

（1）详细地规定了各程序模块之间的接口，包括参数的形式、传送方式、上下层的调用关系等。

（2）确定了模块内的算法及数据结构。

（3）详细设计通过评审，并编写初步的单元测试计划。

8.3.5　软件实现

软件实现就是依据软件详细设计说明书的技术路径和软件运行硬件平台的接口地址进行编码，每个软件单元的源代码必须源自详细设计所分解和定义的软件功能单元。整个软件流程构架和控制逻辑也应与详细设计一致。

1）本阶段任务

根据软件详细设计说明，进行软件编程、调试，开展静态分析、代码审查和单元测试，验证软件单元和设计说明的一致性。

2）实施步骤

（1）用指定的编程语言对每个软件单元进行编程，每个单元的安全关键性和软件运行的实时性需求通过编程加以实现。

(2) 对完成编码的源程序进行调试和静态分析,重点是软件源程序质量度量、编程准则和编程风格检查并修改。

(3) 开发单元测试辅助程序,并进行单元测试,对软件测试中发现的问题进行分析。

(4) 编写单元测试报告。

3) 实施要求

(1) 编程语言、准则和编程风格应符合项目具体要求。

(2) 每个软件单元实现的功能、性能和接口满足详细设计要求。

(3) 软件调试完成后,必须清除软件中的多余物。

(4) 软件注视应达到软件要求,一般为不少于 20%。

(5) 在功能、性能满足要求的前提下,对于 A、B 类关键软件,单元测试的语句和分支覆盖率均应达到 100%。

8.3.6 软件维护设计

对于有长寿命需求、系统复杂的电源系统,在轨飞行期间需要根据飞行工况或者电源系统的健康状态,开展软件可维护设计。可在轨维护的软件定义为:在轨飞行过程中可接收航天员或地面传送的注入数据且具有修改能力的软件。从维护对象区分,软件在轨维护一般有参数型维护和代码型维护两种。

(1) 参数型维护:将注入数据作为参数传递给在轨运行的软件,进而修改软件中变量、参数的值(这些变量、参数可以存在 RAM 中,或者是存在外部 EEPROM 或者 FLASH 等存储上的配置文件),通过注入直接修改某个内存地址中参数的值。

(2) 代码型维护:通过注入软件目标码的手段来替换航天器上正在运行的软件的某些软件单元、软件部件或整个软件。

1. 参数型维护设计

参数型维护设计可采用的方式包括:

(1) 参数传递式更改。将注入数据作为参数传递给在轨运行的软件,软件设计时具有根据传递参数进行更改的能力。

(2) 固定地址参数修改。通过注入参数以及其对应的地址,直接实现参数的更改。

(3) 可变地址参数修改。首先根据编译后的内存地址分配文件(如 MAPFILE 文件)查找到参数所在的地址,然后将新的数值注入参数所在的内存地址,从而实现参数数值的更改。注入前应仔细检查,防止对相邻地址的参数产生影响。

(4) 多存储区域轮询方式修改。为需要维护的参数分配固定长度空间,每次数据在轨维护保存时都将维护的数据写入到未使用的存储区中。可将在轨维护参数分别存放在 3 块区域中,读取时采用 3 取 2 方式进行读取。

2. 代码型维护设计

代码型维护设计可采用的方式一般包括语句级维护、模块级维护和配置项级维护。

1) 语句级维护

对于单条代码语句需要在轨维护时,首先通过反编译的方式定位出该语句的可执行代码所在的地址，然后地面通过遥控上行链路将新语句编译生成的可执行代码注入对应地址，覆盖原来的语句，从而实现在轨注入。

2）模块级维护

（1）固定地址划分法。软件设计阶段，按照是否需要在轨维护，将软件分为两大部分，分别存储在两个不同地址区中。具体要求如下：① 应为每个需要实施在轨维护的程序模块分配一个固定的入口地址；② 每个可在轨维护的模块的存储空间和执行空间应有足够的余量，以适应在轨维护前后代码长度变化；③ 软件收到更新数据后，将对应模块的区域擦除，将新的代码写到对应的空间，并重新启动系统。

（2）入口地址表法。对每个单独的程序模块分配一个固定的入口地址，同时建立一个入口地址表，将有可能进行在轨维护的模块入口地址都放在这一表中。在运行过程中，软件调用任何子程序时，均通过子程序地址表获得子程序的入口地址。在轨维护时，首先将需要更新的代码（即一个或多个子程序）注入 EEPROM/FLASH 或 SRAM 的空闲区域，并记录入口地址，然后修改入口地址表，更新该模块对应入口地址，使之指向新注入的代码。

（3）钩子函数法。在软件中预埋钩子函数，钩子函数设定为在执行时通过指定的地址跳转到程序区运行上注的新函数，运行完毕后再返回/退出到原函数继续执行。钩子函数有两种实现方式：① 由上注的新函数直接返回到原函数的结尾（注入时删除反汇编的 SAVE 语句），或返回到原函数任意地方；② 返回到原函数所使用的窗口，即返回到原函数的结尾，注入程序无法修改返回指令（注入时必须保留 SAVE 语句）。

（4）随机存储区替换法。使用该方法，需做严格的影响域分析和堆栈空间计算，如非特殊情况，谨慎使用。实现方法如下：① 借助工具通过反编译的方式，定位被维护模块的入口地址和长度；② 如果欲注入的模块编译生成的二进制码长度小于原模块长度，则通过指令将 EEPROM/FLASH 或 SRAM 相应的区域擦除，然后将新模块编译成的二进制代码注入擦除过的区域；③ 如果欲注入的模块编译生成的二进制码长度大于原模块长度，则要寻找一片空间足够大的空白区域，将被维护模块的区域擦除后，改为跳转指令，跳转至该空白区域，再将新的模块二进制码上注至空白区域，模块结尾再加入一条跳转指令，跳转回原地址。

（5）增量维护法。为了充分利用上行通道资源，提高在轨维护效率，可采用增量式维护法，即只上注模块中发生变化的部分，其余部分保持不变。具体方法为：① 利用工具将新模块编译、链接生成的目标码与航天器原软件模块的目标码进行比对，定位出差异部分所在地址；② 将差异部分的二进制码注入航天器上软件对应的存储区地址，其余部分保持不变。

采用增量式维护法，应满足以下条件：① 新旧模块的目标码差别量不超过 50%；② 差异部分集中在 2～3 个连续的地址段；③ 新模块的目标码长度小于或等于原模块。

3）配置项级维护

配置项级维护有两种设计方式。

（1）先切换到应急模式，只具备简单的遥控遥测功能，然后对 RAM 区的程序进行全盘覆盖，再切换到 RAM 区运行。

(2) 将程序通过直接或间接方式录入 EEPROM/FLASH 区,上电引导程序重新加载,将新程序搬到 SRAM 区并开始运行新程序。

8.3.7 软件可靠性设计

软件设计的可靠与否直接影响电源设备的可靠性与安全性,软件可靠性、安全性问题主要来源于软件设计错误和设计缺陷。

对软件的设计需要考虑下列要求。

(1) 在设备加电或断电时,软件应处于安全状态,系统软件在没有接收到任何命令时不得输出指令。

(2) 在软件中应设置看门狗或类似措施,以确保系统运行的正确性,当看门狗生效时,允许系统复位并从复位处开始执行程序。

(3) 必须指明软件与各种外设的接口关系,特别是输入输出设备和专用设备的接口定义。

(4) 鉴于实时嵌入式的特点,应合理安排软件工作时序、硬件的工作时序和接口设备时序的工作关系,使之具有兼容性和匹配性。

(5) 软件中各分程序、模块间相互依赖性越小越好,减少传播变化和错误的路径数目,以利于软件维护和提高可靠性。

(6) 关键数据三取二。对关键数据进行三取二设计。在使用时对三个数据进行三取二比较,如果出现有一个数据与另外两个不一样的情况,则采用表决结果作为控制参数;若三个数据两两各不相同,则不使用该数据。

(7) 多余物的处理。运行程序中不得包含不使用的可执行代码,装入的运行程序不得包含不引用的变量。未使用的内存,包括程序的"空白区"和数据的"空白区",程序空白区填 FFH,数据空白区填 00H。

(8) 合理设计时序,保证与外部芯片之间的数据传输满足其建立和保持时间要求。合理利用资源,保证足够余量空间,降低各模块之间的耦合。

8.3.8 软件设计实例

电源控制软件根据系统的软件任务需求,主要负责电源单机产品遥测数据采集处理、电池健康管理、数据存储以及与综合计算机间的总线通信等功能。整个软件系统主要由初始化、主程序和中断执行程序构成,如图 8.3.2 所示。

1. 初始化

软件程序初始化主要完成硬件接口初始化、软件接口初始化、芯片初始化和自检测等,主要初始化内容如下。

(1) 硬件接口初始化。

(2) 通信接口初始化设置。

(3) 软件变量初始化。

(4) 硬件电路自检。

(5) 中断寄存器设置。

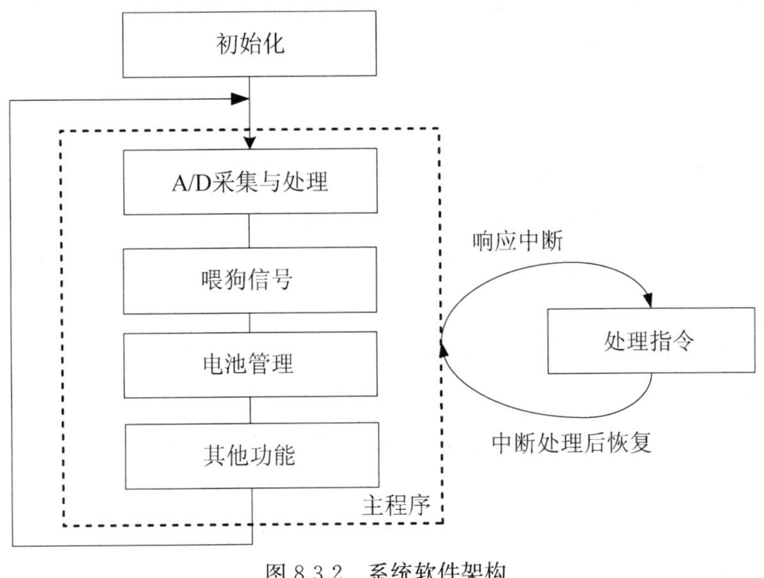

图 8.3.2　系统软件架构

(6) 定时寄存器设置。

(7) 喂狗。

软件初始化程序应注意初始化的顺序，如应首先初始化指令控制硬件接口，以防止未及时初始化带来的指令接口误操作；中断使能一般应最后初始化，以保证程序中断正常执行。

2. 主循环

主循环主要包括 A/D 采集与处理、定时喂狗、指令解析、电池管理等功能，具体描述如下。

1) 定时采样程序

定时采样的流程如图 8.3.3 所示。进入定时采样程序后，主控程序循环选择模拟采集

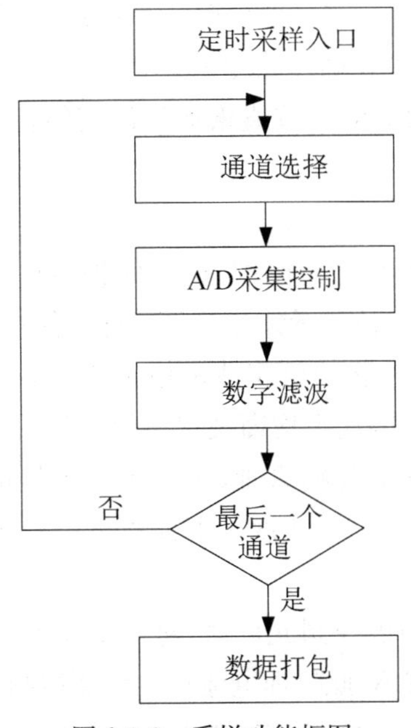

图 8.3.3　采样功能框图

通道并启动采样控制程序,将采集到的数据进行数字滤波,最终形成待发数据包,并通过总线形式发送给综合计算机。该采样周期可根据具体任务需求设计,采样周期一般为主程序循环周期或定时器的定时周期。

数字滤波有很多方法,如均值滤波法、中值滤波法、一阶滞后滤波法等。考虑单片机的计算能力和采样时间,这里介绍一种比较高效实用的数字滤波方法。

对同一模拟量采样通道的采样点,分三组进行采样。

(1) 第一组采集10个采样数据,除去一个最大值,一个最小值,对剩下的10个采样数据求取平均值M1。

(2) 第二组也采集10个采样数据,除去一个最大值,一个最小值,对剩下的10个采样数据求取平均值M2。

(3) 第三组也采集10个采样数据,除去一个最大值,一个最小值,对剩下的10个采样数据求取平均值M3。

最后求取M1,M2,M3的平均值,作为该模拟量采样通道的有效值。

2) 看门狗喂狗入口程序

看门狗程序只能设计在主循环内,看门狗入口程序的启动是根据看门狗计数器的计数值来触发的。看门狗计数器在定时中断服务程序中,每经历一次定时器中断,看门狗计数器计数值加1,最大定时喂狗时间不能超过1.6 s,一般设计在1 s左右。

3) 指令解析入口程序

指令解析入口主要完成间接指令码的校验、解析及执行工作。在确认间接指令包数据的包头无误后,便进入间接指令的入口程序。

在间接指令入口程序中CPU主要完成以下任务。

(1) 对间接指令包数据进行校验,若校验不正确,则丢弃指令数据包,返回主循环程序,指令错误计数加1;若正确,则往下执行。

(2) 对间接指令包数据进行解析,根据解析数据结果,置位间接指令驱动端口,同时启动间接指令宽度计数器,指令正确计数加1。

(3) 当间接指令宽度计数器的计数值累加到设定的指令宽度阈值时,复位加驱动控制信号,并计数清零。

4) 电池管理

电池管理常见的管理策略有过充保护、过放保护、自主均衡以及电池容量计算等功能,这里着重介绍自主均衡和电池容量计算两种管理软件管理策略。

(1) 均衡管理。在由多个单体电池组成的电池组中,单体电池之间的不一致性原因主要为电池工艺和电池老化。电池组均衡技术是电池管理系统关键技术之一,可根据电池组状态信息对电池组进行实时均衡管理,避免不一致性的扩大,提高电池组容量利用率,能在一定程度上减缓电池组老化速度。下面以七节电池组为例,介绍一种均衡管理策略。

只有当锂电池单体自主均衡控制允许时,进行如下锂电池单体自主均衡控制流程:① 当锂电池充电电流大于0.2 A,此时锂电池自主均衡控制开始工作,否则均衡控制软件将控制通道全部开路,并且不自主运行;② 当电源下位机上电工作后,通过7个采样通道分别采集 7 节锂离子蓄电池单体电压。取 7 节锂电池中的最低单体电压，当某节单体的电压值与最低单体电压的差大于等于规定的阈值(60 mV)时，相应的控制通道输出高电平，使其充电的旁路分流控制有效，对该单体实现分流均衡控制；当某节单体的电压值与最低单体电压的差小于等于规定的阈值(20 mV)时，相应的控制通道输出低电平，使其充电的旁路分流控制结束，关闭该单体分流均衡控制。

具体流程见图 8.3.4。

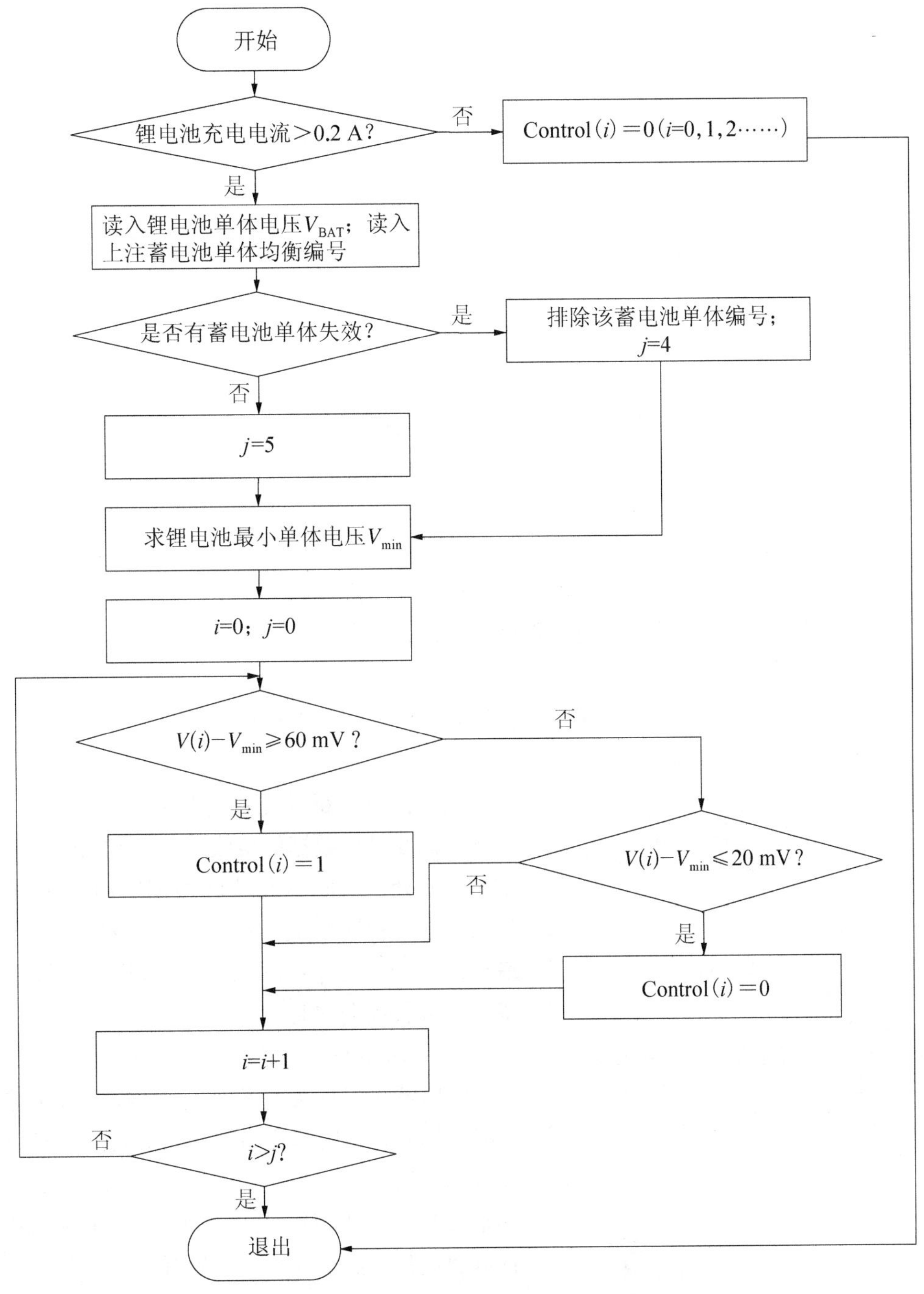

图 8.3.4 锂离子蓄电池组充电均衡控制

(2) 电池容量计算。电池容量计算也成为安时计,安时即为电流的安培数与通电时间的小时数的乘积,这种计算模式只对恒流电源或求得小时内直流电源的平均安培数之后,计算得到的安时数才准确。

通常求小时内充放电流的平均值比较烦琐,下面介绍一种无需求电流平均值,而又容易编程实现的通用的安时计实现路径。

其思路就是将安时转换成安秒来计算,该方法是

$$1\text{安时}=3\,600\text{安秒}$$

$$1\text{安秒}=\text{电流采样值(A)}\times 1\text{(秒)}$$

如果将下位机的采样间隔时间确定为1秒采样一次,那么:

$$1\text{安秒}=\text{电流采样值}$$

因此,在下位机的内部定时设置为1秒采样一次时:

$$\text{第}\,n\,\text{秒的实时安时计值}=\sum_{t=0}^{t=n}\frac{S_t}{3\,600}$$

同样,在下位机的内部定时设置为2秒采样一次时:

$$\text{第}\,n\,\text{秒的实时安时计值}=\sum_{t=0}^{t=n}\frac{S_t}{1\,800}$$

因此,下位机的安时计的程序入口,就是采样程序返回之后。

安时计的程序实现方式就是电流采样值的累计计算。

3. 中断服务程序

电源控制器软件中断服务程序主要包括通信接口接收中断和定时中断。

1) 通信接口接收中断

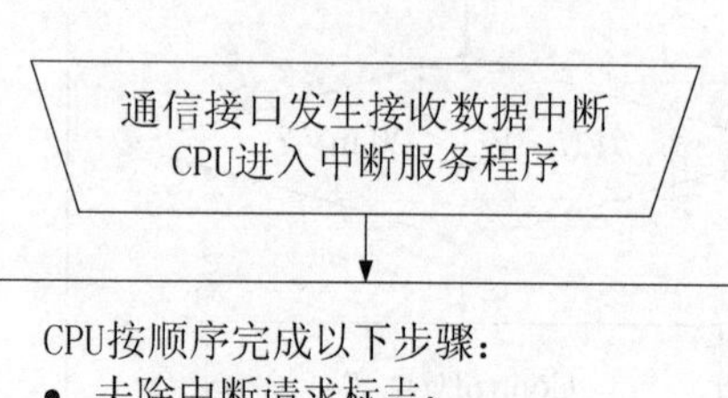

图8.3.5 通信接口接收数据中断服务程序流程

通信接口中断主要完成RS422、1553B、CAN总线等总线通信数据的接收、校验和数据缓存,该中断程序处理时间不宜过长,数据的解析和处理建议放在主程序中执行,且该优先级应该配置为最高优先级。具体见图8.3.5。这样不会浪费等待查询接收数据的时间。

2) 定时中断

定时器可以认为是一个时间轴,可以通过这个时间轴获得定时采样、定时状态监控、定时喂狗等,以满足软件的性能需求。一般情况下定时器都是由CPU的内部定时中断来产生,定时中断配置可通过具体需求进行软件配置。

在定时中断服务程序中,首需要定义一个计

数器，每定时中断一次，计数器就加 1。这个计数器的计数值就相当于时间轴的刻度。当定时中断服务程序返回后，主程序就根据计数器的计数值来安排采样点、监控点、看门狗喂狗时间点和安时计的累计点等，并置位相应的标志位。需要注意的是，在设置计数器或标志位时，务必要注意清零或复位，以免发生意想不到的错误。

8.4　软件工程化

8.4.1　软件工程化概述

软件工程化是软件质量保证的技术活动，通过软件工程化，可以全流程地对软件质量进行管控，软件工程化包括软件的开发技术和软件项目管理两个部分。

软件开发技术包括软件开发所选用的开发模型、采用的技术流程、使用的软件工具和软件开发环境。

软件项目管理包括项目监控、配置管理、人员组织。

8.4.2　选用合适的软件开发模型

根据软件开发的需求、项目资源估计和特性来选择软件的开发模型，一般的软件开发模型有三种。分别是：① 瀑布模型(图 8.4.1)；② 增量模型(图 8.4.2)；③ 迭代增量模型(图 8.4.3)。飞行器型号软件的开发，一般采用瀑布型软件开发模型。

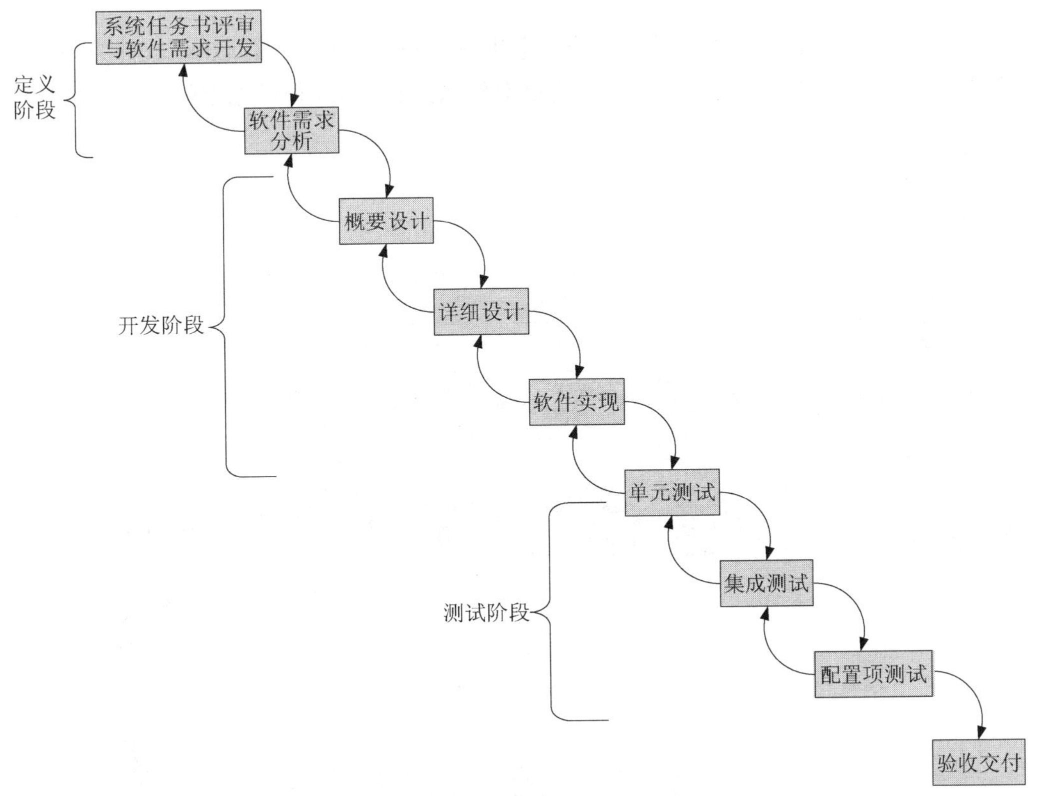

图 8.4.1　瀑布型软件开发模型

瀑布型软件开发模型适用于从软件需求分析开始直到软件产品验收交付的每个阶段,每个阶段都会产生循环反馈。

如果有信息未被覆盖或者出现问题,则返回到上一个阶段并进行适当的修正,否则就滚动到下一阶段。

增量型软件开发模型,是将待开发的软件模块化,每个模块作为一个增量组件,分批次地进行需求分析、概要设计、详细设计、软件编程及测试这些增量组件。

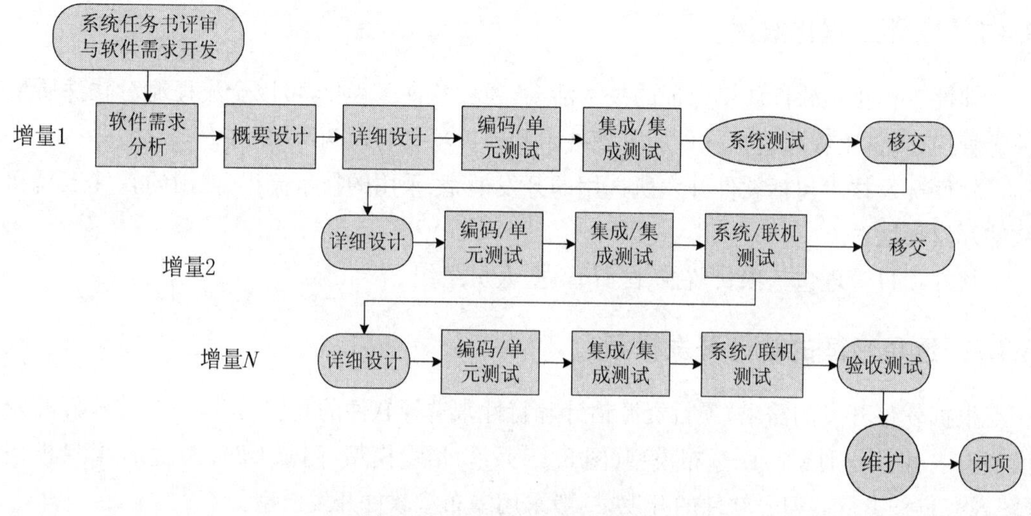

图 8.4.2 增量型软件开发模型

迭代型软件开发模型,通过快速分析构造出该软件的一个可运行版本(软件原型),然后根据用户在使用过程中提出的意见和建议对原型进行改进,获得原型的新版本去迭代

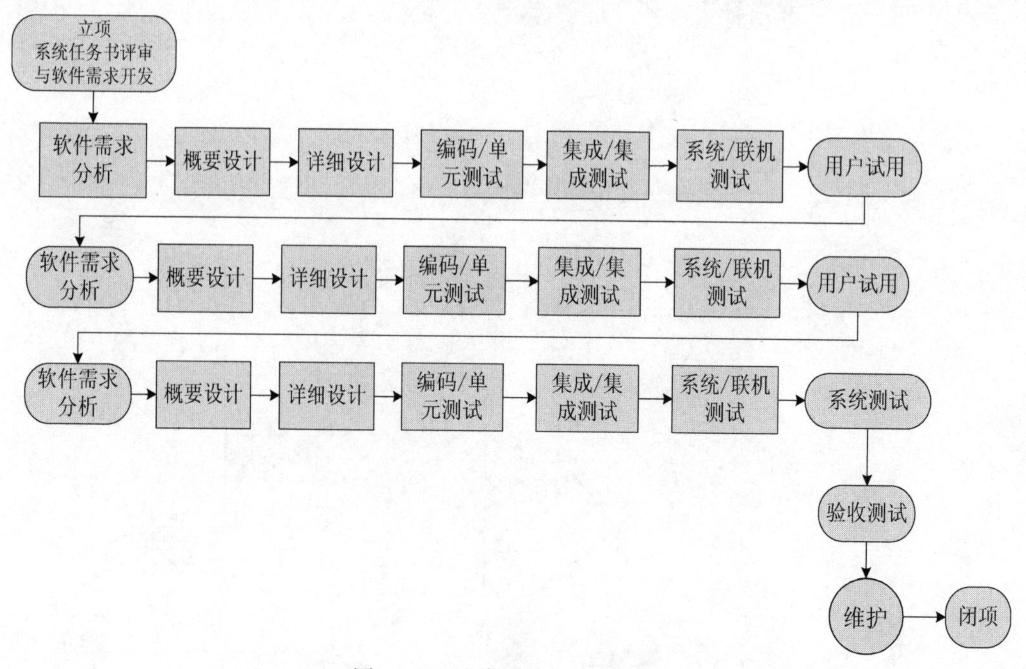

图 8.4.3 迭代型软件开发模型

之前的老版本。再试用再改型。重复这一过程，最终可获得令用户满意的软件产品。

8.4.3　选用合适软件开发技术流程

软件开发的完整的生命周期如图 8.4.4 所示，M1～M10 为软件生命周期阶段的工作，Q1～Q6 为主要质量控制节点。若开发一个全新的，没有沿用现有软件技术基础的软件系统，应采用完整生命周期的软件开发流程。

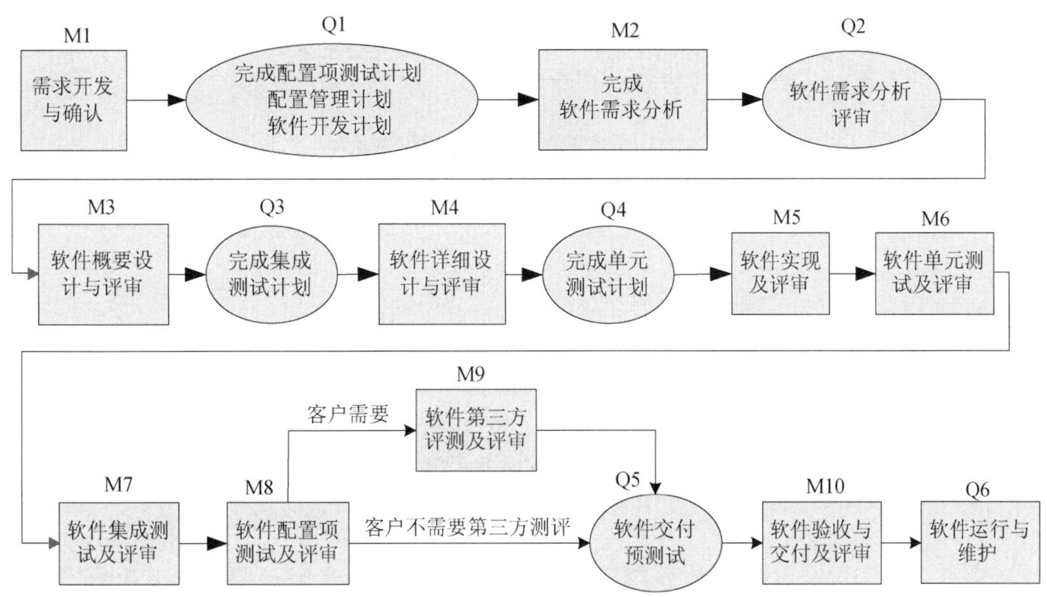

图 8.4.4　软件的生命周期及开发流程

但在实际软件开发过程中，可根据现有软件技术的成熟度，应选用合适的软件研制流程，以缩减软件开发周期。软件研制技术流程可分为Ⅰ、Ⅱ、Ⅲ、Ⅳ等四类。

1）Ⅰ类软件研制技术流程——沿用型

Ⅰ类沿用型软件为不加修改即可再次使用的软件。该类软件的研制流程见图 8.4.5。

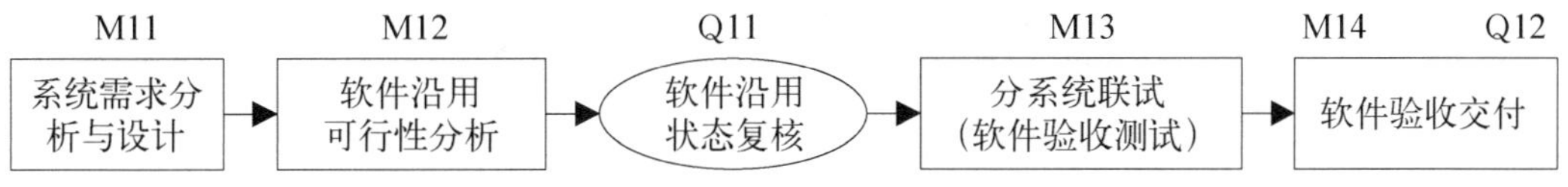

图 8.4.5　Ⅰ类沿用型软件研制流程

注：图中的 Mmn 为软件生存周期阶段的工作，Qmn 为主要质量控制节点。

2）Ⅱ类软件研制技术流程——参数更改型

Ⅱ类软件研制流程见图 8.4.6。适用于只修改现有成熟软件的装订参数即可满足新任务需求的软件开发。新开发软件应与被修改软件的软件在硬件、外部接口环境和功能要求一致。

3）Ⅲ类设计更改型

Ⅲ类软件研制流程见图 8.4.7。适用于仅对现有成熟软件做适当的需求补充、修改等即可满足新任务需求的软件开发。对现有软件进行一次直至多次的适应性更改即可完成

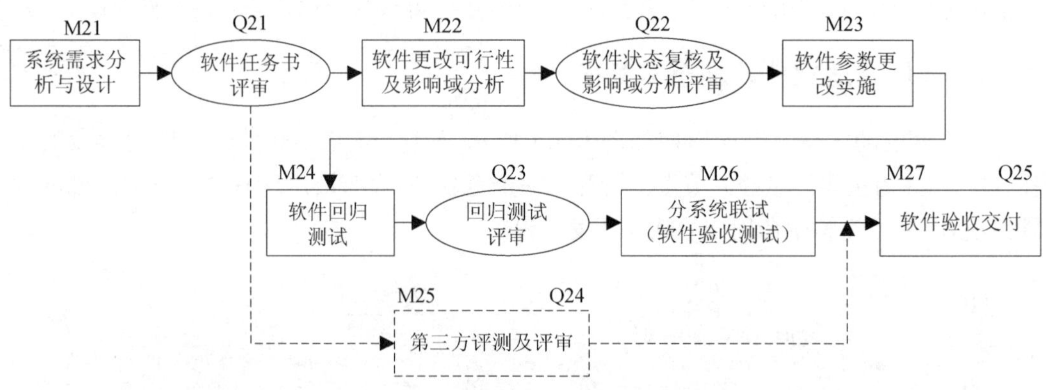

图 8.4.6　Ⅱ类参数更改型软件研制流程

注：图中的 Mmn 为软件生存周期阶段的工作，Qmn 为主要质量控制节点；虚线框是 A、B 级软件和重点型号的 C 级飞行软件的工作要求。

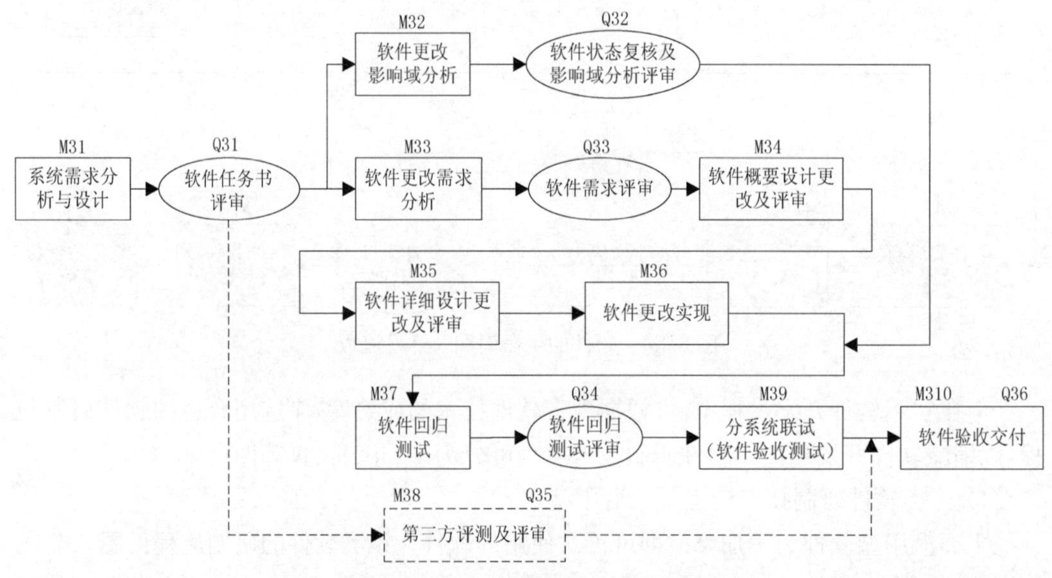

图 8.4.7　Ⅲ类设计更改型研制流程

注：图中的 Mmn 为软件生存周期阶段的工作，Qmn 为主要质量控制节点；虚线框是 A、B 级软件和重点型号的 C 级飞行软件的工作要求。

新软件的实现。新软件应与被修改软件在功能和使用方式上要求一致，不影响现有软件的体系结构。

4）Ⅳ类基本型

Ⅳ类基本型软件研制流程见图 8.4.8，适用于新软件的开发。根据软件设计任务需求开展新软件的研制，以形成一个基本满足任务需求的基本型软件，直接应用于型号或作为下一步更改的基础。基本型软件的研制采用瀑布式开发过程。

5）Ⅳ类非配套简化型

Ⅳ类非配套简化型软件研制流程见图 8.4.9。它是对Ⅳ类基本型软件开发流程进行裁剪而成，适用于未列入型号配套表但最终需交付用户(客户或交办方)的软件研制。

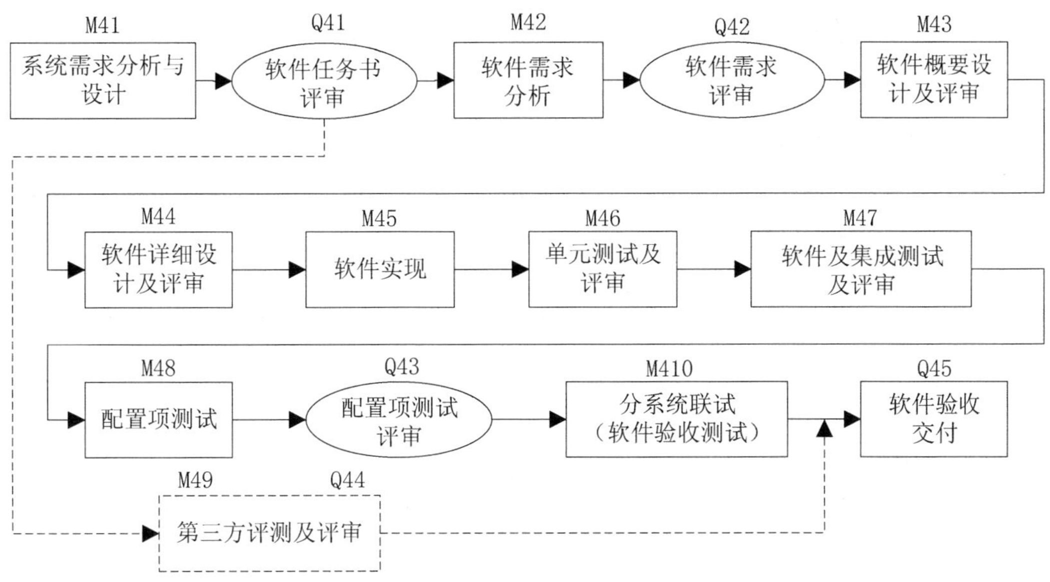

图 8.4.8 Ⅳ类基本型研制流程

注：图中的 Mmn 为软件生存周期阶段的工作，Qmn 为主要质量控制节点；虚线框是 A、B 级软件和重点型号的 C 级飞行软件的工作要求。

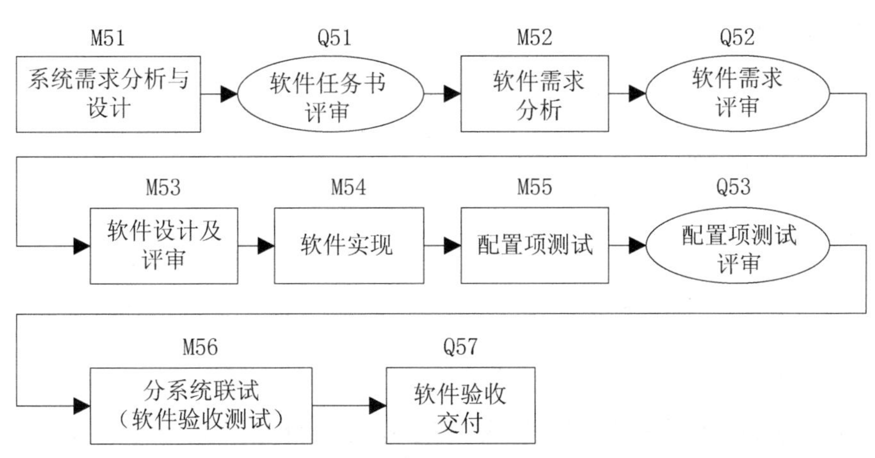

图 8.4.9 Ⅳ类非配套简化型研制流程

注：图中的 Mmn 为软件生存周期阶段的工作，Qmn 为主要质量控制节点。

6）Ⅳ类非交付简化型

Ⅳ类非交付简化型软件研制流程见图 8.4.10。它也是对Ⅳ类基本型软件开发流程进行裁剪而成。适用于未列入型号配套表的且内部使用的测试软件。

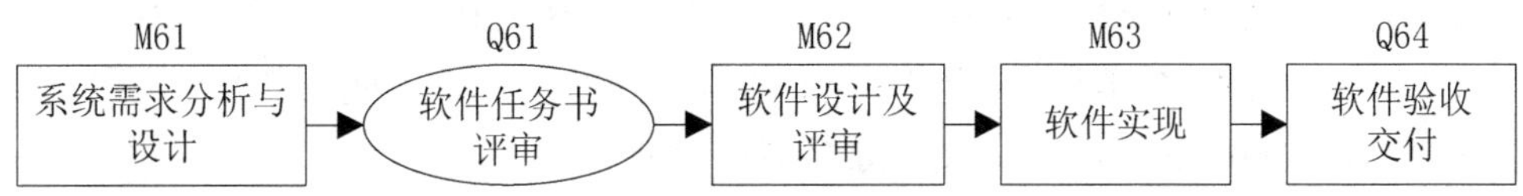

图 8.4.10 Ⅳ类非交付简化型研制流程

注：图中的 Mmn 为软件生存周期阶段的工作，Qmn 为主要质量控制节点。

8.4.4 选用合适的软件技术路线流程

1. 确定需交付的软件配置项数据包

系统软件开发完成后所需交付的软件配置项数据包一般由软件任务书下达,但Q/QJA30A-2013《航天型号软件工程化要求》中规定了对四类软件开发技术流程中的最基本的软件设计文档(软件配置项)要求,见表8.4.1。

表8.4.1 软件开发模型定义表

<table>
<tr><th rowspan="2">序号</th><th rowspan="2">软件开发阶段</th><th rowspan="2">原型</th><th>Ⅰ类</th><th>Ⅱ类</th><th>Ⅲ类</th><th colspan="3">Ⅳ类</th></tr>
<tr><th>沿用型</th><th>参数
更改型</th><th>设计
更改型</th><th>基本型</th><th>非配套
简化型</th><th>非交付
简化型</th></tr>
<tr><td>1</td><td>系统需求分析与设计</td><td>√</td><td>√</td><td>√</td><td>√</td><td>√</td><td>√</td><td>√</td></tr>
<tr><td>2</td><td>软件需求分析</td><td>—</td><td>—</td><td>—</td><td>√</td><td>√</td><td>√</td><td rowspan="3">√</td></tr>
<tr><td>3</td><td>概要设计</td><td>—</td><td>—</td><td>—</td><td>√</td><td>√</td><td rowspan="2">√</td></tr>
<tr><td>4</td><td>详细设计</td><td>—</td><td>—</td><td>—</td><td>√</td><td>√</td></tr>
<tr><td>5</td><td>软件实现</td><td>√</td><td>—</td><td>√</td><td>√</td><td>√</td><td>√</td><td>√</td></tr>
<tr><td>6</td><td>单元测试</td><td>—</td><td>—</td><td>—</td><td>—</td><td>√</td><td>—</td><td>—</td></tr>
<tr><td>7</td><td>集成(组装、部件)测试</td><td>—</td><td>—</td><td>—</td><td>—</td><td>√</td><td>—</td><td>—</td></tr>
<tr><td>8</td><td>配置项(确认)测试</td><td>—</td><td>—</td><td>—</td><td>—</td><td>√</td><td>√</td><td>—</td></tr>
<tr><td>9</td><td>(分)系统联试(软件验收测试)</td><td>—</td><td>√</td><td>√</td><td>√</td><td>√</td><td>√</td><td>—</td></tr>
<tr><td>10</td><td>验收交付</td><td>√</td><td>√</td><td>√</td><td>√</td><td>√</td><td>√</td><td>—</td></tr>
<tr><td>11</td><td>软件沿用可行性分析</td><td>—</td><td>√</td><td>—</td><td>—</td><td>—</td><td>—</td><td>—</td></tr>
<tr><td>12</td><td>软件更改可行性及影响域分析</td><td>—</td><td>—</td><td>√</td><td>—</td><td>—</td><td>—</td><td>—</td></tr>
<tr><td>13</td><td>软件更改及影响域分析</td><td>—</td><td>—</td><td>—</td><td>√</td><td>—</td><td>—</td><td>—</td></tr>
<tr><td>14</td><td>软件回归测试</td><td>—</td><td>—</td><td>√</td><td>√</td><td>—</td><td>—</td><td>—</td></tr>
</table>

注:"√"为定义阶段,"—"为非定义阶段。

2. 配置项管理

软件项目组制定软件配置项管理计划,建立存放软件配置项的开发库,受控库和产品库。对软件开发、测试、交付过程中所产生的各种软件配置项进行标识,控制出库/入库,状态纪实,审计和发放。

项目组根据软件的规模和安全关键等级确立基线。至少应建立功能基线、分配基线、产品基线。

软件工程化过程中所产生的软件配置项应及时受控,对纳入受控库和产品库的软件配置项的更改,尤其是对基线的更改应履行严格的审批手续。

确认测试和系统联试所需的软件由受控库提供,交付的软件产品由产品库提供。

软件版本应及时准确地反映其技术状态的变化。配置管理员应做好最新版本的及时发放。

软件产品在验收交付前,应做好功能审计和物理审计。

3. 软件等级和规模定义

软件安全关键等级和软件规模定义见表8.4.2和表8.4.3。

表 8.4.2　软件安全关键等级

软件安全关键等级	软件危险程度	软件失效可能的后果
A	灾难性危害	人员死亡、系统报废、任务失败、环境严重破坏
B	严重危害	人员严重受伤或严重职业病、系统严重损害、任务受到严重影响
C	轻度危害	人员轻度受伤或轻度职业病、系统轻度损害、任务受影响
D	轻微危害	低于轻度危害的损伤，但任务不受影响

表 8.4.3　软件规模定义

软件安全关键等级	嵌入式软件源代码行数 n	非嵌入式软件源代码行数 n
巨	$n \geqslant 100\ 000$	$n \geqslant 500\ 000$
大	$10\ 000 \leqslant n < 100\ 000$	$50\ 000 \leqslant n < 500\ 000$
中	$3\ 000 \leqslant n < 10\ 000$	$5\ 000 \leqslant n < 50\ 000$
小	$300 \leqslant n < 3\ 000$	$500 \leqslant n < 5\ 000$
微	$n < 300$	$n < 500$

8.4.5　项目策划

1. 概述

项目策划的目的是制定和维护定义项目活动的计划，一般从定义产品和项目的需求开始，主要包括估计工作产品和任务的属性、确定需要的资源、协商承诺、产生进度表以及标识和分析风险项目风险，制定合理的计划。

软件项目负责人负责建立顶层工作分解结构（WBS）以评估项目的范围，并随项目的进展而演化。顶层工作分解结构可按需要分解为相互连接的可管理的部件集，部件集一般可分为活动、产品和产品/活动等层次结构。如图 8.4.11 所示。

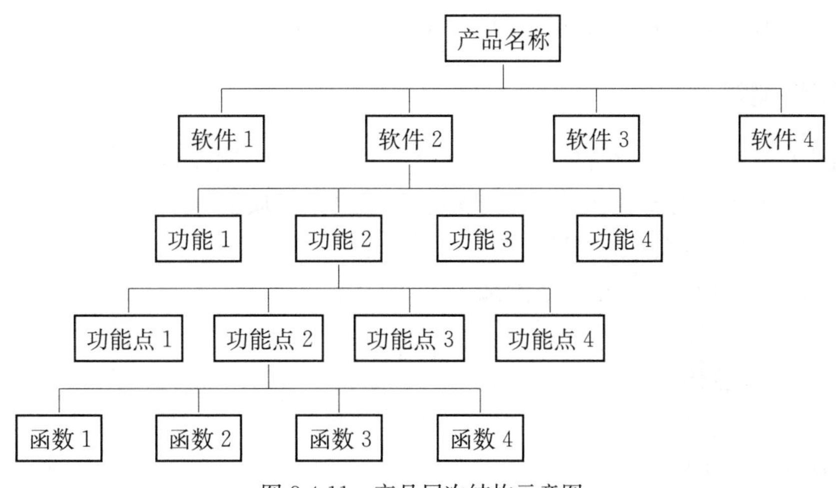

图 8.4.11　产品层次结构示意图

2. 制定专项开发计划

根据软件研制任务书制定软件项目计划，以明确软件项目生命周期中里程碑事项个数,确定项目负责人及各角色具体人员。

制定软件配置管理计划,实施软件配置管理计划,建立软件配置管理组织,做好配置项标识、除/入库控制、状态纪实、审计和发放。根据软件的规模和安全关键程度等级确立基线,至少应建立功能基线、分配基线和产品基线。建立开发库、受控库和产品库,并维护产品库和受控库的可追溯性。

制定软件质量保证计划,根据软件任务书、软件产品保证大纲和相关的软件质量度量指标及其目标值,对软件的质量需求进行分析,确保所开发软件满足质量需求。

完成软件测试计划,依据确认的详细设计说明完成单元测试计划、集成测试计划和配置项测试计划。测试计划中应明确测试环境、测试用例和使用的测试工具。

测量与分析计划,明确对软件单元测试、集成测试和配置项测试中发现的问题进行分析的技术途径和分析方法。

3. 项目监控

项目组应按项目计划内容对软件项目进行监督,当软件开发进展与各计划内容产生显著偏离时需采取纠正措施。

项目监控一般采取项目组例会及各阶段评审会议的形式进行。项目负责人以例会和评审会议中反映的项目进度、任务完成情况作为项目监控的依据,来发现软件项目开发过程中出现的问题及风险。分析问题产生的原因、确定问题的优先级、指定解决问题的责任人和采用的问题纠正措施。跟踪问题及风险列表,确保所有问题及风险得到合理解决。

4. 需求管理

需求管理实施过程自软件任务书起草开始贯穿项目的整个生命周期。其目的在于获得对需求的一致认识及对需求的承诺,建立和维护型号从系统需求到软件开发各阶段工作产品之间的可追溯性,软件需求应受到管理并建立软件需求基线。需求发生变化时,应使项目计划、工作产品和相关活动相协调,保证需求变更可控,需求追溯可查。重大需求的变更应由协议双方共同协商、确认和管理,必要时应修改协议。

8.4.6 软件测试

在轨飞行软件与地面设备软件有一个最大的区别是不能在软件使用期间实时的修改、完善和维护,为及时发现软件设计错误,保证软件产品质量,特别是软件的可靠性和安全性,需在地面开展对软件的测试工作。

软件测试工作应包含以下各级测试。

(1) 软件单元测试。

(2) 软件集成测试。

(3) 软件配置项测试。

(4) 软件单机级测试。

(5) 软件分系统级测试。

(6) 软件系统级测试。

软件测试工作一般采取的测试方法如下。

1）静态测试

静态测试是不运行程序而寻找程序代码中可能存在的错误和评估程序代码的过程。静态测试方法包括主要由人工进行的代码审查、代码走查和主要由软件工具自动进行的静态分析，以及以检查单形式进行的文档审查。

软件静态测试主要是在软件单元、软件部件、软件配置项测试中对源代码进行检查，及时发现代码错误或歧义性，以及对编程准则的违反，减少各级测试中修改错误所需的时间和工作。软件静态测试主要测试内容如下。

（1）检查代码和设计文档的一致性。

（2）检查代码的规范性、可读性。

（3）检查代码逻辑表达的正确性。

（4）检查代码实现和结构的合理性。

（5）控制流分析。

（6）数据流分析。

（7）接口分析。

（8）表达式分析。

2）动态测试

动态测试是在测试数据上运行程序并全面分析输出以发现错误的过程，动态测试方法一般采用黑盒测试方法和白盒测试方法。黑盒测试方法是一种按照需求规格说明设计测试数据的测试方法，一般包括功能分解、边界值分析、判定表、因果图、随机测试、猜错法和正交试验法等；白盒测试方法是一种按程序内部的逻辑结构和编码结构设计测试数据的测试方法，一般包括控制流测试（语句覆盖、分支覆盖、条件覆盖、条件组合覆盖、路径覆盖等）、数据流测试、程序变异、程序插桩、域测试和符号求值等。

3）软件单元测试

软件单元测试目的是检查每个软件单元能否正确地实现设计说明中的功能、性能、接口和其他设计约束等要求，发现单元内可能存在的各种错误。单元测试的进入条件是软件单元代码无错误地通过编译或汇编。单元测试分为静态测试和动态测试，在对软件单元进行动态测试之前，应对软件单元进行静态测试，单元测试内容和要求一般如下。

（1）软件单元的功能测试。

（2）软件单元的性能测试。

（3）软件单元的接口测试。

（4）重要的执行路径测试。

（5）局部数据结构测试。

（6）当采用面向对象的设计时，还要对每个类及其属性和成员函数进行测试。

（7）错误处理测试。

（8）影响上述各条的界限条件（边界值）。

（9）语句覆盖测试，分支覆盖测试，修正的条件判定覆盖（MC/DC）测试。

（10）软件单元的每个特性应至少被一个正常测试用例和一个被认可的异常测试用例覆盖。

(11) 测试用例的输入应至少包括有效等价类值、无效等价类值和边界数据值。

(12) 对有特殊要求的软件单元,应进行占用空间、运行时间、计算精度等测试。

4) 软件集成测试

软件单元测试完成后需要对软件单元的集成过程和集成结果,即生成的软件部组件进行测试,集成测试主要是检验软件单元和软件部件之间的接口关系,验证软件体系结构设计的正确性,并验证软件部件是否符合设计要求。软件集成测试主要开展的测试内容如下。

(1) 软件单元间的接口测试。

(2) 软件单元或部件组装时的相互影响测试。

(3) 全局数据结构测试。

(4) 软件单元和部件组合的功能测试。

(5) 当采用面向对象的设计时,还要对类的集成、消息传递和交互过程进行测试。

(6) 必要时进行软件部件运行时间、运行空间、计算精度的测试。

(7) 边界和在人为条件下的性能测试。

(8) 软件部件的每个特性应至少被一个正常测试用例和一个被认可的异常测试用例覆盖。

(9) 应测试软件部件之间、软件部件和硬件之间的所有接口。

(10) 应测试在任意外部输入情况下,从外部接口采集和发送数据的能力,包括对正常数据及状态的处理,对接口错误、数据错误、协议错误的识别及处理。

5) 软件配置项测试

软件配置项测试目的是检验软件配置项与软件任务需求的一致性。主要测试内容为根据软件需求规格说明中定义的全部功能和性能要求及软件配置项测试计划,测试整个软件配置项是否达到了要求。测试内容至少应包括功能测试、性能测试、外部接口测试、余量测试和边界测试,必要时还应包括人机交互界面测试、强度测试、可靠性测试、安全性测试、恢复性测试、安装性测试、互操作性测试、敏感性测试等内容。

(1) 功能测试。功能测试是对软件需求规格说明中的功能需求逐项进行的测试,以验证其功能是否满足要求。

(2) 性能测试。性能测试是对软件需求规格说明中的性能需求逐项进行的测试,以验证其性能是否满足要求。

(3) 外部接口测试。外部接口测试是对软件需求规格说明中的外部接口需求逐项进行的测试。

(4) 人机交互界面测试。人机交互界面测试是对所有人机交互界面提供的操作和显示界面进行的测试,以检验是否满足用户的要求。

(5) 强度测试。强度测试是强制软件运行在不正常到发生故障的情况下(设计的极限状态到超出极限),检验软件可以运行到何种程度的测试。强度测试在某种程度上可看作性能测试的延伸,测出软件功能、性能的实际极限。

(6) 余量测试。余量测试是对软件是否达到需求规格说明中要求的余量的测试。若无明确要求时,一般至少留有20%的余量。

(7) 可靠性测试。可靠性测试是在真实的和仿真的环境中，为做出软件可靠性估计而对软件进行的功能测试(其输入覆盖和环境覆盖一般大于普通的功能测试)，可靠性测试中必须按照运行剖面和使用的概率分布随机地选择测试用例。

(8) 安全性测试。一般 A、B、C 级软件需要进行安全性测试。安全性测试是检验软件中已存在的安全性、安全保密性措施是否有效的测试。

(9) 恢复性测试。恢复性测试是对有恢复或重置(reset)功能的软件的每一类导致恢复或重置的情况，逐一进行的测试，以验证其恢复或重置功能。恢复性测试是要证实在克服硬件故障后，系统能否正常地继续进行工作且不对系统造成任何损害。

(10) 边界测试。边界测试是对软件处在边界或端点情况下运行状态的测试。

(11) 安装性测试。安装性测试是对安装过程是否符合安装规程的测试，以发现安装过程中的错误。

(12) 互操作性测试。互操作性测试是为验证不同软件之间的互操作能力而进行的测试。

(13) 敏感性测试。敏感性测试是为发现在有效输入类中可能引起某种不稳定性或不正常处理的某些数据的组合而进行的测试。

6) 软件单机级测试

软件单机级测试目的是在软件目标机中考核各软件配置项之间以及软硬件之间能否协调正确工作，是否符合产品任务需求。测试内容是在单机测试中，按照软件设计要求以及单机任务需求中规定的软件功能、性能进行验证，以检验软件是否满足软件任务需求以及单机的要求。测试内容至少应包括功能测试、性能测试、软硬件接口测试、余量测试，必要时还应包括单机级的强度测试、可靠性测试、安全性测试、恢复性测试、边界测试、敏感性测试等内容。

7) 软件分系统级测试

软件分系统级测试目的是在分系统联试时验证系统中各软件配置项之间以及软硬件之间能否协调正确工作，是否符合产品任务需求和分系统的功能需求。测试内容是在分系统联试中，按照软件设计要求以及分系统任务需求中规定的软件功能、性能进行验证，以检验软件是否满足软件任务需求以及分系统的要求。测试内容至少应包括功能测试、性能测试、软硬件接口测试、余量测试，必要时还应包括单机级的强度测试、可靠性测试、安全性测试、恢复性测试、边界测试、敏感性测试等内容。

8) 软件系统级测试

软件系统级测试目的是在真实系统工作环境和系统仿真环境中考核各软件配置项之间能否协调正确工作，是否符合软件系统设计说明或软件系统设计方案的要求。测试内容是在软件系统测试中，按照软件系统设计说明或软件系统设计方案中规定的软件系统结构，将各软件配置项集成为相应级别上的软件系统并对其进行测试，以检验软件是否满足软件系统设计说明或软件系统设计方案规定的要求。测试内容至少应包括系统功能测试、系统性能测试、系统接口测试、系统余量测试，必要时还应包括系统强度测试、系统可靠性测试、系统安全性测试、系统恢复性测试、系统边界测试、系统敏感性测试等内容。

9)回归测试

软件测试未通过,或因其他原因进行修改之后的软件单元、软件部件或软件配置项时,需要对软件进行回归测试。测试内容是在测试软件修改后更改部分的正确性和对原有功能、性能的不损害性,验证更改部分是否达到了预期的更改要求。

回归测试需要对更改部分达到预期更改要求进行验证,应将更改需求当作一个缩小了的开发需求,按照前面各小节中提出的具体要求开展测试;应进行修改影响域分析,在此基础上确定回归原则,即选择哪些测试阶段的哪些测试项目的哪些测试用例进行回归。如在单元中修改,则重复有关的单元测试、相应该单元及受影响单元的集成测试及与修改功能或性能相关的配置项测试。

8.4.7 第三方软件评测

A、B级软件和重点型号的C级飞行软件必须委托独立的第三方评测机构进行配置项测试,并通过正式评审,第三方评测结论作为产品验收交付的重要依据。

只有经集团公司授权或认可的软件评测机构方可承担航天型号软件的第三方评测工作。软件研制单位应根据评测要求,配合第三方评测工作,提供必要的软件、数据、文档、环境等条件。

进行第三方评测的软件及文档资料出自产品库,办理出库手续。

首轮测试结束后,测评单位给出问题清单,软件设计师应根据问题清单修正软件代码,之后再交给测评单位进行回归测试,测试结束后测评单位提交回归测试报告。

针对软件评测测试报告,测评单位与软件设计师,测试工程师及相关人员召开评测评审会,视评审结论决定是否开展新一轮的软件回归评测,直到通过全部评测过程且未发现问题为止。

软件评测结束后,测评单位给出软件测评报告和软件配置项测试问题单。

8.4.8 软件产品质量保证

项目组负责软件产品及软件开发过程产品的质量保证,编制并实施软件产品质量保证计划;对实施过程中发现的问题提出不符合项报告,制定纠正措施并落实。组织软件出厂专项评审。对于产品的投诉,核实投诉问题,重新审查开发过程和产品,开出据不符合项,采取纠正措施,跟踪不符合项直到解决。

在软件项目策划期间,质量保证人员制定软件质量保证计划,确保软件质量保证计划中活动的范围和时间与型号质量保证大纲、项目软件开发计划以及配置管理计划等保持一致。

质量保证人员按照评价准则和各阶段检查表对软件过程、软件工作产品和开发里程碑节点进行检查,并填写检查表;对检查表进行评估,提出软件过程和软件工作产品中的不符合项;对软件过程和工作产品形成评价报告。若发现不符合项,就与项目负责人一起解决不符合项。对纠正措施进行评审,对纠正时间计划进行督促。

8.4.9 软件评审

在软件开发过程各阶段,对软件产品需进行评审,评审要求如表8.4.4所示。

软件评审应由软硬件开发人员、质量部门的代表、非直接参与开发的专业设计人员参加，必要时特邀专家和上级主管部门的代表以及用户代表等组成评审小组。软件委托单位应参加软件任务书评审、软件需求分析评审和软件验收评审。应按各单位内部评审程序和评审标准进行，做好评审过程记录，给出评审意见。

表 8.4.4　软件产品评审需求

一般软件	重要软件	关键软件
软件任务书评审 软件需求分析评审 软件设计评审 软件验收评审	软件任务书评审 软件项目计划评审 软件需求分析评审 软件设计评审 软件测试评审 软件验收评审	软件任务书评审 软件项目计划评审 软件需求分析评审 软件设计评审 软件测试评审 软件验收评审

软件任务书评审在软件研制任务书编制结束时进行，检查任务书中列出的软件需求是否适当且满足用户提出的技术要求。

软件项目计划评审在策划阶段末期进行，检查软件项目计划安排是否合理完整。

软件需求分析评审在需求分析阶段末期进行，检查需求规格说明中列出的软件需求是否适当且满足任务书及用户提出的技术要求。

软件设计评审在设计阶段末期进行，检查软件结构、模块划分、主要算法和接口关系是否合理，是否满足需求规格说明的要求。

软件测试评审在系统测试末期进行，检查软件需求是否被充分测试，测试记录是否齐全，测试报告是否完整。

验收评审在软件交付验收测试结束进行，主要对软件进行功能审核、物理审核和综合审核。

8.4.10　验收交付

一般交付的软件产品包括任务书中要求交付的配置项数据包。验收目的是明确任务书规定的软件配置功能和安全可靠性指标得到满足。确保要交付的配置项数据包满足软件任务书输入要求。

交付前承制方成立相应的验收小组，根据软件任务书对软件开发过程中产生的配置项，如程序、文档等进行整理，编写软件版本说明文档和软件研制总结报告。交办方依据软件任务书对各软件配置项，及测试结果等进行检查确认。

验收小组制定验收计划和验收测试计划，验证软件的各项功能和接口与软件需求规格说明要求的是否一致，具体要求如下。

(1) 文档审查，检查软件文档的完整性和正确性。

(2) 功能审核，检查软件是否满足了软件需求规格说明定义的全部需求。

(3) 物理审核，检查程序、数据和文档的一致性、完备性。

测试工程师应根据预验收测试计划的内容和要求，逐项测试任务书要求的所有性能指标，如精度、适应性、余量等。记录详细的测试数据和测试结果。对验收测试查出的错误,需及时修正并进行回归测试逐一确认。

如果所研制软件是单机软件,预验收需完成与所嵌入系统的联试。

对 A,B 级软件,应进行软件的强度测试。

对于 A 级软件还应进行降级能力的强度测试和可靠性测试等。

通过验收测试后,验收小组对即将交付的配置项数据包与测试结果进行评审确认,编写软件版本说明和软件研制总结,确保软件产品符合任务书规定的全部功能和性能要求,文档齐全相符,符合任务书要求及有关标准的规定。

交办方对照软件验收细则,对要交付的配置项数据包,测试记录等进行检查确认,确认活动需双方协商进行,直至完成确认手续。

8.4.11 培训人员

对各级管理者以及过程改进人员进行有关 GJB5000A 知识和岗位技能的培训、考核。对过程实施人员提供合适的培训。

思 考 题

1. 电子电源软件一般功能有哪些?
2. 软件设计一般包括哪些内容?
3. 软件测试一般分为几个级别?
4. 软件工程化一般包括哪些内容?

第 9 章　电子电源产品结构设计

9.1　概述

电子电源产品的结构设计是指在给定的各类载荷条件下通过选择产品构型，确定印制板的结构尺寸、印制板元器件布局、印制板的边缘固定，调整印制板组件的安放位置以及通过改变结构阻尼等一系列措施达到满足产品的强度和刚度的要求，并改善元器件的力学环境条件，保证电子电源产品及其元器件能正常工作。在设计中应对产品结构分级进行分析，除对产品整机结构进行分析外，还须对印制板等内部组件进行模态和动力响应分析。印制板组件是电子电源产品中的关键结构部分，它的结构性能直接影响产品的性能。需要时应对产品热环境造成的热变形和热应力的影响进行分析。

产品的结构设计是将各方面技术要求付诸实践的完整设计过程，它不但涵盖抗力学环境设计的全部内容，还应包括耗功发热元器件的导热散热设计、带电粒子辐照的防护设计、EMC 设计；具体包括机箱内部电连接器选择及电缆选择、分线、走线设计、固封设计等一系列有关的内容。

9.1.1　结构的功能

电子电源产品结构的功能是维持产品的外部构型；提供内部印制板组件、独立元器件及模块的安装空间；满足各部分的安装要求；支撑和保护产品内部的各组成部分，确保在各种受载条件下元器件、组件的安全；满足导热散热、辐照防护、EMC(电磁兼容性)等要求。

9.1.2　主要内容

产品结构设计的主要内容如下。

(1) 梳理设计输入条件的完备性。

(2) 整体结构的构型设计。

(3) 印制板组件、元器件的布局设计。

(4) 静力、动力分析预示，进行设计改进。

(5) 试验验证。

9.2　设计原则

电子电源产品的设计原则如下。

(1) 充分认识航天电子电源产品的特殊性，了解产品在轨飞行的环境。

(2) 了解航天产品的设计功能。

(3) 根据产品功能开展设计、试验,以最终保证产品在轨工作的最佳状态(功能、工作性能、寿命、工作可靠性)为目的。

(4) 地面试验产品和试验方法应适应和服从在轨工作状态的需要。

(5) 产品以自身的耐环境设计与耐环境的防护设计相结合。

(6) 结构设计应同时满足力学环境要求和机、电、热接口要求。

(7) 按“三化”规范要求进行设计,降低设计风险和研制费用。

(8) 设计还应考虑测试的可操作性、搬运安装的方便性和内部模块的可互换性。

9.3 设计输入需求

9.3.1 力学环境

电子电源产品所承受的载荷根据其力学特性可以分成静载荷和动载荷两类。电子电源产品结构设计过程中,要综合各种力学环境,在根据总体或各分系统下发的《产品力学环境试验条件》的相关内容,开展静力(加速度)、动载荷(正弦振动、随机振动和冲击)等力学设计,并开展鉴定级和验收级力学环境试验考核。

1) 静载荷

静载荷通常是指随时间不变的载荷,或者其作用时间或变化时间要比结构的固有弹性振荡周期长的多的载荷。因此有时也称为“稳态载荷”。例如,在地面操作、贮存、制造中承受的稳态载荷;发射过程中火箭发动机推力造成的稳态纵向和横向加速度惯性力;轨道飞行中电子电源产品结构温度变化引起的载荷等。

发射环境中加速度产生的静载荷,实质上是由结构质量造成的惯性力而不是真正的“静”载荷。另外,对于温度或热引起的载荷,也可单独划分为一类载荷,称为“热载荷”,但从其载荷的力学性质看,也可属于静载荷范畴。

2) 动载荷

动载荷或称动态载荷,是指随时间变化较快的载荷。动载荷的性质比较复杂,根据不同的特征可以做出不同的分类。电子电源产品的动载荷与航天器的环境条件有很大关系,因为绝大部分的载荷来源于环境条件。航天器在地面到发射、进入轨道和返回地面各阶段工作状态下要经受各种动力环境条件。

表9.3.1列出了航天器在各阶段工作状态下动载荷的来源;表9.3.2列出了各类动态激励的特性;表9.3.3给出了各类动态激励源的动力学函数的类型。

表9.3.1 在各阶段工作状态下动载荷的来源

工作阶段	工作状态	动载荷的来源
发射前	功能与性能检测	振动试验、静态点火
	运输 空运 陆运 水运	 气动扰动、推进器噪声 粗糙路面 波动水面
	塔架待发状态	地面风、地震

续表

工作阶段	工作状态	动载荷的来源
发射	起飞	点火、起飞释放、发动机噪声
	上升	发动机不稳定燃烧、气动噪声和抖振、POGO 现象、控制系统不稳定性
	级间动作	分离、级间点火
轨道运行	在轨动作	控制系统不稳定性
返回	再入大气	气动噪声和抖振、气动稳定性

注：POGO 现象为液体火箭发动机的液体输送系统与箭体结构之间的液固耦合现象。

表 9.3.2　动态激励源特性

动态激励源	激励性质	载荷性质	频率上限(Hz)
运输	M	R,P 和/或 T	50
地震载荷	M	T	20
风和气动扰动	p	R	20
火箭发动机点火、熄火	p	T	40
起飞释放	M	T	20
发动机排气噪声	p	R	2 000
发动机振动	M	R 和 P	2 000
气动噪声	p	R	10 000
发动机推进瞬态	M	T	100
上升段机动飞行	M	T	10
POGO 振动	M 和 p	P	125
固体发动机的压力脉动	p	P	1 000
贮箱中的液体晃动	M 和 p	R	5
级间/整流罩分离	M	T	50
火工品点火、附件展开锁定	M 和 p	S	100 000
飞行中的动作	M	T	10
航天器上设备动作	M	R,P 和/或 T	10 000
下降、再入和着陆冲击	M 和 p	R 和/或 S	10 000

注：M 为机械运动；p 为压力；R 为随机载荷；P 为周期载荷；T 为瞬态载荷；S 为冲击载荷。

表 9.3.3　动态激励源的动力学函数的类型

激励函数类型	动态激励源
低频瞬态激励	运输、地震事件、火箭发动机点火压力脉动、起飞释放、发动机推进瞬态、机动飞行、POGO、级间/整流罩分离、飞行中操作
低频随机激励	运输、风和气动扰动、油箱中的液体晃动
准周期激励*	运输、发动机燃料的间歇性燃烧、POGO、固体发动机压力脉动、星载设备运行
外部噪声激励	发动机噪声
外部气动噪声激励	空气动力扰动

续表

激励函数类型	动态激励源
内部噪声激励	发动机噪声、空气动力扰动源
结构自激振动	发动机产生振动、星载设备运行
高频瞬态激励	火工品事件、流星体碰撞

* 准周期激励：两个或两个以上的周期振动合成为周期振动的充分必要条件是各个振动频率之比为有理数，此时存在一个基频。否则几个周期振动合成为非周期振动，习惯上称这样的非周期振动为准周期振动或准周期激励。

9.3.2 机械接口

(1) 产品质量要求。

(2) 产品安装尺寸及连接要求。

(3) 产品在飞行器安装的舱段(象限)及位置、方向。

(4) 根据使用对象考虑人机工效学要求。

(5) 产品刚度设计要求。

(6) 产品强度设计要求。

9.3.3 机电接口

(1) 电原理图，明确器件位号和名称。

(2) 电子元器件布局的特殊要求。

(3) 主要电子元器件的力学环境条件允许值(如继电器、大规模芯片等的关键部分的固有频率)。

(4) 较大元器件的安装高度。

(5) 各印制板上电子元器件及机内电连接器等的质量。

(6) 特殊元器件承受粒子辐照剂量的最低值(不满足飞行器辐照剂量设计指标的器件)。

(7) 各印制板的外形尺寸和安装孔尺寸。

(8) EMC(搭接、绝缘或静电释放电阻，接地螺桩等)。

(9) 粒子辐照防护(工作寿命期中机箱各方向上或整机承受的累积计量)。

(10) 安全等各方面对结构提出的要求。

(11) 与印制板组件有关的参数。

9.3.4 热接口

(1) 产品导热路径的截面积(或热导)。

(2) 产品安装区域的热环境范围。

(3) 产品表面热辐射发射系数 ε_H 等要求。

(4) 整机功耗状况和热耗，主要发热元器件名称、位号、发热量。

(5) 产品内部功率器件、元件的最高允许的壳温或壁温。

9.3.5　其他要求

相关飞行建造设计规范的要求。

9.4　产品总体方案设计

电子电源产品的总体方案设计也称为构型设计，是对产品的外形、结构形式、内部印制板及独立安装的元器件模块的整体布局、内部间的相互连接形式、整机与飞行器结构连接形式等进行技术协调和初步确定的过程。

产品总体方案设计(构型设计)没有固定的程式和秘诀，它是一个创造性的过程，需在满足飞行任务、约束条件、飞行器结构接口等要求前提下，设法达到规定的性能指标。

结构设计人员应构思各种构型设计方案，再与电路设计人员相互进行协商，综合考虑热、EMC、抗辐照设计等要求的前提下，初步确定结构方案，如构型、材料、壁厚、安装脚数目和形状，并确定印制板的尺寸、内外电连接器个数及芯数、板上较大元器件的安装高度等数值。初步确定产品外形、印制板边框、连接支撑等各种结构参数，完成产品结构的初步设计。最后通过协调、分析、计算，在诸多方案的比较基础上形成满足各种性能要求和约束条件的较佳方案。一个好的构型设计师不仅要精通机械设计、材料、工艺等方面的知识，还应熟悉航天电子电源产品热、EMC、抗辐照设计等方面的基本知识，这样才能从整体观念、全局观念完成技术完善、性能先进和布局合理的构型设计。

9.4.1　构型种类

电子电源产品结构构型形式繁多，按其结构构型进行分类大致有：插板式、模块化组合或拼接式、支架式、盒体式、盒体式与支架式的结合型、其他特殊形式。

1) 插板式结构

插板式结构是在箱体的主结构框(或箱)内插入多块边框尺寸相同而高度不尽相同的印制板组件，前后两面加盖(对前后抽插式)或上面加盖(对上下抽插式)，形成一个完整的箱体。插板式结构便于印制板的调试和经常性修理。

对于产品尺寸小、形状较复杂、要求较高时，箱体的主结构(或箱)采用较精密的机械加工成型外壳，工艺较为复杂。对于尺寸较大的产品一般采用拼合式箱体结构。

拼合式箱体的主结构框(箱)各壁板及盖板，一般皆采用板式构件，其间用螺钉相互连接(或焊接，很少采用)形成一个完整的箱体。主结构箱内壁设有成对的插槽；壁板、底板、盖板、支撑板等皆应为带加强筋的薄壳结构，加强筋应设置在机箱的外部以增加散热面和便于产品的拿放；板件受力或力矩最大的方向上增设加强筋；加强

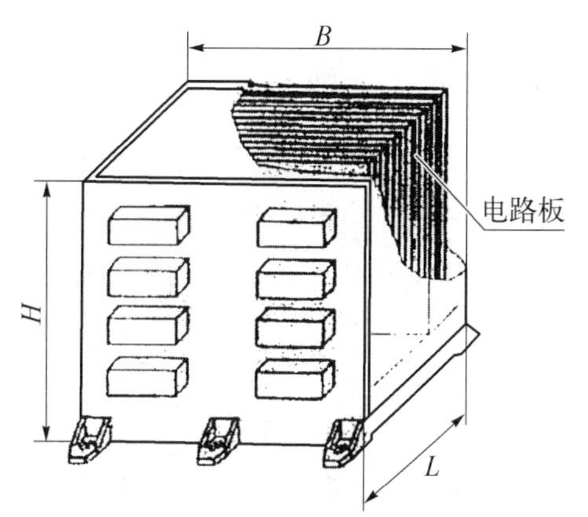

图 9.4.1　插板式结构

筋都应是闭合的,以保证应有的刚度、强度和工艺性(图9.4.1)。加强筋可铣削或冲压(批量较大时)形成。为增强壁板间的连接强度和抗振能力,板间应采用子口和咬或镶嵌配合的连接形式。

2) 模块化组合或拼接式结构

模块化组合结构主要由多个模块垒叠并加以盖板和连接螺杆组成机箱体。每个模块具有相对独立的功能,一般都有直接对外的电连接器,根据产品要求选用所需模块可组合成符合要求的电子电源产品。每个模块主要由模块框、印制板组件、电连接器及导向柱组成,见图9.4.2。模块之间可用电连接器[如J41B-120、RC428穿300针(孔)之类的电连接器]及导向柱直接进行定位和电连接,也可用单设的模块间电连接器进行电连接,用螺接件进行模块之间相互连接固定,或整个结构靠四角上的四个长螺栓连成一体,如图9.4.3所示。

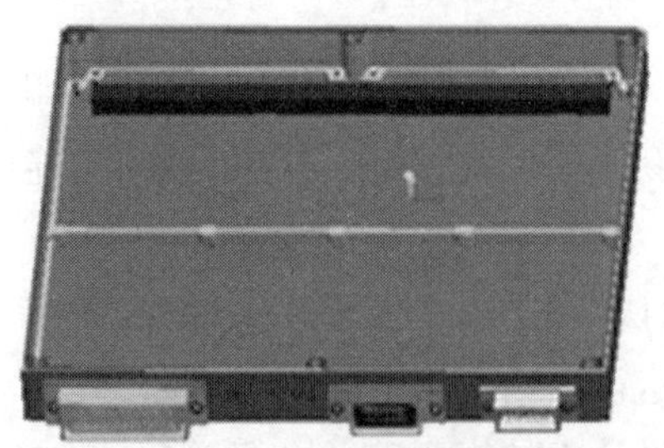

图9.4.2 单个模块结构示意图

3) 支架式结构

支架式结构机箱的外壳呈盒式六面体(图9.4.4),里面是一组支架支撑的数块印制板,一面(通常为上面)安装电连接器,另一面(通常为底板)或支架主支撑的底脚作为安装面,其余部分用薄的板件包盖,印制板和连接器间用电缆连接。

图9.4.3 模块化组合结构图

图9.4.4 支架式机箱

9.4.2 选择原则

产品选择结构形式应根据产品的特点、各种设计输入要求和工艺能力合理地权衡择取。但一般应遵循以下原则:

(1) 机箱的长(对于单列板为抽插方向)应大于宽,高度应最小;当板层累积高度大于宽度时板面应与底面成垂直安装,以使整机重心最低。

(2) 印制板组件一定要固连在主结构上,其他方向上的连接起辅助作用。

(3) 外部电连接器安放位置应使内外连接电缆的路径最短、长线根数最少,从而电阻小,减小产品质量。

(4) 当采用内电连接器时,应选用接触可靠、质量尽量轻而结构牢固的产品。

9.4.3　几种构型的比较

(1) 模块化结构：结构刚度高、内部电缆连接可靠性高、质量较小、工艺性好、维修较方便，条件允许，应作首选。

(2) 插板式结构：维修最方便、质量较小、刚度居中、工艺较复杂、内部电缆连接可靠性低(使用内电连接器时)。

(3) 支架式结构：质量最小、工艺性好、维修不便、整机抗弯刚度较差。

(4) 盒体式：质量小、刚度高、精度高、工艺较复杂。

9.5　产品结构详细设计

9.5.1　整体结构设计

产品整机一般由印制板组件、独立的器(组)件、支承件、内外电连接器、电缆和机壳等部分组成。

产品整体外观一般呈六面方箱体，一面有数个安装脚可与飞行器主结构通过螺钉连接，其各部分的组成形式因所选的构型不同而差异较大。但各种构型都需要同时满足力学、导热散热、辐照防护、EMC 等方面的设计要求。

结构零件提供产品的强度和刚度，零件间连接应满足连接强度和刚度要求，并提供良好的导热路径，同时考虑辐照、EMC 设计要求。

1. 外形状态

产品外形根据应根据安装区域的形状、环境以及产品内部热设计需求综合考虑确认。一般产品外形采用矩形，在特殊情况下采用复型设计外形。

关于电子电源产品结构外形尺寸及安装尺寸可参考《飞行器电子仪器外形尺寸及安装尺寸系列》(Q/W486－94)和《飞行器电子设备机箱设计规范》(Q/W706－96)的有关标准。

2. 安装连接设计

要点：足够的连接强度、刚度，足够、良好的导热途径，良好的电接触。

机箱底座是电子电源产品的主要承力面和导热散热面，其安装脚是产品与飞行器主结构连接的部位。

1) 安装脚形状

安装脚常见的形状有：

(1) 梯形凸耳：一般用于质量较小并用薄的板材加工成安装地板的产品中，凸耳根处应为圆角过渡连接。

(2) 带加强筋的梯形凸耳：可承受较大载荷，用于厚的板材加工成的安装底板或整体机壳上，也可将凸耳做在机箱的侧壁上并与侧壁的加强筋成为一体，从而增强了整机的抗弯刚度和连接强度，并可减少底板的质量。详情见图 9.5.1。

2) 安装脚个数及直径

安装脚个数及连接螺钉直径关系到整机与飞行器结构连接的强度和刚度。对于蜂窝

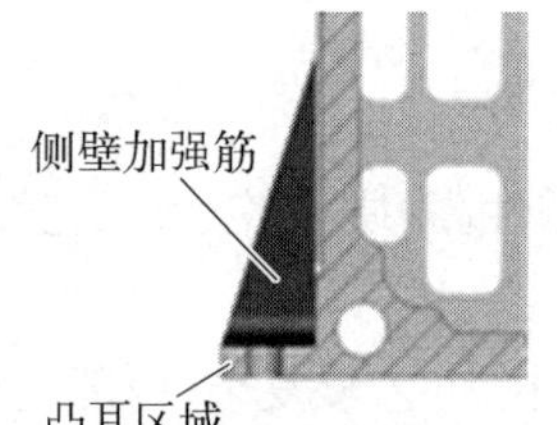

(a) 整体　　(b) 剖面

图 9.5.1　带筋的凸耳

板安装，应由单个螺接件考虑安全系数后的许用应力以及飞行器安装蜂窝板预埋螺母的最近间距、安装操作方便等方面来综合确定。预埋螺母以 M4、M5 的直径为宜，最近间距可在 70～80 mm；一般每个预埋螺母可承受的拉力为 Pi(1.5 kg)。

以 Lm 为产品的最大安装长度，W 为其重量，则安装连接螺钉数 N 可由式(9.5.1)选取：

$$2\mathrm{Lm}/80 > N > W/\mathrm{Pi} \tag{9.5.1}$$

对于桁架安装，一般为 4 个安装脚，根据其重量选用合适直径的螺钉，或按型号要求执行(一般为 M5～M8)。

从增强产品与安装板连接刚度和减小热阻的角度看，增加安装脚数目是很有利的。

3）安装脚的其他要求

(1) 机箱底面是产品与飞行器结构连接的安装面和导热面，需要足够的接触面积、一定的粗糙度和平面度要求，粗糙度一般为 3.2 μm，在 100 mm×100 mm 范围内平面度不大于 0.1 mm，使产品与主结构间有良好的面接触。

(2) 在飞行器上安装时需严格控制螺钉连接的旋紧力矩。

9.5.2　印制板组件设计

印制板组件的刚度，取决于印制板幅面大小、板厚、其上元器件质量及分布，以及与主结构的连接加固情况。

1. 电路分析及元器件布局设计

1）电原理图的分板原则

印制板的外形尺寸是决定电子电源产品外形尺寸的基础，应以功能模块合理划分，以合理的密度布置元器件，应尽量缩小幅面，按其上的载荷合理选择板厚，板面尺寸应符合标准系列规定。对抽插式结构，内电连接器应设置在板宽尺寸较小的一边。

2）元器件布局原则

一般元器件布局应均匀。抗振性能较差、较重或发热量较大的元器件布置于印制板上靠近机箱壁的边缘处，以便减小印制板的振动振幅，减轻振动对元器件的功能影响，获得良好的导热路径。为了合理缩小机箱空间，需要两块印制板对装时，可按以上原则协调地布置其上的元器件。

2. 印制板层布局及间距确定

要点：降低整机质心、降低整机高度、缩短导热路径和增加散热效果，增加需要辐照防护器件的等效屏蔽厚度，保证板间安全工作。

印制板组件的高度设计是机箱高度设计的基础，在尽量合理降低板高度的前提下，还应尽量合理缩小整机的高度，因此有必要对整机内各种板间间距进行计算，以合理地确定整机的高度。其方法一般如下：

板间距(由下板的 PCB 下面至上板的 PCB 下面)＝下板的 PCB 厚度＋其上元器件最

大高度＋上板下面的最大焊点或螺钉头高度＋上下板最大预期振动幅值之和＋安全余量（一般在 2.5 mm～3 mm）。

当同机内有两块以上板上安装少数高大的器件时，可以采取合理布板和上下板元件面对装的方式以减小板间距。

在板层的布局上，重而厚的电源板应在最底层（也有利于散热），功放板次之，最薄、最轻的板子置于最高层（可视辐照防护要求而定）。

冷热备份的印制板应间隔摆放，有利于散热。

3. 元器件安装设计

要点：安装固定应达到以下要求：抗振性能好、导热效率高、绝缘良好。

1）一般元器件安装固定

通常较小的元器件如小功率的金属膜电阻器、氧化膜电阻器、一般的电容器等可直接通过焊点进行固定，进行一般胶封；对较大的元器件必要时可用管座加以固定，一般应用环氧树脂或硅胶进行固封或点封，以增强抗振能力。

对于双列直插器件应选择恰当的焊孔直径以保证焊接的牢固性。

装焊过程应严格按照有关规范进行，保证元器件的完好性，不许对其造成任何（明显的和潜在的）损伤；已焊接的元器件不许以任何的外力改变其焊接状态。

2）大规模芯片安装固定

大规模芯片因发热量大，其安装固定应考虑器件的散热问题。通常将直插式器件底面与固定在印制板上的金属导热条、导热板通过导热绝缘膜紧密接触以增强器件的导热散热效果，芯片的管脚再与印制板通过焊点进行固定。对于平装式大规模芯片应在其上面附加导热条或导热板以增加导热散热途径。以上的措施不应产生因热应力和热变形以及振动中结构局部变形造成器件的损坏。

3）PROM 器件安装固定

为了减小质量并提高 PROM 芯片抗振性能，确保其在轨工作的可靠性，PROM 器件在发射前应直接落焊固定于印制板上。

但 PROM 器件因涉及软件经常不得不更换的问题，在印制板上安装过渡的 IC 插座，在目前条件下最终只能用点焊或整个芯片（如用卡箍）加固的技术将其安装固定。

4）变压器和滤波电感安装固定

用软磁铁氧体磁芯构成的变压器、滤波电感通常较重，对采用罐形磁芯，一般采用卡簧压紧固定的形式，其优点在于压力能向磁芯边缘传递，减轻对铁心中心柱的压力，并能适应温度变化而产生的变形影响；也可采用螺钉、螺母和压板固定，必要时还可增设桶形安装座，这样不仅使磁芯工作导热、散热良好，也能适应静载荷和动载荷的要求。

5）功率管、整流二极管的安装固定

功率管、整流二极管皆为发热量较大的器件，应增加、散热措施，一般采用螺钉、螺母安装固定于导热、散热板或架上，为同时解决绝缘和导热的要求，在功率管与散热器的接触面间垫有一片氧化铍陶瓷片或聚酰亚胺薄膜，并在固定螺钉上套有一聚四氟乙烯套管，以使功率管的各极与散热器彻底绝缘。

6）必要时（如多在 DC/DC 变换器和具有大功耗的印制板连接固定中采用），变压器、滤波电感、大功率器件、继电器、大电容器、大电阻器等庞大或发热量大的元器件可独立直接安装于机箱底板或侧壁上,也可集中组合成特殊的印制板(如将散热器、印制板边框做成一体)直接安插或安装于机箱的底部,使其紧密连接,既可缩短导热路径和加大导热面积,又可降低整机的质心,使其获得较理想的散热和力学环境,见图 9.5.2。

7) 继电器的安装固定

继电器一般采用螺钉、螺母安装固定。安装位置应靠近印制板有连接限位的边缘,且安装方向应使触点运动方向上的加速度载荷尽量小,以减小振动振幅对继电器动作机构的影响。

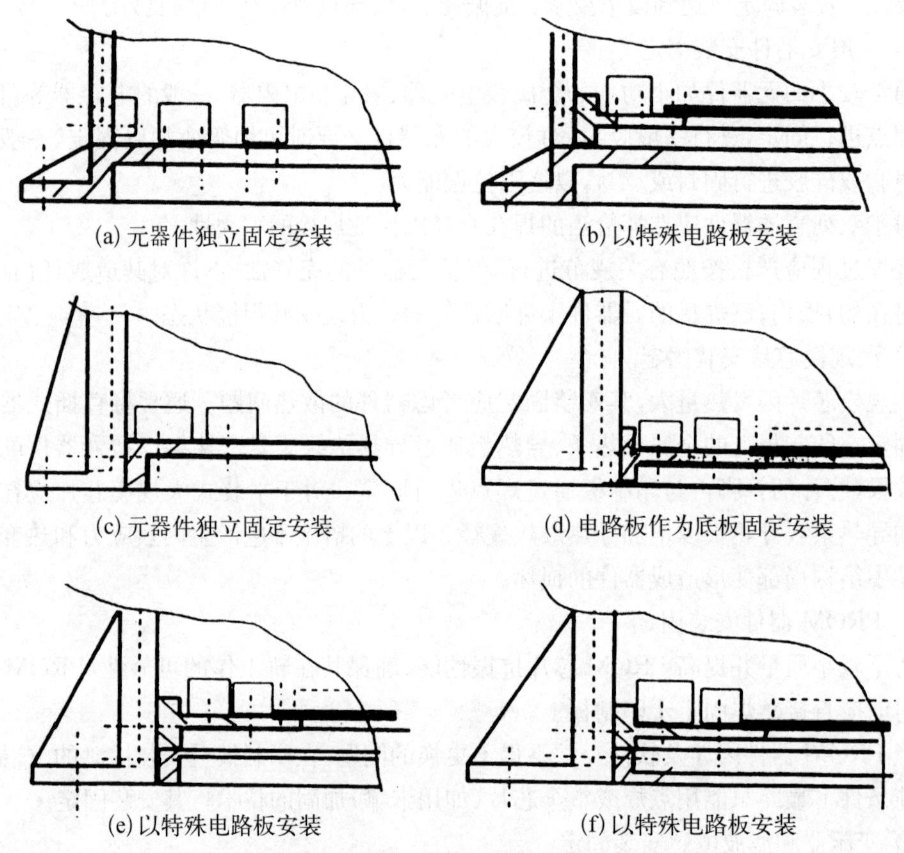

(a) 元器件独立固定安装　(b) 以特殊电路板安装

(c) 元器件独立固定安装　(d) 电路板作为底板固定安装

(e) 以特殊电路板安装　(f) 以特殊电路板安装

图 9.5.2　重大、高热元器件安装示意图

4. 印制板防插错措施

为防止因板间距相同、印制板结构相近等因素造成的印制板错插事故,除用明显的标示加以区别外,还应采取以下措施:

(1) 采用同型号而不同规格,或同型号同规格而不同位置或间距应加以区别;

(2) 对于导向柱可设置导向配合键槽方向的电连接器(如 J27、德驰 PRC 型等),可设置不同的导向槽方位以区别结构相同而功能不同的印制板。

5. 印制板组件结构设计

要点:足够的刚度(电路按模块或器件种类合理分布或分布独立安放、元器件合理安放布线、合理的板厚)、良好的扩热导热路径、元器件间的良好绝缘、防辐照和 EMC 考虑。

印制板组装件一般由印制板组件(含电连接器)和支撑边框组成;印制板(PCB)采用双面或单面的环氧酚醛树脂玻璃钢敷铜箔板材印制胶合而成,分双面板和多层板(厚度为 0.8～2 mm),一般常用的形式为四边形,也可根据产品形状需要做成其他形式。

印制板是否需要加支撑边框视机箱构型种类、PCB 的幅面、印制板上元器件散热要求、对机箱重量要求等情况而定。

对大幅面的板子应加设边框,并适当增加与边框以及边框与机箱连接螺钉的个数;需要时可在边框中加筋并用螺钉与印制板中间连接;支撑边框的作用为可解决 PCB 因直接插入机箱导槽时因厚度差造成的抽插配合困难,增强整件的刚度,获得较大的导热。

支撑边框一般采用硬铝(LY12CZ)板材,连接螺钉在 M2～M3 mm 之间。

支撑边框可有口字、曰字、田字、T 字等形式,视 PCB 幅度、形状、厚度等具体情况而定。

模块式结构模块框即为边框。对于支架式结构中的印制板一般不加边框,直接分层,用一组支架多点支撑并固连在机箱适当的位置上。

应指出的是,用通穿的螺栓将各层板的中心部位紧固,是最佳的紧固办法,不但可获得大的内部刚度,且使边框结构工艺大为简化。

6. 印制板组件安装连接设计

要点:足够的强度、刚度、阻尼,良好的导热路径,内电连接器的良好接触状态,元器件、印制导线与机壳间的良好绝缘。便于产品的电性能调试和测试,具有一定的地面维修性。

以插板式结构为例进行叙述:

插板式结构中的印制板组件通过机箱内壁上的导槽插入机箱盒中,导槽可以在壁板上直接铣削而成,槽口与边框间形成恰当的滑配合;导槽也可以由形成的弹簧导轨铆接而成,导轨卡口与 PCB 边缘形成具有一定夹紧力的滑配合,整体导轨形成一个弹性支撑,这种导轨多用在热耗不大、面板不大或面板较大而跨度较小的印制板组装件中,且不需附加支撑边框,可使组件质量大为减小。

印制板组装件的刚度不仅与它的形状有关,而且与边框和机箱的连接有关。对于带边框的组装件要提高整件的刚度则应与机箱壁良好连接,螺钉个数较多为宜。如 CTU 产品的印制板,它的两侧边框每边均有螺钉与机箱连接,顶层组件的上边也有螺钉与机箱壁连接,以尽量增加印制板组装件各处连接的刚度。如果边框只是插入导槽中而不与机箱壁连接,则其连接形式与采用簧片式导轨的相同;如果边框在跨度大的一边再无限位,其连接效果并不比簧片式导轨的优越,因为后者采用了四边限位。

在螺接部位需严格控制螺钉连接的旋紧力矩。

在以上结构中导槽和导轨都将起到导热和散热作用,热量通过导轨或插槽传导至机壳,所以这种结构要求印制板边框和导轨、插槽配合良好,以便减小热阻。当板上有大发热件时,应采取均热和强的导热措施。

从抗振角度出发,印制板组件在安装时最好只在其板面的垂直方向上、在自由而平展的状态下进行固紧或紧锁。如对带框架者可设置锁紧销;在导轨或弹簧导轨适当位置以固封剂固封等。

可插拔的印制版应考虑其插拔方法和设计相应的专用工具。需要时还应考虑设计专用的转接(架高)板,以方便整机的调试。

从抗振角度出发,需对内电连接器合理使用进行精心的结构设计,使其在力学、热学环境下保持良好的接触状态,为此应使内电连接器的头与座能紧固连接且头基本处于悬空状态,或头被安装在固定的座板上,两者间除有导槽定向和自身的导向定位措施外,还必须使与之相关连接的各部分构成刚度足够高的整体结构,使振幅达到可接受的程度。

印制板及其与机箱连接部位的固封有利于增大阻尼。

9.5.3 镶嵌设计

产品底板与飞行器主结构连接的部件是产品的基础,是承受载荷并将其传递给产品其他部位的唯一路径,它是产品结构的关键件。与底板直接连接的部件或零件将支撑产品内部负载,传递双方的振动载荷,是产品主结构组成部分之一,是重要件。产品力学传递的板间连接处都是关键受力部位,必须连接牢固,应咬合或镶嵌加固,见图 9.5.3～图 9.5.6。产品底板、侧板及其间的连接应为印制板组件的导热提供足够的热导。

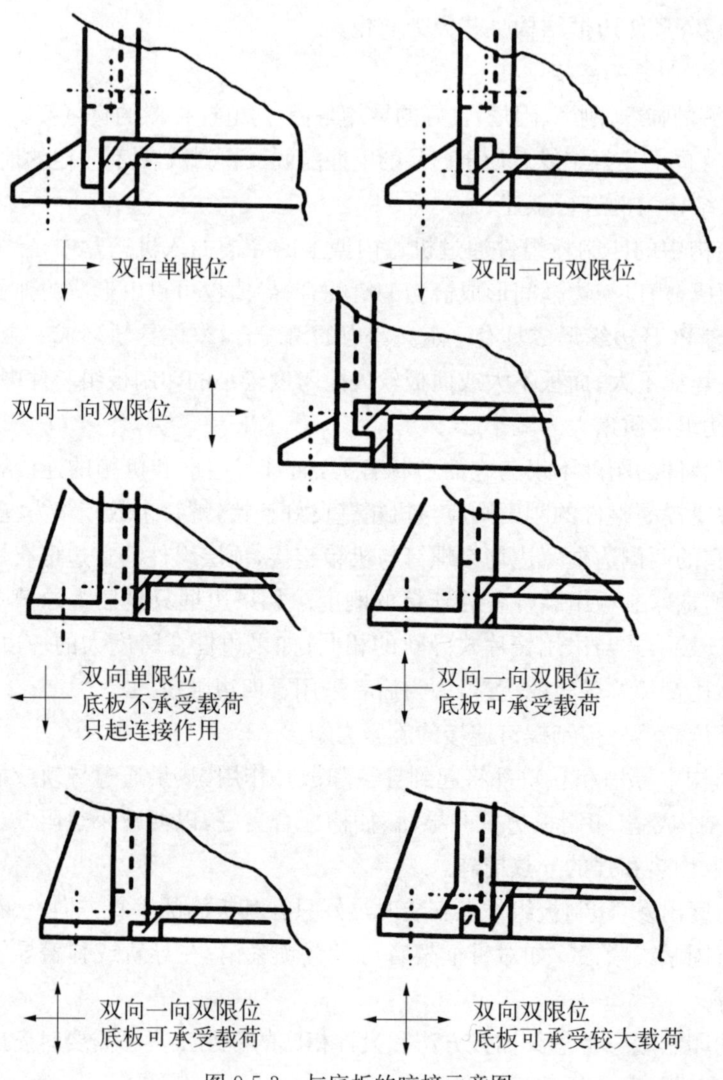

图 9.5.3　与底板的咬接示意图

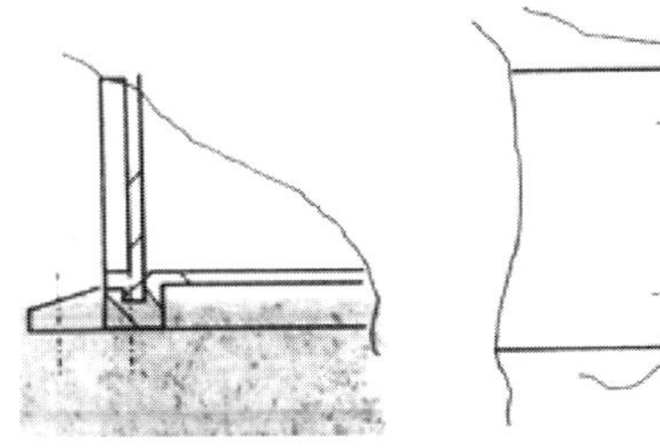

图 9.5.4　镶嵌连接示意图

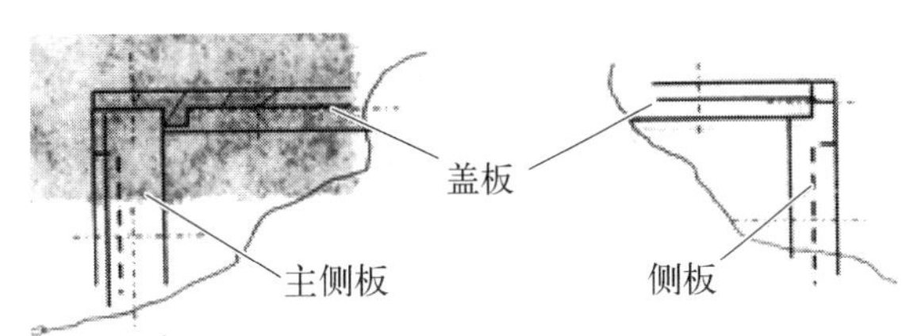

图 9.5.5　与盖板的咬接示意图

在零件进行镶嵌设计时应按具体结构和整机安装方向、电连接器安装方向等因素分析各组件及其连接部位的受力情况，确定受力或力矩的最大或较大部位及构件。采取的镶嵌设计有以下几种。

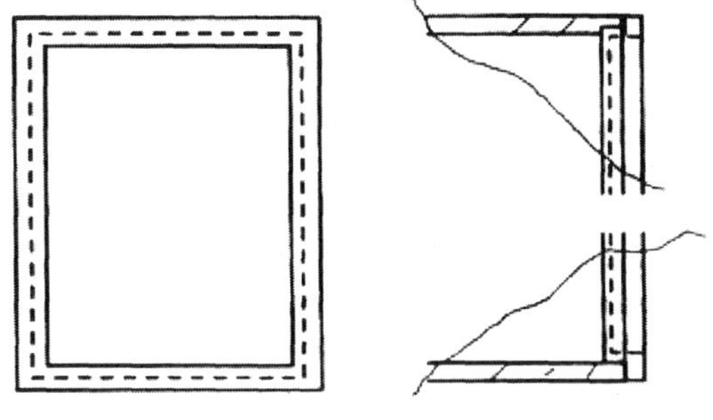

图 9.5.6　子口连接示意图

(1) 主结构之间，如侧板与底板之间连接时至少每块板应有双向的限位，且一个方向应是全(两边皆被限定)限位：尽量做到不只靠螺钉承受各方向的拉力或剪切力，而是靠咬合或镶嵌就可达到不上螺钉，盒子也能基本成形的目的，最后使螺钉起到连接加固的作用；盖板也应做到双向的限位。

(2) 每块板都至少应有两个以上方向的螺钉与相邻的板件连接，使螺钉在整个空间交错连接：因材料的抗拉强度高于抗剪强度，故抗拉方向上的螺钉数较抗剪方向上少 1/3 左右；但增加连接螺钉个数可增大其连接处的刚度。

(3) 严格控制螺钉连接的旋紧力矩，尤其是靠近安装面附近的螺钉，既要达到紧固的目的又不能发生螺钉过紧在振动或热应力作用下使其断裂的现象。

(4) 黏接剂黏接加固连接件，兼有阻尼作用。

(5) 子口配合可起到双向限位和密封的作用。

9.5.4　减振和缓冲设计

1) 减振设计原理

为了使电子电源产品在外激下不受或少受影响，就要对电子电源产品采取减振措施。在电子电源产品上安装减振器，使产品和减振器构成一弹性系统，从要求系统减低或隔离的需要出发，使 $f_j > 2f_0$ 就能得到良好的减振效果。在已知激振频率 f_j 的情况下，对产品进行减振或隔振，主要是如何改变系统的固有频率 f_0，正确的设计或选择减振器的静刚度 K，就能使系统的固有频率 f_0 改变，以满足 $f_j > 2f_0$ 的条件，达到减振或隔振的目的。

减振器的物理作用还可以这样来理解，因为振动是方向不断改变的机械运动，当装上适当的减振器后，减振器能将支撑基座传来的机械能量储存起来并缓慢地传到产品上去，当还没来得及将全部量传给产品时，支撑基座又开始反方向运动了，这时能量由减振器重新交还给支撑基座。以后又重复前面的过程，如此循环下去，就使产品所受的振动作用大

为减小。

2）缓冲设计原理

碰撞和冲击是一种不规则瞬时作用于产品上的外力所产生的机械作用。如果外力具有重复性、次数较多、加速度不大，波形一般为正弦波，其机械作用称为碰撞。如果外力不重复、加速度大、波形是单脉冲，其机械作用称为冲击。缓冲是防止电子电源产品免受碰撞和冲击的一种重要措施。

由能量定理 $P=Ft$ 可知：当外来冲击能量 P 一定时，其冲击力作用的时间 t 愈长，则产品所受的冲击力 F 愈小，冲击加速度愈小（$F=ma$）。因此若加大冲击力作用的接触时间，就可以减轻产品所受冲击力作用的影响。缓冲设计实质上是把瞬时的、强烈的碰撞和冲击能量以位能的形式最大限度地储存在冲击减振器中，使减振器产生较大的形变。冲击结束后，冲击减振器的能量由减振系统缓慢地释放出来，达到保护电子电源产品的目的。因此，缓冲系统实际上是一个储能装置。在一定情况下，减振器越软，冲击力作用的时间越长，减振器的形变越大，产品受到的冲击就越少，防护的效果就越好。

3）采取的措施

产品根据力学环境条件及元器件抗力学性能等综合情况，可考虑在产品外侧或内部采取相关耐振措施。从总的方面来说，在进行电子电源产品整机结构设计时，元器件、部件的布局除了必须满足电性能和散热要求外，还必须从防振缓冲的角度来考虑，使整个产品的质量均匀分布，使产品的重心尽量落在底面的几何中心上，重心不应偏离几何中心太远，否则隔离系统的设计会发生困难。对于过重的元器件、部件，尽可能放在产品的下部，使产品的重心下移，从而减小产品的摇摆。产品一般采用的措施如下。

(1) 整机。电子电源产品整体的减振和缓冲主要是依靠安装减振器。减振器安装于产品耳片位置，但采用该措施后产品的导热路径将发生改变，因此需要综合考虑。

(2) 导线和电缆。两端受到约束的导线或电缆，就像是一根松的琴弦，其固有频率很低，容易落在干扰频谱之中。如果所用的导线比较细、长、软，则在振动产生的惯性作用下，轻者可使它产生永久变形，重者就可能在导线的两端引起脱焊或拉断。因此，通常都尽量将几根导线编扎在一起并用线夹做分段固定，以提高其固有频率，提高抗冲击、抗振动能力。但单线连接有时是不可避免的，这时使用多股导线比单股硬导线好，跳线不能过紧也不能过松。若过紧，在振动时由于没有缓冲而易造成脱焊或拉断；若过松，在振动时易引起导线摆动造成短路，如图9.5.7所示。

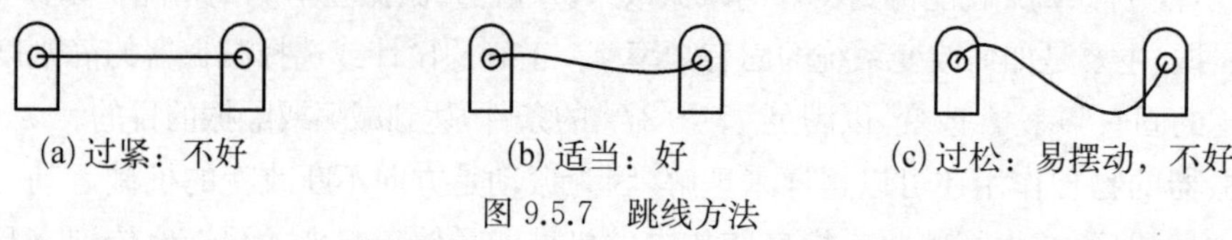

图9.5.7　跳线方法

(3) 继电器。继电器和其他电气元件不一样，由电气和机械结构组合在一起，它本身容易失效，在冲击和振动的影响下，继电器的典型故障有：接触不良；衔铁动作失灵或移位;触点抖动使接触电阻不断变化干扰电路工作等。通过选择合理的安装方法,可以提高其抗击振动的能力。

如图 9.5.8 所示的舌簧型继电器,应该使触点的动作方向和衔铁的吸合方向尽量不要同振动方向一致。显然,以图 9.5.8(a)为最好。

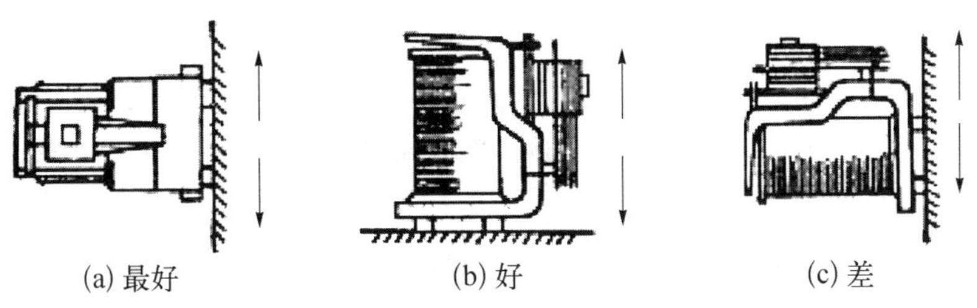

图 9.5.8　舌簧型继电器几种安装形式比较

(4) 晶体管。小功率晶体管一般采用立装,为了提高其本身能抗冲击和振动能力,可以卧装、倒装,并用弹簧夹、护圈或黏胶(如硅胶、环氧树脂)固定在印刷板上,如图 9.5.9 所示。

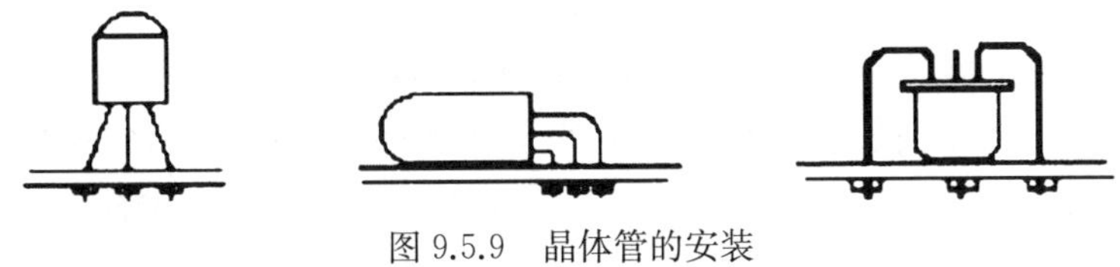

图 9.5.9　晶体管的安装

为了提高大功率晶体管的抗振能力,应把晶体管连同散热器一起用螺栓固定在底板或机壳上。

(5) 电容器和电阻器。小电容器一般采用立装和卧装两种方式,卧装抗振能力强,为了提高其抗振能力,立装应尽量剪短引线,最好垫上橡皮、塑料、纤维、毛毡等;卧装可用环氧树脂固定,如图 9.5.10(a)所示。

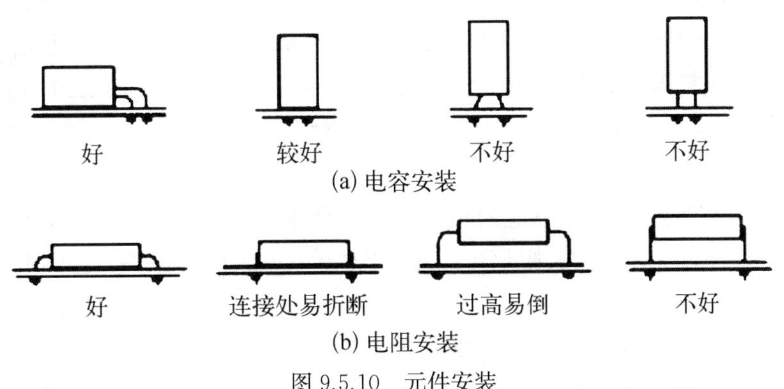

图 9.5.10　元件安装

小电阻为了提高抗振能力,应采用卧装,如图 9.5.10(b)所示,同时这样也利于传导散热。

大功率电容和电阻可采用固定夹、弹簧夹、固定支架、托架等进行固定。

对于电感、二极管等元件的安装类似于电容和电阻的安装。

(6) 变压器。变压器从其结构本身的特性来说能抗冲击和振动。因为变压器内部的导线紧绕在坚固的铁心或线圈骨架上并经过浸渍灌封处理,形成了一个坚固的整体。但变压器是产品中比较重的元器件,如果事先对振动和冲击考虑不足,采用了刚性差的支架和较小的螺栓连接,就可能在受到振动时产生较大的位移。若变压器脱落将严重损坏产品。为了降低产品的重心,变压器等较重的元器件,应尽量安装在产品的底层,其位置不宜偏离重心太远。为了提高变压器的安装牢固性,最好是利用变压器铁心的穿心螺栓将框架和铁心牢固地固定在底板上,其螺栓应有防松装置。

(7) 印制印制板。印制印制板较薄,易弯曲,故需要加固。加固构件可以是金属或塑料板的成型框架,也可以是完全灌封在塑料或硅橡胶中,对于小型的印制印制板,可不加固。

通常在一块印制印制板上布局一个单元电路。印制印制板用插接端、插座和两根导轨条加以固定,必要时还须采用压板(条)压紧。从防冲击和振动的角度考虑,印制印制板的安装方向应使板面与冲击振动的方向一致。对于小型的印制印制板可以灌封成积木块,以提高其耐冲击振动能力。

厚膜和薄膜电路形成一个紧凑而坚固的单元,比普通印制印制板耐振动和冲压。

(8) 其他。对特别怕振动的元器件、部件(如主振回路元件)可进行单独的被动隔振,对振动源要单独进行主动隔振。调谐机构应有锁定装置,紧固螺钉应有防松动装置。

陶瓷元件及其他较脆弱的元件与金属零件连接时,它们之间最好垫上橡皮、塑料、纤维、毛毡等衬垫。

为了提高抗振动和抗冲击能力,应尽可能地使产品小型化,其优点是易使产品具有较坚固的结构和较高的固有频率,在既定的加速度作用下,惯性也较小。

9.5.5 阻尼设计

阻尼在振动过程中起到耗散系统能量,降低结构响应的作用。结构阻尼包括阻尼层(如黏弹性阻尼材料)结构、干摩擦阻尼结构和高阻尼合金材料应用等技术。结构本身的阻尼是材料或连接的内摩擦耗散振动能量的结果,其阻尼力的大小通常与振幅平方成正比,而方向与速度方向相反。一般结构阻尼很小,需要时应采取以上前者措施。

增大阻尼可使振动过程中响应的振动量级减小、载荷放大量值降低,从而降低了产品结构的振动应力值。所以,增大阻尼可以改善产品的动力环境、保护产品中电子电源产品的安全。

电子电源产品增大阻尼采取的主要措施如下。

(1) 可在印制板板面敷以弹性固封材料,试验证明这是非常有效的阻尼措施之一。必要且质量允许时,可以增大固封面积,甚至整体固封。

(2) 在印制板上增加约束阻尼条,如图9.5.11所示。

(3) 可在印制板边缘增加连接阻尼。

（4）必要时，在不影响热性能和 EMC 性能前提下，产品与飞行器结构连接处或需减振的组件安装处可设置阻尼隔振垫，以吸收振动能量，降低电子电源产品或组件的输入振动环境，但不应产生新的频率耦合现象。

（5）必要时，局部零件采用高阻尼材料，如锰铜合金材料。

图 9.5.11　附有约束阻尼条的印制板

9.5.6　固封加固设计

产品采用固封的作用主要为了加固元器件并增加阻尼，同时增大导热路径的截面积。

1）固封材料

须满足空间环境中的放气率要求；固化温度要求常温或较低；有足够的黏结力；导热而电绝缘性能良好；不受湿度影响。

常见的黏结固封材料参见表 9.5.1。

表 9.5.1　常用黏结固封材料表

产品名称	牌　号	用　途	总质量损失（%）	可凝聚挥发物（‰）	备　注
环氧树脂		黏接			
环氧胶	914	黏接	1.84	—0	
胶	ECCOBOND55	黏接	小	小	德国
胶	SOLITHANE	三防、固封	小	小	德国
聚氨酯漆	TS01－3	三防			
胶	101	三防			
硅橡胶	GD414	固封、黏接	1.05	1.8～2.3	
硅橡胶	GD401	固封			透明
硅凝胶	GN512	固封			

2）元器件及印制板的固封

印制板及其上的一般元器件用固封剂进行浸封或点封，对需特殊加固的元器件可用环氧树脂或硅橡胶固封。印制板上的螺钉可用环氧树脂固封，但封料或焊剂不许玷污电连接器插针或空点。

3）螺钉固封

产品主结构件间的连接螺钉一般不再拆卸，在其组装完成后即可用环氧树脂点封或硅橡胶固封。接地螺桩的螺接处不能涂固封剂，以免搭接电阻变大，可用弹垫或螺母紧固。

4）电缆的固封

产品内部电缆应在环境实验前用硅胶在结节处逐段固封，使其与壁板或撑板粘牢。电连接器的焊点处不能涂胶。

5) 机箱的最终固封及调平

最终固封包括产品环境试验前及故障修复后再次交付前的固封,可能对修复部分的元器件或电缆固封,对各层印制板导槽或导轨两端所能触及部位及板边其他卡紧部位用硅胶加以点封,在上盖板时,应先松开板盖和底板上的有关螺钉使底板处于平整状态,再分别紧固盖板四角的两对角螺钉,然后再紧固其他螺钉。调整时不能用榔头敲打产品靠暂时的变形来达到找平的目的。

9.5.7 结构刚度设计

1) 结构刚度的物理意义

结构刚度在静态时是指抵抗变形的能力,在动态时指结构的固有频率高低。刚度越大,抵抗变形的能力越强,其自身的固有频率也越高。

对于安装精度高的仪器产品需要计算它的变形,而对于一般产品往往用固有频率值作为刚度的设计要求。

为避免与飞行器结构及部件结构的基频耦合(通常飞行器结构基频横向为10～20 Hz,纵向为30～50 Hz,部件结构及产品支架基频为50～70 Hz),一般对质量不大的产品,要求机箱整体的固有频率大于100(100～140)Hz;箱内各组件的固有频率参照整机的要求合理分配,但都必须与整机频率错开,且组件之间(在工作环境和不确定范围内)也无相互重叠现象,以避免动力耦合使组件的响应过大。在同样的响应加速度时,高频响应产生的应力较小。

2) 结构刚度计算

(1) 静态刚度计算。对于机箱壳体、印制板组件的板面拉压刚度 A 和抗弯刚度 D 常用公式为

$$A=\frac{Et}{1-\nu^2}\ (\text{N/mm}) \tag{9.5.2}$$

$$D=\frac{Et^3}{12(1-\nu^2)}=At^2/12\ (10^{-3}\ \text{Nm/ 弧度}) \tag{9.5.3}$$

式中,E 为材料弹性模量(MPa);t 为材料壁厚(mm);ν 为材料泊松比。

(2) 动态刚度计算。产品结构的固有频率计算,一般情况可用有限元素法,建立有限元数学模型,求解它的特征值即可得到结构的固有频率。

3) 提高结构刚度相关因素

(1) 选择比刚度(E/ρ)较高的材料(ρ 为材料密度),如机箱应采用铝合金材料,以提高零件自身的刚度,材料机械性能及物理性质详见表9.5.2与表9.5.3。

(2) 尽量缩小机箱的整体尺寸,以减小质量提高机箱整体的结构刚度。如尽量合理地减小印制板间距,压缩无效空间。

(3) 机箱壁采用加筋板结构,能使构件质量不变而抗弯刚度与平板相比大为增加;在满足强度、刚度、导热、粒子辐照屏蔽要求和工艺水平允许的前提下应尽量减小壁厚,以减小质量。

(4) 机箱安装凸耳与机壳连接部位应采用圆弧过渡并设计加强筋。

表 9.5.2　电子设备设计常用材料的机械特性

名　称	牌　号	形式	厚度/mm	状态	抗拉强度 σ_b /MPa	屈服点 /MPa	剪切模量 G /10^3MPa	弹性模量 E /10^3MPa	泊松比 μ	伸长率/%	σ_b/ρ 10^{-3}MPa/kg	E/ρ /m^3MPa/kg
不锈钢	1Cr18Ni9Ti	板			540	196				38～42	68.8	
黄铜	H62	棒			373					15～30	44.2	
铍青铜	QBe2	箔			638～1128			115～128		2	77.5～137	14.0～15.6
铝合金	(5A06)LF6	板	0.5～4.5	M	314	157	26.49	70.6(LF5)		15	116	26.1
	(2A12)LY12	板	0.3～10.0	CZ(T4)	407～427	275	26.49	70.6		10～13	146～154	25.4
		板	11～70	CZ(T4)	373～422	245～275				4～10	134～152	
		板		M	≤216～335					12	77.7	
	(7A04)LC4	板		M	≤245					10	87.5	
		板		CS	481～491	402～412	26.49	72.6		7	172～175	25.9
镁合金	MB2	板		M	255					10～12	143	
	MB8	板		M	216～226	108～118	16.68	40.2	0.34		121～127	22.6
钛合金	TC4	棒		退火后	932		41.69	114	0.30	10	210	25.7
银												
铜												
钼												
可伐合金												
康铜												
锰铜*												

* 锰铜合金材料的损耗因子为 $3\times10^{-3}\sim5\times10^{-2}$。

表 9.5.3 电子设备设计常用材料的物理特性

名　称	牌　号	密度 ρ g/cm^3	热导率 λ $W/(m \cdot K)$	线胀系数 a $10^{-6}/K$	比热容 c $J \cdot (g \cdot K)$	电阻率 ρ $\Omega \cdot mm^2/m$	磁性特征
不锈钢	1Cr18Ni9Ti	7.85	16.3	16.1	0.51	0.09(Fe)	
黄铜	H62	8.43	109	20.6	0.39	0.08	
铍青铜	QBe2	8.23	83.7～105	16.6		0.068～0.1	
铝合金	(5A06)LF6	2.71	117	24	0.92	0.49	
	(2A12)LY12	2.78	117	22	0.92	0.51	
	(7A04)LC4	2.8	117	23.2		0.51	
镁合金	MB2\8	1.78	110\134	26\23.7	1.21\1.13	0.051	
钛合金	TC4	4.43	8.37	8.4	0.54	1.6	无
铜		8.9	384	17.0(Cu)	0.394	0.017 5	
钽		16.67	54	6.55	0.138	0.131	
可伐合金		7.9					
银		10.5	470	19.7	0.234	0.015 9	
有机玻璃		1.18					
聚砜		1.24					
尼龙		1.04～1.40					
氧化铍陶瓷		3.04					
玻璃钢 PCB		1.7～1.8	0.3～0.4				
聚酰胺			0.31				
聚酰亚胺		1.41					
康铜		8.89	23.3		0.410	0.48	
锰铜		7.28					

9.5.8 结构强度设计

1）结构强度的物理意义

结构强度是指结构抵抗破坏或塑性变形的能力(航天器上的结构一般是不容许塑性变形的)，以结构受载后产生的应力量值来度量，用符号 σ 来表示，它的单位为 MPa。

2）结构应力计算

在设计阶段，产品结构中的应力值 σ 可通过计算得到。对于一般情况可用有限元素法，建立有限元模型，利用现有的结构分析软件(如 NASTRAN、ANSYS 等软件，对于一般简单的分析计算可用解析法)，计算结构在各种载荷作用下的应力分布，如进行正弦振动的响应分析、随机振动响应分析和冲击振动下的瞬态响应分析等。

对可简化为简单结构和简单准静态载荷的，可用下列公式计算。

拉伸或压缩时的应力：

$$\sigma = P/A_0 = \text{作用力} / \text{受载截面面积} \tag{9.5.4}$$

弯曲时剖面上的最大应力：

$$\sigma = M/W = \text{弯矩} / \text{受载截面抗弯系数} \tag{9.5.5}$$

3）提高结构强度关联因素

结构强度与结构构型、材料、壁厚和连接等因素有关。电子电源产品设计时应注意如下事项。

（1）首先要设计合理的构型和壁厚。

（2）要选择比强度（σ_b/ρ）大的材料，如铝合金材料（LY12－cz）的比强度较高。结构材料的抗拉强度可查一般工程设计手册中的 $\sigma_{0.2}$ 和 σ_b 值（表9.5.2、表9.5.3）。

（3）设计中要避免有太薄弱的环节，尽量回避应力集中的结构。

4）安全系数

航天产品的结构设计中要选取安全系数 f，即在各种给定的环境载荷得出的计算应力乘以一定的加倍因子（安全系数）作为最终的应力水平，来进行安全裕度的计算。

通常，准静态载荷的安全系数一般取 $f \geqslant 1.5$；振动载荷的安全系数一般取 $f = 1.2 \sim 1.35$。

5）安全裕度MS计算

安全裕度是表示结构部件强度的剩余系数。安全裕度MS计算如下：

$$\mathrm{MS} = \frac{[\sigma]}{\sigma_{\max} \cdot f} - 1 \geqslant 0 \tag{9.5.6}$$

式中，$[\sigma]$为许用应力，脆性材料取强度限 σ_b；其他材料取弹性限 $\sigma_{0.2}$；$\sigma_{\max}$为计算应力，在各种载荷（各种振动、最大准静态载荷）作用下计算得到结构上的最大应力值。

如果结构部件某处的安全裕度 $\mathrm{MS} < 0$，说明此强度不够。

9.5.9　力学仿真验证

在确定电子电源产品结构设计方案后，应进行产品模态分析和动态响应分析，需要时还应进行热应力和热变形设计，根据其结果对设计进行初步的分析评价，改进设计，并对最终构型与布局、修正产品的有限元模型再一次进行强度和刚度的校核分析计算，直至满足产品的强度和刚度要求，方可最终确定电子电源产品的结构设计。

结构分析方法有：解析求解法和数值求解法两大类。

解析求解法只适用于结构力学的微分方程有解析解的情况，但绝大部分的结构力学问题中，因力学方程复杂无法获得解析解。

数值求解法将结构力学的微分方程变换成差分方程或矩阵代数方程，可用数值运算方法获得结构力学问题的数值解。

有限元法（finite element method）是当代最有用的数值求解法，它是随着计算机应用而迅速发展起来的一种具有坚实理论基础和行之有效的数值分析工具，目前有限元法已经在航天器结构分析中得到广泛应用。电子电源产品结构设计中的分析技术也已广泛采用有限元法。

1. 结构有限元分析的作用

电子电源产品在研制过程要经历方案、初样设计、试验验证和正样设计各阶段，电子电源产品结构在各阶段有限元分析工作的要求和作用是各不相同,通常应进行如下各阶段的分析工作,但应根据产品研制的实际情况对分析工作可做剪裁进行。

各阶段分析的作用如下。

1) 方案阶段

比较多种构型方案,为选择合理方案提供依据;从结构力学角度提出印制板元器件合理布局的方案;了解产品的初步静力和动力载荷下的结构性能是否满足产品性能要求等。

2) 初样设计阶段

对机、电、热一体化协调设计的初样产品进行力学(刚度、强度)分析验证。通过模态分析、响应分析确认结构设计的合理性,是结构设计验证的重要方法,是各组成部分结构参数合理分配的主要依据,可预计各件上的载荷分布情况、元器件的环境及变化趋势。

3) 试验验证阶段

根据产品试验情况,采集产品特征点数据,修正仿真模型的参数,指导修正仿真模型的合理性。

4) 正样设计阶段

对正样产品进行最终的力学(强度、刚度)分析验证。

2. 结构有限元分析技术的概念

有限元的基本概念可以从以下两个方面来说明。

在物理上,是将实际的结构(连续体)离散为有限数目的互相连接的各类单元(因此称为"有限元"),这些单元连接成了一个网格结构,网格的交点称为节点。也就是将连续的质点所组成的弹性体的真实结构分割成有限个单元体在单元的节点处相互连接而成的单元组合体。使具有无限个自由度的连续结构简化成有限个自由度模拟结构。

在数学上,将球接结构弹性力学问题需要依靠的三个基本关系式,即几何关系(应变与位移关系)、本构关系(应力与应变关系)和力的平衡关系(包括运动中的惯性力),应用各种变分原理变换后将上述三个基本关系式表述成为各节点的力学参数之间的简单关系式,使弹性力学建立的偏微分方程式组变化成可用计算机数值求解的联立代数方程组。

综合而言,有限元法是将连续的结构离散化,把结构划分成有限个单元体(如杆单元、梁单元、薄膜单元、板壳单元、复合材料单元、实体单元、质量单元和各种边界单元等),将相邻单元在单元体的节点处连接起来形成一个与原来结构构型相同的有限单元组成的网络结构。利用单元的力学性能和质量特性参数,求得结构的刚度矩阵和质量矩阵。在给定的整体边界(约束)条件下输入结构载荷,用迭代计算求解结构力学方程,即可求得所需要的分析数据,如结构的前 m 阶固有频率、节点的响应加速度、单元的应力等。

3. 结构有限元分析的功能

针对电子电源产品结构设计而言,用有限元分析技术可进行如下的分析工作。

1) 静力分析

在飞行过载条件下,分析电子电源产品结构的应力和变形,以对电子电源产品结构进行强度校核。

进行此类分析时:

(1) 输入条件为结构有限元模型和静态载荷;

(2) 输出结果为可获得在准静态载荷作用下各结构件的内力、应变、应力、结构件在过载下的静力变形。

2) 热应力变形分析

有些电子电源产品在轨道工作时会存在较严酷的热环境，有必要对此类电子电源产品(含印制板)结构进行热应力和热变形分析，校核电子电源产品结构是否满足功能和性能要求。

进行此类分析时：

(1) 输入条件为结构有限元模型和外部的温度场；

(2) 输出结果为可获得在温度环境下各结构件的内力、应变、应力和结构件的变形。

3) 模态分析

分析产品与印制板组件的模态频率和振型，为合理设计印制板组件和机箱的结构、尺寸和边界的支撑连接提供依据。

进行此类分析时：

(1) 输入条件为结构有限元模型；

(2) 输出结果为结构各阶模态频率和振型，了解电子电源产品结构的动力行为。

4) 动力响应分析

在规定的外力载荷或试验的环境载荷条件下分析机箱与印制板组件的各关心部位的响应情况，为合理设计机箱和印制板组件的结构、尺寸、边界的支承连接和调整元器件布局提供依据。

进行此类分析时：

(1) 输入条件为结构有限元模型、外力载荷(频域力函数、时间历程力函数、频域随机谱密度函数)；

(2) 输出结果为可获得各结构件在力函数作用下的结构响应(结构单元的产生的内力、应力、应变和结构结点的响应加速度、位移)；在随机振动响应分析中可获得结构件在随机谱密度载荷作用下的结构的均方根(结构单元产生的响应内力、应力、应变和结构结点的响应加速度、位移)响应。

4. 结构有限元分析的步骤

电子电源产品结构有限元分析主要步骤如下。

(1) 选定有限元分析软件(常用的结构有限元分析软件有 NASTRAN、ANSYS、COSMOS 等)。

(2) 建立分析模型。

(3) 进行静力分析。

(4) 进行模态分析。

(5) 进行动力响应分析。

(6) 判断分析结果是否满足性能要求。

(7) 不满足性能要求时需进行设计迭代过程，调整结构参数、修正模型、重复进行分析，直至满足设计要求。

(8) 对于一些热耗较大的电子电源产品，必要时还需进行在轨温度场分析和热变形、热应力分析工作。

5. 结构有限元分析的建模技术简介

结构有限元分析的建模包括有限元素的选定、单元网格的划分、结构材料与单元特性的确定、结构与承载质量的模拟、结构边界条件的选定、施加载荷函数、进行模型检测分析、确认结构有限元分析的建模的合理性和正确性。

1) 有限元素的选定

电子电源产品结构主要由机箱壳体(含盖板、内部支撑件等)、内部印制板组件、独立安装的元器件(含电连接器等)等部分组成。首先,按选定分析软件所含有的单元库对机箱壳体、印制板等结构件选择合适的模拟单元。

通常对机箱壳体中的底、侧壁、盖板等结构件一般选用板壳元,壳体上的加强筋一般选用梁单元或用板壳元模拟,机箱的连接凸耳处可选用板壳元或体单元,机箱的连接凸耳与其他支承结构连接节点处可用刚性连接或将连接螺栓用梁单元模拟。

印制板应选用复合材料板壳元,这样可分别获取印制板中的铜箔和玻璃钢基板的应力。通常不考虑印制板上元器件安装产生的附加结构刚度,这样可以提高印制板结构设计的安全程度。印制板与机箱框架在连接点用刚性连接。

2) 单元网格的划分

根据分析问题的需求和机箱壳体、印制板等实际的结构情况进行有限元网格的划分。网格划分可粗可细,通常动力分析时网格相对较粗,静力分析时网格应划分细些。由于有限元分析技术中获得的结构各部位的应力是以每个单元的平均应力来表示的,为此在结构截面变化处和载荷作用部位的应力集中区域内应尽可能地将网格划分细些,以便较精确地分析和获得结构件中的最大应力。

3) 质量模拟

结构有限元分析技术中的质量一般可有两种类型:均布质量和集中质量。均布质量均匀分布在整个单元体上,集中质量是作用在有限元网格的节点上。除对大而重的器件可按集中质量作用外,通常机箱壳体结构、印制板结构和板上的一般元器件按均匀质量建模。

4) 边界条件

印制板单独分析时,一般将印制板(含边框)与机箱壳体的连接点处用刚性固支模拟。

电子电源产品整机结构分析时,整机与飞行器主结构连接点处可用刚性固支边界,若有特殊需要时可将连接螺栓用梁单元或其他弹性单元模拟,再将此单元与结构连接处用刚性固支边界模拟。

5) 材料与单元特性

有限元建模中应按照分析软件的要求输入材料与单元特性参数,如材料的弹性模量、单元的尺寸参数、梁单元的截面形状及参数、复合材料的各层材料参数等。如果某些参数无法通过已有资料获得时,则必须通过实验来获取所需的确切的性能数据。

6) 模型检测

结构分析有限元模型建立完成后,在正式分析前,应运行分析程序进行模型检测,以确定有限元模型的正确性和合理性。通常有限元模型检测可有以下几类分析:

1）刚体模态分析法

去掉有限元模型的所有约束，进行模态分析，计算结果的判别准则必须且仅有 6 阶零模态，而这 6 阶零模态对应的振形图必须是电子电源产品整体结构的 6 个刚体运动及其组合。

2）单位位移分析法

去掉有限元模型的所有约束，使模型分别沿三个轴向平动和施加单位位移，计算结果的判别标准则是输出的所有单元应变为一微小量。

3）质量、惯量分析法

在有限元模型上施加 1 g 的重力加速度，计算其质量、惯量和质心位置，计算结果的判别准则是有限元模型分析的数据应和预估一致。

通过上述的模型检测分析，符合判别准则要求后，才能确认有限元建模的正确性。

9.5.10　设计校核计算

电子电源产品结构抗力学环境设计中的设计校核主要有两部分工作，强度校核计算和刚度校核计算。

1. 强度校核计算

结构强度与电子电源产品结构构形、材料、壁厚和连接设计有关。当结构方案确定后，要进行强度计算，校核设计方案是否满足强度要求。

强度分析包括应力分析、变形分析、关键连接部位的强度校核分析等。

强度校核方法如下。

(1) 建立有限元模型，使结构尺寸、力学性能参数和质量特性与真实电子电源产品一致。

(2) 根据电子电源产品的最大准静态载荷和正弦振动、随机振动、冲击动力环境载荷条件，确定分析工况。然后，分别地将每种工况的载荷条件正确地施加在有限元模型上进行静力分析或动力响应分析，求得电子电源产品各结构部位的响应应力和变形。

(3) 确定最大应力，并选取适当的安全系数。

(4) 进行安全裕度分析计算。如果某处的裕度＜0，说明此处强度不够，需要调整此处的设计（如改变厚度、构型或连接方式）方案，再重复以上的分析过程，直至裕度（应满足有关规范的要求）大于零。然后，根据最终选用的结构参数确认结构方案。

2. 刚度校核设计

电子电源产品必须具备足够的刚度，以便在经受环境载荷作用下不会产生期望之外的弹、塑性变形，并有足够高的结构固有频率，不致产生动力耦合现象和过大的动力响应载荷。一般情况下，设计时应确保其刚度（结构基频）大于规定的值，通常直接连接在飞行器主结构的电子电源产品结构基频应大于 100 Hz；若带有支架的电子电源产品连接在飞行器主结构上，一般要求带有支架的电子电源产品组合体结构的基频应大于 70 Hz。

刚度校核方法如下。

(1) 建立有限元模型，使结构尺寸、力学性能参数和质量特性与真实电子电源产品一致。

(2) 用结构分析软件进行模态分析,计算出电子电源产品10阶以下的固有频率。

(3) 根据分析数据判别电子电源产品结构的最小固有频率是否满足要求。若最小固有频率>100 Hz,说明此方案有足够刚度:如果最小固有频率<100 Hz,则要分析其模态,了解薄弱环节,修正有关单结构(构型、材料、壁厚、边界连接和支撑跨度等)参数,重复以上分析过程,直到最小固有频率>100 Hz。

(4) 了解结构每个模态的特性和动力响应时运动状态,并识别电子电源产品在工作的动力环境范围内是否有频率与卫星主要固有频率耦合情况,需要时应采取有效措施错开相耦合的频率。

(5) 然后根据最终选用的结构参数确认结构方案。

9.5.11 产品与力学有关的质量问题

电子电源产品在使用、运输和存放的过程中,不可避免地会受到机械振动、冲击和其他形式的机械力的作用,如果产品结构设计不当,就会导致电子电源产品的损坏或无法工作。

振动与冲击对电子电源产品造成的破坏一般来说有两种:

一种是由于设计不良造成的,对振动来说,产品在外力及振动频率作用下产生共振,其振幅越来越大,最后因振动加速度超过产品的极限加速度而破坏。例如,由机械振动引起弹性零件变形,可使接插件、波段开关等接触不良或完全开路。振动使调谐电感的铁磁心移动,引起电感量变化,造成回路失谐等。对冲击来说,当它超过产品所能承受的强度极限时,将导致结构件或元器件的破坏,例如,阻容元件引线断裂、印制导线脱落、多层印制板分离、结构件或玻璃、陶瓷等脆性材料断裂等。

另一种是疲劳损坏,虽然振动和冲击加速度未能超过极限值,但在长时间的作用下,产品及其元器件、零部件因疲劳过度而导致损坏。

电子电源产品在振动和冲击的作用下被损坏,除了元器件、零部件的质量不合格外,主要原因是在设计整机或元器件的安装系统时,没有很好地考虑缓冲措施或使系统的振动和冲击的隔离系统选择或设计得不够正确。因此,保证电子电源产品在不同程度的机械振动和冲击环境中可靠地工作是一个十分重要的问题。

在以往电子电源产品试验、使用过程中出现过许多与力学环境有关的质量问题,致使产品中的许多元器件、模块、印制板组件甚至机箱都曾发生过损坏的现象,现将较常见的质量问题及其因素归纳于表9.5.4中。

表9.5.4 与力学环境有关的质量问题一览表

序 号	质量问题种类	可能有关的因素	约占比例
1	庞大笨重	S.J.D.Y	*******
2	重而不刚	S.J.D	******
3	机箱壁振垮	J.Z.A.G.C	*
4	机箱上螺钉断裂	J.Z.A.G.C	**
5	电路板组件间相互撞击	D.J.A(Y)	**

续表

序　　号	质量问题种类	可能有关的因素	约占比例
6	电路板上元器件振坏	Y.J.D.A.G	****
7	内电连接器接触不良	Y.J.A.G.C	**
8	内部电缆断线	J.A.G	**
9	不当的冷整形校正	J.A	****
10	元器件与结构间短路	J.A	***
11	不满足热设计要求	S.D.J.A.G	******
12	不满足 EMC 要求	S.D.J.A	****
13	不满足辐照屏蔽要求	S.D.J	**

* 号的个数略可表示其质量类型所占的比例。

质量问题因素及其表示符号：航天产品设计思想 S；元器件选择 Y；电路分板布线设计 D；机械设计 J；制造 Z；安装 A；固封 G；试验操作 C。

因此，在电子电源产品设计中要重视抗力学设计。

9.6　产品热设计

电子电源产品工作时其功率损失一般都以热能的形式散发出来。实际上，电子电源产品内部任何具有实际电阻的载流元器件都是一个热源，其中最大的热源是变压器、电子管、大功率晶体管、扼流圈和大功率电阻等。当电子电源产品工作时，温度将升高。电子电源产品工作时的温度与产品周围的环境温度有密切的联系，当环境温度较高或散热困难时，电子电源产品工作时所产生的热能难以散发出去，将使电子电源产品温升提高。由于电子电源产品内的元器件都有一定的工作温度范围，若超过其极限温度，就要引起工作状态改变，寿命缩短甚至损坏。电子电源产品除了散热问题外，在某些情况下，电子电源产品还要求考虑热稳定问题，这些都属于电子电源产品的热设计范围。

电子电源产品的热设计就是根据传热学的基本原理，采取各种散热手段，使电子电源产品的工作温度不超过其极限温度，从而保证电子电源产品在一定的环境条件下稳定可靠地工作。

9.6.1　热环境情况

各类电子电源产品使用场所的热环境可变性是热控制的一个必须考虑的重要因素，例如，装在宇航飞行器上的电子电源产品在整个飞行过程中将遇到地球大气层的热环境、大气层外的宇宙空间的热环境等。导弹上工作的电子元器件所经受的环境条件比地面室内产品的环境条件恶劣得多，它们必须满足不同环境温度和特殊飞行密封舱的压力要求，除此之外，还有机械振动和电磁干扰等因素。

电子电源产品的热环境包括：

(1) 环境温度和压力(或高度)的极限值;

(2) 环境温度和压力(或高度)的变化率;

(3) 太阳或周围物体的辐射热;

(4) 可利用的热沉(包括种类、温度、压力和湿度);

(5) 冷却剂的种类、温度、压力和允许的压降(对由其他系统或产品提供冷却剂进行冷却的产品而言)。

在讨论热环境时,分析一下热沉是必要的,热沉是指一个无限大的热容器,它的温度不随传递到它的热能大小而变化。航天器上的电子电源产品依靠向宇宙空间的热辐射实现散热,其空间环境温度为-269℃,没有空气,是高真空的环境。航天器要经受太阳的直接热辐射、行星及其卫星的反照,以及行星与卫星阴影区的深度冷却。故在航天器表面应有合适的涂层,它既可以吸收来自太阳的辐射热,又可以为航天器及电子电源产品提供极好的冷却。

在航天器内部,由于空间没有空气,导热和辐射是两种主要的热控制方法。在电子元器件允许的温度范围内,导热作用比辐射更显著。

9.6.2 热控制方法

电子电源产品的热控制,首先要从确定元器件或产品的冷却方法开始。冷却方法的选择直接影响元器件或产品的组装设计、可靠性、质量和成本等。要有效地控制元器件或产品的温度,必须首先确定它们的发热量、与散热有关的结构尺寸、工作环境条件及其他特殊要求(如密封、气压等)。

自然冷却(导热和辐射换热的单独作用或两种以上换热形式的组合)的优点是可靠性高、成本低。它不需要通风机或泵之类的冷却剂驱动装置,避免了因机械部件的磨损或故障影响系统可靠性的弊病,因此,在考虑冷却方法时应优先考虑自然冷却方法。

产品内部元器件的冷却方法应使发热元器件与被冷却表面或散热器之间有一条低热阻的传热路径,冷却方法应简单、可靠性维修性好、成本低等。利用金属导热是最基本的传热方法,其传热路径容易控制。而辐射换热则需要较高的温差,且传热路径不易控制。

热管是一种传热效率很高的传热器件,其传热性能比相同的金属导热能力高几十倍,且热管两端的温差很小。应用热管传热的主要问题是如何减小热管两端接触界面上的热阻。

冷却方法确定后,应仔细研究电子电源产品中各类电子元器件的热安装方案和产品的整体结构形式。从热控制要求出发,应尽量减小传热路径的热阻,合理分配各个传热环节的热阻值,正确布置发热元件与热敏元件的位置及间距。

1. 热控制的基本要求

电子电源产品热控制是产品可靠性设计的一项重要技术。由于温度与元器件失效率的指数规律,随温度的升高,失效率迅速增加,因此,在进行热设计时,必须首先了解元器件的热特性,并了解根据GJB/Z 299C-2006《电子设备可靠性预计手册》提供的元器件基本失效率值。在此基础上,可以根据产品工作环境的类别和元器件质量等级等,预计元器件的工作失效率以及产品的可靠性。

(1) 热控制应满足产品可靠性的要求。高温对大多数电子元器件将产生严重的影响。过应力(即电、热或机械应力)容易使元器件过早失效,电应力与热应力之间有着紧密的内在联系,减少电应力(降额)可使热应力得到相应的降低,可以提高其可靠性。例如,硅 PNP 晶体管,其电应力比为 0.3 时,高低温失效率之比为 6∶1。在进行热控制系统设计时,应把元器件的温度控制在规定的数值以下。

(2) 热控制应满足产品预期工作的热环境要求。地面用电子电源产品的热环境包括产品周围的空气温度、湿度、气压和空气流速、产品周围物体的形状和黑度、日光照射等。机载电子电源产品的热环境包括飞行高度、飞行速度、产品在飞机上的安装位置、有无空调舱、空调空气的温度和速度等。

(3) 热控制应满足对冷却系统的限制要求。对冷却系统的限制主要包括对使用的电源(交流或直流及功率)的限制、对振动和噪声的限制、对冷却剂进出口温度的限制及结构(安装条件、密封、体积和质量等)的限制。

(4) 电子电源产品热设计应与电路设计及结构设计同时进行。

(5) 热设计与维修性设计相结合。

(6) 根据发热功耗、环境温度、允许工作温度、可靠性要求,以及尺寸、质量、冷却所需功率、经济性与安全等因素,选择最简单、最有效的冷却方法。

(7) 热控制设计应保证电子电源产品在紧急情况下,具有最基本的冷却措施,关键部件或产品在冷却系统某些部件遭破坏或不工作的情况下,应具有继续工作的能力。

2. 热控制基本原则

电子电源产品热控制的目的是要为芯片级、元件级、组件级和系统级提供良好的热环境,保证它们在规定的热环境下,能按预定的方案正常、可靠地工作。热控制系统必须在规定的使用期内完成所规定的功能,并以最少的维护保证其正常工作的功能。

防止电子元器件的热失效是热控制的主要目的。热失效是指电子元器件直接由于热因素而导致完全失去其电气功能的一种失效形式。严重的失效,在某种程度上取决于局部温度场、电子元器件的工作过程和形式,因此,就需要正确地确定出现热失效的温度,而这个温度应成为热控制系统的重要判据,在确定热控制方案时,电子元器件的最高允许温度和最大功耗应作为主要的设计参数。

电子电源产品热控制系统设计的基本任务是在热源至热沉之间提供一条低热阻的通道,保证热量迅速传递出去,以便满足可靠性的要求。

(1) 保证热控制系统具有良好的冷却功能,即可用性。要保证产品内的电子器件均能在规定的热环境中正常工作,每个元器件的配置必须符合安装要求。

由于现代电子电源产品的安装密度在不断地提高,它们对环境因素表现出不同的敏感性,且各自的散热量也很不一样,热设计就必须为它们提供一种适当的“微气候”(即人为地造成电子电源产品中局部冷却气候条件),保证产品不管环境条件如何变化,冷却系统都能按预定的方式完成规定的冷却功能。

(2) 保证产品热控制系统的可靠性。在规定的使用期限内,冷却系统的故障率应比元器件的故障率低,如美国银行里的计算机系统的技术规范规定,该系统每周工作五天,每天工作十二小时,全年允许中断时间最多为六十分钟,而在任何十二小时的工作中,中断时间不得超过五分钟。这说明对热控制系统的可靠性要求是相当高的。特别是对一些强迫冷却系统和蒸发冷却系统,为保证产品正常可靠地工作,常采用贮备方案,来保证冷却系统的可靠性。同时要在系统中装有安全保护装置,如流量开关、温度继电器、压力继电器等。

(3) 热控制系统应有良好的适应性(相容性),在设计中可调性必须留有余地,因为有的产品在工作一段时间后,由于工程上的变化,可能会引起热损耗或流体流动阻力的增加,所以要求增大其散热能力,以便无须多大的变更就能增加其散热能力。

(4) 热控制系统应有良好的维修性。为了便于测试、维修和更换元件,产品中的关键元器件要易于接近和取放。

(5) 热控制系统应有良好的经济性。经济性包括热控制系统的初次投资成本、日常运行和维修费用等。热控制系统的成本只占整个产品成本的一定比例。

设计一个性能良好的热控制系统,应综合考虑各方面的因素,使其既能满足热控制的要求又能达到电气性能指标,且所用的代价最小、结构紧凑、工作可靠。而这样一个热控制系统,往往要经过一系列的技术方案论证之后才能达到。

9.6.3 热的传导方式

热是物体的内能,称为热能。热的传导就是热能的转移。热能总是自发地从高温物体向低温物体传播。传热的基本方式有三种,热传导、热对流和热辐射。由于在航天器内部没有空气,所以热传导和热辐射是两种主要的热控制途径。

1. 热传导

热传导是指通过物体内部或物体间直接接触来传播热能的过程。热传导是通过物体内部或物体接触面间的原子、分子以及自由电子的运动来实现能量传播的。热量是度量热能大小的物理量。热量由热端(或高温物体)传向冷端(或低温物体)。

热传导的热量可用式(9.6.1)表示:

$$Q=\Delta t/R_{\mathrm{T}} \tag{9.6.1}$$

式中,Q 为单位时间内热传导的热量(瓦或 W),1 瓦=0.86 大卡/小时;Δt 为热传导时的温度差(℃);R_{T} 为热阻(℃/W)。

热阻是热流途径上的阻力大小。它包括热流通过物体内部时的阻力 R_{s}(称为导热热阻)和热流通过两接触面时阻力 R_{c}(称为接触热阻),故热阻:

$$R_{\mathrm{T}}=\Sigma R_{\mathrm{s}}+\Sigma R_{\mathrm{c}} \tag{9.6.2}$$

而

$$R_{\mathrm{s}}=\delta/(\lambda\cdot S) \tag{9.6.3}$$

$$R_{\mathrm{c}}=1/(k_{\mathrm{c}}\cdot S) \tag{9.6.4}$$

式中,δ 为传热路径的长度(m);S 为传导截面积(m^2);λ 为导热系数[W/(m·℃)];k_{c} 为

接触传热系数[W/(m^2·℃)]。

导热系数是一个表示材料导热能力的物理量。不同的材料具有不同的导热系数，导热系数越大，说明物体导热的性能越好。常用材料的导热系数列于表 9.6.1 中。

表 9.6.1 常用材料的导热系数 λ[W/(m·℃)](试验温度 20℃)

材 料	导热系数	材 料	导热系数	材 料	导热系数
银(99.9%)	407	硅钢	32	尼龙	0.17～0.24
铝(纯)	203	碳素钢	53	玻璃	0.8
铝合金	164	氧化铍	208～225	橡胶	0.18
铜	372	石英	1.3	石棉纸板	0.74
黄铜	99	云母	0.5	空气	0.026
焊锡	33	陶瓷基片	12.5～29.2	水	0.6

2. 热辐射

热辐射是一种以电磁波(红外波段)辐射形式来传播能量的现象。由于温度升高，物体原子振动的结果引起了辐射。任何物体都在不断地辐射能量，这种能量辐射在其他物体上，一部分被吸收，一部分被反射，另一部分要穿透该物体。物体所吸收的那部分辐射能量又重新转变为热能，被反射出来的那部分能量又要辐射到周围其他物体上，而被其他物体所吸收。由此可见，一个物体不仅是在不断地辐射能量，而且还在不断地吸收能量，这种能量之间的互变现象(热能→辐射→热能)，就是辐射换热的过程。一个物体总的辐射能量是放热还是吸热，决定于该物体在同一时期内放射和吸收辐射能之差，其辐射的能力(即差额)称为辐射力。因辐射而放出的热量可用式(9.6.5)表示：

$$Q = C \cdot S[4\times(T_2/100) - 4\times(T_1/100)] \tag{9.6.5}$$

式中，Q 为单位时间内辐射放出的热量(W)；C 为辐射系数[W/(m^2·K^4)]；T_2、T_1 为该物体及空气的绝对温度(K)。

常用材料的辐射系数列于表 9.6.2 中。

表 9.6.2 常用材料的辐射系数 C[W/(m^2·K^4)]

材 料	辐射系数	试验温度/℃	材 料	辐射系数	试验温度/℃
抛光的铝	0.23	23	锡	0.248	25
氧化铝	1.1	600	锌	1.32	28
抛光的铁	0.30	175	白色珐琅漆	5.2	23
氧化铁	4.25	100	黑色罩光漆	5.05	25
抛光的黄铜	0.55	40	光滑的玻璃	5.4	22
氧化黄铜	3.5	200	云母	4.3	25
抛光的紫铜	0.17	20	涂釉的陶瓷	5.3	22
氧化紫铜	4.5	25	石棉纸板	5.5	24

续表

材　料	辐射系数	试验温度/℃	材　料	辐射系数	试验温度/℃
抛光的银	0.127	38	黄色涂料	5.6	20
抛光的镍	0.26	25	黑色橡胶	5.45	20

9.6.4 散热防热的主要措施

利用热的传导及辐射,把电子电源产品中的热量散发到周围的环境中去称为散热。绝大部分热功率密度不大的电子电源产品,一般都采用自然散热。

1. 自然散热

自然散热也称为自然冷却。它是利用产品中各元件及机壳的自然热传导、自然热辐射来达到散热的目的。自然散热是一种最简便的散热形式,它广泛用于各种类型的电子电源产品,其主要任务是在结构上进行合理的热设计,将产品内部的热量畅通无阻地、迅速地排到产品外部,使产品工作在允许温度范围内。

1) 机壳自然散热

电子电源产品的机壳是接受产品内部热量并将其散到周围环境中去的机械结构,它在自然散热中起着重要作用。在机壳热设计中应考虑以下问题。

(1) 选择导热性能好的材料做机壳,加强机箱内外表面的热传导。

(2) 为了提高机壳的热辐射能力,可在机壳内外表面涂粗糙的黑漆。有时为了美观,外表面可涂其他有色漆,但热辐射能力要比黑色漆差一些。颜色越深其辐射能力越好,粗糙的表面比光滑表面热辐射能力强。如果美观要求不高,可涂黑色皱纹漆,其热辐射效果最好。

2) 元器件的自然散热

电阻:电阻的温度与其形式、尺寸、功率损耗、安装位置以及环境温度等因素有关。一般电阻是通过引出线的传导和本身的辐射散热的,如在正常环境温度下,功率小于1/2 W的碳膜电阻,通过传导散去的热量占85%,辐射散热占15%。因此在装配电阻时,引线应尽可能短一些,其安装时应与安装位置有最大的接触面积,并且要加大与其他元件的距离。

变压器:它主要依靠传导散热,对不带外罩的变压器,要求铁心与支架、支架与固定面都要良好接触,使其热阻最小。变压器外表面应涂无光泽黑漆,以加强辐射散热。

晶体管:对于功率小于100 mW的晶体管,一般不用散热器,依靠管壳及引线的辐射和传导散热。至于大功率的晶体管应该采用散热器散热。

集成电路:对于一般集成电路的散热,主要依靠管壳及引线的辐射和传导散热。当集成电路的热流密度超过0.6 W/cm^2 时,应装散热装置,以减少外壳与周围环境的热阻。

其他元器件:小功率的电感、电容、二极管等类似于电阻,主要依靠引线的传导散热;对于大功率的这些元器件,同样需要采取相应的散热装置。

3) 元器件的合理布置

对热敏感元件,在结构上可采取“热屏蔽”方法来解决,如图9.6.1所示。热屏蔽就是采取措施切断热传播的通路,使产品内某一部分的热量(热区)不能传到另一部分(冷区),

从而达到对热敏感元件的热保护。

4）内部结构的合理布局

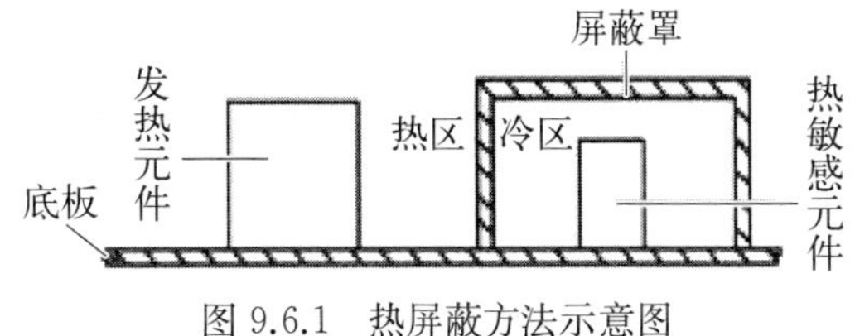

图 9.6.1 热屏蔽方法示意图

（1）对于大面积的元器件应特别注意其放置位置，如机箱底的底板、隔热板、屏蔽板等。

（2）合理安排印制板。对印制板的位置，如产品内只安排一块印制板，无论印制板水平放置还是垂直放置，其元器件温升区别不大；如产品内安排几块或几十块印制板，这时应垂直并列安装，每块印制板之间的配置间隔保持 30 mm 以上，有利于热传递。

9.7 人机工效学设计

要求产品设计符合人机工程需要，提高维修工作的质量和效率。

9.7.1 功能设计

（1）需要进行维修的部位应可视，设计操作到位的提示和反馈。

（2）对按钮类控制器（如开关）应设计成按下接通、抬起断开，垂直方向拨动操作的设计成向上为开、向下为关，水平方向拨动操作设计成向右为开、向左为关，旋转类应设计成顺时针转动为开。

（3）电连接器一般应布置在设备同一面，舱内设备的电连接器应优先布置在设备上表面。

（4）更换板卡的设备，板卡的安装应便于插拔，板卡应具有插拔持握位置。

9.7.2 机械结构

（1）设备上的把手或扶手不应使用圆形截面设计。

（2）倒角和边缘要求有：厚度 0.6～3.0 mm 的外露边应倒圆角，厚度 3.0～6.0 mm 的外露边应以最小半径 0.5 mm 倒圆角，厚度 6.0～25 mm 的外露边应以最小半径 3.0 mm 倒圆角，厚度 6.0～25 mm 的外露边角应削成半径不小于 3.0 mm 圆球形，厚度大于 25 mm 的外露边应以最小半径 13.0 mm 倒圆角，厚度大于 25 mm 的外露边角应削成半径不小于 13.0 mm 圆球形。

（3）在设备上表面避免在操作接触范围内设置直径为 10.0～25.0 mm 的圆孔或开槽。

（4）所有把手和扶手表面没有毛刺、锐边或者突起物，且能抗擦刮、磨损、剥落和敲击。

（5）电连接器的电缆束应做弯角处理，避免折弯。

9.7.3 识别标志

（1）标记的位置应毫无遮挡地充分可见，标记标签的印刷、压印或附着方式应能保证其不致丢失、损坏或日久变得无法辨认。

（2）所示的印刷标记应总能正对着操作员操作时的正常观察位置。

（3）标志标准化且易于区分，应采用不反光的涂层，标志和编码清晰、具有对比性，且不随损耗而降低可读性。

(4) 电连接器的编号设置应具有一定顺序,降低操作者的识别难度,提高操作的可靠性。

(5) 对于模块级维修,如果打开维修口盖的方法不是显而易见的,应在口盖外面给出说明。

9.7.4 设备、工具

(1) 在操作和维修文件中提供电连接器的操作指导,包括检查连接器是否有锈蚀或碎屑,并提供消除锈蚀或碎屑的方法。

(2) 在连接器上面或附近贴放卡片或标签,注明该连接器用后的放置方法。

(3) 维修辅助操作工具手柄表面应有防滑措施,使用袖套型手柄盖接头,则应很好地保护不使其松动、旋转或脱出。

(4) 特殊工具的名称应该描述需要完成的特殊任务,而不能与在用的器材相同。

(5) 在控制单机或维修说明书中应标明维修时断电操作流程及更换时拆装顺序。

9.7.5 安装固定

(1) 设备耳片设计时为操作者在轨拆装紧固件预留足够的操作空间,且螺钉安装后螺钉头不应超出设备顶面,螺钉头的最大厚度按30 mm考虑。

(2) 在空间飞行器的外部使用的设备以及工具应有防漂浮设计。

9.7.6 电缆和电连接器

(1) 尽量选用压接型产品,便于检查和维修。

(2) 电连接器的插拔操作直径应在35～75 mm之间。

(3) 电缆、馈线的插头(座)和与其连接的插座(头)应有相应的编号。

(4) 电连接器应布置在设备的同一面,且舱内电连接器的安装面应优先设置在设备的上表面。

(5) 模块级更换的单机,内部电缆的安装、绑扎和连接方式应便于维修。

9.8 防腐蚀设计

9.8.1 概述

1. 气候因素的防护

由于电子电源产品使用的范围非常广泛,其工作环境和条件也就极为复杂多样,它要受到各种环境和气候条件的影响。对于气候因素而言,主要是受潮湿、盐雾、霉菌的影响,所以对气候因素的防护也主要是防潮湿、防盐雾、防霉菌,俗称为三防。

2. 潮湿的防护

1) 吸湿机制

空气中的潮湿是水在热的作用下蒸发形成的水蒸气,随着温度的升高,水蒸气逐渐增多直到饱和状态。当水蒸气过饱和时，它将凝聚成小水滴。处在潮湿中的物体，由于空气中水蒸气的分子运动，必然有一部分水分子吸附在物体表面上，形成一层水膜，随着空气相对湿度的增高，水膜厚度也增大。当相对湿度达 65%时，处于空气中的一切物体表面都会覆盖着一层 0.001～0.01 μm 的水膜；当相对湿度增大到 90%时，水膜厚度可达 10 μm。一切物体的吸湿，都是由这层水膜引起的。

物体的吸湿可以有以下四种形式。

(1) 扩散。在高湿环境中，由于物体内部和周围环境的水汽压力差较大，水分子在压力差的作用下，向物体内部扩散，使水分子进入物体内部。扩散随着温度升高而加剧。

(2) 吸收。有些材料本身具有缝隙和毛细孔，如高分子塑料的分子间均存在一定的空隙，纤维材料则有众多的毛细孔。当这种材料处于潮湿空气中时，材料表面的水膜分子由于毛吸作用，进入材料内部。

(3) 吸附。由于物体表面的分子对水分子具有吸引力，当物体处于潮湿空气中时，水分子就会吸附到物体表面上，形成一层水膜。含有碱及碱土金属离子、非金属化合物离子以及离子晶体化的固体材料，对水分子有较大的吸附能力。

(4) 凝露。当物体表面温度低于周围空气的露点时，空气中的水蒸气便会在物体表面上凝结成水珠，在物体表面形成一层很厚的水膜。在高温、低温交变循环下，可能造成材料内部的内凝露，严重时会使材料内部积水。

扩散和吸收使水分子进入材料内部，因而会使材料的电阻率下降。某些非金属材料分子间的亲和力小于对水分子的亲和力，当水分子进入材料内部时，将在材料内部产生溶解作用，使材料组织发生变化并开始膨胀。水分子以扩散和吸收的形式进入物质内部的程度，可以用吸湿性(吸潮性)和透湿性等指标表示。

吸湿性。它以材料在温度为 20℃和相对湿度为 100%(或 97%～100%)的空气中经过 24 小时后所增加质量的百分数来表示。吸湿性与材料的表面性质有关。一般说来，材料表面有缝隙和毛细孔以及分子间有较大的空隙时，其吸湿性也较大。有时也可以用吸水性来表示材料吸湿的能力。吸水性以材料放在温度为(20±5)℃的蒸馏水中经过 24 小时后所增加质量的百分数来表示。吸湿性和吸水性具有相同的物理意义，只不过表示的方法不同而已。

透湿性。材料能被水蒸气(或水分子)透过的能力。透湿性用透湿率来表示，即在单位气压(mmHg)①下，材料厚度为 1 cm 时，每小时透过水蒸气的微克数，其单位为 μg/cm・h・mmHg。透湿性与材料性质及密实程度有关。研究材料的透湿性对正确选择防潮保护涂层有重要的意义。金属和玻璃可认为不透湿(其透湿率为零)，而石蜡、沥青、聚乙烯等材料透湿性都很小。

吸附和凝露会使材料表面形成一层水膜，因而使材料的表面电阻率下降。材料表面能否被水润湿，对材料表面电阻率有很大影响，一般说来，材料表面被水润湿的程度越大，其表面电阻下降也越大。材料被水润湿的程度可用润湿角 α 来表征，如图 9.8.1 所示。

当润湿角 $\alpha < 90^\circ$ 时，材料可被认为是亲水性的；当润湿角 $\alpha > 90^\circ$ 时，材料可被认为是憎水性的。

---

① 1 mmHg=1.333 22×10^2 Pa。

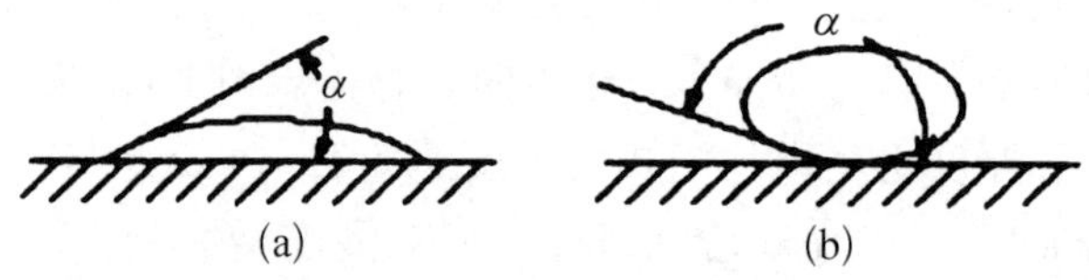

图 9.8.1　固体表面水的润湿角

亲水性。当物体表面对水分子的吸引力大于水的表面张力时,此时润滑湿角 $\alpha < 90°$,如图 9.8.1(a)所示,α 角越小,表示物体的亲水性越强。亲水性的物体容易使水在其表面形成一层水膜,水膜使物体润湿,并使水沿着物体表面向内部渗入。

憎水性。当物体表面对水分子的吸引力小于水的表面张力时,此时润滑湿角 $\alpha > 90°$,如图 9.8.1(b)所示,α 角越大,表示物体憎水性越强。憎水性物体使水在其表面上收缩成不相连的小水珠,物体表面不易被润湿,水分子也不易渗入物体内部。

扩散、吸收、吸附、凝露等四种吸湿机制可能同时出现,也可能出现其中某一两种,凡是以这样方式吸湿的过程,都称为潮湿直接侵入,这是最基本的吸湿方式。此外还有另一种吸湿方式,即"呼吸"方式,它是指在温度交替变化和具有一定的气压差情况下,潮湿空气进入保护层、容器、软管及有缺陷的密封等过程。"呼吸"吸湿是一个在短时间内不易为人所察觉的缓慢过程,对于要求较高的防潮密封,"呼吸"作用不容忽视。

2) 防潮湿措施

防潮湿措施有憎水处理、浸渍、灌封、密封等方法。

(1) 憎水处理。亲水物质的吸湿性和透湿性大,可以通过憎水处理改变其亲水性,使它的吸湿性和透湿性降低。用硅有机化合物蒸汽处理亲水物质,可以提高憎水能力,方法是把硅有机化合物盛在容器中,放到加热器中加热到 50～70℃让其挥发,使被处理的元件、零件在蒸汽中吸收有机硅分子,然后在 180～200℃烘烤。有机硅分子深入元件、零件所有的细孔、缝隙并与水化合后,在元件、零件表面形成憎水性的聚硅烷膜或者使某些物质发生化学变化(如羟基的醚化)而使材料变成憎水性。

纤维材料(纤维、纸、纸胶板、胶合板、木材、织物等)的憎水处理可采用烷基氯硅烷和烷基取代的正硅酸脂等硅油处理。玻璃和高频陶瓷的憎水处理,可采用乙基三氯硅烷 $C_2H_5SiCl_3$ 或二乙基二氯硅烷 $(C_2H_5)_2SiCl_2$ 与乙基三氯硅烷的混合物蒸汽来处理。此外,也可用二甲基二氯硅烷 $(CH_3)_2SiCl_2$ 或烷基氯硅烷对玻璃和陶瓷进行憎水处理。

(2) 浸渍、蘸渍。浸渍是将被处理的元件或材料浸入不吸湿的绝缘液中,经过一段时间,使绝缘液进入材料的小孔、毛细管、缝隙和结构间的空隙,从而提高元件材料的防潮湿性能及其他性能。

浸渍有两种方法:一般浸渍和真空浸渍。一般浸渍就是在大气压下进行浸渍处理;真空浸渍则是在具有一定真空度(10 mmHg)的密闭容器中进行浸渍处理。真空浸渍的效果好于一般浸渍,对于关键性的元件多采用真空浸渍,如变压器等。此外,浸渍还可以提高材料或元件的抗电强度和机械强度,以及因浸渍排除热导率低的空气而改善制品的导热性，使其寿命得以延长。

蘸浸是把被处理的材料或元件短时间（几秒钟）地浸在绝缘液中，使其表面形成一层薄绝缘膜，也可以用涂覆的办法在材料或元件表面上涂上一层绝缘液膜。蘸渍和浸渍的区别在于：蘸渍只是在材料表面上形成一层防护性绝缘膜，而浸渍则是将绝缘液深入到材料内部。

蘸渍适用于未经过处理的、不适宜于浸渍的材料及元件，也可以用于曾经浸渍过的，但需进一步增强其防潮性能的材料及元件。蘸渍能增加材料及元件的外表美观。蘸渍的防潮性能比浸渍差。重要的、防潮要求高的材料和元件一般不采用蘸渍。

浸渍和蘸渍所用的绝缘漆品种很多，其性能各有不同，常用的有：① 酚醛绝缘漆。如1031丁基酚醛醇酸漆，它的流动性和干透性良好，漆膜的耐热耐潮和介电性能较高，可供线圈浸渍用，但机械强度较差。一般零部件用高频酚醛清漆浸渍。高频酚醛清漆浸渍又称胶木化。胶木化就是将零件预热到100℃消除潮气，然后趁热浸渍，最后在120℃时烘干。零件胶木化后，强度提高，耐热性好，但变得硬而脆。若要求较高时，胶木化可进行真空浸渍。由于胶木化的固化温度较高，故丝、纱包线的线圈不宜做胶木化处理；② 三聚氰胺醇酸绝缘漆。如1032三聚氰胺醇酸漆，其热固化性好，漆膜的附着力强并具有较高的耐热耐潮和介电性能，可作为工作于湿热地带的线圈、玻璃布层压制品和塑料表面的浸渍漆。类似性质和用途的还有EA8340三聚氰胺环氧醇酸漆；③ 有机硅聚酯浸渍漆。如1050有机硅浸渍漆具有良好的热固性和浸渍能力，漆膜具有高耐热、耐寒和介电性能，供长期工作温度为180℃下和短期工作温度为250～300℃的电器线圈做浸渍用。此外还有1051、1052和1053等有机硅浸渍漆，具有较高的耐热性和绝缘防潮性，可作为玻璃丝包线及玻璃布浸渍用并可做晶体管处壳的保护层；④ 环氧酯无溶剂绝缘漆。如H30－1环氧酯无溶剂绝缘烘漆，具有优良的附着力，耐油性和柔韧性也较好，可作为高强度漆包线、玻璃丝包线绕制的线圈和变压器真空浸渍材料。此外还有H30－2是加有带溶剂及丁醇稀释剂的环氧脂绝缘漆，其性能大体与H30－1相同，也是较好的浸渍材料。

(3) 灌封或灌注。在元器件本身或元器件与外壳间的空间或引线孔中，注入加热熔化后的有机绝缘材料，冷却后自行固化封闭，此种工艺叫灌封或灌注。灌封的防潮性能是由灌封材料或混合物的物理性、灌注层厚度、通过灌注层的引线数量等因素决定的。由于灌封材料与引线间因线膨胀系数的差异形成的毛细管会降低防潮性能，因此可将引线做成螺旋或多次弯曲形状，以延长潮气沿毛细管侵入的路程，从而提高灌封的防潮性能。常用的灌封材料有环氧树脂、石蜡、沥青、油、不饱和聚酯树脂、硅橡胶等。环氧树脂有高温固化和室温固化两种。高温固化的灌封防潮性能好且强度高，但收缩率大，对线圈的电感L和Q值影响大；室温固化的灌封收缩率小，对线圈的电感L和Q值影响小，但防潮性能较差。线圈（如中周、微调电感、滤波器、疏密线圈等）常用聚乙烯醇缩丁醛胶来灌封或灌注，起到防潮和固定作用。目前采用有机硅橡胶、有机硅凝胶等灌封材料，能起到保护电子电源产品免受潮湿、霉菌、盐雾、灰尘的侵蚀，并能起防震、防冲击的作用。

硅泡沫灌封材料除具有一般硅橡胶的特点外，还具有比重小、弹性好、高温低温都可

应用和工艺简单的特点,适用于有质量限制和有绝热要求的元器件的灌封。有机硅灌封材料的另一特点是易于修缮,发生故障时,可切去一部分,修缮完之后,灌入新料熟化后就可恢复原貌。

为了提高元器件的防潮性能,还可以进行塑料灌封,其方法是将元器件装入预先制好的模型中,再将合成材料(如聚丙烯腈、聚甲基丙烯酸甲酯及改性聚苯乙烯等)加热压入模型内,将元器件包封起来。也可用真空热解气相堆积成膜法,在元器件、部件上形成一层合成材料薄膜,达到防潮目的。

浸渍、蘸渍和灌封所用的绝缘材料都具有不同程度的吸湿性,因此潮气通过扩散或"呼吸"作用仍能进入元器件中,但在相对湿度不大的情况下,采用吸湿性很小的绝缘材料,能够有效地防止潮气的进入,使元器件的防潮性能得到提高,所以仍得到广泛应用。

(4) 密封。密封是防止潮气长时期影响的最有效方法。密封就是将零件、元件、部件或一些复杂的装置,甚至整机安装在不透气的密封盒中,这种方法属于机械防潮。密封不仅可以防潮,而且还可以防水、防低气压、防盐雾、防霉、防灰尘。密封结构应用很广泛,如长途通信电缆的地下增音机、各种水下产品、空间技术产品以及许多新型电子器件(如陶瓷滤波器)等,多采用金属箱或金属盒密封。当然,也可采用塑料等其他材料密封,密封结构的外表面再用高强度化学涂料进行涂覆或灌封,有的还将密封结构内部抽成真空、填充氮气、氦气等惰性气体或填充挥发性缓蚀剂等,这样不仅在普通大气条件下能达到极为满意的防护效果,即使在湿热带、寒带、地下、水下、高空与其他更恶劣的气候条件下,也能有良好的防护效果。密封防护比其他防护(如化学涂覆、浸渍、灌封等)方法造价要高,结构和工艺也复杂一些,而且不易小型化。作为防潮湿的辅助手段,有时可对某些产品用定期通电加热的方法来驱除潮气(比如家用电器不能长期放置不用,否则会由于受潮引起金属腐蚀,电路漏电、短路而造成损坏,所以应该经常通电加热防潮),也可以用吸潮剂吸掉潮气。常用硅胶做吸潮剂,它具有很大的吸水性,可吸收相当于它本身质量30%的水分,硅胶吸水达到饱和时呈乳白色或玉色,可在120～150℃的烘箱中烘干后继续使用。但在货物包装中却常用廉价的生石灰做吸潮剂。

(5) 各种防潮措施的适用范围。在结构设计时,对于正常气候条件下工作的元器件、零部件,为了提高某些非金属材料、纤维材料和线圈类元器件的防潮能力、耐热能力、抗电强度以及机械强度等,可采用憎水处理、蘸渍、浸渍处理和灌封处理。对于金属材料的防潮,则多采用表面覆盖。憎水处理和蘸渍处理只能作为辅助性的防潮手段,它多用来作为其他防潮处理后的辅助处理,以进一步加强其防潮性能。但在防潮要求不高的情况下,也可以单独使用。

浸渍和灌封处理应根据使用条件和要求选择适当的浸渍、灌封材料。如:① 当工作温度在－50～＋70℃,相对湿度为80%时,可采用蜡质材料或以蜡为主要成分的混合材料来浸渍、灌封;② 当工作温度在－60～＋100℃,相对湿度为85%时,可采用酚醛绝缘漆、环氧绝缘漆来浸渍,用环氧树脂来灌封;③ 当工作温度在－60～＋140℃,短时间内相对湿度达(95±3)%时或经常工作在湿热气候条件下,可采用三聚氰胺醇酸绝缘漆、三聚氰胺环氧绝缘漆或有机硅浸渍漆做浸渍处理,或用有机硅材料进行灌封。

密封措施主要用于恶劣的气候条件，如相对湿度经常为(95±3)%，气压很低的情况以及工作在特殊场合的产品，如水下、高空用的无线电产品，野外用携带式无线电产品等。

3. 盐雾和霉菌的防护

1) 盐雾的防护

(1) 盐雾的形成。由于海水被海风(包括巨大的台风)吹卷及海浪对海岸冲击时飞溅的海水微滴被卷入空中，与潮湿大气结合形成带盐分的雾滴，称为盐雾。故盐雾只存在于海上和沿海地区离海岸线较近的大气中。盐雾的危害性主要是对金属及各种金属镀层的强烈腐蚀。例如，钢铁制品在盐雾作用下最容易生锈，其使用寿命要比无盐雾作用时短得多。即使不锈钢暴露在盐雾的大气中，也会很快发生锈蚀，在普通条件下，防护性能最好的铬镀层，在有盐雾的大气条件下，由于盐雾经由镀层孔隙到达基底金属也会导致基底金属锈蚀。所以沿海地区和海船上暴露在大气中的电线电缆，以及其他各种金属结构和产品，常常在短时期内便会遭受盐雾的严重腐蚀。此外，盐雾会使产品内的零部件、元器件表面上蒸发析出固体结晶盐粒，会引起绝缘强度下降，造成短路、漏电；很细的结晶盐粒若侵入机构的运动部分会加速磨损。

(2) 防护方法。防盐雾的方法主要是严格电镀工艺，保证镀层厚度，选择适当的镀层种类。① 严格电镀工艺。工件镀前的清洗工作非常重要，如在电镀前的工件上存在锈蚀产物、油污、脏物等，未彻底清洗干净，将影响镀层与金属基体的结合力，电镀结果便会出现镀层变暗、起泡和存在针孔等现象。故首先认真做好镀前的除油和酸洗工序，特别是现在广泛采用无氰电镀。若用弱酸性电解溶液，如电镀前处理不彻底，即使镀件表面留有少量的油污与杂质，也易造成镀层变暗、起泡和针孔。较轻微的杂质也会在盐雾试验或库存一段时间后使镀层就出现气泡和外观变暗现象。② 保证电镀层的厚度符合规定。防盐雾与防潮湿本质上都是减少或避免金属制品遭到腐蚀。要达到这个目的，就要求具有保护性的电镀层有一定的厚度。因为无论何种电镀层，由于电镀过程中，随着镀层金属离子得到电子沉积在镀件表面的同时，或多或少也有氢离子得到电子 $2H^+ + 2e \longrightarrow H_2\uparrow$ (逸出)的发生，所以各种镀层均会有不同程度的孔隙率，它也是衡量防腐蚀性能的指标之一。当然，镀层越厚则孔隙率越小。依照 GB/Z86－66 推荐，对于一般结构件，如钢铁零件镀锌，其镀层最小实际厚度应为 24 μm 以上；镀镉的最小厚度在 15 μm 以上；铜与铜合金零件上镀镍、镀铬或镀银的镀层厚度均应在 6 μm 以上。钢铁零件上镀铜、镀镍、镀铬，按照 GB/Z86－66 推荐，需要 30 μm 以上的铜镀层加 15 μm 以上的镍镀层和 0.5 μm 的铬镀层，才能得到良好的防腐蚀效果。镀层厚度与防盐雾能力关系很大，例如，在钢铁上镀镉，防盐雾能力一般比镀锌要强得多。但镉镀层如低于 10 μm，在盐雾中防护能力就很差。而锌镀层只要能达到 24 μm 以上的厚度，并使镀层钝化好，在盐雾中就能获得良好的防护能力。由于镀锌比镀镉在价格上要便宜得多，所以常用提高锌镀层厚度，并结合钝化处理与表面油漆覆盖来代替镀镉作为防盐雾处理。当然对于某些不能进行表面油漆覆盖的零件，以及对防盐雾要求较高的零件，在湿热的海洋气候下，还是应该采用有足够厚度的镉镀层。③ 镀层种类的选择。不同的镀层材料，显然抵抗盐雾腐蚀的能力不一样,价格也大不相同。如通常在钢铁表面镀锌、镀镉、镀铅锡合金、镀镍钴合金等。但在一些具有特殊要求的高精尖的元器件和零部件上,可采用镀铂、镀钯、镀铑等措施。铂、钯、铑化学性质极为稳定,它们的镀层除了具有极高的抵抗各种腐蚀的能力外,而且具有某些特殊的物理性能。但这些材料来源稀少、价格昂贵,只在很特殊的要求下才应用。

2) 霉菌的防护

(1) 霉菌的危害性。霉菌属于细菌中的一个类别,它生长在土壤里,并在多种非金属材料(包括一切有机物和一些无机物)的表面上生长。霉菌的繁殖是分裂繁殖,在适宜的气候环境下(温度15～35℃;相对湿度高于70%),每15～20分钟即可分裂一次。霉菌所分裂出来的孢子很小(1 μm以下),很易于随空气侵入产品,产品内所有的零件都可能受到霉菌孢子的污染。孢子也可能附在手上或附着在手留下的湿印上。此外,各种昆虫也都是传播孢子的媒介。

霉菌是靠自身分泌的酶在潮湿条件下分解有机物而获取养料的,这个分解过程就是霉菌侵蚀与破坏材料的根本原因。

霉菌能在大多数有机物材料上繁殖,对于那些暴露在空气中,易于吸潮的有机物材料,如皮革、木材、纺织品、纤维素、蚕丝及其他天然有机物,极易受霉菌侵蚀。大多数塑料与合成树脂,虽然不容易受霉菌侵蚀,但因它们含有低分子的增塑剂、有机填料或颜料等物质是霉菌的营养品,故以合成树脂为主要原料制成的塑料、油漆涂料与纤维等,在湿热条件下都会遭受霉菌侵蚀。

霉菌侵蚀的结果,一般是降低材料的机械强度,严重时可使材料腐烂脆裂,另外可改变材料的物理性能与电性能,例如,霉菌可侵蚀光学玻璃的表面,使之变得不透明;侵蚀金属或金属镀层表面,使之表面被污染甚至引起腐蚀。许多有机绝缘材料霉菌侵蚀后,由于分泌出酸性物,而使电阻大幅度降低。霉菌的侵蚀尤其易使某些灵敏的电子线路的频率阻抗特性发生严重变化。

此外,霉菌还会破坏元件和产品的外观,以及给人的身体造成毒害作用。

(2) 防护方法。防霉菌已经从生产实践与科学试验中得出了许多行这有效的方法,可针对具体情况选择应用。① 密封防霉。将产品严格密封,并加入干燥剂,使其内部空气干燥、清洁,这是防止霉菌生长的最有效措施。因为霉菌只有在潮湿情况下才能通过酶的作用进行新陈代谢与繁殖生长。在干燥的环境下,如湿度低于65%时,霉菌就不会生长。故密封干燥不仅可以防止霉菌侵入,又可以阻止霉菌生长。② 控制环境条件,防止霉菌滋生。绝大部分霉菌滋生的最适当的气候条件是:温度为20～30℃;相对湿度高于70%。如果采取措施把温度降低到10℃以下,绝大部分霉菌就无法生长。例如,采用空调或保持良好通风,就能有效地阻止霉菌的滋生,这种办法多在仓库车间采用。此外,用足够的紫外线辐射、日光照射以及定期对无线电产品通电增温,也能有效地阻止霉菌生长。③ 应用防霉剂。用防霉剂处理零部件和整机,其防霉效果显著,已为国内外普遍采用。防霉剂的种类很多,表9.8.1列举了几种常用防霉剂及使用范围。

表 9.8.1　防霉剂的品种和主要用途

序号	名　称	化学分子式	主 要 用 途	备 注
1	酸性硫柳汞	$C_9H_{10}O_2Hg$	供浸渍漆和电缆用蜡光漆做防霉处理剂	
2	醋酸苯汞	$C_3H_8O_2Hg$	供纸、纺织材料及防霉漆做防霉处理剂	
3	8-羟基奎林铜	$(C_9H_6ON)_2Cu$	供电缆、塑料、油漆、涂料及纺织品做防霉处理剂	
4	水杨酰苯胺	$C_{13}H_{11}O_2N$	供纺织品、油漆、涂料、橡胶做防霉处理剂可溶性	
5	对硝基酚	$C_6H_5O_3N$	供油漆、涂料及皮革做防霉处理剂	
6	4-二硝基氟苯	$C_6H_3O_4N_2F$	供涂料做防霉处理剂	
7	三乙基硫酸锡	$C_6H_{16}O_4SSn$	供覆盖漆和塑料做防霉处理剂	
8	油酸苯汞	$C_{24}H_{38}O_2Hg$	供清漆和瓷漆做防霉处理剂	
9	环烷酸铜	$C_{22}H_{14}CuO_4$	供电线、电缆等保护层中的纱、麻做防霉处理剂	
10	五氯酚苯汞	$C_{12}H_5Cl_5Hg$	供油漆、纸、皮革、海绵、橡胶做防霉处理剂	

防霉剂的使用方法有：

混合法：把防霉剂和材料混合在一起，即在制造电线与电缆外皮时，把防霉剂加入材料中或在造漆时加入漆液中制成防霉漆。

喷涂法：把防霉剂和清漆混合后，喷涂于零、部件或材料表面。

浸渍法：对棉纱、纸张和皮革等，用稀防霉剂溶液浸渍处理。

因防霉剂具有不同程度的毒性或难闻气味，操作时应注意劳动保护。

(3) 使用防霉材料

由于防霉剂有毒性，并易于挥发，只能在几个月或一二年内有防霉效果，所以在解决湿热地区产品长期防霉问题时，关键还在于选择具有防霉性能的材料或适当改变现有材料的成分，使之增强抗霉性能，这是防霉的根本途径。

我国广泛采用具有防霉的材料有：① 具有防霉性的油漆材料。有改性有机树脂漆、聚氨酯绝缘漆、聚氨基甲酸酯漆、丙烯酸漆等。② 具有防霉性的塑料。用来制造塑料的合成树脂本身就具有较好的防霉性，只是制造塑料时，由于改性的需要添加了油类等增塑剂，这样就使制成的塑料失去或降低了抗霉菌侵蚀能力，因而适当改变现有塑料的成分是提供防霉材料的新途径。例如，聚氯乙烯塑料以往多用易长霉的癸二酸二辛酯做增塑剂，现采用环氧四氢邻苯甲二酸二苯酯(简称 EPS)为增塑剂，使新的聚氯乙烯塑料具有了良好的防霉能力。有些塑料本身就具有了良好的防霉能力，如含氟塑料、尼龙、聚乙烯、聚苯乙烯和硅橡胶等。③ 具有防霉能力的压层材料。用玻璃布代替其他纤维材料，用合成树脂压制而成玻璃布层压材料也具有良好的防霉能力，如环氧玻璃布板等。

4. 金属的防护

1) 金属的腐蚀

金属的腐蚀是指金属或合金跟周围接触到的介质(气体或液体)进行化学反应而遭到

破坏腐蚀的过程。当金属零件发生腐蚀后,不仅使零件表面遭到损害,而且会使零件的机械强度下降,影响电器性能,使产品不能可靠工作。比如,最常见的钢铁腐蚀生锈。

金属腐蚀可分为化学腐蚀和电化学腐蚀两类。

化学腐蚀是金属与接触到的物质(一般是非电解质)直接发生化学反应而引起的一种腐蚀。金属在常温常湿下,自发地向其氧化物、氢氧化物等稳定状态转化,在其表面生成氧化薄膜,如常见的铝制品在其表面生成氧化铝膜等均属于化学腐蚀。

电化学腐蚀是当金属与电解液发生作用时产生的腐蚀。电化学腐蚀现象与电池作用相似。

2) 金属的防护方法

既然金属腐蚀主要是由于金属与周围的物质发生氧化还原反应所引起的化学腐蚀和电化学腐蚀,那么,金属的防护当然也必须从金属和周围物质两方面来考虑。目前常用的方法如下。

(1) 改变金属的内部组织结构。例如,把铬、镍等加入普通钢里制成的不锈钢,就大大地增加了钢铁对各种侵蚀的抵抗力。

(2) 表面覆盖。表面覆盖是最常用的金属防护方法,表面覆盖就是在零件的表面覆盖致密的金属或非金属覆盖层。表面覆盖既可起到保护金属不受腐蚀的作用,又可对零件的表面进行装饰,还能满足零件的一些特殊要求,如有些表面覆盖可以提高元器件及产品的电气性能。表面覆盖层按其性质可分为以下三类:金属覆盖层、化学覆盖层、涂料覆盖层。① 金属覆盖:金属覆盖层是用电镀、化学镀、喷镀和热浸等方法,在本体金属表面镀上一层有良好的化学稳定性(即抗腐蚀性)和某些物理性能(如导电性、耐磨性)的金属。常用做覆盖层的金属有锌、镉、铜、铬、镍、锡、铅、铝、银、金、铂、钯、铑等及其合金。② 化学覆盖:化学覆盖是用化学或电化学的方法在金属表面形成一层致密而稳定的金属化合物(多是金属的氧化物、磷酸盐类)。化学覆盖有氧化、钝化和阳极氧化等。氧化多用于铝及铝合金和镁合金。用化学法或电化学法可在铝及铝合金零件表面形成氧化铝(Al_2O_3)薄膜,其质地致密并有一定的硬度,并且与基体金属结合很牢固,有较好的防护性能。铝的氧化膜具有绝缘性,并且可以染色。氧化后如涂以干性油和树脂,可提高其防腐能力和电绝缘性。用电化学法在铝及铝合金零件上获得氧化膜,因零件放在阳极上故称阳极氧化。阳极氧化所得的氧化膜较厚,比用化学法所得的氧化膜有更好的防腐能力,故应用较广。钝化指镀锌零件和铜及铜合金零件在铬酸或铬酸盐溶液中处理后,使其表面覆盖一层稳定性较高的铬酸盐膜。钝化可提高零件的防护性能并增加美观。无线电产品中的钢铁零件镀锌后都要进行钝化处理,使零件具有更高的防腐能力。③ 涂料覆盖:涂料覆盖是在金属表面涂油漆、矿物性油脂或覆盖搪瓷、塑料等物质。

9.9 其他有关的设计

9.9.1.1 EMC 设计

(1) 尽量减小机箱壁间的接缝和减小相邻面间接触电阻,以保证机箱有良好的屏蔽效果,螺钉间距应小于 5 cm,一般取 30 mm 左右为宜,接触电阻应不大于 2.5 mΩ。

(2) 设置接地螺桩供产品接卫星大地使用。

(3) 板间采取子口连接配合形式，既有利于良好屏蔽，又可增加板间连接处的抗振性能。

(4) 需要时应对机箱内电磁辐射源或受影响较严重的组件、器件采取局部屏蔽措施。

9.9.1.2　机箱内连接线布置

连接线布置遵循以下原则。

(1) 根据机箱内各种印制板的局部情况合理地安排对外电连接器的位置，使内外连线或电缆路径最短、线数最少，质量轻。

(2) 合理选择导线直径，以免线扎直径过大。

(3) 电缆走线应用耐辐照的绝缘线进行捆扎，捆扎中不允许有单根或少数根导线处于紧绷的状态，以免振动时断裂；在适当部位应设置夹线卡。

9.9.1.3　大规模芯片的防辐照措施

在结构设计中大规模芯片的防辐照措施如下。

(1) 将最不耐辐照的器件尽量安放在产品中等效屏蔽厚度在大的位置处(如器件布于板的中部，板布在靠星内的一面，重而厚的电源、功放板布在机箱最底层或靠星表面的一边)，如此在不增加产品质量的前提下获得器件的足够屏蔽。

(2) 在器件壳外增加附加的屏蔽层以提高抗辐照能力，如在器件壳外附加可伐合金片、钨片、钽片等，可大大提高该器件的工作寿命，屏蔽所附加的质量也不多，但应解决金属片粘贴的牢固性及绝缘等技术问题。

(3) 在薄弱方向增加壁厚或附加大面积金属板(箔)以获得所需要的辐照屏蔽厚度，其代价是需增加多余的质量。

(4) 走线应符合 EMC 要求。

9.10　名词术语

1. 设计环境(design environment)

设计环境是电子电源产品在整个寿命期内各种工作环境负载的总称，这些是电子电源产品硬件设计必须考虑的因素。每一种设计环境都要考虑以下几个因素。

(1) 产品工作寿命期间预期的极端环境。

(2) 与分析预测有关的不确定性和容差。

(3) 在扩大工作环境范围时应考虑的设计裕度。

2. 特征频谱试验(signature test)

通过低幅值的正弦扫描振动，以确定产品或组件各阶段谐振频率的试验。

3. 结构基频(structure fundamental frequency)

分析或试验中，在各个振动方向上观测到结构的第一阶谐振的频率。

4. 工作载荷(limit load)

工作载荷又称极限载荷，为预期的最大载荷或最大的组合载荷，它是在特定环境下执行特定任务期间某种结构可能遇到的在最大载荷。由于在服务过程中遇到的实际载荷本质上具有部分随机性,因此通常需采用统计方法来预测极限载荷。

5. 准静态载荷(quasi-static load)

飞行过程中稳态载荷和动力响应载荷的叠加。

6. 设计载荷(design load)

结构设计时应考虑能承受的最大载荷。极限载荷乘以最大安全系数便得出设计载荷。

7. 研制试验(development test)

研制试验的目标是为了验证设计的可行性,如用来确定性能裕度、工艺性、可测试性、可维修性、可靠性、寿命期望值、材料相容性等,同时促进设计改进。只要可行,研制试验的运行条件应超过设计上下限,以确保设计的裕度。

8. 鉴定试验(qualification test)

鉴定试验的目标是通过试验,验证产品的设计、制造和组装是否符合要求。鉴定试验的量级应有足够大的裕度,但不应超过设计载荷,实际飞行条件也不会超过鉴定试验值。鉴定试验用的产品应与飞行产品所用的设计图纸、器材、制造工具的加工方法完全一致。

(1) 正弦振动试验。正弦振动试验用来验证产品是否能承受运载工具产生的低频最大预期正弦振动环境再加上一个鉴定裕度的激励。

(2) 随机振动试验。随机振动试验用来验证产品是否能承受运载工具产生的最大预期随机振动环境再加上一个鉴定裕度的激励。

(3) 冲击试验。此试验的目的是验证产品是否能承受有星箭分离、发动机关机、飞行器各种火工品动作和航天器在正常和紧急着陆条件下引起的最大预期冲击环境再加上一个鉴定裕度的激励。

(4) 恒加速度试验。恒加速度试验是为了验证产品对最大预期加速度再加上一个鉴定裕度的激励的承受能力。

思 考 题

1. 电子电源产品结构的功能有哪些?
2. 电子电源产品的设计输入有哪几方面?
3. 电子电源产品的构型种类有哪几种?
4. 印制板间距的计算方法是什么?
5. 继电器的安装固定要求是什么?
6. 镶嵌设计有哪几种?
7. 电子电源产品增大阻尼采取的措施有哪些?
8. 电子电源产品结构刚度的物理意义是什么?
9. 电子电源产品结构强度的物理意义是什么?
10. 在仿真分析中哪项工作可以分析产品与印制板组件的模态频率和振型?
11. 电子电源产品结构有限元分析主要步骤有哪些?
12. 电子电源产品如何进行强度裕度计算? 当强度裕度<0时,能反映产品的什么设计状态?

13. 电子电源产品在高低温过程中与常温的失效率之比是多少?

14. 在产品工效学设计时产品的倒角和边缘要求是如何设定的?

15. 电子电源防潮湿措施有哪些?

第 10 章　元器件原材料

10.1　元器件

10.1.1　概述

电源系统电子产品中，电子元器件是组成产品的最小单元，了解并掌握常用电子元器件的种类、结构、性能，并能正确地应用对电源系统中电子产品性能和可靠性有着十分重要的意义。在航天器应用中，电子元器件的选用是重要的基础工作，除要考虑其结构、电参数外，通常还考虑其质量等级、耐空间环境能力、在空间应用中的失效模式等因素。

1. 航天元器件的分类

按照中国航天科技集团标准 Q/QJA40.1－2007《航天型号配套物资分类与代码》的分类，航天元器件共分为 20 大类，分别如下。

1）集成电路

细分为单片集成电路、混合集成电路、电子模块、微组装件共 4 类。

2）半导体分立器件

细分为二极管、晶体管共 2 类。

3）光电子器件

细分为显示器件及组件、光发射器件及组件、光处理器件及组件、光探测器件及组件、激光器、其他光电子器件共 6 类。

4）真空电子器件

细分为微波电子管、离子器件、其他真空电子器件共 3 类。

5）电阻器

细分为固定电阻器、电位器共 2 类。

6）电容器

细分为固定电容器、可变电容器共 2 类。

7）电连接器

细分为低频电连接器、射频电连接器、分离电连接器、其他电连接器共 4 类。

8）继电器

细分为电磁继电器、温度继电器、时间继电器、固体继电器、其他继电器共 5 类。

9）滤波器

细分为石英晶体滤波器、压电陶瓷滤波器、声表面波滤波器、机械滤波器、LC 滤波器、介质滤波器、其他滤波器共 7 类。

10）频率元件

细分为谐振器、振荡器、延迟线、其他频率元件共 4 类。

11）磁性元件

细分为电感器、磁芯、其他磁性元件共3类。

12）开关

细分为微动开关、行程开关、按钮开关、键盘开关、旋转开关、直键开关、微波开关、其他开关共8类。

13）微波元件

细分为功率分配器和功率合成器、隔离器、环形器、衰减器、波导及转换器、负载、其他微波元件共7类。

14）微特电机

细分为驱动微电机、控制微电机、其他微电机共3类。

15）敏感元件及传感器

细分为敏感元件、传感器共2类。

16）电池

细分为原电池、蓄电池、太阳电池、其他电池共4类。

17）熔断器

细分为管状熔断器、片状(厚膜)熔断器共2类。

18）电声器件

细分为送话器、受话器、送受话器、其他电声器件共4类。

19）电线电缆

细分为电线、电缆、电缆组件、其他电线电缆共4类。

20）光纤光缆

细分为光纤、光缆、光缆组件、纤维光学互连器件、其他光纤光缆共5类。

2. 航天元器件特点

航天元器件与一般的军用元器件相比有以下特点。

1）高可靠

随着我国航天工程向长寿命、高精度、多功能、载人航天及深空探测等高科技领域的发展，航天元器件面临越来越高的可靠性要求。如对长寿命卫星用元器件期望的工作失效率λ_p应优于10^{-8}/h。战略导弹的工作时间短，储存时间长，对元器件的非工作状态失效率λ_N有较高要求。可靠性在供需之间有一定的差距。

2）特殊的环境适应性

航天产品需要在特殊的环境条件下工作和储存，要求所用的元器件具有相应的环境适应性。如卫星对元器件有抗辐照的要求；不同用途的导弹有抗湿热、抗盐雾的要求。这些特殊的要求增加了元器件按研制生产的难度，特殊的环境(抗辐射、抗静电、抗湿热和抗盐雾)要求，国内至今尚未完全解决。

3）质量小、体积小、功耗低

为减少推进航天产品的动力消耗，必须减小航天产品本身的质量、体积和功耗，因而所用的元器件应质量小、体积小和功耗小，这给元器件的选择和制造造成一定的困难。

4) 应用前需验证,应用后服役周期长

航天元器件应用前需经过严格的验证,技术状态冻结后,一般不能变更元器件,应用后服役周期长。这与元器件更新换代快之间存在矛盾。

3. 元器件的选择原则

航天元器件选择一般应遵循以下原则。

(1) 优先选用《某航天器电子元器件选用目录》内器件,超目录选用应当履行手续。

(2) 选用符合某航天器产品所需功能、性能、环境、安全性、质量和可靠性要求的元器件。

(3) 压缩元器件品种、规格和供货单位,选用时应关注经济性。

(4) 最大限度地使用有飞行经历和有可靠性数据的元器件或具有相同设计寿命、轨道高度卫星上成功应用的品种。

(5) 选用元器件的质量等级必须满足单机设计可靠性指标和要求,国产元器件应按 GJB/Z 299C - 2006 进行可靠性预计。

(6) 应优先选用国产元器件。

(7) 设计选用元器件应充分考虑其参数的变化范围,按照 GJB/Z 89 - 97 进行容差设计。选用功率器件时,应按照 GJB/Z 27 - 92 进行热设计,保证电路设计性能满足设备要求。

(8) 优先选择质量可靠、服务良好、供货及时合格供货单位的元器件,选用有发展前途的元器件,不选择淘汰品种和规定为禁用及限用的元器件。

10.1.2 电阻

电阻缩写为 R,基本单位是欧姆(Ω),常用单位还有千欧(kΩ)、兆欧(MΩ)。电阻是一种耗能元件,是电路中用途最广泛的元件。

1. 概述

电阻器的种类有很多,分类方式有很多,通常分为三大类:固定电阻、可变电阻、特种电阻。

按材料分主要有金属膜电阻、线绕电阻等。

按结构分主要有固定电阻和可变电阻等。

按用途分有精密电阻、高频电阻、高压电阻、大功率电阻等。

2. 常用类型

常用电阻类型如下,外形见图 10.1.1。

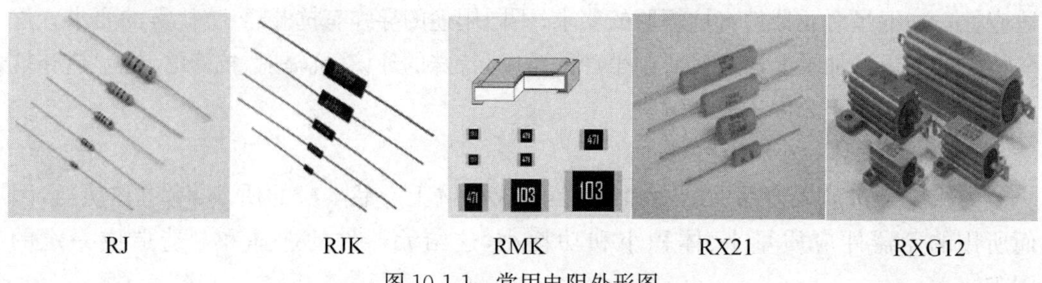

图 10.1.1 常用电阻外形图

1）高稳定金属膜固定电阻器 RJ 系列

RJ23、RJ24、RJ25、RJ57、RJ58 等，该系列电阻器采用帽盖结构，轴向引线、涂绝缘漆、色环标志，具有体积小、精度高、电阻温度特性好、耐湿、耐热、阻值稳定可靠等特点。阻值范围为 1～22 MΩ，功率等级为 0.167～2 W。极限电压为 200～750 V，与器件的尺寸有关，尺寸越大，最高极限电压越大。阻值公差为±0.5%～±5%可选，温度系数为 50～250 ppm/℃①。

2）有质量等级的金属膜固定电阻器 RJK 系列

如 RJK52、RJK53、RJK54、RJK55、RJK56 等，该系列电阻器工作温度范围宽、阻值范围宽、温度特性好、比功率大、精度好、稳定性好、可靠性高。阻值范围为 10～3 MΩ，功率等级为 0.1～0.75 W。极限电压为 200～350 V，与器件的尺寸有关，尺寸越大，最高极限电压越大。阻值公差为±0.1%～±1%可选，温度系数为 25～100 ppm/℃。温度稳定性优于 RJ 系列。

3）功率型线绕电阻器 RX21 系列

该系列产品采用帽盖结构，轴向引出线，表面涂覆耐高温阻燃包封料，具有阻值范围宽、耐高温、性能稳定等特点。阻值范围为 1～50 kΩ，功率等级为 0.5～12 W。阻值公差为±2%～±10%可选，温度系数为 250～400 ppm/℃。

4）底盘安装功率型线绕电阻器 RXG12 系列

该系列产品带有安装底盘，具有阻值范围宽、耐高温、性能稳定等特点。阻值范围为 1～50 kΩ，功率等级为 5～50 W。阻值公差为±1%～±5%可选，温度系数为 30～100 ppm/℃。

5）有可靠性指标的片式膜固定电阻器 RMK 系列

如 RMK1005、RMK1608、RMK2012、RMK3216、RMK5025、RMK6332 等，该产品为无引线结构，具有体积小、质量小、性能优良、质量可靠等优点，阻值范围为 10～10 MΩ，功率等级为 0.04～1 W。极限电压为 25～200 V，与器件的尺寸有关，尺寸越大，最高极限电压越大。阻值公差为±1%～±5%可选，温度系数为 100～300 ppm/℃。

3. 主要参数

电阻选用时，应根据不同电阻的特性和使用的需求结合选择，如金属膜电阻由于其高稳定性、高可靠性一般可满足大多数场合的需求，如 RJ 系列和 RJK 系列；对功率有要求时可选用线绕电阻，如 RX 系列；对体积有较高要求时可选用表面贴装的 RMK 系列。

电阻的常用参数有电阻阻值、额定功耗（指定温度下，一般为 25℃或 70℃）、额定电压（极限电压，不同类型的电阻不同，功耗满足时，电阻两端所施加的电压也不应超器件手册规定的极限电压）、温度系数、公差、外形尺寸等，设计时，应考虑各参数的影响。其中功耗、电压应按 GJB/Z 35－93 规定降额，外形尺寸与安装有关，阻值和公差与设计时的参数容差有关，温度系数与环境温度的变化有关，产品环境温度范围变化较大时，应考虑电阻温度系数对电路功能的影响，如－30～100℃环境变化，100 ppm/℃的温度系数，从最低温度到最高温度可引起附加的电阻阻值变化为 1%。

4. 使用及降额设计

不同的型号电阻的极限电压和额定功耗不同，应当根据使用的环境，考虑降额要求，

① ppm/℃＝10^{-6} Ω/℃。

选择不同耐压值和功耗的电阻。根据GJB/Z 35－93中电阻降额的规定,常用的金属膜型电阻器降额系数如表10.1.1所示。环境温度低于70℃时,Ⅰ级降额条件系数为0.5,如RJ24系列电阻额定功耗为0.25 W,实际使用功耗应不大于0.125 W,在环境温度高于70℃时应按图10.1.2的曲线进行降额,实际使用功耗随环境温度的升高而降低。另一个易忽略的参数是电压,RJ24系列电阻极限电压为250 V,在使用时,Ⅰ级降额条件系数为0.75,电阻两端电压应不高于187.5 V。

表10.1.1 金属膜型电阻器降额准则

降额参数	降额等级		
	Ⅰ	Ⅱ	Ⅲ
电 压	0.75	0.75	0.75
功 率	0.5	0.6	0.7
环境温度	按元件负荷特性曲线降额		

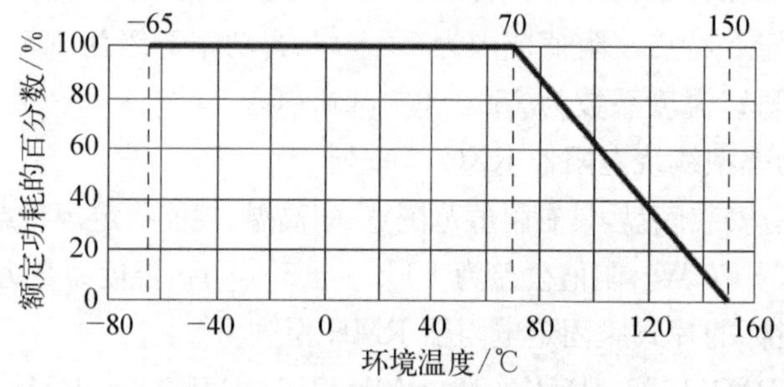

图10.1.2 RJ24系列电阻功耗降额曲线

5. 失效模式

航天器电子电源产品在进行故障模式、影响及危害性分析工作时,通常参考GJB/Z 299C－2006电子设备可靠性预计手册中给出的元器件失效模式,表10.1.2给出了金属膜电阻器的失效模式及分布概率。金属膜电阻器有两种失效模式:参数漂移和开路,当开路造成的危害度较高时,应采取电阻并联。

表10.1.2 金属膜电阻器失效模式

元件类型	失效模式	比例
金属膜电阻器	参数漂移	8.10%
	开 路	91.9%

10.1.3 电容

电容就是用来存储电荷的容器。电源电子产品中会用到不同种类的电容器,每一种电容器都有其特性,没有一种电容器的所有特性都是最好的,一个成功的设计,必须针对不同的应用场合,选用不同的电容器。

1. 概述

电容器按容量分可分为容量固定的与容量可变的。

按结构分可分为固定电容器、半可变电容器、可变电容器。

按介质材料分可分为气体介质电容器、液体介质电容器、无机介质电容器、电解电容器（又分液式和干式两种）。

按阳极材料分可分为铝、钽、铌、钛电解电容等。

按极性分可分为有极性、无极性。

2. 常用类型

常用电容器有以下类型，外形见图10.1.3。

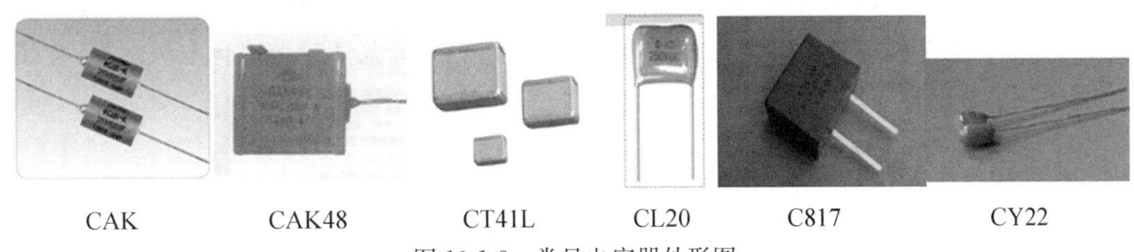

CAK　CAK48　CT41L　CL20　C817　CY22

图10.1.3　常见电容器外形图

1）电解电容器

电解电容器是目前用得较多的大容量电容器，它体积小、耐压高（一般耐压越高体积也就越大），其介质为正极金属片表面上形成的一层氧化膜。负极为液体、半液体或胶状的电解液。因其有正负极之分，故只能工作在直流状态下，如果极性用反，将使漏电流剧增，在此情况下电容器将会急剧变热而损坏，甚至会引起爆炸。一般厂家会在电容器的表面上标出正极或负极，新买来的电容器引脚长的一端为正极。

宇航用电解电容器分为固体电解质钽电容器和非固体电解质钽电容器两类。

（1）固体电解质钽电容器。分为有极性和双极性两类。具有较高的容量体积比，对时间和温度呈良好的稳定性，在－55～＋125℃范围内，最大电容量变化小于10%。缺点是漏电流大、自愈能力差，介质击穿电压较低（6.3～125 V）。一般应用于旁路或滤除脉动交流成分及大容量场合，或用于有强冲击和振动应力的场合，如CAK系列、CAK70、CAK45等。

（2）非固体电解质钽电容器。具有单位体积容量大、耐压高、漏电流小的特点。其是严格的极性器件，不能用作非极性连接。可靠性要求较高时，不宜选用银壳的非固体钽电容器，应选用全钽结构的非固体电解质钽电容器。常见非固体电解质钽电容器有CAK35、CAK38、CAK48、CAK86系列等。

2）云母电容

用云母片做介质的电容器，具有优良的物理特性和电性能、良好的温度系数及时效特性。

多数云母电容器由白云母制成，它是天然云母中最好的一种，介电常数为6.5～8.5，能在125℃条件下工作。它高频性能稳定，耐压高（几百伏～几千伏），漏电流小，容量小，体积大。

3）瓷质电容

采用高介电常数、低损耗的陶瓷材料作介质，电容器的体积小、损耗小、绝缘电阻大、漏电流小、性能稳定,可工作在超高频段,但耐压低,机械强度较差。

1类瓷介质电容器又称温度补偿型瓷介电容器。在工作温度范围内,电容器以十分精确和可预测的方式变化。这类电容器用低介电常数的介质制造,它不仅包括标称零温度系数类型还包括正和负的温度系数类型。

2类瓷介质电容器又称通用型瓷介电容器。它用介电常数大的介质制造,其特点是随温度、电压、频率和时间的变化较大,优点是单位体积的电容量大。

4) 有机介质电容器

聚苯乙烯电容器是一种有机薄膜电容器。以聚酯膜、聚丙烯膜、聚碳酸酯膜、聚苯乙烯膜、聚四氟乙烯膜等有机材料为介质,电极形式分为箔式电极或金属化电极两类,金属化电极减小了电容器尺寸,且具有击穿自愈性。

3. 主要参数

电容的主要参数包括电容量标称值、额定直流工作电压、绝缘电阻及漏电流、损耗因数等。在挑选电容器的时候一般需要考虑其标称值、额定工作电压及精度。特殊情况下如最高工作温度、高频特性等应予以考虑。

1) 电容量

通常,电容容量的标注方法与电阻相似,包括直标法、数码法和色码法。在微法级的电容器直接在上面标注容量,如47 μF;皮法级的电容用数字标注容量,如332即表明容量为3 300 pF,即最后位为十的指数,这和用数字表示电阻值的方法是一样的。

2) 额定直流工作电压

电容器在常温常压下能长期可靠地工作所能承受的最大电压,有时又分为额定直流工作电压和额定交流工作电压(有效值),如果电容器工作在交流电路中,交流电压的幅值不能超过电容额定直流工作电压。

3) 绝缘电阻及漏电流

电容器的绝缘电阻是指电容器两极之间的电阻,或称漏电阻。漏电流电容器中的介质非理想绝缘体,因此任何电容器工作时都存在漏电流。漏电流与漏电阻的乘积为电容器两端所加的电压。绝缘电阻的大小决定了一个电容器介质性能的好坏,漏电流越大,绝缘电阻越小。电解电容的漏电流较大,通常元件给出漏电流参数,而其他电容器漏电流极小,一般用绝缘电阻表示其绝缘性能,范围在数百兆欧到数吉欧数量级。

4) 损耗因数(tan 损耗角正切)

损耗因数是指有功损耗与无功损耗功率之比。通常电容在电场作用下,其存储或传递的一部分电能会因介质漏电及极化作用而变为无用有害的热量,这部分热量就是电容的损耗。根据电容器能量损耗的大小,它又分为介质损耗和金属损耗两部分。一般高频、滤波电路选用 tan 要小。

4. 使用及降额设计

电容器串联使用时,推荐网络两端的最大电压不超过网络中所有电容器的最低额定电压,或使用分压电阻器,防止串联电容器中一个或多个电容器承受过电压。为了获得比单个电容器更大的电容量,将电容器并联使用,但峰值纹波电压和外加直流电压之和不得超过最低额定电压电容器的工作电压,电容器并联连接导线要有足够的载流能力,不会因连接线的串联电阻而降低有效电容量。

有机介质电容(CLK 系列)、无机介质电容(CC 系列、CT 系列)只是由于介质材料不同,被使用在不同频率的电路中,电容器降额的主要参数是工作电压和环境温度。使用时需要注意以下内容。

(1) 使用中电容器的直流电压与交流峰值电压之和不得超过降额后的直流工作电压。

(2) 使用中交流峰值电压与直流额定电压之比不得超过元件技术规范规定的限值。

(3) 电容器温度为环境温度与交流负载引起的外壳温升之和。

(4) 金属化纸介电容器直流工作电压的过度降额将使电容器的自愈能力下降。

(5) 为保证电路长期可靠地工作,设计应允许电容器电容有容差和绝缘电阻下降。

(6) 瓷介质电容器工作电压低于 10 V 应用时选用额定电压 100 V 的瓷介质电容器。

(7) 瓷介质电容器的 dv/dt 应限制。

介质电容器的降额准则见表 10.1.3。

表 10.1.3　介质电容器降额准则

降额参数	降额等级		
	Ⅰ	Ⅱ	Ⅲ
直流工作电压	0.5	0.6	0.7
环境温度	$T_{AM}{}^{*}-10$		

* 最高额定环境温度 T_{AM} 由元件相关详细规范确定。

电解电容器降额的主要参数是工作电压和环境温度。使用时注意以下几点。

(1) 使用中电解电容器的直流电压与交流峰值电压之和不得超过降额后的直流工作电压。对有极性的电容器,交流峰值电压应小于直流电压分量。

(2) 固体钽电容器的漏电流将随着电压和温度的增高而加大。这种情况有可能导致漏电流“雪崩现象”,而使电容器失效。为防止这种现象,在电路设计中应有不小于每伏 3 Ω 的等效串联阻抗。固体钽电容器不能在反向波动电流条件下工作。可承受的反向电压见相关详细规范。

(3) 非固体钽电容器在有极性的条件下不允许加反向电压。

(4) 电容器温度为环境温度与交流负载引起的外壳温升之和。

(5) 为保证电路长期可靠的工作,设计应允许固体钽电容器有±10%的电容容差和100%的漏电流增量,非固体钽电容器有±15%的电容容差和 50%的漏电流增量,以及100%的损耗系数增加。

电解电容器降额准则见表 10.1.4。

表 10.1.4　电解电容器(钽电容器)降额准则

降额参数	降额等级		
	Ⅰ	Ⅱ	Ⅲ
功　率	0.5	0.5	0.5
环境温度	$T_{AM}{}^{*}-20$		

*最高额定环境温度 T_{AM} 由元件相关详细规范确定。

5. 失效模式

航天器电子电源产品在进行故障模式、影响及危害性分析工作时,通常参考GJB/Z 299C-2006《电子设备可靠性预计手册》中给出的元器件失效模式,表10.1.5给出了电容器的失效模式及分布概率。当短路造成的危害度较高时,应采取电容器串联或串接熔断器的方式。

表10.1.5　电容器失效模式

元件类型	失效模式	比例/%
云母电容器	短路	83.0
	参数漂移	7.0
	开路	10.0
1类、2类瓷介质电容器	短路	73
	参数漂移	11
	开路	16
固体钽电解电容器	短路	75
	参数漂移	25
非固体钽电解电容器	短路	69
	参数漂移	14
	开路	17
薄膜电容器	短路	74
	参数漂移	13
	开路	13

10.1.4　磁性元件

1. 概述

磁性元件一般指电感器和变压器。

电感器多用漆包线、纱包线绕在铁心、磁心上构成,圈与圈之间相互绝缘。在电路中表现为阻碍电流的变化,起扼流、退耦、滤波、调谐、延迟、补偿等作用。电感器是一种储能元件,它能把电能转变为磁场能,并在磁场中储存能量。电感器用符号L表示,基本单位是亨利(H),常用毫亨(mH)或微亨(μH)为单位。

变压器一般用绝缘铜线绕在磁心或铁心外制成。它是利用两个电感线圈靠近时的互感应现象工作的。在电路中可以起到电压变换和阻抗变换的作用。变压器主要用于改变交流电压和交流电流的大小,也作阻抗变换和隔直流用。

2. 常用磁性元件

电感器在电路中表现为阻碍电流的变化。多用漆包线、纱包线绕在铁心、磁心上构成,圈与圈之间相互绝缘,用L表示。一些常见的电感器实物如图10.1.4所示。

1) 电感器

电感器按形式可分为固定电感器、可变电感器和微调电感器。

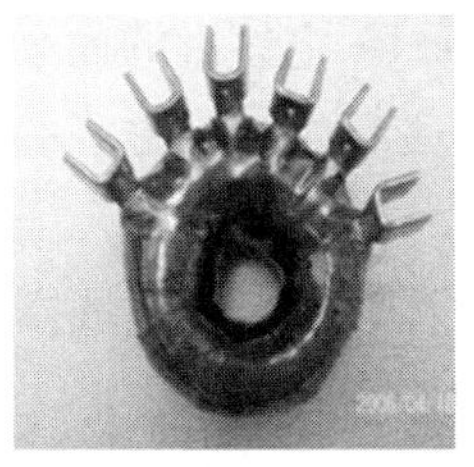
环形变压器

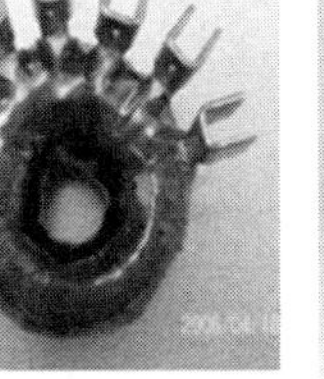
电感

灌封变压器B3226

平面变压器

图 10.1.4　一些常见电感器实物

按磁体的性质可分为空心线圈、磁心线圈。

按结构分为单层线圈、多层线圈。

阻流圈亦称为扼流圈。分为高频扼流圈和低频扼流圈两种。高频扼流圈用来阻止高频分量的通过，低频扼流圈又叫作滤波线圈，它可与电容器组成滤波电路。

2）变压器

用作电压的变换，产生各种电路所需的电压。

3）磁性材料

(1) 铁氧体。铁氧体材料的磁导率高，可以用来制作较大容量的电感。不同磁通密度下的磁导率几乎为恒值。不同的频率范围内，有多种可以优化损耗的铁氧体材料，初始磁导率的控制容易，可以通过气隙来调节。饱和时，磁导率变化很快，饱和特性很硬。常用于功率变压器或者噪声滤波器。

(2) 铁镍钼合金粉 MPP。MPP 具有软饱和特性。磁导率大小的范围很宽，生产厂家能够很好地控制磁导率的大小。在电源开关频率下，MPP 损耗比铁氧体大。MPP 磁芯常用于电感，或者含有很高直流分量的噪声滤波器。

(3) 铁粉。铁粉磁芯的饱和特性比 MPP 磁芯略硬一些，磁导率大小的范围很宽，磁导率比 MPP 要小一些，这意味着相同电感和电流容量下，铁粉芯的体积要比 MPP 磁芯的体积更大，优点是价格比 MPP 便宜。常用于电感，或者含有很高直流分量的噪声滤波器，尤其是一些成本比体积尺寸更为重要的场合。

(4) 硅钢片。钢的饱和磁密非常高，可以用来制作很大的电感，不要以为这是一种老的材料就忽视它。在很多场合，如高密度的变换器，硅钢片磁芯可能是唯一的选择。在很多应用场合下，硅钢片磁芯的成本太高，而且很重，饱和特性很硬，高频情况下损耗高于铁氧体。常用于功率电感和低频变压器。

(5) 漆包线。常见的漆包线型号有 QA/130、QA/155、QZ/155、QZY/180、QY/220 分别对应耐温为 130～220℃。其中 QZ 导线外层使用了聚酰亚胺材料做绝缘，绝缘性能好，耐温高，但漆层去除较困难，需要采用机械方法去除，涉及禁限用工艺，一般不选用，其余规格表面的漆层可使用去漆剂。

3. 主要参数

以下对常用磁性元件的主要参数给出说明。

1）电感器

(1) 电感量。线圈的电感量是表示线圈自感应能力的一个物理量。电感量的单位有亨利(H)、毫亨(mH)、微亨(μH)。换算关系为1 H = 10^3 mH = 10^6 μH。电感量的大小与线圈圈数、绕制方式及磁心的材料有关,线圈圈数越多,电感越大;有磁心的比无磁心的电感量大,磁心的导磁率越大,电感量越大。

(2) 品质因数(Q值)。品质因数是电感器的主要参数,用来衡量线圈质量,反映线圈损耗的大小,Q值越大,损耗功率越小,电路效率也就越高,选择性就越好。

(3) 分布电容。由于绝缘的线圈相当于电容器的两极,则电感上就会分布有许多的小电容,称为分布电容。这些分布电容可以等效为与线圈并联的电容C,分布电容的存在是导致品质因数下降的主要因素。

(4) 额定电流。是指允许通过电感元件的直流电流值。

2) 变压器

(1) 变压比(变阻比)。变压比是变压器初级电压(阻抗)与次级电压(阻抗)的比值。

(2) 变阻比。以比值表示,如3∶1表示初次级阻抗比为3∶1。

(3) 绝缘电阻和抗电强度。绝缘电阻是变压器安全工作的重要参数,主要指变压器线圈之间、线圈与铁心之间以及引线之间的电阻。抗电强度是指在规定时间内(如1 min)变压器可承受的电压。

4. 使用及降额设计

电感元件包括各种线圈和变压器。电感元件使用时主要注意以下几点。

(1) 为防止绝缘击穿,线圈的绕组电压不应高于设计的额定值。

(2) 工作频率远低于电感元件的额定工作频率范围时,电感元件可能会产生过热和磁饱和,使元件的工作寿命缩短。

电感元件的热点温度额定值与线圈线组的绝缘性能、工作电流、瞬态初始电流及介质耐压有关。绕组电压和工作频率是固定的,不能降额。

磁性材料热点温度由分析或测试得到,通常热点在绕组与磁芯的界面上,热点温度必须同时满足绝缘材料及磁性材料的降额要求。

绝缘材料热点温度降额除考虑耐热等级外,还需考虑电老化、空间辐射效应、工艺缺陷等因素,降额幅度比单纯考虑温度效应时要大些。

电感元件的降额准则见表10.1.6。

表10.1.6 电感元件降额准则

降额参数	降额等级		
	Ⅰ	Ⅱ	Ⅲ
热点温度/℃	$T_{HS}^{*}-(40\sim25)$	$T_{HS}-(25\sim10)$	$T_{HS}-(15\sim0)$
工作电流	0.6～0.7	0.6～0.7	0.6～0.7
瞬态电压/电流	0.9	0.9	0.9
介质耐压	0.5～0.6	0.5～0.6	0.5～0.6
电　压**	0.70	0.70	0.70

* THS为额定热点温度。

** 只适用于扼流圈。

5. 失效模式

航天器电子电源产品在进行故障模式、影响及危害性分析工作时，通常参考 GJB/Z 299C－2006 电子设备可靠性预计手册中给出的元器件失效模式，表 10.1.7 给出了电感和变压器的失效模式及分布概率。

表 10.1.7　电感和变压器失效模式及概率

元件类型	失效模式	比例/%
电感	短路	18.3
	开路	39.4
	参数漂移	25.4
	其他	16.9
变压器	短路	40.2
	开路	28.0
	参数漂移	8.40
	其他	23.4

10.1.5　继电器

1. 概述

传统意义上的继电器就是电子机械开关，它是用漆包铜线在一个圆铁心上绕几百圈至几千圈，当线圈中流过电流时，圆铁芯产生了磁场，把圆铁心上边的带有接触片的铁板吸住，使之断开第一个触点而接通第二个开关触点。当线圈断电时，铁心失去磁性，由于接触铜片的弹性作用，使铁板离开铁心，恢复与第一个触点的接通。因此，可以用很小的电流去控制其他电路的开关。整个继电器由塑料或有机玻璃防尘罩保护着，有的还是全密封的，以防触点氧化。继电器起控制和转换电路的作用。在大电流、高压等危险地方的自动控制设备中经常采用。随着半导体技术的进步，出现了固态继电器，内部没有任何机械动作，触点的吸合断开靠的是半导体器件的关断和导通实现，在很多对力学性能要求很高的场合，固体继电器逐渐替代了机电类继电器。

2. 继电器的主要参数

一般的机电类继电器的主要参数如下。

1) 吸合电压(电流)

当处于非工作状态的继电器的电压或电流增加时，使所有触点都能完成其功能(动断触点断开，动合触点闭合)的电压或电流的最小值。

2) 释放电压(电流)

当处于工作状态的继电器的电压或电流下降时，使所有触点恢复到非工作状态(动合触点断开，动断触点闭合)的电压或电流的最大值。

3) 触点压力

当继电器处于完全吸合或完全释放状态下，动、静两触点处于闭合位置时的相互作用力。

4) 触点间隙

当继电器处于完全吸合或完全释放状态下,触点电路断开时两触点之间的间隙。

5) 触点回跳

由内因引起的、不希望产生的继电器闭合触点的间断断开,或断开触点的间断闭合。一般这种现象是由下述因素引起的:① 耦合触点之间的相互碰撞;② 吸合时衔铁与铁心的碰撞,或释放时衔铁与复原止挡的碰撞。

6) 触点抖动

指闭合触点对由外因(如机械振动、冲击)引起的不应有的振动,这时可能有也可能没有实际的机械断开。如果没有真实地断开,而仅只是电阻变化,则称为“动态电阻”。

7) 接触电阻

触点闭合时,从它们的引出端所测试得的电阻。

8) 激励

给继电器线圈绕组通电。应用本术语时通常假定所加功率足以使继电器完全吸合。

9) 吸合时间

从线圈开始通电到所有的闭合触点断开(对仅有常闭触点的继电器)或所有的断开触点闭合(对仅有常开触点的继电器及具有转换触点的继电器)的时间(不包括触点回跳)。

10) 释放时间

从线圈开始断电到所有的闭合触点断开(对仅有常开触点的继电器)或所有的断开触点闭合(对仅有常闭触点的继电器以及具有转换触点的继电器)的时间(不包括触点回跳)。

3. 常见继电器

继电器的常见种类如下。

1) 机电类继电器

继电器分类见表10.1.8。

表10.1.8 继电器按作用原理及结构特征分类

序号		名称	说明
电磁继电器			由控制电流通过线圈所产生的电磁吸力驱动磁路中的可动部分而实现触点开闭或转换功能的继电器
电磁继电器	1	直流电磁继电器	控制电流为直流的电磁继电器
	2	交流电磁继电器	控制电流为交流的电磁继电器
3		混合式继电器	由电子元件和电磁继电器组合而成的继电器。一般,输入部分由电子线路组成,起放大、整流、延时、传感等作用,输出部分采用电磁继电器
4		固体继电器	利用电子器件的导通或截止功能实现开关控制、输入输出之间具有隔离的电子开关
5		高频继电器	用来切换频率大于10千赫的交流线路的继电器
6		同轴射频继电器	用来切换高频、射频线路而具有最小损耗的继电器
热继电器			利用热效应而动作的继电器
热继电器	7	恒温继电器	当外界温度达到预定值时而动作的继电器
	8	电热式继电器	利用控制电路内的电能转变为热能,当达到规定值时而动作的继电器

续表

序　号		名　　称	说　　　　明
极化继电器			由永久磁铁产生的极化磁通与线圈控制电流产生的控制磁通综合作用而动作的继电器。它对控制信号的极性有要求
极化继电器	9	二位置极化继电器（磁保持继电器）	继电器线圈通电时，衔铁按线圈电流方向被吸向左边或右边的位置，线圈断电后，衔铁不返回
	10	二位置偏倚极化继电器	继电器线圈断电时，衔铁恒靠在一边，线圈通电时，则衔铁被吸向另一边
延时继电器			当加上或除去输入信号时，输出固体开关电路或触点组电路需延时或限时到规定的时间才闭合或断开被控线路的继电器
延时继电器	11	电磁延时继电器	当线圈加上信号后，通过减缓电磁铁的磁场变化而获得延时的继电器
	12	电子延时继电器	由分立元件组成的电子延时电路或固体器件延时电路构成的延时继电器
	13	混合延时继电器	由电子或固体延时电路和电磁继电器组合构成的延时继电器
	14	电热式延时继电器	利用控制电路内的电能转变成热能，当达到某一预定值而延时动作的继电器
	15	电动机式延时继电器	由同步电动机与特殊的电磁传动机构来产生延时的继电器

2）固体继电器

根据其开关输出电压性质分直流固体和交流固体继电器和交、直流通用固体继电器三大类型。根据隔离电路不同又可分为磁隔离、光耦合器隔离、光伏（电池）隔离、干簧继电器隔离、光敏 MOS 管隔离加输出开关等类型。按照输出切换功能性质可分为信号传递型与功率切换型等。不同类型有不同的功能取向，从使用角度看有不同的优缺点。正确、合理地选用能保证使用的可靠性，而正确、合理的选用前提是对继电器产品有全面的了解。常用继电器实物见图 10.1.5。

(a) 机电继电器

(b) 固体继电器

图 10.1.5　常用继电器实物

4. 使用及降额设计

GJB/Z 35－93 给出的继电器降额通常指机电类继电器的降额，固体继电器降额可参照混合电路降额执行。

继电器降额的主要参数是连续触点电流、线圈工作电压、线圈吸合/释放电压、振动和温度。继电器在使用时注意以下几点。

（1）切忌用触点并联方式来增加电流量。因为触点在吸合或释放瞬间并不同时通断，触点的阻抗也并不完全匹配，这样有可能在一个触点上通过全部负载电流，使触点损坏。

（2）电感、电容和白炽灯泡负载的开/关瞬间，其瞬态脉冲电流可比稳态电流大十倍。

这种瞬态脉冲电流超过继电器的额定电流时，应采取相应的防范措施。

(3) 大小继电器并联时，线包应隔离供电。由于小继电器线包驱动需要的功率小，线包不隔离时，小继电器可能会误动作。

继电器降额准则见表10.1.9。

表10.1.9　继电器降额准则

降额参数		降额等级			说明
		Ⅰ	Ⅱ	Ⅲ	
连续触点电流	小功率负载(＜100 mW)	—	—	—	不降额
	电阻负载	0.5	0.75	0.90	
	电容负载(最大浪涌电流)	0.5	0.75	0.90	
	电感负载	0.5	0.75	0.90	电感额定电流的
		0.35	0.40	0.75	电阻额定电流的
	电机负载	0.5	0.75	0.90	电机额定电流的
		0.15	0.20	0.75	电阻额定电流的
	灯丝负载	0.5	0.75	0.90	灯泡额定电流的
		0.07～0.08	0.10	0.30	电阻额定电流的
触点功率		0.40	0.50	0.70	用于舌簧水银继电器
线圈释放电压	最大允许值	1.10			
	最小允许值	0.90			
温度		额定值减20℃			
振动限值		额定值的60%			
工作寿命(循环次数)		0.50	0.80	0.90	

5. 常见失效模式

航天器电子电源产品在进行故障模式、影响及危害性分析工作时，通常参考GJB/Z 299C－2006电子设备可靠性预计手册中给出的元器件失效模式，表10.1.10给出了继电器的失效模式及分布概率。继电器的短路、开路是主要的失效模式，当开路造成的危害度较高时，应采取继电器并联，当短路造成的危害度较高时，应采用串联的方式。可靠性要求极高时，也可以采用两并两串的工作方式。

表10.1.10　继电器的失效模式及概率

元件类型	失效模式	比例/%
机电继电器	触点断开	44.0
机电继电器	触点黏结	40.0
机电继电器	线圈短、断路	2.0
机电继电器	参数漂移	14.0
固体继电器	短路	52.6
固体继电器	开路	8.8
固体继电器	参数漂移	38.6

10.1.6　连接器

1. 概述

连接器又称接插件，或一部分称接插件。在现代电子系统中为了便于组装、维修、置换、扩充而设计了许多类型的接插件，用在集成电路、印制电路板与分立元器件、基板与面板等之间。接插件主要用于传输信号和电流及控制所连接电路的接通和断开。在具体应用中要求接插件接触可靠、好的导电性、高的绝缘性、足够的机械强度和适当的插拔力。

2. 常用连接器介绍

连接器的种类很多，有产品对外连接的连接器，如通讯连接的同轴连接器、密封连接器、滤波连接器、快插连接器等，有用于产品内部导线和电路板连接的条形连接器等，常用连接器如图 10.1.6 所示。

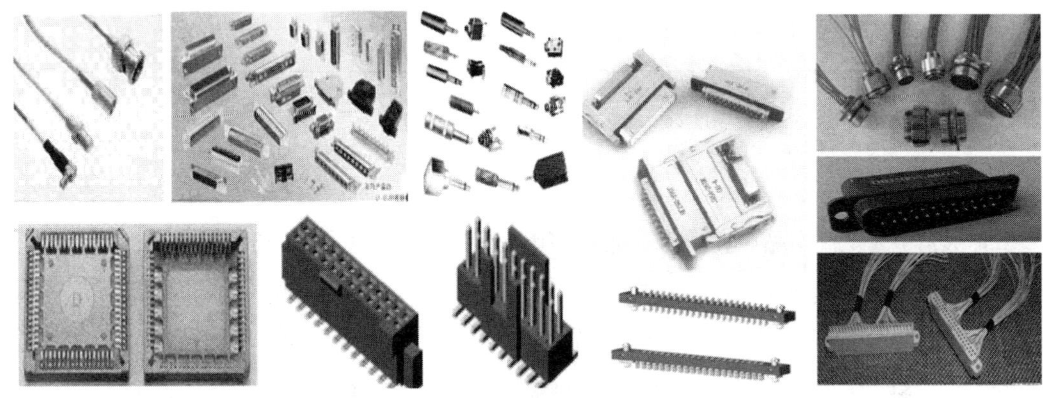

图 10.1.6　常用连接器

3. 连接器主要参数

连接器的主要参数有连接点数、排数、排阵间距、接触对额定电流、绝缘电压、使用温度范围、安装方式、插拔力大小等。同轴连接器及光纤光缆连接器必须考虑阻抗特性及光学性能等参数。

连接器使用注意事项如下。

(1) 接插件接触表面要保持干净，避免多余物。

(2) 在一些对安全性要求较高的互联电路中，可通过并联多个接插件或多点并联的方式提高可靠性。

(3) 所选用的电连接器型号规格应与电连接器使用接点数量、承载电流大小相匹配，一般电连接器芯数应留有 5%～10%余量。

(4) 当电连接器上的信号需要屏蔽时，其电连接器上至少应有一个接触针接到设备机壳上，有屏蔽要求的信号，建议选择电连接器的第一点为屏蔽接地点。

(5) 对用于供电的电连接器尽量选取具有足够负荷触点的电连接器，避免以多个触点并联来分担大电流的做法。

4. 使用及降额设计

电连接器降额的主要参数是工作电压、工作电流和温度。

为增加接点电流,可将电连接器的接触对并联使用。每个接触对应按规定对电流降额,在正常降额的基础上需再增加25%余量的接触对数。(如连接2 A的电流,采用额定电流1 A的接触对,在Ⅰ级降额的情况下,需要5个接触对并联)。

电连接器插拔次数是影响使用寿命的一个重要因素,使用时应加以控制。

降额准则电连接器降额准则见表10.1.11。

表10.1.11 电连接器降额准则

降额参数	降额等级		
	Ⅰ	Ⅱ	Ⅲ
工作电压(DC或AC)	0.50	0.70	0.80
工作电流	0.50	0.70	0.85
接触对数	在正常降额的基础上需再增加25%余量		
温度/℃	$T_{max}-50$	$T_{max}-25$	$T_{max}-20$
	$T_{min}+10$	$T_{min}+10$	$T_{min}+10$

注:1. 最高接触对额定温度T_M由电连接器相关详细规范确定,它应包括环境温度和功耗热效应引起的温升的组合。
2. 各接触对的接触电阻是不相等的,所以接触对数在正常降额后还要再加余量。
3. T_{max}和T_{min}是电连接器最高工作温度和最低工作温度。

5. 失效模式

航天器电子电源产品在进行故障模式、影响及危害性分析工作时,通常参考GJB/Z 299C-2006电子设备可靠性预计手册中给出的元器件失效模式,表10.1.12给出了连接器的失效模式及分布概率。连接器的连接可靠主要靠触点并联或连接器并联来实现。

表10.1.12 连接器的失效模式及概率

元件类型	失效模式	比例/%
连接器	开路	61.0
	工作不连续	23.0
	短路	16.0

10.1.7 半导体分立器件

1. 二极管

1) 概述

常用的二极管种类按功能分有开关、整流、电压调整(稳压)、电压基准、电流调整(稳流)、瞬变电压抑制、光电转换等。

按正向电流I_f大小,可分为功率和小功率两类。一般大于1 A为功率二极管。

按工作频率的高低可分为低频、高频两类。

宇航用半导体的封装有玻璃外壳、玻璃钝化、金属外壳、陶瓷外壳等封装形式。引出端涂覆一般有镀锡和镀金两种。常见二极管外形如图10.1.7所示。

2) 常用二极管

(1) 肖特基二极管。肖特基二极管用在整流器中是非常理想的,因为其正向导通电

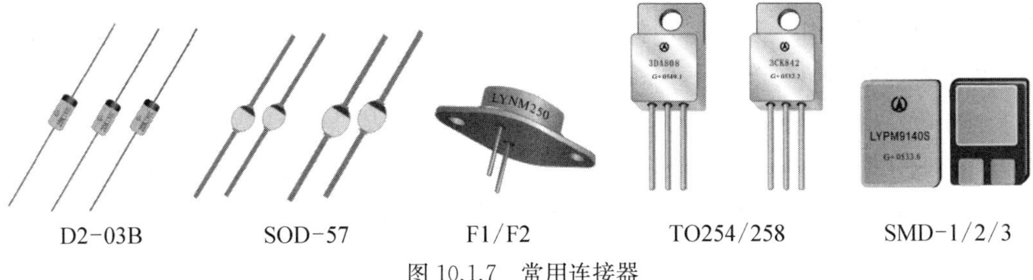

D2-03B　SOD-57　F1/F2　TO254/258　SMD-1/2/3

图 10.1.7　常用连接器

压小，而且没有反向恢复时间。但其阳极和阴极之间往往存在较大的电容，肖特基二极管两端电压变换时，电容回充放电，流入这个电容器的电流和普通的整流器的反向恢复电流完全相同，有时根据电路的情况，用超快速二极管的整流器可能要比用肖特基二极管整流器损耗要小得多。

在高温和反向电压接近额定值时，肖特基二极管的漏电流很严重。这个漏电流就像存在一条对阳极短路的通路一样，实际使用时，肖特基二极管两端的电压不能超过管子额定值的 3/4，工作温度也不能超过 110℃，最高工作结温和储存温度为 150℃。

高压肖特基的正向导通压降已经趋向接近普通整流器的水平。

(2) 快恢复二极管。快恢复二极管是一种具有开关特性好、反向恢复时间短特点的二极管，主要用于开关电源、变频器等电子电路中，作为高频的整流二极管、续流二极管用。反向耐压可达几百伏甚至上千伏，可工作在较高结温下，最高工作结温一般为 175℃。

(3) 稳压二极管。稳压二极管是能在齐纳击穿或者雪崩击穿条件下正常工作的二极管。当通过电压调整二极管的电流在一定范围内变化时，电压调整二极管两端的电压变化很小，因此这种二极管能起到稳定电压的作用。

稳压二极管耗散功率一般为 0.2～1 W，稳压范围一般为 1～40 V。

稳压二极管基本用途是用作稳压器，当流过它的电流在一定范围内变化时，它两端的电压变化不大。由于这个基本功能，可用它提供基本稳定的偏置电压。

稳压二极管的输出电压对温度是敏感的，利用这一特性，在电子线路中可用温度补偿，此外可用于钳位直接耦合的器件。

(4) 电压基准二极管。电压基准二极管有 2 个或者 2 个以上的硅 PN 结封装而成，这种器件在很宽的环境温度范围内或长时间工作条件下，呈现出很好的电压稳定性。

电压基准二极管虽有很好的温度稳定性或时间稳定性，但动态电阻不是很低，所以施加的电流 I_z 应限制在规定的范围内，且保持基本恒定。

电压基准二极管主要用作电压基准，一般不能带较大的负载。

根据实际温度变化情况，选择电压温度系数合适的电压基准二极管。

(5) 瞬变电压抑制二极管。瞬变电压抑制二极管是在稳压二极管工艺基础上发展起来的器件。在反向应用条件下，当承受一个高能量的瞬时脉冲时，其工作阻抗立即以很快的速度由高变低，降低至很低的导通值，允许大电流通过，同时把电压钳至预定水平，有效保护与之并联的电子线路中元器件，不因瞬时过载而损坏。瞬变电压抑制二极管有单向和双向两种,单向瞬变电压抑制二极管只对一个方向的浪涌电压起抑制作用,对另一个方向的浪涌电压只相当于一个正向导通的二极管;双向瞬变电压抑制二极管对任何方向的浪涌电压都能起到抑制作用。

选用瞬变电压抑制二极管时应遵循:① 瞬变电压抑制二极管的钳位电压应不高于被保护线路或元件的最大允许电压;② 瞬变电压抑制二极管最高反向工作电压应不低于被保护线路或元件的正常工作电压;③ 瞬变电压抑制二极管的瞬态脉冲功率必须大于被保护线路或元件可能遭遇的最大瞬态浪涌功率。

3) 主要参数

一般常用二极管的主要包括以下6个参数。

(1) 最大整流电流 I_F。是指二极管长期工作时所允许通过的最大正向直流电流。该电流的大小是由PN结的面积和散热条件决定的,不同种类的二极管差别较大,小的为十几毫安,大的为几千安培。

(2) 最大反向电压 U_{RM}。是指不致引起二极管击穿的最高反向电压,超过该值二极管可能被击穿损伤。

(3) 最大反向电流 I_{RM}。在规定的反向偏压下,二极管的直流电流为 I_{RM},该电流越小,二极管的单向导电性越好。一般硅管的 I_{RM} 为1 mA或者更小,肖特基管稍微大一些。二极管在最大反向电压 U_{RM} 时,二极管中的反向电流就是最大反向电流 I_{RM}。

(4) 最高工作频率 f。指二极管工作频率的最大值,主要由PN结结电容的大小决定的。有的二极管可以工作在高频电路中,如2CK系列、2CD系列、SBD系列;有的只能工作在低频电路,如2CZ系列、BZ系列。

(5) 热阻 R_{th}。一般指二极管PN结与器件壳体之间的热阻,单位为℃/W,简写 R_{thjc},有时也有结环境热阻的 R_{thja}。

(6) 最高结温 T_{jmax}。指二极管PN结能正常工作的最高温度。一般情况下,硅二极管最高结温为175℃,肖特基二极管为150℃。

4) 使用及降额设计

二极管的可靠使用主要靠合理的降额和高可靠器件使用,如整流二极管并联时不具有均流的特性,串联时也不具备均压的特性。

一般常用二极管的主要包括以二极管的降额主要是反向电压、电流、功率、结温的降额;二极管反向电压、电流、功率的降额准则见表10.1.13。

表10.1.13　二极管反向电压、电流、功率降额准则

降额参数	降额等级		
	Ⅰ	Ⅱ	Ⅲ
反向电压	0.60	0.70	0.80
电　流	0.50	0.65	0.80
功　率	0.50	0.65	0.80

注:1. 反向电压降额不适用于稳压管和基准管。
2. 瞬态峰值浪涌电压和瞬态峰值浪涌电流也应按本表进行降额。
3. 本表不适用于基准管,基准管只作结温降额。

以参数的最大允许值乘以表 10.1.13 的降额因子即得到了降额后允许的电压、电流和功率。

二极管最高结温的降额，根据二极管相关详细规范给出的最高结温 T_{jm} 而定，降额后的最高结温见表 10.1.14。

表 10.1.14　二极管最高结温降额准则

最高结温 T_{jm}/℃	降额等级		
	Ⅰ	Ⅱ	Ⅲ
200	115	140	160
175	100	125	145
不大于 150	$T_{jm}-60$	$T_{jm}-40$	$T_{jm}-20$

5）失效模式

航天器电子电源产品在进行故障模式、影响及危害性分析工作时，通常参考 GJB/Z 299C－2006 电子设备可靠性预计手册中给出的元器件失效模式，如表 10.1.15～表 10.1.17 给出了几种二极管的失效模式及分布概率。

表 10.1.15　整流二极管的失效模式及概率

元件类型	失效模式	比例/%
二极管	开　路	29.0
	短　路	51.0
	参数漂移	20.0

表 10.1.16　电压基准二极管的失效模式及概率

元件类型	失效模式	比例/%
二极管	开　路	18.0
	短　路	13.0
	参数漂移	69.0

表 10.1.17　稳压二极管的失效模式及概率

元件类型	失效模式	比例/%
二极管	开　路	45.0
	短　路	20.0
	参数漂移	35.0

2. 双极晶体管

1）概述

双极晶体管(BJT)的基本功能是在电路中对电流、电压或功率具有放大和开关作用。在实现信号放大的应用中，BJT 的输入通常是交流小信号，信号电压幅度远小于热电势，室温下约为 26 mV，比直流偏置电压小得多，相应的交流电流也会比直流偏置下的电流小得多;这时 BJT 工作在正向有源区,作为线性放大,输入信号电流电压与输出信号电流电压之间近似为线性变化关系。

2) 常用双极晶体管

半导体分立器件种类很多,分类方式有多种。按半导体材料可分为硅管与锗管;按极性可分为 PNP 型与 NPN 型;按结构及制造工艺可分为扩散型、合金型与平面型;按电流容量可分为小功率管、中功率管与大功率管;按工作频率可分为低频管、高频管与超高频管;按封装结构可分为金属封装、塑料封装、玻璃钢壳封装、表面封装与陶瓷封装;按功能和用途可分为低噪声放大晶体管、中高频放大晶体管、低频放大晶体管、开关晶体管、达林顿管等多种类型。

3) 主要参数

双极型三极管有直流参数(三极管在正常工作时需要的直流偏置,亦称直流工作点)、交流参数(放大倍数)、集电极最大电流 J_{CM}、最大反向电压 U_{CEO} 和最大允许功耗 P_{CM} 等。

(1) 电流放大系数 β。通常三极管的外壳上会有不同的色标来表明该三极管放大倍数所处的范围。

表 10.1.18 为硅、锗开关管、高低频小功率管、硅低频大功率管 D 系列、DD 系列、3CD 系列三极管放大倍数的色度表示的颜色标记。

表 10.1.18 D、DD、3CD 系列三极管的放大倍数色标法

0～15	15～25	25～40	40～55	55～80	80～120	120～180	180～270	270～400	400～600
棕	红	橙	黄	绿	蓝	紫	灰	白	黑

(2) 集电极最大电流 I_{CM}。指三极管集电极允许通过的最大电流。但应注意的是当三极管电流 I 大于 I_{CM} 时不一定会烧坏,但 β 等参数将明显变化,会影响管子正常的工作。

(3) 反向击穿电压 U_{CEO}。是指三极管基极开路时,允许加在集电极和发射极之间的最高电压。通常情况下 c、e 间电压不能超过 U_{CEO},否则会引起管子击穿或性能变差。

(4) 集电极最大允许功耗 P_{CM}。指三极管参数变化不超过规定允许值时的最大集电极耗散功率。使用三极管时,实际功耗不允许超过 P_{CM},通常还应留有余量,因为功耗过大往往是三极管烧坏的主要原因。

4) 使用及降额设计

由于场效应管的输入电阻很高,容易造成栅极上电荷积累而导致感应电压过高而被击穿。焊接、保存及运送过程要保证场效应管有着很好的释放电荷的途径。

结型场效应管的源极和漏极是对称的,源极和漏极互换使用不影响效果。

晶体管在脉冲电流工作时,脉冲电流一般不大于额定电流的 2 倍。

晶体管的放大倍数受温度、老化、离散性等的影响。在基极电流可保证提供的情况下,一个保守的设计是假定晶体管的放大倍数是 10。

集电极的漏电流会随着温度的升高而升高，一般的按 1 mA 设计。

晶体管降额准则见表 10.1.19。

表 10.1.19　晶体管反向电压、电流、功率降额准则

降额参数	降额等级		
	Ⅰ	Ⅱ	Ⅲ
反向电压*	0.60	0.70	0.80
	0.5**	0.6**	0.7**
电　流**	0.60	0.7	0.80
功　率	0.50	0.65	0.75

* 直流、交流和瞬态电压或电流的最坏组合不得大于降额后的极限值(包括感性负载)。

** 适用于功率 MOSFET 的栅-源电压降额。

晶体管最高结温的降额见表 10.1.20。

表 10.1.20　晶体管最高结温降额准则

最高结温 T_{jm}/℃	降额等级		
	Ⅰ	Ⅱ	Ⅲ
200	115	140	160
175	100	125	145
不大于 150	$T_{jm}-65$	$T_{jm}-40$	$T_{jm}-20$

功率晶体管还要对安全工作区进行降额，功率晶体管安全工作区的降额见表 10.1.21。

表 10.1.21　晶体管安全工作区降额准则

降额参数	降额等级		
	Ⅰ	Ⅱ	Ⅲ
集电极-发射极电压	0.70	0.80	0.90
集电极最大允许电流	0.60	0.70	0.80

5）失效模式

航天器电子电源产品在进行故障模式、影响及危害性分析工作时，通常参考 GJB/Z 299C－2006 电子设备可靠性预计手册中给出的元器件失效模式，表 10.1.22 给出了双极型晶体管的失效模式及分布概率。

表 10.1.22　双极型晶体管的失效模式及概率

元件类型	失效模式	比例/%
双极型晶体管	开　路	44.0
	短　路	36.0
	增益等性能退化	20.0

3. MOS 管

1）概述

场效应管因具有很高的输入电阻、小的输出电阻并且本身的功耗很小、噪声低、抗辐射能力强、便于集成而得到广泛应用。在超大规模集成电路中最小单位往往是场效应管。数字电路中常用的与门、或门等简单门电路也常用场效应管构成。场效应管的三个极分别为门极(G)，也叫栅极、漏极(D)和源极(S)。场效应管按沟道注入离子的不同分为P型和N型，按其栅极的不同生成方式分为结型场效应管和绝缘栅型场效应管。绝缘栅型按工作状态又可分为增强型和耗尽型。

2）常用类型

根据载流子的不同类型，MOSFET 可以分为N沟道 MOSFET 和P沟道 MOSFET 两种，图形符号中的箭头表示电子在沟道中移动的方向。图10.1.8(a)表示N沟道，电流的方向是从漏极出发，经过N沟道流入n区，最后从源级流出；图10.1.8 (b)表示P沟道，电流方向是从源级出发，经过P沟道流入p区，最后从漏极流出。

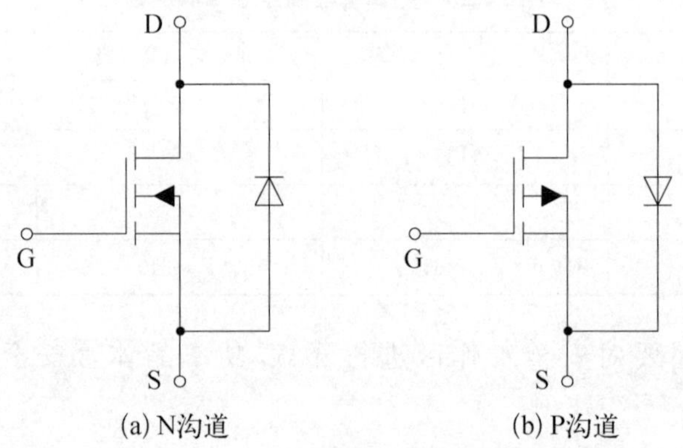

图10.1.8　MOSFET 图形符号

3）主要参数

MOS 管的使用时主要参数如下。

(1) 漏-源击穿电压 $V_{(BR)DS}$。漏-源击穿电压 $V_{(BR)DS}$ 是漏极和沟道体区 PN 结上的反偏电压，该电压决定了器件的最高工作电压。它主要由漏极对本体 PN 结的雪崩电压决定，同时还受栅极对沟道和漏极电场的影响。

(2) 最大允许漏极电流 I_{DM}。在漏极输出特性曲线饱和区中，漏极电流达到饱和值就是最大允许漏极电流 I_{DM}。饱和电流由栅氧化层电容 C、电子表面有效迁移率、有效散射极限速度、阈值电压和沟道宽度来决定。提高 I_{DM} 主要靠增加单位管芯面积的沟道宽度。

(3) 导通电阻 $R_{DS(on)}$。导通电阻决定了场效应管的导通功率损耗，导通电阻具有正温度系数，功率 MOSFET 的这种特性带来的好处就是容易并联，并联后在稳态时具有自动均流的能力。

(4) 栅源击穿电压 $V_{(BR)GS}$。栅-源击穿电压 $V_{(BR)GS}$ 是栅极和源极之间绝缘层的击穿电压。通常约为±20 V。

另外，在功率 MOSFET 中有一个寄生体二极管，该二极管的特性对晶体管的使用很重要，该二极管的参数可参见二极管的参数说明。

(5) 最大允许漏源功率耗散 P_{DM}。

在壳温 T_c 为 25℃时，在规定的散热条件下，最高结温不超过晶体管的最高允许结温时的允许功耗值。

(6) 最高结温 T_{jM}。最高结温 T_{jM} 是指功率 MOSFET 正常工作时所允许的最高温度。它与所使用的材料、工艺有直接关系。目前 Si 材料的功率 MOSFET 允许的最高结温为 150℃。

二极管的特性对晶体管的使用很重要，该二极管的参数可参见二极管的参数说明。

(7) 热阻。热阻由两个参数来表征，$R_{th(j-c)}$ 和 $R_{th(j-a)}$ 分别为结对外壳的热阻和结到环境的热阻，单位为℃/W。

(8) 抗辐照指标。如抗总剂量辐照指标为≥100 krad(si)；抗单粒子辐照指标为 LET≥75 MeV·cm^2/mg(按国内实际粒子水平考核，不低于 65 MeV·cm^2/mg)。

(9) 开关时间。实际的功率 MOSFET 由于寄生电容、电感、电阻的作用，它的开关过程不是理想的状态，存在时间的延迟，包括导通时间 $t_{d(on)}$、关断时间 $t_{d(off)}$、上升时间 t_r、下降时间 t_f。

4) 使用及降额设计

一般的，N 沟道 MOSFET 由于其功率大，电特性好，价格较低得到较多的使用。

MOSFET 的导通电阻是正温度系数，温度较高时，其电阻较大，因而易于并联，并联的 MOSFET 栅极应当分别串有电阻，可以限制栅极充电电流，减小并联时的高频振动。

较大的 $V_{(BR)DS}$ 降额对空间抗单粒子有益处。

开关损耗与电磁兼容特性应当兼顾，较低的开关损耗有时意味着开关速度较快，电流电压尖峰较高。

降额系数见表 10.1.19、表 10.1.20 和表 10.1.21。

5) 失效模式

航天器电子电源产品在进行故障模式、影响及危害性分析工作时，通常参考GJB/Z 299C－2006 电子设备可靠性预计手册中给出的元器件失效模式，表 10.1.23 给出了场效应晶体管的失效模式及分布概率。

表 10.1.23　场效应晶体管的失效模式及概率

元 件 类 型	失 效 模 式	比 例/%
场效应晶体管	开 路	40.0
	短 路	35.0
	参数漂移	25.0

10.1.8 集成运算放大电路

1. 概述

集成运算放大电路就是将许多电阻、电容、晶体二极管、三极管等元件，利用半导体工艺制作在一块较小的硅单晶片上，并按照多层布线或者隧道布线的方法将电子元器件组合而成以完成特定功能的电子线路。这种器件实现了材料、元件、电路三位一体的功能。集成电路在体积、质量、耗电、寿命、可靠性及电性能指标方面，远远高于分立元件，因而得到了广泛的应用。

2. 常用类型

集成运算放大电路一般属于单片集成电路，单片集成电路的品种相当多，按其功能不同可分为模拟集成电路(各类放大器、比较器、PWM 控制器、基准源、乘法器、模拟开关等)、数字集成电路(门电路、时序逻辑电路、处理器、存储器等)、数模混合集成电路(A/D 转换器、D/A 转换器、V/F 转换器等)及其他类型的集成电路(光耦、传感器等)。

按集成度高低不同，可分为小规模集成电路、中规模集成电路、大规模集成电路和超大规模集成电路 4 类。常见集成电路见图 10.1.9。

图 10.1.9 常见单片集成电路

3. 主要参数

集成放大电路的主要参数与其功能密切相关，不同功能的电路，其参数不同。一般来说，集成放大电路均有电源电压、功耗、结温、ESD 等级等参数，宇航应用时还有抗辐照参数，安装时要考虑其外形参数，力学参数等。

以运算放大器为例说明其主要参数。

1) 输入失调电压 V_{OS}

在运算放大器的输入端外加一直流补偿电压，使放大器的输出端为零电位，则所加的补偿电压值等于输入失调电压。

2) 输入失调电流 I_{OS}

当输入信号为零时，运算放大器两输入端静态输入电流之差。

3) 输入偏置电流 I_{ib}

当输入信号为零时，运算放大器两输入端静态输入电流的平均值。

4) 静态功耗 P_{c0}

在无外接负载的情况下，对于额定的电源电压，运算放大器本身消耗的正负电源的总功耗。

5）开环电压增益 A_o

运算放大器在开环时，输出电压增量与输入差模电压增量之比。

6）共模抑制比 C_{MRR}

运算放大器的差模电压增益与共模电压增益之比。

7）最大输出幅度 V_{om}

在规定的电源电压和负载电阻下，运算放大器能输出的最大峰峰电压值。

8）开环带宽 f_{BW}

运算放大器的开环电压增益随着信号频率升高而下降，当开户增益下降到直流增益的 0.707（−3 dB）时的信号频率。

9）单位增益带宽 G_B

运算放大器在 1∶1 的比例放大状态下，当闭环增益下降到 0.707 时的频率，或者是开环增益下降到 1 时的频率。

10）电源电压抑制比 S_{VR}

运算放大器供电电源的单位电压变化引起的等效输入失效电压的变化。

11）差模输入电阻 R_i

运算放大器开环时，两输入端之间的差模电压变化量与由它引起的输入电流变化量之比。

12）开环输出电阻 R_o

运算放大器开环时，输出电压增量与由它引起的输出电流增量之比。

13）转换速率 S_r

在大信号条件下，运算放大器的输出电压随时间的最大变化率。

14）建立时间 T_s

当运算放大器接成 1∶1 的负反馈，且加入大信号阶跃电压时，输出电压达到其与最终值相比误差小于规定值所需的时间。

15）最大输入共模电压 V_{icm}

运算放大器的正常工作状态不被破坏而在输入端能承受的最大共模电压。

16）电源电压 V_{cc}/V_{ee}

运算放大器能正常工作而需要的电源电压范围。

4. 使用及降额设计

模拟电路降额准则见表 10.1.24。

（1）电源电压从额定值降额。

（2）输入电压从额定值降额。

（3）输出电流从额定值降额。

（4）功率从最大允许值降额。

（5）结温降额给出了最高允许结温。

5. 失效模式

航天器电子电源产品在进行故障模式、影响及危害性分析工作时，通常参考GJB/Z 299C－2006 电子设备可靠性预计手册中给出的元器件失效模式，表 10.1.25 给出了几种常用单片集成电路的失效模式及概率分布。

表 10.1.24　模拟电路降额准则

降额参数	放大器			比较器			电压调整器			模拟开关		
	降额等级			降额等级			降额等级			降额等级		
	Ⅰ	Ⅱ	Ⅲ	Ⅰ	Ⅱ	Ⅲ	Ⅰ	Ⅱ	Ⅲ	Ⅰ	Ⅱ	Ⅲ
电源电压*	0.70	0.80	0.80	0.70	0.80	0.80	0.70	0.80	0.80	0.70	0.80	0.85
输入电压**	0.60	0.70	0.70	0.70	0.80	0.80	0.70	0.80	0.80	0.80	0.85	0.90
输入输出电压差***	—	—	—	—	—	—	0.70	0.80	0.85	—	—	—
输出电流	0.70	0.80	0.80	0.70	0.80	0.80	0.70	0.75	0.80	0.75	0.80	0.85
功　率	0.70	0.75	0.80	0.70	0.75	0.80	0.70	0.75	0.80	0.70	0.75	0.80
最高结温 ℃	80	95	105	80	95	105	80	95	105	80	95	105

* 电源电压降额后不应小于推荐的正常工作电压。
** 输入电压在任何情况下不得超过电源电压。
*** 电压调整器的输入电压在一般情况下即为电源电压。电压调整器属于功率类器件,功耗及输出电流降额因子取晶体管降额值。输入输出压差与输出电流的乘积即功耗,在功耗及输出电流限定后,压差必须大于器件手册要求的最小值。

表 10.1.25　运算放大器的失效模式及概率

元件类型	失效模式	比例/%
运算放大器	电性能失效	60.0
	过电应力	9.1
	功能失效	1.5
	机械失效	19.2
	开　路	2.1
	参数超差	8.1

10.1.9　PWM 控制器

1. X1525A 控制器

脉宽调制电路(pulse width modulator,PWM)X1525A 是硅双极功率 IC 工艺制造的单片集成电路。内部设有 5.1 V±1%精密基准源。误差放大器的输入共模范围覆盖了基准电压,因而不必外接分压电阻。振荡器设置外同步输入端,可实现多组电源同步工作,或用系统时钟对电源同步。在 C_T端与放电端之间接一电阻,可实现死区调节,外接一只定时电容,可完成软启动功能,关断端控制软启动电路和输出级,实现对输出脉冲的即时关断和软开启。电路设置欠压锁定,当输入电压低于正常工作电压时,关断输出脉冲。PWM 比较器后设置锁存器,以防止一个周期内多个脉冲输出。锁存器由每个周期的时钟脉冲复位。具有两个方波输出端,相差为 π,占空比范围为 0～0.49,控制电压为 0.9～3.3 V,工作频率范围为 100 Hz～500 kHz,工作电压为 8～30 V。双端图腾柱输出电流可达±200 mA。输出级为"或非"逻辑,输出正脉冲,可与 SG1525/UC1525 等互换使用。

电路采用 16 引线陶瓷双列封装,各引脚功能定义见表 10.1.26。

表 10.1.26　X1525A 各引脚功能定义

引出端序号	符　号	功　能	引出端序号	符　号	功　能
1	IN−	运放反相输入	9	COMP	运放输出补偿
2	IN+	运放同相输入	10	SD	关断
3	SYNC	外同步	11	OUT_A	A 路输出
4	OUTosc	振荡器输出	12	GND	地
5	C_T	定时电容	13	V_C	输出级电源正
6	R_T	定时电阻	14	OUT_B	B 路输出
7	DIS	放电端	15	V_{CC}	电源
8	SS	软启动	16	V_{ref}	基准

图 10.1.10 为 X1525A 内部功能框图，各部分功能及用法如下：

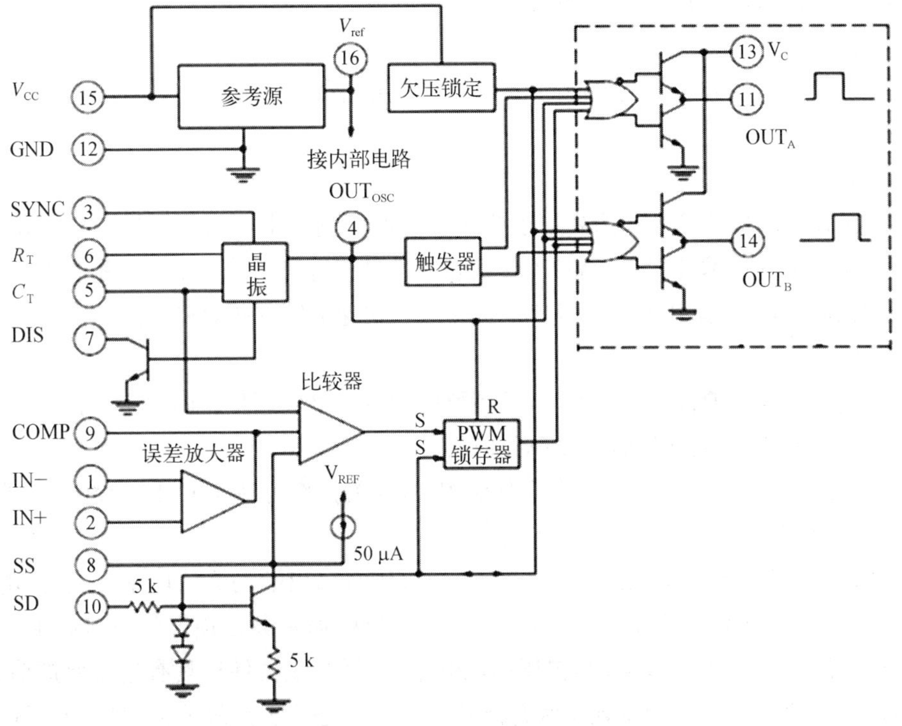

图 10.1.10　X1525A 内部功能框图

1）X1525A 工作频率设置

X1525A 的工作频率由接在 5、6 及 7 脚外接的电阻电容来确定，具体接法见图 10.1.11。

图 10.1.11 中各元器件参数为：R_t 为 RJK53－3.6 kΩ，R_d 为 RJK53－100 Ω，C_t 为 CY22－5－250 V－3 900 pF，则 X1525A 的工作频率可由式(10.1.1)计算得到。

$$f=\frac{1}{C_t(0.7R_t+3R_d)} \tag{10.1.1}$$

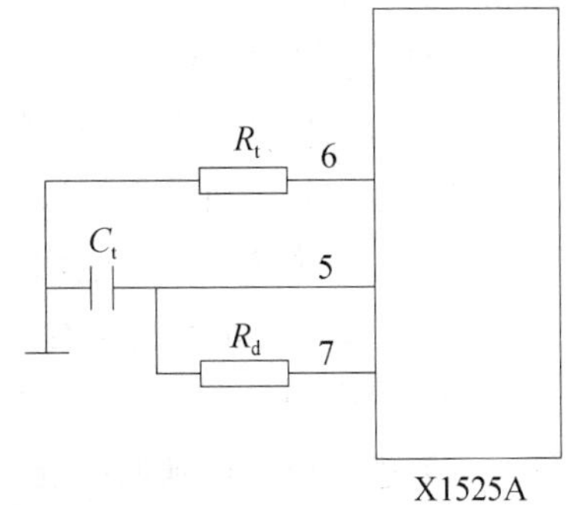

图 10.1.11　工作频率设置电路

代入以上数据得,X1525A 的工作频率 f 为 90.9 kHz,PWM 脉宽调制输出频率为 45.45 kHz,符合 X1525A 的使用条件。

2) 死区时间设置

在电容 C_t 为 3 900 pF 及 R_d 为 100 Ω 的情况下查 X1525A 手册中相关曲线,可知死区时间约 1.5 μs,此时 X1525A 的最大占空比约为 42%。

3) 软启动时间的设置

X1525A 8 脚外接电容设为 C_8,则软启动时可用式(10.1.2)计算。

$$t = \frac{V_{sd}}{50\ \mu A} C_8 \tag{10.1.2}$$

式中,V_{sd}为关断电压,取 2.5 V;C_8 取 4.7 μF,则软启动时间 t 为 0.235 s。

4) 过压过流保护

不使用过压过流保护功能时,10 脚接地。

5) 同步功能

多个 X1525A 控制的开关电源并联工作为确保冗余功能有效时,不使用同步功能,3 脚悬空。

2. UC1875 控制器

相移谐振控制器 UC1875 系列用于桥式变换器控制。由于采用了恒频脉宽调制、谐振和零电压开关等技术,因此在高频工作状态下可以获得很高的频率。该系列 IC 可以采用电流型控制,也可以采用电压型控制。为了实现快速故障保护,该电路中还具有独立的过流保护电路。

每个输出级导通前都有一个死区,并且死区的时间可以调整。因此,每对输出级(A-B、C-D)的谐振开关导通时间,可以单独控制。

振荡器的频率可超过 2 MHz,在实际应用中,开关频率可达 1 MHz,高频振荡器还可与时钟/同步脚引入的外部时钟信号保持同步。

该器件具有欠压锁定功能,发生欠压锁定时,所有输出端均为低电平,一直到电源电压达到 10.75 V 门限值。为了提高欠压锁定的可靠性,通常欠压锁定门限滞后 1.5 V,也就是说当电源电压达到 9.25 V 时,欠压锁定电路仍工作,该器件还具有过流保护功能,过流故障发生后的 70 ns 内,全部输出级都能转入关断状态。过流故障消除后,该器件能够重新开始工作。

器件主要特点如下。

(1) 占空比 0~100%可调。

(2) 工作频率可达 1 MHz。

(3) 有 4 个 2 A 推拉输出端。

(4) 10 MHz 误差放大器。

(5) 软启动。

(6) 输出级导通延迟可调。

(7) 可采用电流型控制也可采用电压型控制。

(8) 欠压锁定，输出低电平。

(9) 具有整周期重新启动的锁存过流比较器。

UC1875 工作原理如图 10.1.12 所示，各引脚定义见表 10.1.27。

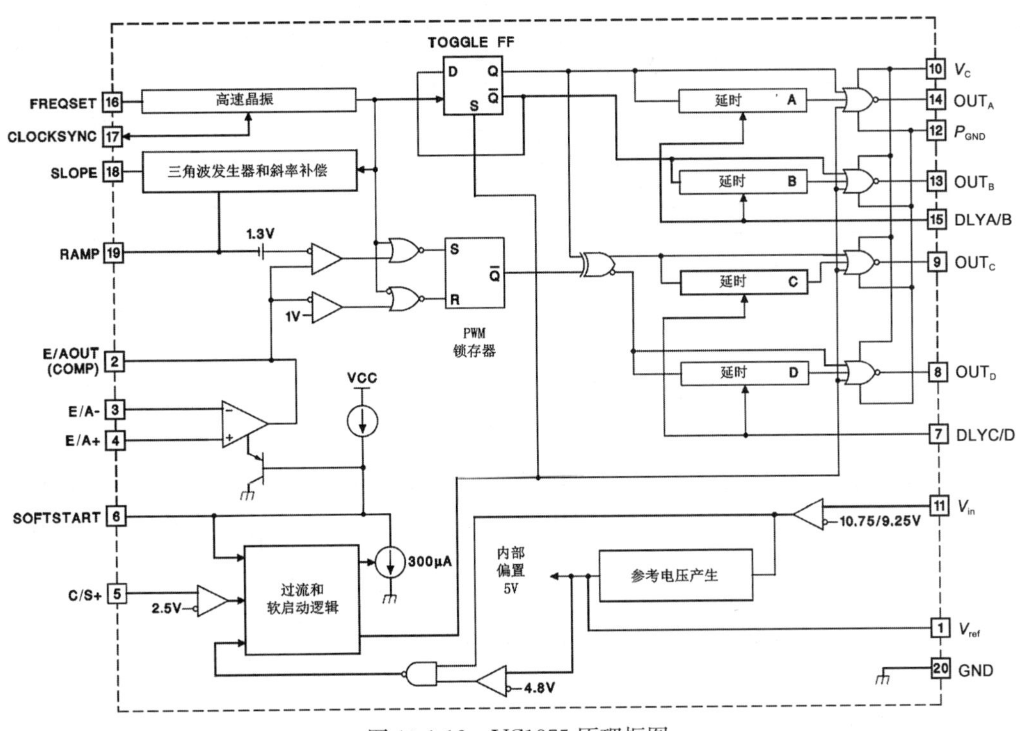

图 10.1.12　UC1875 原理框图

表 10.1.27　UC1875 各引脚功能定义

引出端序号	符　号	功　能	引出端序号	符　号	功　能
1	V_{ref}	基准电压	11	V_{in}	芯片电源
2	E/AOUT	误差放大输出	12	P_{GND}	功率地
3	E/A−	误差放大反相端	13	OUT_B	输出 B
4	E/A+	误差放大同相端	14	OUT_A	输出 A
5	C/S+	电流检测	15	DLYA/B	输出延时控制 AB
6	SS	软启动	16	FQ SET	频率设定
7	DLYC/D	输出延时控制 CD	17	CLK/SYC	时钟与同步
8	OUT_D	输出 D	18	SLOPE	斜率补偿
9	OUT_C	输出 C	19	RAMP	斜坡电压
10	V_c	输出功率管电源	20	GND	信号地

UC1875 各部分功能及用法如下。

1) 工作频率设置

UC1875 的工作频率由接在 FREQSET 脚外接的电阻电容来确定，电阻电容与频率对应曲线及电路具体接法见图 10.1.13。

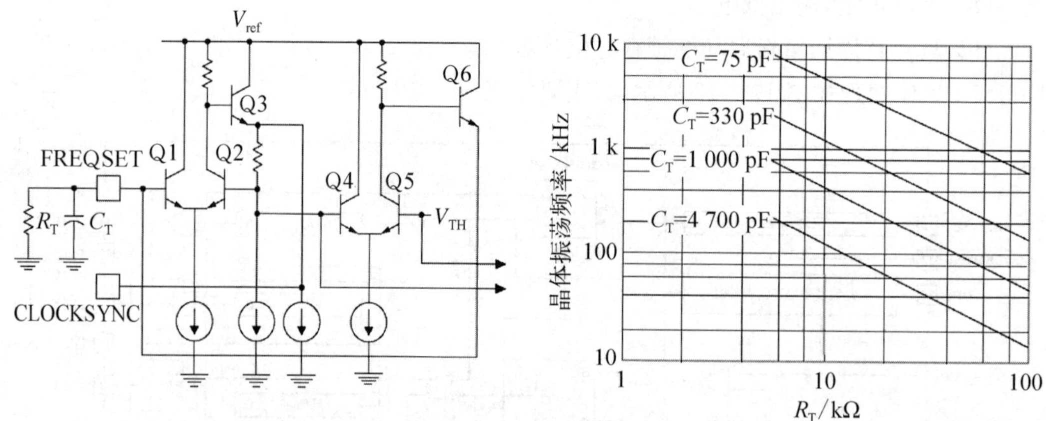

图 10.1.13　工作频率设置电路

图 10.1.13 中各元器件参数：R_T取 10 kΩ，C_T取 4 700 pF，工作频率约为 110 kHz。

2) 欠压锁定

欠压锁定电路如图 10.1.14 所示，电源接通后，若输入电压 V_{in}低于欠压锁定门限，输入电流将低于 600 μA，基准电压关断，故障所存复位，软启动脚放电，各输出脚保持低电平。

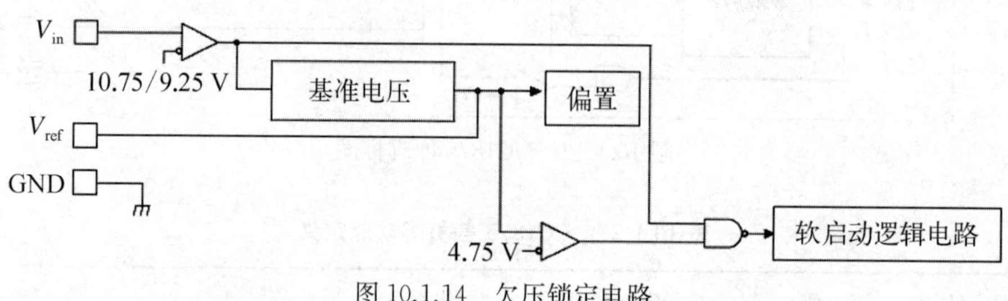

图 10.1.14　欠压锁定电路

输入电压 V_{in}超过欠压锁定电压上限值(10.75 V)时，基准电压产生，其他电路部分仍保持关断状态，直到基准电压高于 4.75 V。

3) 软启动与故障

当 V_{in}低于欠压锁定门限值时，SOFT-START(SS 软启动)脚将保持地电位，当 V_{in}超过欠压锁定门限值时，通过内部 9 μA 电流源对电容充电，软启动脚的电压将升到 4.8 V。发生过流故障时(电流取样 C/S+电压高于 2.5 V)，软启动电压将下降到地电位，然后再爬升至 4.8 V。如果故障发生在软启动过程中，各输出端立即变为低电平，并且在故障锁存器复位前，软启动电容必须充满电。故障及软启动电路框图见图 10.1.15，故障及软启动工作时序波形见图 10.1.16。

多个控制器并联时，软启动脚可以并接至一个电容上，此时充电电流将增加。

故障控制电路提供两种方式的电源关断：

(1) 完全关断四个输出的功率级；

(2) 将相位钳位在零。

故障逻辑通过强制软启动电容器在每次重新启动尝试之间的整个循环中充电，从而

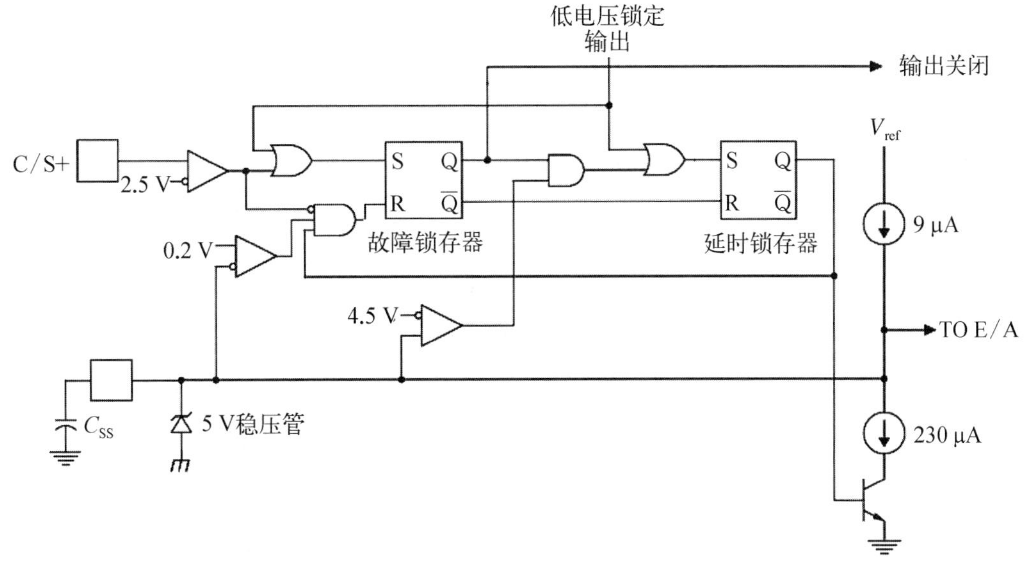

图 10.1.15　故障及软启动电路框图

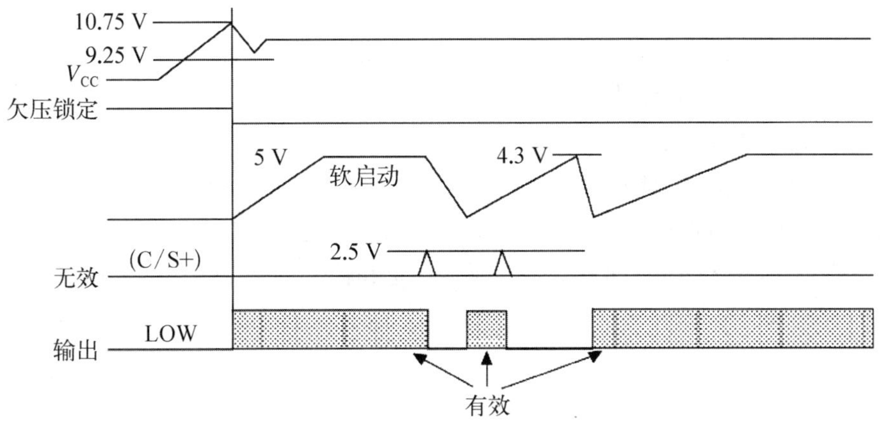

图 10.1.16　故障及软启动工作时序波形

确保连续故障将产生一个低频的“打嗝”重试循环。

4）斜波产生电路

斜波发生器可以设置为以下几种控制方式。

（1）电压型控制。

（2）电压前馈控制。

（3）电流型控制。

（4）具有斜率补偿的电流模式。

在 V_{in} 和 SLOPE 间增加 R_{SLOPE} 可实现简单的电压控制，在输入电源电压和 SLOPE 间增加 R_{SLOPE} 可以实现电压前馈控制。

斜波电压斜率：

$$\frac{\mathrm{d}V}{\mathrm{d}t}=\frac{UR_{SLOPE}}{R_{SLOPE}\times C_{RAMP}}$$

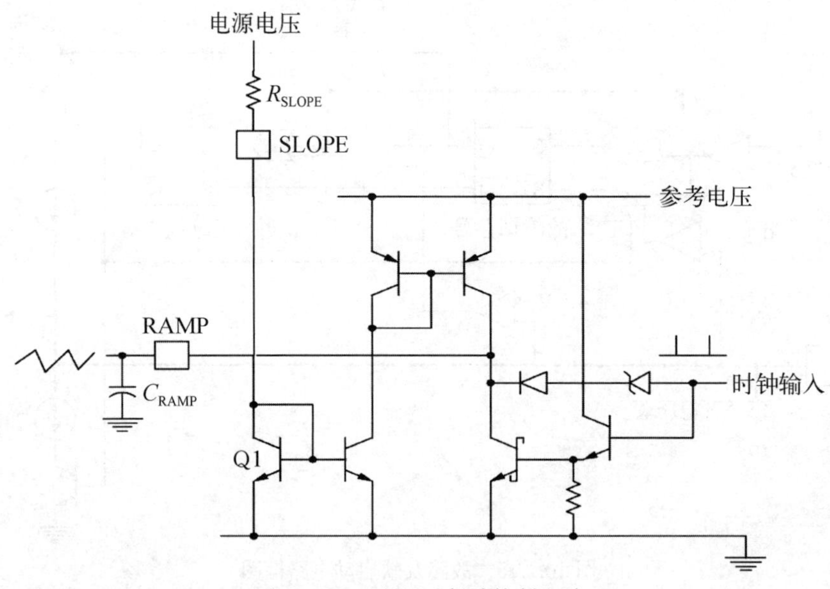

图 10.1.17　电压型斜波控制电路

采用电流型控制时,将 SLOPE 脚接地禁止斜波发生器工作,将 RAMP 脚直接作为电流采样信号输入到 PWM 比较器。

5) 延迟设定和输出电路

每个输出级电路中晶体管 Q3～Q9 组成高速的推拉电路,峰值电流大于 1 A,各级输出电流之间的延迟时间约为 30 ns。为确保输出开关导通前输出低电平,在电源电压达到导通门限值之前,晶体管 Q6 维持导通。延迟设定和输出电路见图 10.1.18。

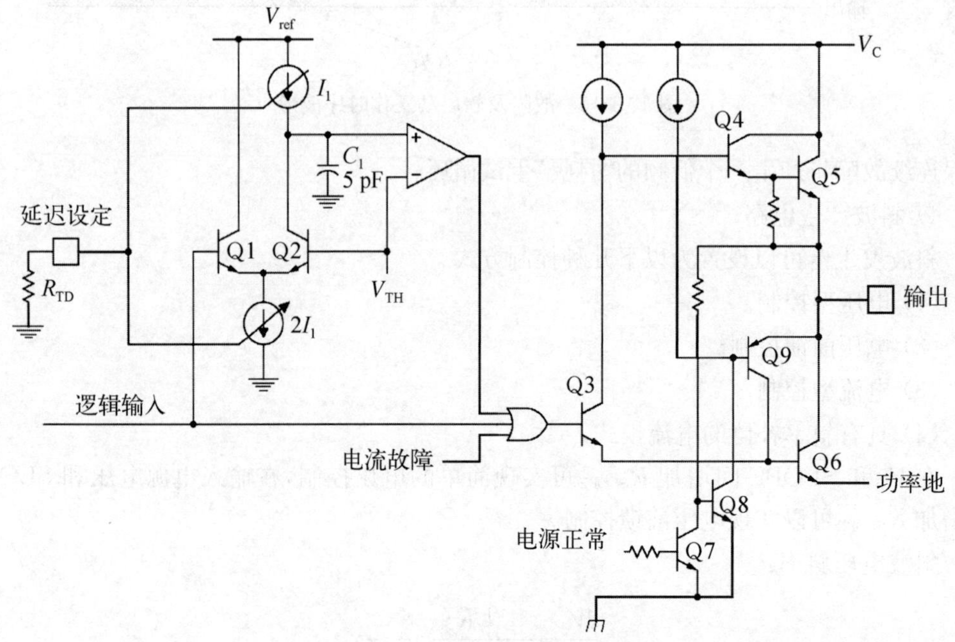

图 10.1.18　延迟设定和输出电路

两组输出信号之间的延时由电容 C_1 决定，输出信号变为高电平之前，C_1 必须放电使其电压低于门限值 U_{TH}。延迟时间由内部恒流源 I_1 决定，该电流源的电流可通过外部电阻 R_{TD} 调整，DELAY SET（延迟设定）脚的电压稳定在 2.5 V。死区时间可在 20～200 ns 调整。

6）地线设置

每一个输出端峰值电流为 1 A，印制板的地层的详细设计是 UC1875 正确工作的前提，一般应铺设地线层，与输出级相关联的大的 dI/dt 信号应设置专门的地线层，应连接至 P_{GND}，P_{GND} 应当与芯片的其他信号部分地分割，V_{CC} 与 P_{GND} 间应当设置有良好高频特性的电容，V_{ref} 和 GND 间应当设置低 ESR 和 ESL 的电容器，其他模拟信号应当采取类似措施。信号地与功率地的设置见图 10.1.19。

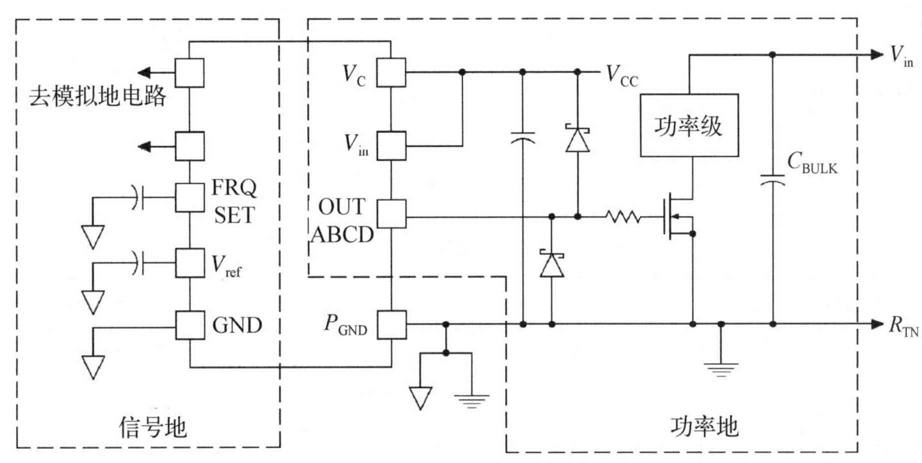

图 10.1.19　信号地与功率地的设置

10.1.10　锂电池采集集成电路

1. B7280ARH 单体采集电路

1）功能说明及功能框图

B7280ARH 器件是一款锂离子（Li-Ion）电池监控芯片，其内置对混合动力电动汽车、备用电池应用和电动工具所用串联锂离子电池组进行通用监测所需的全部功能。该器件具有多路复用电池电压和辅助 ADC 测量通道，内置 12 ADC，可以监控 4 个、5 个或 6 个串联锂离子电池单元的电压和温度。可实现最多 48 个单体串联的电池组单体监视。器件采用 CQFP44 陶瓷封装，见图 10.1.20。

2）引脚说明

表 10.1.28 给出了 B7280ARH 的引出端排列及功能说明。

3）主要技术指标

主要技术指标如下。

(1) V_{DD} 至 V_{SS}、AGND：8～30 V。

(2) V_{DRIVE} 至 V_{SS}、AGND：2.7～5.5 V。

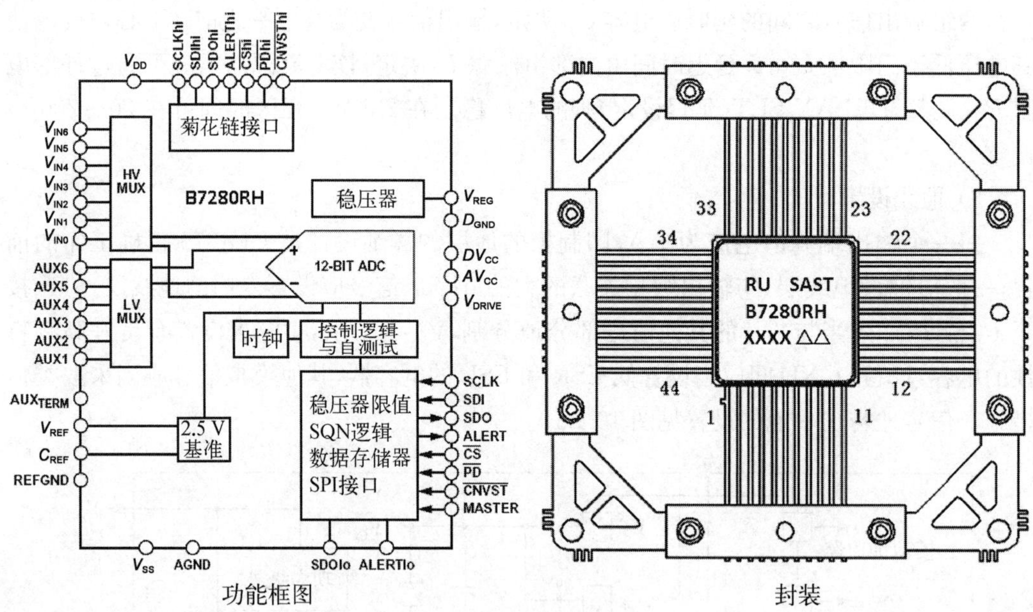

图 10.1.20 电路功能框图及封装

表 10.1.28 B7280ARH 引脚定义及说明

脚号	信号名称	类别	功能说明	脚号	信号名称	类别	功能说明
1	$\overline{\text{PDhi}}$	O	菊花链模式的关断输出	23	SDO	O	串行数据输出
2	V_{IN6}	I	模拟输入	24	ALERT	O	数字输出
3	NC		不接	25	ALERTlo	O	菊花链模式的报警输出
4	V_{IN5}	I	模拟输入	26	V_{DRIVE}	P	逻辑电源输入
5	NC		不接	27	AVCC	P	ADC 内核模拟电源电压
6	V_{IN4}	I	模拟输入	28	AGND	G	模拟地
7	V_{IN3}	I	模拟输入	29	AUX_{TERM}	I	热敏电阻端接电阻输入
8	V_{IN2}	I	模拟输入	30	AUX6	I	辅助单端 5V ADC 输入
9	V_{IN1}	I	模拟输入	31	AUX5	I	辅助单端 5V ADC 输入
10	V_{IN0}	I	模拟输入	32	AUX4	I	辅助单端 5V ADC 输入
11	MASTER	P	电压输入	33	AUX3	I	辅助单端 5V ADC 输入
12	$\overline{\text{PD}}$	I	关断输入	34	AUX2	I	辅助单端 5V ADC 输入
13	V_{DD}	P	高压模拟输入正电源电压	35	AUX1	I	辅助单端 5V ADC 输入
14	V_{SS}	G	高压模拟输入负电源电压	36	C_{REF}	I	基准电压电容
15	V_{REG}	O	模拟电压输出	37	V_{REF}	O	基准电压输出
16	DVCC	P	数字电源电压	38	REFGND	G	基准电压地
17	DGND	G	数字地	39	ALERThi	I	菊花链模式的报警输入
18	$\overline{\text{CS}}$	I	片选输入	40	SDIhi	I	菊花链模式的串行数据输入
19	SCLK	I	串行时钟输入	41	$\overline{\text{CNVSThi}}$	O	菊花链模式的转换开始输出
20	SDI	I	串行数据输入	42	SDOhi	O	菊花链模式的串行数据输出
21	$\overline{\text{CNVST}}$	I	转换开始输入	43	SCLKhi	O	菊花链模式的串行时钟输出
22	SDOlo	O	菊花链模式的串行数据输出	44	$\overline{\text{CShi}}$	O	菊花链模式的片选输出

注：管脚类别为 I—输入，O—输出，P—电源，G—地。

(3) 工作环境温度(T_A)：−55～+125℃。

(4) 单体电压采集精度：5 mV(−45～+85℃)。

(5) 接口：SPI。

(6) 数字接口工作频率(f)：小于等于 1 MHz。

(7) 抗总剂量辐射能力：不小于 2×10^4/rad(Si)。

(8) 抗单粒子锁定 LET≥37 MeV·cm²/mg。

4) 应用

(1) 模拟输入端外部元件建议配置。模拟输入端串联 10 kΩ 电阻，如果这些输入过压或欠压，这些电阻可以保护模拟输入端。差分输入端上 100 nF 电容与 0 kΩ 电阻一起构成一个低通滤波器，其截止频率为 80 Hz，具体见图 10.1.21。

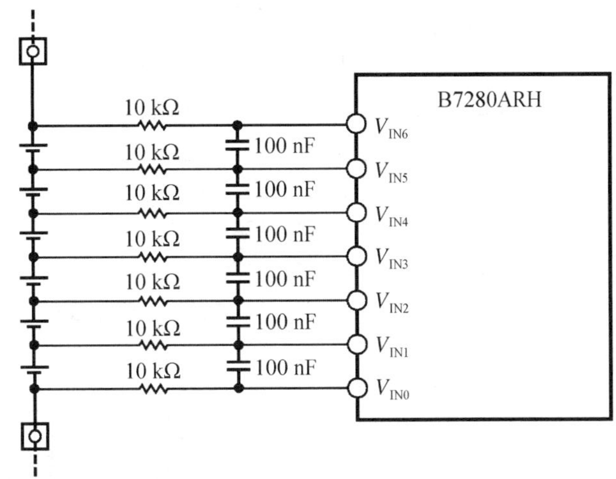

图 10.1.21　模拟输入端元器件接法

(2) 少于 6 个电压单元的连接。B7280ARH 提供 6 个输入通道用于电池单元电压测量。它也可以用于需要 6 个以下的电压测量应用中。在这类应用中，应注意确保各电池电压之和仍然超过最小的 V_{DD} 电源电压，因此推荐连接到各 B7280ARH 的最少电池单元数为 4。还应注意确保 V_{IN6} 输入上的电压始终大于或等于 V_{DD} 电源引脚上的电压。例如，在 5 个电池单元连接到 B7280ARH 的应用中，应将单元 5 的电池电压施加于 V_{IN6} 和 V_{IN5} 上，V_{IN4} 和 V_{IN5} 应短接在一起。在 4 个电池单元连接到 B7280ARH 的应用中，应将单元 4 的电池电压施加于 V_{IN6} 和 V_{IN5} 上，V_{IN3}、V_{IN4} 和 V_{IN5} 应短接在一起，图 10.1.22 显示了 4 电池单元监视应用中电池与 B7280ARH 的连接示例。

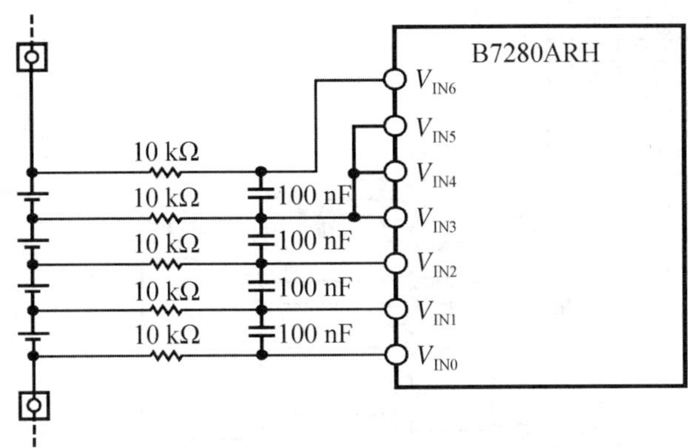

图 10.1.22　4 单元电池与 B7280ARH 连接示例

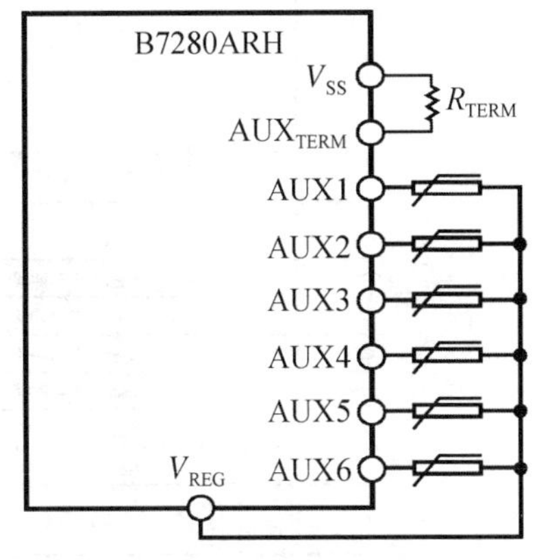

图 10.1.23　为使用热敏电阻端接电阻的典型电路图

(3) 热敏电阻端接输入。若使用热敏电阻电路测量各电池单元的温度,则对于每路辅助 ADC 输入测量,可以使用热敏电阻端接引脚 AUX_{TERM} 端接热敏电阻输入,这样就能将端接电阻从 6 个电阻减至 1 个。图 10.1.23 中端接电阻置于 V_{SS} 和 AUX_{TERM} 之间。不用此引脚时,接一个 10 kΩ 电阻至 V_{REG}。

(4) 多片 B7280ARH 级联应用及与 CPU 接口。B7280ARH 可以实现多片级联应用,为监控更大电池组的 B7280RH 推荐菊花链配置。B7280RH 的菊花链接口支持各 B7280RH 与其上或其下的 B7280RH 通信。利用菊花链接口,B7280RH 可以电气连接到电池管理芯片,相邻 B7280RH 之间无需隔离器件。如图 10.1.24 所示,建议在各 B7280RH 的电源上放置一个齐纳二极管,用以防止 B7280RH 菊花链初始连接到电池组

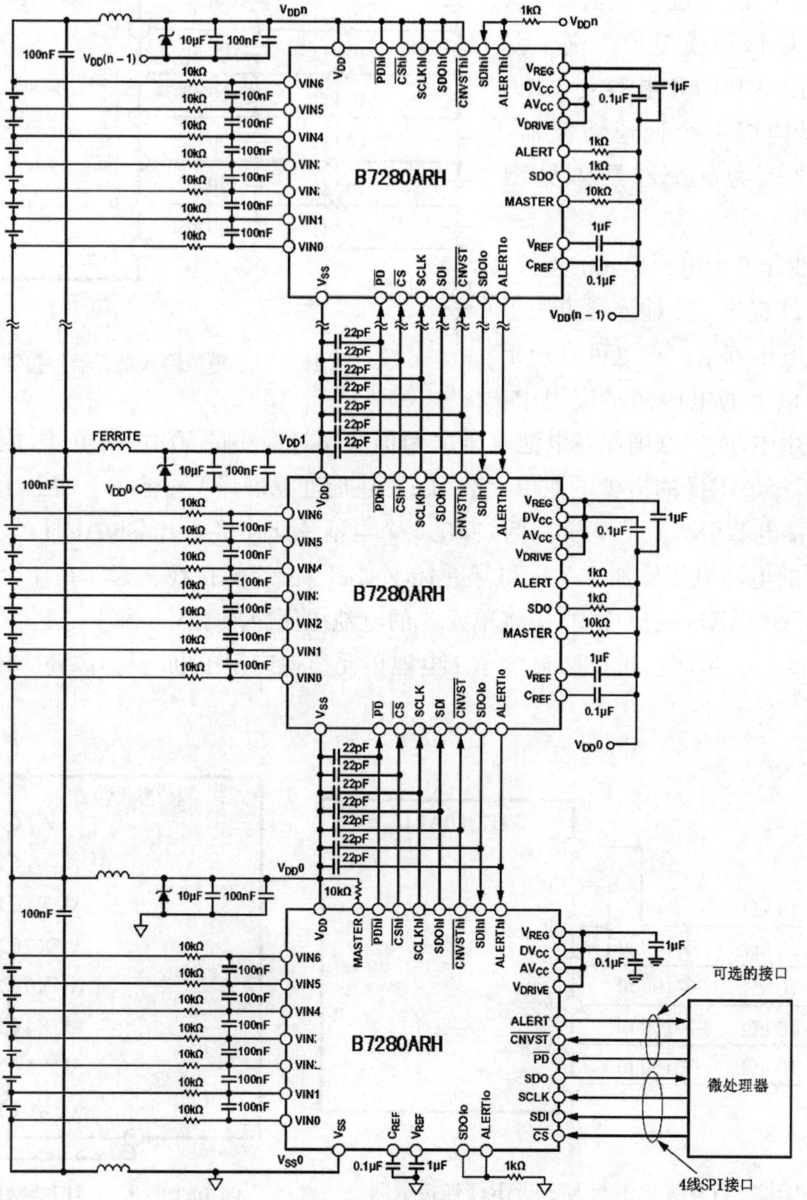

图 10.1.24 B7280ARH 级联及与 CPU 接口

时各 B7280RH 的电源过压。建议使用电压额定值为 30 V 或大于 30 V 的齐纳二极管，但视具体应用，也可以使用额定值更低的器件。

输入端串联的 10 kΩ 电阻与相邻差分输入端上的 100 nF 电容构成一个低通滤波。如果模拟输入发生过压或欠压，如任一电池电压输入不当地短接到 V_{DD}或 V_{SS}，10 kΩ 电阻可以为这些输入提供保护。当 B7280RH 菊花链初始连接到电池组时，这些电阻也能提供保护。

在含有安全机构以便使电池组开路的应用中，断点以上的 B7280RH 与电池管理芯片之间需要额外的隔离。

2. B1401RH 电压隔离电路

1）功能说明及功能框图

BUM1401RH 电路采用 16 线陶瓷扁平封装，该电路为 MCM 集成，内有三块电路组成，包括两块相同的 ASIC 电路和一块隔离变压器。ASIC 电路为三路输入、一路输出，其每路功能相同。每一路电路将数字电压输入信号通过数字信号调制解调芯片进行编码（调制），调制后的信号经过隔离变压器进行隔离传输，再将传输后的信号通过数字信号调制解调芯片进行解调输出。可用于需要电气隔离的场合，信号电平兼容 3.3 V 和 5 VTTL 电平。功能框图及外形图见图 10.1.25。

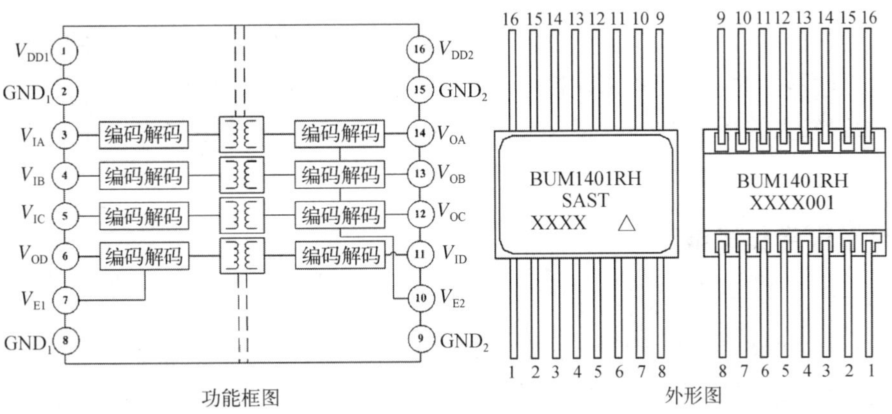

图 10.1.25　功能框图及外形图

2）引出端排列及功能说明

引出端功能见表 10.1.29。

表 10.1.29　引出端功能说明

引出端	管脚号	信号名称	功 能 描 述	引出端	管脚号	信号名称	功 能 描 述
—	1	V_{DD1}	左端电源	—	9	GND_2	右端地
—	2	GND_1	左端地	输入	10	V_{E1}	右端输出使能
输入	3	V_{IA}	A 通道输入	输入	11	V_{ID}	D 通道输入
输入	4	V_{IB}	B 通道输入	输出	12	V_{OC}	C 通道输出
输入	5	V_{IC}	C 通道输入	输出	13	V_{OB}	B 通道输出
输出	6	V_{OD}	D 通道输出	输出	14	V_{OA}	A 通道输出
输入	7	V_{E1}	左端输出使能	—	15	GND_2	右端地
—	8	GND_1	左端地	—	16	V_{DD1}	右端电源

3) 主要技术指标

推荐工作条件如下。

(1) 电源电压(V_{DD1})对GND1电压：3.0～3.6 V或4.5～5.5 V。

(2) 电源电压(V_{DD2})对GND1电压：3.0～3.6 V或4.5～5.5 V。

(3) 变压器隔离电压：不小于1 000 V。

(4) 输入数字信号工作频率(f)：小于等于5 MHz。

(5) 工作环境温度(T_A)：－55～＋125℃。

(6) 贮存温度(T_{stg})：－65～＋150℃。

(7) 引线焊接温度(T_h,10 s)：260℃。

(8) 结温(T_J)：145℃。

(9) 热阻($R_{th(J-C)}$)：2.8℃/W。

(10) 最大耗散功耗(T_A＝55℃,P_D)：0.5 W。

(11) 器件抗总剂量辐射能力：TID≥10^5/rad(Si)。

(12) 抗单粒子锁定效应：LET≥75 MeV·cm^2/mg。

4) 应用注意事项

电路的输入端不允许悬空,因为悬空会使电位不定,破坏正常的逻辑关系。另外,悬空时输入阻抗高,易受外界噪声干扰,使电路产生误动作,而且也极易造成栅极感应静电而击穿,因此器件的未使用输入端接1～10 kΩ的电阻并连接到低电平。

在噪声较大的环境中,输出使能端口V_{E1}和V_{E2}需要外接逻辑高电平或者逻辑低电平。

10.1.11 混合集成电路

1. 概述

混合集成电路是一种利用预先做好导体或电阻或两者结合的绝缘基板,在其上组装各种功能的片式电子元器件并进行电气互联所形成的集成电路。将其称为混合的原因是器件中至少包括了两种以上的工艺技术,如一般都包括有源器件技术(半导体器件)和无源器件技术(电阻器、电容器等)。

2. 常用类型

根据互联基板工艺的不同,混合集成电路可以分为厚膜混合集成电路和薄膜混合电路。

厚膜和薄膜原指膜的厚度不同,按成膜工艺的不同来划分,即金属化是利用丝网印刷和烧结工艺形成的,称为厚膜工艺,特点是工艺简单,成本低廉,而且设计更为灵活,适合多品种的批量产品,电性能上能承受较高的电压、较大电流和功率,可以在功率电路方面发挥长处。

膜厚一般在几微米到二十多微米;金属化是利用真空淀积工艺形成的,称为薄膜工艺,膜厚一般在几十埃到几微米。优点是电阻的数值范围大、精度高、温度特性好、布线密度高,可以在高频、高速、高精度等方面发挥长处。

多芯片组件MCM使用高密度多层互联基板,层间有通孔互联,基板上组装多个IC裸芯片,通常是LSI、VLSI或ASIC芯片,以及其他片式元件,经过封装后成为一个高密度、多功能的微电子组件，属于混合大规模集成电路或混合甚大规模集成电路范围。是目前可以最大限度发挥高集成度、高速半导体器件的优良性能，制作高速电子系统，实现电子整机小型化、高性能、多功能化的有效途径之一。

常见混合电路外形如图10.1.26所示。

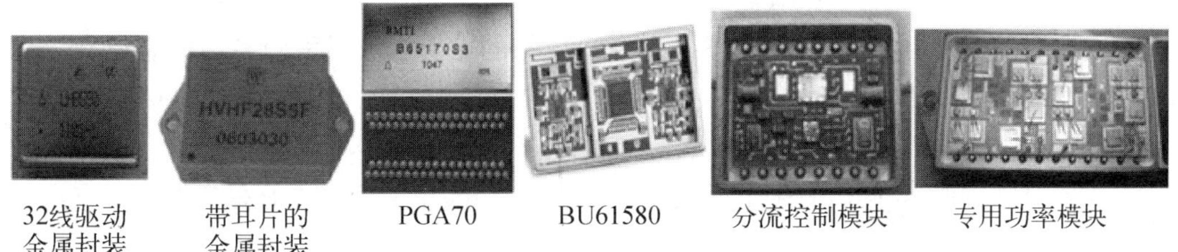

图10.1.26　常见混合电路

3. 主要参数

混合集成电路的主要参数与其功能密切相关，不同功能的电路其参数不同，一般来说，均有电源电压、功耗、结温、ESD等级等参数，宇航应用时还有抗辐照参数，安装时要考虑其外形参数、力学参数等。

以DC/DC为例给出其主要参数如下。

1）效率(efficiency)

输出功率与输入功率之比。以百分比表示。

2）电压调整率(line regulation)

当输入电压在规定范围内变化时，输出电压的变化(以毫伏或输出电压的百分比表示)。线调整率通常在满载下测量。

3）负载调整率(load regulation)

当负载从规定的最小值到满载变化时，输出电压的变化(以毫伏或输出电压的百分比表示)。负载调整率通常在额定输入电压下测量。

4）输出微调(output trim)

在输出电压可调的变换器中，输出电压允许的最大调节量，常以额定输出电压的百分比表示。输出微调的目的是用于补偿导线电阻上的压降。

5）同步(synchronization)

一种开关电源特性，它将内部开关频率同外部时钟同步在规定范围内。

6）工作温度范围(operating temperature range)

电源能满足各项性能指标的工作温度范围，它通常规定为壳温而不是环境温度。

7）贮存温度范围(temperature range，storage)

不会引起工作指标性能下降，电源能够贮存的环境温度范围。

8）电压温度系数(temperature coefficient of volgage)

在规定温度范围内，壳温每变化一度，额定输出电压的最大百分比变化量。

9）输出电压纹波(output voltage ripple)

在规定频带内，变换器DC输出电压上叠加的AC电压幅度。以毫伏P-P或毫伏

RMS有效值表示,通常在满载下测量。

10) 启动时间(start-up time)

施加额定输入电压后,变换器输出电压稳定在规定容差内所需要的最大时间。它通常也在满载下测量。

11) 启动过冲(start-up overshoot)

变换器加电时可能出现的、超过最大规定容差的输出电压最大瞬态值。它通常以满载下的毫伏值进行测量。

12) 软启动(soft start)

一种控制特性,它限制开关电源的启动电流,并使输出电压逐步上升到其额定值。

13) 过载保护(overload protection)

输出保护特性,它限制过载情况下变换器的输出电流,使电源不致被损坏。

14) 过压保护(overvoltage protection)

一种保护特性,当电源输出电压超过规定数值时,它限制输出电压或者禁止电源输出。

4. 使用及降额设计

混合电路在选用和使用时,应根据相关电子线路的特点,综合考虑电子装联、散热、降额设计等内容。

混合集成电路本质上是利用先进的工艺技术制造的一个微小型电子产品,因此混合电路的降额设计,除了需要遵循GJB/Z 35-93规定的准则(表10.1.30)。更应该按照实际的电子线路,将内部集成的每一个元器件,如电阻、电容、晶体管、单片集成等,按照GJB/Z 35-93中相关元器件的降额要求进行降额设计,从源头上保证所用混合电路的可靠性。

表10.1.30 混合集成电路降额准则

降额参数	降额等级		
	Ⅰ	Ⅱ	Ⅲ
厚膜功率密度/(W/cm²)		7.5	
薄膜功率密度/(W/cm²)		6	
最高结温/℃	85	100	115

5. 失效模式

航天器电子电源产品在进行故障模式、影响及危害性分析工作时,通常参考GJB/Z 299C-2006电子设备可靠性预计手册中给出的元器件失效模式。

混合集成电路有专用和通用之分,功能千差万别,失效模式也不能一概而论,较难归类,表10.1.31所给的失效模式仅供参考,具体根据电路的特点而定。

表10.1.31 混合集成电路的失效模式及概率

元件类型	失效模式	比例/%
混合集成电路	输出退化	9.3
	封装失效	30.8

续表

元　件　类　型	失　效　模　式	比　例/%
混合集成电路	过电应力	14.2
	偶然失效	23.3
	开　路	13.1
	短　路	9.3

10.2　原材料

10.2.1　概述

原材料是电子电源设备最基本的组成部分，也是最重要的组成部分之一。原材料的合理选择和合理使用，才能够使电子电源设备拥有更高的功率密度、可靠性、安全性和空间环境适应性。

10.2.2　原材料的分类

电子电源设备原材料的分类方式通常有两种：一种按材料的物理化学属性进行分类，包含了金属材料和非金属材料；另一种则按照材料的用途进行分类，通常分为结构材料和功能性材料。将电子电源设备所选用的原材料按照结构材料和功能性材料进行划分。

(1) 结构材料。电子电源设备中的结构材料指用于保证设备具有足够的刚度和强度，使设备能够承受在整个寿命期内各种工作环境下受到的静载荷和动载荷，确保设备工作正常稳定的材料。

结构材料主要包含了黑色金属和有色金属，其中常用的黑色金属为不锈钢，有色金属包括钛合金、铝合金和镁合金等。

(2) 功能性材料。电子电源设备中的功能性材料指为了满足设备的电气绝缘、器件安装、设备散热、电气传输、设备识别等要求的材料。

常用的功能性材料包括了铜合金、纺织品、工程塑料类、氟塑料类、聚合物类、聚酰亚胺类、聚酯类、橡胶类、涂层类、胶黏剂、复合材料、导热材料等。

1. 原材料选用术语

1) 合格供方

为保证电子电源设备所用原材料的质量受控，需要在“人、机、料、法、环”五个环节进行控制，同时原材料的生产厂家、执行标准均有严格的要求，所选用原材料应具有在轨飞行经历。因此在航天领域内，形成了合格供方的质量保证体系。在该体系内的原材料生产厂家均经过了合格供方认证工作，具备相应的生产资质。

2) 原材料选用目录

由原材料主管部门根据宇航型号需求、供应保障情况和应用情况编制的用于宇航型号选用的原材料清单。

3) 材料保证要求

由原材料主管部门对原材料的选用、采购、复验、使用、失效分析等管理工作及质量控制等方面提出的具体要求。

4) 目录外原材料

牌号、状态、执行标准、生产厂家与原材料选用目录中不一致的原材料。

5) 有效期

自原材料生产之日期,生产厂家能够保证原材料性能的最长周期。

6) 超期复验

对超过有效期的原材料的相关性能参数进行重新检验。

7) 新材料

未经过在轨飞行试验验证的原材料。

8) 材料试验

为保证材料满足使用环境要求而进行的材料级试验,通常包括阻燃试验、燃烧产物试验、逸出有害气体试验、抗菌试验、防霉试验、盐雾试验、真空质量损失试验、真空可凝挥发物试验、原子氧试验、紫外辐照试验和带电粒子辐照试验等。

2. 原材料的执行标准

相比于元器件的质量等级要求,原材料的执行标准通常按照国家军用标准、国家标准、行业标准、企业标准和技术协议五个等级进行划分。对于进口原材料,通常选用满足美军标要求的原材料。

原材料选用过程中,对于国产材料的执行标准的选择顺序如下。

(1) 国家军用标准。

(2) 国家标准。

(3) 行业标准(优先选用航天标准)。

(4) 企业标准。

(5) 技术协议(以上标准均无产品研制所需材料时)。

10.2.3 原材料的质量要求

为确保在产品寿命期内不会发生由原材料引起的故障,产品在进行原材料选用时应满足以下要求,以保证原材料的质量受控。

(1) 原材料应选用原材料选用目录内的原材料。

(2) 当目录内原材料无法满足产品使用需求时,则应优选选用由合格供方生产的有在轨飞行经历的原材料。

(3) 产品不应选用禁用材料,如需选用限用材料,应对选用的必要性和环境、寿命等可行性条件进行分析,并经过充分验证。

(4) 当原材料未经过飞行试验验证,或虽经飞行试验验证但使用状态、使用工艺、使用环境发生变化时,原材料需要进行认定。

(5) 材料生产厂家、生产工艺、设备、原料等技术状态发生重大改变,生产过程关键岗位人员或生产现场发生改变的材料应进行重新认定。

(6) 材料认定项目应覆盖材料固有特性、产品的功能性能可实现以及经受的地面、发射、在轨运行等环境适应性和工艺加工适应性等关键性能。

(7) 材料认定应依据评审通过的认定方案开展认定试验，可结合产品鉴定或工艺鉴定进行，但不应以产品鉴定或工艺鉴定代替材料认定。

(8) 针对有保存期限要求的原材料及使用该原材料生产的零部件，均应按型号任务周期开展长寿命分析。

(9) 用于正样及批产产品的材料应与认定的材料状态一致。

10.2.4　原材料的选用

1. 使用环境

为了满足产品不同的使用环境要求，原材料的选用应满足以下要求。

1) 高湿度、高盐分环境

由于海南文昌发射场和天津航天城的建成，今后产品的运输、存放将会出现高湿度、高盐分环境，因此在原材料选用时应考虑材料具有足够的防潮、防霉、防盐雾性能，必要时需要对原材料采取一定的保护手段，如阳极氧化处理、涂覆保护漆等。新材料应通过盐雾试验考核。

在高湿度、高盐分环境下，金属原材料容易发生电极腐蚀，因此需要注意互相接触的金属材料间的电位或采取保护措施。

2) 在轨长期有人环境

随着空间站、载人登月等项目的不断推进，产品将面临在轨长期有人环境。在这种环境下，如何保证原材料不会对航天员的健康造成影响成为原材料选用的一个重要课题。常见的有毒、有害材料，如锇的氧化物、铍、汞或汞化合物、石棉等不能在有人环境中使用。

在有人环境中使用的非金属原材料应经过完成以下试验项目，确保原材料不会对人体造成危害。

(1) 按 HB 5469－2014《民用飞机机舱内部非金属材料燃烧试验方法》通过阻燃试验。

(2) 按 HB 7066－1994《民机机舱内部非金属材料燃烧产生毒性气体的测定方法》通过燃烧产物试验。

(3) 对原材料的挥发性有机物、气味等级和脱出一氧化碳进行测试，确保材料通过逸出有害气体试验。

(4) 按 GB/T 31402－2015《塑料 塑料表面抗菌性能试验方法》和 GB/T 20944－2007《纺织品抗菌性能的评价》通过抗菌试验。

(5) 按 GJB 150.10A－2009《军用装备实验室环境试验方法第 10 部分：霉菌试验》的要求，通过防霉试验。

3) 非密封舱内及舱外环境

在非密封舱内和舱外环境中使用的非金属原材料，需要按照 QJ 1558－88《真空中材料挥发性能测试方法》和 QJ 1371－88《真空中材料可凝挥发物测试方法》通过真空质量损失和真空中可凝挥发物试验。

4) 暴露在空间环境中

暴露在空间环境中的非金属原材料,应根据航天器所处轨道高度、设备所处位置,开展耐原子氧、耐紫外辐照和耐带电粒子辐照试验。

2. 性能要求

根据产品的性能需求,原材料在选用时需要注意不同的性能参数:

1) 力学性能

力学性能指标为结构材料最重要的指标。在结构材料选择时,规定非比例延伸强度、屈服强度、抗拉强度和抗弯强度为首要关注的指标,通过这些指标能够初步计算出所选择的材料能否满足现有的力学环境需求;材料的弹性模量、泊松比是力学仿真时必不可少的参数。

2) 材料密度

电子电源设备通常采用铝合金结构框架,主要牌号通常为2A12。但是随着电子电源设备逐渐向着轻量化、小型化的方向发展,现阶段在选择结构材料时,出现了以镁合金作为结构材料的产品。镁合金与铝合金相比,其密度是铝合金的2/3,具有较好的比强度和比刚度,但是由于其抗腐蚀性差,因此在选用镁合金时需要注意其生产、加工、贮存和使用器件的防护措施。

3) 热性能

热性能指标为产品热设计时所需的性能指标,通常包括了比热容、热导率、热阻、太阳吸收比、半球发射率等。

对于产品热性能影响较大的原材料包括了以下几个种类。

(1) 导热硅脂,用于填充功率器件与结构之间的间隙,使器件与结构之间接触良好。导热硅脂在使用时应注意导热硅脂的爬油特性,避免爬油造成周边设备的污染。如导热硅脂RKTL-DRZ-1。

(2) 导热绝缘垫(导热绝缘胶带),用于填充壳体带电或需要二次绝缘的器件与结构之间的间隙,使器件在保证绝缘良好的情况下与结构之间接触良好。如导热绝缘垫SP2000、导热绝缘垫T500和双背面导热绝缘胶带T404。

(3) 导热胶,用于元器件固封的同时可元器件提供一定的辅助散热能力。如室温硫化导热硅橡胶GD480。

(4) 热控涂层,用于控制产品外表面的太阳吸收比和半球发射率,能够使产品的辐射散热能力得到提升。热控涂层使用在产品外表面,因此在选用时应注意材料的耐原子氧、耐紫外辐照和耐带电粒子辐照的能力。如热控白漆KS-Z(无机)、热控白漆SR107-ZK(有机)等。

4) 绝缘性能指标

随着电源控制设备的母线电压不断提升,100 V高压母线甚至300 V产品均已出现,因此产品内部原材料的绝缘性能指标也越来越重要。在选用绝缘材料时,通常需要注意材料的击穿电压和体积电阻率。

产品中常用的绝缘材料包括环氧玻璃布层压板/棒、聚酰亚胺薄膜/胶带/板/棒、氟塑料绝缘胶带、热缩套管等。

5）温度要求

原材料的使用范围应该满足产品的工作环境温度范围，对于导热原材料，其使用温度范围应满足使用位置的局部工作温度；对于金属材料，需要避免在真空环境下发生真空冷焊。

6）原材料的使用寿命

随着航天型号的在轨寿命越来越长，原材料的使用寿命需要包络航天器的在轨寿命，因此易出现老化问题的非金属材料需要开展长寿命试验。

10.2.5　结构材料

1. 铝合金

电子电源设备的结构框架所用铝合金主要为硬铝 2A12。根据零部件不同的使用需求、厚度需求、力学性能需求，通常采用 T4、O 和 H112 三种热处理状态的铝合金。

硬铝 2A12 常用的标准共有 3 种。分别为 GB/T 3880－1997（板材）、GB/T 3191－1998（棒材）和 YS/T 439－2001（挤压扁棒）。其中 YS/T 439－2001 主要用于毛坯厚度大于 10 mm 的 T4 状态零件的生产，采用该标准材料生产能够避免毛坯厚度大于 10 mm 的 T4 状态零件在使用 H112 状态材料经热处理后加工的精度不足；O 状态的板材用于厚度不大于 3 mm 的盖板类零件；T4 状态的板材用于毛坯厚度不大于 10 mm 的结构零件；H112 状态的板材用于主框架结构。铝合金常用标准详见表 10.2.1。硬铝 2A12 的热性能参数详见表 10.2.2。

表 10.2.1　铝合金常用标准

序　号	名　称	牌　号	状　态	厚度/mm	标　　准	备　注
1	铝　板	2A12	O	1～3	GB/T 3880－1997	
2	铝　板	2A12	T4	4～10	GB/T 3880－1997	
3	铝　板	2A12	H112	10～80	GB/T 3880－1997	
4	挤压扁棒	2A12	T4	16～50	YS/T 439－2001	
5	铝　棒	2A12	T4	5～80	GB/T 3191－1998	
6	铝　棒	2A12	H112	5～80	GB/T 3191－1998	

表 10.2.2　硬铝 2A12 热性能参数

性　能　参　数				
线膨胀系数/（$\times 10^{-6}$/K）	293～373 K	293～473 K	293～573 K	293～673 K
	22.7	23.8	24.7	—
热导率/[W/(m・K)]	298 K			
	121.8			
比热容/[kJ/(kg・K)]	373 K	473 K	573 K	673 K
	0.921	1.047	1.130	1.172
半球发射率（一般粗糙）	0.01～0.25（100～700 K）			
太阳吸收比	0.20～0.24			

2. 镁合金

电子电源设备常用的镁合金材料为ME20M,其主要标准为GB/T5154-2003,其各热处理状态的规格详见表10.2.3,材料的热性能参数详见表10.2.4。

表10.2.3 镁合金板材规格

序号	热处理状态	规格/mm		
		厚度	宽度	长度
1	O	0.5～0.8	≤1 000	≤2 000
2		>0.8～10	800～1 200	1 000～3 500
3	H112	>10～32	800～1 200	1 000～3 500
4		>32～70	800～1 200	1 000～2 000

表10.2.4 镁合金热性能参数

性能参数				
线膨胀系数/($\times10^{-6}$/K)	293～373 K	293～473 K	293～573 K	293～673 K
	25.8	26.2	27.2	—
热导率/[W/(m·K)]	75.6～134.4			
比热容/[kJ/(kg·K)]	1～1.13			
半球发射率	0.67～0.51(100～700 K)			
太阳吸收比(自然表面)	0.27			

3. 不锈钢

电子电源设备中常用的不锈钢材料为1Cr18Ni9Ti,根据零件不同的使用需求,使用的材料状态包括了不锈钢板材和不锈钢棒材。

不锈钢材料的常用标准共有2种,分别为GB/T3280-1992(板材)和GB/T1220-1992(棒材)。不锈钢1Cr18Ni9Ti常用标准详见表10.2.5。不锈钢1Cr18Ni9Ti的热性能参数详见表10.2.6。

表10.2.5 不锈钢1Cr18Ni9Ti常用标准

序号	名称	牌号	状态	厚度/mm	标准	备注
1	不锈钢板	1Cr18Ni9Ti	O	1～3	GB/T 3280-1992	
2	不锈钢棒	1Cr18Ni9Ti	T4	4～10	GB/T 1220-1992	

表10.2.6 不锈钢1Cr18Ni9Ti热性能参数

性能参数				
温度/K	373	473	573	673
热导率/[W/(m·K)]	16.3	17.6	18.8	21.4
比热容/[kJ/(kg·K)]	约0.5			
太阳吸收比(磨光)	0.35			

4. 钛合金

电子电源设备中的钛合金常用于生产拉杆,通过拉杆将模块化的结构组合成一体,使整体结构具有良好的刚度。常用钛合金材料为棒材，生产标准为 GB/T2965－1996，牌号包括 TC4、TC10、TA2、TA15。钛合金棒材的力学性能参数详见表 10.2.7。

表 10.2.7　钛合金力学性能参数

序　号	牌　号	抗拉强度/MPa	规定费比例延伸强度/MPa	断后伸长率/%	断面收缩率/%
1	TC4	895	825	10	25
2	TC10	1030	900	12	25
3	TA2	400	275	20	30
4	TA15	885	825	8	20

10.2.6　功能材料

1. 电气材料

1）铜及铜合金

在电子电源设备中，铜及铜合金常用来生产焊片、接地桩、汇集铜排等电气传输零件。常用的铜及铜合金牌号包括 T2 和 H62，其中纯铜 T2 有良好的导电性(仅次于银)和导热性；黄铜 H62 常用于生产需要电气连接的紧固件。铜与其他金属零件接触时会使腐蚀加剧，因此需要对零件进行表面处理，避免发生接触腐蚀。纯铜 T2 和黄铜 H62 的电阻率及热性能参数详见表 10.2.8。

表 10.2.8　常用铜材料性能参数

序　号	性　　能	材　　料			
		纯铜 T2		黄铜 H62	
1	线性膨胀系数 /($\times10^{-6}$/K)	273～373 K	16.6	293～573 K	20.6
2	热导率/[W/(m・K)]	273 K	401	293 K	108.86
3	电阻率/(Ω・mm^2/m)	0.018		0.071	

2）镀银铜丝

电子电源设备中的印制板在设计时，需要避免印制线在设备工作过程中不会因为过流而发生熔断。此时可以通过在印制线上焊接镀银铜丝的方式，提升印制线的载流量，保证设备工作的可靠性和安全性。镀银铜丝的性能参数详见表 10.2.9。

表 10.2.9　镀银铜丝性能参数

序号	性　　能	标称直径/mm					
		0.05～0.1	0.11～0.15	0.16～0.25	0.26～0.5	0.51～1.0	1.1～2.0
1	抗拉强度	—	196	196	196	196	196
2	伸长率/%	≥5.5	≥10	≥15	≥20	≥25	≥25
3	电阻率/(Ω・mm^2/m)	0.017 241					

2. 绝缘材料

电子电源设备中常用的绝缘材料包括环氧玻璃布层压板/棒、聚酰亚胺板/棒、聚酰亚胺薄膜和氟塑料绝缘胶带等。其中环氧玻璃布层压板/棒和聚酰亚胺板/棒用于绝缘零件的生产,聚酰亚胺胶带和氟塑料绝缘胶带用于产品内部二次绝缘处理。

1) 绝缘零件用材料

绝缘零件通常使用环氧玻璃布层压板/棒或聚酰亚胺板/棒生产,两种材料各有优缺点,具体如下。

(1) 由于环氧玻璃布层压板/棒在潮湿环境中贮存和使用时,容易受潮导致材料绝缘性能下降,因此用该类型材料生产的绝缘零件外表面需要进行胶木化处理,确保材料具有足够的防潮性能。但是零件进行胶木化处理后,其精度将会受到影响,因此环氧玻璃布层压板/棒通常不用于配合零件的加工。

(2) 环氧玻璃布层压板/棒加工时,应注意材料加工时的方向性,确保加工时零件的承力面与内部加强层平行。

(3) 聚酰亚胺板/棒无须进行胶木化处理,因此具有更好的加工精度,能够用于需要配合安装的绝缘零件。

(4) 聚酰亚胺板/棒具有更好的绝缘性能。

(5) 聚酰亚胺板/棒力学性能较差,不用于需要承力的绝缘零件。

环氧玻璃布层压板/棒包括环氧玻璃布层压板3240和环氧玻璃布棒3841,材料的性能见表10.2.10,聚酰亚胺板/棒的性能详见表10.2.11。

表 10.2.10 环氧玻璃布层压板/棒性能参数

性　　能		环氧玻璃布层压板 3240	环氧玻璃布棒 3841
拉伸强度≥MPa	纵向	300	—
	横向		
弯曲强度≥MPa	纵向	340	241.3
	横向		
压缩强度≥MPa	垂直于板层	350	241.3
平行层向击穿电压≥kV		35	15

表 10.2.11 聚酰亚胺板/棒性能参数

性　能	聚酰亚胺 YS-20	性　能	聚酰亚胺 YS-20
介电系数	3.0~5.0	弯曲强度/MPa	≥100
表面电阻系数	1.0×10^{14}	拉伸强度/MPa	≥80
击穿强度/(kV/mm)	≥15	冲击强度/(kJ/m^2)	≥100
压缩强度/MPa	≥120		

2) 二次绝缘用材料

(1) 绝缘胶带。聚酰亚胺胶带粘贴于设备内部元器件表面、结构表面等相对平整光滑的表面,而氟塑料绝缘胶带具有较好的柔韧性,用于产品内部导线束的包覆。聚酰亚胺胶带的性能参数详见表 10.2.12，氟塑料绝缘胶带的性能参数详见表 10.2.13。

表 10.2.12　聚酰亚胺胶带性能参数

序　　号	性　能　参　数	
1	工作温度/ ℃	200
2	击穿电压/kV	7.5
3	绝缘电阻/MΩ	10
4	断裂强度/(N/mm)	5.3
5	黏附力/(N/mm)	0.28

表 10.2.13　氟塑料绝缘胶带性能参数

序　　号	性　能　参　数	
1	拉伸强度/MPa	≥10.0
2	伸长率/%	≥100
3	剥离强度/(kN/m)	≥0.12
4	体积电阻率/(Ω・cm)	$\geqslant 1.0\times10^{9}$
5	击穿有效值/kV	≥6.0

(2) 热缩套管。热缩套管用于电子电源设备中的电连接器焊杯、元器件引脚、焊片等位置的包覆，确保器件带电区域不外露同时保护焊接区域。电子电源设备中常用的热缩套管共有 4 种，分别热缩套管 RSG、热缩套管 RW－175、热缩套管 ATUM 和热缩标识套管 TMS-SCE，4 种材料的具体性能参数详见表 10.2.14～表 10.2.17。

表 10.2.14　热缩套管 RSG 性能参数

序　　号	性　能　参　数	
1	名称	辐射交联系列热收缩细管
2	牌号	RSG
3	技术标准	Q/JLFSG05－2007
4	项目	技术指标
5	密度/(g/cm^3)	0.91～0.92
6	硬度	<90
7	抗张强度/MPa	>15.0
8	断裂伸长率/%	>300
9	维卡软化温度/℃	>90
10	体积电阻率/(Ω・cm)	$>1\times10^{12}$
11	介电常数	2.0～2.5
12	介电强度/(MV/m)	>20

续表

序　　号	性 能 参 数	
13	介电损耗角正切	$<1\times10^{-3}$
14	表面电阻率/Ω	$>1\times10^{12}$
15	热老化 (120℃,7 d)K_1K_2	>0.8
16	耐溶剂性(溶剂浸泡 24 h)3% H_2SO_4 抗张强度 K_1K_2 0.1 mol/L NaOH K_1K_2	>0.8 >0.8
17	质量变化率/% 3% H_2SO_4 K_1K_2 0.1 mol/L NaOH K_1K_2	<0.1 <0.1
18	吸水率/%	>0.1
19	耐环境应力开裂/h	>300
20	收缩温度/℃	105～140

表 10.2.15　热缩套管 RW－175 性能参数

	特　　性	单　位	要　　求	测 试 方 法
物理特性	纵向变化	百分比	+0,−10	ASTM D 2671
	抗张强度	兆帕	34.5(最小)	ASTM D 2671
	极限伸长	百分比	150(最小)	ASTM D 2671
	切割模量	兆帕	690(最大)	ASTM D 2671
	比重	—	1.80(最大)	ASTM D 2671
	低温柔软性 −55℃,4 小时	—	无裂痕	MIL－I－23053/8
	热冲击 300℃,4 小时	—	无滴液,无流动,无裂痕	MIL－I－23053
	耐热性能 250℃,168 小时 极限伸长	百分比	50(最小)	ASTM D 2671
	真空中物质损失 TML(总质量损失) VCM(材料密度挥发)	百分比	1.0(最大) 0.1(最大)	ASTM E 595
	温度范围	—	−55～175℃	—
电学特性	绝缘强度 3/64″～1/2″ 3/4″～2″	伏特/毫米	31 500(最小) 23 600(最小)	ASTM D 2671
	体电阻	欧姆-厘米	10^{13}(最小)	ASTM D 2671
化学特性	铜镜腐蚀 175℃,168 小时	—	无腐蚀	ASTM D 2671 Procedure A
	铜镜腐蚀 175℃,168 小时 极限伸长	百分比	100(最小)	ASTM D 2671
	阻燃性 平均燃烧时间	秒	15(最大)	ASTM D 2671 Procedure B

续表

	特　性	单　位	要　求	测试方法
化学特性	防毒	—	不大于1	ASTM G 21
	吸水性 23℃,24小时	—	最大0.5	ASTM D 2671
	抗液体 23℃,24小时 浸入以下液体			ASTM D 2671
	JP-4燃料油	(MIL-T-5624)	—	
	Skydrol 500	—	—	
	液压油	(MIL-H-5606)	—	
	航空汽油(100/130)	(MIL-G-5572)	—	
	盐水(5%盐)	—	—	
	润滑油	(MIL-A-8243)	—	
	防冻液	(MIL-L-7808)	—	
	后续测试项目			
	绝缘强度 3/64″～1/2″ 3/4″～2″	伏特/毫米	27600(最小) 19700(最小)	
	抗张强度	兆帕	34.5(最小)	

表10.2.16　热缩套管ATUM性能参数

	特　性		单　位	要　求	测试方法
物理特性	纵向变化		百分比	0,−15	ASTM D 2671
	抗张强度		兆帕	8.9(最小)	ASTM D 2671
	极限伸长		百分比	200(最小)	ASTM D 2671
	切割模量		兆帕	172(最大)	ASTM D 2671
	低温柔软性−55℃,4 h		—	无裂痕	ASTM D 2671
	热冲击225℃,4 h		—	外壁无痕,无滴液,无流动	ASTM D 2671
	耐热性能150℃,168 h		—	外壁无痕,无滴液,无流动	ASTM D 2671
电学特性	绝缘强度		伏特/毫米	11 810(最小)	ASTM D 2671
化学特性	腐蚀效应150℃,16 h		—	无腐蚀	ASTM D 2671 Procedure A
	阻燃性(仅外层)		—	1分钟内自灭	ASTM D 2671 Procedure B
	内壁溶胶黏合力	ATUM与RNF-100	磅/英寸	30(最小)	T型撕裂 2英寸/分钟
		ATUM与铝		10(最小)	
	吸水性		—	最大0.5	ASTM D 2671
	极限伸长		百分比	300(最小)	ASTM D 2671
	抗张强度		兆帕	6.9(最小)	ASTM D 2671

表 10.2.17 热缩标识套管 TMS-SCE 性能参数

序 号	特 性		单 位	要 求
1	物理特性	抗张强度	兆帕	10.3
2		极限伸长	百分比	200
3		低温柔软性 －55℃,4小时	—	无裂痕
4		热冲击 300℃,4小时	—	无滴液,无流动,无裂痕
5		温度范围	—	－55～135℃
6	打印性能	UL-224	—	50次橡皮擦
7	打印性能	MIL-M-81531	—	50次橡皮擦
8		ML-STD-202	—	30次来回擦
9	电学特性	绝缘强度	伏特/毫米	500
10	化学特性	阻燃性 平均燃烧时间	秒	60
11		防毒	—	不大于1
12		吸水性 23℃,24小时	—	最大0.5
13		抗液体23℃,24小时,浸入以下液体:		
14		液压油	(MIL-H-5606)	打印可识别 (MIL-M-81531)
15		JP-4燃料油	(MIL-T-5624)	
16		润滑油	(MIL-L-7808)	
17		除冰液	(MIL-A-8243)	
18		Skydrol航空汽油500	—	

3. 热性能材料

电子电源设备设计时需要根据设备内部的功率元器件类型、设备安装环境等,选择合适的散热方式。其中在功率元器件和其散热面之间,可通过填充导热材料,使元器件和散热面贴合,保证功率元器件的散热能力;在设备外表面可通过涂覆热控涂层的方式,降低设备的辐射吸收,提升辐射散热能力。

1) 导热材料

电子电源设备中常用的导热材料分为两类,一类是导热填充材料,另一类是导热绝缘垫。

(1) 导热填充材料。常用导热填充材料为导热硅脂RKTL-DRZ-1,其材料性能详见表10.2.18。由于该材料存在爬油的特性,因此对可凝挥发物、油类等敏感的设备安装时不建议使用,光学系统内部禁止使用。

(2) 导热绝缘垫。导热绝缘垫是一种弹性体材料,通过弹性变形的方式对器件与散热面之间的间隙进行填充,确保器件与散热面之间的散热途径。常用的导热绝缘垫共有3种,分别为导热绝缘垫SP2000、T500和导热绝缘胶带T404。其中导热绝缘胶带T404

表 10.2.18　导热硅脂 RKTL－DRZ－1 性能参数

序　号	性　能　参　数		
1	名称		导热硅脂
2	牌号		RKTL－DRZ－1
3	技术标准		Q/WY128－2014
4	检验项目	技术指标	
5		总质量损失 TML/%	0.15
6		可冷凝挥发物 CVCM/%	0.03
7		接触传热系数/[W/(m^2·K)]	≥2.0×10^4
8	使用温度/℃		－100～＋80

是一种双面胶带，能够为无机械安装孔的器件与散热面提供有效的散热填充。三种材料的性能参数详见表 10.2.19～表 10.2.21。

表 10.2.19　导热绝缘垫 SP2000 性能参数

序号	项　　目	技 术 指 标	序号	项　　目	技 术 指 标
1	颜色	白色	5	工作温度范围/℃	－60～＋200
2	厚度/mm	0.25/0.5	6	击穿电压/V_{ac}	4 000
3	热阻抗/(℃·cm^2/W)	1.29	7	体积电阻率/Ω·cm	1×10^{13}
4	热传导率/(W/m·K)	3.5			

表 10.2.20　导热绝缘垫 T500 性能参数

序号	项　　目	技 术 指 标	序号	项　　目	技 术 指 标
1	颜色	绿色	8	体积电阻率/(Ω·cm)	1×10^{14}
2	厚度/mm	0.25	9	抗拉强度/MPa	6.89
3	硬度(肖氏 A)	82	10	剪切强度/(kN/m)	17.5
4	热阻抗/(℃·cm^2/W)	1.23	11	伸长率/%	10
5	热传导率/(W/m·K)	2.07	12	比重	1.55
6	工作温度范围/℃	－60～＋200	13	总质量损失 TML/%	0.4
7	击穿电压/V_{ac}	5000	14	可凝挥发物 CVCM/%	0.1

表 10.2.21　导热绝缘胶带 T404 性能参数

序号	项　　目	技 术 指 标	序号	项　　目	技 术 指 标
1	颜色	米色	5	热传导率/(W/m·K)	0.37
2	厚度/mm	0.127	6	工作温度范围/℃	－60～＋200
3	硬度(肖氏 A)	82	7	击穿电压/V_{ac}	5 000
4	热阻抗/(℃·cm^2/W)	3.7	8	体积电阻率/(Ω·cm)	3×10^{14}

2) 热控涂层

热控涂层作为产品散热途径之一,其通过半球发射率和太阳吸收比两种热辐射性质改善电子电源设备的热性能。电子电源设备常用的热控涂层及其热辐射性质详见表 10.2.22。

表 10.2.22 热控涂层热辐射性质

序 号	涂 层 名 称	太阳吸收比	半球发射率
1	铝光亮阳极氧化(含包铝铝合金)	0.12～0.16	0.10～0.68
2	铝合金(2A12)光亮阳极氧化	0.18～0.32	0.10～0.74
3	铝合金光亮镀金(抛光)	0.23±0.02	≤0.03
4	铝合金光亮镀金(刷光)	0.26±0.04	≤0.04
5	铝合金黑色阳极化(包铝)	—	0.88～0.90
6	铝合金黑色阳极化(基材为 2A12－T4,2A12－H112,不含包铝)	—	0.90～0.92
7	S781 白漆	0.18±0.02	0.87±0.02
8	SR107 白漆	0.18±0.02	0.87±0.02
9	SR107－ZK 白漆	0.16±0.02	0.87±0.02
10	E51－M 黑漆	0.93±0.02	0.88±0.02
11	SR107－E51 黑漆	0.93±0.02	0.88±0.02
12	KS－Z 白漆	0.14±0.02	0.92±0.02

4. 胶类材料

胶类材料用于印制板上元器件的固定、导线束的固定等。电子电源设备中厂用的胶类材料清单详见表 10.2.23。

表 10.2.23 常用胶类材料清单

序号	名 称	牌 号	标 准	生产厂家	用 途	备 注
1	D 型单组分室温硫化硅橡胶	D04	Q31/0118000170C001－2015	上海橡胶制品研究所	印制板上元器件固封	—
2	脱醇型室温硫化硅橡胶	GD414	Q/20194000 － 7.131 －2012		导线束固定螺纹防松	—
3	低放气脱醇型室温硫化硅橡胶	GD414C	Q/20194000 － 7.136 －2008	中蓝晨光化工研究院有限公司	导线束固定螺纹防松	有放气指标要求的非密封舱环境
4	脱醇型室温硫化硅橡胶	GD480	Q/20194000 － 7.131 －2012		元器件固封辅助散热	—
5	a－氰基丙烯酸乙酯胶粘剂	502	HG/T2492－1993	北京化工厂	热敏电阻固定	—
6	慢速螺纹防松胶	MS	—	中科院化学研究所	螺纹防松	—

续表

序号	名　　称	牌　号	标　　准	生产厂家	用　途	备　注
7	快速固化环氧胶	HY-914	Q/12HG3753-2017	天津燕海化学有限公司	螺纹防松感性器件灌封	—
8	双酚 A 型环氧树脂	E51	Q/GHPC167-2011	上海树脂厂有限公司	螺纹防松感性器件灌封	—
9	柔性环氧胶	EC2216	—	3M 公司	印制板上大型电容固封	—
10	硝基胶液	Q98-1	Q31/112000084C019-2016	上海造漆厂	绑扎线头固封 J27 电连接器紧固件防松	—
			Q/12DT0047-2009	天津灯塔涂料工业发展有限公司		

10.2.7　紧固件

电子电源设备中常用的紧固件包含了螺钉、螺母、垫圈和弹簧垫圈。对应的常用标准详见表 10.2.24。

表 10.2.24　常用紧固件标准清单

序　号	名　　称	材　料	机械性能	执行标准
1	十字槽盘头螺钉	不锈钢	—	GB/T 818-2000
2	十字槽沉头螺钉	不锈钢	—	GB/T 819.2-1997
3	内六角圆柱头螺钉	不锈钢	—	GB/T 70.1-2009
4	I 型六角螺母	不锈钢	—	GB/T 6170-2000
5	六角薄螺母	不锈钢	—	GB/T 6172.1-2000
6	盖形螺母	不锈钢	—	GB/T 923-2009
7	小垫圈	不锈钢	—	GB/T 848-2002
8	平垫圈	不锈钢	—	GB/T 97.1-2002
9	大垫圈	不锈钢	—	GB/T 96.1-2002
10	弹簧垫圈	不锈钢	—	QJ 2963.2-1997
11	钛合金十字槽盘头螺钉	TB3	蓝色阳极化	QJ 2583-1993
			脉冲阳极化	QJ 2583A-2011
12	钛合金十字槽沉头螺钉	TB3	蓝色阳极化	QJ 2583-1993
			脉冲阳极化	QJ 2583A-2011

10.2.8　禁、限用原材料

原材料选用时应注意避免使用禁、限用原材料，航天器产品禁(限)用材料清单详见表 10.2.25。

表 10.2.25　航天器产品禁(限)用材料清单

序号	材料分类	禁限用材料	分级	禁(限)用材料内容	禁(限)用原因	参考依据	备注
1	有色金属	银、铜或锇的涂层及锇的氧化物	限用	1. 限制在近地轨道的航天器外表面使用银、铜或锇的涂层; 2. 限制使用锇的氧化物	1. 对原子氧敏感; 2. 锇氧化物有毒	ECSS-Q-70-71 5.4.2 f ECSS-Q-70-71 5.4.8 k	—
2	有色金属	钛合金	限用	1. 不具有阻燃性的钛合金不能直接裸露于液态氧或气态氧环境以及氧气分压大于 35 kPa 的空气中; 2. 需要强化热处理使用的钛合金必须考虑材料的淬透性,使用的材料横截面尺寸必须在材料的淬透尺寸之内	1. 钛合金在氧气环境中有可燃性; 2. 需要强化热处理使用的钛合金必须完全淬透才能保证性能的均一性	ECSS-Q-70-71 5.4.4 f、h NASA-STD-6016 4.2.2.3.5 a	强度大于 1 000 MPa 的 TC4 钛合金,需要强化热处理,淬透尺寸为 25.4 mm。 TB2 和 TB3 钛合金的淬透性很好,淬透尺寸分别在 100 mm 和 50 mm 以上; TA1 和 TA2 使用退火态,不涉及淬透性问题
3	有色金属	镁合金	限用	镁合金禁止用于以下场合:主要的飞行控制系统、起落装置、主结构、其他受磨损或受腐蚀的位置以及可能夹带液体或者水汽的位置	镁合金耐蚀性、耐磨损性差,断裂韧性和冲击韧性较低	ECSS-Q-70-71 5.4.8 b	—
4	有色金属	黄铜	限用	在高于 121℃的真空环境中,禁止使用黄铜(电镀经过许可的材料除外)	黄铜属于对温度敏感的合金,随着温度的升高,黄铜的机械性能会显著下降。此外,锌是黄铜中的一种主元素,随着温度的升高合金中会产生铜锌脆性相,影响材料性能	巴星材料禁限用要求	—
5	有色金属	铍	限用	在长期载人结构中(如空间站),若没有用户的认可,禁止在主结构中使用铍,非承力结构除外	纯铍是脆性的,并且不易焊接,铍粉末及其氧化物有剧毒	ECSS-Q-70-71 5.4.8 g NASA-STD-6016 4.2.2.5	作为一种合金成分,铍的质量含量不应超过 4%
6	有色金属	含有 3%以上镁的 5XXX 系铝合金	限用	禁止在温度超过 66℃的环境中使用	高于 66℃时晶界析出相能够导致应力腐蚀敏感性增大	NASA-STD-6016 4.2.2.1	目录内具体涉及的牌号: 5A03(LF3)、5A05(LF5)、5A06(LF6)、5A12(LF12)、5B05(LF10)、5B06(LF14)、5083、5A90

续表

序号	材料分类	禁限用材料	分级	禁(限)用材料内容	禁(限)用原因	参考依据	备注
7	有色金属	汞或汞化合物	限用	在(有铝及钛合金的)结构与分系统的制造中,使用装置中禁止含有汞或汞化合物	汞及许多含汞化合物可以加速铝及钛合金的断裂	ECSS - Q - 70 - 71 5.4.8 i	—
8	有色金属	镉或锌	限用	1. 所有航天器电子设备(不包括银锌电池)禁止使用镉或锌; 2. 真空环境下,禁止在航天器上使用镉及锌涂层,作为工艺过程的中间层使用除外(如镁合金和铝合金电镀时,通过浸锌工艺形成的锌打底层)	1. 在大气和真空环境下,镉、锌镀层会长出晶须,易引发器件短路; 2. 具有较高的蒸汽压,易蒸发,在绝缘表面附着,破坏绝缘性能	ECSS - Q - 70 - 71 5.4.8 j、l	—
9	有色金属	锡	禁用	纯锡或铅含量少于 3%的铅锡合金及其镀层不应在任何部件上使用	容易产生晶须,且锡低温下发生脆性相转变	NASA - STD - 6016 4.2.2.11	—
10	黑色金属	不稳定奥氏体不锈钢	限用	当温度高于 370℃时,禁止使用不稳定奥氏体钢材	合金中的铬与碳相互作用,形成局部的铬贫化区域和脆性成分,通常发生在晶粒边界。这种反应被称为“敏化”,严重影响抗腐蚀性,特别是抗应力腐蚀开裂。不稳定奥氏体钢的工作温度限制在 370℃。除了稳定的奥氏体钢或低碳类钢(如 316L,304L),焊接组件需要焊后进行固溶处理和淬火处理(变成马氏体)	ECSS - Q - 70 - 71 5.4.6 a	目录内稳定的不锈钢牌号包括: 1Cr18Ni9Ti(含 Ti 稳定奥氏体不锈钢) 022Cr17Ni12Mo2(超低碳奥氏体不锈钢) 022Cr17Ni14Mo2(超低碳奥氏体不锈钢) 0Cr12Mn5Ni4Mo3Al(沉淀硬化不锈钢) 05Cr17Ni4Cu4Nb(沉淀硬化不锈钢) 07Cr15Ni7Mo2Al(沉淀硬化不锈钢) 07Cr17Ni7 Al(沉淀硬化不锈钢) 13Cr11Ni2W2MoV(马氏体不锈钢) 06Cr19Ni10(低碳奥氏体不锈钢)
11	非金属	有机玻璃	限用	航天器高精密关键设备禁止使用有机玻璃	有机玻璃易老化,产生性能褪化问题	ECSS - Q - 70 - 71 5.4.9 b	—
12	非金属	玻璃	限用	限制使用玻璃作为承力结构件	玻璃属脆性材料,在冲击作用下易碎	ECSS - Q - 70 - 71 5.4.9 e	—

续表

序号	材料分类	禁限用材料	分级	禁(限)用材料内容	禁(限)用原因	参考依据	备注
13	非金属	吸湿固化的胶黏剂	限用	需要吸湿固化的胶黏剂禁止用于不透气表面之间的大面积胶接或大厚度的灌封	该条件下此类胶黏剂难以吸收足够的水汽,导致固化不完全,影响黏接质量	ECSS-Q-70-71 5.4.10 o	目录内吸湿固化胶黏剂包括:GD414、GD414C、GD401、南大703、南大704、南大705等
14	非金属	聚氯乙烯	限用	1. 若需在飞行器硬件中使用聚氯乙烯,则仅限于在温度不超过49℃的有气压区域内使用; 2. 聚氯乙烯不应该用于真空环境	聚氯乙烯中含有的加工助剂易于挥发,产生污染	ECSS-Q-70-71 A17.6 b	目录内的聚氯乙烯材料包括:软聚氯乙烯电器套管、聚氯乙烯绝缘胶黏带、LS软聚氯乙烯套管(流体输送用)、DT软聚氯乙烯套管(电气绝缘用)
15	非金属	含有氯氟成分的润滑剂	限用	承受了剪切力的铝或镁部件禁止使用含有氯氟成分的润滑剂	受剪切力时,润滑剂中的C—F和C—Cl分子键易发生断裂,产生腐蚀性基团。而且铝或镁在空气中形成的氧化物是典型的路易斯酸,对润滑剂的降解有催化作用	ECSS-Q-70-71 5.4.13 k	目前目录内润滑剂的主要成分有两种,一种是二甲基硅油,一种是油脂类。一般情况下,二者均不含氟、氯
16	非金属	石墨润滑材料	限用	在真空等不含水汽的环境下,禁止单独使用石墨作润滑材料	石墨的润滑性能必须在有水的条件下形成层间氢键结构,因此在真空环境下没有润滑性	ECSS-Q-70-71 5.4.13 h	—
17	非金属	开孔结构的非金属泡沫	限用	开孔泡沫材料不能做电子产品灌封使用	开孔材料不具备密封和防腐蚀的作用	ECSS-Q-70-71 5.4.14 c ECSS-Q-70-71 A.14.6	—
18	非金属	硅树脂材料	限用	1. 需要密封的耐压系统中禁止使用硅树脂材料; 2. 在有后续黏接、涂覆操作的复合材料结构固化中不能用硅树脂作脱模材料	1. 硅树脂具有透气性,密封效果差; 2. 硅树脂对纤维增强树脂基复合材料有渗透作用,易造成层间强度下降	ECSS-Q-70-71 5.4.16 d ECSS-Q-70-71 A.16.6	目录内尚无该类材料。但是,硅橡胶也是高透气性材料,不能用来密封
19	非金属	石棉	禁用	航天器产品禁止使用石棉	石棉含有致癌物	ECSS-Q-70-71 5.4.20 f ECSS-Q-70-71 A.15.3 & A.20.3 & A.20.6	—
20	非金属	MS防松胶	限用	MS防松胶禁止与聚碳酸酯、聚砜等易发生环境应力开裂的材料接触	MS防松胶可诱导塑料制品发生环境应力开裂,引起塑料制品的失效	型号材料失效案例	—

思 考 题

1. 电子电源常用元器件有哪些？
2. 元器件应用为什么要考虑失效模式和降额？
3. PWM控制器常用的有哪几种？功能是什么？适用于什么拓扑？
4. 锂电采集电路B7280ARH主要功能是什么？
5. 电压隔离电路B1401RH主要功能是什么？
6. 混合电路有哪些种类？
7. 定制型混合电路有什么优缺点？在电子电源中有哪些应用？
8. 原材料进行选用时需要注意哪些要求？
9. 金属原材料选用过程中，如何避免接触腐蚀？
10. 环氧玻璃布类材料和聚酰亚胺类材料各有什么优缺点？
11. 哪些环境下应避免使用导热硅脂？

第11章　电子电源可靠性安全性设计

11.1　概述

电子电源产品在设计阶段应根据用户技术要求，开展任务剖面分析、功能分析和继承性分析工作，明确产品在任务时间内所经历的环境及其影响，产品的功能组成和继承性；进行产品可靠性建模、指标分配和预计，通过预计发现设计中存在的薄弱环节，进行设计改进；开展故障模式影响及危害度分析(FMEA)，得到产品的严酷度Ⅰ、Ⅱ类故障，单点失效环节，进一步识别出设计中的薄弱环节，进行设计改进和控制。

11.2　可靠性设计一般要求

对产品设计进行参数分析，元器件、零件的电、热、机械应力分析和故障模式、影响及危害性分析(FMECA)和故障树(FTA)分析，开展热设计、元器件降额设计、电磁兼容设计、抗辐射环境设计、抗力学环境设计、静电放电控制设计等，提高产品固有可靠性，进行试验设计，确定产品的质量特性、容差、试验及检验要求，开展关键元器件的研制和验证工作。可靠性设计一般要求如下。

(1) 在满足可靠性要求的条件下，应尽量简化设计，按简单、可靠的原则，把复杂程度减至最低限度，并力求规范化、通用化、系统化，提高标准化系数。

(2) 设计时应进行敏感度或最坏情况分析，即分析元器件、零件由于制造和环境应力等因素造成的参数变化及其对系统、设备的功能和指标带来的影响，即容差设计；影响系统性能指标和功能的要采取备份和冗余设计。

(3) 元器件选用满足用户要求等级的元器件，减少元器件的型号、规格和生产厂家。

(4) 电路的可靠性设计遵循方案简单、成功经验的继承性、技术成熟性、尽量避免单点失效、可靠性预计值必须高于设计的规定值。

(5) 需要开展CMOS电路防锁定设计、单粒子事件防护设计、电源母线的过流保护设计、继电器正确选用、供电接口安全等电路可靠性设计技术的应用，并开展潜通路分析工作。

(6) 应有可靠的防止母线及系统二次电源短路的措施，避免由于个别元器件失效造成系统母线短路、系统控制失效的故障；有防止母线过流、过压和跌落的保护功能。

(7) 分流调节器、充电控制(调节)器和放电调节器等发热量较大的设备，应具有防止过热、着火的措施。大电流的接点和触点应保证良好接触，避免因接触电阻过大而造成过热现象。

(8) 所有接插件应有防插错的设计，正负点的间距满足相关规范要求，接点通过电流满足降额设计。

(9) 所有元器件、零部件应进行降额设计，降额等级应符合用户相关要求。

(10) 当产品需要在冲击、振动、潮湿、高低温、盐雾、霉菌、辐射等恶劣环境下工作时，应采取环境防护设计，提高产品承受这种环境应力的能力。

(11) 结构设计时优先选用经过飞行验证的成熟设计、产品和材料、工艺，采用的新设计、新产品或新材料、新工艺，应按照规定的环境条件进行验证、鉴定。

11.3　可靠性设计

11.3.1　冗余设计

应对电子电源设备进行 FMEA 分析，在设计可实现的情况下避免Ⅰ、Ⅱ类单点故障，实现电源分系统的冗余设计。冗余设计通常有工作冗余和非工作冗余。故障发生时须切换到正常部件、设备以代替故障部件、设备时，不需要检测及转换设备的称为工作冗余，也叫热备份；需要检测及转换设备的称为非工作冗余，也叫温备份(备份始终加电)或冷备份(备份切换前不加电)。

根据电子电源设备的工作特点，应按如下要求进行冗余设计，避免共因失效。

(1) 分流调节单路：一般应采用热备份，多级顺序开关分流调节，允许 1 级～2 级分流电路开路失效而维持正常供电，防止短路失效。

(2) 充电控制电路：通常采用热备份，即充电控制模块冗余设计。

(3) 放电调节电路：通常采用热备份，即放电调节模块的冗余设计，每个模块在最大工况下建议不超过 70%额定值。

(4) 主误差信号放大电路：通常采用热备份，3 取 2 表决电路。

(5) 内置 DC/DC 模块：每路输出应采用主备份的冗余设计。

(6) 电源分系统各组件内部的功率线、重要的控制信号线和重要的遥测参数线、相关的电缆和电连接器应采用多点多线传输。

(7) 功率回路隔离器件应采用冗余设计，或采取相应保护设计。

(8) 电源下位机通常采用冷备份，应设计双机备份。

11.3.2　抗力学设计

所有设备都必须做机箱和结构的抗力学环境设计，含有继电器、活动部件和机构等力学环境敏感的设备应重点开展。抗力学环境设计的内容主要包括电子设备机箱结构、电路板组件结构的构型设计，建立有限元分析模型，进行静力、动力分析预示，利用结果对产品设计改进，设计要经结构力学试验验证等。

1. 抗力学设计要求

结构力学设计应保证元器件的安装环境满足力学裕度设计要求。

(1) 电源控制装置等设备的一阶基频一般应大于 100 Hz，最大变形量不应大于允许值。

(2) 单机应通过力学环境试验验证。

(3) 结构力学设计应和热设计、耐空间环境设计、静电防护设计、电磁兼容性设计相结合。

(4) 过大、过重或过热的元器件安装——如DC/DC变换器、大功率器件、继电器、大电容器、大电阻器等质量较大或发热量大的元器件可独立直接安装于机箱散热板或侧壁上,使其与机箱结构框架紧密连接,既可缩短导热路径和加大导热面积,又可降低整机的质心,使其获得较理想的散热和力学环境。

(5) 力学敏感元器件继电器安装应使其触点动作方向、衔铁吸合方向避开主振动和冲击响应最大的方向。

2. 抗力学设计输入条件

(1) 与单机有关的参数:单机力学环境条件允许值(以高为佳,最好能获得单机关键部位的固有频率);较大元器件的安装高度;元器件及机内连接器和电缆的质量;承受粒子辐照的最低值(以高为佳)及器件位号和名称等。

(2) 机械接口要求:质量、连接安装要求、尺寸;并提供安装位置和方向等。

(3) 电性能设计要求:电子元器件布局、EMC、粒子辐照防护和安全等各方面对结构提出的要求。

(4) 热性能设计要求。

(5) 设计载荷、力学环境模型试验条件要求。

(6) 刚度设计要求。

(7) 强度设计要求。

(8) 相关规范的要求。

11.3.3 热设计

1. 热设计要求

热设计应确保元器件的工作温度符合型号降额要求,具体要求如下。

(1) 一般应采用被动热控为主、主动热控为辅的热设计。

(2) 单机应通过热环境试验验证。

(3) 电源控制装置。① 电源控制装置中大于0.3 W的功率器件(如隔离二极管、大功率开关管和调整管等)、电流采样电阻、功率线等应经过热设计仿真计算,贴近机壳或散热板绝缘安装,在安装接触面涂导热硅脂以减小热阻。功率线外部不应包扎热缩布,使元器件和功率线温度符合降额使用要求;② 分流调节器:应采用被动热控为主、主动热控为辅的热控设计,确保分流调节器的工作温度符合降额要求;线性部分分流调节器的发热功率较大,一般以分流器的安装结构作为散热面,如安装在航天器外部的背光面为散热面;开关分流调节器的发热功率较小,一般安装在航天器内部舱板上,通过舱板散热;③ 内置式DC/DC模块安装在机壳或导热板上,安装面涂导热硅脂,以满足DC/DC模块使用温度要求。

(4) 设备内部的功率线束:① 功率导线应选用高温导线,额定电压为工作电压的2~2.5倍,线路传输功率损耗不应超过2%;② 应对各个单机内部的功率线束进行热设计分析和必要的试验验证;③ 电源电连接器额定工作温度不应低于125℃,低气压耐电压不应小于工作电压的2.5倍。

2. 热设计输入条件

单机热设计输入条件如下。

(1) 产品的设计温度范围,包括工作模式下的温度范围、非工作模式的温度范围(即贮存温度范围)和启动温度("工作模式下的温度范围"指产品的验收温度范围减去验收余量,这个温度范围的上、下限是热分析需要的边界条件,由位于电子产品底板上温度参考点的温度传感器测量得到)。

(2) 元器件的名称、数量、尺寸、热功耗、封装类型、结壳热阻、允许的最高降额温度(可以用表格的形式列出以下参数,若电子产品需要做瞬态热分析,还需要给出每个元器件的"热容量")。

(3) 印制板的数量、尺寸、覆铜层所占面积和覆铜层的厚度(这里所说的"印制板"是指没有安装元器件但带有覆铜层的厚度的基板,给出"覆铜层所占面积和覆铜层的厚度"是为了计算印制板的组合热导率,如果不能直接给出这两个数据,而是通过印制板的元器件布局图获得,则应当加以说明)。

(4) 机箱壳体的尺寸、热容量、表面发射率、材料热导率;机箱安装面尺寸、安装面平面度、粗糙度("机箱安装面尺寸"是指电子产品安装到航天器结构板或支架上的安装接触面面积)。

(5) 印制板在机箱内的分布,印制板与机箱壳体的连接方式。

(6) 电子产品的结构图样,印制板的元器件布局图。

11.3.4　降额设计

降额设计要求如下。

(1) 降额设计应使所有元器件承受的应力(如电流、电压、功率等)符合型号的降额要求,并考虑瞬态最大应力的降额。

(2) 电连接器、部(组)件内部连线、正负端引出线、内部电加热片引出线一般采用多点多线连接,使电连接器和导线负载符合降额要求。① 电源插座应选用接点额定电流大的电连接器,额定工作温度不应低于 125℃;② 电缆网和设备内部导线应选用额定工作温度不低于 200℃的导线,导线的额定温度应有不低于 40℃的设计余量,负载电流和电压降额应满足型号要求;③ 供电回路的线路压降应符合设计要求,功率线应尽量短,以减小压降,功率传输损耗率一般不应大于 2%。

(3) 应对元器件降额设计和热设计进行综合分析,在初样研制阶段,产品应对额定负载电流进行热平衡试验验证,并测量功率器件和功率线温度,应符合降额设计要求。

(4) 保险丝降额的主要参数是电流,电路电压不得超过保险丝的额定工作电压,以防断路时产生电弧。

(5) 印制板(PCB)上的印制线的载流能力应考虑满足降额要求。

11.3.5　EMC 设计

1. 一般要求

电磁兼容性要求应符合相关技术文件要求,一般要求如下。

1) 频率分配

应合理分配各功能模块(包括蓄电池组放电模块的升压调节、充电开关调节、分流器开关调节、DC/DC 的开关电路)的工作频率,避免倍频,以减小设备之间的相互干扰,提高电磁兼容性。

2) 布线和隔离

(1) 高电压或大电流脉冲电源线与其他连线应分开布线并保持一定的安全间距,防止通过电缆耦合对用户负载产生干扰。

(2) 不同冗余电路单元之间应采用不同的二次电源模块电路,以避免公共环节失效。

3) 接地设计

(1) 一次电源母线回线的接地一般应采用通过配电器或产品单端与航天飞行器结构地搭接,接地线与接地桩的搭接电阻一般应不大于 10 mΩ。

(2) DC/DC 的输入和输出应隔离;DC/DC 输出回线与设备壳体应隔离,隔离电阻不应小于 10 MΩ。

(3) 控制信号地应与电源一次回线地分开,遥测信号一般应采用差分采样,减少地线干扰。

4) 滤波

应在部(组)件内部的电源输入端和输出端加滤波电路,以抑制母线上的纹波和噪声。内置 DC/DC 模块对输入母线的反射纹波设计应符合专用技术文件的要求,峰峰值一般不应大于 300 mV,输入纹波峰—峰值不应大于 100 mV。

2. EMC 设计遵循以下准则

(1) EMC 设计提倡折中原则,以系统兼容为主要目的,不追求单机指标最好,不追求单项指标最佳。

(2) EMC 设计强调把建立良好接地、搭接系统和合理布线放在首位,这是既经济又实惠的选择。

(3) 产品采取屏蔽措施时需考虑质量限制和维修性要求。

(4) 采用的 EMI 滤波器满足相应的规范要求。

(5) 信号接口关系设计在满足电性能指标的基础上,充分考虑电磁兼容性要求,信号传输的前一个产品与该产品以及该产品与下一个产品之间实现阻抗全匹配,同时考虑两个产品间的相互隔离问题。

(6) 产品 EMC 设计中建议采用空间和时间等隔离技术,充分利用回避和疏导等技术策略。

(7) 电源线和低频信号线遵循“回流原则”。

(8) 产品内部的电磁兼容是实现产品电磁兼容达标的关键,重点考虑以下几个方面:① 首选能减小噪声和对电磁干扰高抑制作用的元器件;② 重视电路板上元器件布局,依其电磁特性进行分区;③ 重视电路板上信号线、电源线分开布线以及它们各自的走向;④ 重视电路板上接地区域的设定以及地线的铺设,采取减小地环路面积和防止公共阻抗耦合措施;⑤ 采取抑制共模干扰措施等。

11.3.6 防静电设计

要对静电放电(缩写为 ESD)敏感产品,包括元器件、组装件和设备,提供全过程的静电防护，在设计、生产、检验、贮存、传递、安装和维修等各个阶段实施全过程的静电放电控制。

所有包含静电放电敏感产品（半导体分立器件、单片集成电路、混合集成电路、厚膜薄膜电阻、压电晶体等）的单机必须采取操作过程的静电防护措施；对静电放电敏感产品开展电路的 ESD 防护和加固设计。各单机可以从芯片的抗 ESD 能力、印制电路板布局线设计以及机械结构设计三个方面综合考虑 ESD 的防护。

ESD 防护设计时遵循的原则如下。

(1) 在综合考虑技术经济指标的前提下，选用能获得的最高 ESD 敏感度等级的元器件。

(2) 对所选用的 ESD 元器件内部有否 ESD 防护网络及其有效性充分了解的基础上，设计元器件外部的 ESD 防护网络。

(3) ESD 元器件组装后，仍要采取正确的 ESD 防护设计，印制板组装件 I/O 端口应视为 ESD 元器件引脚的延伸。

(4) ESD 防护设计及措施应在实际可行的最低一级的组装件上实施，可以更有效地达到组装件和设备级 ESD 加固的目的。

(5) 进行电路分析，有助于确定含有 ESD 元器件的组装件和设备，是否因加固而获得符合要求的 ESD 防护能力。

11.3.7　抗辐照设计

1. 抗辐照基本设计输入

包括与抗辐射设计相关的总体参数、产品基本参数等内容，至少包括如下内容。

(1) 飞行器任务、轨道、寿命、发射时间状况。

(2) 产品任务与功能详细描述。

(3) 产品的基本构成描述。

(4) 产品在飞行器上的安装位置描述。

(5) 电子产品的几何构型及在飞行器上的安装位置。

(6) 其他输入。

2. 抗电离总剂量辐射设计输入

1) 航天器辐射剂量一维分析结果

来自环境试验条件，是基于实心球模型的轨道辐射剂量与屏蔽厚度之间的关系曲线（表格），简称剂量～深度曲线（表）。舱壁厚度按 1 mm 考虑，单机厚度按最薄面厚度考虑。

2) 辐射设计余量

某型号飞行器在轨工作时吸收的辐射总剂量和屏蔽厚度的关系如表 11.3.1 所示。舱内一般的电子元器件和材料的带电粒子辐照试验的总剂量，可依据其对舱外辐射环境的屏蔽厚度，从表 11.3.1 中加以选择。设计使用时建议辐射设计余量（RDM）取 2～3 倍余量。

表 11.3.1　某型号飞行器辐射总剂量和屏蔽厚度的关系

等效铝(Al)厚度/mm	质量面密度/(g/cm²)	总剂量(2年)/10^{-2}Gy (Si)
0.01	0.001	1.357×10^{6}
0.10	0.027	3.960×10^{5}
0.40	0.108	3.070×10^{4}
1.00	0.270	2.342×10^{3}
2.00	0.540	657.2
3.00	0.810	385.0
4.00	1.080	275.0
5.00	1.350	217.0
6.00	1.620	190.4
7.00	1.890	175.0
8.00	2.160	167.6
9.00	2.430	158.5
10.00	2.700	150.9

RDM 定义为

$$\mathrm{RDM}=\frac{D_{失败}}{D_{环境}}$$

式中，$D_{失败}$ 指器件或材料自身的辐射失效剂量；$D_{环境}$ 指器件或材料在飞行器上实际使用位置处的辐射剂量。

3. 抗单粒子效应设计输入

单粒子效应是单个高能质子或重离子入射到电子器件所引发的辐射效应，根据机制的不同，表 11.3.2 列出了不同单粒子效应类型以及产生效应的主要对象。

表 11.3.2　不同单粒子效应类型及产生效应

空间单粒子效应类型	产生效应的主要对象	效应发生后果
单粒子翻转(SEU)	逻辑器件、单/双稳态器件	引起器件电性能状态的改变，造成逻辑器件或电路的逻辑错误，比如存储器单元中存储的数据发生翻转(“1”翻到“0”或“0”翻到“1”)，进而引起数据处理错误、电路逻辑功能混乱，计算机指令流发生混乱导致程序“跑飞”
单粒子锁定(SEL)	CMOS 器件	由于 CMOS 工艺器件制造工艺自身不可避免的特点，当带电粒子轰击 CMOS 器件，可能会引起 CMOS 器件的闩锁，使器件或单机可能被 SEL 产生的大电流(几百 mA 甚至几 A)烧毁；或者可能使该器件所使用的二次电源被突然骤增的负载电流所损坏；或者二次电源受 SEL 影响导致输出电压变化，影响到其他器件或单机的工作
单粒子烧毁(SEB)	功率 MOSFET	在高能带电粒子的入射下，产生电荷聚集，载流子在电场中漂移、加速，极易产生载流子的雪崩倍增效应，最终器件 PN 结被反向击穿，从而引起单粒子烧毁，器件失效

续表

空间单粒子效应类型	产生效应的主要对象	效应发生后果
单粒子栅击穿（SEGR）	功率 MOSFET	高能带电粒子入射并穿透其栅极、栅氧化层及器件衬底时，沿着粒子的入射轨迹，同时在栅极电压的作用下，导电通道中形成一个瞬时电流。当这一瞬时电流足够大时，便会在器件栅氧化层中沿着电流通路产生击穿，形成一条永久地从栅极到衬底的导电通道，从而造成器件的完全失效

应对安装在航天器外的设备、电源控制装置的功率 MOS 管等辐照敏感器件进行抗辐射分析和加固设计，要求如下。

（1）根据航天器总体所给定的轨道寿命期间的辐射累计剂量，结合部（组）件所处的位置，确定结构外壳厚度，经分析计算，确定其屏蔽效果及实际所承受的辐射总剂量，防辐射设计裕度（RDM）一般取 2～3。

（2）应选择符合辐射总剂量等级的元器件和材料，在经受辐射累积剂量辐照后，其性能衰退应满足要求。

（3）对于不满足电离总剂量（TID）要求的元器件，设计师应对元器件选用合理性、必要性及系统 TID 防护设计有效性进行论证，经型号总体认可确认满足要求，报总体责任单位认可和技术项目经理批准后方可使用。

（4）应选用抗单粒子（包括抗单粒子翻转、抗单粒子锁定）LET 阈值满足要求的器件。

11.3.8　防过流和短路保护设计

电子电源设备部（组）件和电路模块在设计、制造、调试和试验过程中应采取措施，防止电源母线短路或过流，设计要求如下。

（1）电源母线供电通路绝缘设计。① 各部（组）件内部电缆敷设时，应避免与机箱内金属结构件或元器件、印制板的敷铜线、焊点接触，应采用绝缘片或硅橡胶等进行隔离；② 电源正线宜用双绝缘层导线或电缆或采用二次绝缘措施；③ 应合理固定电缆，在过孔处和锐边处应采用热缩布包扎，避免振动时摩擦导致绝缘层损伤。

（2）DC/DC 过流保护设计。① 每一路输出均应有过流保护设计；② 若一路电源同时对几个负载供电，每个负载还应进行限流保护设计，当其中一路发生限流时，应保证其他负载仍能正常工作。限流电阻的最大负载功率不能超过其额定功率，并符合降额要求。

注：在真空环境中，金属膜电阻（RJ 型）的过流试验结果表明：随负载电流倍数不断增加，电阻将呈高温高热状态，阻值会变小；负载电流继续增大，有一部分试件的阻值变大而开路。因此，对于有限流输出功能的 DC/DC，其限流电阻不能获得足够的开路电流，建议不要采用串联限流电阻（RJ 型）的方法，作为防止短路故障隔离措施。

（3）母线负载过流保护设计：由一次母线直接供电的设备，输入端应有过流保护和故障隔离设计，以防一次电源母线短路，启动电流应满足型号设计建造规范要求。

（4）母线电压测量：所有电压采样应串联保护电阻，应防止检测回路故障导致电源短路或开路。

（5）母线负载电流测量：负载电流测量应优先采用感应式传感器，如霍尔电流传感器,一般应避免使用串联式采样电路。

(6) 母线输出端如果采用非自愈式输出滤波电容,应串联熔断器。

(7) 母线电源输出插座应选用孔式电连接器,推荐圆形电连接器。

(8) 电子电源设备的防短路设计。① 防止电源母线短路设计:在电路接口、印制电路板和结构设计中,电源线与结构件的间距、带电的器件外壳与结构的间距应尽可能大,建议不小于2.5 mm,或采用有效的隔离绝缘防护;② 设备内部导线、导电结构件、元器件外壳之间的间距应尽可能大,建议不小于2.0 mm,并采用隔热措施;③ 内部连接导线长度应留余量,使焊点不受拉力;④ 布线应避开产生磨损的地方,若躲避不开,线束外部应包扎聚酰亚胺等绝缘材料,并点硅胶固定;⑤ 电装工艺文件中应有多余物控制措施和多余物检查的详细要求;⑥ 电装和调试完毕,应进行多余物检查和清洁处理。

(9) 放电调节器的每个功能模块建议考虑过流保护、输出限流保护、过压保护和母线隔离。

11.3.9 最坏情况分析

产品通过最坏情况分析,识别影响产品性能及元器件、材料应力的主要因素,发现设计与可靠性薄弱环节,对产品发生参数漂移故障进行预测,提出改进措施,提高产品的固有可靠性。最坏情况分析适用于影响任务成败和平台安全的设备,尤其是自身灵敏度高,影响设备关键特性,或在任务剖面中工作条件恶劣的产品。要求针对产品特性开展不同的最坏情况分析,包括最坏工作条件下性能指标符合性分析和最坏情况电路分析(WCCA)。

符合以下任一条件的产品,要求开展最坏工作条件下的性能指标符合性分析。

(1) 影响任务成败和平台安全的设备及FMEA中"功能"失效(将冗余系统视为一整体)后严酷度为Ⅰ、Ⅱ类的设备。

(2) 功能性能参数对输入敏感的设备。

(3) 开展了裕度设计的产品。

符合以下任一条件的产品,要求开展最坏情况电路分析(WCCA)。

(1) 影响任务成败和平台安全的设备或控制电路,尤其是工作模式多、时序控制复杂的平台控制电路或设备。

(2) 未经充分验证的关键控制设备。

(3) 相似产品(电路或设备)在研制过程中以及使用过程中出现过问题。

最坏情况分析要求如下。

(1) 主要分析各部(组)件、功能模块之间的接口关系,一般采用极限值分析法,即在电路所有组成部分参数的最坏组合情况下,分析电路性能参数偏差造成的影响。

(2) 分析电路参数时,考虑的因素包括精度范围、温度漂移、时间漂移、材料的寿命性能衰减、辐射导致的性能影响、负载的跃变导致电源电压的波动等。

(3) 在初样设计阶段可通过高低温循环试验、浪涌负载试验和电源拉偏试验,掌握最坏情况的极限值。

11.4　故障模式、影响及危害度分析[FME(C)A]

按照 GJB/Z 1391－2006《故障模式、影响及危害分析指南》和用户相关要求进行故障模式、影响及危害度分析，对引起降低可靠度的环节及危害度为 I、II 级的故障模式，应予以处理解决，必要时重新设计。

为保持各级产品分析的完整性和一致性，体现不同约定层次的分析迭代关系，总体、各功能和单机的分析层次分别约定，最低约定层次与可靠性建模的要求相同。在各级产品完成 FMEA 工作的过程中，需注意以下几点。

1) 故障模式的识别

故障模式是故障的表现形式，一般在研究产品的故障时往往是从产品的故障现象入手，进而通过现象(即故障模式)找出故障原因。故障模式分析的目的是找出产品所有可能出现的故障模式，其主要内容如下。

(1) 不同 FMEA 方法的故障模式分析：当选用功能 FMEA 时，根据系统定义中的功能描述、故障判据的要求，确定其所有可能的功能故障模式，进而对每个功能故障模式进行分析；当选用硬件 FMEA 时，根据被分析产品的硬件特征，确定其所有可能的硬件故障模式(如电阻器的开路、短路和参数漂移等)，进而对每个硬件故障模式进行分析。

(2) 故障模式的获取方法：在进行 FMEA 时，一般可以通过统计、试验、分析、预测等方法获取产品的故障模式。对采用现有的产品，可从该产品在过去的使用中所发生的故障模式为基础，再根据该产品使用环境条件的异同进行分析修正，进而得到该产品的故障模式；对采用新的产品，可根据该产品的功能原理和结构特点进行分析、预测，进而得到该产品的故障模式，或以与该产品具有相似功能和相似结构的产品所发生的故障模式作为基础，分析判断该产品的故障模式；对引进国外货架产品，应向外商索取其故障模式，或从相似功能和相似结构产品中发生的故障模式作基础，分析判断其故障模式。

(3) 常用元器件、零组件的故障模式：对常用的元器件、零组件可从国内外某些标准、手册中确定其故障模式。

(4) 典型的故障模式：当(2)、(3)中的方法不能获得故障模式时，可参照表 11.4.1 和表 11.4.2 所列典型故障模式确定被分析产品可能的故障模式。内容较简略的表格适合于产品设计初期的故障模式分析；内容较详细表格适用于产品详细设计的故障模式分析。

表 11.4.1　典型的故障模式(简略的)

序号	故障模式	序号	故障模式
1	提前工作	4	间歇工作或工作不稳定
2	在规定的工作时间内不工作	5	工作中输出消失或故障(如性能下降等)
3	在规定的非工作时间内工作		

表 11.4.2　典型的故障模式(较详细的)

序号	故障模式	序号	故障模式	序号	故障模式	序号	故障模式
1	结构故障(破损)	12	超出允差(下限)	23	滞后运行	34	折断
2	捆结或卡死	13	意外运行	24	输入过大	35	动作不到位
3	共振	14	间歇性工作	25	输入过小	36	动作过位
4	不能保持正常位置	15	漂移性工作	26	输出过大	37	不匹配
5	打不开	16	错误指示	27	输出过小	38	晃动
6	关不上	17	流动不畅	28	无输入	39	松动
7	误开	18	错误动作	29	无输出	40	脱落
8	误关	19	不能关机	30	(电的)短路	41	弯曲变形
9	内部漏泄	20	不能开机	31	(电的)开路	42	扭转变形
10	外部漏泄	21	不能切换	32	(电的)参数漂移	43	拉伸变形
11	超出允差(上限)	22	提前运行	33	裂纹	44	压缩变形

2) 故障模式分析的注意事项

(1) 复杂产品一般具有多种任务功能,则应找出该产品在每一个任务剖面下每一个任务阶段可能的故障模式。

(2) 分析对象在所有任务阶段和所有工作模式下的故障模式覆盖全面,保证不漏项,特别是接口的故障模式和冗余部分的故障模式。

(3) 对冗余系统进行分析时,应注意识别冗余系统各组成部分的故障模式,尤其是公共环节,如电源模块、信息接口、切换单元、故障检测、隔离的故障模式。冗余切换单元的故障模式从切换的硬件、切换指令两方面识别故障模式。

(4) 故障模式层次要清晰,不能将多项故障的表现形式合成一个故障模式,一般考虑一次故障,但对于冗余系统,必须结合工作模式识别多重故障模式。

11.4.1　FMEA 输入条件准备

进行 FMEA 需要必要的输入信息,首先要对分析对象进行定义。可利用可靠性建模时产品定义的成果,明确产品的功能要求、工作方式、任务剖面、环境剖面、故障判据、任务时间、约束条件等,建立产品和功能框图和可靠性框图,另外还需准备:

1) 设计任务书(或技术规范)

设计任务书包括设计产品的技术指标要求,执行的功能,产品工作的任务剖面,寿命剖面以及环境条件、试验(包括可靠性试验)要求、使用要求、故障准则、其他约束条件等。

2) 设计方案论证报告

设计方案论证报告通常说明了对各种设计方案的比较及与之相应的工作限制,它们有助于确定可能的故障模式及其原因。

3) 被分析的对象在所处的系统内的作用与要求的信息

包括所处系统各组成单元的功能、性能的要求及容许限,各组成单元间的接口关系及要求，被分析对象在所处系统内的作用、地位。

4）有关的设计图样

这里的图样包括被分析对象的图样、所在分系统、系统的必要图样，特别是直接有接口联系的单元的图样。

5）可靠性数据及故障案例

可靠性数据应采用标准数据或通过试验及现场使用的统计数据，并经过一定级别的批准手续。

以前型号的故障案例对 FMEA 工作是非常有用的，因此应当积累、建立故障模式库，以供分析时使用。

11.4.2　进行分析并填写 FMEA 表格

1. 分析组织形式

FMEA 工作要确定责任人，单机 FMEA 的责任人是主管设计师。但要做好该项工作应清楚该项工作需要团队协作，而不能仅由个人完成。团队应该至少由 5 人组成，分析团队的成员需具备多种能力并经过多种培训，需了解系统、设计和工艺等相关问题，并且乐于参加。所有成员必须了解团体的行为、当前的任务、需要讨论的问题，以及与该问题直接或间接相关的内容。不同层次产品在分析时需建立不同的团队。

任何情况下都不应由个人（如某项设计或工艺工程师）进行一项 FMEA。个人也许能够完整地填写 FMEA 表格，但由个人进行的 FMEA 必然会存在由于观点的片面性而形成固有的偏见。

2. 填写表格

分析表格形式见表 11.4.3。

表 11.4.3　分系统 FMEA 工作表格

序号	产品或功能标志	功能	故障模式	故障原因	任务阶段与工作模式	故障影响			故障判据及检测方法	严酷度类别	故障频度	单点故障	风险评价	补偿措施	备　注
						局部影响	高一层次影响	最终影响							
(1)	(2)	(3)	(4)	(5)	(6)	(7)	(8)	(9)	(10)	(11)	(12)	(13)	(14)	(15)	(16)

表格填写说明如下。

(1) 序号：分析对象的先后顺序号。

(2) 产品或功能标志：被分析产品或功能的名称或其他标志。

(3) 功能：产品或其组成部分要完成的功能具体描述，要求采用主动动词和合适的名词来描述，主动动词定义性能，用性能定义功能。

(4) 故障模式：故障表现的形式，用主动式动词或动词短语描述。

在 FMEA 中，一般只假定单一的硬件故障，即不考虑两个不相关的故障同时出现的情况。但在硬件单一故障分析中，应注意可能出现的连锁影响，即二次故障。对于有多输出、多通道（冗余）的情况要考虑二次故障。另外考虑潜在的故障模式一定要考虑功能丧失的故障,即对于冗余系统来说要分析其全部功能丧失的故障。

(5) 故障原因:直接导致故障或引起性能降低并进一步发展成故障的那些物理或化学过程、设计缺陷、工艺缺陷、零件使用不当或其他过程等因素。对于故障原因要着眼于根本原因,而不是故障的表象。要注意故障模式与故障原因之间的因果关系,不应颠倒或模糊。对应一个故障模式可以有很多原因,要列出所有可能的原因。

(6) 任务阶段或工作方式:分析对象的工作模式或不同任务阶段,与产品定义一致。

(7) 故障影响(局部影响):故障模式对与该产品所在约定层次相同的其他产品的使用、功能或状态的影响。设备单机在进行FMEA时,局部影响分析对与某功能模块同层次的其他功能模块的使用、功能或状态影响;分系统在进行FMEA时,局部影响分析对与某单机同层次的其他单机的使用、功能或状态影响。

(8) 故障影响(高一层影响):故障模式对高一层次产品的使用、功能或状态的影响。单机在进行FMEA时,高一层影响分析对单机本身的使用、功能或状态影响(即该单机的故障模式);分系统在进行FMEA时,高一层影响分析对本分系统的使用、功能或状态的影响(即该分系统的故障模式),单机FMEA的最终影响可作为参考。

(9) 故障影响(最终影响):故障模式对初始约定层次产品的使用、功能或状态所导致的结果。设备单机在进行FMEA时,最终影响分析对其他设备单机和分系统的使用、功能或状态影响;分系统在进行FMEA时,最终影响分析对系统和其他分系统的使用、功能或状态。

(10) 故障判据及检测方法:说明检测故障模式发生的方法。对于系统FMEA和分系统FMEA来说,一般是指飞行试验过程中而不是地面试验过程中故障判据及检测的方法;对于单机FMEA来说,可包括地面检测方法,但要说明是装船状态的检测还是单机状态的检测。要求给出具体故障判据和检测参数。

(11) 严酷度类别:故障模式所产生的后果的严重程度的度量。分系统和单机要分别定义严酷度类别,分析最终影响后对号入座。注意严酷度与故障模式相对应,不与故障原因相对应。由于FMEA是基于当前的技术状态进行的,因此严酷度和发生可能性针对的是某次FMEA中采取措施前的故障模式,而不是采取措施后的。

(12) 故障概率:故障模式发生可能性的定性描述。故障概率一般由工程经验确定,要求尽可能以客观数据为依据。

(13) 单点故障:若属于单点故障的标识Y,不属于的标识N。

(14) 风险评价:根据故障频度和故障严酷度类别计算的风险指数。

(15) 补偿措施:在各任务阶段,为消除或减少某故障模式的影响可以采取的措施,可以是设计上的补偿措施,也可以是在轨的应急补偿措施,或者是地面试验验证等补偿措施,可以是某一具体的措施,也可以是待进一步研究的提案。补偿措施的目的是要降低严酷度、故障概率或同时降低这二者。对于设计补偿措施主要包括冗余、安全或保险装置、故障隔离与扩散控制,备份或替换方式的采取,对于操作的应急补偿措施包括航天员操作或地面遥控干预手段等。注意补偿措施与故障原因相对应,故障原因可能不止一个,每一个故障原因应有相应的补偿措施,补偿措施也可能不止一个。每个补偿措施应有针对性,尽量具体、可操作，切忌笼统与口号化。

(16) 备注：对其他栏目内容的补充，或是改进建议、异常状态的说明等。单机 FMEA 可填写需要分系统或其他单机采取措施的建议；分系统 FMEA 可填写需要总体或其他分系统采取措施的建议。

11.5　可靠性预计与评估

11.5.1　可靠性预计

通过可靠性预计，定量估算可靠度是否满足系统规定的要求，为设计决策提供依据。

在方案设计阶段一般采用相似设备法、元器件计数法；在初样设计阶段采用元器件计数法或元器件应力分析法，元器件计数法和应力分析法按 GJB/Z 299C－2006 的规定执行，元器件的失效率应按航天器型号总体规定选取；正样设计阶段采用元器件应力分析法。

可靠性预计的要求如下：

(1) 可靠性预计应在建立可靠性模型的基础上进行，从初样阶段开始，并随着研制工作的进展、逐步细化。

(2) 国产元器件失效率预计一般采用 GJB/Z 299C－2006 中的方法，进口的国外元器件，经由用户指定单位认证后，用计数法或应力分析法给出其应用失效率信息。

(3) 自制电子元器件，可根据收集的信息进行预计，也可根据对自制电子元器件所采取的质量控制措施，在 GJB/Z 299C－2006 中选用相当的元器件进行可靠性预计。

(4) 预计的最低功能级应与 FMEA 的最低功能级相一致，在任何功能级的可靠性预计结果，应作为高一级预计的输入。

(5) 在研制过程中，设计一旦变更，就要重新进行预计；早期的预计着重于方案的可行性和可靠性的研究，随着设计工作的深入，采用不同的预计方法。

(6) 在不同状态与环境下工作的功能级，应给出不同状态与环境条件下预计的结果。

(7) 预计结果满足要求，则预计结束；否则，指出可靠性薄弱环节，提出设计改进建议，待设计改进完成后再重新进行可靠性预计，直至满足要求。

产品可靠性预计由产品设计师负责，并完成可靠性预计报告。特别对于可靠性预计结果不满足要求的，可以根据情况采取以下措施：① 如果该产品为关键单机，则主要应通过提高元器件质量等级、增加内部冗余模块、改进设计方案或者可靠性增长试验等方法来提高可靠性，如果提高可靠性代价大，应考虑通过维修或缩短维修周期来保证工作寿命周期的可靠性要求；② 不是关键产品但预计值与分配值相差不小于 0.1 的单机，也必须进行设计更改；③ 不是关键产品且预计值与分配值相差小于 0.1 的单机，通过跟总体单位或用户沟通协调，可根据产品预计值来调整分配值要求；

在采取以上措施时，优先采用提高元器件等级的办法，如果不能通过提高元器件等级来实现再考虑其他办法。

11.5.2 可靠性评估

可靠性评估是利用产品研制、试验、生产、使用等过程中收集到的数据和信息来评价和估算产品的可靠性,是度量单机产品可靠性水平的重要技术手段,可以支持产品可靠性指标验证,识别薄弱环节,为产品改进提供技术方向。通用产品的可靠性评估结果,还可用于支持型号选用产品时的风险权衡。

开展产品研制工作时,应在各阶段迭代开展可靠性评估工作,实现产品可靠性水平有效度量,支持产品可靠性提升工作,一般在初样阶段、正样阶段开展产品的可靠性评估。

产品开展可靠性评估需达到以下条件。

(1) 具有明确的可靠性指标要求。

(2) 已经根据可靠性指标要求,开展相应的可靠性设计、分析、试验等工作。

可靠性评估基本程序包括:产品要求分析、故障模式分析、建立可靠性评估模型、数据采集与处理、可靠性评估计算和编写可靠性评估报告等。在单机不同研制阶段,迭代更新可靠性评估结果,如图 11.5.1 所示。

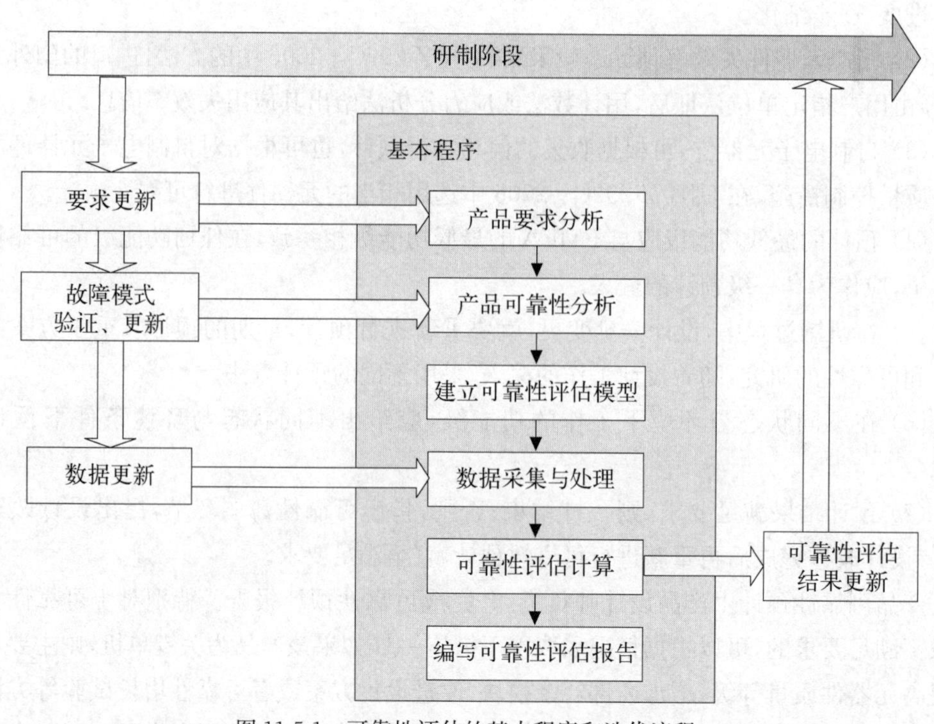

图 11.5.1 可靠性评估的基本程序和迭代流程

可靠性评估要求如下。

(1) 经过飞行试验的产品,其可靠性信息需分析使用条件后加以利用(以表格形式逐项分析),技术状态不同的或新研的设备要重新收集试验信息。

(2) 采集全研制周期内所有可靠性评估用试验信息,数据采集范围主要包括产品可靠性要求、产品基本信息、试验及飞行数据。数据采集内容与选取的可靠性特征量和分布类型有关。数据采集的主要内容包括：① 寿命与可靠性指标要求；② 构成及工作原理；③ 功能与性能描述；④ 任务剖面；⑤ 故障判据/寿命终止判据；⑥ 技术状态与生产质量状况；⑦ 设计工况参数：设计允许极限，如承力构件设计允许的极限载荷；质量稳定状况参数，如参数散差、质量控制能力指数等；环境因子，通过环境因子对不同的试验环境条件进行当量折算；⑧ 试验内容与试验条件；⑨ 各类试验/飞行数据：指数寿命型产品试验中的总试验时间、故障数及相应的故障时间；性能参数测试值，以及该性能参数的容许限。数据采集间隔视性能变化趋势确定，一般两次采集间隔性能变化不超过 50%；加速寿命试验中的应力条件，各应力条件对应的产品数、总试验时间、故障数及相应的故障时间；各项数据应准确、完整，具有物理量纲的数据项应注明物理量纲。为保证数据的正确性和规范性，应制定数据采集卡。

(3) 采用总体规定的评估方法进行可靠性评估。

11.6　安全设计

1) 安全性设计原则

在进行安全性设计时，按以下优先次序采取安全性措施。

(1) 消除危险：应通过设计技术和使用特性的选择，结合产品的约束条件和任务目标将危险从设计和操作方案中消除。

(2) 最小风险设计：对于不能消除的危险，应尽可能将危险风险控制在最小可接受程度。

(3) 采取安全对策：对初样设计中不可避免的、影响产品安全性的风险，应采取自动的或其他措施，使风险降低到可接受的水平。

(4) 采用报警设计：若设计和安全措施都不能有效地消除已判定的危险，或者不能充分降低其有关风险，应设置告警装置或遥测信息向有关人员告警。对任务中所涉及的危险源、危险部位增加警示标志。

(5) 制定专用安全操作规程并进行培训：对于通过设计方案选择不能消除，或采用安全措施和告警装置也不能充分降低其风险的危险，应制定专用安全操作规程并进行必要的培训。

2) 安全性设计

电子电源供电安全性一般从绝缘安全设计、电路安全设计及高电压器件使用安全性等方面开展。

绝缘安全设计主要是保证电气间隙、电气间距和绝缘距离，并采取绝缘措施。高压工艺安全设计需要明确单机内高压焊点的形貌，导线与接插件的焊接和压接要求，焊点的三防涂覆要求，带电的焊点或金属附件毛刺、尖端和锐角处理要求，电缆走线和单机内部高压导线的走线、绑扎、固定等工艺要求。

电路安全性设计一般采取以下措施。

(1) 所有与母线正或母线负相连的功率器件和母线连接应二次绝缘。

(2) 充电调节器和放电调节器的输入端应具有输入保护功能，以避免输入母线和蓄电池组短路;二次电源产生电路一次电源侧使用熔断丝,防止母线短路。

(3) 功率电路部分元器件,包括MOS管、整流管、隔离管、继电器、电感、变压器等,安装时进行绝缘处理,使器件本体与单机结构绝缘。

(4) 印制板上高低压电路应隔离设计。

(5) 母线电压、电池组电压、电池模块电压等相关的高压采样电路,分压接地电阻采用两并形式,防止其中一个电阻断路时将高压引入单机。

(6) 继电器线包使用时串接电阻,防止短路;涉及高压的继电器线包供电电源加隔离二极管进行隔离;涉及高压的继电器的辅助触点不使用。

高电压产品及器件使用安全性要求如下。

(1) 电子电源元器件选用时应考虑绝缘电阻、最低介质耐压值等参数满足高压降额使用要求的器件。

(2) 凡是功率输出的电连接器均要采用供电端为孔式、受电端为针式。

(3) 对于通过高压的电连接器必须要在电连接器电缆端有醒目标志。

(4) 对新研高压器件,需采取安全间距设计、可靠性以及生产工艺控制等方面的措施。

(5) 供电控制单元内各组件的耐压数值应为3倍以上的母线电压。

(6) 供电控制单元布线设计的主要原则为:将高电压或大功率引线与弱电控制和检测电路引线分开,减小高电压或大功率部分对弱电控制和检测部分的干扰以及降低对外辐射。

(7) 供电控制单元供电电连接器应采用孔式插座。

(8) 设备内部100 V功率线应进行热设计。

思 考 题

1. 可靠性设计一般要求是什么?
2. 什么叫可靠性预计?有哪些常用的预计方法?它们的优缺点和适用场合是什么?
3. 冗余设计的关键点是什么?(容错能力、余度配置、余度的管理方式)
4. 如何利用FMEA进行潜在问题分析?

第12章 电子电源装联工艺与调测试

12.1 装联工艺

12.1.1 概述

电子电源工艺主要分为电子装联工艺和机加工工艺，主要使用到的工艺技术如图12.1.1所示。

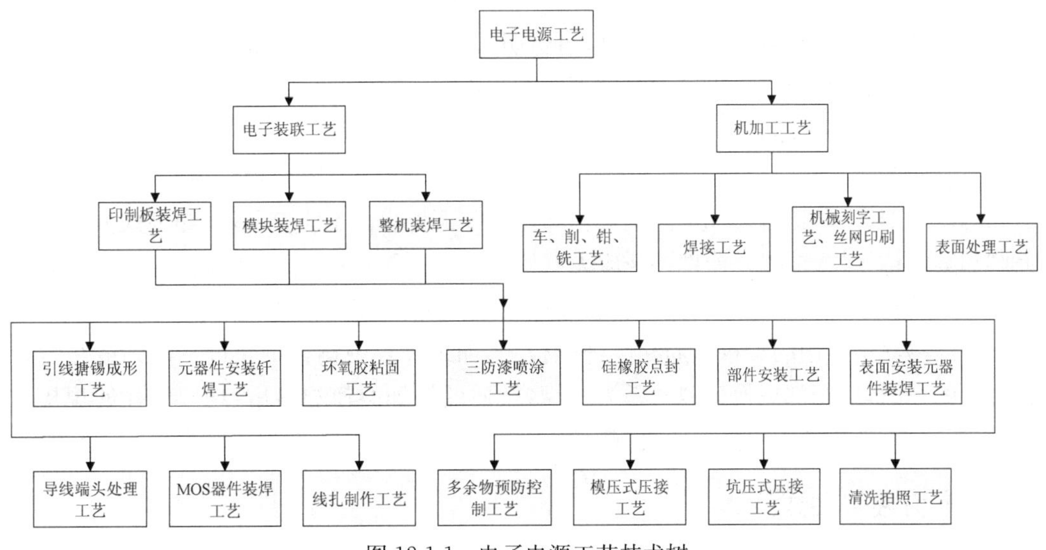

图12.1.1 电子电源工艺技术树

电子装联指的是在电子电气产品形成中采用的装配和电连接的工艺过程。电子装联技术(简称电装)，又称电气互联技术，实际上包含两个方面：电子组装和电气装联。在电子装备中，电气互联技术指的是在电、磁、光、静电、温度等效应和环境介质中任何两点(或多点)之间的电气连通技术，即由电子、光电子器件、基板、导线、连接器等零部件在电磁介质环境中经布局布线联合制成承制所设定的电气模型的工程实体的制造技术。

电子装联中所采用的电子工艺技术主要有通孔插装技术、表面贴装技术、手工焊接技术、波峰焊接技术、再流焊接技术、压接技术、紧固技术、清洗技术、表面敷形涂覆技术和粘固技术等。

12.1.2 搪锡

搪锡是将元器件引线上，涂上一层助焊剂。再放入规定温度的锡锅内或烙铁头上，在规定的时间内，使引线表面熔融一层薄而均匀的焊料。然后将元器件引线从锡锅中取出或离开烙铁头。

元器件引线、导线(电缆)端头的搪锡,一般采用控温锡锅搪锡。而对于部分器件,如电连接器、继电器、微动开关等,可采用电烙铁搪锡。

元器件引线在搪锡处理之前,必须将元器件引线进行矫直,在矫直过程中应采用无齿平头钳进行矫直,并避免对元器件引线产生过大的拉力作用。严禁使用尖头钳或医用镊子进行拉直引线,这样会造成破坏元器件引线与本体的密封性或结合强度。

元器件的引线及导线(电缆)的端头,采用控温锡锅搪锡时,不允许将元器件的引线及导线(电缆)的端头直接浸到根部,搪锡部位应离开元器件终端封接处,元件为 2 mm、器件为 3 mm。一般导线的芯线在搪锡时,焊料应离开绝缘层切割口 0.5～1 mm 的非搪锡长度。

元器件引线搪锡时,当一端引线搪锡结束,必须等元器件引线冷却后,才能再进行另一端引线的搪锡。导线(电缆)端头采用控温电烙铁搪锡时,其焊料应渗透到绞合芯线的各股中去。另外,严禁焊料、焊剂渗透到元器件的内部及导线(电缆)绝缘层切割口内。在规定的温度和时间内,若搪锡质量不好,可待引线冷却后再进行第二次搪锡处理。

镀金引线、焊杯应进行二次除金处理。不允许在去除镀金层的锡锅中,进行非镀金层元器件引线的搪锡处理。

搪过锡的元器件引线及导线(电缆)端头,其表面应光滑、明亮、焊料薄而均匀,并能渗透到芯线内部,略显露导线(电缆)端头轮廓。搪锡部位表面不应有剥落、焊剂残渣、拉尖、毛刺和其他粘污物;搪锡元器件外观应无变异、无损伤、无裂痕、漆层无脱落、标记清晰;搪锡导线(电缆)绝缘层不应有热伤、裂痕、烧焦、起泡、膨胀、变形等现象。

控温锡锅中使用的焊料应周期性进行检测,如果焊料中铜含量超过 0.08%或金含量超过 0.05%时,应全部更换焊料。因为,这些杂质的增加会使焊料熔点升高,并使焊接点变硬、变脆,从而降低了焊接点的机械强度。

12.1.3 引线弯曲成形

元器件引线在电子装联前,应根据安装位置和技术要求,预先弯曲成一定的形状。主要目的是使元器件引线通过弯曲成形后,在弯曲部位能释放一定的应力,消除各种应力对元器件的损伤。确保在某种应力作用下,如印制电路板的弯曲及扭曲,元器件与印制电路板的热膨胀系数失配等。使该应力不会直接传递到元器件内引线上,造成元器件的损伤或失效。

元器件引线进行弯曲成形时,应采用包括手动或自动的弯曲成形工具,来进行元器件引线的弯曲成形。这种弯曲成形工具表面应光滑,使用时不会使元器件引线产生缺口、压痕、环纹、切伤或切断。也不能损伤元器件的表面涂层及绝缘层。不允许使用镊子等普通工具,不应使元器件本体产生破裂,密封损坏或开裂,也不应使元器件内引线遭到机械损伤或连接断开。

在手工弯曲成形过程中,应将弯曲成形工具夹持在元器件终端封接处(钽电容器以熔接点为终端封接处)到弯曲起点之间的某个点上,固定不动。然后,对活动部分引线,用戴有细纱手套(或指套)的手,将元器件引线进行弯曲。为了减小传递给元器件本体的应力,应采用逐渐弯曲的方法。

元器件引线内侧最小的弯曲半径见表 12.1.1。

表 12.1.1　元器件引线弯曲半径

引线直径 d/mm	内侧最小弯曲半径 R/mm
$d \leqslant 0.60$	1 倍引线直径
$0.6 < d \leqslant 0.9$	1.5 倍引线直径
$0.9 < d \leqslant 1.2$	2 倍引线直径

元器件引线弯曲成形时，应尽量与元器件本体的中轴线平行。尺寸应与印制电路板元件孔的孔距相一致。并应使元器件的标识处于容易识别的位置。元器件识别位置的可见范围如图 12.1.2 所示。

扁平封装器件引线的最小弯曲半径 R，应不小于引线厚度，终端封接处到弯曲起点之间的最小距离为不小于 2 倍引线宽度或 0.5 mm。扁平封装器件引线的弯曲成形如图 12.1.3所示。

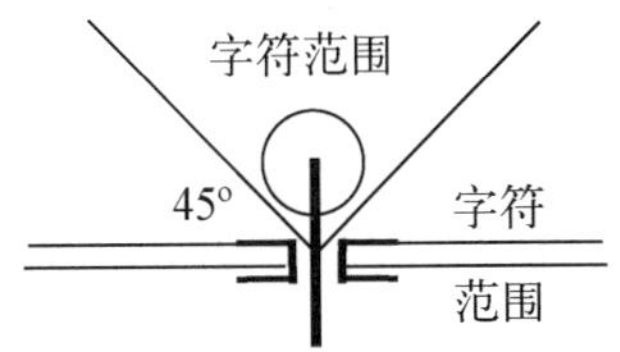

图 12.1.2　元器件标识位置

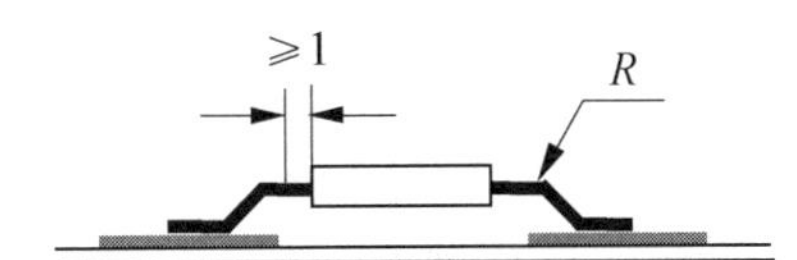

图 12.1.3　扁平封装器件引线弯曲成形图

扁平封装器件经过弯曲成形后，型号、规格的标记必须向上，不允许扁平封装器件进行反装。引线应做到先成形，后搪锡。

在元器件引线弯曲成形时，应保证二个制约点之间的元器件引线，具有一定的自由度（伸缩余量），自由度的大小应足以防止由于各种机械应力或热应力变化对元器件本体和焊点产生损伤。元器件引线弯曲的应力释放方法如图 12.1.4 所示。

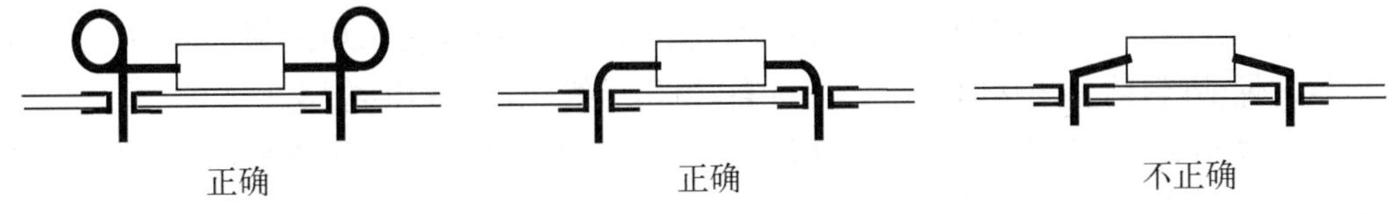

图 12.1.4　元器件引线弯曲成形图

TO 圆帽封装器件安装时，若安装的高度受到限制或抗振性能要求较高，可采用倒装形式。倒装形式的引线弯曲成形方式如图 12.1.5 所示。

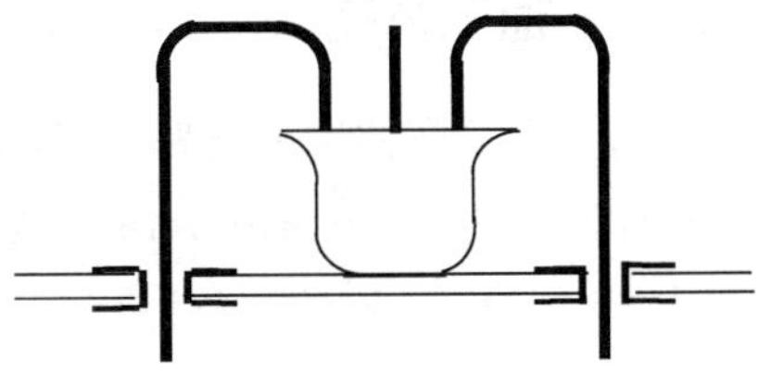
图 12.1.5　TO 圆帽封装器件倒装引线弯曲成形图

元器件引线直径大于 1.3 mm 或直径小于1.3 mm硬引线（回火引线），应限制使用弯曲成形。因为，这样弯曲成形，很容易造成密封处开裂，甚至引线折断（如继电器引线、F－2 封装功率晶体管引线等）。

静电敏感器件必须放入具有静电防护的容器内，严禁放在一般容器内。

12.1.4 端头处理

导线(电缆)的端头处理是根据准备工艺要求,将导线(电缆)进行下料。然后,脱去导线(电缆)端头的绝缘层,并将芯线进行绞合、搪锡、清洗。最后,进行打标记。

导线(电缆)加工之前,应该检查导线(电缆)的型号、规格是否符合工艺文件的要求。并剔除不良绝缘层的导线(电缆),芯线严重氧化的导线(电缆)也要剔除。

手工进行导线(电缆)端头处理的工艺流程如下。

(1) 下料:用量具和剪刀按工艺文件要求,将导线(电缆)进行剪切。

(2) 脱头:航天产品所使用的导线(电缆)经剪切后,绝缘层只允许使用热控剥线器,一般应限制使用机械冷剥器,将导线(电缆)两端的绝缘层去除,并露出芯线。

(3) 捻头:将去除绝缘层的导线(电缆)芯线,按原来绞合的方向进行芯线绞合,其螺旋角一般在30°~45°。注意不能绞合得太紧,否则焊料不容易渗透到芯线中,影响焊接质量。

(4) 搪锡:将捻好头的芯线涂上微量助焊剂,插入控温锡锅熔融的焊料中,时间为1~2 s。根部不应搪锡长度,一般为0.5~1 mm。芯线表面搪锡后,搪锡层应薄而均匀、光滑、无拉尖。焊料润湿性好、均匀,能渗透到芯线内部,并略显露导线芯线轮廓。

(5) 清洗:将搪好锡的芯线,用浸有无水乙醇的无纺布或脱脂纱布进行及时清洗,去除芯线上的污垢及助焊剂。

(6) 标记:为了便于导线(电缆)的连接与维修,导线(电缆)应标记。标记的方法很多,如印字、写字、印标记、热压打标记等。

屏蔽导线(电缆)的端头处理方法与一般导线(电缆)基本相同,不同之处仅仅是屏蔽导线(电缆)的外层有外护套。只要确保热控剥线器或精密剥线钳在切割屏蔽层外护套时,不损伤屏蔽层,不将屏蔽层的金属丝切割断。

屏蔽层内导线在挑出时,只要用挑头器或镊子将绝缘导线从屏蔽套中挑出即可。但是,操作时应细心,屏蔽层的挑出口不能断丝。由于屏蔽丝的断裂,很容易扎入导线的绝缘层与芯线接触,造成短路现象。在焊接屏蔽层转接引线时,应在焊接部位衬垫1~2层聚四氟乙烯薄膜,防止焊接时由于温度过高,损伤导线(电缆)的绝缘层。

漆包线端头上的漆膜(QZ、QZY型),应采用去漆剂来进行去除漆膜,严禁采用刮刀刮的方法来去除漆膜。

12.1.5 通孔插装

航天产品所使用的元器件,轴向引线元器件插装时可采用贴印制电路板安装或本体离开印制电路板0.5~1.0 mm安装,径向引线元器件插装时应采用本体离开印制电路板0.75~3.2 mm安装,安装高度可采用0.5 mm、1.0 mm或其他厚度的工装垫板来提供保证。

印制电路板上元件孔的间距,应与元器件引线弯曲成形后的间距相一致。水平安装元器件时,应确保元器件引线与元件孔对位准确,元器件本体应放置于二个元件孔之间居中位置。

插装时元器件的标识应清晰,型号规格向上,无极性的元器件应依据标识的读数方向放置,并保持一致(从左至右或从上而下)。电解电容器和晶体二极管应注意"+、-"极性。晶体三极管应注意"e、b、c"极性。中、小功率晶体三极管的引线不允许交叉插装,必须按顺时针方向排列进行插装。场效应管应注意"S、G、D"极性。线性集成电路、双列直插器件、扁平封装器件应注意第1引线的位置。

拿取静电敏感器件时、裸手不可与静电敏感器件外引线相接触。

插入任何一个印制电路板元件孔中的元器件引线或导线(电缆)端头,不应超过一根,并不允许扩孔。不应该用元器件引线作为接线端子,元器件引线上也不允许搭焊其他元器件引线或导线(电缆)端头。

双列直插器件引线往往是回火引线,不允许进行剪切。这样可以避免在剪切过程中所产生的剪切冲击力,通过引线传递给双列直插器件的内引线,造成双列直插器件的损伤或损坏。

需要用紧固件安装的电连接器,电连接器引线的针肩,应支撑于印制电路板上,要做到紧贴、平齐。焊接前,应做到先紧固后焊接。焊接后,不允许再调整螺纹的紧固。

元器件引线插入元件孔后,为了防止引线在剪切过程中的机械应力,传递给元器件内引线。剪切多余的引线(或导线)端头,不允许采用普通的剪切工具。只允许用特别锐利的平口剪线钳(留屑钳或采取防迸溅措施),来平切元器件引线。一方面是防止产生元器件引线的扭转力矩,另一方面会防止生成锋利的剪口。

剪切时切刀的刃口面应朝向元器件本体,并应在切点上和元器件引线或导线(电缆)端头的轴线相垂直。剪切的方法如图12.1.6所示。

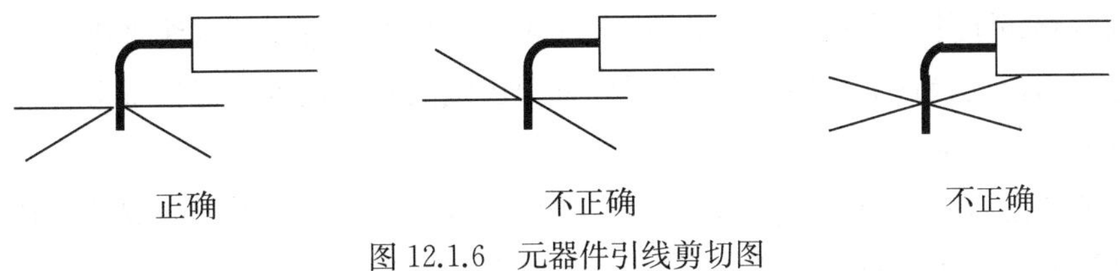

图12.1.6　元器件引线剪切图

12.1.6　手工焊接

手工焊接质量的好坏将直接影响到航天产品的电子装联质量。

元器件在印制电路板上焊接的次序,原则上是先低后高(如先电阻器、二极管,后三极管),先轻后重(如先电容器、后继电器),先一般后特殊(如先分立元器件、后静电敏感元器件),先表面贴装后通孔插装。

焊接时必须采用先剪切后焊接的方法。

电烙铁应使用控温电烙铁,烙铁头的宽度应与焊盘大小相一致。这样不会造成邻近元器件或焊点的损伤。烙铁头应在2 s内将焊接部位加热至焊料液相线温度(183℃),并在整个焊接过程中,应使焊接部位能保持适当的焊接温度,促使焊料与被焊金属之间的扩散,形成金属合金层(IMC)。一般焊接时间不大于3 s,热敏元器件不允许超过2 s。最后,焊点应在室温下进行自然冷却,严禁采用嘴吹或采用其他(液体)方法,来强制冷却焊点。若在规定时间内未达到焊接要求,应待焊接点冷却后再重新焊接,但不允许超过二次。

焊点在整个凝固过程中,不允许元器件产生彼此相对移动及承受各种外应力,不应受回弹力的作用,在焊接处产生残余应力。受过移动的焊点通常外观粗糙、呈粉粒状,而且焊角不匀称。

严禁用甩电烙铁的方式来去除烙铁头上多余的焊料。应该采用浸有水的乳胶海绵(或纱布),来擦除烙铁头上的氧化物及焊料,并确保电烙铁头部包锡。

印制电路板元件孔(金属化孔)的焊接,禁止采用双面焊接。焊料只能从印制电路板的焊接面流向元件面,元件孔的二面都应出现焊角。元件孔内应填充焊料,焊料应覆盖整个焊盘。元器件引线在元件孔中的焊点如图 12.1.7 所示。

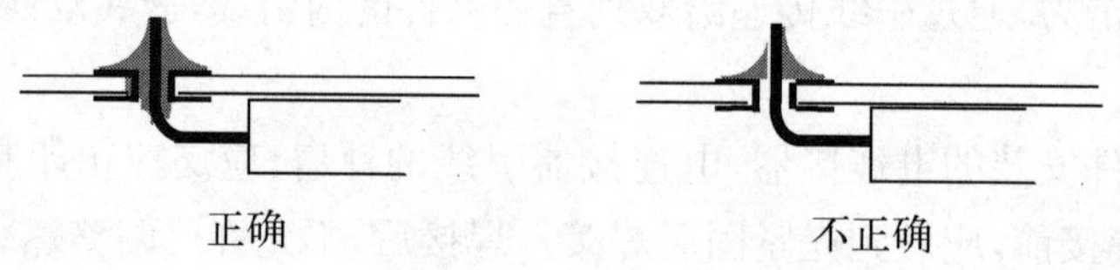

图 12.1.7　焊盘孔内焊料填充图

在电子装联过程中,禁止用不戴防静电腕带的手,去接触和焊接 CMOS 等类容易受静电损伤的静电敏感器件。另外,当印制电路板上焊接具有静电敏感器件时,必须插上短路电连接器(即将电连接器上的全部连接点用镀银铜丝短接起来)。在整个电子装联过程中,均不允许去掉短路电连接器。

对多层印制电路板的焊接,因印制电路板热容量大,应采取适当加大电烙铁的功率再增加印制电路板预热平台的控制措施,而不能采用延长焊接时间的方法来进行焊接。

继电器引出线经过绑扎后,不允许再调整引出线的安装位置。每只继电器的引线上,不允许有三根以上的引出线进行焊接。

对于需要进行电晕抑制的高压连接点,焊接时各方面都应有平滑的焊角缝覆盖,应无不连续性缺陷或发生严重外形变化,应避免出现锐边和尖角。高压焊点建议采用二次焊接工艺实施,先按常规方式进行焊接并检查确认焊料润湿状态应符合要求,再加焊料进行焊接使焊点形状符合要求。

当轴向引线元器件每根引线承重大于 $7g$,径向引线元器件每根引线承重大于 $3.5g$ 时,可采用固定夹、定位架、黏固、绑扎或其他合适的方法进行固定。

焊接结束后,电装人员应行及时清除助焊剂残渣、导线绝缘层端头、导线(电缆)芯线端头及引线端头等多余物。对元器件安装的位置正确性和焊点的质量,必须进行百分之百的自检、互检和专检。

焊接点中的焊料,应在焊盘与元器件引线之间形成一个凹面并具有良好的润湿性。润湿角宜为 20°～30°,焊料应占满焊盘,并应略显露引线轮廓。焊接点的润湿角如图 12.1.8 所示。

合格焊接点的要求如下。

(1) 焊接点外观表面应明亮、光滑、有光泽。

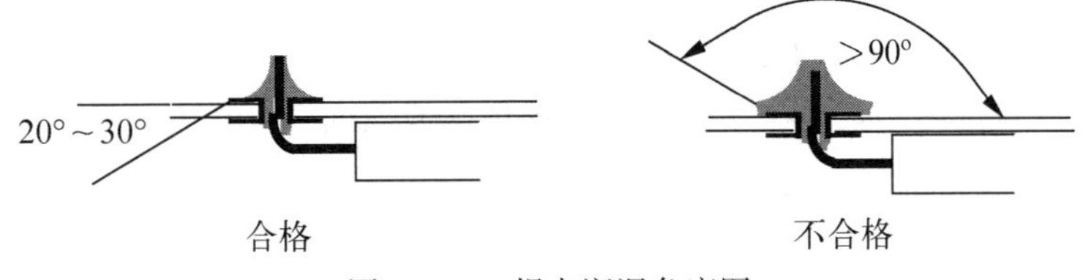

图 12.1.8　焊点润湿角度图

(2) 焊接点上应没有看得见的焊剂残渣、突块、裂痕、裂缝、裂口、气孔和夹杂等。

(3) 焊接点的角焊缝应呈凹弧、连续，并贴合于元器件引线或导线端头上。

(4) 元器件引线或导线(电缆)端头的轮廓在焊料中应清晰可见。

经过焊接后，对有缺陷的焊接点，允许进行返工，但每个焊接点的返工次数，不允许超过三次。

12.1.7　表面贴装

表面贴装技术是一种无需在印制电路板上进行钻孔及插装，直接将表面贴装元器件贴装到印制电路板规定的位置上的技术。然后，经过手工焊接、波峰焊接或再流焊接，使表面贴装元器件和电路之间建立起可靠的机械及电气连接。

表面贴装元器件的分类形式较多，按其类型分类有无源表面贴装元件、有源表面贴装器件和机电表面贴装元件。按其封装形式分类有片式矩形、圆柱形、异形和扁平形。按其种类，可分很多种表面贴装元器件。表面贴装元器件的类型、封装形式、种类见表 12.1.2。

表 12.1.2　表面贴装元器件类型、封装及种类

类　型	封装形式	种　　类
无源表面贴装元件	片式矩形	厚膜和薄膜电阻器、独石陶瓷电容器、单层陶瓷电容器、热敏电阻器等
	圆柱形	碳膜电阻器、金属膜电阻器、MELF 陶瓷电容器、热敏电容器等
	异形	半固定电阻器、电位器、胆电解电容器、微调电容器、线绕电感器等
有源表面贴装器件	扁平形 陶瓷组件	无引线陶瓷芯片载体(LCCC)、有引线陶瓷芯片载体
	扁平形 塑料组件	小型模塑二极管(SOD)、小型模塑晶体管(SOT)、小型模塑集成电路(SOIC)、有引线塑封芯片载体(PLCC)、小型 J 型组件(SOJ)、四方扁平封装(QFP)、BGA 和 CSP 等
机电表面贴装元件	异形	电连接器、变压器、延迟线、振荡器、薄型微电机等

按照表面贴装元器件的焊端结构，表面贴装元器件可分为有引线和无引线两种类型。有引线的都是特殊短引线结构，以有源表面贴装器件和机电表面贴装元件为主。无引线的以无源表面贴装元件居多。

表面贴装元器件的组装方式有三种。

第一种是单面混合组装：即将表面贴装元器件及通孔插装元器件安装在印制电路板的元件面。

第二种是双面混合组装：即将表面贴装元器件安装在印制电路板的二面，而通孔插装元器件安装在印制电路板的元件面。

第三种是全表面贴装：即在印制电路板的单面或双面全部是表面贴装元器件。

表面贴装元器件的组装方式如图 12.1.9 所示。

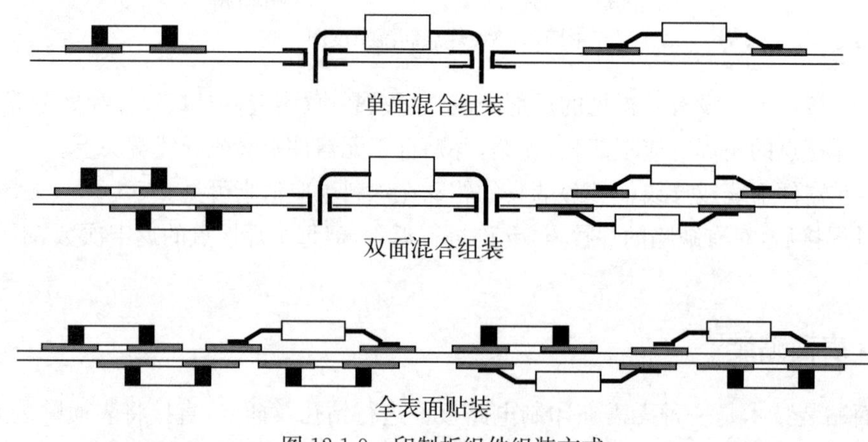

图 12.1.9　印制板组件组装方式

焊接表面贴装片状多层陶瓷电容器时，过大的温度梯度，会使介质材料破坏或出现裂纹。焊接前必须进行充分地预热，规定预热速度、预热温度、焊接温度、焊接时间。

手工焊接表面贴装元器件时，烙铁头的大小应与表面贴装元器件的焊端相匹配，其宽度不应超过 3 mm。电烙铁头部应保持覆盖焊料，并经常将烙铁头在乳胶海绵上进行轻擦，去除氧化物及多余的焊料，并始终保持电烙铁头部包锡。

若采用再流焊时，表面贴装元器件的贴装位置，应在二个焊盘的中央。焊接后的表面贴装元器件，不应出现焊端的熔蚀、剥离、陶瓷基片碎裂等缺陷。

扁平封装器件的焊接，应符合下列要求。

(1) 焊接时引线上的焊接长度一般为引线宽度的 3～5 倍，最小焊接长度应为 1 mm。

(2) 引线末端的切断应离焊盘边缘最小距离为 0.25 mm。

(3) 手工焊接扁平封装器件时，引线必须在焊盘的范围内，不应偏移出焊盘。

12.1.8　波峰焊接

波峰焊接适用于通孔插装和表面贴装印制电路板组装件的焊接。它具有效率高、工艺一致性好，适宜批量生产等特点。波峰焊一般有单波峰、双波峰。

一次波峰焊的优点是印制电路板组装件上的元器件，只受一次热冲击。缺点是对元器件引线成形要求较高。

二次波峰焊的优点是对元器件引线成形要求低，经过长插和预焊，主焊时元器件不会产生弹离现象。缺点是印制电路板组装件要受二次热冲击，对可靠性不利。

1) 导轨角

导轨角的变化，能改变印制电路板组装件焊接面与喷流的“吻合接触角”。也就是它既能改变喷流与接触部位的流速，又能改变喷流与接触部位的分离角。当印制电路板组装件与焊料进行分离时，这时焊料对印制电路板组装件的流速较慢，而与印制电路板组装件运动方向相同，其相对流速更慢，具有一个不大的合成分离角“θ”。它既具有清除残留物的效果，又能使倾斜的印制电路板组装件焊接面上的多余焊料自然地回流。这样可以消除拉尖、桥连等焊接缺陷。一般将导轨角调整在 4°～9°。对高密度的印制电路板组装件，焊接时的导轨角可调整得大一些。

2）助焊剂

助焊剂能有效地降低焊料表面张力，提高焊料的浸润性，并有良好的热传道作用，能确保焊接的可靠性。最常用的助焊剂，是松香型助焊剂。

助焊剂的密度，能直接影响焊接质量。助焊剂密度太高，表面张力大，流动性差，喷涂不容易均匀，焊接后残渣多。助焊剂密度太低，焊接面上的助焊剂偏少，焊接时焊料润湿性差，容易造成虚焊。所以，一般助焊剂密度应控制在 0.84～0.86 g/cm^3。

喷涂助焊剂的方式一般有喷雾法和泡沫法二种。喷雾法的优点是喷涂均匀，不受元器件焊接点疏密的影响，助焊剂的密度变化较小，喷涂质量容易保证。泡沫法的优点是设备简单，适用范围广。

3）预热温度

预热的目的是让助焊剂释放所含有的液体，使助焊剂中的松香基，能达到足够的活性状态，改善焊接面的润湿性，减少焊接过程中对印制电路板和元器件的热冲击。预热方式一般采用热辐射式和红外辐射式两种。

4）压锡深度

压锡深度与波峰的喷流高度有直接关系，在波峰焊接过程中一定的压锡深度，有利于增加接触宽度和焊料对焊接面的正压力。有利于焊料润湿、扩散和渗透到金属化孔与元器件引线的间隙中。对含有金属化孔的双面印制电路板组装件，压锡深度一般应控制到板厚的 2/3～3/4。

5）焊接温度

不同的焊接温度会直接影响焊料的扩展率，从而影响到焊接点的质量。焊接温度与焊料扩展率关系见表 12.1.3。

表 12.1.3　焊接温度与焊料扩展率对照表

温度/℃	时间/s	理想球体直径 D/mm	实际高度 H/mm	扩展率 $(D-H/D)\times 100$/%
230	30	3.63	1.12	69.15
250	30	3.63	0.62	82.29
270	30	3.63	0.92	74.66
290	30	3.63	1.00	72.45
310	30	3.63	1.18	67.49
330	30	3.63	1.15	68.32
350	30	3.63	1.33	63.36

波峰焊接时的温度，一般应控制在 245～255℃。考虑到环境温度和元器件安装密度的差异，波峰焊接的温度可以作适当的调整，但一般仍应控制在 240～260℃。

6) 焊接时间

焊接时间主要取决于印制电路板的可焊性,在可焊性优良的情况下,焊接时间只需要1～2 s。但考虑到各种因素,焊接时间一般应控制在2～4 s。如果焊接时间大于4 s,可能会造成损坏元器件、印制电路板变形、印制导线及焊盘结合力下降等后果。

7) 冷却

焊接点形成后,当温度下降到160℃左右时,焊接点开始凝固。自然冷却无法使焊接点迅速冷却,只能要求进行风冷。但是,冷却不能过快,这样容易造成热应力过大。因此,风量一般应控制在13～17 m^3/min。

12.1.9 再流焊接

再流焊接是在焊接前,将焊料膏预敷在焊盘的部位上,当加热时焊料膏开始熔化并润湿,这种润湿的过程称为再流。基于这种焊接原理的焊接方法称为再流焊接。

再流焊接的方法有热风再流焊接、气相再流焊接、激光再流焊接等。

1) 热风再流焊接

利用热风对流加热的方法来实现再流焊接。热风加热整板,使焊料膏中助焊剂活化,将热能直接传递给表面贴装元器件的焊端和焊盘的结合部位,从而达到焊接目的。

(1) 准备。在再流焊接前应对表面贴装元器件和印制电路板表面进行清洁处理。

(2) 涂焊料膏。涂焊料膏也称点膏。要求组成焊料膏的焊料粉应无氧化物,并具有熔点低、流动性和润湿性好等特点。采用丝网漏印时,还应考虑颗粒度的大小和形状,要确保丝网漏印的质量,焊料粉应采用Sn63/Pb37的锡铅合金焊料粉。同时,还要求焊料膏有一定的黏性,使表面贴装元器件能正确定位。

(3) 贴装。表面贴装元器件进行贴装时,可采用手工贴装和自动贴装两种方法。手工贴装精度差、速度慢,贴装时施加的外力不一致,经过再流焊接后容易造成焊盘之间的短路,还会在表面贴装元器件的表面上形成焊锡球;自动贴装一般由专用贴装设备进行贴装,具有精度高、效率高、一致性好等特点,并适用于批量生产。

(4) 升温。将粘贴有表面贴装元器件的印制电路板组装件,放在传输带上送入再流焊装置,进入升温区。升温区温度较低,印制电路板组装件应从室温开始,温度缓慢地逐渐上升。所以,升温区的最高温度一般应控制在160℃左右,升温速率一般应控制在1～2℃/s。

(5) 预热。进入预热区的时间应长一些较好,只有当全部表面贴装元器件达到热平衡后,才能进入再流焊接区。所以预热区温度一般应控制在160～210℃,预热速率一般应控制在0.5～0.6℃/s。

(6) 再流焊接。再流焊区内随着温度的上升,能使焊料膏内的溶剂再次挥发干净,并使焊料膏熔融。所以,再流焊接的最高焊接温度一般应控制在210～220℃,再流焊接的时间一般应控制在30～60 s。

(7) 冷却。冷却区的冷却速率会直接影响焊接点的合金结构,不宜采用急速冷却。冷却区一般冷却速率应控制在3～4℃/s。

2) 气相再流焊接

气相再流焊接是将溶液经过加热后,变成饱和蒸汽。然后,利用饱和蒸汽的汽化潜热，在冷凝管上冷凝成水时所释放出来的热量，对表面贴装元器件焊端的焊料膏进行加热和焊接，从而达到再流焊接的目的。因此，气相再流焊接也称冷凝焊接。

气相再流焊接的关键是对溶液的合理选择。溶液应具有下列要求：合适的沸点；良好的热稳定性和化学惰性；较大的气相密度及汽化潜热；低的表面张力及高的介电常数。

气相再流焊接采用的溶液有高沸点的溶液和低沸点的溶液两种。初级蒸汽应选用高沸点的溶液，溶液的沸点温度一般为 215℃；二级蒸汽应选用低沸点的溶液，溶液的沸点温度一般为 48℃。

（1）准备、涂焊料膏、贴装。同热风再流焊。

（2）预热。使用自动操纵装置，将粘贴有表面贴装元器件的印制电路板组装件，保持水平位置，并慢慢地送入气相再流焊接设备中，先经过上层进行预热。这时二级蒸汽的溶液在加热器的作用下，使上层溶液全部汽化。对表面贴装元器件进行预热，预热时间一般应控制在 10～15 s。

（3）再流焊接。印制电路板组装件再进入下层，这时初级蒸汽的溶液在加热器的作用下，使下层溶液全部汽化。对表面贴装元器件进行再流焊接，再流焊接的时间一般应控制在 20～30 s。

（4）冷却。待焊料膏全部熔融后，再经过冷却区慢慢退出，完成凝固和冷却。

12.1.10　压接

压接是采用专用的压接工具，在常温下对导线的芯线和压接端子，施加均匀的压力。在压力的作用下，使压接端子能沿着被压导线的芯线四周，使压接端子的各边均匀地产生机械压缩变形，并形成紧密地接触，以达到可靠的电连接。

压接有模压式压接和坑压式压接两种。模压式压接适用于各种开式及闭式压接端子与导线的芯线之间的电连接；坑压式压接适用于连接式电连接器接触件与导线的芯线之间的电连接。压接的性能不但决定于压接件，还决定于压接工具、压接过程。

1. 模压式压接

1）导线的选用

模压式压接的导线，一般采用多股绞合导线。导线的芯线材料硬度应与压接端子材料的硬度相接近。已脱去绝缘层的芯线，压接前不需要进行搪锡处理。

当压接端子内压接二根或三根导线的芯线时，其中最小一根导线的芯线截面积，应不小于最大一根导线的芯线截面积 60％。并应确保导线的芯线镀覆材料均相同。

2）压接端子的选用

压接端子的材料应与压接导线的芯线材料相一致，一般应采用纯铜或含铜量不低于 60％的铜合金。其表面处理可采用镀锡、镀锡铅合金、镀银。

闭式压接端子，每个压接端子内最多允许同时压接三根同样镀覆层压接导线的芯线。开式压接端子，每个压接端子内最多允许同时压接两根同样镀覆层压接导线的芯线。当选用带绝缘套或抗振绝缘支撑的压接端子时，绝缘套或抗振绝缘支撑的尺寸应和导线的绝缘层外径尺寸相适配。

3) 压接工具的选用

压接工具应选用由压接件生产单位提供的标准配套压接工具,并具有产品合格证及使用说明书。在压接工具上应有确定的、唯一正确的安装位置。压接工具应保证在压接全过程中,压接端子和导线的芯线在压接工具内,始终保持正确位置。并且,手动压接工具应具有自动返回装置机构。压模应保证压接端子压线部位正确成形,成形时不损伤压接端子和导线的芯线。

校准合格后,投入使用的每一件压接工具,还应在每个生产批的批前、批后进行压接工具的验证试验。校准合格后,投入长期使用的每一件压接工具,除进行验证试验外,还应该按规定的周期进行定期校准,定期校准的周期最长不应超过12个月。

4) 压接工艺和操作

导线的芯线截面积,导线的芯线压接端子的规格和品种,压接工具中导线的芯线压接端子压模的规格和品种,三者组合必须正确。

导线芯线插入压接端子时芯线的股数不应遗漏在压接端子以外。不允许将芯线的股数折断来减小导线的芯线截面积,也不允许将导线的芯线折叠来增加导线的芯线截面积。

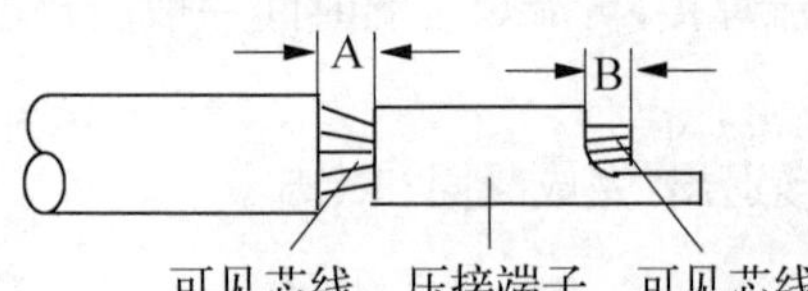

图12.1.10　压接端子芯线外露长度

规定值:A=1 mm,B=1 mm;极限值:2 mm>A>0 mm,2 mm>B>0 mm

压接端子压接后导线的芯线在压接端子二端均应可见,导线的芯线在压接端子二端伸出的长度如图12.1.10所示。

压接操作工艺:根据导线的截面积,选择合适的压接端子和压接工具。首先,剥去导线的绝缘层,芯线露出长度应超出裸压接端子长度1.5～2 mm。将导线的芯线插入裸压接端子中,导线的绝缘层应离裸压接端子尾部0.5～1 mm或将导线的芯线伸出裸压接端子1 mm;然后,将裸压接端子的压接口对准压接工具凸模的中间,凹模应对准裸压接端子的中间;最后,将压接工具夹住裸压接端子,二手紧握压接工具,轻轻合上,一直压到压接钳钳口自动松开为止。在任何情况下,压接操作应在一个压接全周期内完成。应避免重复地压接,并不允许有重叠压痕现象。

压接端子压模的压痕,应沿着压接端子轴向的位置,一般应在导线的芯线压接端子中心。对有焊缝的压接端子,凸模压坑或压模标记应压在压接端子有焊缝的一边。压接端子压接成形应正确,导线的芯线应全部被导线的芯线压接端子包裹,导线的芯线不应外露。导线的绝缘层不允许进入导线的芯线压接端子内。压接后的压接端子,不应该有裂纹、裂口。有钎焊的压接端子,钎焊部位不允许有脱焊、开裂、飞边等缺陷。压出的压模标记,应正确、清晰可辨。压接端子表面应清洁、无污染。压接端子及整个压接件经过压接后,不应有弯曲、扭曲等影响使用性能的变形。

2. 坑压式压接

1) 导线的选用

坑压式压接的导线,一般采用多股绞合导线,导线的芯线应为镀银铜线。压接前导线的芯线不需要进行搪锡处理。

应优先采用一个压线筒内压接一根导线。只要能满足要求时,一个压线筒内允许压接两根导线的芯线，但最多不超过两根。其中最小一根导线的芯线截面积，应不小于最大一根导线的芯线截面积 60%。并应确保导线的芯线镀覆材料均相同。

2）压线筒的选用

压线筒的材料一般应采用纯铜或含铜量不低于 60%的铜合金。其表面处理应采用镀金，材料的硬度应和压接导线的芯线材料硬度相适配。坑压式压线筒应是圆筒型闭式压线筒。压线筒规格应保证压线筒的压线范围，能和被压接导线的芯线总截面积相适配。

3）压接工具的选用

压接工具应选用由压接件生产单位提供的标准配套压接工具，并具有产品合格证及使用说明书。在压接工具上应有确定的、唯一正确的安装位置。压接工具应保证在压接全过程内，压线筒和导线的芯线在压接工具内始终保持正确位置。并且手动压接工具应具有自动返回装置机构。

校准合格后投入使用的每一件压接工具，还应在每个生产批的批前、批后进行压接工具的验证试验。校准合格后投入长期使用的每一件压接工具，除进行验证试验外，还应该按规定的周期进行定期校准，定期校准的周期最长不应超过 12 个月。

4）压接工艺和操作

确认导线、电连接器接触件的型号、规格是否符合工艺文件的规定，是否相匹配。导线、电连接器接触件应清洁，不应有油膜、变色、锈蚀、镀层剥落和变形等。压接工具应与电连接器接触件与导线组合相匹配。

导线的芯线截面积，电连接器接触件压线筒的规格和品种，压接工具的压头，三者组合必须匹配正确。

插入电连接器接触件压线筒的芯线的股数不应遗漏在接触件压线筒以外。不允许将芯线的股数折断，来减小导线的芯线截面积，也不允许将导线的芯线加以折叠，来增加导线的芯线截面积。

导线的芯线在电连接器接触件压线筒内的位置如图 12.1.11 所示。

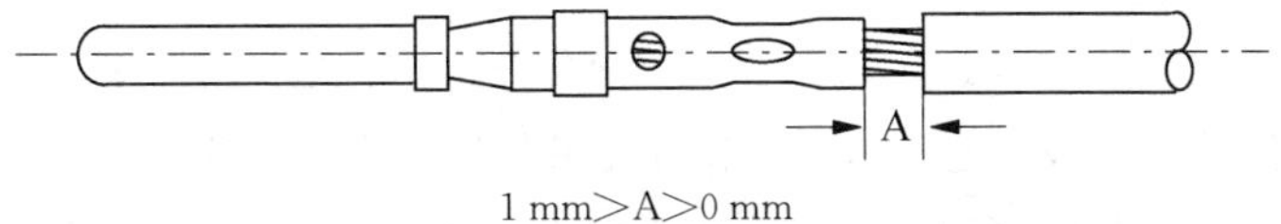

1 mm>A>0 mm

图 12.1.11　接触件芯线外露长度

压接操作工艺：将压接工具的定位器插销，对准面盖的缺口压入钳体，压到底后再顺时针方向旋转 120°，进入卡槽。剥去导线的绝缘层，将导线的芯线整齐地插入电连接器接触件内，直至能从观察孔中看到导线的芯线。压线筒外的导线绝缘层离开电连接器接触件压线筒的间距为小于 1 mm，导线绝缘层不能进入压线筒内。再将接触件压线筒通过钳体插入定位器内，目视钳齿是否在所需要压接的位置上。压痕深度受钳体的凸轮控制，并由压接工具上的选择器刻度显示，选择器刻度盘显示由“1”到“8”，压痕深度由浅到深。根据压接钳上的对照表调整选择器挡位。最后紧握压接工具，轻轻合上，一直压到压接钳钳口自动松开为止。

压接后电连接器接触件的变形只允许由压接工具压接头压出的压痕，不应有非预期的锐边、金属剥离、毛刺、镀层损坏及缺口等。

12.1.11 清洗

电子装联过程中的清洗工作是提高航天产品可靠性的重要环节之一。

污染物主要是因物体表面具有吸附作用而引起的。物体表面的吸附分为物理吸附和化学吸附两种。物理吸附主要是指不溶于水和有机溶剂,又不和表面发生作用的微粒。如埃尘、纤维、金属及非金属微粒等。物理吸附造成的污染一般可用溶剂进行清洗,也可以用机械方法进行清除(如刷子刷、纱布擦以及用吸尘器吸等);化学吸附分为离子型和非离子型二种。离子型吸附主要有助焊剂残渣、手汗、电镀液等残留物。非离子型吸附主要有植物油、矿物油、动物油等。化学吸附造成的污染要比物理吸附更牢固,因而清洗也比较麻烦,一定要采用溶剂溶解的方法来消除,使污染物分散或溶解于清洗液中,从而达到清洗的目的。

印制电路板组装件经过电装、调试及清除多余物后,均应进行 100%的清洗。清洗剂一般选用无水乙醇、去离子纯水、异丙醇及航空洗涤汽油等。清洗的方法应根据本单位的实际情况而定,一般可采用气相清洗、手工擦洗和水清洗。印制电路板组装件不允许采用超声波清洗。

清洗后的印制电路板组装件,表面应清洁、干净(包括元器件底部),无焊剂残留物、氯化物、碳酸盐及白色残留结晶物等。同时,不允许元器件有损伤、断裂、划伤、漆膜脱落等。

12.1.12 表面敷形涂覆

表面敷形涂覆主要是将印制电路板、元器件、焊接点等与腐蚀因素进行隔离,使这些元器件和材料不受腐蚀及侵蚀,从而提高印制电路板组装件及整机的防潮、防霉、防盐雾能力。印制电路板组装件经过清洗、局部防护、烘干后,应立即进行表面敷形涂覆处理。

印制电路板组装件的表面敷形涂覆材料,一般可选用 7385 聚氨酯清漆、7182 聚氨酯清漆、S01－3 聚氨酯清漆等。

表面敷形涂覆的涂覆方法有下列几种:手工进行刷涂、采用压缩空气的喷涂枪进行手工喷涂、采用自动喷涂设备进行喷涂、采用气相沉积法进行喷涂。

表面敷形涂覆之前,应将电连接器及其他不需要涂覆的部位,用保护材料包裹起来,防止喷涂材料渗入。配置好的表面敷形涂覆材料,应在洁净的容器中静置 15～30 min,待气泡全部消除后,必须在 2 h 内使用完毕。在喷涂印制电路板组装件时,应先喷涂焊接面,待自然干燥后再喷涂元件面。

表面敷形涂覆层的厚度一般应控制在 30～50 μm,高电压区域涂覆层厚度应增加以进一步规避高压电晕等风险。表涂覆层的表面应均匀、光滑、光亮,无流痕、无堆积、无皱纹、无漏喷涂处,不允许有气泡、空洞以及其他多余物。

12.1.13 粘固

粘固的目的主要是提高元器件及导线(电缆)束的防振、抗冲击能力。作为非支撑元器件的紧固,必须采取紧固件来进行紧固,不能用胶黏剂来替代紧固件进行紧固。

根据粘固的不同要求,粘固方法可分为可拆卸粘固及不可拆卸粘固。可拆卸粘固材料有 D04 硅橡胶、GD414 硅橡胶等;不可拆卸粘固材料有 E-51 环氧树脂、HY-914 环氧胶粘剂等。

当元器件本体在印制电路板组装件上需要进行粘固时,胶黏剂材料的用量应严格进行控制。胶黏剂的用量应尽量适中,只要在元器件本体与印制电路板结合处进行粘固即可。

双组分黏接剂应按规定的比例,进行完全拌透或混合,使颜色或透明度均匀一致,绞拌的设备应清洁,干燥。室温固化硫化硅橡胶是通过吸收大气中湿气进行固化。所以不应粘固在无气孔的表面之间或粘固厚度太厚的空间。

对于侧卧或倒装的元器件,应将元器件本体粘固在印制电路板上,防止冲击或振动时发生抖动现象。元器件粘固的方法如图 12.1.12 所示。

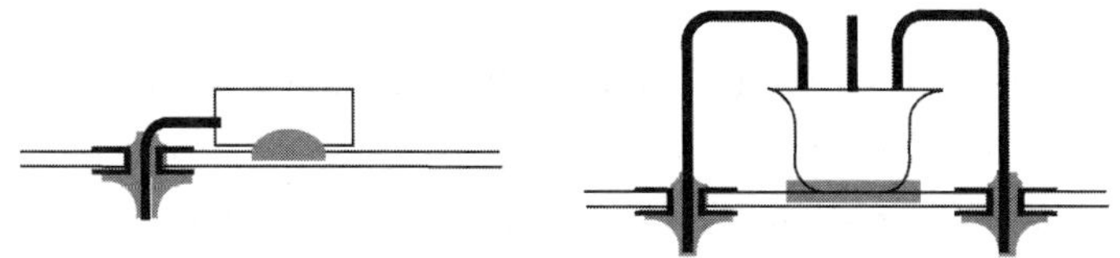

图 12.1.12　侧卧、倒装元器件粘固

采用水平安装的元器件,粘固长度应为元器件长度(L)的 50%～100%,粘固高度应为元器件直径(D)的 25%～50%。水平安装元器件的粘固要求如图 12.1.13 所示。

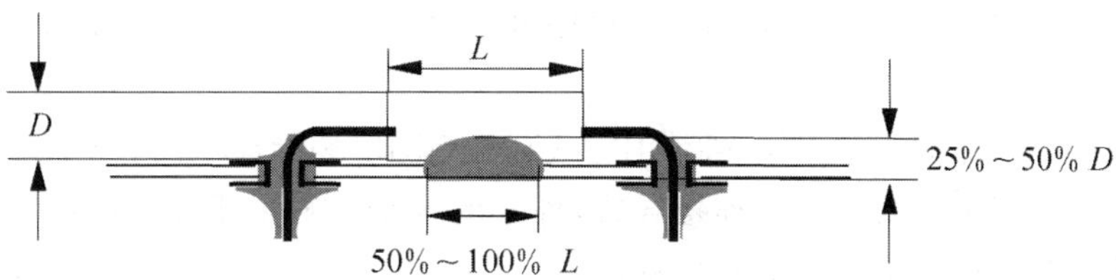

图 12.1.13　水平安装元器件粘固

粘固部位应无气泡,无明显拉尖、开裂、无杂质及明显的流痕。表面应尽量整齐、光滑,允许有较轻微的表面波纹和不整齐。但不允许有漏粘固或错粘固现象发生。

环氧树脂胶为限制使用的胶黏剂,凡需要采用环氧树脂胶进行粘固时,环氧树脂胶不应遮盖焊盘,不允许流向元器件引线和其他与粘固无关的地方。对易损的元器件(如玻璃晶体二极管等),在不采取保护措施的情况下,不能采用环氧树脂胶进行粘固。

12.1.14　功率器件安装

对于功率 MOS 管、功率继电器等器件,直接安装在金属结构框架上,因器件的绝缘要求,需要采用器件与结构之间垫导热绝缘垫片并在各个接触面涂覆导热脂研磨后安装,以满足绝缘和散热的要求。涉及导热脂的研涂工艺方法和功率器件力矩安装工艺方法。

(1) 安装前,先用无水乙醇无纺布擦拭清理器件、结构件、零件安装面并自然干燥。

(2) 安装前,检查器件、结构件、零件安装面应平滑、干净、无多余物,不应有尖端、毛刺,目视检查垫片无裂纹、破损等缺陷。

(3) 导热绝缘垫片应位于器件和结构件之间,放置平整。

(4) 进行螺纹连接时应根据螺钉槽口、螺母规格选用适当的紧固工具(螺刀、套筒或扳手),螺纹连接应选用力矩紧固工具。

(5) 进行螺纹紧固时,不能对器件本体施加机械应力,以防止损坏管芯、折断引线或使引线根部玻璃绝缘子碎裂。

(6) 器件安装螺纹紧固时(尤其是单个安装孔器件)不应使器件与螺钉跟随转动,可在紧固时手动固定器件本体,确保紧固后器件本体无偏转。

(7) 安装好后,禁止对导热绝缘垫和器件进行整形、扳正等操作,以防止应力产生或损坏导热绝缘垫。

12.1.15 整机装联

整机装联的原则是先轻后重、先里后外、先铆后装、先低后高、先装后连、易碎后装,上道工序不允许影响下道工序的安装。

整机装联应牢固可靠,不损伤元器件、零/部(组)件,不降低元器件的绝缘性能。避免碰坏机箱、面板及元器件的涂层,保证连接线的方向、位置正确。用螺钉紧固后,螺钉应露出螺母的高度一般为1.5螺距~3.2 mm+1.5螺距。槽口损坏的螺钉,不允许安装。导线(电缆)束穿过结构孔壁时,应在孔内进行绝缘处理(如绝缘圈、结构贴膜、线束缠绕绝缘材料),防止磨损导线的绝缘层。

对已产生的热量,要采取一切有效的措施进行散热。散热的方式主要有热传导、对流和热辐射。

要保证航天产品的正常工作,必须消除或减小周围电场干扰和磁场干扰,一般可采用电场屏蔽和磁场屏蔽方式。对于连接导线,外部的屏蔽一般采用铜丝编织套进行屏蔽。内部的屏蔽一般采用屏蔽罩来实现电场屏蔽。

1) 电连接器的连接

电连接器中连接点与连接点之间的相互连接,必须采用多股导线,不允许采用单股硬导线进行连接,并要有一定的活动余量来释放应力。焊接电连接器时必须根据连接点焊槽尺寸,合理地选择烙铁头的形状、尺寸。电连接器连接点上镀金层的去除,可采用吸锡绳去除连接点上的镀金层,从而达到除金的目的。

电连接器连接点的焊接操作过程如下。

(1) 应先将电连接器置于可调节的夹具上,使电连接器位置固定,使连接点水平并略向下倾斜,以防止助焊剂流入接插部位。

(2) 进行焊接点的去金处理。

(3) 在导线上套入与连接点直径相适应的热缩套管。

(4) 先焊接最下面一排,从左至右。一排连接点焊接完毕后,应立即用浸有无水乙醇的脱脂纱布,对焊接完毕的连接点进行清洗干净,并进行过程检验。

(5) 经检验合格后,再将热缩套管套入焊接部位,用电吹风机均匀加温,使热缩套管紧贴在导线及连接点上。不允许产生松动、滑动或脱落现象。同一电连接器连接点上的热缩套管，必须保持长度一致。

(6) 再焊接上面一排。为了防止上面一排连接点在焊接时，锡珠会飞溅到下面一排连接点上，应在下面一排连接点上放置一层耐高温薄膜加以防护，依此类推。

每个接线端子、电连接器连接点上焊接的导线，一般不应超过三根。焊接部位的导线无论是单根或多根导线总的直径，应在接线端子、接线孔或电连接器连接点直径的60%～90%。焊接过程中，在焊料未凝固之前不允许移动焊接件。

应确保圆形电连接器的外围导线及矩形电连接器的两侧面导线，能沿着焊接点的轴心方向自然延伸 10～15 mm。然后，再往电连接器中心轴线方向自然平缓的弯曲，防止焊接点受力。

2) 导线束的绑扎

导线束的制作方法有三种。第一种是续绑法：边进行导线的端头处理、边分支、边布线、边绑扎；第二种是样板法：将导线按规定的位置、距离，敷设在样板上，形成导线束，然后进行绑扎；第三种是线槽敷设法：将导线全部放入线槽内，操作简单、方便。

导线束绑扎时，可先从导线多的主干线部位开始，然后绑扎主分支、次分支、分支。分支的甩头应充分弯曲呈弧形，尽量减少应力的积聚，以便导线上能消除应受温度环境或力学环境而产生的应力。分支口两侧均应进行绑扎，并沿着底板或周边进行走线、绑扎。结扎时导线束应整齐，扎线松紧适当，扎点间应保持一定的间距，不允许绑扎线切入导线的绝缘层。

导线束的绑扎，一般采用多股锦丝线。因为它不容易吸潮且柔软。导线束打结处应涂 Q98－1 硝基胶胶黏剂。这样，可以防止结头的松散。锦丝线的切断一般可采用控温电烙铁头烫切。这样烫切后的端头能熔接为一体，不会出现毛头及松散现象。扎线的间距和绑扎线的规格，一般应根据导线束的直径大、小而定。

3) 整机的布线

导线束内的导线应平行而不交叉。下层敷设最先分支的导线，最上层应敷设最后分支的导线。对于较长的导线束，应该用固定夹或点胶进行适当地固定，避免导线束在机械振动或冲击中，整个导线束均受到应力的冲击。导线束走线不应经过元器件、焊点、结构棱角，如必须走经结构则应进行二次绝缘处理，一般采用措施为在结构棱角处粘贴绝缘胶带、在导线束相应部位缠绕绝缘胶带。

导线束长度大于 60 mm 应在走线位置就近固定导线束，不允许悬空飞线。导线束从一面走向另一面时，必须留有一定的应力释放余量。

元器件引线上导线的总截面积应考虑到引线直径及引线根部能承受的外应力。导线在元器件引线上的焊接，可采用绑焊或勾焊。勾焊时要求导线在元器件引线上弯绕 180°～270°，不允许超过 360°。绑焊时要求导线在元器件引线上搭焊的长度一般为 3～5 倍芯线直径，芯线与元器件引线平行、贴紧，再用镀银铜丝(等同单股芯线直径)缠绕 4～6 圈后进行焊接。

12.1.16　禁限用工艺

为了提高航天产品的质量，对于高可靠、长寿命使用要求的航天产品提出了禁

(限)用工艺的概念,其来源主要来自安全、环保、缺陷机制、常见/易发工艺技术问题。明令禁止或明确淘汰的工艺项目为禁用工艺;在一定期限内采取规定控制手段的前提下还可使用,但长远考虑必须逐步淘汰的工艺项目为禁限用工艺。禁限用工艺项目覆盖等冷加工、特种加工、表面工程、热加工、电装等八个专业生产技术领域,数量多达一百多项。

电子电源产品生产也适用于以上禁限用工艺要求,其中较为典型的禁限用工艺项目示例如下。

1) 禁用工艺项目

(1) 在元器件(导线)安装工艺中,禁止在起界面连接作用的金属化孔(导通孔)安装元器件。其禁用原因是会引起电气连接不可靠,对应措施是采用支撑孔和导通孔分开设计方式,使支撑孔只起到安装元器件引线和外层界面连接作用,内层界面连接通过旁边的导通孔进行。

(2) 在印制电路板手工焊接元器件时,禁止对焊点进行强制冷却。其禁用原因是易发生焊点虚焊,对应措施是使焊点在室温环境中自然冷却。

(3) 在静电防护工艺方面,禁止不带防静电腕带等器具接触、装焊CMOS等静电敏感元器件。其禁用原因是类似操作易损伤静电敏感元器件,对应措施是在静电防护工作区内穿戴静电防护用品后再对静电敏感元器件进行操作。

2) 限用工艺项目

(1) 在元器件(导线)安装工艺中,规定每个焊杯内导线芯线的数量应限制在能与焊杯内壁整个高度都相接触为宜,不宜超过三根。其限用原因是三根以上导线芯线放入单焊杯焊接时焊接部位易产生焊接缺陷,对应措施是采用单焊杯焊接不超过三根导线芯线方式或采取经验证的可确保焊接可靠性的措施。

(2) 在清洗工艺中,不宜使用气相清洗工艺。其限用原因是普通汽相清洗液会污染环境,违反《关于消耗臭氧层物质的蒙特利尔议定书》,对应措施是若采用气相清洗工艺,必须采用国家允许的环保型清洗液。

(3) 在印制板修复与改装工艺中,不宜仅用电烙铁清除焊点的焊料。其限用原因是仅用电烙铁清除焊点焊料时印制电路板焊盘及元器件易过热损伤,对应措施是使用带真空泵的连续吸锡装置或使用电烙铁配合吸锡绳等方法清除焊点部位的焊料。

12.2 调测试工作

12.2.1 调测试前准备

1. 调测试前需要准备的文件

(1) 产品原理图或者全套图纸。

(2) 调测试细则。

(3) 调测试记录空白表格(1～2份)。

(4) 电阻、电容优选系数表1份。

(5) 调试器件落焊表。

2. 调测试前需要准备的设备工具

(1) 电烙铁1把(最好带接地保护,即插头上有接地点)。

(2) 调测试细则中规定的通用仪表设备(如万用表、示波器、双路稳压源、电阻箱等,按调测试细则准备)。

(3) 做好防静电措施(防静电手环、防静电服、防静电鞋、防静电帽等)。

(4) 剥线钳、白胶带(仅做标记用)、绝缘胶带、鳄鱼夹、带引线的插针插孔等。

(5) 专用调测试工装,如插头插座、转接板(盒)。

(6) 计算机、下位机编译工具、烧录器及相关的最终版本的印制板图(电子版);不具备电子版时,可考虑在图纸中增加一页同时有正反面印制线的图,命名为布线图。

3. 调测试现场要求

(1) 调测试现场要求整洁干净、设备摆放整齐、无其他杂物,特别是金属屑和导线头。

(2) 防静电接地措施有效。

(3) 对超过36 V的高压设备应有明显标志,并对电源裸露部分有绝缘防护措施(如用绝缘胶带包裹好)。

(4) 大功率设备调测试时,应了解现场供电情况,如功率输出需求、接线板需求、插座形式、三相还是两相、16 A还是10 A等,以免调测试时出现意外造成产品损坏。

(5) 特别注意不要接线板转接线板(接线板串联)使用。

4. 通用及专用地面设备使用要求

1) 地面设备的使用的一般要求

熟悉调测试所需的数字万用表、电阻箱、功率稳压源、恒流源、电子负载、示波器、总线开发设备、微处理器开发设备、烧录器等通用设备及专用地面设备的使用,操作和使用的功能不能超出产品使用手册要求的范围。

2) 功率电源与电子负载使用

对功率电源和电子负载使用时应留有一定的余量,如功率电源使用其额定功率的10%～90%,输出电压可以到额定值;电子负载建议使用其额定功率的10%～90%,输入电流可以到额定值,在使用带有保护的功率电源和电子负载时,应设置过压、过流保护点(保护最好设为掉电保护,而不是进入恒流或其他模式)并充分留有余量,保证调测试检查过程中出现正常瞬间大功率时不会导致设备保护。功率电源或电子负载的使用建议以不并联可以满足使用要求为好,不具备条件时可以考虑两电源或电子负载并联使用,电子负载使用时建议优先使用CC(恒流模式)和CR(恒阻模式),一般不考虑使用恒压和恒功率模式,电源或电子负载的并联使用应谨慎,并联应参考产品使用手册接线,并联应用前应充分验证,不同类型的电源、电子负载不能随意并联扩容。

3) 示波器的使用

示波器的多个探头的地是同一个地,与市电220 V的中性地相连接,没有隔离,使用中需要特别注意。特别是做差分测量使用时,应一根探头接地端接地,信号端接被测信号差分信号一端口,另一根探头接地端悬空,用绝缘胶布缠好,信号端接差分信号另一端口,使用示波器算术减法功能测量,不可示波器两探头接地端同时接地,以免损坏单机设备和示波器;在有差分探头的条件下,应选用差分探头,差分探头属于精大贵稀的设备,使用时应充分掌握性能,注意量程,以免损坏设备;使用电流探头时,一要注意量程,二是操作时要注意闭合探头开关,线束紧时,不要强行操作,以免损坏探头。测量有市电 220 V 交流整流输入的电路时,一定要使用差分探头,否则易造成被测电路或示波器的损坏。使用时示波器的探头地在产品未加电状态下与被测信号地连接,探头测量端与被测信号连接,禁止在加电状态下操作示波器的接地探头。

4) 数字万用表的使用

建议用电阻挡测试导通,使用欧姆挡 S 挡测试时,红表笔输出正电压,黑表笔输出电压负,精确测量时应调零,不建议使用二极管挡测试,电阻挡输出电压一般约为 1.5 V,最大为 3 V,二极管挡输出电压最大 3 V。在电路中有钽电解电容时应特别注意万用表的红黑表笔的接法,一般的固体钽和非固体钽电解电容均不允许施加反向电压,100 mV 的反向电压就可能会对钽电容造成永久性损伤。

使用不清楚工作电压的数字万用表欧姆挡测量时,应将要使用的数字万用表 A 设置为欧姆挡,另一数字万用表 B 设置为直流电压挡,用表 B 去测试表 A 的欧姆挡输出电压,不同的数字万用表,输出电压不同,一般的精度越高的表,输出电压越高,一般不建议使用高精度的数字万用表测试电阻,如个别高精度 $6\frac{1}{2}$ 位表欧姆挡输出电压高达 10 V,测试电阻时可能存在风险。

12.2.2 调测试中注意事项

(1) 焊接调试电阻时必须断电。

(2) 加电前的检查主要是为了检查元器件安装是否正确、电源以及输入信号的连接是否正确等,从而保证加电后器件均能正常工作。

(3) 导通检查时使用数字万用表的电阻挡,不得使用二极管导通挡测量,当测试电阻小于 10 Ω 时校零;如确需使用指针式万用表时,必须使用 500 型的 1 k 电阻挡进行测试,指针式万用表每次调节挡位后必须校零,使用完毕后必须切换至交流电压挡 500 V,然后关闭电源。

(4) 测试电源连接正确性检查:对照原理图检查每个器件的供电电源是否连接到器件的电源端,记录阻抗,阻抗应符合设计要求。

(5) 不同供电电源间阻抗测试:+12 V、−12 V、+5 V、+28 V、二次电源地、功率地两两之间的导通阻抗测试,不应出现超出设计值之外的结果,通常情况下不同电源供电正线间及电源正线对地阻的阻抗应大于 1 kΩ。

(6) 加电前检查电源的交流感应电压(尽量在调测试工作接线前实施),调测试场地应严格控制小于 1VAC,必要时电源 GND 接中性地,确保供电电源的交流感应电压小于 1VAC,检查电压输出是否正确(用数字万用表测试),电流的限流旋钮是否保证电流足够,估计被测电路的功耗,将电流限流旋钮旋至恰当位置,一般应处于最小和最大之间;检查电源输出开关是否处于关输出的状态。

(7) 继电器触点正确性检查:对于使用继电器的单机,应以导通测试的方式,确认继电器的触点的初始状态,确保加电后不出现异常情况。有高压触点的继电器应检查高压接入的正确性，确保与原理图一致，防止触点错误将高压引入到低压回路中，造成安全隐患。

(8) 所有导通测试全部合格后方可以进行下一步加电测试。

(9) 电阻箱设置：加电前检查接入的调测试电阻箱在加电前是否设置在合适的阻值(建议设置为调测试细则规定的理论值)，特别注意电阻箱阻值不要设置为零而引起短路。

(10) 加电前分析被调测试的印制板上有没有因为调测试电阻未接而加电、会导致电路输出饱和或者过压(特别是高压分压电路)引起器件损坏的问题，如有，先在该处搭焊一个适合电阻(建议为调测试细则规定的理论值)，高压分压电路设计时，调测试电阻在接地端时应特别注意。

(11) 加电前应检查应对金属壳体的元器件外壳是否存在加电后带电的可能性，如金属壳的 ADOP07 外壳为－12 V、三极管外壳为通常为三极管的集电极等，应做好绝缘后再加电，以免在调测试中不小心碰到出现问题。

12.2.3　调测试过程

1. 模拟电路调测试

1) 信号全范围测试

调试完毕确定好调试电阻后应调节输入信号从最大值到最小值选几个特征点(原则上不少于三个)，测试相应的输出是否均能满足设计和调测试要求。

2) 比较电路的调试

对运放等比较电路阻值的调试应特别注意调试电阻箱的从大到小进行调节还是从小到大进行调节，确定调试电阻后应按电路实际工作状况进行模拟复测，测量比较电路的起控点和回差是否满足要求，不满足要求应分析并重新调试，电阻箱在切换挡位过程中输出阻值应确保相对连续。

3) 高精度电路调测试

对于精度要求很高的电路应考虑电源电压拉偏的调测试，根据拉偏测试结果确定合适的阻值；有共模输入的信号，调测试过程中要模拟可能出现的最大共模电压，高精度的阻值匹配要注意搭接电阻引线、焊点的阻抗，通常的搭接电阻引线要搪锡后再焊接，焊接时要自然冷却，不可以用嘴去吹。

4) 多级电路的调测试

对有多级调测试的电路，应输入信号位置不变，逐级向后调测试，输出监测点也随之后移，不要单个电路调测试，这样无法保证最终整个电路的调测试精度；对多级但只有前几级电路需要调测试的电路，应在最后一级调测试电路进行调测试时同时监测本级电路的输出以及整个电路的最终输出，尽量利用这一级的调测试电路消除后面几级不调测试电路带来的系统误差，从而保证整个电路的精度。

5) 非调测试电路部分的检查

调测试完毕后，对不需要调测试的电路应进行功能和性能检查，检查该部分电路是否有器件失效或者电路不满足设计要求的功能和性能。

6) 全通路检查

测试检查要求对双点是否导通进行检测，另外所有的测试都应该在信号最初点和最终点进行,这样保证印制板的印制线也都是正常状态。

7) 拉偏的考虑

调试以及测试检查时,对于频率电路或者功率输出电路应该使电路工作在最大电流状态,同时考虑电源电压拉偏,观察电路是否正常。

8) 数据记录

调测试时各调测试电压值、调试电阻值以及电路检查时的相关数据应记录在调测试表格中。

2. 数字电路调测试

1) 加断电测试

对加断电敏感的电路在调测试过程中应测试加断电过程中的关键接口波形。

2) 电路检查

数字电路检查过程中,对于模数接口电路的测试要充分,接口电平要匹配,包括模拟量的上升沿和下降沿;测量模拟电路与数字电路接口位置的电压电平是否不大于后一级数字电路的电源脚的实测电压,如大于则需要作为问题处理,进行防闩锁电阻的调整;特别是对有抗闩锁电阻的电阻,应注意测量该器件前一级输入电压是否高于本器件电源端电压。

3) 调测试

信号模拟要真实,属于沿的,要模拟前端信号的真实情况;属于电平的,幅值应模拟前级电路,不应该有抖动;属于脉冲的,宽度和幅值应模拟前级电路。触发电路的调测试应注意测试上电和断电瞬时的输出波形。

3. 下位机电路调测试

1) 单板或模块调测试的一般要求

调测试程序要考虑测试的边界,模拟输入及测试的数据要全范围覆盖。

2) 数据采集信号模拟

输入信号应尽量模拟实际的输入信号阻抗,特别是数据采集电路的输入信号模拟,应采用电源串电阻的方式进行模拟。

3) 下位机初测

下位机的测试应逐步展开,首先应去除看门狗芯片,外加阻容组合的上电复位电路,阻容组合电路的上电复位时间应该符合要求。加电后测试各芯片的供电状态、晶振的工作状况。

4) 芯片电平或电压测试

带有全局译码的设计,必要时测试译码器输出电平,要从电平考察芯片的工作状况;其他芯片的测试要结合芯片的工作方式,用多通道示波器或逻辑分析仪测试芯片的电特性。

5) I/O口的调测试

要求对被测试的I/O芯片、I/O口做全0全1、0101010101及10101010间隔测试;带有输出隔离或驱动的,应测试驱动级输出的电平,电平应符合接口的要求。

6) 数据存储器的调测试

RAM的测试每个存储单元要求00H～FFH全范围覆盖测试,读写次数不少于

256 次。

7）A/D 转换的测试

测试时应模拟被测信号阻抗，至少进行三点测试，即输入范围中取最小电压、电压中值、最大电压测试，如要求精度接近 A/D 的分辨率，在使用电压区域内应详细测试，确保测试覆盖性。

8）通信接口的测试

RS422 通信测试、CAN 通信测试、1553B 通信测试与各自芯片关联较大，芯片内部有 RAM 区的可读写的，参考 RAM 的测试，命令口或控制字的测试同 RAM 测试，要确保覆盖性。

9）通信协议的测试

通信协议内容的测试包括数据的组帧方式、数据帧数、数据发送及接受的测试、指令反馈等，确保密集测试，给出响应的最小时间。

10）组合测试

下位机的调测试程序除各功能模块调测试外，如有可能按实际工作状态进行数据存储、I/O 口控制、通信数据收发等组合功能的测试，确保硬件电路正常。

11）数据记录

以上所有测试，应有详细记录，给出输入、输出、理论、实际值、关键波形等，保证过程清晰，数据具备可追溯性。

4. 落焊复测

落焊复测用于验证在调测试中确定具体参数的元器件是否正确安装及电路指标是否达到设计要求，产品中涉及落焊的元器件通常有电阻、电容、程序存储器、CPU、看门狗等。有电阻、电容调试器件的部分都应在调试器件落焊后进行复测，不允许跨越该过程，建议先落焊看门狗电路，在 CPU 及程序存储器未落焊前，看门狗电路应能持续输出方波信号，信号的幅值应符合 TTL 电平要求，方波脉冲宽度应符合看门狗手册宽度要求。

1）落焊电阻检查

不加电，对落焊复测的印制板对照调测试时确定的元器件参数确认落焊器件的正确性（调测试人员应能识别电阻色环），注意一般调试电阻为两个电阻，两个电阻的位置也应与调试记录上位置一致。

2）落焊程序存储器、看门狗、CPU 检查

落焊后应进行以下检查工作。

（1）首先进行多余物检查。

（2）对芯片落焊后芯片的方向、型号正确性检查。

（3）按原理图对落焊芯片进行电源、地、信号等周围连线的导通进行检查，导通阻抗检查合格后装整机进行测试。

3）加电复测

落焊器件经确认正确后，对单板或模块加电，加电按以下要求进行。

（1）加电前检查：参照 12.2.2 章节内容进行电源检查、接线检查、绝缘检查等工作，并

对连线正确性确认。

(2) 加电测试：对落焊部分电路相关参数测试并记录，要求所有测试数据应符合调测试细则规定的要求，分析清楚后依据技术负责人处理意见决定是否需要重新调试，需要重新调试的在原来调试记录上注明重新调试数据。

(3) 测试记录：复测数据要求有记录，并有相关人员签字后作为原始记录存档。

(4) 复测完成后进行下一工序的工作。

12.2.4 模块或整机调测试

电源单机的结构形式主要有模块式和框架式，模块或整机的调测试是控制单机调测试阶段非常重要的一环，主要检查此阶段连线的正确性、装配的合理性以及对单机整体性能做一次完整复核，所测数据对于整机的设计参数验证、日后整机的维护、返修和故障排除都起着基础的作用。

调测试过程中的模块或整机复测是指印制板与模块或整机连线装配完成、除外壳之外的结构均安装完成、导线等部分均未点胶时的状态。

需要进行的工作和需要注意的内容如下。

1) 通用注意事项

通用注意事项同章节12.2.2。

2) 测试设备检查

对于模块调测试应准备模块调测试必要的转接插头或转接板，对于整机复测应准备在检验合格且在有效期内的单机测试台，特殊情况可用分立设备进行检查。

3) 测试台设备接点检查

整机复测前需要对单机与测试台接点表进行核对，只有在完全一致的情况下，才能开展后续工作。

4) 模块连线正确性检查

初次研制测试时，应对照原理图而不是接线表，对印制板与接插件的导线连接、印制板间的导线连接以及其他直接引线的元器件的导线连接正确性进行检查，检查建议用万用表的电阻挡或者其他低于1.5 V输出电源的导通设备，此阶段应特别注意所有电源线是否连接正确，各电源与地之间、各电源相互之间是否存在短路。

5) 绝缘检查

采用指针式万用表对模块或整机接插件触点、导线与机壳的绝缘、器件与外壳的绝缘检查。

6) 工艺件测试

正式产品在测试前，如有工艺件则一定要用工艺件进行测试，用以检查连接状态是否正确，同时工艺件的测试项目在功能上应该全覆盖产品测试项目。

7) 地面设备初始状态检查

对地面稳压电源、负载、工装等的初始状态检查，状态应符合测试要求。

8) 试验场地检查

要认真检查测试场地，注意拖线板绑扎牢靠，并远离操作区。同时注意试验场地是否存在其他风险，有条件的话要设立隔离区。

9）初始加电

模块加电或整机加电先只加基本电源如±12 V、+5 V，在此状态下进行基本性能检查，检查输出是否正确，如有异常立即关断电源进行检查连线、器件装配绝缘等，在所有检查完毕并将检查结果报技术负责人批准后才能重新加电进行加电状态下的后续故障检查。

10）功率模块或整机加电

对于功率单机或功率模块应先加小功率，功能正常后再逐步加至额定功率。加载前应使用示波器观察关键点波形，加载过程中注意观察随功率增加波形的变化，如有异常，应立即断电，准确记录故障发生现象。功率负载使用时，一般应在负载两端并联一定容量的电容，电容的耐压值应不低于输出电压的最大值，有条件的按 0.5 降额使用，铝电解电容器或钽电解电容器安装时应注意极性的正确性，以免引起安全性问题。

11）断电

先断输入、再断输出的原则进行。断电后，模块或整机内部电容及能量存储元器件不带能量储存。

12）记录

对于关键和重要特性要详细测试，关键参数、关键点波形等调测试信息做详细记录。

12.2.5　调测试结束后的整理工作

调测试结束后，必须完成以下的工作。

（1）对调测试数据进行整理，并仔细判读，避免调测试中存在数据漏判误判或调测试漏项的情况发生。

（2）未调测试完成的印制板或模块，用防静电布盖好，或放入防静电箱妥善保管，确保第二天工作的顺利进行。

（3）对现场的调测试设备进行整理，关掉电源，包括通用设备和仪器仪表的电源。

（4）打扫桌面，清理多余物，打扫调测试间地面，保持调测试现场的整洁，人离开调测试间时注意检查门窗、水电情况，并锁好门。

（5）调试完成后与后续工序人员办理交接。

12.2.6　异常问题及处理

1. 异常问题

调测试过程中出现的任何与设计状态不符的现象或问题，均属于异常问题或现象，根据以往的经验，一般有如下情况：

1）阻抗异常

电路的各点对地阻抗、绝缘阻抗及输出阻抗与设计值、过去的测试值、或经验值产生偏离。

2）电性指标异常

电路的设计指标与实测指标偏离、初测指标与复测指标有偏离、单板指标与模块指标有偏离、模块指标与整机指标有偏离等均属于指标异常,如某电路在单板阶段测试电路指标正常为3.125 V,整机阶段指标超差为3.150 V;某电路理论值为3.125 V,实测为3.150 V等。

3）波形异常

电路中关键点的波形与理论情况不同,模块与整机波形不同等,波形的不同通常包括幅值、脉冲宽度、频率、纹波尖峰大小等;如电路中某关键点波形在输入变化时,出现异常变化;如电路中关键点波形脉冲宽度与设计值不同;如电路在加断电时出现不期望的波形。

4）通信异常

通信出现非设计值的中断、时断时续、非期望的数据、非期望的响应等,如某单机电路调测试中发现通信电路调测试中出现个别数据异常。

5）文件或仪器设备不符合规定

文件错误或不完善导致调测试无法按文件执行,如文件文字错误、指标错误、步骤错误、调测试项目规定不全、指标公差规定不合理、操作步骤规定不详细或次序不当、数据记录与文件规定不符、仪器设备不满足使用要求、通用仪器或地面专用设备有效期超出要求、电源设备或负载型号与文件规定不一致等。

6）非正常声响

调测试过程中出现的异常声响,如某单机调测试中出现的继电器非正常动作;某单机调测试中出现的电容器爆裂。

7）非正常气味

调测试中出现的焦味、煳味或其他非正常气味。

8）非正常掉电

外围测试设备非正常掉电、单机的输出非正常掉电。

9）非正常加电

操作错误、未按文件连线要求接线,造成被调测试电路、模块、整机非正常加电的。

10）其他

不属于以上规定的其他异常问题或现象。

2. 异常问题处理程序

调测试过程中出现任何异常现象或问题时,应迅速确认异常现象并严格遵循以下处理程序。

(1) 立即断电:先断输入信号或功率,后断电源。

(2) 问题分析与处理:尽量从机制开始分析,无法明确是否有器件损伤前不得再次加电。

(3) 定位后应对故障机制进行详细分析,分析结果应与故障现象一致。

(4) 仔细分析故障影响,对过应力的器件必须更换。

12.2.7 调试实例

1. 线性分流电路调试

1）电路原理图

(1) 功能。太阳电池供电阵在光照期间负责对整船/整器负载供电。当太阳电池供电阵输出电流大于整船/整器负载电流时，为了保证电源的供需平衡，分流器中的分流调节电路及时地分流供电阵的多余电流，保证母线电压在一定范围内。

(2) 原理。分流调节器中供电阵分流功能的原理见图12.2.1，设该单路分流支路处于临界分流状态时(即线性区起始点，所分电流为0 A)，控制信号为V_{C1}，分流支路处于临界分流状态(线性区起始点，分流电流为0 A)时，分流线性区计算见式(12.2.1)：

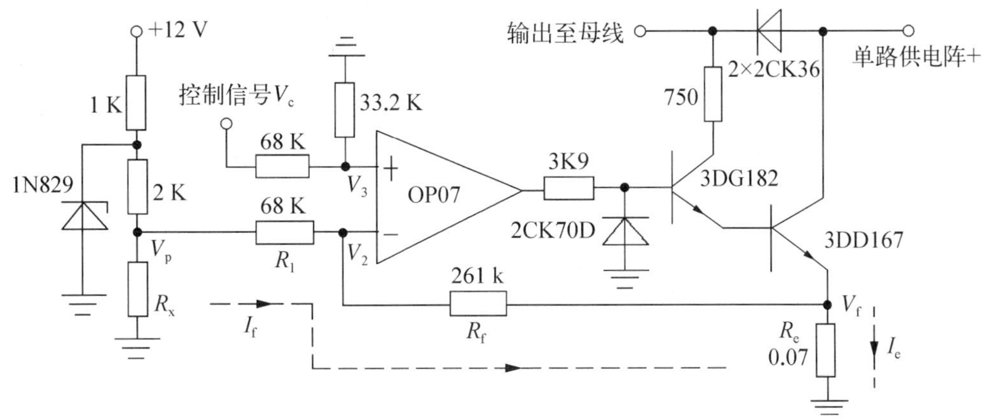

图12.2.1　供电分流功能工作原理图

$$V_2 = V_3 = V_{C1}/3$$

$$I_f = (V_p - V_2)/R_1 = V_2/R_f$$

$$V_p = V_{C1} \times R_1(1/R_f + 1/R_1)/3 \tag{12.2.1}$$

该点电压V_p在调试时，根据各分流支路的线性区起始点要求，由R_x调节设定。

分流支路处于分流线性区时，计算方法见式(12.2.2)和式(12.2.3)：

$$I_f = (V_p - V_2)/R_1 = (V_2 - V_f)/R_f$$

$$V_f \approx R_e \times I_e$$

$$(V_p - V_C/3)/R_1 = (V_C/3 - R_e \times I_e)/R_f \tag{12.2.2}$$

将式(12.2.1)代入式(12.2.2)，得

$$V_C - V_{C1} = 3 \times R_e \times I_e \times R_1/(R_f + R_1) \tag{12.2.3}$$

式(12.2.3)即为分流支路线性区与电路参数的关系。

当分流电流为2.1 A时，$I_e \approx 2.1$ A，因此在分流线性区最大分流为2.1 A时(即分流电流大于2.1 A时，功率三极管饱和导通)，将各参数代入式(12.2.3)，即得每路线性区(控制信号)范围理论值为0.14 V。

2) 调试目标

分流起始点电压：(2.0±0.005)V。

分流能力：2.1 A。

分流线性区：(0.140±0.021)V。

3）调试方法或步骤

(1) 按图12.2.1搭电路，供电阵设置为33 V/2.1 A，二次电源电压设置为±12 V，控制信号V_c设置为(2±0.005)V，母线负、控制信号地与二次电源地短接。将ZX54设置为10 kΩ后接到上图R_x位置。

(2) 依次输出二次电源、控制信号和供电阵功率，逐步减小电阻箱的阻值，当供电阵电流输出值由0 A变为大于0 A的输出值时，记录此时调试电阻箱的阻值。

(3) 保持电阻箱的阻值不变，将控制信号调至0 V后再缓慢增大控制信号，若供电阵电流输出值由0 A变为大于0 A的输出值时，控制信号在(2±0.005)V的范围内，则该阻值即调试电阻R_x的调试值。

(4) 按电阻箱阻值配出相同的电阻焊接到R_x的位置上。

(5) 在调试电阻R_f位置接入电阻箱，电阻箱设置为261 kΩ。

(6) 依次输出二次电源、控制信号和供电阵功率，缓慢增大控制信号，当供电阵电流输出由0 A逐渐升至2.1 A的过程所对应控制信号电压即为该路分流线性区。

(7) 当线性区在0.119～0.161 V的范围内，则调试电阻选值满足要求，当线性区<0.119 V时，将电阻箱阻值调高后重复步骤(6)，当线性区>0.161 V时，将电阻箱阻值调低后重复步骤(6)，直至线性区在0.119～0.161 V。

(8) 按电阻箱阻值配出相同电阻焊接到R_f的位置上。

4）调试结果确认

将调试结果记录在表12.2.1中。

表12.2.1　调试记录表格

调　试　项　目		设计指标	调试数据	调试电阻值
分流功能调试	分流能力	2.1 A	—	—
	分流起始点	2.0±0.005 V	—	—
	分流线性区	0.140±0.021 V	—	—

5）关键点

(1) 在三极管3DD167B选型时，要求选用放大倍数$\beta>50$的三极管，并在调试时进行确认，要求全分流状态下观察功率三极管3DD167B的CE极压降$U_{ce}\leqslant 2$ V。

(2) 调试时电阻箱应保证连接可靠，避免调试电阻落焊后复测数据与调试结果差异较大。

(3) 调试线性区时尽量将线性区调至(0.140±0.010)V的范围内，避免出现两级分流电路同时处于线性分流区的现象。

2. 放电闭环调试

1）闭环调试的一般工作流程

放电调节电路调试共分四个步骤，分别完成PWM电路的调试、驱动电路调试、开环调试及闭环调试。加电调试前应完成相关的检查，一般按照原理图进行，确保连线和电路设置正确。

图 12.2.2 给出了放电调节电路电压闭环调试的一般工作流程，其他类似的环路调试或多环调试可参照执行。

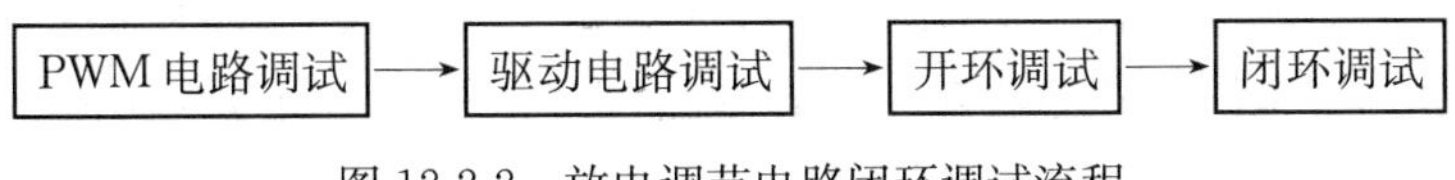

图 12.2.2　放电调节电路闭环调试流程

2）PWM 电路调试

PWM 电路是放电调节电路开关功率管的驱动信号来源，输入误差电压信号时，PWM 电路可根据信号的大小输出占空比可调的 PWM 信号，驱动放电调节电路中的功率开关管。

调试要点如下。

(1) 三角波频率发生器。① 调节三角波频率发生器的产生的外接电阻和电容，使得 PWM 输出频率稳定且符合设计要求；② 示波器一屏观察一个周期的波形，测量周期并确认频率，或使用示波器的频率测量功能；测量幅值并确认幅值的上下限；与幅值应与设计状态相同，应在器件手册的允许值范围内；③ 示波器一屏观察多个周期，一般为 10 个至 100 个周期，观测到幅值应不出现正弦波动频率。

(2) 误差信号的控制。① 给电路输入误差控制信号，并变化控制信号的大小，检查 PWM 电路是否能实现 PWM 输出的脉冲占空比从 0 到某一要求值变化；② 示波器观察时，应缓慢变换控制信号，观察 PWM 输出可能的波动，初次调试时，至少反复观察三次，PWM 占空比的变化应与输入信号的变化成正比，不应有占空比的突变、跳变、抖动等现象；③ 示波器观察时，首先以一屏三到五个周期的方式观察，正常后，一屏多个周期观察，不应出现 PWM 幅值的突变、跳动、振荡等现象。

3）驱动电路调试

一般情况下为降低 PWM 控制电路集成电路的功耗，提高功率管(如功率 MOS 管)的开启关闭速度，通常会增加外围的驱动电路，驱动电路调试通常是通过调节功率开关器件(如功率 MOS 管)开启和关断时间，使得开关功率器件的电压尖峰、电流尖峰、热耗等指标满足降额要求，调整功率半导体驱动电路回路阻抗可实现开启关断时间的调节。

调试要点如下。

(1) 首次调试驱动电阻选择。在首次调试时，应当加大 MOS 管的栅极驱动电阻以减小电压尖峰，提高稳定性，确保器件加电时不失效，基本功能正常。初始情况下电阻可增加至 100 Ω 以上最大不超过 500 Ω，典型值为 20 Ω，可根据系统实际情况调整，一般不超过 100 Ω。V_{DS}间不加电压，示波器观察 V_{GS}，不应出现畸变。

(2) 上升下降沿调整。待系统功率加电开环、闭环均调试完成后，综合考虑效率、纹波、热耗、电压尖峰等指标把驱动电阻尽可能减小，使得器件的上升沿、下降沿尽可能快，降低开关损耗，从而降低器件的结温，起到安全可靠的目的。

4）开环调试

开环调试是闭环调试前的一个重要环节，放电调节电路应在额定输入电压范围、额定输出电压范围、额定功率、输出纹波几个方面达到预定的设计目标。

调试要点如下。

(1) 低电压小电流检查功率通路的基本工作情况,应观察功率MOS器件的栅源电压V_{GS}、漏源电压V_{DS}、漏源电流I_D的波形,波形应稳定无明显抖动,示波器一屏内显示三到五个周期的波形,每个周期的脉宽应相等,前沿触发时,后沿的抖动应不大于周期的1%~2%,如周期为40 μs,抖动应小于400~800 ns,最坏情况下不超过1 μs。

(2) 低电压大电流观察上述波形,波形应稳定无明显抖动,检查要求同(1)条。

(3) 加至额定电压额定电流,波形应稳定无明显抖动,检查要求同(1)条。

(4) 输入电压全范围施加,初次调试时,先小负载,输入电压从最低电压逐渐调至最大电压,一边调节输入电压,一边调节控制信号,确保在每一个输入电压点输出电压均稳定。

(5) 负载增加至额定负载,重复(4)条,全范围输出电压应稳定。

(6) 调节过程中注意观察示波器波形,一屏三到五个周期波形时观测单周期波形的波动,一屏十个以上至一百个时,观测波形的幅值不应出现波动。

5) 闭环调试

闭环调试是最后一个重要环节,闭环调试后,放电调节电路应全面达到规定的各项设计要求功能。

调试要点如下。

(1) 检查从电压采样电路到PWM变换的多环节,电压采样电路、基准电路等,精度应达到设计值,精度有偏差时目标点会有相应的偏差。

(2) 闭环设计为PI调节时,P参数增益不宜过大,一般取1作为初始值,如10 k比10 k,I参数设置时,一般先不考虑动态响应取0.1 μf以上的大电容。

(3) 在电路形成闭环后,可先小功率,逐个输入电压点测试,再大功率测试,并检测输出电压波形,波形应在各工作点无低频波动。

(4) 输出电压波形出现低频波动时,表明系统出现不稳定,应调整PI参数,重新调试,一般可调整电容值,增大电容有助于系统稳定。

(5) 闭环输出负载应覆盖输出的10%~100%情况,有条件时可从0负载开始,额定负载范围内系统应稳定。

(6) 在系统稳定后,可开展阶跃响应测试,初始可由输出的10%波动逐渐增加至90%波动,有条件情况下可测试100%负载变化,母线的扰动幅度应满足总体要求,一般不超过5%,恢复不超过5 ms。

(7) 进行输出阶跃响应测试时,输入电压应覆盖要求的输入电压范围,选点测试,选点一般为五个,最小不少于三个,如最小输入电压,额定输入电压,最大输入电压。

(8) 动态响应不满足要求时,调整PI参数,可增大P增益,也可减小I(电容值)相关参数,反复调试以保证稳态特性和瞬态特性。

(9) PI值的最终调试值与设计值偏差较大时应分析原因,原因清楚后按实际调试参数确定。

(10) 闭环情况下应记录各开关功率器件的波形,工况的覆盖应不少于三个。

6) 试验验证

电路调试完成后应进行相应的试验验证,试验条件根据具体型号工作条件确定,并注意以下几点。

(1) 电路应经过模块、整机、系统验证,确保功能性能达到指标。

(2) 在热真空环境下验证电路工作的稳定性、一致性。

(3) 在高低温环境下输出会有漂移,常温下电路输出应能回到实验前状态。

思　考　题

1. 简述手工焊接,波峰焊接和再流焊接的差异。
2. 简述压接连接机制和两种压接工艺的适用对象。
3. 简述元器件粘固的目的和主要粘固材料。
4. 简述功率器件安装流程及注意点。
5. 简述禁限用工艺来源,列举两项禁限用工艺项目。
6. 调试前的印制板检查主要包括哪些内容?
7. 调测试过程中出现异常现象应如何处理?
8. 加电调试前检查主要包括哪些内容?
9. 简述调测试过程中的注意事项。
10. 简述手工焊接、波峰焊接和再流焊接的差异。
11. 简述压接连接机制和两种压接工艺的适用对象。
12. 简述元器件粘固的目的和粘固材料。
13. 简述功率元器件安装工艺流程及注意点。

第 13 章　电子电源的产品保证

13.1　引言

产品保证是指为使组织与用户确信产品达到规定的质量要求，在产品设计、生产、试验、发射、交付使用等全过程所进行的一系列有计划、有组织的技术和管理活动，保证产品可靠性具有高的置信度水平和产品质量具有稳定的质量一致性，满足用户要求。

电子电源产品保证工作的目标是保证电子电源产品达到其规定的任务目标，更具体的目标是确保产品安全、可用、可靠。通过开展产品保证管理、设计保证、生产制造保证和测试试验保证工作，在工程约束条件内对技术风险进行充分的辨识、评价、预防和控制，保证产品性能、质量、可靠性、安全性等诸多方面满足用户要求。

13.2　产品保证管理

产品保证管理是电子电源产品型号项目顶层的质量管理活动，对各项产品保证工作计划、组织、指挥、协调、控制和检查监督，实现产品保证工作目标要求的活动。依据产品任务特点和用户或委托方要求，组建产品保证队伍，明确产品保证队伍运行管理机制，在型号各阶段对产保要求采取评审、检验、鉴定、验收、验证、审核等质量管理方法，对电子电源产品设计开发、生产试验等全过程进行有效的控制，确保型号产品质量满足要求。

13.2.1　产品保证文件策划

产品保证文件可以按照策划、过程和总结三类文件进行策划，形成产品保证文件清单，并确定相应文件的编写时机和责任人。

1) 策划类文件

策划类文件一般包括产品保证大纲、产品保证要求、产品保证实施细则、产品保证计划和产品保证流程。产品保证大纲或产品保证要求由用户或委托方提出；产品保证实施细则由承制方按照产品保证大纲或产品保证要求，结合产品特点编制。

产品保证大纲或产品保证要求一般应规定产品保证工作目标、工作措施，明确产品保证队伍及职责，明确各项产品保证活动工作项目及工作要求，是用户或委托方、承制方产品保证工作的主要依据和指导性文件。

产品保证实施细则一般应规定产品保证工作目标，产品保证队伍及职责，明确产品保证活动工作项目、工作内容、责任人、完成形式、完成时间，是承制方产品保证工作的主要依据文件。

产品保证计划应对本研制阶段任务特点和风险进行深入的分析，对产品保证活动项目、内容、结果、责任人、时机、措施等进行细致的策划,确保产品保证工作规范有序开展。

产品保证流程是基于研制技术流程的在线产品保证流程,应规定在研制的各个阶段和节点需要开展的产品保证工作,并规定各级各类人员的工作内容。

2）过程类文件

过程类文件一般包括产品保证规范、产品保证信息、产品数据包、产品保证报告。

产品保证规范是产品保证过程的执行文件,是围绕产品保证大纲或产品保证要求、产品保证计划、产品保证实施等制定的要求、规范或作业指导书等。如测试指导书、试验指导书设计审查规范、验收要求等。这类文件可以与承制方平台已有的相关产品保证规范统一。

产品保证信息和产品数据包是针对产品保证工作项目形成的各类过程文件和各类记录。

3）总结类文件

总结类文件主要为研制的总结报告。

产品保证文件的策划也可以根据用户或委托方的要求开展工作。

13.2.2　技术风险管理

技术风险管理可以按照研制阶段(一般可分为方案、初样、正样)和产品层次(单机、部组件和关键外包产品)开展风险识别、分析与控制工作。

方案阶段主要是依据研制和使用要求,对任务特点、使用状态和环境条件等方面进行分析,同时开展产品设计方案,各类大型试验方案,关键技术,采用的新技术、新工艺、新材料(含元器件)等方面进行分析。初样研制阶段的主要是对设计验证的全面性、单点故障模式识别的准确性和充分性、产品的环境适应性、技术状态更改、关键特性参数及其裕度的验证情况、产品实现过程重大技术问题解决情况、与其他产品间的接口匹配性与协调性等方面的技术风险进行分析。正样研制阶段的主要是对试验验证和测试的覆盖性、工艺稳定性、技术状态更改情况、单点故障模式控制的有效性、软件产品质量控制情况、产品实现过程量化控制情况等方面,特别是初样研制阶段遗留的风险,进行全面分析。

技术负责人针对产品任务要求、研制特点,对技术风险管理进行策划,计划管理人员根据策划组织制定技术风险管理计划,经产品研制行政负责人、技术负责人审批后组织实施,并在产品研制过程中及时识别、分析新增风险项目,实施动态维护和闭环管理。

技术风险识别与分析要充分利用已积累的实践经验和信息,针对可靠性、安全性、空间环境、元器件、材料与机械零件及工艺、软件、地面设备等内容,对影响产品质量和任务目标实现的技术风险进行全面识别和梳理。对于每项已知风险,评估其发生概率和后果严酷度,确定风险评估指数和风险级别。

编制技术风险项目清单和技术风险控制表,明确降低或消除风险的措施,并进行过程监控,确保每项风险控制措施在产品设计、试验、生产等各个环节中落实到位。

13.2.3　关键项目管理

关键项目是指产品故障发生后,导致的风险对于用户不能接受的项目(一般指硬件、软件产品)。当该项目发生故障后,造成人身、财产严重危害,或导致产品功能、性能指标不能满足用户要求,以及可能严重影响研制进度的项目。关键项目的识别时伴随着技术风险分析进行的,是技术风险分析的结果之一。根据用户FMEA结果和关键项目识别准则,由用户识别和确认。

关键项目产品,在设计、生产、试验、测试、使用等方面应制定全过程的质量控制要求和可操作的具体措施,并纳入工艺文件、测试或专项试验操作文件,在产品研制过程中对关键项目过程质量控制情况和措施落实情况进行检查。

13.2.4 关键件、重要件、关键工序管理

1) 定义

关键件是指具有关键特性的产品(一般指零件、部组件);重要件是指具有重要特性的产品(一般指零件、部组件)。关键特性是指此类特性如达不到设计要求或发生故障,可能导致产品功能失效或飞行器主要系统失效或对人身财产的安全造成严重危害;重要特性是指此类特性如达不到设计要求或发生故障,可能导致产品不能完成预定的功能,但不会引起飞行器主要系统失效。关键工序是指在生产过程中,对产品质量起决定性作用并需要进行严密控制的工序。

关键件、重要件以下简称关重件。

2) 识别准则

具有关键特性或重要特性的零件、部件或组件,当特性达不到设计要求或发生故障时,可能导致产品功能失效、飞行器主要系统失效、对人身财产安全造成严重危害或产品不能完成预定的功能,但不会引起飞行器主要系统失效中的任何一种结果时,一般可识别为关重件。

关键工序的识别一般可以按照五种工序进行识别,分别是:设计文件规定的某些关键特性、重要特性所形成的工序;在产品生产中加工或装配难度大,质量不稳定的工序;生产周期长、原材料稀缺昂贵、报废后经济损失较大的工序;对人身、财产的安全造成严重危害的工序和关键外购器材或外协件的验收工序。

3) 关重件、关键工序确定

一般在初样设计阶段,对产品特性进行分析,同时收集相关同类产品在以往研制与飞行试验过程中的发生的质量与可靠性问题和故障方面的情况,初步确定产品的关重件,并制定过程控制措施。正样设计阶段,根据正样设计结果和初样研制情况对产品再次进行特性分析,最终确定关重件,对已在初样形成的关重件过程控制措施进行更新完善。

关键工序由工艺部门确定,工艺部门对设计文件工艺性审查,并对设计文件、产品图样及产品特性分析文件进行分析。对可能包含关键工序的设计方案,从工艺改进方面提出降低风险的意见,拟定工艺方案,并根据关键工序确定原则设定关键工序。

4) 关重件、关键工序控制

设计控制:关重件的设计一般应组织审查或评审,如有必要,还需进行仿真分析或安排专项试验进行验证,发生技术状态更改应报用户或委托方确认。关重件在设计文件(包括技术要求和图样)明显处进行标识。

工艺控制：关键工序确定后，一般需要编制关键工序目录、工艺规程、控制卡。关键工艺规程要对关键工序的“人员、设备、工艺方法和参数”提出明确要求，对关键、重要参数一般应设置关键检验点，提出明确的检验(含过程检验记录)要求。

关重件的工艺规程一般应单独成册，并在封面显著位置进行标识，关重件或关键工序的工艺文件(包括装配工艺)在产品投产前一般应进行工艺评审。关重件在加工、周转过程应采用专用工位或器具存放，并在专用工位或器具上标注明显的标识。含有关键工序的工艺规程文件，在关键工序文件的显著位置进行标识。

技术状态控制：关重件研制和关键工序执行过程中，对影响产品关键或重要特性的工艺状态更改应报用户或委托方。

生产过程控制：关重件和关键工序的操作与检验人员应持证上岗并相对固定。对涉及主要工艺参数的工装、设备、仪器应相对固定，并满足关键工序工艺规程中对工装、设备与仪器的要求；关重件使用的原材料、外购件和外协件应具有复验、检验(或筛选)合格证明或合格标志，确保其质量的可追溯性。关重件应编制随产品周转的加工、检验记录单或跟踪卡，加工过程严格按工艺文件进行加工。

工序检验控制：关重件和关键工序生产过程前，一般应组织实施首件检验制度，生产过程中应实施专检，关重件的质量记录应一物(批)一卡。

试验验证：关重件和关键工序，出现需检测项目，在过程中不能直接获得检测结果时，一般应安排试验件进行破坏性检测或按设计文件规定采用事后试验的方法判断特性的符合性。

13.2.5　关键(强制)检验点管理

1) 定义

关键检验点是指为满足产品设计或工艺要求，在产品研制过程中，由设计人员或工艺人员确定的对产品关键过程或关键特性指标的检验点。

强制检验点是指在产品研制生产过程中，由用户或任务委托方确定的对产品关键过程或关键特性指标的检验点。

2) 设置原则

关键检验点和强制检验点的设置可以参照以下给出的内容进行。

(1) 委托方或设计师识别出的外协件、外包工序中的关键参数或指标。

(2) 关键项目的关键和重要性能指标。

(3) 关重件的关键特性测试，关键工序的实施结果。

(4) 模块式拼接产品的安装平面度、底板面积较大的产品的安装平面度。

(5) 大功率管(0.3 W 及以上)的安装方式和调、测试过程中波形(主要考虑 MOS 管开关工作状态)的确认。

(6) 重要功能的调试、测试或重要功能使用的主要器件的性能测试。

(7) 产品合盖后不能测试的项目。

(8) 高压电子产品的三防涂覆、点胶固封过程。

(9) 产品合盖前的检查(包括拍照、多余物、安全间距、走线、绝缘措施、大质量器件的安装、大功率器件的散热措施)过程。

(10) 产品环境试验结束后,重要功能的测试。

(11) 有安装精度要求、极性要求的部组件的安装和测试。

3) 关键、强制检验点控制

关键、强制检验点确认后,一般应编制关键、强制检验点实施细则文件,将设置关键检验点和强制检验点的检验项目或指标、合格判据、检验方法、记录、结论等方面要求结合产品研制过程进行具体细化,作为产品生产过程的控制依据。产品制造工艺文件(工艺规程)或其他相关的研制文件(如调试细则、测试细则、技术条件等)中应对关键检验点和强制检验点的项目进行明确。

关键检验点检验结果一般由检验、工艺或设计共同确认并签署,强制检验点检验结果一般由检验、工艺、用户和设计共同确认并签署。强制检验点检验实施前,一般应提前5个工作日左右,通知用户或委托方参加过程检验,也可以在实施后报用户或委托方确认。关键检验点和强制检验点过程记录应做到量化、详细、适时有效,必要时可采取照相或录像措施,记录产品过程真实状态。

13.2.6 技术状态管理

技术状态管理分为技术状态控制和生产状态控制,是基于技术状态基线和生产基线变化的控制管理。技术状态管理控制范围一般如下。

(1) 设计图样、技术文件(任务书、标准、规范、工艺、技术要求、合同等)、接口设计和协调文件的变化。

(2) 产品性能、功能的改变。包括使用范围,可靠性、安全性、维修性,组成、尺寸、表面状态、形状、配合、公差、质量等。

(3) 材料的改变。包括材料牌号、材料状态、材料技术条件以及关键材料的生产单位。

(4) 元器件的改变。包括元器件功耗变化、元器件工作速度变化、元器件接口阻抗变化等。

(5) 工艺的改变。包括工艺方法、关键工序的工艺参数、关键工序的工艺装备(仪器、设备与工装)、特殊工艺的工艺参数、生产环境的改变。

(6) 试验方法的改变。试验后测试方法的改变,试验设备与测试仪器设备的改变,测试环境的改变(温湿度、供配电、接地的变化、其他设备的干扰等可能对产品带来不同的影响)。

(7) 承制单位的改变。包括产品外协单位、工序外协单位和试验外协单位的改变。

技术状态基线。应以通过产品设计评审的技术状态为基线,相对于设计评审后发生的技术状态变更为技术状态更改项目。技术状态基线确认后,由用户和承制方共同确立产品研制基线,研制基线一般包括产品技术规范(技术要求、研制任务书),设计报告,内、外部接口要求,验证试验要求,检验和验收要求,可靠性、安全性要求,产品图样,调测试方法等。技术状态基线一般包括以下文件。

(1) 产品技术规范(技术要求、任务书)。

(2) 产品的详细设计报告。

(3) 产品的内、外部接口要求(如接口数据单等)。

(4) 产品验证试验要求。

(5) 产品检验和验收要求。

(6) 可靠性、安全性、电磁兼容性等方面的要求等。

(7) 产品图样。

生产基线。生产基线是指经审查或评审确认的、以产品技术状态为基础的、用文件描述和规定的产品生产状态,生产基线建立后发生的变更为生产基线更改。产品生产基线要素包括产品生产全部依据,一般包括工艺技术流程中的各环节所需的“人、机、料、法、环、测”等相关内容,主要内容如下。

(1) 工艺技术流程、生产流程图、生产区域定置图、关键岗位人员清单。

(2) 元器件清单、原材料清单、外协清单。

(3) 生产设备清单、检验、测试和试验设备清单。

(4) 关重件清单、关键工序、特殊工序清单。

(5) 关键强制检验点清单、禁限用工艺清单。

(6) 与产品生产相关的设计文件、工艺文件、产品保证文件。

(7) 环境控制要求、检验检测要求等。

产品研制过程中技术状态基线和生产基线发生改变,应进行确认或征得用户或委托方的同意。

13.2.7　项目评审管理

项目评审主要包括设计评审、工艺评审、产品生产前准备状态审查、试验评审、产品质量评审,以及用户要求的其他评审。

设计评审一般包括技术要求评审、设计方案评审、关键技术评审、重大方案变化评审等,组织同行专家和用户对设计评审内容的正确性、必要性等进行确认。

工艺评审一般包括新工艺、特殊工艺、产品工艺总方案、大型复杂工艺装备设计方案评审等,组织同行专家和用户对工艺评审的正确性、可操作性等进行确认。工艺评审一般在工艺设计工作完成后,产品投产前开展。

产品生产前一般应进行生产前准备状态审查,对产品设计结果(图纸、测试文件、过程控制文件等),技术状态更改落实情况,元器件、原材料、外购外协件的选用、采购和备料情况,试验要求和方案情况,可靠性安全性设计,产品调测试、试验用地面设备准备情况,各类人员上岗培训情况,产品生产计划情况,产品生产过程的关键工序、生产工艺、关键强制检验点落实情况等内容进行审查和确认。

进行重要的或关键验证试验前,一般应组织试验前评审,对试验文件、试验设备、测试仪器、安全检查、试验人员及保障条件的可试验性进行审查,试验完成后,还应对试验结果和与试验要求的符合性进行确认,确认是否达到试验目的。

产品交付用户前一般应进行质量评审,对产品的性能、质量控制等做出的是否满足用户要求的评价。

13.2.8 数据记录控制

产品数据记录结果应形成数据包,包含产品在设计开发、生产制造和交付等工作环节中形成的文件、记录(含照片、录像)和管理要求等各类信息,主要包括产品基础数据、设计开发过程文件和数据、生产制造过程数据三个部分;其中数据包中的设计开发过程文件和数据与生产制造过程数据,包括产品关键特性数据、产品功能性能数据和其他记录、管理要求等。

产品基础数据一般包括构成产品的原材料、元器件、成品件等基础材料的清单、合格证等信息;产品关键特性数据一般包括产品设计关键特性、工艺关键特性和过程控制关键特性的信息;产品功能性能数据主要包括反映产品最终状态的功能性能的产品证明书、产品研制质量总结报告等信息。

产品数据包内容在产品研制开始进行策划,根据产品研制过程,及时对数据包内容进行动态管理,按照研制节点进行控制,分别在设计评审、产品投产前、测试试验前、产品最终检验、产品交付前等节点,完成各节点的数据包的建立、收集和审查工作。

产品的数据记录控制也可以按照用户或委托方的要求实施。

13.2.9 外包产品控制

外包产品是指委托非本单位进行研制和生产的产品或所用的元器件、原材料、部件、组件、设备和工序等由本单位进行外购或外协的产品。

应优先选择项目合格供方名录内的单位进行外包产品的研制,在签订外包合同时,应制定专用的产品保证要求作为合同附件,同时将用户的产品保证要求传递到外包单位,并对外包单位的研制过程进行控制和监督,确保产品保证要求得到有效落实。

13.3 设计控制保证要求

电子电源产品的设计控制保证,主要是明确电子电源产品需要开展的一般设计工作和质量控制,通过这些工作的开展,保证电子电源产品的功能和性能指标满足用户需求,如用户有要求,应按照用户要求执行。

13.3.1 设计保证要求

(1) 根据任务书或技术要求规定的功能和输出功率要求,确定供电母线的配置、母线能量传递的方式、母线调节方式和母线电压调节的范围,明确组成各部分的功能。

(2) 对技术指标进行分解,明确和分配各组成部分的性能指标,一般包括输出功率、分流能力、母线稳定度、蓄电池组容量、均衡管理、放电深度、充放电控制、过压/过流保护、质量、可靠度等。

(3) 依据用户给定的设计规范要求或电子电源产品设计规范要求,开展各组成部分的性能指标实现的设计工作,包括电路设计、结构设计。

(4) 尽量选择成熟的技术、成熟的型谱产品或有飞行经历的成熟产品,选择新技术、新工艺时，应对选用的新技术、新工艺开展技术攻关和鉴定评审工作。

(5) 开展分流调节、放电调节、充电控制和调节、二次电源、母线调节控制信号等设计工作。

(6) 分流调节设计应确定分流调节的方式、分流能力、功率管的开关或工作频率和开关速度。

(7) 放电调节设计应确定放电调节的拓扑和工作方式、输出功率、功率管的开关或工作频率和开关速度。

(8) 充电控制和调节设计应确定蓄电池组充电终止的方式、充电电流的大小、功率管的开关或工作频率和开关速度。

(9) 一般还应开展专项的 FMEA 分析、热设计、抗辐照设计、降额设计、抗力学设计、电磁兼容(EMC)设计、静电防护设计和试验验证策划工作。

(10) 进行供电母线滤波设计和防短路设计，供电安全性设计，包括母线过压防护、过流保护、正负母线安全间距、电气间隙、电气间距、绝缘间距、二次绝缘、多余物和静电防护设计等。

(11) 开展性能指标裕度设计、重要功能冗余备份设计，故障检测、隔离和恢复设计，防差错设计。

(12) 开展机械安装接口、与其他产品的电接口、热环境和工作温度等热接口设计。

(13) 开展关重件、关键检验点识别，并制定控制措施，按照用户要求制定关键项目和强制检验点控制措施；开展技术风险分析、识别，制定风险控制措施；开展测试覆盖性分析，规定测试项目和测试时机。

(14) 一般应编制产品调试、测试细则，明确调测试要求和内容，数据记录内容和正确性要求。

(15) 如有外包产品，还应制定相应的技术要求或技术协议、验收要求。

13.3.2　测试性保证要求

产品设计时应充分考虑产品的可测试性，尽可能充分的按照使用条件进行考核。对产品研制过程中不能实现检查和监测的功能和性能项目，应重新进行设计，对确实不能测试的功能和性能项目，应进行分析、仿真、复核复算，确保产品的测试性。

应将产品分析及预计所能达到的实际测试性指标与用户确定的产品测试性指标要求进行比对，应尽量满足或大于用户提出的指标，如不满足应说明原因并与用户协商确定。

一般应进行测试覆盖性分析工作，确认用户要求的性能指标、表征产品工作状态和冗余备份等特定的功能性能参数、用户相关技术规范规定的接口状态等均能通过测试确认。产品中所有的对外接口、功能和性能应可通过测试设备、测试系统在地面进行测试。

13.3.3　维修性保证要求

产品设计时应考虑产品的可维修性、互换性和可操作性。产品的结构和布局设计，应考虑产品装配、调测试、试验阶段便于操作，能够使用通用工具进行地面更换或维修。如用户有在轨维修要求，还应该考虑产品在轨更换或维修。更换和维修时应具有防止误操作的措施,且不能存在操作隐患。

13.3.4 保障性保证

保障性是指产品的设计特性和计划保障资源满足发射准备和发射使用要求的能力。一般应编制产品技术和使用说明书,并对产品的日常管理、测试、试验和操作等提供技术支持。

13.3.5 环境适应性保证要求

应考虑地面环境和空间环境,按照产品任务特点和用户与环境相关的技术文件的要求,进行环境适应性分析和试验验证工作。

地面环境一般应重点考虑干燥、潮湿、盐雾的环境对产品的影响,可采取防静电、防霉、防菌和防盐雾侵蚀的防护设计,还应考虑运输、搬运、储存对产品的影响。

空间环境主要考虑真空、热、空间粒子辐射环境对产品的影响,重点考虑空间环境的综合效应和累积效应,如真空热环境、电离总剂量效应、单粒子效应等。

13.3.6 元器件、原材料和工艺保证要求

1) 元器件保证

元器件选用和使用应按照用户技术文件规定的要求执行。

(1) 选用符合产品功能、性能、环境、安全性、质量和可靠性要求的元器件,元器件技术标准(包括性能指标、质量等级、可靠性要求等)符合用户要求。

(2) 元器件的选择应考虑抗力学环境设计、降额设计、热设计、容差设计、抗辐射设计、静电防护设计、空间环境等对元器件性能、参数的要求。

(3) 一般应选择有可靠使用经历的元器件,不应选用不满足任务寿命要求、性能与质量不稳定或有较高安全性、可靠性风险的元器件。

(4) 应对选用的元器件进行确认,满足用户技术文件和相关规范要求。选择未经过飞行试验考核或新品元器件时,一般应进行地面试验验证或报用户确认。

(5) 在储存发放、使用等过程中发生元器件失效,应对元器件失效的原因、机制进行分析,制定解决措施,必要时组织进行审查确认。

(6) 产品研制过程中,发生元器件变化包括自身变化或选择其他元器件替代,一般应进行元器件变化影响分析,直至上报用户确认。

2) 原材料保证

原材料选用和使用应按照用户技术文件规定的要求执行。

(1) 选用符合产品功能、性能、环境、安全性、质量和可靠性要求的原材料,原材料技术标准符合用户要求。

(2) 应选择无毒、无害、不易挥发和性能稳定的原材料。

(3) 应对选用的原材料进行确认,满足用户技术文件和相关规范要求。

(4) 在材料储存发放、使用等过程中出现的原材料质量问题,应对发生质量问题的原因、机制进行分析,制定解决措施,必要时组织进行审查确认。

(5) 产品研制过程中,发生原材料变化包括自身变化或选择其他材料替代,一般应进行变化影响分析,直至上报用户确认。

3) 工艺保证

产品选用的工艺应满足产品规定的安全系数,满足地面环境(制造、试验、储存、运输、总装)要求和飞行环境要求,并考虑可靠性、可检查性、可操作性、稳定性、经济性,优先选用具有足够的安全系数、在航天飞行器产品上成功应用的成熟工艺和通过试验获得满意结果并经过确认的工艺。

一般应对选用的所有工艺进行关键性分析,重点关注对产品最终质量与可靠性有决定性影响的工艺过程,明确存在的风险和不确定性,并制定相应控制措施。

13.4　软件产品保证

电子电源产品下位机软件研制应按照用户指定的软件研制要求或技术文件要求执行。

(1) 一般应指定专人负责软件产品研制的计划、技术、配置和质量管理。

(2) 一般应形成相关文档,如需求分析报告、设计方案报告、测试方案和测试报告等,并组织审查确认。

(3) 应进行软件的可靠性、安全性和健壮性分析。

(4) 软件测试完成后,如需要进行更改,一般应上报用户确认,并在更改完成后,重新进行测试。

(5) 软件研制完成在嵌入上天飞行产品时,应做好书面记录,包括软件名称、软件载体编号、设备名称、嵌入芯片编号、嵌入前检查者、嵌入后确认者等,嵌入后,应将嵌入的程序与受控的源程序进行对比检查,确认正确后才能使用。

13.5　产品生产制造、装配过程保证

产品生产制造、装配过程的产品保证主要是明确过程中"人、机、料、法、环、测"的控制,确保产品技术状态明确、生产过程受控,是保证产品质量的重量环节,包括人员岗位明确、设备仪器和工具满足要求、使用的元器件原材料满足技术文件要求、工艺过程控制规定明确、生产环境满足要求、调测试文件明确,记录受控。要求生产制造、装配过程严格执行工艺文件要求,按章办事,零缺陷管理。产品生产基线的建立和管理应按照用户相关管理文件执行。

13.5.1　人员资格控制

从事生产岗位的操作人员应经过培训考核合格后持证上岗。

对从事关键工序、特种加工的操作人员应进行专门的岗位技能培训,能够完成和控制特殊的操作,满足产品的要求,合格后方可上岗,上岗资格证书应归档可查。

13.5.2 设备仪器与工具控制

产品生产加工中使用的检验、测量和调测试设备和装配使用的工艺设备应受控,状态良好,确保检验、测量和调测试设备在使用时已通过计量检定合格,精度满足使用要求,并在规定的计量检定周期内,装配使用的工艺设备与产品装配使用要求一致。

对用于检验或生产与检验共用的工装、夹具、标准样件、模具和其他测试设备,应规定复验周期和内容,在产品检验使用前应进行校验以证明其功能和性能满足测量和使用要求。

13.5.3 元器件、原材料配套控制

确认生产产品用的元器件、原材料、紧固件满足用户规定的选用要求,不满足用户要求的一般应经过用户确认同意使用才能装机。

外协件、配套件、零(部)组件、产品结构件、印制板等应经过验收且满足相关技术文件要求后才能装机使用。

13.5.4 工艺过程控制要求

一般产品生产装配工艺应在完成产品工艺性审查和设计评审后,按相关技术文件(如图样、调测试细则)要求,对生产过程进行策划,编制工艺流程和计划流程,确保生产、装配、总装按技术文件的规定实施。工艺文件应明确操作顺序、相应的检验和测试试验、洁净度等级等要求,对关键强制检验点、工艺关键特性、过程关键特性等做出标识,明确关键工艺、新技术、新工艺、新设备(或专用设备)配套外包项目以及所需大型工艺装备项目,并组织确认。

工艺应根据关键件、重要件汇总表及工艺文件中规定的关键工序,编制“产品关键工序明细表”,对规定的关键工序制定并实施专门的程序和控制措施,并规定关键工序详细记录内容和记录保存要求。

13.5.5 生产环境控制

应明确规定防止污染的有效措施,对洁净度和其他环境有特殊要求的产品,应在工艺、管理等文件制度中落实,并在制造过程严格执行。对生产和总装环境条件(温度、湿度、洁净度、防静电等)应预先检测合格,满足生产和装配环境要求。

应在工艺规程或工艺文件中提出相应的工序控制多余物和防止污染的有效措施。设计文件中对洁净度和其他环境有特殊要求的产品,应在工艺、管理、检查等文件制度中落实,并在整个制造、发射过程中严格执行。

在元器件交付、验收、保存、领取、焊装到印制板以及产品装配、调测试、检验、转运等全过程中应均按照文件要求采取防静电措施。

13.5.6 投产前准备状态检查

产品生产制造装配前,一般要求进行投产前准备状态检查,可以从生产执行文件、生

产计划、人员配备、生产设施、工艺准备、采购产品(元器件、原材料、外购外协件)、环境及质量控制等准备情况进行检查,给出可以投产的结论。

13.5.7　电子装联过程控制要求

产品电子装联过程控制一般应可以按照以下要求执行。

(1) 电子装联前,按照工艺文件规定的要求,检查生产制造过程需用到的设备仪器工具等应符合要求。

(2) 在装联前应核对印制板丝印与元器件极性标识,装联后,应对安装的元器件进行极性检查,一般覆盖所有极性的元器件,如二极管、三极管、MOS 管、钽电容、集成电路等。

(3) TO 型封装器件安装前应对器件本体安装面和结构件安装面进行检查,安装面应平整、干净,不能有多余物、弯曲变形、毛刺等异常现象,除非有特殊要求,一般器件本体安装面也应平整,不能变形。

(4) 表贴玻璃封装元器件、表贴多层瓷介质电容器一般应采用再流焊,如需采用手工焊接,应采取预热措施;管脚为镀金的器件在焊接前应采用锡锅或电烙铁去金处理。

(5) 装配的每一个操作步骤一般应有记录数据,确保装机的器件符合要求,包括元器件装机的位置、名称、数量等,如电阻电容还应记录电阻阻值,电容容值,器件上有编号、批次号的还应记录器件的编号和批次号。

(6) 应严格控制多余物的产生,如焊锡的飞溅形成的多余物、导线剥线和焊接产生多余物、多余的紧固件、导线绑扎形成的多余物、人体接触遗留的多余物等。

(7) 如有拍照记录要求,应按照工艺文件要求进行拍照,拍照后应立即现场判读,要求照片清晰,能清楚反映需要确认的内容。

(8) 供电母线走线需使用导线或电缆时,导线或电缆的走线应与金属壳体器件、金属结构棱边、螺钉、焊点、焊盘等金属裸露部分之间留有足够的间隙,一般要求不小于 2.5 mm,如不能避让,应实施二次绝缘处理。

(9) 所有导线应进行绑扎、点胶或结构固定处理,导线绑扎间距一般不应大于 60 cm,结构固定部位应采取二次绝缘处理。导线束与金属结构件接触时,应为接触部位的导线束套上套管或缠热缩布进行二次绝缘,或者在结构件上贴聚酰亚胺胶带进行二次绝缘。与导线接触的金属棱边应进行倒角处理。

(10) 采用铜条或其他条形状金属传输大电流时,应对非紧固接触部分采取绝缘措施,如套上热缩套管,还可以采用涂胶覆盖的方法对安装固传输大电流的金属导体进行绝缘处理。

(11) 一般应对没有明确安装要求的大质量(一般在 15 g 以上)器件进行加固处理,如采用点胶、绑扎方法。

13.5.8　调测试过程控制要求

产品调测试一般应编制调测试细则,明确调测试的环境要求、设备要求、调测试项目和内容、数据记录内容,以及过程中的风险和应对措施。调测试过程控制要求一般应按照以下要求进行。

(1) 产品调试过程一般包括加电前检查、加电调试(含非调试部分加电检查)、调试电阻落焊后复测、模块复测(或整机复测)、调测试结束后整理等几大部分,各部分按流程先后进行,直至整机装配完成。产品测试过程一般包括加电前检查、加电测试、测试后整理等内容。

(2) 调测试前,一般应确认调测试环境满足技术文件要求的符合性,设备、仪器仪表应满足检定使用要求。

(3) 调测试人员一般应具备相应的资质,掌握调测试过程中需要用到的仪器仪表的使用,调测试过程严格按照调试细则或测试细则的操作步骤进行操作,发现异常情况时,应立即停止调测试工作,进行处理,确认现象原因和采取措施后可以重新调测试工作。

(4) 调测试过程中,调测试人员要做好防静电措施、防多余物措施,对静电敏感器件要做好防护和保护措施;加电调测试时要做到加电不动作、动作不加电,不能带电操作,如确定一定要在加电状态下进行操作时,要做好防护和保护措施,不能造成短路或打火的现象。

(5) 调测试过程中,应对调测试的项目和结果的符合性及时确认,重点关注功率管的开关波形、工作频率。

13.5.9 关键项目、关重件和关键强制检验点控制

产品研制过程中,应按照设计文件、工艺文件、调测试文件规定的关键项目和关重件的控制措施执行,对执行的结果要记录清晰和完整,并及时确认结果执行的正确性。

关键、强制检验点按照关键强制检验点实施细则或其他相关文件执行,要求控制措施落实正确、过程记录清晰完整,结果执行正确。

关键检验点的落实结果一般要求有设计师、工艺人员、检验人员或质量人员现场签字确认,强制检验点落实结果一般要求有设计师、工艺人员、检验人员或质量人员和用户代表现场签字确认,关键强制检验点的落实结果不满足要求一般是不能接受的。

13.5.10 产品合盖前检查

产品合盖前或组装前,一般还应该按照技术文件的要求,制定检查表,明确需要检查和关心的内容,并对产品进行检查,确保产品生产过程控制和实物满足技术文件要求。一般完成以下工作后,产品可以进行合盖工作或组装成整机。

(1) 按照调试和测试细则的要求完成产品调试和合盖前调测试工作,所有记录数据齐备、正确,签署完整。

(2) 所有生产过程中发生或出现的异常情况,均有明确的处理意见,并落实在产品中。

(3) 完成实物检查,所有关键项目、关重件和关键强制检验点控制措施已落实。

(4) 还应对生产过程的原始记录,如装配过程记录、元器件原材料合格证,以及其他可以证明产品装配质量的记录,进行检查,如有照片或录像记录,也应进行检查确认结果无误。

(5) 印制板上没有落焊器件的空位检查和确认,元器件安装的极性检查,印制板多余

物检查。

(6) 产品的供电母线导线或电缆的绝缘和间距检查，导线的绑扎和固定检查，金属壳体元器件与其他元器件、金属结构件、紧固件间安全间距检查(一般不小于 1 mm 或已采取防护措施)，紧固件与印制导线、焊盘、焊点安全间距检查(一般不小于 1 mm 或已采取防护措施)，金属边框与焊点、印制导线、带电金属壳体间安全间距检查(一般不小 1.5 mm 或已采取防护措施)，相邻两块印制板组件对应部位(管脚与器件)之间、印制板组件的最高部位与机箱壳体内侧对应部位之间的安全间距检查(一般不小于 5 mm)。

(7) 大质量、大功率器件的安装检查。

13.6　产品检验控制保证

应根据设计、工艺文件要求，落实各检验点控制措施，特别是强制性检验点、关键检验点的落实检查。

对产品加工或调试后不能进行常规检验的项目应列为特种工艺检验项目。如采用压接技术的电连接器等的质量检验，必须采用检验试件验证。

在产品加工、制造和装配期间，一般应按设计、工艺文件中规定的检验要求进行工序检验。实行首件鉴定和三检制(自检、互检、专检)，防止错检和漏检，未经检验或检验不合格的产品不能流转到下道工序。

应对产品的检验状态以适当的方式加以标识，标明产品经检验后合格与否。在产品生产、安装和交付整个过程中，应按要求保护好检验状态的标识，以确保只有通过了规定的检验的产品才能发出、使用或安装。

研制过程中经检验不合格的产品，应经过审理并制定相应的纠正措施和预防措施，必要时经过相应的验证。

产品的检验要按相应的程序、规范、标准或技术条件、接口文件，以及测试文件进行准确、完整地记录和签署，检测结果需有数据支持，确保产品检验记录的可追溯性，并清楚地表明产品的检验状态及检验是否合格。应出具产品证明书和履历书。

13.7　产品使用控制要求保证

应制定相应的文件以控制产品的搬运、贮存、包装、防护，并保存搬运、储存、包装、防护记录，确保搬运、贮存、包装、防护的可追溯性。

(1) 产品在搬运过程中，不能直接裸手接触产品，应戴防静电手套，或采取静电防护措施后在搬运产品；对于质量大(一般不小于 15 kg)或不易手动搬运的产品，应配置搬运工装。

(2) 产品应在具有恒定温度、湿度范围和洁净度要求的专用库房贮存，一般温度为(20±5)℃，湿度 30%～70%，洁净度不低于 100 000 级；在贮存期间应 3～6 个进行一次加电测试，确保产品性能满足要求。

(3) 产品应有专用的包装箱，并在包装箱外表面进行标识，一般包括产品代号、批次号、生产单位。一般产品应装入防静电袋内再放入包装箱内,产品证明书和履历书应放入包装箱内随产品流转。

(4) 编制技术和使用说明书,说明产品功能、性能指标,梳理产品使用中的注意事项,如产品加电初始状态设置、断电前状态恢复要求等,将产品使用风险传递给用户。

13.8 试验保证要求

产品试验主要指产品研制试验、可靠性试验和环境试验,必要时研制试验和可靠性试验应制定试验方案或试验大纲,并编制试验细则,明确测试步骤、内容和结果判定准则。产品试验控制要求可以按照以下要求执行。

(1) 一般应根据总体要求和产品研制情况,策划产品研制过程中需要开展研制试验(如热平衡试验、磁试验)、可靠性试验(如温度拉偏、功率拉偏试验)和环境试验(用户规定的产品交付应完成试验)。

(2) 应组织试验方案或试验大纲、试验细则的审查,确认试验方案和试验细则的正确性。

(3) 应在试验前制定试验前状态检查表,并开展检查和确认工作,确认无误后才可能开始试验。必要时组织对试验的产品状态、试验条件、岗位设置、岗位人员设置、文件准备、试验场地保障条件、需要协调的事项的落实情况进行状态准备审查,通过后才可以开始试验工作。

(4) 参加产品试验人员应经过对试验文件、试验设备、试验风险管控、试验过程故障处理的培训才可以上岗。

(5) 试验数据记录应正确、完整,过程中发生问题应暂停试验,待查明问题原因,制定措施后,确定是否可以继续试验。

(6) 试验结束后,应对试验数据进行处理和分析,确认试验结果的有效性,一般还应编制试验总结报告。

13.9 产品交付保证

产品研制完成后,进行产品交付准备工作,一般完成以下工作后,产品可以交付用户,也可以按照用户要求执行。

(1) 组织产品质量评审,确认产品研制过程质量受控、产品功能和性能指标满足用户要求,并出具产品质量评审证明。

(2) 按照用户要求的交付用户和备查的文件资料准备齐全。

(3) 产品经质量检验合格,并已形成签署完整的产品证明书和产品履历书。

(4) 产品通过了用户规定的环境试验考核,并有试验单位开具的环境试验证明书。

(5) 装机元器件、原材料符合用户规定的使用和保证要求。

(6) 凡用户技术文件规定的产品性能指标、接口参数如有超差或偏离,已经用户同意办理了让步接收手续。

思 考 题

1. 电子电源产品保证管理主要包括哪些内容?
2. 如何从设计层面开展工作来确保电子电源产品满足用户需求?
3. 电子电源产品具备什么条件才能开始生产制造?
4. 关于安全间距、绝缘防护,可以采取哪些措施?
5. 为什么要设置关键检验点和强制检验点?
6. 如何确保交付用户的产品可以按照用户的需求正常工作?

第 14 章　产品项目管理

项目管理是指在项目活动中运用专门的知识、技能、工具和方法，使项目能够在有限资源限定条件下，实现或超过设定的需求和期望的过程。

主要由项目整合管理、范围管理、时间管理、成本管理、质量管理、人力资源管理、沟通管理、风险管理、采购管理等方面组成。

14.1　项目整合管理

项目整合管理包括为识别、定义、组合、统一和协调各项目管理过程组的各种过程和活动而开展的过程与活动。在项目管理中，“整合”兼具统一、合并、沟通和集成的性质，对受控项目从执行到完成、成功管理干系人期望和满足项目要求，都至关重要。项目整合管理包括选择资源分配方案、平衡相互竞争的目标和方案，以及管理项目管理知识领域之间的依赖关系。虽然各项目管理过程通常以界限分明、相互独立的形式出现，但在实践中它们会相互交叠、相互作用。项目整合管理分以下几个过程。

(1) 制定项目章程。编写一份正式批准项目并授权项目经理在项目活动中使用组织资源的文件的过程。

(2) 制定项目管理计划。定义、准备和协调所有子计划，并把它们整合为一份综合项目管理计划的过程。

(3) 指导与管理项目工作。为实现项目目标而领导和执行项目管理计划中所确定的工作，并实施已批准变更的过程。

(4) 监控项目工作。跟踪、审查和报告项目进展，以实现项目管理计划中确定的绩效目标的过程。

(5) 实施整体变更控制。审查所有变更请求，批准变更，管理对可交付成果、组织过程资产、项目文件和项目管理计划的变更，并对变更处理结果进行沟通的过程。

(6) 结束项目或阶段。完结所有项目管理过程组的所有活动，以正式结束项目或阶段的过程。

14.1.1　制定项目章程

制定项目章程是编写一份正式批准项目并授权项目经理在项目活动中使用组织资源的文件的过程。本过程的主要作用是明确定义项目开始和项目边界，确立项目的正式地位，以及高级管理层直述他们对项目的支持。

项目章程在项目执行组织与需求组织之间建立起伙伴关系。在执行外部项目时，通常需要一份正式的合同来确立这种协作关系。在这种情况下，项目团队成了卖方，负责对来自外部实体的采购邀约中的条件做出响应。这时候，在组织内部仍需要一份项目章程来建立内部协议，以保证合同内容的正确交付。经批准的项目章程意味着项目的正式启动。在项目中，应尽早确认并任命项目经理，最好在制定项目章程时就任命，最晚也必须在规划开始之前。项目章程应该由发起项目的实体批准。项目章程授权项目经理规划和执行项目。项目经理应该参与项目章程的制定，以便对项目需求有基本的了解，从而在随后的项目活动中更有效地分配资源。

项目由项目以外的实体来启动，如发起人或项目组合治理委员会主席或授权代表。项目启动者或发起人应该具有一定的职权，能为项目获取资金并提供资源。项目可能因内部经营需要或外部影响而启动，故通常需要编制需求分析、可行性研究、商业论证或有待项目处理的情况的描述。通过编制项目章程，来确认项目符合组织战略和日常运营的需要。

14.1.2　制定项目管理计划

制定项目管理计划是定义、准备和协调所有子计划，并把它们整合为一份综合项目管理计划的过程。本过程的主要作用是生成一份核心文件，作为所有项目工作的依据。

项目管理计划确定项目的执行、监控和收尾方式，其内容会因项目的复杂程度和所在应用领域而异。编制项目管理计划，需要整合一系列相关过程，而且要持续到项目收尾。本过程将产生一份项目管理计划，该计划需要通过不断更新来渐进明细。这些更新需要由实施整体变更控制过程进行控制和批准。存在于项目集中的项目也应该制定项目管理计划，而且这份计划需要与项目集管理计划保持一致。

14.1.3　指导与管理项目工作

指导与管理项目工作是为实现项目目标而领导和执行项目管理计划中所确定的工作，并实施已批准变更的过程。本过程的主要作用是对项目工作提供全面管理。

指导与管理项目工作的活动涵盖：开展活动以实现项目目标；创造项目的可交付成果，完成规划的项目工作；配备、培训和管理项目团队成员；获取、管理和使用资源，包括材料、工具、设备与设施；执行已计划好的方法和标准；建立并管理项目团队内外的项目沟通渠道；生成工作绩效数据（如成本、进度、技术和质量进展情况，以及状态数据），为预测提供基础；提出变更请求，并根据项目范围、计划和环境来实施批准的变更；管理风险并实施风险应对活动；管理卖方和供应商；管理干系人及他们在项目中的参与；收集和记录经验教训，并实施批准的过程改进活动。

项目经理与项目管理团队一起指导实施已计划好的项目活动，并管理项目内的各种技术接口和组织接口。项目经理还应该管理所有的计划外活动，并确定合适的行动方案。指导与管理项目工作过程会受项目所在应用领域的直接影响。通过实施相关过程来完成项目管理计划中的项目工作，可产出相应的可交付成果。

在项目执行过程中，还须收集工作绩效数据，并进行适当的处理和沟通。工作绩效数据包括可交付成果的完成情况和其他与项目绩效相关的细节，工作绩效数据也是监控过程组的输入。

指导与管理项目工作还须对项目所有变更的影响进行审查,并实施已批准的变更,包括:① 纠正措施,为使项目工作绩效重新与项目管理计划一致而进行的有目的的活动;② 预防措施,为确保项目工作的未来绩效符合项目管理计划而进行的有目的的活动;③ 缺陷补救,为了修正不一致的产品或产品组件而进行的有目的的活动。

14.1.4 监控项目工作

监控项目工作是跟踪、审查和报告项目进展,以实现项目管理计划中确定的绩效目标的过程。本过程的主要作用是让干系人了解项目的当前状态、已采取的步骤,以及对预算、进度和范围的预测。

监督是贯穿于整个项目的项目管理活动之一,包括收集、测量和发布绩效信息、分析测量结果和预测趋势,以便推动过程改进。持续的监督使项目管理团队能洞察项目的健康状况,并识别须特别关注的任何方面。控制包括制定纠正或预防措施或重新规划,并跟踪行动计划的实施过程,以确保它们能有效解决问题。

14.1.5 实施整体变更控制

实施整体变更控制是审查所有变更请求,批准变更,管理对可交付成果、组织过程资产、项目文件和项目管理计划的变更,并对变更处理结果进行沟通的过程。该过程审查所有针对项目文件、可交付成果、基准或项目管理计划的变更请求,并批准或否决这些变更。本过程的主要作用是从整合的角度考虑记录在案的项目变更,从而降低因未考虑变更对整个项目目标或计划的影响而产生的项目风险。

实施整体变更控制过程贯穿项目始终,项目经理对此负最终责任。需要通过谨慎、持续地管理变更,来维护项目管理计划、项目范围说明书和其他可交付成果。应该通过否决或批准变更,来确保只有经批准的变更才能纳入修改后的基准中。

项目的任何干系人都可以提出变更请求。尽管也可以口头提出,但所有变更请求都必须以书面形式记录,并纳入变更管理或配置管理系统中。变更请求应该由变更控制系统和配置控制系统中规定的过程进行处理。应该评估变更对时间和成本的影响,并向这些过程提供评估结果。

每项记录在案的变更请求都必须由一位责任人批准或否决,这个责任人通常是项目发起人或项目经理。应该在项目管理计划或组织流程中指定这位责任人。必要时,应该由变更控制委员会(CCB)来开展实施整体变更控制过程。CCB是一个正式组成的团体,负责审查、评价、批准、推迟或否决项目变更,以及记录和传达变更处理决定。变更请求得到批准后,可能需要编制新的(或修订的)成本估算、活动排序、进度日期、资源需求和风险应对方案分析。这些变更可能要求调整项目管理计划和其他项目文件。变更控制的实施程度,取决于项目所在应用领域、项目复杂程度、合同要求,以及项目所处的背景与环境。某些特定的变更请求,在CCB批准之后,还可能需要得到客户或发起人的批准,除非他们本来就是CCB的成员。

配置控制重点关注可交付成果及各个过程的技术规范,而变更控制则着眼于识别、记录、批准或否决对项目文件、可交付成果或基准的变更。包括在实施整体变更控制过程中的部分配置管理活动如下：① 配置识别，识别与选择配置项，从而为定义与核实产品配置、标记产品和文件、管理变更和明确责任提供基础；② 配置状态记录，为了能及时提供关于配置项的适当数据，应记录和报告相关信息。此类信息包括已批准的配置识别清单、配置变更请求的状态和已批准的变更的实施状态；③ 配置核实与审计，通过配置核实与配置审计，可以保证项目的配置项组成的正确性，以及相应的变更都被登记、评估、批准、跟踪和正确实施，从而确保配置文件所规定的功能要求都已实现。

14.1.6　结束项目或阶段

结束项目或阶段是完结所有项目管理过程组的所有活动，以正式结束项目或阶段的过程。本过程的主要作用是总结经验教训，正式结束项目工作，为开展新工作而释放组织资源。

在结束项目时，项目经理需要审查以前各阶段的收尾信息，确保所有项目工作都已完成，确保项目目标已经实现。由于项目范围是依据项目管理计划来考核的，项目经理需要审查范围基准，确保在项目工作全部完成后才宣布项目结束。如果项目在完工前就提前终止，结束项目或阶段过程还需要制定程序，来调查和记录提前终止的原因。为了实现上述目的，项目经理应该邀请所有合适的干系人参与本过程。

本过程涵盖进行项目或阶段行政收尾所需的全部计划活动。在本过程中，应该逐步实施以下内容：① 为达到阶段或项目的完工或退出标准所必需的行动和活动；② 为向下一个阶段或向生产或运营部门移交项目的产品、服务或成果所必需的行动和活动；③ 为收集项目或阶段记录、审核项目成败、收集经验教训和存档项目信息（供组织未来使用）所必需的活动。

14.2　项目范围管理

项目范围管理包括确保项目做且只做所需的全部工作，以成功完成项目的各个过程。管理项目范围主要在于定义和控制哪些工作应该包括在项目内，哪些不应该包括在项目内。项目范围管理的各个过程，包括以下几个过程。

（1）规划范围管理。创建范围管理计划，书面描述将如何定义、确认和控制项目范围的过程。

（2）收集需求。为实现项目目标而确定、记录并管理干系人的需要和需求的过程。

（3）定义范围。制定项目和产品详细描述的过程。

（4）创建 WBS。将项目可交付成果和项目工作分解为较小的、更易于管理的组件的过程。

（5）确认范围。正式验收已完成的项目可交付成果的过程。

（6）控制范围。监督项目和产品的范围状态，管理范围基准变更的过程。

管理项目范围所需的各个过程及支持工具与技术，会因项目而异。经过批准的项目范围说明书、工作分解结构（WBS）和相应的 WBS 词典构成项目范围基准。只有通过正式变更控制流程才能进行基准变更。在开展确认范围、控制范围及其他控制过程时，基准被用作比较的基础。应该根据项目管理计划来衡量项目范围的完成情况,根据产品需求来衡量产品范围的完成情况。项目范围管理各过程需要与其他知识领域中的过程整合起来,以确保项目工作能实现规定的产品范围。

14.2.1 规划范围管理

规划范围管理是创建范围管理计划,书面描述将如何定义、确认和控制项目范围的过程。本过程的主要作用是在整个项目中对如何管理范围提供指南和方向。

范围管理计划是项目或项目集管理计划的组成部分,描述将如何定义、制定、监督、控制和确认项目范围。制定范围管理计划和细化项目范围始于对下列信息的分析:项目章程中的信息、项目管理计划中已批准的子计划、组织过程资产中的历史信息和相关事业环境因素。范围管理计划有助于降低项目范围蔓延的风险。

14.2.2 收集需求

收集需求是为实现项目目标而确定、记录并管理干系人的需要和需求的过程。本过程的主要作用是为定义和管理项目范围(包括产品范围)奠定基础。

让干系人积极参与需要发掘和分解工作(分解成需求),并仔细确定、记录和管理对产品、服务或成果的需求,能直接促进项目成功。需求是指根据特定协议或其他强制性规范,项目必须满足的条件或能力,或者产品、服务或成果必须具备的条件或能力。需求包括发起人、客户和其他干系人的已量化且书面记录的需要和期望。应该足够详细地探明、分析和记录这些需求,将其包含在范围基准中,并在项目执行开始后对其进行测量。需求将成为工作分解结构(WBS)的基础。需求也是成本、进度和质量规划的基础,有时也是采购工作的基础。收集需求从分析项目章程、干系人登记册及干系人管理计划中的信息开始。

许多组织把需求分为不同的种类,如业务解决方案和技术解决方案。前者是干系人的需要,后者是指如何实现这些需要。需求可以分成不同的类别,有利于对需求进行进一步完善和细化。

这些分类包括:① 业务需求,整个组织的高层级需要,例如,解决业务问题或抓住业务机会,以及实施项目的原因;② 干系人需求,干系人或干系人群体的需要;③ 解决方案需求,为满足业务需求和干系人需求,产品、服务或成果必须具备的特性、功能和特征;④ 项目需求,项目需要满足的行动、过程或其他条件;⑤ 质量需求,用于确认项目可交付成果的成功完成或其他项目需求的实现的任何条件或标准。

14.2.3 定义范围

定义范围是制定项目和产品详细描述的过程。本过程的主要作用是明确所收集的需求哪些将包含在项目范围内,哪些将排除在项目范围外,从而明确项目、服务或成果的边界。

由于在收集需求过程中识别出的所有需求未必都包含在项目中,所以定义范围过程就要从需求文件(收集需求过程的输出)中选取最终的项目需求,然后制定出关于项目及其产品、服务或成果的详细描述。

准备好详细的项目范围说明书，对项目成功至关重要。应根据项目启动过程中记载的主要可交付成果、假设条件和制约因素来编制项目范围说明书。在项目规划过程中，随着对项目信息的更多了解，应该更加详细具体地定义和描述项目范围。还需要分析现有风险、假设条件和制约因素的完整性，并做必要的增补或更新。需要多次反复开展定义范围过程。在迭代型生命周期的项目中，先为整个项目确定一个高层级的愿景，再一次针对一个迭代期明确详细范围。通常，随着当前迭代期的项目范围和可交付成果的进展，而详细规划下一个迭代期的工作。

14.2.4　创建 WBS

创建工作分解结构（WBS）是把项目可交付成果和项目工作分解成较小的、更易于管理的组件的过程。本过程的主要作用是，对所要交付的内容提供一个结构化的视图。

WBS 是对项目团队为实现项目目标、创建可交付成果而需要实施的全部工作范围的层级分解。WBS 组织并定义了项目的总范围，代表着经批准的当前项目范围说明书中所规定的工作。

WBS 最底层的组件被称为工作包，其中包括计划的工作。工作包对相关活动进行归类，以便对工作安排进度、进行估算，开展监督与控制。

对 WBS 上层的组件进行分解，就是要把每个可交付成果或组件的工作分解为最基本的元素，即可核实的产品、服务或成果。WBS 可以采用提纲式、组织结构图或能说明层级结构的其他形式。通过确认 WBS 下层组件是完成上层相应可交付成果的必要且充分的工作，来核实分解的正确性。不同的可交付成果可以分解到不同的层次。某些可交付成果只需分解到下一层，即可到达工作包的层次，而另一些则须分解更多层。工作分解得越细致，对工作的规划、管理和控制就越有力。但是，过细的分解会造成管理努力的无效耗费、资源使用效率低下、工作实施效率降低，同时造成 WBS 各层级的数据汇总困难。

要在未来远期才完成的可交付成果或组件，当前可能无法分解。项目管理团队通常需要等待对该可交付成果或组件的一致意见，以便能够制定出 WBS 中的相应细节。这种技术有时称作滚动式规划。

WBS 包含了全部的产品和项目工作，包括项目管理工作。通过把 WBS 底层的所有工作逐层向上汇总，来确保既没有遗漏的工作，也没有多余的工作。这有时被称为 100% 规则。

14.2.5　确认范围

确认范围是正式验收已完成的项目可交付成果的过程。本过程的主要作用是使验收过程具有客观性；同时通过验收每个可交付成果，提高最终产品、服务或成果获得验收的可能性。

由客户或发起人审查从控制质量过程输出的核实的可交付成果，确认这些可交付成果已经圆满完成并通过正式验收。本过程对可交付成果的确认和最终验收，需要依据：从项目范围管理知识领域的各规划过程获得的输出（如需求文件或范围基准），以及从其他知识领域的各执行过程获得的工作绩效数据。

确认范围过程与控制质量过程的不同之处在于，前者关注可交付成果的验收，而后者关注可交付成果的正确性及是否满足质量要求。控制质量过程通常先于确认范围过程，但二者也可同时进行。

14.2.6 控制范围

控制范围是监督项目和产品的范围状态，管理范围基准变更的过程。本过程的主要作用是，在整个项目期间保持对范围基准的维护。

控制项目范围确保所有变更请求、推荐的纠正措施或预防措施都通过实施整体变更控制过程进行处理。在变更实际发生时，也要采用控制范围过程来管理这些变更。控制范围过程应该与其他控制过程协调开展。未经控制的产品或项目范围的扩大(未对时间、成本和资源做相应调整)被称为范围蔓延。变更不可避免，因此在每个项目上，都必须强制实施某种形式的变更控制。

14.3 项目时间管理

项目时间管理包括为管理项目按时完成所需的各个过程。项目时间管理的各个过程，包括以下几个过程。

(1) 规划进度管理。为规划、编制、管理、执行和控制项目进度而制定政策、程序和文档的过程。

(2) 定义活动。识别和记录为完成项目可交付成果而需采取的具体行动的过程。

(3) 排列活动顺序。识别和记录项目活动之间的关系的过程。

(4) 估算活动资源。估算执行各项活动所需材料、人员、设备或用品的种类和数量的过程。

(5) 估算活动持续时间。根据资源估算的结果，估算完成单项活动所需工作时段数的过程。

(6) 制定进度计划。分析活动顺序、持续时间、资源需求和进度制约因素，创建项目进度模型的过程。

(7) 控制进度。监督项目活动状态，更新项目进展，管理进度基准变更，以实现计划的过程。

在某些项目(特别是小项目)中，定义活动、排列活动顺序、估算活动资源、估算活动持续时间及制定进度计划等过程之间的联系非常密切，以至于可视为一个过程，由一个人在较短时间内完成。但本章仍然把这些过程分开介绍，因为每个过程所用的工具和技术各不相同。

在进度管理计划中规定项目时间管理的各过程及其工具与技术。通过制定项目管理计划过程，把进度管理计划整合进项目管理计划，成为其中的一个子计划。进度管理计划确定进度规划的方法和工具，并为编制和控制进度计划建立格式和准则。在所选的进度规划方法中，规定进度编制工具的框架和算法，以便创建进度模型。一些耳熟能详的进度规划方法包括关键路径法(CPM)和关键链法(CCM)。

应该依据定义活动、排列活动顺序、估算活动资源、估算活动持续时间等过程的输出，并结合用于创建进度模型的进度编制工具，来编制项目进度计划。经批准的最终进度计划将作为基准用于控制进度过程。随着项目活动的开展，项目时间管理的大部分工作都将发生在控制进度过程中，以确保项目工作按时完成。

14.3.1　规划进度管理

规划进度管理是为规划、编制、管理、执行和控制项目进度而制定政策、程序和文档的过程。本过程的主要作用是为如何在整个项目过程中管理项目进度提供指南和方向。

进度管理计划是项目管理计划的组成部分。根据项目需要，进度管理计划可以是正式或非正式的，非常详细或高度概括的，其中应包括合适的控制临界值。进度管理计划也会规定如何报告和评估进度紧急情况。可能需要更新进度管理计划，以反映在管理进度过程中所发生的变更。

14.3.2　定义活动

定义活动是识别和记录为完成项目可交付成果而需采取的具体行动的过程。本过程的主要作用是将工作包分解为活动，作为对项目工作进行估算、进度规划、执行、监督和控制的基础。

本过程意味着对进度活动进行定义和规划，以便实现项目目标。创建WBS过程已经识别出WBS中最底层的可交付成果，即工作包。工作包通常还应进一步细分为更小的组成部分，即“活动”，代表着为完成工作包所需的工作投入。

14.3.3　排列活动顺序

排列活动顺序是识别和记录项目活动之间的关系的过程。本过程的主要作用是定义工作之间的逻辑顺序，以便在既定的所有项目制约因素下获得最高的效率。

除了首尾两项，每项活动和每个里程碑都至少有一项紧前活动(逻辑关系为结束到开始或开始到开始)和一项紧后活动(逻辑关系为结束到开始或结束到结束)。通过设计逻辑关系来创建一个切实的项目进度计划。可能有必要在活动之间使用提前量或滞后量，使项目进度计划更为切实可行。可以使用项目管理软件，手动技术或自动技术，来排列活动顺序。

14.3.4　估算活动资源

估算活动资源是估算执行各项活动所需的材料、人员、设备或用品的种类和数量的过程。本过程的主要作用是明确完成活动所需的资源种类、数量和特性，以便做出更准确的成本和持续时间估算。

14.3.5　估算活动持续时间

估算活动持续时间是根据资源估算的结果，估算完成单项活动所需工作时段数的过程。本过程的主要作用是确定完成每个活动所需花费的时间量,为制定进度计划过程提供主要输入。

估算活动持续时间依据的信息包括活动工作范围、所需资源类型、估算的资源数量和资源日历。应该由项目团队中最熟悉具体活动的个人或小组,来提供活动持续时间估算所需的各种输入。对持续时间的估算应该渐进明细,取决于输入数据的数量和质量。例如,在工程与设计项目中,随着数据越来越详细,越来越准确,持续时间估算的准确性也会越来越高。

在本过程中,应该首先估算出完成活动所需的工作量和计划投入该活动的资源数量,然后结合项目日历和资源日历,据此计算出完成活动所需的工作时段数(活动持续时间)。应该把活动持续时间估算所依据的全部数据与假设都记录在案。

14.3.6 制定进度计划

制定进度计划是分析活动顺序、持续时间、资源需求和进度制约因素,创建项目进度模型的过程。本过程的主要作用是把进度活动、持续时间、资源、资源可用性和逻辑关系代入进度规划工具,从而形成包含各个项目活动的计划日期的进度模型。

制定可行的项目进度计划,往往是一个反复进行的过程。基于准确的输入信息,使用进度模型来确定各项目活动和里程碑的计划开始日期和计划完成日期。在本过程中,需要审查和修正持续时间估算与资源估算,创建项目进度模型,制定项目进度计划,并在经批准后作为基准用于跟踪项目进度。一旦活动的开始和结束日期得到确定,通常就需要由分配至各个活动的项目人员审查其被分配的活动,确认开始和结束日期与资源日历没有冲突,也与其他项目或任务没有冲突,从而确认计划日期的有效性。随着工作进展,需要修订和维护项目进度模型,确保进度计划在整个项目期间一直切实可行。

14.3.7 控制进度

控制进度是监督项目活动状态,更新项目进展,管理进度基准变更,以实现计划的过程。本过程的主要作用是提供发现计划偏离的方法,从而可以及时采取纠正和预防措施,以降低风险。

要更新进度模型,就需要了解迄今为止的实际绩效。进度基准的任何变更都必须经过实施整体变更控制过程的审批。控制进度作为实施整体变更控制过程的一部分,关注如下内容:① 判断项目进度的当前状态;② 对引起进度变更的因素施加影响;③ 判断项目进度是否已经发生变更;④ 在变更实际发生时对其进行管理。

如果采用敏捷方法,控制进度要关注如下内容:① 通过比较上一个时间周期中已交付并验收的工作总量与已完成的工作估算值,来判断项目进度的当前状态;② 实施回顾性审查(定期审查、记录经验教训),以便纠正与改进过程(如果需要的话);③ 对剩余工作计划(未完项)重新进行优先级排序;④ 确定每次迭代时间(约定的工作周期时长,通常是两周或一个月)内可交付成果的生成、核实和验收的速度;⑤ 确定项目进度已经发生变更;⑥ 在变更实际发生时对其进行管理。

14.4　项目成本管理

项目成本管理包含为使项目在批准的预算内完成而对成本进行规划、估算、预算、融资、筹资、管理和控制的各个过程，从而确保项目在批准的预算内完工。其内容主要包括以下几个方面。

(1) 规划成本管理。为规划、管理、花费和控制项目成本而制定政策、程序和文档的过程。

(2) 估算成本。对完成项目活动所需资金进行近似估算的过程。

(3) 制定预算。汇总所有单个活动或工作包的估算成本，建立一个经批准的成本基准的过程。

(4) 控制成本。监督项目状态，以更新项目成本，管理成本基准变更的过程。

在某些项目，特别是范围较小的项目中，成本估算和成本预算之间的联系非常紧密，以至于可视为一个过程，由一个人在较短时间内完成。但本章仍然把这两个过程分开来介绍，因为它们所用的工具和技术各不相同。对成本的影响力在项目早期最大，因此尽早定义范围就至关重要。

项目成本管理应考虑干系人对掌握成本情况的要求。不同的干系人会在不同的时间、用不同的方法测算项目成本。例如，对于某采购品，可在做出采购决策、下达订单、实际交货、实际成本发生或进行会计记账时，测算其成本。

项目成本管理重点关注完成项目活动所需资源的成本，但同时也应考虑项目决策对项目产品、服务或成果的使用成本、维护成本和支持成本的影响。例如，限制设计审查的次数可降低项目成本，但可能增加由此带来的产品运营成本。

在很多组织中，预测和分析项目产品的财务效益是在项目之外进行的。但对于有些项目，如固定资产投资项目，可在项目成本管理中进行这项预测和分析工作。在这种情况下，项目成本管理还需使用其他过程和许多通用财务管理技术，如投资回报率分析、现金流贴现分析和投资回收期分析等。

应该在项目规划阶段的早期就对成本管理工作进行规划，建立各成本管理过程的基本框架，以确保各过程的有效性及各过程之间的协调性。

14.4.1　规划成本管理

规划成本管理是为规划、管理、花费和控制项目成本而制定政策、程序和文档的过程。本过程的主要作用是在整个项目中为如何管理项目成本提供指南和方向。成本管理过程及其工具与技术，应记录在成本管理计划中。成本管理计划是项目管理计划的组成部分。

14.4.2　估算成本

估算成本是对完成项目活动所需资金进行近似估算的过程。本过程的主要作用是确定完成项目工作所需的成本数额。成本估算是在某特定时点，根据已知信息所做出的成本预测。在估算成本时，需要识别和分析可用于启动与完成项目的备选成本方案；需要权衡备选成本方案并考虑风险,如比较自制成本与外购成本、购买成本与租赁成本及多种资源共享方案,以优化项目成本。

在项目过程中,应该随着更详细信息的呈现和假设条件的验证,对成本估算进行审查和优化。在项目生命周期中,项目估算的准确性将随着项目的进展而逐步提高。例如,在启动阶段可得出项目的粗略量级估算,其区间为$-25\%\sim75\%$;之后,随着信息越来越详细,确定性估算的区间可缩小至$-5\%\sim10\%$。某些组织已经制定出相应的指南,规定何时进行优化,以及每次优化所要达到的置信度或准确度。

进行成本估算,应该考虑将向项目收费的全部资源,包括(但不限于)人工、材料、设备、服务、设施,以及一些特殊的成本种类,如通货膨胀补贴、融资成本或应急成本。成本估算是对完成活动所需资源的可能成本的量化评估。成本估算可在活动层级呈现,也可以汇总形式呈现。

14.4.3 制定预算

制定预算是汇总所有单个活动或工作包的估算成本,建立一个经批准的成本基准的过程。本过程的主要作用是确定成本基准,可据此监督和控制项目绩效。项目预算包括经批准用于项目的全部资金。成本基准是经过批准且按时间段分配的项目预算,但不包括管理储备。

14.4.4 控制成本

控制成本是监督项目状态,以更新项目成本,管理成本基准变更的过程。本过程的主要作用是发现实际与计划的差异,以便采取纠正措施,降低风险。要更新预算,就需要了解截至目前的实际成本。只有经过实施整体变更控制过程的批准,才可以增加预算。只监督资金的支出,而不考虑由这些支出所完成的工作的价值,对项目没有什么意义,最多只能使项目团队不超出资金限额。所以在成本控制中,应重点分析项目资金支出与相应完成的实际工作之间的关系。有效成本控制的关键在于,对经批准的成本基准及其变更进行管理。

项目成本控制包括:① 对造成成本基准变更的因素施加影响;② 确保所有变更请求都得到及时处理;③ 当变更实际发生时,管理这些变更;④ 确保成本支出不超过批准的资金限额,既不超出按时段、按WBS组件、按活动分配的限额,也不超出项目总限额;⑤ 监督成本绩效,找出并分析与成本基准间的偏差;⑥ 对照资金支出,监督工作绩效;⑦ 防止在成本或资源使用报告中出现未经批准的变更;⑧ 向有关干系人报告所有经批准的变更及其相关成本;⑨ 设法把预期的成本超支控制在可接受的范围内。

14.5 项目质量管理

项目质量管理包括执行组织确定质量政策、目标与职责的各过程和活动,从而使项目满足其预定的需求。项目质量管理在项目环境内使用政策和程序,实施组织的质量管理体系;并以执行组织的名义,适当支持持续的过程改进活动。项目质量管理确保项目需求，得到满足和确认。项目质量管理的各过程主要包括以下几个过程。

（1）规划质量管理。识别项目及其可交付成果的质量要求和标准，并书面描述项目将如何证明符合质量要求的过程。

（2）实施质量保证。审计质量要求和质量控制测量结果，确保采用合理的质量标准和操作性定义的过程。

（3）控制质量。监督并记录质量活动执行结果，以便评估绩效，并推荐必要的变更的过程。

项目质量管理需要兼顾项目管理与项目可交付成果两个方面。它适用于所有项目，无论项目的可交付成果具有何种特性。质量的测量方法和技术则需专门针对项目所产生的可交付成果类型而定。

质量与等级不是相同的概念。质量作为实现的性能或成果，是一系列内在特性满足要求的程度。等级作为设计意图，是对用途相同但技术特性不同的可交付成果的级别分类。项目经理及项目管理团队负责权衡，以便同时达到所要求的质量与等级水平。质量水平未达到质量要求肯定是个问题，而低等级不一定是个问题。

14.5.1　规划质量管理

规划质量管理是识别项目及其可交付成果的质量要求或标准，并书面描述项目将如何证明符合质量要求的过程。本过程的主要作用是为整个项目中如何管理和确认质量提供了指南和方向。

质量规划应与其他规划过程并行开展。例如，为满足既定的质量标准而对可交付成果提出变更建议，就可能导致成本或进度计划调整，并需要就该变更对相关计划的影响进行详细风险分析。

14.5.2　实施质量保证

实施质量保证是审计质量要求和质量控制测量结果，确保采用合理的质量标准和操作性定义的过程。本过程的主要作用是促进质量过程改进。

实施质量保证过程执行在项目质量管理计划中所定义的一系列有计划、有系统的行动和过程。质量保证旨在建立对未来输出或未完输出（也称正在进行的工作）将在完工时满足特定的需求和期望的信心。质量保证通过用规划过程预防缺陷，或者在执行阶段对正在进行的工作检查出缺陷，来保证质量的确定性。实施质量保证是一个执行过程，使用规划质量管理和控制质量过程所产生的数据。

在项目管理中，质量保证所开展的预防和检查，应该对项目有明显的影响。质量保证工作属于质量成本框架中的一致性工作。质量保证部门或类似部门经常要对质量保证活动进行监督。无论其名称是什么，该部门都可能要向项目团队、执行组织管理层、客户或发起人，以及其他未主动参与项目工作的干系人提供质量保证支持。

实施质量保证过程也为持续过程改进创造条件。持续过程改进是指不断地改进所有过程的质量。通过持续过程改进，可以减少浪费，消除非增值活动，使各过程在更高的效率与效果水平上运行。

14.5.3 控制质量

控制质量是监督并记录质量活动执行结果,以便评估绩效,并推荐必要的变更的过程。本过程的主要作用包括:① 识别过程低效或产品质量低劣的原因,建议或采取相应措施消除这些原因;② 确认项目的可交付成果及工作满足主要干系人的既定需求,足以进行最终验收。

14.6 项目人力资源管理

项目人力资源管理包括组织、管理与领导项目团队的各个过程。项目团队由为完成项目而承担不同角色与职责的人员组成。项目团队成员可能具备不同的技能,可能是全职或兼职的,可能随项目进展而增加或减少。项目团队成员也可称为项目人员。尽管项目团队成员被分派了特定的角色和职责,但让他们全员参与项目规划和决策仍是有益的。团队成员在规划阶段就参与进来,既可使他们对项目规划工作贡献专业技能,又可以增强他们对项目的责任感。项目人力资源管理的各个过程主要包括以下几个方面。

(1) 规划人力资源管理。识别和记录项目角色、职责、所需技能、报告关系,并编制人员配备管理计划的过程。

(2) 组建项目团队。确认人力资源的可用情况,并为开展项目活动而组建团队的过程。

(3) 建设项目团队。提高工作能力,促进团队成员互动,改善团队整体氛围,以提高项目绩效的过程。

(4) 管理项目团队。跟踪团队成员工作表现,提供反馈,解决问题并管理团队变更,以优化项目绩效的过程。

过程间的相互作用可能导致在整个项目过程中需要重新开展规划工作,例如,初始团队成员创建工作分解结构后,更多的团队成员可能需要加入团队中;新团队成员加入团队中,他们的经验水平将会降低或增加项目风险,从而有必要进行额外的风险规划;如果在确定项目团队全部成员及其能力水平之前,就对活动持续时间进行估算,并对其编制预算、界定范围或者制定计划,那么活动持续时间可能会发生变更。

项目管理团队是项目团队的一部分,负责项目管理和领导活动,如各项目阶段的启动、规划、执行、监督、控制和收尾。项目管理团队也称为核心团队、执行团队或领导团队。对于小型项目,项目管理职责可由整个项目团队分担,或者由项目经理独自承担。为了项目利益,项目发起人应该与项目管理团队一起工作,特别是协助筹集项目资金、明确项目范围、监督项目进程及影响买方和执行组织中的干系人。

14.6.1 规划人力资源管理

规划人力资源管理是识别和记录项目角色、职责、所需技能、报告关系,并编制人员配备管理计划的过程。过程的主要作用是建立项目角色与职责、项目组织图,以及人员招募和遣散时间表的人员配备管理计划。

通过人力资源规划，明确和识别具备所需技能的人力资源，保证项目成功。人力资源管理计划描述将如何安排项目的角色与职责、报告关系和人员配备管理。它还包括人员管理计划、培训需求、团队建设策略、认可与奖励计划、合规性考虑、安全问题及人员配备管理计划对组织的影响等。

需要考虑稀缺资源的可用性或对稀缺资源的竞争，并编制相应的计划，保证人力资源规划的有效性。可按团队或团队成员分派项目角色。这些团队或团队成员可来自项目执行组织的内部或外部。其他项目可能也在争夺具有相同能力或技能的人力资源。这些因素可能对项目成本、进度、风险、质量及其他领域有显著影响。

14.6.2　组建项目团队

组建项目团队是确认人力资源的可用情况，并为开展项目活动而组建团队的过程。过程的主要作用是指导团队选择和职责分配，组建一个成功的团队。因为集体劳资协议、分包商人员使用、矩阵型项目环境、内外部报告关系或其他各种原因，项目管理团队不一定对团队成员选择有直接控制权。在组建项目团队过程中，应特别注意下列事项：

项目经理或项目管理团队应该进行有效谈判，并影响那些能为项目提供所需人力资源的人员。不能获得项目所需的人力资源，可能影响项目进度、预算、客户满意度、质量和风险。人力资源不足或人员能力不足会降低项目成功的概率，甚至可能导致项目取消。

如因制约因素（如经济因素或其他项目对资源的占用）而无法获得所需人力资源，在不违反法律、规章、强制性规定或其他具体标准的前提下，项目经理或项目团队可能不得不使用替代资源（也许能力较低）。在项目规划阶段，应该对上述因素加以考虑并做出适当安排。项目经理或项目管理团队 应该在项目进度计划、项目预算、项目风险计划、项目质量计划、培训计划及其他相关计划中，说明缺少所需人力资源的后果。

14.6.3　建设项目团队

建设项目团队是提高工作能力，促进团队成员互动，改善团队整体氛围，以提高项目绩效的过程。过程的主要作用是改进团队协作，增强人际技能，激励团队成员，降低人员离职率，提升整体项目绩效。

项目经理应该能够定义、建立、维护、激励、领导和鼓舞项目团队，使团队高效运行，并实现项目目标。团队协作是项目成功的关键因素，而建设高效的项目团队是项目经理的主要职责之一。项目经理应创建一个能促进团队协作的环境。可通过给予挑战与机会、提供及时反馈与所需支持，以及认可与奖励优秀绩效，不断激励团队。可通过开展开放与有效沟通、创造团队建设机遇、建立团队成员间的信任、以建设性方式管理冲突，以及鼓励合作型的问题解决和决策制定方法，实现团队的高效运行。项目经理应该请求管理层提供支持，对相关干系人施加影响，以便获得建设高效项目团队所需的资源。

项目经理在全球化环境和富有文化多样性的项目中工作。团队成员经常来自不同的行业，讲不同的语言；有时甚至会在工作中使用一种特别的“团队语言”，而不是使用他们的母语。项目管理团队应该利用文化差异，在整个项目生命周期中致力于发展和维护项目团队，并促进在相互信任的氛围中充分协作。通过建设项目团队，可以改进人际技巧、技术能力、团队环境及项目绩效。在整个项目生命周期中,团队成员之间都要保持明确、及时、有效(包括效果和效率两个方面)的沟通。建设项目团队的目标包括(但不限于):① 提高团队成员的知识和技能,以提高他们完成项目可交付成果的能力,并降低成本、缩短工期和提高质量;② 提高团队成员之间的信任和认同感,以提高士气、减少冲突和增进团队协作;③ 创建富有生气、凝聚力和协作性的团队文化,以便提高个人和团队生产率,振奋团队精神,促进团队合作;④ 促进团队成员之间的交叉培训和辅导,以分享知识和经验。

14.6.4 管理项目团队

管理项目团队是跟踪团队成员工作表现,提供反馈,解决问题并管理团队变更,以优化项目绩效的过程。过程的主要作用是影响团队行为,管理冲突,解决问题,并评估团队成员的绩效。提出变更请求,更新人力资源管理计划,解决问题,为绩效评估提供输入,以及为组织数据库增加经验教训,都是管理项目团队所得到的成果。

管理项目团队需要借助多方面的管理技能,来促进团队协作,整合团队成员的工作,从而创建高效团队。进行团队管理,需要综合运用各种技能,特别是沟通、冲突管理、谈判和领导技能。项目经理应该向团队成员分配富有挑战性的任务,并对优秀绩效进行表彰。

14.7 项目沟通管理

项目沟通管理包括为确保项目信息及时且恰当地规划、收集、生成、发布、存储、检索、管理、控制、监督和最终处置所需的各个过程。项目经理的绝大多数时间都用于与团队成员和其他干系人的沟通,无论这些成员或干系人是来自组织内部(位于组织的各个层级上)还是组织外部。有效的沟通在项目干系人之间架起一座桥梁,把具有不同文化和组织背景、不同技能水平、不同观点和利益的各类干系人联系起来。这些干系人能影响项目的执行或结果。项目沟通管理的各个过程主要包括以下几个过程。

(1) 规划沟通管理。根据干系人的信息需要和要求及组织的可用资产情况,制定合适的项目沟通方式和计划的过程。

(2) 管理沟通。根据沟通管理计划,生成、收集、分发、储存、检索及最终处置 项目信息的过程。

(3) 控制沟通。在整个项目生命周期中对沟通进行监督和控制的过程,以确保满 足项目干系人对信息的需求。

14.7.1 规划沟通管理

规划沟通管理是根据干系人的信息需要和要求及组织的可用资产情况,制定合适的项目沟通方式和计划的过程。过程的主要作用是识别和记录与干系人的最有效率且最有效果的沟通方式。

规划项目沟通对项目的最终成功非常重要。沟通规划不当,可能导致各种问题,例如,信息传递延误、向错误的受众传递信息、与干系人沟通不足,或误解相关信息。

在大多数项目中，都是很早就进行沟通规划工作，例如，在项目管理计划编制阶段。这样就便于给沟通活动分配适当的资源，如时间和预算。有效果的沟通是指以正确的形式、在正 确的时间把信息提供给正确的受众，并且使信息产生正确的影响。而有效率的沟通是指只提供所需要的信息。

虽然所有项目都需要进行信息沟通，但是各项目的信息需求和信息发布方式可能差别很大。此外，在过程中需要适当考虑并合理记录用来存储、检索和最终处置项目信息的方法。需要考虑的重要因素包括：① 谁需要什么信息和谁有权接触这些信息；② 他们什么时候需要信息；③ 信息应存储在什么地方；④ 信息应以什么形式存储；⑤ 如何检索这些信息；⑥ 是否需要考虑时差、语言障碍和跨文化因素等。应该在整个项目期间，定期审查出自规划沟通管理过程的成果，以确保其持续适用。

14.7.2　管理沟通

管理沟通是根据沟通管理计划，生成、收集、分发、储存、检索及最终处置项目信息的过程。过程的主要作用是促进项目干系人之间实现有效率且有效果的沟通。

过程不局限于发布相关信息，还要设法确保信息被正确地生成、接收和理解，并为干系人获取更多信息、展开澄清和讨论创造机会。有效的沟通管理需要借助相关技术，考虑相关事宜，包括：① 发送-接收模型，其中也包括反馈回路，为互动和参与提供机会，有助于清除沟通障碍；② 媒介选择，根据情形确定：何时使用书面沟通或口头交流，何时准备非正式备忘录或正式报告，何时进行面对面沟通或通过电子邮件沟通；③ 写作风格，合理使用主动或被动语态、句子结构，以及合理选择词汇；④ 会议管理技术，准备议程和处理冲突；⑤ 演示技术，知晓形体语言和视觉辅助设计的作用；⑥ 引导技术，建立共识和克服障碍。

14.7.3　控制沟通

控制沟通是在整个项目生命周期中对沟通进行监督和控制的过程，以确保满足项目干系人对信息的需求。过程的主要作用是随时确保所有沟通参与者之间的信息流动的最优化。

控制沟通过程可能引发重新开展规划沟通管理和/或管理沟通过程。这种重复体现了项目沟通管理各过程的持续性质。对某些特定信息的沟通，如问题或关键绩效指标（如实际进度、成本和质量绩效与计划要求的比较结果），可能立即引发修正措施，而对其他信息的沟通则不会。应该仔细评估和控制项目沟通的影响和对影响的反应，以确保在正确的时间把正确的信息传递给正确的受众。

14.8　项目风险管理

项目风险管理包括规划风险管理、识别风险、实施风险分析、规划风险应对和控制风险等各个过程。项目风险管理的目标在于提高项目中积极事件的概率和影响，降低项目中消极事件的概率和影响。项目风险管理的各个过程包括以下几个过程。

(1) 规划风险管理。定义如何实施项目风险管理活动的过程。

(2) 识别风险。判断哪些风险可能影响项目并记录其特征的过程。

(3) 实施定性风险分析。评估并综合分析风险的发生概率和影响,对风险进行优先排序,从而为后续分析或行动提供基础的过程。

(4) 实施定量风险分析。就已识别风险对项目整体目标的影响进行定量分析的过程。

(5) 规划风险应对。针对项目目标,制定提高机会、降低威胁的方案和措施的过程。

(6) 控制风险。在整个项目中实施风险应对计划、跟踪已识别风险、监督残余风险、识别新风险,以及评估风险过程有效性的过程。

项目风险是一种不确定的事件或条件,一旦发生,就会对一个或多个项目目标造成积极或消极的影响,如范围、进度、成本和质量。风险可能有一种或多种起因,一旦发生就可能造成一项或多项影响。风险的起因可以是已知或潜在的需求、假设条件、制约因素或某种状况,可能引起消极或积极结果。例如,项目需要先申请环境许可证,或者分配给项目的设计人员有限,都可能成为风险起因。与之相对应的风险是颁证机构可能延误许可证的颁发;或者与之对应的机会是可能获得更多的开发人员参与项目设计。这两个不确定性事件中,无论发生哪一个都可能对项目的范围、成本、进度、质量或绩效产生影响。风险条件则是可能引发项目风险的各种项目或组织环境因素,如不成熟的项目管理实践、缺乏综合管理系统、多项目并行实施,或依赖不可控的外部参与者等。

项目风险源于任何项目中都存在不确定性。已知风险是指已经识别并分析过的风险,可对这些风险规划应对措施。对于那些已知但又无法主动管理的风险,要分配一定的应急储备。已知风险无法进行主动管理,因此需要分配一定的管理储备。

单个项目风险不同于整体项目风险。整体项目风险代表不确定性对作为一个整体的项目的影响,它大于项目中单个风险之和,因为它包了项目不确定性的所有来源。它代表了项目成果的变化可能给干系人造成的潜在影响,包括积极和消极的影响。

组织把风险看作不确定性给项目和组织目标造成的影响。基于不同的风险态度,组织和干系人愿意接受不同程度的风险。组织和干系人的风险态度受多种因素影响,这些因素大体可分为三类:① 风险偏好,为了预期的回报,一个实体愿意承受不确定性的程度;② 风险承受力,组织或个人能承受的风险程度、数量或容量;③ 风险临界值,干系人特别关注的特定的不确定性程度或影响程度。低于风险临界值,组织会接受风险;高于风险临界值,组织将不能承受风险。

积极和消极风险通常被称为机会和威胁。如果风险在可承受范围之内,并且与冒这些风险可能得到的回报相平衡,那么项目就是可接受的。为了增加价值,可以在风险承受力允许的范围内,追求那些能带来机会的积极风险。例如,采取激进的资源优化技术,就是为减少资源使用量而冒风险。

个人和团体的风险态度影响其应对风险的方式。他们的风险态度会受其认知、承受力和各种成见的左右。应该尽可能弄清楚他们的认知、承受力和成见。应该为每个项目制定统一的风险管理方法,并开诚布公地就风险及其应对措施进行沟通。风险应对措施可以反映组织在冒险与避险之间的权衡。

要想取得成功,组织应致力于在整个项目期间积极、持续地开展风险管理。在整个项目过程中,组织的各个层级都应该有意地积极识别并有效管理风险。项目从启动那一刻起,就存在风险。在项目推进过程中,如果不积极进行风险管理,那些得到管理的威胁将引发更多问题。

14.8.1　规划风险管理

规划风险管理是定义如何实施项目风险管理活动的过程。过程的主要作用是确保风险管理的程度、类型和可见度与风险及项目对组织的重要性相匹配。风险管理计划对促进与所有干系人的沟通,获得他们的同意与支持,从而确保风险管理过程在整个项目生命周期中有效实施至关重要。

仔细周密地规划将提高其他风险管理过程的成功率。规划风险管理的重要性还在于为风险管理活动安排充足的资源和时间,并为评估风险奠定一个共同认可的基础。规划风险管理过程在项目构思阶段就应开始,并在项目规划阶段的早期完成。

14.8.2　识别风险

识别风险是判断哪些风险可能影响项目并记录其特征的过程。过程的主要作用是对已有风险进行文档化,并为项目团队预测事件积累知识和技能。

风险识别活动的参与者可包括项目经理、项目团队成员、风险管理团队(如有)、客户、项目团队之外的主题专家、最终用户、其他项目经理、干系人和风险管理专家。虽然上述人员往往是风险识别过程的关键参与者,但还应鼓励全体项目人员参与潜在风险的识别工作。

识别风险是一个反复进行的过程,因为在项目生命周期中,随着项目的进展,新的风险可能产生或为人所知。反复的频率及每轮的参与者因具体情况不同而异。应该采用统一的格式对风险进行描述,确保对每个风险都有明确和清晰的理解,以便有效支持风险分析和应对。对风险的描述应该便于比较项目中的某个风险与其他风险的相对后果。项目团队应参与识别风险过程,以便创造并维持团队成员对风险及其应对措施的主人翁感和责任感。项目团队之外的干系人可以提供其他客观信息。

14.8.3　实施定性风险分析

实施定性风险分析是评估并综合分析风险的概率和影响,对风险进行优先排序,从而为后续分析或行动提供基础的过程。过程的主要作用是使项目经理能够降低项目的不确定性级别,并重点关注高优先级的风险。

实施定性风险分析根据风险发生的相对概率或可能性、风险发生后对项目目标的相应影响及其他因素(如应对时间要求,与项目成本、进度、范围和质量等制约因素相关的组织风险承受力),来评估已识别风险的优先级。这类评估会受项目团队和其他干系人的风险态度的影响。因此,为了实现有效评估,就需要清晰地识别和管理实施定性风险分析过程的关键参与者的风险处理方式。如果他们的风险处理方式会导致风险评估中的偏颇,则应该注意对偏颇进行分析与纠正。

建立概率和影响层级的定义,有助于减少偏见的影响。风险行动的时间紧迫性可能会放大风险的重要性。对项目风险相关信息的质量进行评估,也有助于澄清关于风险重要性的评估结果。

实施定性风险分析通常可以快速且经济有效地为规划风险应对建立优先级,可以为实施定量风险分析(如果需要的话)奠定基础。需要根据项目风险管理计划的规定,在整个项目生命周期中定期开展实施定性风险分析过程。过程完成后,可进入实施定量风险分析过程或直接进入规划风险应对过程。

14.8.4 实施定量风险分析

实施定量风险分析是就已识别风险对项目整体目标的影响进行定量分析的过程。过程的主要作用是产生量化风险信息来支持决策制定,降低项目的不确定性。

实施定量风险分析的对象是在定性风险分析过程中被确定为对项目的竞争性需求存在潜在重大影响的风险。实施定量风险分析过程就是分析这些风险对项目目标的影响,主要用来评估所有风险对项目的总体影响。在进行定量分析时,也可以对单个风险分配优先级数值。

通常,实施定量风险分析在实施定性风险分析过程之后开展。有时,因为缺少足够的数据建立模型,可能无法实施定量风险分析。项目经理应该运用专家判断来确定定量风险分析的必要性和有效性。在特定的项目中,采用哪种方法进行风险分析,取决于可用的时间和预算,以及对风险及其后果进行定性或定量描述的需要。作为控制风险过程的一部分,应反复开展实施定量风险分析过程,以确定整体项目风险的降低程度是否令人满意。可以根据风险的发展趋势适当增减风险管理活动。

14.8.5 规划风险应对

规划风险应对是针对项目目标,制定提高机会、降低威胁的方案和措施的过程。过程的主要作用是根据风险的优先级来制定应对措施,并把风险应对所需的资源和活动加进项目的预算、进度计划和项目管理计划中。

在实施定量风险分析之后开展规划风险应对过程。这是一种可据此分析风险应对计划是否正在发挥应有作用的机制。其中包括确定和分配风险应对责任人来实施已获同意和资金支持的风险应对措施。风险应对措施必须与风险的重要性相匹配,能经济有效地应对挑战,在当前项目背景下现实可行,能获得全体相关方的同意,并由一名责任人具体负责。经常需要从几个备选方案中选择最佳的风险应对措施。

14.8.6 控制风险

控制风险是在整个项目中实施风险应对计划、跟踪已识别风险、监督残余风险、识别新风险,以及评估风险过程有效性的过程。过程的主要作用是在整个项目生命周期中提高应对风险的效率,不断优化风险应对。

应该在项目生命周期中,实施风险登记册中所列的风险应对措施,还应该持续监督项目工作,以便发现新风险、风险变化和过时风险。控制风险会涉及选择替代策略、实施应急或弹回计划、采取纠正措施，以及修订项目管理计划。风险应对责任人应定期向项目经理汇报计划的有效性、曾预料到的后果，以及为合理应对风险而需要采取的纠正措施。在控制风险过程中，还应更新组织过程资产（如项目经验教训数据库和风险管理模板），以使项目受益。

14.9　项目采购管理

项目采购管理包括从项目团队外部采购或获得所需产品、服务或成果的各个过程。项目组织既可以是项目产品、服务或成果的买方，也可以是卖方。

项目采购管理包括合同管理和变更控制过程。通过这些过程，编制合同或订购单，并由具备相应权限的项目团队成员签发，然后再对合同或订购单进行管理。

项目采购管理还包括控制外部组织（买方）为从执行组织（卖方）获取项目可交付成果而签发的任何合同，以及管理该合同所规定的项目团队应承担的合同义务。其各个过程主要包括以下几个过程。

（1）规划采购管理。记录项目采购决策、明确采购方法、识别潜在卖方的过程。

（2）实施采购。获取卖方应答、选择卖方并授予合同的过程。

（3）控制采购。管理采购关系、监督合同执行情况，并根据需要实施变更和采取 纠正措施的过程。

（4）结束采购。完结单次项目采购的过程。

项目采购管理过程围绕包括合同在内的协议来进行。协议是买卖双方之间的法律文件。合同是对双方都有约束力的协议，规定卖方有义务提供有价值的东西，如规定的产品、服务 或成果，买方有义务支付货币或其他有价值的补偿。协议可简可繁，应该与可交付成果和所需工作的简繁程度相适应。

采购合同中包括条款和条件，也可包括其他条目，如买方就卖方应实施的工作或应交付的产品所做的规定。在遵守组织的采购政策的同时，项目管理团队必须确保所有采购都能满足项目的具体需要。因应用领域不同，合同也可称作协议、谅解、分包合同或订购单。大多数组织都有相关的书面政策和程序，来专门定义采购规则，并规定谁有权代表组织签署和管理协议。

虽然所有项目文件可能都要经过某种形式的审批，但是鉴于其法律约束力，合同或协议通常需要经过更多的审批程序。在任何情况下，审批程序的主要目标是确保以清晰的合同语言来描述产品、服务或成果，以满足既定的项目需要。

项目管理团队可尽早寻求合同、采购、法律和技术专家的支持。组织政策可能强行要求这些专家参与。项目采购管理过程所涉及的各种活动构成了协议生命周期。通过对协议生命周期进行积极管理，并仔细斟酌采购条款和条件的措辞，某些可识别的项目风险就可由双方分担或转移给卖方。签订产品或服务协议是分配风险管理责任或分担潜在风险的一种方法。

在复杂项目中，可能需要同时或先后管理多个合同或分包合同。这种情况下，单项合同的生命周期可在项目生命周期中的任何阶段结束。项目采购管理是从买卖方关系的角度进行讨论的。买卖方关系是采购组织与外部组织之间的关系,可存在于项目的许多层次上。

因应用领域不同,卖方可以是承包商、分包商、供货商、服务提供商或供应商。根据买方在项目采购链中的不同位置,买方也可称为顾主、客户、总承包商、承包商、采购组织、服务需求者或采购方。在合同生命周期中,卖方首先是投标人,然后是中标人,之后是签约供应商或供货商。如果涉及的不只是现货物资、商品或普通产品,则卖方通常应把相关工作当作一个项目来管理。在这种情况下,买方成了客户,因而是卖方的一个关键项目干系人;卖方的项目管理团队必须关注项目管理的全部过程,而不只是知识领域的那些过程。

合同条款和条件成为卖方许多管理过程的关键输入。合同可以实际包括各种输入(如主要可交付成果、关键里程碑、成本目标),或者可以限制项目团队的选择余地(如在设计项目中,关于人员配备的决定往往要征得买方的批准)。

14.9.1 规划采购管理

规划采购管理是记录项目采购决策、明确采购方法、识别潜在卖方的过程。过程的主要作用是确定是否需要外部支持,如果需要,则还要决定采购什么、如何采购、采购多少,以及何时采购。

规划采购管理识别哪些项目需求最好或应该通过从项目组织外部采购产品、服务或成果来实现,哪些项目需求可由项目团队自行完成。如果项目需要从执行组织外部取得所需的产品、服务和成果,则每次采购都要经历从规划采购管理到结束采购的各个过程。

规划采购管理还包括评估潜在卖方,特别是如果买方希望对采购决策施加一定影响或控制。还应考虑谁将负责获得或持有相关许可证或专业执照。这些许可证和执照可能是法律、法规或组织政策对项目执行的要求。

项目进度计划对规划采购管理过程中的采购策略制定有重要影响。制定采购管理计划时所做出的决定,又会影响项目进度计划。应该把这些决定与制定进度计划、估算活动资源和自制或外购分析的决策整合起来。

规划采购管理过程包括评估与每项自制或外购决策有关的风险,还包括审查拟使用的合同类型,以便规避或减轻风险,或者向卖方转移风险。

14.9.2 实施采购

实施采购是获取卖方应答、选择卖方并授予合同的过程。过程的主要作用是通过达成协议,使内部和外部干系人的期望协调一致。在实施采购过程中,项目团队将会收到投标书或建议书,并按照事先拟定的选择标准,选择一个或多个有资格履行工作且可接受的卖方。

对于大宗采购,可以重复进行寻求卖方应答和评价应答的全过程。可根据初步建议书列出一份合格卖方的短名单,再要求他们提交更具体、全面的文件,对文件进行更详细的评价。此外,选择卖方时,可以单独或组合使用下面介绍的各种工具与技术。

14.9.3 控制采购

控制采购是管理采购关系、监督合同执行情况,并根据需要实施变更和采取纠正措施的过程。过程的主要作用是确保买卖双方履行法律协议，满足采购需求。

买方和卖方都出于相似的目的而管理采购合同。每方都必须确保双方履行合同义务，确保各自的合法权利得到保护。合同关系的法律性质，要求项目管理团队清醒地意识到其控制采购的各种行动的法律后果。对于有多个供应商的较大项目，合同管理的一个重要方面就是管理各个供应商之间的界面。

在控制采购过程中，需要把适当的项目管理过程应用于合同关系，并把这些过程的输出整合进项目的整体管理中。如果项目有多个卖方，涉及多个产品、服务或成果，这种整合就经常需要在多个层次上进行。需要应用的项目管理过程包括(但不限于)：① 指导与管理项目工作，授权卖方在适当时间开始工作；② 控制质量，检查和核实卖方产品是否符合要求；③ 实施整体变更控制，确保合理审批变更；④ 控制风险，确保减轻风险。

在控制采购过程中，还需要进行财务管理工作，监督向卖方的付款。该工作旨在确保合同中的支付条款得到遵循，并按合同规定确保卖方所得的款项与实际工作进展相适应。向供应商支付时，需要重点关注的一个问题是支付金额要与已完成工作紧密联系起来。

在控制采购过程中，应该根据合同来审查和记录卖方当前的绩效或截至目前的绩效水平，并在必要时采取纠正措施。可以通过这种绩效审查，考察卖方在项目中执行类似工作的能力。在需要确认卖方履行合同义务，并且买方认为应该采取纠正措施时，也应进行类似的审查。控制采购还包括记录必要的细节以管理任何合同工作的提前终止(因各种原因、求便利或违约)。这些细节会在结束采购过程中使用，以终止协议。

在合同收尾前，经双方共同协商，可以根据协议中的变更控制条款，随时对协议进行修改。这种修改通常都要书面记录下来。

14.9.4　结束采购

结束采购是完结单次项目采购的过程。过程的主要作用是把合同和相关文件归档以储备将来参考。

结束采购过程还包括一些行政工作，例如，处理索赔、更新记录以反映最后的结果，以及把信息存档供使用等。需要针对项目或项目阶段中的每个合同，开展结束采购过程。在多阶段项目中，合同条款可能仅适用于项目的某个特定阶段。这种情况下，结束采购过程就只能结束该项目阶段的采购。采购结束后，决争议可能需要进入诉讼程序。合同条款和条件可以规定结束采购的具体程序。结束采购过程通过确保合同协议完成或终止，来支持结束项目或阶段过程。

合同提前终止只是结束采购的一个特例。合同可由双方协商一致而提前终止，或因一方违约而提前终止，或者为买方的便利而提前终止(如果合同中有这种规定)。合同终止条款规定了双方对提前终止合同的权利和责任。根据这些条款，买方可能有权因各种原因或仅为自己的便利，而随时终止整个合同或合同的某个部分。但是，根据这些条款买方应该就卖方为该合同或该部分所做的准备工作给予补偿，就该合同或该部分中已经完成和验收的工作支付报酬。

思 考 题

1. 试述产品项目管理的定义和组成。
2. 试述项目范围管理的过程及要点。
3. 在制定进度计划及控制项目进度时主要关注点是什么?
4. 项目成本控制主要包括哪些方面?
5. 实施产品质量保证的主旨在于什么?
6. 组建项目团队的过程中应该特别注意哪些内容?
7. 有效的沟通管理需要借助哪些相关技术,考虑什么相关事宜?
8. 试述实施定性风险分析和定量风险分析的关系。
9. 在控制采购过程中需要考虑哪几个方面的内容?

参考文献

敖冰峰,2002.软件教学中关于软件设计的概要设计和详细设计[J].北方经贸,5：119－120.

白思俊,2006.现代项目管理概论[M].北京：电子工业出版社.

北京空间飞行器总体设计部,2012.RKTL－DRZ－1 导热硅脂使用说明书[Z].

北京七一八友晟电子有限公司,2014.产品手册[Z].25－26.

陈涛,李琦,王鑫,等,2003.宇航型号研制流程优化的管理实践[J].航天工业管理,(9)：64－67.

成都宏明电子科大新材料有限公司,2009.CT4L 型多层瓷介引线电容器[Z].112－116.

褚桂柏,1996.空间飞行器设计[M].北京：航空工业出版社.272－273.

葛姗姗,罗辉,王爱武,等,2019.科研生产最佳实践项目的规范化管理[J].航天工业管理,(9)：17－21.

龚源,2008.军品质量工程[M].北京：国防工业出版社.

巩巍,王珣,2005.小卫星电源分系统最大功率点跟踪技术概述[C].北京：中国宇航学会空间能源专业委员会第 9 届学术年会.

郭宝柱,2006.试论系统工程和项目管理[J].航天工业管理,(6)：4－5.

郭显鑫,郭祖佑,王卫国,2010.空间电源功率调节技术综述[J].上海航天,27(3)：30－39.

郭银景,吕文红,唐富华,等,2003.电磁兼容原理及应用教程[M].北京：清华大学出版社：230－238.

国防工业委员会,1978.导弹结构强度计算手册[M].北京：国防工业出版社.

国防科学技术工业委员会,1993.元器件降额准则：GJB/Z 35－1993[S].

国家国防科技工业局,2016.宇航 EEE 元器件质量等级信息与代码：GJ 20401－2016[S].

国家机械工业局,1999.镀银圆铜线：JB/T 3135－2011[S].

国家军用标准出版发行部,2017.卫星电源系统规范：GJB 2042A－2017[S].北京：国家军用标准出版发行部.

航天科技集团公司第九研究院第 693 厂,2015.矩形连接器产品手册[Z].44－47.

赫荣伟,刘畅,余谦虚,等,2012.科研生产重大问题及共性问题的全面识别与控制管理[J].航天工业管理,(8)：20－25.

胡寿松,2005.自动控制原理[M].北京：科学出版社.

蒋贵善,王东华,俞明南,等,1999.生产与运作管理[M].大连：大连理工大学出版社.

蒋小勇,李跃生,赵立军,等,2010.航天型号科研生产管理的卓越模式及其成功实践(上)[J].航天工业管理,(11)：10－14.

蒋小勇,李跃生,赵立军,等,2010.航天型号科研生产管理的卓越模式及其成功实践(下)[J].航天工业管理,(12)：9－13.

军委装备发展部,2014.载人航天工程软件工程化技术标准[S].北京：军委装备发展部.

李刚,林凌,姜苇,2004.51 系列单片机系统设计与应用技巧[M].北京：北京航空航天大学出版社：152－153.

李国欣,2008.航天器电源系统技术概论[M].北京：北京宇航出版社：1－5.

李国欣,2008.航天器电源系统技术概论[M].北京：中国宇航出版社：6－7.

李国欣,2010.航天器电源系统技术概论[M].下册.北京：中国宇航出版社,1108－1149.

李汶龙,葛姗姗,刘菊青,等,2013.科研生产管理薄弱环节的分析与改进[J].航天工业管理,(9)：9－12.

李亚,2008.面向对象软件概要设计过程[J].福建电脑,6：52－53.

刘方,王卫东,2005.航天器研制项目管理的实践与思考(上)[J].航天工业管理,(7)：15－20.

刘方,王卫东,2005.航天器研制项目管理的实践与思考(下)[J].航天工业管理,(8)：29－33.

刘洪滔,薛敦伟,2012.厂所科研生产管理最佳实践的经验总结和推广[J].航天工业管理,(8): 26-27.

马世俊,2001.卫星电源技术[M].北京: 中国宇航出版社.126-150.

马旭晨,2008.现代项目管理评估[M].北京: 机械工业出版社.

(美) 弗雷姆,2005.项目管理能力[M].郭宝柱,译.北京: 世界图书出版公司.

(美) 莱曼,2006.产品管理[M].第4版.汪涛,译.北京: 北京大学出版社.

(美) 项目管理协会,2013.项目管理知识体系指南(PMBOK 指南)[M].第5版.许江林,译.北京: 电子工业出版社.

邱畹华,2009.现代项目管理导论[M].北京: 机械工业出版社.

阮新波,严仰光,2000.直流开关电源的软开关技术[M].北京: 科学出版社.

上海空间电源研究所,2015.电子电源技术[M].北京: 科学出版社.

上海市合成树脂研究所,2013.可熔性聚酰亚胺模塑粉、模压塑料: Q/GHAE19,YS20[S].

上海市塑料研究所有限公司,2015.电缆联接用绝缘胶粘带: Q31/0118000102C008[S].

沈尚贤,1986.电子技术导论下册[M].北京: 高等教育出版社.23-324.

苏家健,曹柏荣,汪志锋,2001.单片机原理及应用技术[M].北京: 高等教育出版社: 1-4,126-150,184-188.

田建学,魏俊淦,赵波,2014.航空电子设备印制电路板的电磁兼容设计[J].电子设计工程,24: 137-140.

童诗白,1988.模拟电子技术基础[M].北京: 人民教育出版社.15-521.

王鸿麟,叶治政,张秀澹,等,1999.现代通信电源[M].北京: 人民邮电出版社.423-436.

王家桢,王俊杰,刘蜀仁,1986.EK 系列电动单元组合仪表的特点及线路[M].北京: 中国计量出版社.153-167.

王卫东,杨维垣,李宇峰,2007.航天器研制项目风险管理[J].项目管理技术,(2): 12-16.

王志强.2005.开关电源设计[M].第二版.北京: 电子工业出版社.

闻邦椿,2010.机械设计手册[C].中国机构与机器科学国际会议.上海.

吴飞,章建峰,杨祯,等,2015.印制电路板设计中的电磁兼容性问题研究[J].船舶工程,S1: 176-178.

夏泓,2007.航天型号元器件工程[M].北京: 中国宇航出版社.7-31.

徐安,陈耀,李玲玲,2003.单片机原理与应用[M].北京:北京希望电子出版社,2003: 213-220.

阎石,1984.数字电子技术基础[M].第二版.北京: 高等教育出版社.13-18.

杨旭,裴云庆,王兆安,等,2007.开关电源技术[M].北京: 机械工业出版社.238-241.

于登云,杨建中,2011.航天器机构技术[M]. 北京: 中国科学技术出版社.

袁家军,2006.神舟飞船系统工程管理[M].北京: 机械工业出版社.

袁家军,2011.航天产品工程[M].北京: 中国宇航出版社.

载人航天器标准化领导小组,2016.载人航天器材料保证要求[S].

张喜明,周旭,黄巍,2005.Candence 的 PSD 软件在 C6000 平台设计中的应用[J].工程应用,4: 56-61.

赵保经,1985.中国集成电路大全(CMOS 集成电路)[M].北京: 国防工业出版社.387-461.

赵长江,陈洪涛,王芳,2005.航天器电源限频开关分流调节技术的研究[C].北京: 第九届中国宇航学会空间能源学术年会.

赵小津,王卫东,2014.航天科研生产管理评估[M]. 北京: 中国宇航出版社.

中国电子科技集团公司第43研究所,2011.DC/DC 变换器产品手册[Z].21-24.

中国国家标准化管理委员会,2006.信息技术 软件工程术语: GB/T 11457[S].北京:中国标准出版社.

中国空间技术研究院,1997.卫星常用材料热物理性质手册接合面导热填料[S].

中国空间技术研究院,1997.卫星常用材料热物理性质手册金属材料[S].

中国人民解放军总装备部,2006.电子设备可靠性预计手册: GJB/Z 299C-2006[S].

中国振华(集团)新云电子元器件有限公司,2015.军用钽电解电容器选型指南[Z].39－45.

中航光电科技股份有限公司,2011.GJB599Ⅲ系列电连接器[Z].33－58.

中华人民共和国质量监督检验检疫总局,2007.钛及钛合金棒材：GB/T 2965－2007[S].

中华人民共和国质量监督检验检疫总局,2009.电气用热固性树脂工业硬制层压板:GB/T 1303.1－2009[S].

中华人民共和国质量监督检验检疫总局,2009.电气用热固性树脂工业硬制圆形层压管和棒：GB/T 5132－2009[S].

周琛,2005.开关电源 PCB 排版基本要点[J].电源技术应用,9：28－36.

Analog Devices, 2011. AD7280a_cn. pdf rev0[Z].

Capel, Perol, 2002. Comparative performance evaluation between the S4R and the S3R regulator bus topologies[C]. Porto: The sixth European Space Power Conference.

Data Device Corporation, 1999. BU65170/BU61580 and BU61585. pdf[Z].

Easton R L, Votaw M J, 1959. Vanguard IIGY satellite (1985 Beta) [J]. Review of Scientific Instrumments, 30(2): 70－75.

Freeman W, 1992. Peak power tracker versus direct energy transfer electrical power systems[C]. Sandiego: Proceedings of the 27th IECEC.

Grigore V, Kyyra J, 2000. A step-down converter with low ripple input current for power factor correction[C]. New Orleans Applied Power Electronics Conference and Exposition.

Incropera F P, Dewitt D P, Bergman T L, et al, 2007.传热和传质基本原理[M].葛新石,叶宏,译.北京：化学工业出版社.

Karppanen M, Arminen J, Suntio T, et al, Dynamical modeling and characterization of peak-current-controll superbuck converter [J]. IEEE Transactions on Power Electronics, 23(3): 1370－1380.

Karppanen M, Suntio T, Sippola M, 2008. PCM-controlled superbuck converter with super performance and surprises[C]. Rhodes: Power Electronics Specialists Conference.

Linfinity Microelectronics, 1996. SG1525. pdf rev1.3[Z].

Logan D L, 2003.有限元方法基础教程[M].伍义生,吴永礼,等译.北京：电子工业出版社.

Maset E, Ejea J B, Ferreres A. et al, 2006. High-efficiency Weinberg converter for battery discharging in aerospace applications[C]. Dallas: Proceedings of the IEEE Applied Power Electronics Conference and Exposition.

Maset E, Ferreres A, 2005. 5 kW Weinberg converter for battery discharge in high-power communications satellites[C]. Pecife: Proceedings of the 36th IEEE Power Electronics Specialists Conference.

Middlebrook R D, Cuk S, 1976. A general unified approach to modeling switching-converter power stages [C]. Cleveland: IEEE Power Electronics Specialists Conference.

Pressman A I, Billings K, Morey T, 2010.开关电源设计[M].第 3 版.王志强,肖文勋,虞龙,等,译.北京：电子工业出版社：355－359.

Qsullivan D, Weinberg G, 1997. The sequential switching shunt regulator S3R[C]. Noordwijk: The 3rd ESTEC Spacecraft Power Conditioning Semina.

Sterinberg D S,2012.电子设备冷却技术[M].李明锁,丁其伯,译.北京：航空工业出版社.

Sterinberg D S,2012.电子设备振动分析[M].王建刚,译.北京：航天工业出版社.

Texas Instruments Incorporated, 1999. UC1875. pdf[Z].

Tonicello F, 2005. The control problem of maximum point power tracking in power systems[C]. Stresa: Seventh European Space Power Conference (ESPC).

Vorperian V, 1990. Simplified analysis of PWM converters using model of PWM switch. continuous conduction mode [J]. IEEE Transactions on Aerospace and Electronic Systems, 26(3): 490 - 496.

Vorperian V, 1990. Simplified analysis of PWM converters using model of PWM switch. Ⅱ. discontinuous conduction mode [J]. IEEE Transactions on Aerospace and Electronic Systems, 26(3): 497 - 505.

Weinberg A H, Boldo P R, 1992. A high power, high frequency, DC to DC converter for space applications[C]. Toledo: Proceedings of the IEEE Power Electronics Specialists Conference.

Wester G W, Middlebrook R D, 1973. Low-frequency characterization of switched DC-DC converters [J]. IEEE Transactions on Aerospace and Electronic Systems, AES-9(3): 376 - 385.

Zhu Y, Ding D H, 1996. An improved family of zero-voltage-transition PMW converters[C]. Budapest: Proceedings of International Power Electronics and Motion Control Conference.